高等学校广义建筑学系列教材

建 筑 构 造

主　编　黄艳雁

副主编　夏广政　王　薇

参　编　刘　磊　陈宜瑜　吕小彪

　　　　张　辉　刘　成

U0250274

WUHAN UNIVERSITY PRESS

武汉大学出版社

图书在版编目(CIP)数据

建筑构造/黄艳雁主编;夏广政,王薇副主编. —武汉:武汉大学出版社, 2014.4

高等学校广义建筑学系列教材

ISBN 978-7-307-12820-0

Ⅰ.建… Ⅱ.①黄… ②夏… ③王… Ⅲ.建筑构造—高等学校—教材 Ⅳ.TU22

中国版本图书馆 CIP 数据核字(2014)第 032237 号

责任编辑:李汉保 责任校对:汪欣怡 版式设计:马 佳

出版发行:**武汉大学出版社** (430072 武昌 珞珈山)

(电子邮件:cbs22@whu.edu.cn 网址:www.wdp.com.cn)

印刷:武汉中科兴业印务有限公司

开本:787×1092 1/16 印张:37.5 字数:908 千字 插页:1

版次:2014 年 4 月第 1 版 2014 年 4 月第 1 次印刷

ISBN 978-7-307-12820-0 定价:49.00 元

高等学校广义建筑学系列教材
编 委 会

内 容 简 介

　　本书是为建筑学以及相关专业课程编写的教科书，旨在研究建筑物各组成部分的构造原理和构造方式。本书共分为导论、大量性民用建筑构造、大型性建筑构造、建筑特种构造等四篇内容，编排上依据由浅入深的原则，从一般构造向特种构造扩展。全书体系完整，又可以灵活选用。

　　本书主要从建筑构造基础知识、大量型民用建筑、大型性建筑及其建筑特种构造内容依次展开：第一篇介绍了建筑的分类、组成，建筑构造研究的对象，建筑物结构体系；第二篇介绍了大量型民用建筑的构造原理和构造方法，包括墙体、基础、楼板、楼梯、屋顶、门窗、饰面和变形缝等；第三篇介绍了大型性建筑的构造，包括工业建筑、高层建筑和钢结构建筑等部分；第四篇介绍了建筑的特种构造，包括防水构造、节能构造、日益普遍使用的幕墙构造和中庭、防火防灾构造等方面内容。

　　本书的编写特点是将理论与实践很好地结合在一起，并配有大量图例，同时也注重基础性、知识性、创新性，在内容上具有精练、全面、系统和实用等多方面特点，具有鲜明的时代性和丰富的实践性。

　　本书可以作为全日制高等学校的建筑学、城市规划等专业本科生的建筑构造课程教材或教学参考书，也可以作为建设单位、设计单位、施工单位、建设监理等部门工程技术人员和管理人员的培训教材或参考用书，还可以供从事相关专业的工作人员参考。

序

　　改革开放造就了中国经济的迅速崛起，也引起了中国社会的一系列巨变。进入 21 世纪以来，随着经济快速发展、社会急剧转型，城市化的进展呈现出前所未有的速度和规模。与此同时产生的日趋严重的城市问题和环境问题困扰着国人，同时也激发国人愈来愈强烈的城市和环境意识，以及对城市发展和环境质量的关注。中国社会的一系列巨变也给建筑教育提出了新的课题。

　　由中国著名建筑学和城市规划学家、两院院士吴良镛先生提出并倡导的广义建筑学这一新的建筑观，成为当前乃至今后整个城市和建筑业发展的方向。广义建筑学，就是通过城市设计的核心作用，从观念和理论基础上把建筑学、景观学、城市规划学的要点整合为一，对建筑的本真进行综合性地追寻。并且，在现代社会发展中，随着规模和视野的日益加大，随着建设周期的不断缩短，对建筑师视建筑、环境景观和城市规划为一体提出更加切实的要求，也带来更大的机遇。对城镇居民居住区来说，将规划建设、新建筑设计、景观设计、环境艺术设计、历史环境保护、一般建筑维修与改建、古旧建筑合理使用等，纳入一个动态的、生生不息的循环体系之中，是广义建筑学的重要使命。同时，多层次的技术构建以及技术与人文的结合是 21 世纪新建筑学的必然趋势。这一新的建筑观给传统的建筑学、城市规划学、景观学和环境艺术设计教育提出新的课题，重新整合相关学科已经成为当务之急。

　　但是，广义建筑学可能被武断地称作广义的建筑学，犹如宏观经济学，广义建筑学也可能被认为是一种宏观层面的建筑学，是多种建筑学中的一种。这就与吴院士的初衷相背离了。基于这种考虑，我们提出了一种 Mega-architecture 的概念，这一概念的最初原意是元建筑学，也可以理解为大建筑学或超级建筑学，从汉语的习惯来看，应理解为"大建筑学"。一方面，Mega-architecture 继承了广义建筑学的全部内涵；另一方面，Mega-architecture 中包含有元建筑学的意思，亦即，强调作为建筑学的内在基本要素的构成性，正是这些要素，才从理论上把建筑学、城市规划、景观学和环境艺术整合成一个跨学科的超级综合体。基于上述想法，我们提出了 Mega-architecture 的概念作为广义建筑学系列教材的指导原则。

　　本着上述指导思想，武汉大学出版社联合多所高校合作编写高等学校广义建筑学系列教材，为高等学校从事建筑学、城市规划学、景观学和环境艺术设计教学和科研的广大教师搭建一个交流的平台。通过该平台，联合编写广义建筑学系列教材，交流教学经验，研究教材选题，提高教材的编写质量和出版速度，以期打造出一套高质量的适合中国国情的高等学校本科广义建筑学教育的精品系列教材。

　　参加高等学校广义建筑学系列教材编委会的高校有：武汉大学、湖北工业大学、武汉理工大学、华中科技大学、北京工业大学、南京航空航天大学、南昌航空大学、汕头大学、南通大学、江汉大学、三峡大学、孝感学院、长江大学、昆明理工大学、江西理工大学、江西农业大学、江西蓝天学院等院校。

　　高等学校广义建筑学系列教材涵盖建筑学、城市规划、景观设计和环境艺术设计等教学领域。本系列教材的定位，编委会全体成员在充分讨论、商榷的基础上，一致认为在遵循高等学校广义建筑学人才培养规律，满足广义建筑学人才培养方案的前提下，突出以实用为主，切实达到培养和提高学生的实际工作能力的目标。本教材编委会明确了近30门专业主干课程作为今后一个时期的编撰、出版工作计划。我们深切期望这套系列教材能对我国广义建筑学的发展和人才培养有所贡献。

　　武汉大学出版社是中共中央宣传部与国家新闻出版署联合授予的全国优秀出版社之一，在国内有较高的知名度和社会影响力。武汉大学出版社愿尽其所能为国内高校的教学与科研服务。我们愿与各位朋友真诚合作，力争将该系列教材打造成为国内同类教材中的精品教材，为高等教育的发展贡献力量！

高等学校广义建筑学系列教材编委会

2011 年 2 月

前　言

　　在城镇化建设加速和基础设施建设投资持续加大的总体发展趋势下，改革开放以来，我国建筑业一直保持着强劲的发展态势，是国民经济中的重要支柱产业。但建筑质量同建筑数量、规模、建设速度依旧存在着不平衡关系，建设的标准化和建筑品质均有待提升。这些不平衡的产生涉及诸多方面的问题，而与我们的建筑学教育更是有着直接的关系，只有高素质和高水平的建造者，才可能设计创造出高水平的建筑物。从这一角度来讲，我们的建筑学教育责任重大，任务艰巨。

　　当今形势下，由于社会对人才需求的多样性和对人才具备知识要求的复合性，培养"通才"基础上的"专才"，强化基础训练，培养竞争能力已成为教育事业发展的必然趋势。因此，在市场经济发展的新形势下，结合社会对人才需求模式以及当代价值观和建筑学教育目标的多元化趋向，有针对性地增强综合性、整体性素质教育，已经成为教育界同仁的共识。

　　随着建筑技术的不断发展进步，新材料、新结构、新技术在建筑工程中不断涌现，建筑构造和细部，建筑能耗已经成为评判建筑品质优劣的重要标准。为适应21世纪建筑业人才培养的需要，作者紧跟当今形势，根据国家教育部关于建筑学专业本科生培养目标制定的课程教学大纲要求编写了《建筑构造》一书。

　　建筑构造是一门专门研究建筑物各组成部分的构造原理、方式的学科，其主要任务是依从建筑物的适用、坚固、美观原则，提出合理、经济的构造方案，作为工程技术人员在设计过程中综合解决技术问题和施工图设计的依据，也是建筑学及相关专业的必修主要课程之一。建筑构造涉及结构选型、建筑材料、建筑施工、建筑技术等多方面的知识领域，为了增强学生对建筑构造的认识和理解，作者根据目前建筑学及相关专业的课程结构情况，用适当的篇幅有针对性地安排了建筑基本知识、大量型民用建筑构造、大型性建筑构造、建筑特种构造等方面的内容，以开阔学生的视野、提高学生的建筑素养，使学生对建筑构造知识有一个较全面的认识和了解。

　　建筑构造是建筑学、城市规划、环境艺术设计及相关专业的一门承上启下的实用技术基础课程，是在学习完《建筑制图》、《建筑材料》等课程的基础上开设的，同时也为贯穿始终的《建筑设计》等专业课程的学习打下扎实的基础。本书内容分布上循序渐进、深入浅出，共分为四篇，其中第一篇导论部分简介了建筑的分类及组成、建筑结构的基础知识，使读者对建筑物能有初步的认识；第二篇着重介绍了民用建筑中从地基到屋顶各组成部分的构造原理和形式；第三篇从规模宏大的大型性建筑出发，介绍了包括高层建筑、大跨度建筑、工业建筑等建筑类型的构造；第四篇主要介绍特种构造，包括建筑防水、节能、防火防灾、建筑幕墙构造。

　　全书在编写过程中，突出了以下几个方面：

1. 以培养应用型人才为目标，强调基础理论的学习和知识面的拓宽，突出教材的科学性、系统性和实用性，以适应素质教育的发展。

2. 增大信息量，充实新内容，全书紧跟行业内技术更新的脚步。如在大型性建筑构造篇中介绍了新兴的大跨度空间结构；在建筑特种构造篇中补充了建筑节能技术与构造、防震构造、新型幕墙装饰构造等内容。选配图方面也尽力选取了最新的配图以做到有的放矢，解决实际问题。

3. 为了方便教学和复习，书中结合内容的讲述配有大量的国内外典型建筑的图例，并在每章的开头针对该章节内容作出简明的提要。同时，于每章后面配有内容详实难度适中的复习与思考题，便于学生自学。

4. 本书采用了当下最新的标准和规范，结构完整，内容精练，实用性强。在内容阐述上突出了新材料、新结构和新技术的运用，既强调了实用性，又有理论深度。

本教材定位以培养应用型人才为目标，所以在编写过程中作者注重理论联系实际，使教材应用性强，适用面广。

本书由黄艳雁任主编；夏广政、王薇任副主编；刘磊、陈宜瑜、吕小彪、张辉、刘成参编。编写大纲由黄艳雁、夏广政、王薇确定。

全书由黄艳雁统稿。对在本书编写中付出辛勤劳动的各位学者和提供支持、帮助的单位、专家、学者、朋友致以衷心的感谢！同时也感谢湖北工业大学的研究生陆超、刘波、何玉、张婷婷、杨毅、陈子好、王晶晶、康琪、冯时等参与本书的绘图、整理工作。

《建筑构造》一书在编写过程中，参考了大量国内外相关著作、兄弟院校的教材和相关资料，其中主要部分已列入本书的参考文献，在此谨向各位作者表示诚挚的感谢！

本书可以作为普通高等学校土木工程、建筑工程、工程管理、道路与桥梁等专业本科生的教材或教学参考书，也可以作为建设单位、设计单位、施工单位、建设监理等部门工程技术人员和管理人员的培训教材或参考用书。

由于科学技术的迅猛发展，新材料、新结构和新技术不断涌现，加之作者水平所限，书中的缺点乃至错误在所难免，敬请同行专家和广大读者批评指正。

作　者

2013 年 12 月

目　　录

第一篇　导　　论

第二篇　大量型民用建筑构造

第一篇　导　　论

第1章 概　　论

◎**内容提要**：绿色建筑与构造是一门综合性的工程技术学科，该学科主要研究房屋中各部分基本构配件之间的组合、连接原理和关系。本章内容主要包括：建筑的分类与分级、建筑构造研究的对象与目的、建筑物的建筑组成与作用、影响建筑构造的因素、建筑构造的设计原则、建筑构造详图的表达方式，等等。

1.1　建筑的分类与分级

建筑物可以从多方面进行分类，现将常见的分类分述如下：

1.1.1　按使用性质分类

1. 民用建筑

民用建筑是指供人们生活、工作、学习、居住等类型的建筑物，一般分为以下两种：

(1)居住建筑：如住宅、单身宿舍、招待所等。

(2)公共建筑：如办公、教育、文体、商业、医疗、邮电、广播、交通建筑等。

2. 工业建筑

工业建筑是指各类工业生产用房和为生产服务的附属用房，一般分为以下三种：

(1)单层工业厂房：主要用于重工业类。

(2)多层工业厂房：主要用于轻功、IT业类的生产企业。

(3)单层、多层混合的工业厂房：如种子库、拖拉机站等。

1.1.2　按结构类型分类

建筑物的结构类型是根据承重结构所用材料与制作方式、传力方法的不同而划分的，一般分为以下几种：

1. 砌体结构

砌体结构的竖向承重构件是采用粘土多孔砖或承重钢筋混凝土小砌块等砌筑的墙体，水平承重构件为钢筋混凝土楼板及屋顶板。这种结构用于多层建筑中，如图1-1-1所示。

2. 框架结构

框架结构的承重部分是由钢筋混凝土或钢材制作的梁、板、柱形成骨架，墙体只起围护作用和分割作用。这种结构可以用于多层和高层建筑中，如图1-1-2所示。

3. 钢筋混凝土板墙结构

钢筋混凝土板墙结构的竖向承重构件和水平承重构件均采用钢筋混凝土制作，施工时可以在现场浇筑或在加工厂预制，现场吊装。这种结构可以用于多层和高层建筑中，如图

图 1-1-1　砌体结构

图 1-1-2　框架结构

1-1-3 所示。

（a）　　　　　　　　　　　　　（b）

图 1-1-3　钢筋混凝土板墙结构

4. 特种结构

特种结构又称为空间结构。特种结构包括悬索、网架、拱、壳体等结构形式。这种结构多用于大跨度的公共建筑中，如图 1-1-4 所示。

（a）　　　　　　　　　　　　（b）
（c）　　　　　　　　　　　　（d）
图 1-1-4　特种结构

1.1.3　按建筑层数或总高度分类

层数是房屋建筑的一项非常重要的控制指标，但必须结合建筑总高度综合考虑。

（1）住宅建筑 1~3 层为低层；4~7 层为多层；8 层以上为高层；建筑总高超过 100m 为超高层。

（2）公共建筑及综合性建筑总高度超过 24m 为高层，不超过 24m 为多层。

（3）建筑总高度超过 100m 时，无论其是住宅或公共建筑均为超高层。

（4）联合国经济事务部门针对世界高层建筑的发展情况，把高层建筑划分为以下 4 种类型：

①低高层建筑：层数为 9~16 层，建筑总高度为 50m 以下。

②中高层建筑：层数为 17~25 层，建筑总高度为 50~75m。

③高高层建筑：层数为 26~40 层，建筑总高度为 100m 以下。

④超高层建筑：层数为 40 层以上，建筑总高度为 100m 以上。

1.1.4　按施工方法分类

施工方法是指建筑房屋所采用的方法，施工方法分为以下几类：

1. 现浇、现砌式

现浇、现砌式施工方法是指主要构件均在施工现场砌筑（如砖墙等）或浇筑（如钢筋混凝土构件等）。

2. 预制、装配式

预制、装配式施工方法是指构件主要在加工厂预制，施工现场进行装配。

3. 部分现浇现砌、部分装配式

部分现浇现砌、部分装配式施工方法是指一部分构件在现场浇筑或砌筑(大多为竖向构件),一部分构件为预制吊装(大多为水平构件)。

1.1.5 建筑物的等级划分

建筑物的等级包括耐久等级、耐火等级和工程等级。

1. 耐久等级

建筑物耐久等级的指标是使用年限。建筑物使用年限的长短是依据建筑物的性质决定的。影响建筑物寿命长短的主要因素是结构构件的选材和结构体系。

在《民用建筑设计通则》(JGJ37—87)中对建筑的耐久年限作了以下规定:

一级:耐久年限为 100 年以上,适用于重要的建筑物和高层建筑物。

二级:耐久年限为 5~100 年,适用于一般性建筑物。

三级:耐久年限为 25~50 年,适用于次要的建筑物。

四级:耐久年限为 15 年以下,适用于临时性建筑物。

大量的建筑,如住宅,属于次要建筑,其耐久等级应该为三级。

2. 耐火等级

耐火等级取决于房屋主要构件的耐火极限和燃烧性能。其单位为小时。耐火极限是指按标准火灾升温曲线实验时,构件从受到火的作用起,到失掉支持能力,或发生穿透性裂缝,或背火一面温度升高到 220℃时所延续的时间。按材料的燃烧性能把材料分为燃烧材料(如木材等)、难燃烧材料(如木丝板等)和不燃烧材料(如砖、石材等)。用上述材料制作的构件分别称为燃烧体、难燃烧体和不燃烧体。

多层建筑的耐火等级分为 4 级,其划分方法如表 1-1-1 所示。

表 1-1-1   多层建筑构件的燃烧性能和耐火极限

名 称		耐火等级			
构 件		一级	二级	三级	四级
墙	防火墙	不燃烧体 3.00	不燃烧体 3.00	不燃烧体 3.00	不燃烧体 3.00
	承重墙	不燃烧体 3.00	不燃烧体 2.50	不燃烧体 2.00	不燃烧体 0.50
	非承重外墙	不燃烧体 1.00	不燃烧体 1.00	不燃烧体 0.50	燃烧体
	楼梯间的墙电梯井的墙住宅单元之间的墙住宅分户墙	不燃烧体 2.00	不燃烧体 2.00	不燃烧体 1.50	不燃烧体 0.50
	疏散走道两侧的隔墙	不燃烧体 1.00	不燃烧体 1.00	不燃烧体 0.50	不燃烧体 0.25
	房间隔墙	不燃烧体 0.75	不燃烧体 0.50	不燃烧体 0.50	不燃烧体 0.25
柱		不燃烧体 3.00	不燃烧体 2.50	不燃烧体 2.00	不燃烧体 0.50
梁		不燃烧体 2.00	不燃烧体 1.50	不燃烧体 1.00	不燃烧体 0.50
楼板		不燃烧体 1.50	不燃烧体 1.00	不燃烧体 0.50	燃烧体

续表

名　称	耐火等级			
构　件	一级	二级	三级	四级
屋顶承重构件	不燃烧体 1.50	不燃烧体 1.00	燃烧体	燃烧体
疏散楼梯	不燃烧体 1.50	不燃烧体 1.00	不燃烧体 0.50	燃烧体
吊顶(包括吊顶搁栅)	不燃烧体 0.25	不燃烧体 0.25	不燃烧体 0.15	燃烧体

　　一幢建筑物的耐火等级属于几级,取决于该建筑物的层数、长度和面积,《建筑设计防火规范》(GB50016—2006 年版)中作了详细的规定。如表 1-1-2 所示。

表 1-1-2　　民用建筑的耐火等级、最多允许层数和防火分区最大允许建筑面积

耐火等级	最多允许层数	防火分区的最大允许建筑面积(m²)	备　注
一、二	按本规范第 1.0.2 条规定	2500	1. 体育馆、剧院的观众厅,展览建筑的展厅,其防火分区最大允许建筑面积可适当放宽。 2. 托儿所、幼儿园的儿童用房和儿童游乐厅等儿童活动场所不应超过 3 层或设置在四层及四层以上楼层或地下、半地下建筑(室)内。
三级	5 层	1200	1. 托儿所、幼儿园的儿童用房和儿童游乐厅等儿童活动场所、老年人建筑和医院、疗养院的住院部分不应超过 2 层或设置在三层及三层以上楼层或地下、半地下建筑(室)内。 2. 商店、学校、电影院、剧院、礼堂、食堂、菜市场不应超过 2 层或设置在三层及三层以上楼层。
四级	2 层	600	学校、食堂、菜市场、托儿所、幼儿园、老年人建筑、医院等不应设置在二层。
地下、半地下建筑(室)		500	—

　　注:建筑物内设置自动灭火系统时,该防火分区的最大允许建筑面积可按本表的规定增加 1.0 倍。局部设置时,增加面积可按该局部面积的 1.0 倍计算。

　　大规模建造的职工住宅,采用砌体结构建造,其层数为 6 层,建筑物长度为 64m,每层建筑面积为 600m²,其耐火等级经查阅表 1-1-2 后得出至少为二级。当采用预应力圆孔板作楼板及屋顶板时,由于预应力圆孔板的耐火极限只有 0.5h,则根据表 1-1-3 应为三级。高层民用建筑物的耐火等级分为二级,其划分方法如表 1-1-3 所示。

表 1-1-3 高层民用建筑的燃烧性能和耐火极限

构 件 名 称		耐火等级	
		一级	二级
		燃烧性能和耐火极限/h	
墙	防火墙	不燃烧体 3.00	不燃烧体 3.00
	承重墙、楼梯间、电梯井和住宅单元之间、住宅分户的墙	不燃烧体 2.00	不燃烧体 2.00
	非承重外墙、疏散走道两侧的隔墙	不燃烧体 1.00	不燃烧体 1.00
	房间隔墙	不燃烧体 0.75	不燃烧体 0.50
柱		不燃烧体 3.00	不燃烧体 2.50
梁		不燃烧体 2.00	不燃烧体 1.50
楼板、疏散楼梯、屋顶承重构件		不燃烧体 1.50	不燃烧体 1.00
吊顶		不燃烧体 0.25	难燃烧体 0.25

高层民用建筑分为两类,主要依据建筑高度、建筑层数、建筑面积和建筑的重要程度来划分。在《高层民用建筑设计防火规范》(GB50045—95)(2001 年版)中作了详细的规定,如表 1-1-4 所示。

表 1-1-4 高层民用建筑分类

名称	一 类	二 类
居住建筑	高级住宅 19 层及 19 层以上的普通住宅	10 层至 18 层的普通住宅
公共建筑	1. 医院 2. 高级旅馆 3. 建筑高度超过 50m 或 24m 以上部分的任一楼层的建筑面积超过 1000m² 的商业楼、展览楼、综合楼、电信楼、财贸金融楼 4. 建筑高度超过 50m 或 24m 以上部分的任一楼层的建筑面积超过 1500m² 的商住楼 5. 中央级和省级广播电视楼 6. 网局级和省级电力调度楼 7. 省级邮政楼、防灾指挥调度楼 8. 藏书超过 100 万册的图书、书库 9. 重要的办公楼、科研楼、档案楼 10. 建筑高度超过 50m 的教学楼和普通的旅馆、办公楼、科研楼、档案楼等	1. 除一类建筑外的商业楼、展览楼、综合楼、电信楼财贸金融楼、商住楼、图书馆、书库 2. 省级以下的邮政楼、防灾指挥调度楼、广播电视楼、电力调度楼 3. 建筑高度不超过 50m 的教学楼和普通的旅馆、办公楼、科研楼、档案楼等

一类高层建筑物的耐火等级为一级,二类高层建筑物的耐火等级应不低于二级,裙房

建筑物的耐火等级应不低于二级，地下室的耐火等级应为一级。

3. 工程等级

建筑物的工程等级以其复杂程度为依据，共分为 6 级，其具体方法如表 1-1-5 所示。

表 1-1-5　　　　　　　　　　　建筑物的工程等级

工程等级	工程主要特征	工程范围举例
特级	1. 列为国家重点项目或以国际性活动为主的特高级大型公共建筑。 2. 有国家性历史意义或技术要求特别复杂的中小型公共建筑。 3. 30 层以上建筑。 4. 高大空间有声、光灯特殊要求的建筑物。	国宾馆、国家大会堂、国际会议中心、国际体育中心、国际贸易中心、国际大型航空港、国际综合俱乐部、重要历史纪念建筑、国家级图书馆、博物馆、美术馆、剧院、音乐厅、三级以上人防。
一级	1. 高级大型公共建筑。 2. 有地区性历史意义或技术要求复杂的中、小型公共建筑。 3. 16 层以上、29 层以下或超过 50m 高的公共建筑。	高级宾馆、旅游宾馆、高级招待所、别墅、省级展览馆、博物馆、图书馆、科学实验研究楼(包括高等院校)、高级会堂、高级俱乐部、>300 床位医院、疗养院、医疗技术楼、大型门诊楼、大中型体育馆、室内游泳馆、室内滑冰馆、大城市火车站、航运站、候机楼、摄影棚、邮电通讯楼、综合商业大楼、高级餐厅、四级人防、五级平战结合人防等。
二级	1. 中高级、大中型公共建筑。 2. 技术要求较高的中小型建筑。 3. 16 层以上、29 层以下住宅。	大专院校教学楼、档案楼、礼堂、电影院、部、省级机关办公楼、300 床位以下(不含 300 床位)医院、疗养院、地、市级图书馆、报告厅、文化宫、少年宫、俱乐部、排演厅、风雨操场、大中城市汽车客运站、中等城市火车站、多层综合商场、风味餐厅、高级小住宅等。
三级	1. 中级、中型公共建筑。 2. 7 层以上(含 7 层)、15 层以下有电梯的住宅或框架结构建筑。	重点中学、中等专业学院、教学楼、实验楼、电教楼、社会旅馆、饭馆、招待所、浴室、邮电所、门诊所、百货楼、托儿所、幼儿园、综合服务楼、1~2 层商场、多层食堂、小型车站。
四级	1. 一般中小型公共建筑。 2. 7 层以下无电梯的住宅、宿舍及砌体建筑。	一般办公楼、中小学教学楼、单层食堂、单层汽车库、消防车库、消防站、蔬菜门市部、粮站、杂货店、阅览室、理发室、水冲式公共厕所。
五级	1~2 层单功能、一般小跨度结构建筑	同特征

1.2　建筑构造研究的对象与目的

建筑构造是研究建筑物的构成、各组成部分的组合原理和构造方法的学科。其主要任务是根据建筑物的使用功能、技术经济和艺术造型要求提供合理的构造方案，作为建筑设计的依据。

中国先秦典籍《考工记》对当时营造宫室的屋顶、墙、基础和门窗的构造已有记述。唐代的《大唐六典》，宋代的《木经》和《营造法式》，明代成书的《鲁班经》和清代的清工部《工程做法》等著作，都记述了关于建筑构造方面的内容。

公元前 1 世纪罗马维特鲁威所著《建筑十书》，文艺复兴时期的《建筑四论》和《五种柱式规范》等著作均有对当时建筑结构体系和构造的记述。19 世纪，由于科学技术的进步，建筑材料、建筑结构、建筑施工和建筑物理等学科的发展，建筑构造学科也得到充实和发展。

在进行建筑设计时，不但要解决空间的划分和组合，外观造型等问题，而且还必须考虑建筑构造上的可行性。为此，就要研究能否满足建筑物各组成部分的使用功能；在构造设计中综合考虑结构选型、材料的选用、施工的方法、构配件的制造工艺，以及技术经济、艺术处理等问题。

建筑构造是为建筑设计提供可靠的技术保证。现代化的建筑工程如果没有技术依据作支撑，所作的设计只能是纸上的方案，没有实用价值可言。建筑构造作为建筑技术，自始至终贯穿于建筑设计的全过程，即方案设计、初步设计、技术设计和施工详图设计等每个步骤。

在建筑工程方案设计和初步设计阶段，首先应根据工程的社会、经济、文化传统、技术条件等环境来选择适宜的结构体系，使所设计的建筑空间和外部造型具有可行性和现实性；在技术设计阶段还要进一步落实设计方案的具体技术问题，并对结构和给水排水、供暖、供电、空调设备等工程项目进行统一规划，协调各工程项目之间的交叉、矛盾。施工详图设计阶段是技术设计的深化，处理局部与整体之间的关系，并为工程的实施提供制作和安装的具体技术条件。

1.3　建筑物的建筑组成与作用

建筑的物质实体一般由承重结构、围护结构、饰面装修及附属部分组合而成。承重部分可以分为基础、承重墙体、楼板、屋面板等。围护结构可以分为外围护墙、内墙等。饰面装修一般按其部位分为内外墙面、楼地面、顶棚等饰面装修。附属部件一般包括楼梯、电梯、门窗、遮阳、阳台、雨篷、台阶等。

建筑的物质实体按其所处部位和功能的不同，为叙述的方便，又可以分为基础、墙和柱、楼地层、楼梯和电梯、屋顶、门窗等，如图 1-3-1 所示。

(1)基础：基础是建筑物下部的承重构件。其作用是承受建筑物的大部分荷载，并传递给地基。基础应具有足够的强度、刚度及耐久性，并能抵抗地下各种不良因素的侵袭。

(2)墙和柱：墙是建筑物的承重与围护构件：作为承重构件，墙要承受屋顶和楼层传

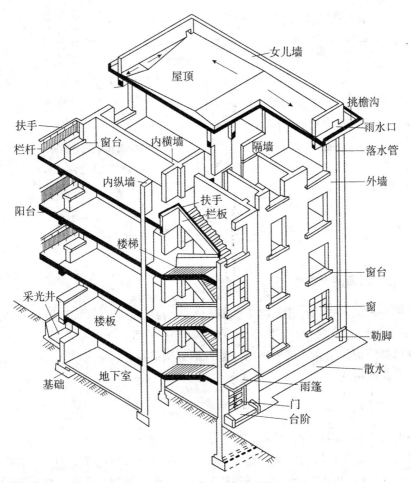

图 1-3-1　墙体承重结构建筑构造的组成

递来的荷载，并将这些荷载传递给基础。墙体的围护作用主要体现在抵御各种自然因素的影响与破坏。因此墙体应具有足够的强度、稳定性，良好的热工性能及防火、隔声、防水、耐久性能。在框架承重的建筑物中，柱和梁形成框架承重结构系统，柱应具有足够的强度和稳定性。

（3）楼地层：楼地层包括楼板层和地坪层。楼板既是承重构件，又是分隔楼层空间的维护构件。楼板要承受楼层上的家具、设备和人的荷载，并将这些荷载传递给墙或柱，因此楼板应有足够的承载力和刚度，楼板的性能还应满足使用和维护的要求。地坪层作为底层空间与地基之间的分隔构件。地坪层也支承着家具、设备和人的荷载，并将这些荷载传递给地基，地坪层应具有足够的承载力和刚度，还应满足耐磨、防潮及防水、保温等要求。

（4）楼梯：楼梯是楼房建筑中联系上下各层的垂直交通设施。其作用是供人们平时上、下，并供紧急疏散时使用。因此楼梯在宽度、坡度、数量、位置、布局形式、细部构造及防火性能方面均有严格的要求。电梯是建筑物中的垂直运输工具，应具有足够的运送能力和方便快捷性能。

(5)屋顶：屋顶是建筑物顶部的围护和承重构件，由屋面和屋面承重结构两部分组成。屋面抵御自然界雨、雪的侵袭，屋面承重结构承受屋面设施和风、霜、雨、雪的荷载。

(6)门窗：门的主要作用是提供建筑物室内外及不同房间之间的联系，应满足交通、消防疏散、防盗、隔声、热工等要求；窗的作用是采光和通风，应满足防水、防盗、隔声、热工等要求。门窗均属于非承重构件。

在建筑物中，除上述六大组成部分以外，还有一些附属部分，如阳台、雨篷、台阶、烟囱等。建筑物的各组成部分起着不同的作用，但概括起来主要是两大类，也就是承重作用，围护与分隔作用。

1.4　影响建筑构造的因素

1.4.1　外力因素的影响

外力又称为荷载。作用在建筑物上的荷载有静荷载(如自重等)和活荷载(如使用荷载等)；垂直荷载(如自重引起的荷载)和水平荷载(如风荷载、地震荷载等)。

荷载对选择结构类型和构造方案以及进行细部构造设计都是非常重要的依据，外力的作用是影响建筑构造的主要因素。

1.4.2　自然因素的影响

自然因素的影响是指风吹、日晒、雨淋、积雪、冰冻、地下水、地震等因素给建筑物带来的影响。为了防止自然因素对建筑物的破坏和保证建筑物的正常使用，在进行建筑设计时，必须采取相应的防潮防水、防寒隔热、排水组织、防温度变形、防震等构造措施。

1.4.3　人为因素的影响

人为因素的影响是指火灾、机械摩擦与振动、噪声、化学腐蚀、虫害等因素对建筑物的影响。在进行构造设计时，必须采取防火、防摩擦、防振、隔声和防腐等相应的措施。

1.4.4　技术因素的影响

技术因素的影响是指建筑材料、建筑结构类型、建筑施工方法等建筑技术条件对建筑物的设计与建造的影响。随着这些技术的进步与发展，建筑构造的做法也在改变。例如砌体结构建筑构造的做法与过去的砖木结构有明显的不同。同样，钢筋混凝土建筑构造体系又与砌体结构建筑构造有很大的区别。所以建筑构造做法不能脱离一定的建筑技术条件而存在。

1.4.5　建筑经济因素的影响

建筑经济因素对建筑构造的影响，主要是指特定建筑的造价要求对建筑装修标准、设备标准和建筑构造的影响。标准高的建筑物，装修质量好，设备齐全，档次较高，构造做法考究，反之，建筑构造只能采取一般的简单做法。

1.5　建筑构造的设计原则

1.5.1　满足建筑物的使用功能及全寿命周期变化的要求

建筑物使用功能不同，往往对建筑构造的要求也不同，而且由于建筑物的使用周期普遍较长，改变原设计使用功能的情况屡有发生。同时，建筑物在长期的使用过程中，还需要经常性的维修。因此，在对建筑物进行构造设计时，应充分考虑这些因素并提供相应的可能性。

1.5.2　确保结构安全

房屋中的绝大多数构件是根据其承受荷载的大小，通过结构计算和设计确定的，有一些构配件的安全使用主要是通过构造措施来保证的，即在构造方案上应考虑结构安全，保证建筑物的整体承载力和刚度，安全可靠，经久耐用。

1.5.3　注意建筑施工的要求

在满足建筑物使用功能、艺术形象的前提下，为了提高建设速度，改善劳动条件，保证施工质量，在构造设计时，应尽量采用标准设计和通用构配件，使构配件的生产工厂化，节点构造定型化、通用化，为机械化施工创造条件，以满足建筑工业化的需要。此外施工现场的条件及操作的可能性是建筑构造设计时必须予以充分重视的。有时有的构造节点仅仅因为设计时没有考虑留有足够的操作空间而在实施时不得不进行临时修改，费工费时，又使得原有设计不能实现。

1.5.4　注意美观

构造设计使得建筑物的构造连接合理，同时又赋予构件以及连接节点以相应的形态。这样，在进行构造设计时，就必须兼顾其形状、尺度、质感、色彩等方面给人的感官印象以及对整个建筑物的空间构成所造成的影响。

1.5.5　讲究经济、社会和环境效益

工程建设项目是投资较大的项目，保证建设投资的合理运用是每个设计人员义不容辞的责任，在构造设计方面同样如此。其中牵涉到材料价格、加工和现场施工的进度、人员的投入、有关运输和管理等方面的相关内容。此外，选用材料和技术方案等方面的问题还涉及建筑物长期的社会效益和环境效益，要做到节能、节地、节水、节材，实现建筑物的可持续发展。

总之，在建筑构造设计中，全面考虑坚固适用，美观大方，技术先进，经济合理，是最根本的原则。读者可以通过以下各章节所讨论的具体内容，加深对这些要求的了解。

1.6　建筑构造详图的表达方式

1.6.1　绘制要求

图示正确，标注清楚，图例规范，顺序无误。除了构件形状和必要的图例外，构造详图中还应标明相关的尺寸以及所用的材料、级配、厚度和做法。

1.6.2　几种尺寸及其相互关系

(1)标志尺寸：标志尺寸用以标注建筑物定位线或定位面之间的距离(跨度、柱距、层高等)以及建筑制品、建筑构配件、组合件、有关设备位置界限之间的尺寸。标志尺寸常在设计中使用，故又称为设计尺寸。

(2)构造尺寸：构造尺寸是建筑构配件的设计尺寸，一般情况下，构造尺寸为标志尺寸减去缝隙或加上支承尺寸。

(3)实际尺寸：实际尺寸是建筑构配件生产制作后的实际尺寸，实际尺寸与构造尺寸之间的差数应符合建筑公差的规定，如图 1-6-1 所示。

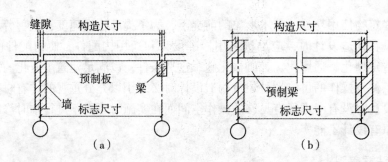

图 1-6-1　尺寸标注示意图

1.6.3　定位轴线

定位轴线是用来确定建筑物主要结构构件位置及其标志尺寸的基准线。

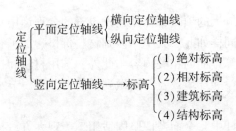

1.6.4　平面定位轴线及编号

平面定位轴线应设横向定位轴线和纵向定位轴线。横向定位轴线的编号用阿拉伯数字从左至右顺序编写；纵向定位轴线的编号用大写的拉丁字母从下至上顺序编写，其中 O、I、Z 不得用于轴线编号，以免与数字 0、1、2 混淆如图 1-6-2 所示。

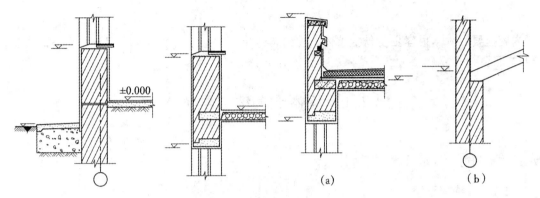

图 1-6-2　标高标注示意图

1.6.5　标高及构件的竖向定位

1. 标高的种类及关系
(1)绝对标高。
(2)相对标高。
(3)建筑标高。
(4)结构标高。
2. 建筑构件的竖向定位
(1)楼地面的竖向定位。
(2)屋面的竖向定位。
(3)门窗洞口的竖向定位。

复习思考题 1

1. 低层、多层、高层、超高层建筑如何划分？
2. 建筑物的等级划分有几级？建筑物的耐火等级主要根据什么因素划分？
3. 建筑物的建筑组成有哪些？及其各自作用是什么？
4. 影响建筑构造的因素有哪些？
5. 建筑构造的设计原理是什么？
6. 建筑构造详图有哪几种尺寸？及其相互关系是什么？

第 2 章 建筑物的结构体系

◎**内容提要**：本章内容主要包括墙体承重结构体系、骨架结构体系、空间结构体系的类型和适用范围。

2.1 墙体承重结构体系

墙体承重结构体系包括横墙承重体系、纵墙承重体系、纵横墙承重体系、墙与柱混合承重体系和剪力墙承重体系五种体系。

2.1.1 横墙承重

横墙承重是将楼板及屋面板等水平承重构件搁置在横墙上，如图 2-1-1(a)所示，楼面及屋面荷载依次通过楼板、横墙、基础传递给地基。由于横墙起主要承重作用且间距较密，建筑物的横向刚度较强，整体性好，有利于抵抗水平荷载(风荷载、地震作用等)和调整地基不均匀沉降。而且由于纵墙只承担自身重量，因此在纵墙上开门窗限制较少，纵方向可以获得较大的开窗面积，取得较好的采光条件。但是横墙间距收到限制，建筑物开间尺寸不够灵活。因而，适用于大量相同开间而房间开间尺寸不大，墙体位置比较固定，面积较小的建筑物，如宿舍、旅馆和住宅等。

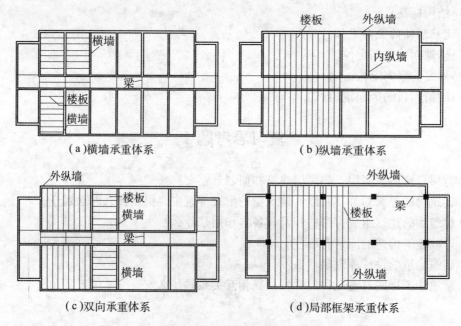

(a)横墙承重体系 (b)纵墙承重体系

(c)双向承重体系 (d)局部框架承重体系

图 2-1-1 墙体承重方案示意图

2.1.2　纵墙承重

纵墙承重是将楼板及屋面板等水平承重构件均搁置在纵墙上，横墙只起分隔空间和连接纵墙的作用，如图 2-1-1(b)所示，楼面及屋面荷载依次通过楼板、(梁)、纵墙、基础传递给地基。由于纵墙承重，故横墙间距可以增大，能分隔出较大的空间。在北方地区，外纵墙因保温需要，其厚度往往大于承重所需的厚度，纵墙承重使较厚的外纵墙充分发挥了作用。

纵墙承重的主要特点是平面布置使房间大小比较灵活，建筑在使用过程中，可以根据需要改变横向隔断的位置，以调整使用房间面积的大小。但是由于横墙不承重，这种方案抵抗水平荷载的能力比横墙承重差，因而这种方案纵向刚度强而横向刚度弱，整体刚度和抗震性能差，而且承重纵墙上开设门窗洞口有时受到限制。因而，适用于使用上要求有较大空间的，开间尺寸比较多样的建筑物，如办公楼、商店、教学楼中的教室、阅览室等。

2.1.3　纵横墙承重

纵横墙承重方案的承重墙体由纵、横两个方向的墙体组成，如图2-1-1(c)所示。纵横墙承重方式使房间布置灵活，两个方向的抗侧力都较好，但所用梁、板类型较多，施工较为麻烦。因而，适用于房间开间、进深变化较多的建筑物，如医院、幼儿园等。

2.1.4　墙与柱混合承重

房间内部采用柱、梁组成的内框架承重，四周采用墙承重，由墙和柱共同承担水平承重构件传递来的荷载，称为墙与柱混合承重，如图 2-1-1(d)所示。墙与柱混合承重方式的特点是使施工方便，但是其抗震性能差，同时房间的刚度主要由框架保证，因此水泥及钢材用量较多。因而，适用于室内需要大空间的建筑物，如大型商店、餐厅等。

2.1.5　剪力墙承重

剪力墙承重体是指利用建筑物的外墙和永久性内隔墙的位置布置钢筋混凝土承重墙的结构，剪力墙既能承受竖向荷载，又能承受水平力。因为其主要作用是承受平行于墙体平面的水平力，并提供较大的抗侧立刚度，剪力墙承重结构使剪力墙受剪且受弯，因此而得名剪力墙，以便与一般仅承担竖向荷载的墙体相区别。在地震区，剪力墙的水平力主要由地震作用产生，因此，剪力墙又称为抗震墙，如图 2-1-2 所示。

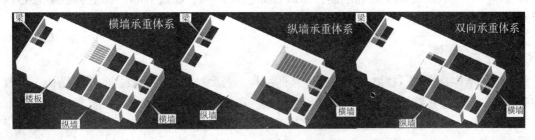

图 2-1-2　剪力墙截面的形式

　　一般来说，剪力墙的宽度和高度与整个房屋的宽度和高度相同，宽达十几米或更大，高达数十米以上。而剪力墙的厚度则很薄，一般为 160～300mm，较厚的剪力墙厚度可达 500mm。剪力墙承重体系常用于高层住宅和旅馆建筑物中。根据建筑体型的划分，高层建筑可以分为板式和塔式两种，其剪力墙结构的布置如图 2-1-3 所示。

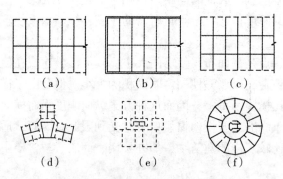

（a）　　　　　　　　（b）　　　　　　　　（c）

（d）　　　　　　　　（e）　　　　　　　　（f）

图 2-1-3　剪力墙结构布置示意图

2.2　骨架结构体系

　　骨架结构体系主要是指梁、板结构，梁、板结构是房屋建筑中应用最广泛的构件，也是建筑结构中最基本的构件。梁主要承担垂直于梁轴线方向的荷载作用，板主要承担面荷载。梁、板受力分析方便、制作简单，因而在中小跨度建筑物中得到广泛应用。

2.2.1　框架

　　框架结构是目前应用最为广泛的一种结构，90%的建筑物都是用框架结构搭建起来的。施工的简单和技术的成熟决定了框架结构在实际工程中的应用是别的结构形式所无法替代的，如图 2-2-1 所示。

　　框架结构是由纵向、横向框架所组成，形成空间的框架结构，以承担竖向荷载和水平力的作用。具有布置灵活、造型活泼等优点，容易满足建筑物使用功能的要求。同时，经过合理设计，框架结构可以具有较好的延性和抗震性能。但是框架结构构件断面尺寸较小，结构的抗侧刚度较小，水平位较大。在地震作用下容易由于大变形而引起非结构构件的损坏，因此其建设高度受到限制，一般在非地震区不宜超过 60m，在地震区不宜超过 50m，如图 2-2-2 所示。

2.2.2　刚架

　　刚架结构是指梁、柱之间为刚性连接的结构。若梁与柱之间为铰接的单层结构，一般称为排架；多层多跨的刚架结构则常称为框架。单层刚架为梁、柱合一的结构，其内力小于排架结构，梁、柱截面高度小，造型轻巧，内部净空较大，因而广泛应用于中小型厂房、体育馆、礼堂、食堂等中小跨度的建筑物中。其缺点是刚架结构自重大，用料较多，适用跨度受到限制，如图 2-2-3 所示。

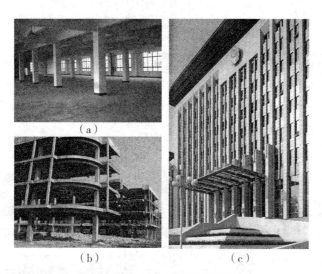

图 2-2-1 框架结构的建筑物

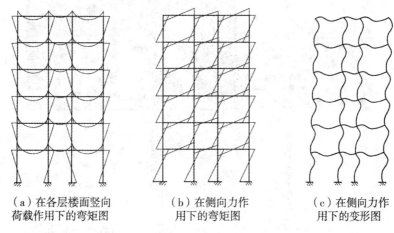

（a）在各层楼面竖向
荷载作用下的弯矩图

（b）在侧向力作
用下的弯矩图

（c）在侧向力作
用下的变形图

图 2-2-2 框架结构的受力与变形图

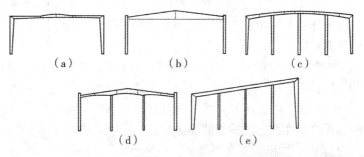

（a）　　　　　　（b）　　　　　　（c）

（d）　　　　　　（e）

图 2-2-3 常见门式刚架的结构类型图

2.3 空间结构体系

空间结构体系是指结构中的力的传递是在三维空间内展开的，同时，平面结构的交叉、旋转使得力的传递增加了一个维度。因而，空间结构体系的各个微观的受力面是相互紧密依赖的，这种紧密依赖使得构件在各个维度上的协同工作更紧密，效率也更高，可以做出更大的跨度，更薄的断面，如图 2-3-1 所示。

图 2-3-1　网架的形态和空间

2.3.1　网架

空间网架是由许多杆件根据建筑形体要求，按照一定的规律进行布置，通过节点连接组成一种网状的三维杆系结构，这种结构具有三向受力的性能，故也称为三向网架。三向网架各杆架之间相互支撑，具有较好的空间整体性，是一种高次超静定的空间结构，在节点荷载作用下，各杆件主要承担轴力，因而能够充分发挥材料的强度作用，结构的技术经济指标较好。网架具有以下优点：

（1）网架为三向受力的空间结构，比平面结构（如平面桁架结构）自重轻、节省钢材。

（2）网架结构整体刚度大、稳定性好、安全储备高，能有效地承担各种非对称荷载、集中荷载、动荷载的作用，施工时对不同步提升和地基不均匀沉降等情况有较强的适应能力，并有良好的抗震整体性，通过适当的连接构造，还能承担悬挂吊车及由于柱上吊车引起的水平纵横向的刹车力作用。

（3）网架是一种无水平推力或拉力的空间结构，一般简支承在支座上，这能使边支座大为简化，也便于下部承重结构的布置，构造简单、节省材料。

（4）网架结构应用范围广泛，平面布置灵活，对于各种跨度的工业建筑、体育建筑、公共建筑，平面形式的无论是方形、矩形、多边形、圆形、扇形等都能进行合理的布置。近年来厂房建筑工程中逐渐地考虑工艺布置灵活、便于产品更新、设备调整，因而大柱网、大面积的工业厂房采用网架结构日益增多。

（5）网架结构易于实现制作安装的工厂化、标准化，若采用螺栓连接，网架的杆和节点都可以在工厂生产，符合大工业生产发展的需要，现场方便拼装，技术简单，工作量小。且网架可拆、可装，便于建筑物的扩建改造或移动搬迁。

（6）网架结构占有的空间小，并可以利用网架上下弦之间的空间布置各种设备及管道等，能更有效地利用空间，使用方便，经济合理。

（7）网架的建筑造型新颖、壮观、轻巧、大方，并能直接利用网架上下弦杆件及腹杆的布置形成一些美丽的天花图案，不作装饰也能体现建筑物的艺术美，因而为建筑师和业主所乐于采用。

网架的缺点主要是节点部分比较复杂，节点的加工和施工都有比较高的要求，是对工业制造水平和建筑施工能力的综合考验。如图 2-3-2 所示，美籍华裔建筑师贝聿铭设计的卢浮宫改建工程的玻璃金字塔入口，使用了一套网架系统。外表看似简单的玻璃金字塔其内部构造并不简单，说明了成功的结构是造型和空间有力的保证。

图 2-3-2 卢浮宫改建工程

2.3.2 网壳

网壳是网架的另一种衍生物，可以说是曲面上的网架，或者网架和壳体的结合体。网壳是一种推力结构，因此对周边支座有一定的抗推力作用，也有在网壳内部增加拉索来抵消推力和防止结构变形的建筑物。最为常见的如筒壳，即呈柱面的壳体。网壳也可以像网架一样由上下弦和腹杆组成，这种网壳一般称为双层网壳。一般杆件为垂直两向十字形的网壳称为正交网壳或者双向网壳。形成"米"字形杆件交叉的网壳，称为三向网壳。结合起来还可以形成双层三向筒壳，单层双向球壳等许多形式。如图 2-3-3 所示。

美国建筑学家巴克明斯特·富勒是研究球面的大师。他研究的球面是基于正二十面体分球面的模型，该模型的最大优点是杆件种类少，加工和施工都比较容易。据说用富勒所发明的球面搭建一座 44m 直径的半球形穹顶，只需要 30 个工人工作 20 小时就可以完成

图 2-3-3　网壳结构

组装，如图 2-3-4 所示。德国结构大师弗雷·奥托是一位研究型的设计师。他使用双向单层的木网壳设计并建成了一些网壳建筑，是工艺与形态结合的产物，体现了崇尚自然有机的形态。网壳从外部来看宛如山丘一般起伏，完全呈自由形态，从内部看空间极富动感。如图 2-3-5 所示。

图 2-3-4　富勒球

图 2-3-5　弗雷·奥托的木网壳

2.3.3　索膜结构

索膜结构是新兴的结构造型形式。相对于网壳结构的推力网络，索膜结构一般都是拉力网络的结构体系。索膜结构常采用非常轻的材料，本身的结构形式也与受力状态保持高度的一致，是一种很有潜力的轻型建筑结构。

索膜结构是索网结构和膜结构的统称，是一种在空间展开的拉力体系，索网的延伸方向向空间各个向度发展，同时由于结构自重较轻，已经摆脱了重力的约束，把受力方向沿水平方向延伸，使造型具有天然的飘逸和横向发展的趋势。巩特尔·贝尼施设计的德国慕尼黑奥运会的场馆，就使用了这种索网结构，他邀请弗雷·奥托作为设计的结构顾问，两人一起完成了这幢著名的建筑，如图 2-3-6 所示。索膜结构还有许多其他做法，例如利用弦支的原理做成的整体弦支屋面，具有跨度大、自重轻的特点，造型上也具有很强的张力感。还有一些如伞式结构、充气膜结构、蒙皮膜结构，许多新的造型形式都在尝试之中。如图 2-3-7 所示。

图 2-3-6　德国慕尼黑奥运会场馆

图 2-3-7　利用拉力支撑的轻型膜结构

复习思考题 2

1. 墙体承重结构体系包括哪些方式？各自的适用范围是什么？
2. 什么是剪力墙？
3. 骨架结构体系包括哪些方式？各自的适用范围是什么？
4. 什么是刚架结构？有哪些优、缺点？
5. 空间结构体系包括哪些方式？各自的适用范围是什么？
6. 什么是网架结构？有哪些优、缺点？

第3章　常用建筑材料及其连接

◎**内容提要**：本章内容主要包括常用建筑的材料及其材料的性能和用途，常用建筑材料之间的连接方法。

3.1　常用建筑材料

对各种常用的建筑材料的基本性能，从建筑构造的角度出发，应作以下了解：

材料的力学性能——有助于判断其使用及受力情况是否合理；材料的其他物理性能（防火、防水、导热、透光等）——有助于判断是否有可能符合使用场所的相关要求或采取相应的补救措施；材料的机械强度以及是否易于加工（即易于切割、锯刨、钉入等特性）——有助于研究用何种构造方法实现材料或构件之间的连接。

3.1.1　砖石

1. 材料分类

砖是块状的材料，分为烧结砖和非烧结砖两种。前者是以粘土、页岩、煤矸石等为主要原料，经烧制成的块体，如图3-1-1所示；后者以石灰和粉煤灰、煤矸石、炉渣等为主要原料，加水拌和后压制成型，经蒸汽养护成块材，如图3-1-2所示。

（a）　　　　　　　　　　（b）

图3-1-1　烧结粘土实心砖和空心砖

石材是一种天然材料，其品种非常多，最常见的有花岗石、玄武岩、大理石、砂岩、页岩等，按成因可以分为火成岩、变质岩和沉积岩。其中火成岩（以花岗石为代表）系由高温熔融的岩浆在地表或地下冷凝所形成；变质岩（以大理石为代表）系由先生成的岩石因其所处地质环境的改变，经变质作用而形成；沉积岩（以砂岩和页岩为代表）系由经风化作用、生物作用或火山作用而产生的地表物质，经水、空气和冰川等外力的搬运、沉积

图 3-1-2　粉煤灰硅酸盐砌块(非烧结砖)

固结而形成。

2. 材料性能

砖、石都是刚性材料，抗压强度高而抗弯、抗剪较差，其强度等级按抗压强度取值。普通烧结砖的强度等级分为 MU30、MU25、MU20、MU15、MU10 共五级(单位为 N/mm^2)；石材的强度等级分为 MU100、MU80、MU60、MU50、MU40、MU30、MU20、MU15、MU10 共九级。砖具有一定的耐久性和耐火性，现场可以湿作业。但其中非烧结砖吸湿性较大、易受冻融作用而且表面较光滑，与砂浆较难结合，因此使用时应采取相应的构造措施。

石材也具有相当好的耐久性和耐火性。其中花岗石的结构均匀、质地坚硬、耐磨损而且不易风化；大理石的内部结构呈粒状变晶结构，不如火成岩均匀，虽因此形成丰富的色彩和纹理，但抗冲击不如火成岩，在外力作用下，不同纹理的交接处有可能开裂，且易受到空气中所含的碳酸及其他酸性化学成分的影响而遭到侵蚀；砂岩有气孔而易污染，不易清洁；页岩则具有较为特殊的肌理。

3. 材料的主要用途

砖用于砌体，长期以来一直是低层和多层房屋的砌筑墙体材料的主要来源。但普通粘土砖大量消耗土地资源，因此用新型墙体材料取代粘土砖成为当前一个重要课题。

石材经人工开采琢磨，可以用做砌体材料或用做建筑面装修材料。其中火成岩质地均匀，强度较高，适宜用在楼地面；变质岩纹理多变且美观，但容易出现裂纹，故适宜用在墙面等部位；沉积岩质量较轻，表面常有许多孔隙，最好不要放在容易受到污染，需要经常清洗的部位。天然石材在使用前应通过检验，使其放射物质的含量在法定标准以下。此外碎石料经与水泥、黄砂搅拌制成混凝土，在建筑工程中有广泛的用途。

3.1.2　混凝土

1. 材料分类

混凝土是用胶凝材料(如水泥)和骨料加水浇注结硬后制成的人工石。其中的骨料包括细骨料(如黄砂)和粗骨料(如石子)两种。最常用的混凝土中石子的粒径一般在 45~50mm，因此混凝土的厚度一般至少在 70~80mm。若选用粒径在 15~20mm 的石子来做粗骨料，这种混凝土就被称之为细石混凝土，细石混凝土的厚度一般在 35~40mm。实际工程中，内部不配置钢筋的混凝土称为素混凝土，如图 3-1-3 所示，内部配置钢筋的混凝土称为钢筋混凝土，如图 3-1-4 所示。这两种材料的力学性能有较大的区别。

图 3-1-3　素混凝土　　　　　　　　　　　图 3-1-4　钢筋混凝土

2. 材料性能

素混凝土是一种刚性材料，其抗压性能良好而抗拉、抗弯的性能较差，强度等级分为 C7.5、C10、C15、C20、C25、C30、C35、C40、C45、C50、C55、C60 等若干级。

钢筋混凝土是一种非刚性材料，由钢筋与混凝土共同作用。因为钢筋和混凝土有良好的粘结力，温度线膨胀系数又相近，所以可以共同作用并发挥各自良好的力学性能，其中钢筋主要用于抵抗弯矩，混凝土则主要用于抗压。混凝土的耐火性和耐久性都较好，而且通过改变骨料的成分以及添加外加剂，可以进一步改变其他方面的性能。例如将混凝土中的石子改成其他轻骨料，如蛭石、膨胀珍珠岩等，可以制成轻骨料混凝土，改善其保温性能。又如在普通混凝土中适量掺入氯化铁、硫酸铝等，可以增加其密实性，提高混凝土的防水性能。

3. 材料的主要用途

素混凝土因为抗压性能良好，故常用于道路、垫层或建筑物底层实铺地面的结构层。钢筋混凝土可以抗弯、抗剪和抗压，故作为结构构件，大量使用在建筑物的支承系统中。

3.1.3　砂浆

1. 材料分类

砂浆是由胶凝材料和细骨料(如黄砂、石灰等)加水拌和后结硬而成的。常用的建筑砂浆有水泥砂浆(水泥+黄砂)、混合砂浆(水泥+石灰膏+黄砂)和水泥石屑(水泥+细石屑)。实际工程中使用到砂浆时，通常还需要交代其中材料的级配，即材料的重量比。水泥砂浆常用的级配(水泥∶黄砂)是 1∶2、1∶3；混合砂浆常用的级配(水泥∶石灰膏∶黄砂)是 1∶1∶4、1∶1∶6；水泥石屑常用的级配(水泥∶石屑)是 1∶3。

2. 材料性能

砂浆属于刚性材料，由于骨料的粒径较小，因此在施工和使用过程中有可能开裂。其强度等级分为 M2.5、M5.0、M7.5、M10、M15 共 5 级。

根据内部成分的不同，各类砂浆的性能也有所区别。其中，水泥砂浆是一种水硬性材料，结硬后强度较高，防水性能较好；混合砂浆是一种气硬性材料，和易性(保持合适的流动性、粘聚性和保水性，以达到易于施工操作，并且成型密实、质量均匀的性质)较好，但强度及防水性能均不及水泥砂浆；水泥石屑中的细石屑粒径较黄砂大，因此其抗压强度较高，而且在使用过程中石屑不易因表面磨损而析出。

　　和混凝土一样，在水泥砂浆中掺入氯化物金属盐类、硅酸钠类和金属皂类，可以制成防水砂浆，进一步改善其防水性能。

　　3. 材料的主要用途

　　砂浆的主要用途是作为粘结材料来砌筑砌体，一般在建筑物的±0.00 以下用水泥砂浆来砌筑，而在±0.00 以上则用混合砂浆来砌筑。

　　砂浆还是许多建筑构件表面粉刷的常用材料。一般在需要抗压或需要良好防水性能的场所会选用水泥砂浆，在需要良好粘结性能的场所则会选用混合砂浆。水泥石屑砂浆一般用于建筑物室内地面的面层粉刷。

　　除此之外，砂浆还可以被用来粘结一些装饰块材；制作成防水砂浆后，可以应用在一些需要特殊防水构造的场所，例如地下室外壁等。

3.1.4　钢材

　　1. 材料分类

　　常用的钢材按断面形式可以分为圆钢、角钢、H 形钢、槽钢、各种钢管、钢板和异型薄腹钢型材等，如图 3-1-5 所示。

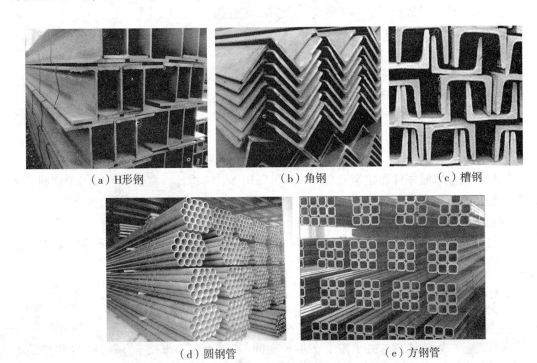

（a）H 形钢　　　　　　　（b）角钢　　　　　　　（c）槽钢

（d）圆钢管　　　　　　　（e）方钢管

图 3-1-5　各类型钢

2. 材料性能

钢材有良好的抗拉伸性能和韧性，但若暴露在大气中，很容易受到空气中各种介质的腐蚀而生锈。同时，钢材的防火性能也很差，当温度达到 600℃ 左右时，钢材的强度就会几乎降到零。因此，钢构件往往需要进行表面的防锈和防火的处理，或将其封闭在某些不燃的材料，如混凝土中，才能很好地发挥其作用。

3. 材料的主要用途

钢材在建筑工程中主要用做结构构件和连接件，特别是需要受拉或受弯的构件。某些钢材如薄腹型钢、不锈钢管、不锈钢板等也可以用于建筑装修。

3.1.5 其他金属

1. 常用的其他金属材料及其性能

(1) 铝合金

铝合金是铝和其他元素制成的合金。其重量轻，强度较低，但塑性好，易被加工。且在大气中抗腐蚀性好，耐疲劳性能也较好。

(2) 铸铁

铸铁在工厂翻砂铸造，其材质较脆，易折断，但耐气候性较好。

(3) 铜

铜材材质较软，延展性好，且其化学性能稳定，色泽华丽。

(4) 铅

铅材熔点低，延展性好，易于加工，且其屏蔽性强。

2. 主要用途

(1) 铝合金

铝合金在建筑工程中主要用来制作门窗、吊顶和隔墙龙骨以及饰面板材。

(2) 铸铁

铸铁可以被浇铸成不同的花饰，主要用于制作装饰构件如栏杆等，而且因为耐气候性较好，可以长期暴露于室外而少有锈蚀。

(3) 铜

铜材除用做水暖零件和建筑五金外，还可以用于装饰构件。黄铜粉可以用于调制装饰涂料，起仿"贴金"的作用。

(4) 铅

铅材可以用于屋面有突出物或管道处的防水披水板，还可以因其强屏蔽性能用于医院、实验室类的建筑物中。

3.1.6 天然木材

1. 材料性能

木材是一种天然材料。由于树干在生长期间沿其轴向（生长方向）和径向（年轮的方向）的细胞形态、组织状况都有较大的差别，因此树木开采加工成木材后，明显具有各向异性的特征，如图 3-1-6 所示。

天然木材的顺纹方向，即沿原树干的轴向，具有很大的受拉强度，顺纹受压和抗弯的性能

图 3-1-6　天然木材的轴向和径向

都较好。但树木顺纹的细长管状纤维之间的相互联系比较薄弱，因此沿轴向进入的硬物容易将木材劈裂，即便在木材近端部的地方钉入一根钉子，也可能使该处的木材爆裂。此外，这些管状纤维的细胞壁若受到击打容易破裂，因此重物很容易在木材上面留下压痕。

木材的横纹方向，即沿原树干的径向，强度较低，受弯受剪都容易破坏，再加上一般树木的径围都有限，沿径向取材较难，因此，建筑工程中一般都不直接使用横纹的木材。

作为天然材料，木材本身具有一定的含水率，加工成型时除自然干燥外，还可以进行浸泡、蒸煮、烘干等处理，使其含水率控制在一定的范围内。尽管如此，木材的制品往往还是会随空气中湿度的变化而产生胀缩或翘曲，如木地板在非常干燥的天气会发生"拔缝"的现象就是由于这个原因。一般地，木材顺纹方向的胀缩比横纹方向的胀缩要小得多。

木材是易燃物，长期处在潮湿环境中又易霉烂，同时还有可能产生蚁害，因此木材在工程设计使用时应注意防火、防水和防虫害等方面的处理。

常用的木材分为方子和板材两种，开料的断面尺寸多以 25mm，即近似于 1 英寸增减，例如方子的断面尺寸常取 50mm×75mm、50mm×100mm 等，行业中口头上习惯按照英制将其简称为"二三"（即 50mm×75m/n）、"二四"（即 50mm×100mm）等，标注时只需用引出线标明其断面尺寸，如 50mm×75mm 等即可。

2. 主要用途

由于树种不同，各种不同的木材硬度、色泽、纹理均不相同，在建筑工程中所能发挥的作用也不同。在现代建筑工程中，木材多用来制作门窗、屋面板、扶手栏杆以及其他一些支撑、分隔和装饰构件。

3.1.7　人造块材和板材

人造块材或板材是经对天然材料进行各种再加工及技术处理或人工合成新材料制成的。这类材料可以节约天然材料、克服天然材料所固有的某些缺陷，并更适合现代建筑技术。常用的人造块材和板材有以下几种。

1. 水泥系列制品

水泥系列制品以水泥为胶凝剂，经添加发泡剂、各种纤维或高分子合成材料，制成块材或板材，这类块材或板材在轻质、高强、耐火、防水、易加工等方面有突出的优点。其中大部分还兼有较好的热工及声学性能。

（1）加气水泥制品

加气水泥制品是以水泥、石灰、炉渣等含氧化钙的材料和砂、粉煤灰、煤矸石等含硅的材料加发气剂制成，分砌块和板材两大系列，如图3-1-7、图3-1-8所示，必要时可以配筋。加气水泥制品广泛用于各种砌筑或填充的内、外墙以及用做某种复合楼板的底衬，还可以单独用做保温材料。

图3-1-7　加气水泥砌块　　　　图3-1-8　加气水泥墙板

（2）加纤维水泥制品

以水泥为胶凝剂加入玻璃纤维制成的玻璃纤维增强水泥板（GRC板）、低碱水泥板（TK板）以及加入天然材料的纤维如木材、棉秆、麻秆等制成的水泥刨花板等材料，可以用于不承重的内外墙以及管井壁。如图3-1-9所示。

图3-1-9　玻璃纤维增强水泥板

（3）轻骨料水泥制品

水泥加入轻骨料，例如聚苯乙烯泡沫塑料颗粒、陶粒、蛭石等，制成板材，这类板材重量轻，保温性能良好，具有较好的耐水及抗冻性，可以用做墙体或屋面的内外保温层。

2. 石膏系列制品

石膏的隔热、吸声和防火性能好，容易浇注成形，容易切割加工，但耐水性较差。常见的石膏系列制品有纸面石膏板、加玻璃纤维或纸筋、矿棉等纤维制成的纤维石膏板、矿渣石膏板和多种石膏的装饰构件如线脚、柱饰、板饰等，如图 3-1-10 所示。石膏系列制品主要用于建筑隔墙和吊顶的面板，还可以用于建筑吊顶和一些需要装饰的部位。

图 3-1-10 用于吊顶面板的纸面石膏板

3. 天然材料纤维制品

天然材料纤维制品是人们出于对材料充分利用或对材料天然性能改造的目的。将天然材料经过加工制成的纤维制品，例如把天然木材的边角打碎后将其纤维用胶凝剂粘结制成木质的定向纤维板(OSB 板)和各种密度板，将木材旋转切割成薄片后错纹叠合粘结成旋切木胶合板，或者将木材边角料成条排列胶合成细木工板等，既保留了天然木材易加工的优点或某些天然的纹理，又克服了其多向异性、易受潮变形的缺点，还能提高材料的强度并有效地利用自然资源。实际工程中，这类制品多用于建筑隔墙、地板或饰面。因其粘结材料中含有甲醛，应严格控制其用量以保证使用者的健康。

4. 复合工艺制品

复合工艺制品是指将多种材料用现代工艺加以复合制成的产品，可以克服单一材料所固有的缺陷，求得较佳的综合性能效果。例如复合材料蜂窝夹芯板，是用一层高分子材料或铝合金、甚至高强的纸制成蜂窝状的芯板来取得成品的刚度，然后在其双侧复合成所需的面层材料薄板，例如石板、铝合金板等，以及用防水、隔离材料等制作的衬底。这种蜂窝夹芯板轻质高强、隔声、隔热效果好，可以用做隔墙、隔音门、装饰面板，还可双用做幕墙，如图 3-1-11 所示。

实际工程中常用的保温夹芯彩钢板，在两层压型钢板中复合轻质保温材料，可以在很大程度上简化施工程序，甚至可以自成体系地建造房屋。如图 3-1-12 所示。

3.1.8 玻璃和有机透光材料

1. 材料性能

(1)玻璃

玻璃是天然材料经高温烧制的产品，具有优良的光学性质，透光率高，化学性能稳定，但其脆且易碎，受力不均或遇冷、热不匀都易破裂。

图 3-1-11　各种蜂窝夹芯板

图 3-1-12　保温夹芯彩钢板

为了提高玻璃使用时的安全性，可以将玻璃加热到软化温度后迅速冷却制成钢化玻璃，这种玻璃强度高，耐高温及温度骤变的能力好，即便破碎，碎片也很小且无尖角，不易伤人。此外，还可以在玻璃中夹入金属丝做成夹丝玻璃或在玻璃片之间夹入透明薄膜后热压粘结成夹层玻璃，这类玻璃破坏时裂而不散落。钢化玻璃、夹丝玻璃和夹层玻璃都是常用的安全玻璃材料。

玻璃在几何形态上可以分为平板、曲面、异形等若干种。除了最常用的全透明的玻璃外，还可以通过烤漆、印刷、轧花、表面磨毛或蚀花等方法制成半透明的玻璃。此外，为装饰目的研制的玻璃产品有用实心或空心的轧花玻璃制成的玻璃砖以及用全息照相或激光处理、使玻璃表面带有异常反射特点而在光照下出现艳丽色彩的镭射玻璃等。

由于玻璃在建筑物外围护结构上占据了相当的比例，为改善其热工性能和隔声效果而研制的玻璃有镀膜的热反射玻璃、带有干燥气体间层的中空玻璃等。

（2）有机透光材料

有机合成高分子透光材料具有重量轻、韧性好、抗冲能力强、易加工成形等优点，但其硬度不如玻璃，表面易划伤，且易老化。这类产品有丙烯酸酯有机玻璃、聚碳酸酯有机玻璃、玻璃纤维增强聚酯材料等，成品可以制成单层板材，也可以制成管束状的双层板或多层板，还可以制成穹隆式的采光罩或其他异型透明壳体，如图 3-1-13 所示。

图 3-1-13　有机合成高分子材料制作的穹隆式采光罩

2. 主要用途

玻璃和有机透光材料在建筑工程中主要用于门窗、采光天棚、雨篷、幕墙、隔断和装饰。

3.1.9 其他常用材料

1. 装饰面材

装饰面材的主要用途是对建筑物界面进行装修，所以对其性能的关注主要集中在材料的色泽、质感、耐气候性、易清洁性能等若干方面。常用的装饰面材有以下几种。

（1）装饰卷材

装饰卷材包括各类地毯、墙布、墙纸和悬垂物。常用的装饰卷材有天然材料的织物（如羊毛和丝的织品）、皮革以及各类化纤和金属的织物及轧制物（如塑料地毡、人工草皮、金属编织网）等，可以用于墙、地面铺挂及作为软吊顶装修，如图 3-1-14 所示。

（2）装饰块材

装饰块材包括各类面砖和人造石材。其中装饰面砖一般以陶土或瓷土为原料，经加工成型后煅烧而成，如图 3-1-15 所示，表面处理分无釉和上釉两种。其质地较坚硬，切割较方便，有一定的吸水率，在较大的撞击力作用下易破碎。

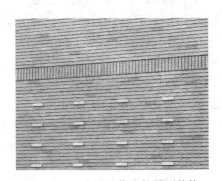

图 3-1-14　金属网作为软吊顶装修　　　图 3-1-15　面砖装修所形成的表面

在应用范围方面，陶土面砖可以适用于建筑物的内、外墙面及地面。上釉的陶土面砖因其防冻、耐腐蚀的性能比无釉的陶土石砖更好，所以用于室外更适宜。瓷土面砖较细密，吸水率较低，而且表面较易清洁，因此适用于日常易于受到污染的建筑物的墙面。

有一些被分割成非常小的块面面砖称为马赛克（音译），这类材料通常会在工厂预先被集合成片、粘贴在牛皮纸上再提供现场使用，以方便施工。马赛克的品种很多，有石材的、烧制陶瓷的，还有复合工艺制造的，如衬膜的玻璃马赛克等。用不同色彩的马赛克可以取得很好的拼花效果。

将天然石材的碎料经人工树脂或水泥等材料粘结，可以制造出人造花岗石、人造大理石、预制水磨石等块材，其色彩和纹理可以由人工设计，而且块材之间色泽均匀，不易破损，其价格也较为便宜，特别是人造大理石，可以用于建筑物的室内地面铺设。

（3）涂料

涂料是颜料、填料、助剂及乳胶液的混合物，能对构件表面起到保护作用并取得人们需要的颜色和质感。一般地，外墙涂料需要有较好的弹性及耐气候性，常用的有苯丙乳液涂料、纯丙乳液涂料、溶剂型聚丙烯酸酯涂料、聚氨酯涂料、砂壁状涂料、有机硅改性聚丙烯酸酯乳液型涂料和溶剂型外墙涂料、弹性涂料等。内墙涂料需要有较好的质感及装饰效果，常用的有醋酸乙烯乳液涂料、丙烯酸酯内墙乳液涂料、聚乙烯醇内墙涂料和多彩涂料等。地面涂料要有较高的强度，耐磨且抗冲击能力较好，常用的有过氯乙烯水泥地面涂料、氯偏乳液地面涂料、环氧树酯自流平地面涂料、聚氨酯地面涂料、氯化橡胶地面涂料等。

（4）油漆

油漆包括各类清漆和调和漆。其中清漆的装饰效果是可以使基底材料的纹理清晰地表现出来，常用的有酚醛清漆、醇酸清漆、虫胶清漆（泡立水）、硝基清漆（蜡克）等。调和漆不透明，一般包括覆盖力较强的底漆和漆膜较为坚固的面漆，可以对所涂覆的表面起到保护和着色的作用。

2. 防水卷材及密封材料

（1）防水卷材

防水卷材按防水材料的类别可以分为沥青、沥青和高分子聚合物的混合物以及高分子材料三类。对应的成品分别称为沥青油毡、改性沥青油毡和高分子卷材。按防水卷材的制作工艺，又可以分为有胎和无胎的两种。有胎的是以纸、聚酯无纺布、玻璃纤维毡、铝箔等为胎体，复以防水材料制成的防水卷材。无胎的则直接将防水材料制成片材，如三元乙丙、聚氯乙烯、氯化聚乙烯防水卷材等。

防水卷材铺设方便，一般用胶粘材料附着在基层上，可以单层设置或多层设置，相互之间可以搭接。但需要有一定的延伸率来适应变形和较好的耐气候性来防止材料老化。

（2）密封材料

密封材料有两种，一种是橡胶、泡沫塑料类的制品，可以制成不同的断面形式，通过嵌入缝隙后体积回弹挤压或由断面形状造成多道屏障，达到封闭的目的。成品有各种止水带、密封条等。另一种是以胶粘剂的方式，填入缝隙后成膜，与两边材料粘接，且自身具有良好的延伸率，能适应变形。这类产品有沥青防水油膏、聚氯乙烯嵌缝油膏、聚氨酯建筑密封膏、硅酮密封膏（俗称硅胶）、聚硫密封膏等。

3. 保温材料和隔声材料

保温材料和隔声材料同属容重小、内部富含空气的材料，但保温材料的内部气孔最好能够闭合，以防止水汽的进入。反之，隔声材料的内部气孔则最好开放，以利于消耗声能。

常用的保温材料和隔声材料有用天然石材和矿石为原料加工制成的纤维状物，如岩棉、矿渣棉、玻璃棉等，可以制成各种成品的卷材或板材。此外还有用聚氨酯、聚苯乙烯、聚氯乙烯等有机高分子合成材料经发泡处理加工制成的各种制品，如发泡聚苯乙烯板材等，如图 3-1-16、图 3-1-17 所示。

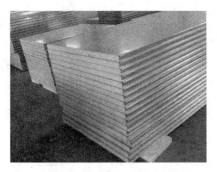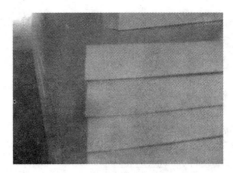

图 3-1-16　矿棉保温板　　　　　　　　图 3-1-17　发泡聚苯乙烯保温板

　　在选择使用保温材料和隔声材料时，必须注意其内部构造对应用场所和功能需要的合理性，而且还应注意这类材料中有些是可燃的，或者可能会在高温的条件下释放出有害气体，绝对不能掉以轻心。

　　4. 粘结材料

　　粘结材料应有合适的粘结强度，易于使用，且稳定、耐久。由于粘结材料多为化工产品，而被结合物与粘结材料之间应有相容性以及良好的结合力来保证其安全性能，所以不同的粘结材料具有不同的用途。

　　常用的粘结材料有：

　　803 胶——用于水泥砂浆作添加剂，铺贴面砖；粘贴壁纸。

　　环氧树脂胶黏剂——用于金属、陶瓷、玻璃、砖石等的粘结。

　　聚酯酸乙烯乳胶液（白胶）——用于木料、陶瓷等的粘结。

　　氯丁橡胶粘结剂——用于结构粘结。

　　聚氨酯类胶结剂——用于木材、玻璃、金属、混凝土、塑料等的粘结，并适用于地下及水中施工。

　　5. 其他高分子合成材料

　　建筑工程中常用的其他高分子合成材料包括 PP（聚丙烯）、PE（聚乙烯）、PVC（聚氯乙烯）等。这类材料轻质高强，导热系数小，一般不透水，产品可以按需要加工制成多种色泽以及各种断面，因此被广泛用于制作门窗、有水场所的隔断和室外楼梯扶手以及各种管道。其中，冷、热水给水多采用 PVC、PE 等塑料管道；建筑排水多用 PVC 塑料管道；燃气塑料管道采用 PE 塑料管；塑料电线护套管采用 PE 及 PVC 塑料管；塑料通信电缆护套管采用 PE 塑料管。

　　这类高分子材料多数可燃，在应用时应予以充分注意。

3.1.10　常用建筑材料断面的表达方式

　　建筑详图一般比例较大，按照相关规定必须在构件剖切到的位置用相应的图例来表达所用的材料。图 3-1-18 是常用的建筑材料的断面的表达方式。

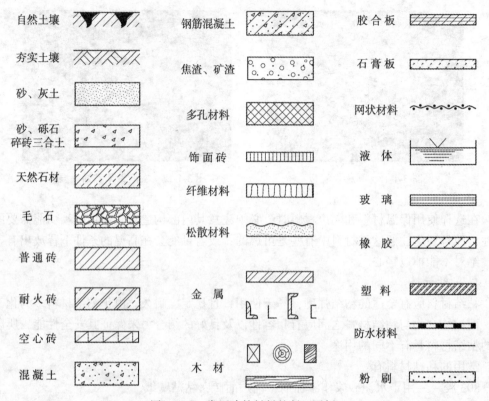

图 3-1-18　常用建筑材料的断面图例

3.2　常用建筑材料的连接

3.2.1　建筑材料之间连接应遵循的基本原则

建筑物中相邻构件的连接方式，与其构成材料的性能密切相关，因此，各种建筑材料之间的相互连接，是建筑构造设计中所要涉及的重要内容，应遵循以下几条基本原则。

1. 受力合理

连接构造应符合力的传递规律，从整体到局部满足节点处结构的传力要求，做到安全可靠。如图 3-2-1 所示的钢楼梯，踏步与中心立柱之间采用焊接的方式固定，其目的是形成刚性连接，以利于节点传递弯矩，避免转动。

2. 充分发挥材料的性能

连接构造应满足所在场所对材料性能的要求，并尽量使其性能得到充分发挥，而且应同时保证相邻构件的材料之间化学性质能够相容，不发生有害的化学反应。如图 3-2-2 所示的金属门窗的门窗框与墙体之间的连接，除了用金属连接件固定外，往往还会在缝隙中填入发泡的聚氨酯材料，因为聚氨酯材料不但具有很好的弹性、粘结性和防水、保温的性能，可以适应门窗洞口的微小变形，而且具有良好的化学稳定性，与金属材料之间不会发生有害的不良反应。

图 3-2-1　某钢楼梯踏步与中心立柱之间焊接

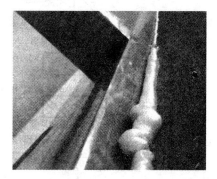
图 3-2-2　金属门窗框与墙体之间用发泡聚氨酯填缝

3. 具有施工的可能性

连接构造节点的设计应充分考虑现场施工的可能性，符合施工顺序的要求，留有必要的作业空间，并尽量使现场施工简单快捷。如图 3-2-3(a)所示的某钢构架与外墙挂板的连接点设计，使得墙板起吊后很容易从上方通过连接件插入钢架上方留有缺口的连接钢片上，先行暂时固定，方便吊具脱钩，以后再进行下一步的调整。

（a）某建筑物钢构架上挂外墙板的连接件向上留有开口

（b）外墙板施工时可以很方便地与主体结构连接

图 3-2-3　连接节点方便施工实例

4. 美观适用

凡暴露的连接节点应美观，凡是人们能接触到的部分都应满足其他感官上的要求，并有合适的尺度。如图 3-2-3(b)所示的踏步栏杆在与地面连接以及杆件之间互相连接的节点设计上，都采用了相似的连接方法和配件的细部构造，体现出设计的精良。建筑材料及其连接工艺发展迅速，因此木构件之间除了传统的连接工艺外，还会大量借助金属连接件辅助连接，如图 3-2-4～图 3-2-6 所示。

3.2.2　钢材常用的连接方法

钢材之间的连接常采用焊接、螺栓连接、套接、节点球连接等方法。焊接可以形成刚性的节点，而螺栓连接则可以按照需要设计为铰接或刚接。为了方便施工现场构件的临时

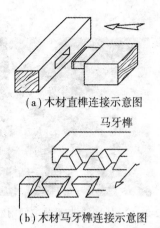

（a）木材直榫连接示意图

马牙榫

（b）木材马牙榫连接示意图

（c）传统木构架用直榫连接的实例

图 3-2-4　木构件之间榫接

图 3-2-5　木构件之间榫接

图 3-2-6　木构件之间借助金属连接件用螺栓连接

固定以及就位后作适当的调整，许多需要焊接的构件往往会先用螺栓固定，构件上预留螺栓孔的形状也会根据调节的需要来决定，如图 3-2-7~图 3-2-13 所示。

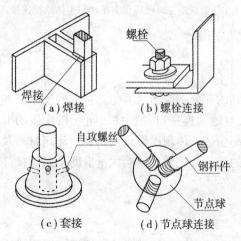

焊接　（a）焊接

螺栓　（b）螺栓连接

自攻螺丝　（c）套接

钢杆件　节点球　（d）节点球连接

图 3-2-7　钢材常用连接方法示意图

图 3-2-8　构件间先用螺栓临时固定后再焊接的实例

图 3-2-9　条形螺栓孔有利于调节

图 3-2-10　钢构件间连接方式实例

（a）边缘钢构件之间高强螺栓+焊接以保证结构刚度

（b）支撑张拉膜的钢构件之间铰接以适应变形

图 3-2-11　钢构件间连接方式实例（续）

图 3-2-12　钢构件套接方式实例

图 3-2-13　钢构件之间用节点球连接

　　钢筋混凝土构件用于建筑物主体结构，不但彼此之间有预制装配连接的可能，而且经常有其他种类的构件需要以这些结构构件为依托与之相连接。一般地，除了钢筋混凝土预制构件之间会留出钢筋、经互相搭接处理后用混凝土浇筑节点外（见图 3-2-14），其余节点通常都是通过在混凝土中预埋连接钢板或螺栓、预留扎置入开脚铁件后填实以及在现场打入膨胀螺栓等方法与其他构件相连接的，如图 3-2-15~图 3-2-17 所示。

3.2.3　玻璃材料的连接方法

　　玻璃相互之间可以用结构胶粘结，也可以通过金属构件连接；玻璃与其他材料构件之间主要是通过金属连接件连接。但因为玻璃是脆性材料，与金属等硬质材料的交接处必须

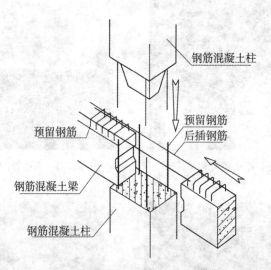

图 3-2-14　预制钢筋混凝土构件之间湿浇节点

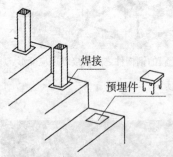

（a）钢筋混凝土中预埋节点板　　（b）钢筋混凝土中预埋节点板实例　（c）通过预埋节点板连接的实例

图 3-2-15　钢筋混凝土中预埋节点

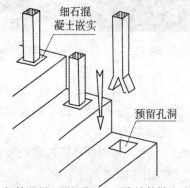

（a）钢筋混凝土预留孔置入开脚铁件做法示意图　　　　　　（b）钢筋混凝土预留孔实例

图 3-2-16　钢筋混凝土预留孔的连接方法板的连接方法

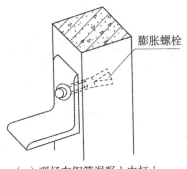

（a）现场在钢筋混凝土中打入
膨胀螺栓做法示意图

（b）与预埋螺栓连接实例

（c）现场打入膨胀螺栓的做法实例

图 3-2-17　钢筋混凝土现场打入膨胀螺栓的连接方法

有柔性的衬垫，如图 3-2-18、图 3-2-19 所示。

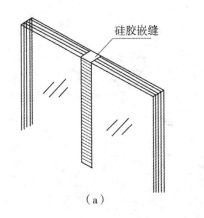

（a）

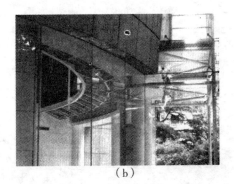

（b）

图 3-2-18　玻璃之间用胶连接

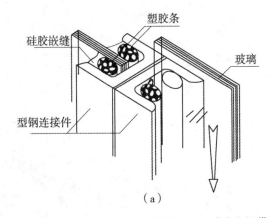

（a）

（b）

图 3-2-19　玻璃之间借助其他构件连接

复习思考题 3

1. 常用的建筑材料的性能特征及其适用范围是什么？
2. 常用的建筑材料的断面形式及其表达方法有哪些？
3. 常用的建筑材料的规格及行业中的习惯称谓是什么？
4. 试举例说明用特殊工艺加工后的建筑材料是如何对天然材料的材性进行改良的。

第二篇　大量型民用建筑构造

第 4 章　墙 体 构 造

◎**内容提要**：本章内容主要包括墙体的类型及设计要求；块材墙体的一般构造和细部构造；墙体的保温、隔热构造；隔墙构造。

4.1　概　　述

4.1.1　墙体类型

1. 按墙体所在位置及方向分类

建筑物的墙体依其在房屋中所处位置的不同，有内墙和外墙之分。凡位于建筑物周边的墙称为外墙，凡位于建筑物内部的墙称为内墙。外墙属于房屋的外围护结构，起着界定室内外空间，并且遮风、挡雨、保温、隔热，保护室内空间环境良好的作用；内墙则用来分隔建筑物的内部空间。其中，凡沿建筑物短轴方向布置的墙称为横墙，外横墙俗称为山墙，凡沿建筑物长轴方向布置的墙称为纵墙，如图 4-1-1 所示。根据墙体与门窗的位置关系，平面上窗洞之间的墙体可以称为窗间墙，立面上下洞口之间的墙体可以称为窗下墙，屋顶上部的墙称为女儿墙。

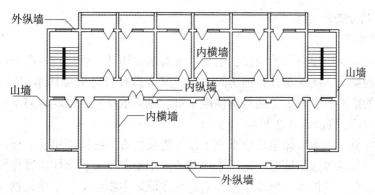

图 4-1-1　不同位置方向的墙体名称

2. 按受力情况分类

从结构受力的情况来看，墙体又有承重墙和非承重墙两种。在一幢建筑物中，墙体是否承重，应按其结构的支承体系而定。例如在骨架承重体系的建筑物中，墙体完全不承重，而在墙承重体系的建筑物中，墙体又可以分为承重墙和非承重墙。其中，非承重墙包括隔墙、填充墙和幕墙。隔墙的主要作用是分隔建筑物的内部空间，其自重由属于建筑物结构支承系统中的相关构件承担。填充在骨架承重体系建筑物柱子之间的墙称为填充墙，填充墙可以分别是内墙或外墙，而且同一建筑物中可以根据需要用不同材料来做填充墙。幕墙一般是指悬挂于建筑物外部骨架外或楼板之间的轻质外墙。处于建筑物外围护系统位置上的填充墙和幕墙还要承受风荷载和地震荷载。

3. 按材料分类

根据墙体建造材料的不同，墙体还可以分为砖墙、石墙、土墙、砌块墙、混凝土墙以及其他用轻质材料制作的墙体。其中粘土砖虽然是我国传统的墙体材料，但越来越受到材源的限制，我国许多地方已经限制在建筑中使用实心粘土砖。砌块墙是砖墙的良好替代品，砌块由多种轻质材料和水泥等制成，例如加气混凝土砌块。混凝土墙则可以现浇或预制，在多层、高层建筑物中应用较多。

4. 按构造方式分类

按构造方式墙体可以分为实体墙、空体墙和组合墙三种。实体墙由单一材料组成，如砖墙、砌块墙等。空体墙也是由单一材料组成，可以由单一材料砌成内部空腔，也可以用具有孔洞的材料建造墙，如空斗砖墙、空心砌块墙等。组合墙由两种以上材料组合而成，例如混凝土、加气混凝土复合板材墙。其中混凝土起承重作用，加气混凝土起保温隔热作用。

5. 按施工方法分类

按施工方法墙体可以分为块材墙、板筑墙及板材墙三种。块材墙是用砂浆等胶结材料将砖石块材等组砌而成，例如砖墙、石墙及各种砌块墙等。板筑墙是在现场立模板，现浇而成的墙体，例如现浇混凝土墙等。板材墙是预先制成墙板，在施工现场安装、拼接而成的墙，例如预制混凝土大板墙、各种轻质条板内隔墙等。

4.1.2 墙体的设计要求

1. 墙体结构方面的要求

(1)墙体结构布置方案

墙体是多层砖混房屋的围护构件，也是主要的承重构件。墙体布置必须同时考虑建筑和结构两方面的要求，既满足设计的房间布置，又应选择合理的墙体承重结构布置方案。砖混结构建筑的结构布置方案，通常有横墙承重、纵墙承重、纵横墙双向承重、内部框架承重等若干种方式，如图4-1-2所示。

横墙承重方案是承重墙体主要由垂直于建筑物长度方向的横墙组成。楼面荷载依次通过楼板、横墙、基础传递给地基。适用于房间的使用面积不大，墙体位置比较固定的建筑物，如住宅、宿舍、旅馆等。纵墙承重方案是承重墙体主要由平行于建筑物长度方向的纵墙组成。把大梁或楼板搁置在内、外纵墙上，楼面荷载依次通过楼板、梁、纵墙、基础传递给地基。横墙较少，适用于对空间的使用上要求有较大空间以及划分较灵活的建筑物，但房屋刚度较差。纵横墙承重方案是承重墙体由纵、横两个方向的墙体混合组成。该方案建筑组合灵活，空间刚度较好，墙体材料用量较多，适用于开间、进深变化较多的建筑物。当建筑物需要大空间时，采用内部框架承重，四周为墙承重，称为局部框架承重。

(2)墙体具有足够的强度和稳定性

墙体强度是指墙体承受荷载的能力，墙体强度与所采用的材料以及同一材料的强度等

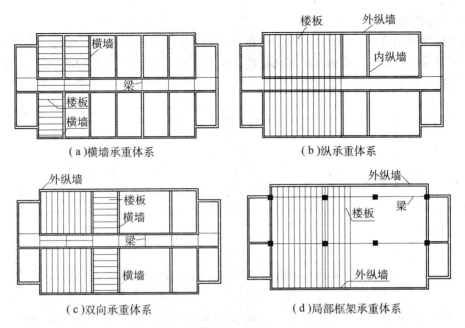

图 4-1-2 墙体承重结构布置方案图

级有关。作为承重墙的墙体，必须具有足够的强度，以确保建筑结构的安全。

墙体的稳定性与墙的高度、长度和厚度有关。高而薄的墙稳定性差，矮而厚的墙稳定性好；长而薄的墙稳定性差，短而厚的墙稳定性好。

2. 墙体功能方面的要求

(1)满足保温、隔热等热工方面的要求

建筑物在使用中对热工环境舒适性的要求带来一定的能耗，从节能的角度出发，也为了降低长期的运营费用，要求作为围护结构的外墙具有良好的热稳定性，使建筑物室内温度环境在外界环境气温变化的情况下保持相对的稳定，减少对空调和采暖设备的依赖。

(2)满足防火要求。

墙体选用的材料及截面厚度，都应符合防火规范中相应燃烧性能和耐火极限所规定的要求。在较大的建筑物中应设置防火墙，把建筑物分成若干区段，以防止火灾蔓延。

(3)满足隔声的要求

墙体主要隔离由空气直接传播的噪声。一般采取以下措施：

①加强墙体缝隙的填密处理。

②增加墙厚和墙体的密实性。

③采用有空气间层式多孔性材料的夹层墙。

④在建筑总平面设计中考虑隔声问题：将不怕噪声干扰的建筑物靠近城市干道布置，对后排建筑物可以起到隔声作用。也可以尽量利用绿化带来降低噪声。

(4)满足防潮、防水的要求

在卫生间、厨房、实验室等用水房间的墙体以及地下室的墙体应满足防潮防水要求。通过选用良好的防水材料及恰当的构造做法，可以保证墙体的坚固耐久，使建筑物室内具有良好的卫生环境。

（5）满足建筑工业化要求

在大量性民用建筑中，墙体工程量占相当大的比重。因此，建筑工业化的关键是墙体改革，可以通过提高机械化施工程度来提高工效、降低劳动强度，并采用轻质高强的墙体材料，以减轻自重、降低成本。

4.2 墙 体 构 造

4.2.1 墙体材料

块材墙所用材料主要分为块材和胶结材料两部分。

1. 墙体常用块材

（1）砖

①烧结砖。通过焙烧而制成的砖称为烧结砖，包括普通粘土砖、烧结多孔砖、烧结空心砖等。

普通粘土砖主要以粘土为原材料，经配料、调制成型、干燥、高温焙烧而制成。普通粘土砖的抗压强度较高，具有一定的保温隔热作用，其耐久性较好，因而可以用做墙体材料及砌筑柱、拱、烟囱及基础等。但由于粘土材料占用农田，各大中城市已分批逐步"在住宅建设中限时禁止使用实心粘土砖"。随着墙体材料改革的进程，在大量性民用建筑中曾经发挥重要作用的实心粘土砖将逐步退出历史舞台。

烧结多孔砖以粘土、页岩等为主要原料，经焙烧而成。砖的大面上规则地安排了若干贯穿孔洞，其特点是：孔多而小，孔洞率≥15%，孔洞垂直于大面，即受压面。这种砖主要用于六层以下建筑物的承重部位。烧结空心砖使用的原料及生产工艺与烧结多孔砖基本相同。烧结空心砖的孔洞与烧结多孔砖相比较，具有以下特点：孔洞个数较少但洞腔较大，孔洞率≥30%，孔洞垂直于顶面，平行于大面。因使用时大面受压，所以，这种砖的孔洞与受压面平行，强度不高，因而多用于做自承重墙。

②非烧结砖。以工业废渣为原料制成的砖为非烧结砖。利用工业废渣中的硅质成分与外加的钙质材料在热环境中反应生成具有胶凝能力和强度的硅酸盐，从而使这类砖具有强度和耐久性。非烧结砖的种类主要有：蒸压灰砂砖、粉煤灰砖、炉渣砖等。

砖以抗压强度的大小为标准划分强度等级。强度等级有：MU30、MU25、MU20、MU15、MU10、MU7.5 等。

标准机制粘土砖：其实际尺寸为 240mm（长）×115mm（宽）×53mm（厚），实际工程中，通常以其构造尺寸为设计依据，即与砌筑砂浆的厚度加在一起综合考虑。若以 10mm 为一道灰缝估算，墙身尺寸的比值关系"砖厚加灰缝：砖宽加灰缝：砖长"之间就形成了 1：2：4 的比值。所以我们通常认为一皮砖的厚度是 60mm；一砖墙的厚度是 240mm；半砖墙的厚度是 120mm，$\frac{3}{4}$ 砖墙的厚度是 180mm（承重砖墙的厚度不得小于 180mm）。但在砖的砌筑长度方面两块砖之间还要加上一道灰缝，所以一砖半是 370mm，两砖是 490mm，其余依此类推，如图 4-2-1 所示。了解这种规律有利于在设计时选择合适的墙体尺寸，尤其是长度较小的墙段的几何尺寸，尽量避免施工时剁砖。空心砖和多孔砖的尺寸规格较多。

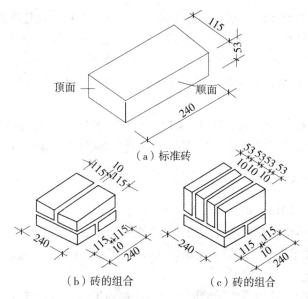

图 4-2-1 标准机制砖的尺寸(单位：mm)

(2)砌块

砌块是利用混凝土、工业废料(煤渣、矿渣等)或地方材料制成的人造块材，外形尺寸比砖大，砌块具有设备简单，砌筑速度快的优点，符合建筑工业化发展中墙体改革的要求。

砌块按不同尺寸和质量的大小分为小型砌块、中型砌块和大型砌块。砌块系列中主规格的高度大于115mm而又小于380mm的称为小型砌块，高度为380~980mm的称为中型砌块，高度大于980mm的称为大型砌块，使用中以中小型砌块居多。按构造方式砌块可以分为实心砌块和空心砌块，空心砌块有单排方孔、单排圆孔和多排扁孔三种形式，其中多排扁孔砌块对建筑物室内保温较有利。按砌块在组砌中的位置与作用可以分为主砌块和辅助砌块。

目前常用的有混凝土空心砌块和加气混凝土砌块。混凝土空心砌块按原材料分，有普通混凝土砌块、工业废渣骨料混凝土砌块、天然轻骨料混凝土砌块和人造轻骨料混凝土砌块等。加气混凝土砌块是含硅材料和钙质材料加水并加适量的发气剂及其他外加剂，经混合搅拌、浇注发泡、坯体静停与切割后，再经蒸压或常压蒸汽养护制成。加气混凝土制成的砌块具有容重轻、耐火、承重和保温等特殊性能。蒸压加气混凝土砌块则长度多为600mm，其中a系列宽度为75mm、100mm、125mm和150mm，厚度为200mm、250mm和300mm；b系列宽度为60mm、120mm、180mm等，厚度为200mm和300mm。

吸水率较大的砌块不能用于长期浸水、经常受干湿交替或冻融循环的建筑部位。

2. 胶结材料

块材需经胶结材料砌筑成墙体，使墙体传力均匀。同时胶结材料还起着嵌缝作用，能提高墙体保温、隔热、隔声、防潮等性能。块材墙的胶结材料主要是砂浆。砂浆要求有一定的强度，以保证墙体的承载能力，还要求有适当的稠度和保水性（即和易性），方便施工。

常用的砌筑砂浆有水泥砂浆、混合砂浆、石灰砂浆三种。比较砂浆性能的主要指标是强度、和易性、防潮性几个方面。水泥砂浆适用于潮湿环境及水中的砌体工程；石灰砂浆仅用于强度要求低、干燥环境中的砌体工程；混合砂浆不仅和易性好，而且可以配制成各种强度等级的砌筑沙浆，除对耐水性有较高要求的砌体外，可以广泛用于各种砌体工程中。

砂浆的强度等级分为五级：M15、M10、M7.5、M5、M2.5。在同一段砌体中，砂浆和块材的强度有一定的对应关系，以保证砌体的整体强度不受影响。

4.2.2　组砌方式

组砌是指块材在砌体中的排列。组砌的关键是错缝搭接，使上下层块材的垂直缝交错，保证墙体的整体性。如果墙体表面或内部的垂直缝处于一条线上，即形成通缝，如图4-2-2所示。在荷载作用下，通缝会使墙体的强度和稳定性显著降低。

1. 砖墙的组砌

在砖墙的组砌中，长边垂直于墙面砌筑的砖称为丁砖，在砖墙的组砌中，长边平行于墙面砌筑的砖称为顺砖。上下两皮砖之间的水平缝称为横缝，左右两块砖之间的缝称为竖缝，如图4-2-3所示。标准缝宽为10mm，可以在8~12mm之间进行调节。组砌原则：砖缝砂浆要饱满；砖缝横平竖直、上下错缝、内外搭接。中国历史上有"秦砖汉瓦的说法，关于砖墙的砌筑方法不胜枚举，图4-2-4示出了普通粘土砖的组砌方法，可以作为一种参考。即使完全取消砖块的使用后，有时用仿砖的饰面砖来做装修时，这种肌理也还是有用的。

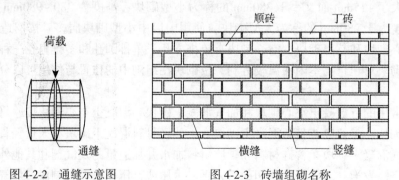

图 4-2-2　通缝示意图　　　　图 4-2-3　砖墙组砌名称

2. 砌块墙的组砌

砌块在组砌中与砖墙不同的是，由于砌块规格较多、尺寸较大，为保证错缝以及砌体的整体性，砌块需要在建筑平面图和立面图上进行砌块的排列设计，注明每一砌块的型号，如图4-2-5所示。排列设计的原则：正确选择砌块的规格尺寸，减少砌块的规格类型；优先选用大规格的砌块做主砌块，以加快施工速度；上下皮应错缝搭接，搭接长度为

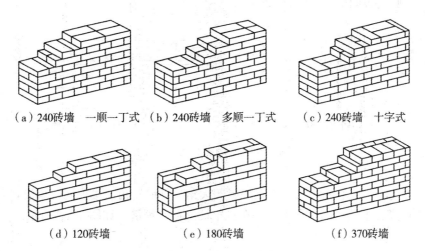

（a）240砖墙 一顺一丁式　（b）240砖墙 多顺一丁式　（c）240砖墙 十字式

（d）120砖墙　　　　　（e）180砖墙　　　　　（f）370砖墙

图 4-2-4 砖墙的组砌方式(单位：mm)

砌块长度的 1/4，高度的 1/3~1/2，且不应小于 90mm。当无法满足搭接长度要求时，在灰缝内应设 φ4 的钢筋网片拉接，如图 4-2-6 所示。内外墙和转角处砌块应彼此搭接，以加强墙体的整体性；空心砌块上下皮应孔对孔、肋对肋，错缝搭接。砌块墙与后砌墙交接处，应沿墙高每 400mm 在水平灰缝内设置 2φ4、横筋间距不大于 200mm 的焊接钢筋网片。

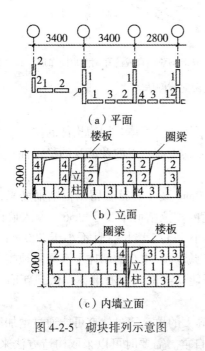

图 4-2-5 砌块排列示意图

图 4-2-6 错缝配筋图(单位：mm)

　　由于砌块规格多，外形尺寸往往不像砖那样规整，因此砌块组砌时，缝型比较多，水平缝有平缝和槽口缝，垂直缝有平缝、错口缝和槽口缝等形式。水平灰缝和垂直灰缝的宽度不仅要考虑到安装方便、易于灌浆捣实，以保证足够的强度和刚度，而且还要考虑隔声、保温、防渗等问题。如图 4-2-7 所示。

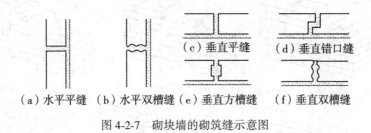

(a) 水平平缝　(b) 水平双槽缝　(e) 垂直方槽缝　(c) 垂直平缝　(d) 垂直错口缝　(f) 垂直双槽缝

图 4-2-7　砌块墙的砌筑缝示意图

当采用混凝土空心砌块时，应在房屋四大角、外墙转角、楼梯间四角设置芯柱。芯柱用 C15 细石混凝土填入砌块孔中，并在孔中插入通长钢筋，如图 4-2-8 所示。

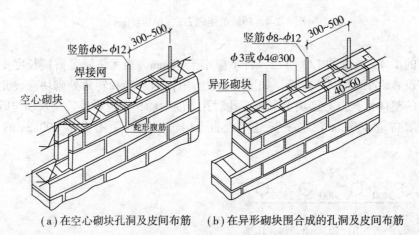

(a) 在空心砌块孔洞及皮间布筋　(b) 在异形砌块围合成的孔洞及皮间布筋

图 4-2-8　用空心砌块做配筋砌体

当砌体墙作为填充墙使用时，其构造要点主要体现在墙体与周边构件的拉结、合适的高厚比、其自重的支承以及避免成为承重的构件。其中前两点涉及墙身的稳定性，后两点涉及结构的安全性。

在骨架承重体系的建筑物中，柱子上面每 500mm 高左右就会留出拉结钢筋来，以便在砌筑填充墙时将拉结钢筋砌入墙体的水平灰缝内。拉结筋不少于 2φ6，深入墙内距离为：一、二级框架沿全长设置；三、四级框架不小于 1/5 墙长，且不小于 700mm。如果是针对混合结构体系的后砌隔墙，则最好是在新砌墙两端原有的墙体上有间隔地掏去部分砌筑块材(形成马牙槎)，使得新墙体砌筑时有可能局部嵌入原有墙体，做到新旧墙体有效搭接。

高厚比是关系到砌体墙稳定性的重要因素。高大的填充墙虽然有可能通过增加厚度来达到其稳定的目的，但这样势必会增加填充墙的自重。需要时可以采取构造方法来解决。可以在砌体墙中，局部添加钢筋混凝土的小梁或构造柱，其中的小梁又可以称为压砖槛，是指每隔一定高度就在墙身中浇筑约 60mm 厚的配筋细石混凝土，内置 2φ6 的通长钢筋。例如砖墙高度不宜超过 4m，长度不宜超过 5m，否则每砌筑 1.2m 的高度，就应该做一道压砖槛。若有可能，该钢筋可以与从填充墙两端柱子中伸出的拉结筋绑扎连通，这样相当于分段降低了填充墙的高度，既不必增加墙的厚度，又保证了其稳定性。同样，在填充墙中增加构造柱，构造柱是与墙体同步施工的，从构造柱中每隔一定距离就伸出拉结筋与分段的墙体拉结，这样也就加强了整段墙体的稳定性。添加钢筋混凝土的压砖槛以及构造柱的方法，可以在高大的填充墙体中同时使用。

砌体墙所用的砌筑块材的重量一般都较大，在骨架承重体系建筑物中添加填充墙或是在混合结构体系建筑物中添加隔墙，都应当考虑其下部的构件是否能够支承其自重。例如楼板如果是采用的预制钢筋混凝土多孔板，则原来在工厂预制时是按照板面均布荷载来设计的，在跨中不允许有较大的集中荷载。那么，楼层的某些位置就不能够添加这样自重较大的填充墙或是重隔墙。

此外，为了保证填充墙上部结构的荷载不直接传递到该墙体上，即保证其不承重，当墙体砌筑到顶端时，应将顶层的一皮砖斜砌。

4.2.3　墙体尺度

墙体的尺度是指墙段厚和墙段长两个方向的尺度。要确定墙体的尺度，除应满足结构和功能要求外，还必须符合块材自身的规格尺寸。

1. 墙厚

墙厚主要由块材和灰缝的尺寸组合而成。以标准砖的规格 240mm×115mm×53mm 为例，用砖块的长、宽、高作为墙厚度的基数，在错缝或墙厚超过砖块时，均按灰缝 10mm 进行组砌。从尺寸上可以看出，墙厚以砖厚加灰缝、砖宽加灰缝后与砖长形成 1∶2∶4 的比例为其基本特征，组砌灵活。

常见砖墙厚度如图 4-2-9 所示。当采用复合材料或带有空腔的保温隔热墙体时，墙厚尺寸在块材基数的基础上根据构造层次计算即可。

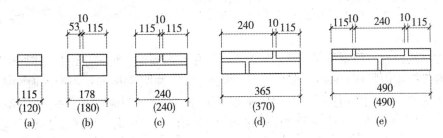

图 4-2-9　墙厚与砖规格的关系图(单位：mm)

2. 洞口尺寸

洞口尺寸主要是指门窗洞口尺寸，其尺寸应按模数协调统一标准制定，这样可以减少门窗规格，提高建筑工业化的程度。因此一般门窗洞口宽、高的尺寸采用 300mm 的倍数，但是在 1000mm 以内的小洞口可以采用基本模数 100mm 的倍数。例如：600mm、700mm、800mm、900mm、1000mm、1200mm、1500mm、1800mm 等。

3. 墙段尺寸

墙段尺寸是指窗间墙、转角墙等部位墙体的长度。墙段由砖块和灰缝组成，以普通粘土砖为例，最小单位为 115mm 砖宽加上 10mm 灰缝，共计 125mm，并以此为组合模数。按此砖模数的墙段尺寸有：240mm、370mm、490mm、620mm、740mm、870mm、990mm、1120mm、1240mm 等。而我国现行的《建筑模数协调统一标准》(GBJ2—86) 的基本模数为 100mm。房间的开间、进深采用了扩大模数 3M 的倍数。这样，在一栋房屋中采用两种模数，必然会在设计施工中出现不协调的现象；而砍砖过多会影响砌体强度，也给施工带来麻烦。解决这一矛盾的另一办法是调整灰缝大小。由于施工规范允许竖缝宽度为 8 ~ 12mm，使墙段有少许调整余地。但是墙段短时，灰缝数量少，调整范围小。故墙段长度小于 1.5m 时，设计时宜使其符合砖模数；若墙段长度超过 1.5m，可以不考虑砖模数。

另外，墙段长度尺寸尚应满足结构需要的最小尺寸，以避免应力集中在小墙段上而导致墙体的破坏，对转角处的墙段和承重窗间墙尤应注意。

4.2.4 墙体细部构造

为了保证砖墙体的耐久性和墙体与其他构件的连接，应在相应的位置进行墙体细部构造处理。墙体的细部构造包括墙脚、门窗洞口、墙体加固措施等。

1. 墙脚构造

墙脚是指室内地面以下、基础以上的这段墙体。内墙、外墙都有墙脚，外墙的墙脚又称勒脚。由于砖砌体本身存在许多微孔以及墙脚所处的位置，常有地表水和土壤中的水渗入，影响室内卫生环境。因此，必须做好墙脚防潮，增强勒脚的坚固及耐久性，排除房屋四周地面水。

吸水率较大、对干湿交替作用敏感的砖和砌块不能用于墙脚部位，如加气混凝土砌块。

(1) 墙体防潮

墙体防潮是在墙脚铺设防潮层，以防止土壤中的水分由于毛细作用上升使建筑物墙体受潮，提高建筑物的耐久性，保持室内干燥、卫生。

墙体防潮层应在所有的内墙、外墙中连续设置，且按构造形式不同分为水平防潮层和垂直防潮层两种。

防潮层的位置：当室内地面垫层为混凝土等密实材料时，防潮层设在垫层厚度中间位置，一般低于室内地坪 60mm，同时还应至少高于室外地面 150mm；当室内地面垫层为三合土或碎石灌浆等非刚性垫层时，防潮层的位置应与室内地坪平齐或高于室内地坪 60mm；当室内地面低于室外地面或内墙两侧的地面出现高差时，除了要分别设置两道水平防潮层外，还应对两道水平防潮层之间靠土一侧的垂直墙面做防潮处理，如图 4-2-10 所示。

墙体防潮的方法是在墙脚铺设防潮层，防止土壤和地面水渗入砖墙体。墙体水平防潮层的构造做法常用的有以下三种：第一，防水砂浆防潮层，采用 1 ∶ 2 水泥砂浆加 3% ~ 5% 防水剂，厚度为 20 ~ 25mm 或用防水砂浆砌三匹砖作防潮层。第二，细石混凝土防潮层，采用 60mm 厚的细石混凝土带，内配三根 $\phi6$ 钢筋，其防潮性能好。第三，油毡防潮层，先抹 20mm 厚水泥砂浆找平层，上铺一毡二油。该做法防水效果好，但因油毡隔离削弱了砖墙的整体性，不应在刚度要求高或地震区采用。如果墙脚采用不透水的材料 (如条石或混凝土等)，或设有钢筋混凝土地圈梁时，可以不设防潮层，如图 4-2-11 所示。墙体

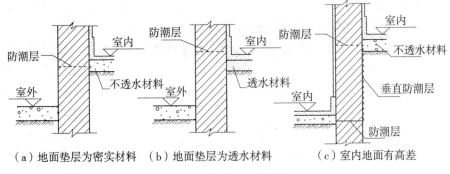

图4-2-10 墙体防潮层的位置

　　垂直防潮层的具体做法是在垂直墙面上先用水泥砂浆找平，再刷冷底子油一道、热沥青两道或采用防水砂浆抹灰防潮，如图4-2-12所示。

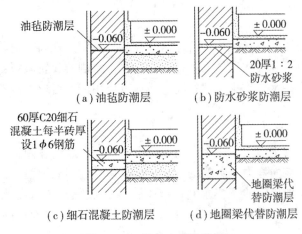

图4-2-11 墙体水平防潮层

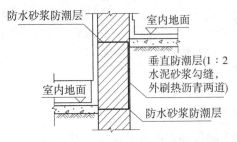

图4-2-12 墙体垂直防潮层

　　（2）勒脚
　　勒脚是外墙的墙脚，是墙体接近室外地面的部分。一般情况下，其高度为室内地坪与室外地面的高差部分。有的工程将勒脚高度提高到底层室内踢脚线或窗台的高度。勒脚所处的位置是墙体容易受到外界的碰撞和雨、雪的侵蚀。同时，地表水和地下水所形成的地潮还会因毛细作用而沿墙体不断上升，如图 4-2-13 所示，既容易造成对勒脚部位的侵蚀和破坏，又容易致使底层室内墙面的底部发生抹灰粉化、脱落，装饰层表面生霉等现象，影响人体健康。在寒冷地区，冬季潮湿的墙体部分还可能产生冻融破坏的后果。因此，在构造上必须对勒脚部分采取相应的防护措施。

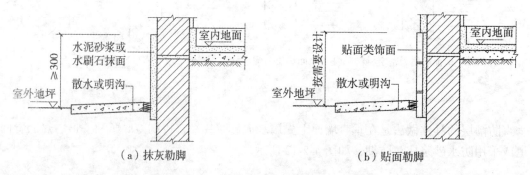

图 4-2-13　勒脚

　　勒脚的做法、高矮、色彩等应结合建筑造型，选用耐久性高的材料或防水性能好的外墙饰面。一般采用以下几种构造做法：抹水泥砂浆、水刷石、斩假石；或外贴面砖、天然石板等。我国江南一些水乡临水的建筑物，往往直接用天然石块来砌筑基础以上直到勒脚高度部分的墙体。

　　（3）外墙周围的排水处理

　　为保护墙基不受雨水的侵蚀，常在外墙四周将地面做成向外倾斜的坡面，以便将屋面雨水排至远处，这一坡面称为散水或护坡。还可以在外墙四周做明沟，将通过水落管流下的屋面雨水等有组织地导向地下集水井（又称集水口），然后流入排水系统。一般雨水较多的地区多做明沟，干燥的地区多做散水。散水所用材料与明沟相同，散水坡度约 5%，宽一般为 600~1000mm。散水的做法通常是在基层土壤上现浇混凝土或用砖、石铺砌，水泥砂浆抹面，如图 4-2-14 所示。明沟通常采用素混凝土浇筑，也可以用砖、石砌筑，并用水泥砂浆抹面，如图 4-2-15 所示。其中散水和明沟都是在外墙面的装修完成后再做的。散水、明沟与建筑物主体之间应当留有缝隙，用油膏嵌缝。因为建筑物在使用过程中会发生沉降，散水、明沟与主体建筑物之间如果用普通粉刷，砂浆很容易被拉裂，雨水就会顺缝而下。

　　2. 门窗洞口构造

　　（1）门穿过梁

　　为了支承洞口上部砌体所传递来的各种荷载，并将这些荷载传递给窗间墙，常在门、窗洞孔上设置横梁，该梁称为过梁。一般地，由于砌筑块材之间错缝搭接，过梁上墙体的重量并不全部压在过梁上，仅有部分墙体重量传递给过梁，即图 4-2-16 中三角形部分的荷载。只有当过梁的有效范围内出现集中荷载时，才另行考虑。

　　过梁的形式较多，但常见的有砖拱过梁、钢筋砖过梁和钢筋混凝土过梁等。

　　①砖拱过梁。砖拱（平拱、弧拱和半圆拱）是我国传统式做法，通常将立砖和侧砖相

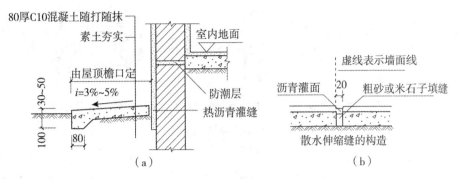

图 4-2-14 混凝土散水构造

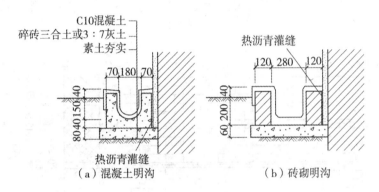

图 4-2-15 明沟构造

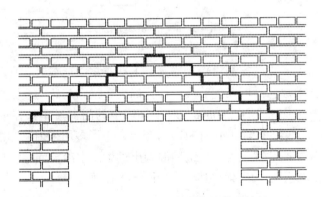

图 4-2-16 墙体洞口上方荷载的传递情况

间砌筑而成，砖拱过梁利用灰缝上大下小，使砖向两边倾斜，相互挤压形成拱的作用来承担荷载，如图 4-2-17 所示。砖拱过梁不宜用于上部有集中荷载，或有较大振动荷载，或可能产生不均匀沉降和有抗震设防要求的建筑物中。

②钢筋砖过梁。钢筋砖过梁是配置了钢筋的平砌砖过梁，砌筑形式与墙体一样，一般用一顺一丁或梅花丁。通常将间距小于 120mm 的 φ6 钢筋埋在梁底部 30mm 厚 1：2.5 的水泥砂浆层内，钢筋伸入洞口两侧墙内的长度不应小于 240mm，并设 90° 直弯钩，埋在墙

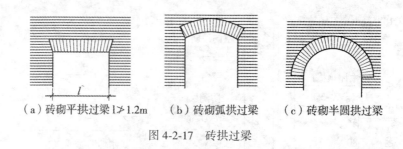

（a）砖砌平拱过梁 l≥1.2m　　（b）砖砌弧拱过梁　　（c）砖砌半圆拱过梁

图 4-2-17　砖拱过梁

体的竖缝内。在洞口上部不小于$\frac{1}{4}$洞口跨度的高度范围内（且不应小于 5 皮砖），用不低于 M5.0 的水泥砂浆砌筑。钢筋砖过梁净跨宜≤1.5m，不应超过 2m。钢筋砖过梁适用于跨度不大，上部无集中荷载的洞口上。如图 4-2-18 所示。

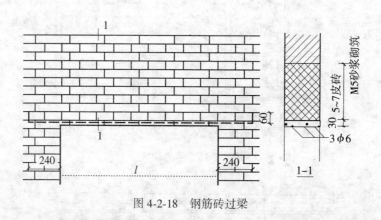

图 4-2-18　钢筋砖过梁

③钢筋混凝土过梁。当门窗洞口较大或洞口上部有集中荷载时，常采用钢筋混凝土过梁。一般过梁宽度同墙厚，高度及配筋应由计算确定，梁高与砖的皮数相适应。过梁在洞口两侧伸入墙内的长度应不小于 240mm。对于外墙中的门窗过梁，在过梁底部抹灰时要注意做好滴水处理。过梁的断面形式有矩形和 L 形，矩形多用于内墙和混水墙，L 形多用于外墙和清水墙。在寒冷地区，为防止钢筋混凝土过梁产生冷桥问题，也可以将外墙洞口的过梁断面做成 L 形或组合式过梁。其形式如图 4-2-19 所示。

（2）窗台

当室外雨水沿窗扇下淌时，为避免雨水聚积窗下并侵入墙身且沿窗下槛向室内渗透，可以于窗下靠室外一侧设置泻水构件——窗台。窗台必须向外形成一定坡度，以利于排水。

窗台有悬挑窗台和不悬挑窗台两种。悬挑窗台可以用改变墙体砌体的砌筑方式，使其局部倾斜并突出墙面。例如砖砌体采用顶砌一皮砖的方法，悬挑 60mm，外部用水泥砂浆抹灰，并于外沿下部做出滴水线设置窗台。做滴水的目的在于引导上部雨水沿着所设置的槽口聚集而下落，以防雨水影响窗下墙体，如图 4-2-20 所示。

实践中发现，悬挑窗台无论是否作了滴水处理，对不少采用抹灰的墙面，往往绝大多

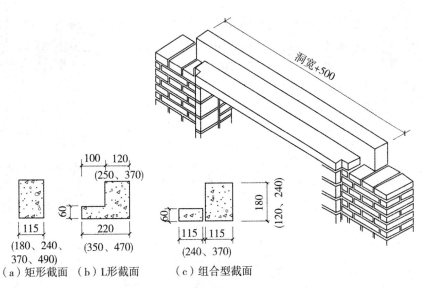

图 4-2-19 钢筋混凝土过梁(单位：mm)

数窗台下部墙面都出现脏水流淌的痕迹，影响立面美观。为此，许多建筑物取消了悬挑窗台，代之以不悬挑的仅在上表面抹水泥砂浆斜面的窗台。由于窗台不悬挑，一旦窗上水下淌时，便沿墙面流下，而流到窗下墙上的脏迹，大多借窗上不断流下的雨水冲洗干净，反而不易留下污渍。

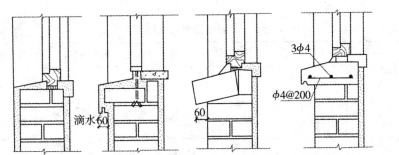

（a）不悬挑窗台（b）粉滴水的悬挑窗台（c）侧砌砖窗台（d）预置钢筋混凝土窗台

图 4-2-20 砖墙窗台构造

3. 墙身加固措施

（1）门垛和壁柱

在墙体上开设门洞一般应设门垛，特别是在墙体转折处或丁字墙处，用于保证墙体稳定和便于门框安装。门垛宽度同墙厚、长度与块材尺寸规格相对应。如砖墙的门垛长度一般为 120mm 或 240mm。门垛不宜过长，以免影响室内使用。

当墙体受到集中荷载或墙体过长时(如厚 240mm、长超过 6m)应增设壁柱，使之和墙体共同承担荷载并稳定墙体。壁柱的尺寸应符合块材规格。如砖墙壁柱通常突出墙面 120mm 或 240mm、宽 370mm 或 490mm。

（2）圈梁

圈梁是沿建筑物外墙、内纵墙及部分横墙设置的连续而封闭的梁。圈梁的作用是提高建筑物的整体刚度及墙体的稳定性，减少由于地基不均匀沉降而引起的墙体开裂，提高建筑物的抗震能力。当圈梁被门窗洞口（如楼梯间、窗洞口）截断时，应在洞口上部设置附加圈梁，进行搭接补强。附加圈梁与圈梁的搭接长度不应小于两梁高差的两倍，亦不小于1000mm。如图4-2-21所示。

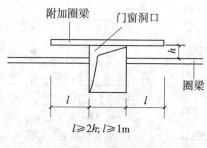

图4-2-21　附加圈梁

圈梁的数量和位置与建筑物的高度、层数、地基状况和地震烈度有关。在地震设防区，装配式钢筋混凝土楼、屋盖或木楼、屋盖的砖房，横墙承重时按表4-2-1中的要求设置圈梁；纵墙承重时每层均应设置圈梁，且抗震横墙上的圈梁间距应比表4-2-1中的要求适当加密。现浇或装配整体式钢筋混凝土楼、屋盖与墙体有可靠连接的房屋，允许不另设圈梁，但楼板沿墙体周边应加强配筋且应与相应的构造柱钢筋可靠连接。

表4-2-1　圈梁设置要求及配筋

圈梁设置及配筋		设 计 烈 度		
		6、7度	8度	9度
圈梁设置	沿外墙及内纵墙	屋盖处必须设置，楼盖处隔层设置	屋盖处及每层楼盖处	屋盖处及每层楼盖处
	沿内横墙	同上；屋盖处间距不大于7m；楼盖处间距不大于15m；构造柱对应部位	同上屋盖出沿所有横墙；屋盖处间距不大于7m；楼盖处间距不大于7m；构造柱对应部位	屋盖处及每层楼盖处；各层所有的横墙
配筋	最小配筋	4ϕ8	4ϕ10	4ϕ12
	箍筋最大间距	250mm	200mm	150mm

混合结构建筑物墙体中的圈梁不同于骨架体系的梁那样先于填充墙完成，作为受弯构件承担楼面传递来的荷载。圈梁是在墙体砌筑到适当高度时才连同构造柱一起整浇的。大部分圈梁都直接"卧"在墙体上，是墙体的一部分，与墙体共同承重。因此圈梁只需构造

配筋，当圈梁兼过梁时或圈梁局部下面有走道等时，才需进行结构方面的计算和补强。

圈梁有钢筋砖圈梁和钢筋混凝土圈梁两种。钢筋混凝土圈梁整体刚度好，应用广泛，钢筋混凝土圈梁宜设置在与楼板或屋面板同一标高处(称为板平圈梁)；或紧贴板底(称为板底圈梁)。如图 4-2-22 所示。

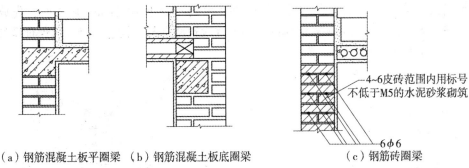

（a）钢筋混凝土板平圈梁 （b）钢筋混凝土板底圈梁　　　　（c）钢筋砖圈梁

-4~6皮砖范围内用标号不低于M5的水泥砂浆砌筑

-6φ6

图 4-2-22 圈梁的构造

(3)构造柱

抗震设防地区，为了增强建筑物的整体刚度和稳定性，在使用块材墙承重的墙体中，还需设置钢筋混凝土构造柱，使之与各层圈梁连接，形成空间骨架，加强墙体抗弯、抗剪能力，使墙体在破坏过程中具有一定的延伸性，减缓墙体的酥碎现象产生。设置构造柱是防止房屋倒塌的一种有效措施。

多层砖房构造柱的设置部位是：外墙转角、内外墙交接处、较大洞口两侧、较长墙段的中部及楼梯、电梯四角等。由于房屋的层数和地震烈度不同，构造柱的设置要求也有所不同。砖墙构造柱设置要求如表 4-2-2 所示。

表 4-2-2　　　　　　　　　　　　砖墙构造柱设置要求

房 屋 层 数				各种层数和烈度均应设置的部位	随层数或烈度变化而增设的部位
6 度	7 度	8 度	9 度		
四、五	三、四	二、三		外墙四角、错层部位横墙与外纵墙交接处，较大洞口两侧，大房间内外墙交接处。	7~9 度时，楼梯间、电梯间的横墙与外墙交接处。
六、七	五、六	四	二		各开间横墙(轴线)与外墙交接处，山墙与内纵墙交接处，7~9 度时，楼梯间、电梯间横墙与外墙交接处。
八	七	五、六	三、四		内墙(轴线)与外墙交接处，内墙局部较小墙垛处，7~9 度时，楼梯间、电梯间横墙与外墙交接处，9 度时内纵墙与横墙(轴线)交接处。

　　构造柱必须与圈梁紧密连接，形成空间骨架。构造柱的最小截面尺寸为 240mm×180mm，当采用粘土多孔砖时，构造柱的最小截面尺寸为 240mm×240mm。最小配筋量是：纵向钢筋 4ϕ12，箍筋 ϕ6@200～250mm。构造柱下端应锚固在钢筋混凝土基础或基础梁内，无基础梁时应伸入底层地坪下 500mm 处，上端应锚固在顶层圈梁或女儿墙压顶内，以增强其稳定性。为加强构造柱与墙体的连接，构造柱处的墙体宜砌成"马牙槎"，且沿墙高每隔 500mm 设置 2ϕ6 拉结钢筋，每边伸入墙内不少于 1000mm。施工时，先放置构造柱钢筋骨架，后砌墙，并随着墙体的升高而逐段现浇混凝土构造柱身，以保证墙柱形成整体，如图 4-2-23 所示。

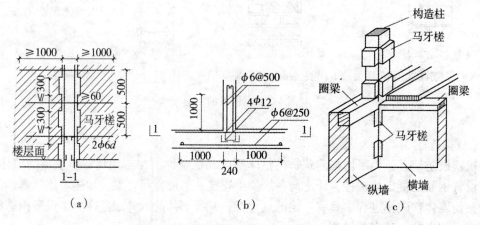

图 4-2-23　砖砌体中的构造柱(单位：mm)

（4）空心砌块墙墙芯柱

　　当采用混凝土空心砌块时，应在房屋四大角，外墙转角、楼梯间四角设置芯柱。芯柱用 C15 细石混凝土填入砌块孔中，且在空中插入通长钢筋，如图 4-2-24 所示。

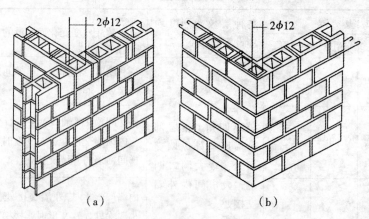

图 4-2-24　空心砌块利用孔洞配筋成为芯柱

4.3 隔墙与隔断构造

隔墙与隔断是建筑物内分隔空间的非承重构件。其作用是对建筑物内空间的分隔、引导和过渡。

隔墙与隔断的不同之处在于分隔建筑物内空间的程度和特点不同。隔墙通常是做到顶，将建筑物内空间完全分为两个部分，相互隔开，没有联系，必要时隔墙上设有门。隔断可以到顶也可以不到顶，空间似分非分，相互可以渗透，视线可以不被遮挡，有时设门，有时设门洞，比较灵活。

4.3.1 隔墙

隔墙构造设计时，应注意自重轻，有利于减轻楼板的荷载；强度、刚度、稳定性好；墙体薄，增加建筑物的有效空间；隔声性能好，使各使用房间互不干扰；满足防火、防水、防潮等特殊要求；便于拆除，能随使用要求的改变而变化。

隔墙的类型很多，按构造方式不同可以分为块材隔墙、轻骨架隔墙、板材隔墙三类。

1. 块材隔墙

块材隔墙是采用普通粘土砖、空心砖、加气混凝土砌块、玻璃砖等块材砌筑而成的非承重墙。

普通粘土砖隔墙一般有 1/2 砖隔墙和 1/4 砖隔墙。1/2 砖墙用全顺式砌筑，高度不宜超过 4m，长度不宜超过 6m，否则要加设构造柱和拉梁加固，如图 4-3-1 所示。1/4 砖墙用砖侧砌而成，一般用于小面积隔墙，如图 4-3-2 所示。

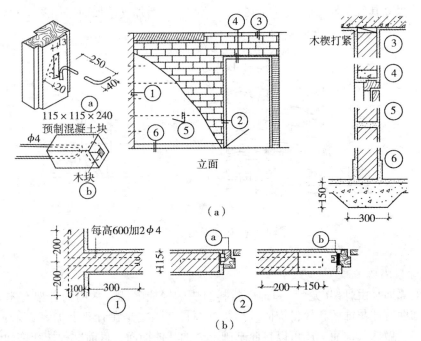

图 4-3-1 1/2 砖隔墙(单位：mm)

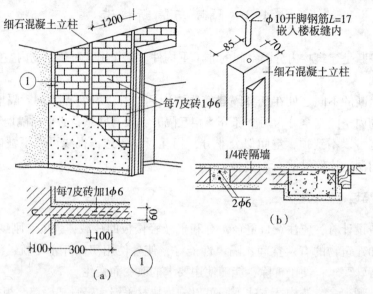

图 4-3-2　1/4 砖隔墙(单位：mm)

空心砖隔墙和轻质砌块隔墙重量轻，隔热性能好，也要采取加固措施，如图 4-3-3 所示。

玻璃砖隔墙美观、通透、整洁、光滑，保温隔声性能好。玻璃砖侧面有凹槽，采用水泥砂浆或结构胶拼砌，缝隙一般为 10mm。若砌筑曲面时，最小缝隙 3mm，最大缝隙 16mm。玻璃砖隔墙高度控制在 4.5m 以下，长度也不宜过长。凹槽中可以加钢筋或扁钢进行拉接，提高其稳定性。面积超过 12~15m² 时，要增加支撑加固，如图 4-3-4 所示。

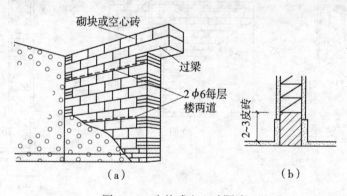

图 4-3-3　砌块或空心砖隔墙

2. 轻骨架隔墙

轻骨架隔墙是由骨架(龙骨)和饰面材料组成的轻质隔墙。常用的骨架有木骨架和金属骨架，饰面有抹灰饰面和板材饰面。抹灰饰面骨架隔墙是在骨架上加钉板条、钢板网、钢丝网，然后做抹灰饰面，还可以在此基础上另加其他饰面，目前这种抹灰饰面骨架隔墙已很少采用。板材饰面骨架隔墙自重轻、材料新、厚度薄、干作业、施工灵活方便，目前

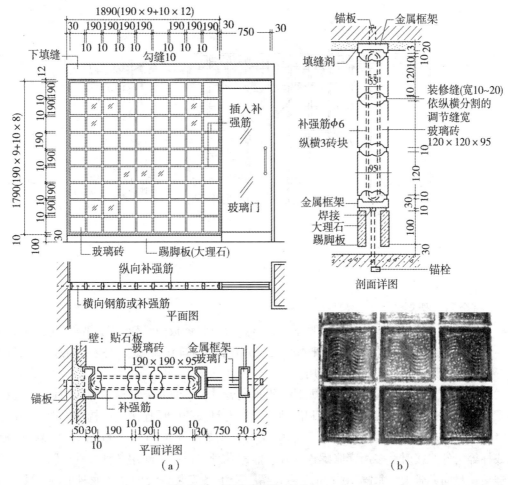

图 4-3-4　玻璃砖隔墙(单位：mm)

室内采用较多。

（1）木骨架隔墙

板材饰面木骨架隔墙是由上槛、下槛、立柱(墙筋)、横档或斜撑组成骨架，然后在立柱两侧铺钉饰面板，如图 4-3-5 所示。这种隔墙质轻、壁薄、拆装方便，但防火、防潮、隔声性能差，并且耗用木材较多。

①木骨架。木骨架通常采用 50mm×(70～100)mm 的方木。立柱之间沿高度方向每 1.5m 左右设置横档一道，两端与立柱撑紧、钉牢，以增加其强度。立柱间距一般为 400～600mm，横档间距为 1.2～1.5m。有门框的隔墙，其门框立柱加大断面尺寸或双根并用。档间距为 1.2～1.5m。有门框的隔墙，其门框立柱加大断面尺寸或双根并用。

②饰面板。木骨架隔墙的饰面板多为胶合板、纤维板等木质板。饰面板可以经油漆涂饰后直接作隔墙饰面，也可以做其他装饰面的衬板或基层板，如镜面玻璃装饰的基层板，壁纸、壁布裱糊的基层板，软包饰面的基层板，装饰板及防火板的粘贴基层板。

饰面板的固定方式有两种：一种是将面板镶嵌或用木压条固定于骨架中间，称为嵌装式；另一种是将面板封于木骨架之外，并将骨架全部掩盖，称为贴面式。

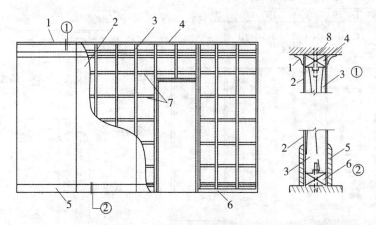

1—木线脚；2—面板；3—立筋；4—上槛；5—踢脚板；6—下槛；7—横撑；8—金属螺栓

图 4-3-5　木骨架隔墙构造组成

（2）金属骨架隔墙

金属骨架隔墙一般采用薄壁轻型钢、铝合金或拉眼钢板做骨架，两侧铺钉饰面板，如图 4-3-6 所示。这种隔墙因其材料来源广泛、强度高、质轻、防火、易于加工和大批量生产等特点，近几年得到了广泛的应用。

①金属骨架。金属骨架由沿顶龙骨、沿地龙骨、竖向龙骨、横撑龙骨和加强龙骨及各种配件组成。通常的做法是将沿顶和沿地龙骨用射钉或膨胀螺栓固定，构成边框，中间设置竖向龙骨，若需要还可以加横撑和加强龙骨，龙骨间距为 400～600mm。骨架和楼板、墙或柱等构件连接时，多用膨胀螺栓固定，竖向龙骨、横撑之间用各种配件或膨胀铆钉相互连接在竖向龙骨上，每隔 300mm 左右预留一个准备安装管线的孔。龙骨的断面多数用 T 形或 C 形。

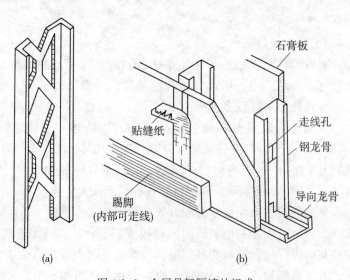

(a)　　　　　　　(b)

图 4-3-6　金属骨架隔墙的组成

②饰面板。金属骨架的饰面板采用纸面石膏板、金属薄钢板或其他人造板材。目前应用最多的是纸面石膏板、防火石膏板和防水石膏板等。

3. 板材隔墙

板材隔墙是指单板高度相当于房间净高，面积较大，且不依赖骨架，直接拼装而成的隔墙。通常分为复合板材、单一材料板材、空心板材等类型。常见的有金属夹芯板、石膏夹芯板、石膏空心板、泰柏板、增强水泥聚苯板（GRC板）、加气混凝土条板、水泥陶粒板等。板材式隔墙墙面上均可做喷浆、油漆、贴墙纸等多种饰面。图4-3-7为增强石膏空心条板的安装节点，图4-3-8为碳化石灰板材的安装节点。

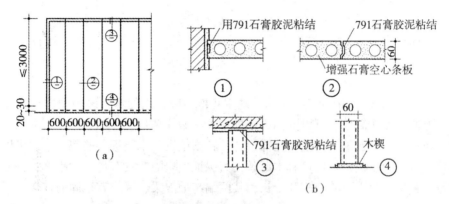

图4-3-7 增强石膏空心条板的安装节点(单位：mm)

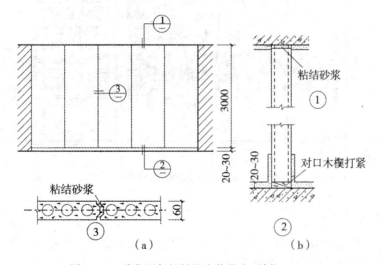

图4-3-8 碳化石灰板材的安装节点(单位：mm)

4.3.2 隔断

隔断的种类很多。从限定程度上可以分为：空透式隔断、隔墙式隔断；从固定方式可以分为：固定式隔断、活动式隔断；从材料上可以分为：竹木隔断、玻璃隔断、金属隔断、混凝土花格隔断等。另外还有硬质隔断、软质隔断、家具式隔断、屏风式隔断等。下面按固定方式介绍隔断构造。

1. 固定式隔断

固定式隔断所用材料有木质、竹质、玻璃、金属及水泥制品等，可以做成花格、落地罩、飞罩、博古架等各种形式，俗称空透式隔断。下面介绍几种常见的固定式隔断。

（1）木隔断

木隔断通常有两种，一种是木饰面隔断；另一种是硬木花格隔断。

①木饰面隔断。木饰面隔断一般采用木龙骨上固定木板条、胶合板、纤维板等面板，做成不到顶的隔断。木龙骨与楼板、墙应有可靠的连接，面板固定在木龙骨上后，用木压条盖缝，最后按设计要求罩面或贴面。

另外，还有一种开放式办公室的隔断，其高度为 1.3~1.6m，用高密度板做骨架，防火装饰板罩面，用金属(镀铬铁质、铜质、不锈钢等)连接件组装而成。这种隔断便于工业化生产，壁薄体轻，面板色泽淡雅、易擦洗、防火性好，并且能节约办公用房面积，便于内部业务沟通，是一种流行的办公室隔断。

②硬木花格隔断。如图 4-3-9 所示，硬木花格隔断常用的木材多为硬质杂木，其自重轻，加工方便，制作简单，可以雕刻成各种花纹，做工精巧、纤细。

硬木花格隔断一般采用板条和花饰组合，花饰镶嵌在木质板条的裁口中，可以采用榫接、销接、钉接和胶接，外边钉有木压条，为保证整个隔断具有足够的刚度，隔断中立有一定数量的板条贯穿隔断的全高和全长，其两端与上下梁、墙应有牢固的连接。

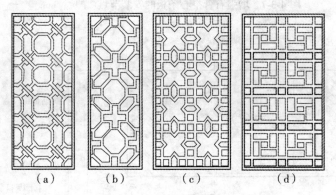

(a)　　　　(b)　　　　(c)　　　　(d)

图 4-3-9　几种硬木花格隔断

（2）玻璃隔断

玻璃隔断是将玻璃安装在框架上的空透式隔断。这种隔断可以到顶，也可以不到顶，其特点是空透、明快，而且在光的作用下色彩有变化，可以增强装饰效果。

玻璃隔断按框架的材质不同有落地玻璃木隔断、铝合金框架玻璃隔断、不锈钢圆柱框玻璃隔断等。

2. 活动式隔断

活动式隔断又称为移动式隔断，其特点是使用时灵活多变，可以随时打开和关闭，使建筑物内相邻空间根据需要成为一个大空间或若干个小空间，关闭时能与隔墙一样限定空间，阻隔视线和声音。也有一些活动式隔断全部或局部镶嵌玻璃，其目的是增加透光性，不强调阻隔人们的视线。活动式隔断构造较为复杂，下面介绍几种常见的活动式隔断。

（1）拼装式隔断

拼装式活动隔断是用可以装拆的壁板或门扇（通称隔扇）拼装而成，不设滑轮和导轨。隔扇高 2~3m，宽 600~1200mm，厚度视材料及隔扇的尺寸而定，一般为 60~120mm。隔扇可以用木材、铝合金、塑料做框架，两侧粘贴胶合板及其他各种硬质装饰板、防火板、镀膜铝合金板，也可以在硬纸板上衬泡沫塑料，外包人造革或各种装饰性纤维织物，再镶嵌各种金属和彩色玻璃饰物制成美观高雅的屏风式隔扇。

为装卸方便，隔断的顶部应设通长的上槛，用螺钉或铅丝固定在顶棚上。上槛一般要设置凹槽，设置插轴来安装隔扇。为便于安装和拆卸隔扇，隔扇的一端与墙面之间要留空隙，空隙处可以用一个与上槛大小、形状相同的槽形补充构件来遮盖。隔扇的下端一般都设置下槛，需高出地面，且在下槛上也设置凹槽或与上槛相对应设置插轴。下槛也可以做成可卸式，以便将隔扇拆除后不影响地面的平整，拼装式隔断立面与构造如图 4-3-10 所示。

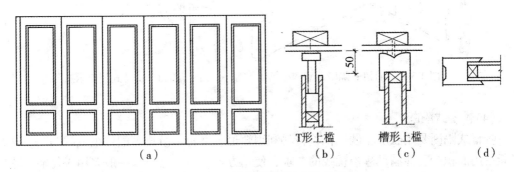

图 4-3-10　拼装式隔断立面与构造

（2）直滑式隔断

直滑式隔断是将拼装式隔断中的独立隔扇用滑轮挂置在轨道上，可以沿轨道推拉移动的隔断。轨道可以布置在顶棚或梁上，隔扇顶部安装滑轮，且与轨道相连，如图 4-3-11 所示。隔扇下部地面不设轨道，主要为避免轨道积灰损坏。

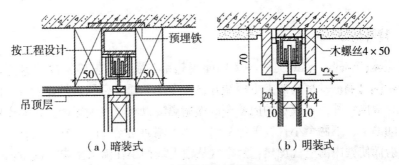

图 4-3-11　悬吊导向式滑轮轨道

面积较大的隔断，当把活动扇收拢后会占据较多的建设空间，影响使用和美观，所以多采取设贮藏壁柜或贮藏间的形式加以隐蔽，如图 4-3-12 所示。

（3）折叠式隔断

折叠式隔断是由多扇可以折叠的隔扇、轨道和滑轮组成。多扇隔扇用铰链连接在一起，可以随意展开和收拢，推拉快速方便。但由于隔扇本身的重量、连接铰链五金重量以及施工安装、管理维修等诸多因素造成的变形会影响隔扇的活动自由度，所以可以将相邻两隔扇连接在一起，此时每个隔扇上只需安装一个转向滑轮，先折叠后推拉收拢，更增加了其灵活性，如图4-3-13所示。

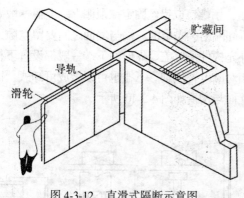 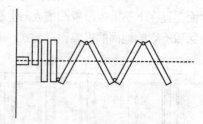

图 4-3-12　直滑式隔断示意图　　　　　图 4-3-13　折叠式隔断示意图

（4）帷幕式隔断

帷幕式隔断是用软质、硬质帷幕材料利用轨道、滑轮、吊轨等配件组成的隔断。这类隔断占用面积少，能满足遮挡视线的要求，使用方便，便于更新，一般多用于住宅、旅馆和医院。

帷幕式隔断的软质帷幕材料主要是棉、麻、丝织物或人造革。硬质帷幕材料主要是竹片、金属片等条状硬质材料。这种帷幕隔断最简单的固定方法是采用一般家庭中固定窗帘的方法，但比较正式的帷幕隔断，构造要复杂很多，且固定时需要一些专用配件。

4.4　特殊墙体

4.4.1　特隆布墙

特隆布墙体(Trombe Wall)是一种太阳能集热蓄热墙体。集热装置一般是在南墙的外侧装设一个密闭玻璃框，框底的上下两端开设一个小孔通入房间，另在框底一侧的上端单独开一个小孔通向室外，玻璃框的内壁全部涂刷黑漆以利吸收太阳能。在冬季白天，打开框底通向房间的上、下两个小孔，关闭框的一侧上端通向室外的小孔，这样，由于玻璃框受到阳光照射而使框内的空气加热，热空气从窗上端的小孔流入室内，而室内的冷空气又从框下端的小孔流入玻璃框内，形成了冷空气出入玻璃框进行自然循环的气流，使房间的空气温度逐渐升高。在夏季，打开框的一侧上端通向室外的小孔，而把上端通向室内的小孔关闭。这样，当太阳照射玻璃框而使玻璃框内的空气温度上升时，热空气从框侧的小孔排出室外，而室外的空气仍从框下端的小孔流入玻璃框，此时，室内若有较凉爽的空气来源，如北窗的室外空气或地下土壤供冷冷却的空气，便进入室内形成循环，将室内热量排出室外，如图 4-4-1 所示。

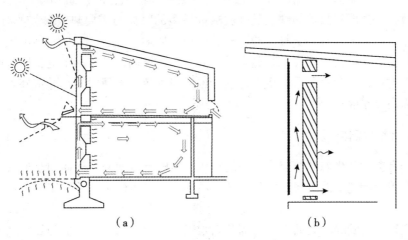

（a） （b）

图 4-4-1 特隆布墙工作原理示意图

4.4.2 透明绝热墙

透明绝热材料（Transparent Insulated Material，简称 TIM）是一种透明的绝热塑料，可以将 TIM 与外墙复合成透明绝热墙（Transparent Insulated Wall，简称 TIW）。

透明绝热墙由透明热阻材料和集热墙组合而成，透明热阻材料由呈毛细管状、一定长度的半透明或透明有机材料堆叠构成，布置在涂成黑色的集热墙体的外侧。透明热阻材料将阳光导引入集热墙体表面，而集热墙将吸收的太阳能经过一定延迟辐射到室内。墙体蓄热的多少取决于墙体材料的热工性能，为了保证透明热阻材料和集热墙体的综合效率，墙体多采用砖、石材或混凝土等蓄热性能好的密实材料，或用水作为媒介，如图 4-4-2 所示。

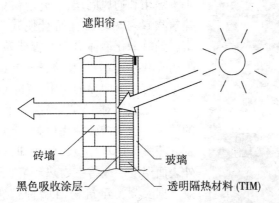

遮阳帘

砖墙

黑色吸收涂层

玻璃

透明隔热材料 (TIM)

图 4-4-2 透明绝热墙工作原理及其应用示意图

南向的透明绝热墙的集热能力是每年 $100kWh/m^2$（没有水循环的时候）或 $135kWh/m^2$

（有水循环的时候）。相对特隆布墙只有一层空气层，透明热阻墙有两层空气层，加上透明热阻材料本身的热阻，冬季白天，其阻止自吸热面向室外失热的热阻高达特隆布墙自然吸热面向外失热热阻的 4~7 倍。TIM 层在黑色吸热面前面，故建筑物立面装饰性也可以得到相应改善。透明绝热墙的缺点是吸收热量最多的时候与需要热量最多的时候不同步，总有时间差。每年从 6 月到 9 月，透明绝热墙体会吸收大量热量，严重影响室内热环境，增加夏季制冷负荷，需要附设室外遮阳系统。一般在玻璃外设的卷帘遮阳即可调节抵达墙面的太阳辐射量，避免夏季白天室内过热，也增强了冬季夜间保温，卷帘外表面采用高反射面可以提高夏季隔热效率。

4.4.3 绿化墙体

植物具有美学、生态和节能多方面的作用，能够有效地调节气候和改善景观。建筑物外墙表面覆盖植物能够改善建筑物外表的微气候，可以为建筑物外墙遮阳，以减少外部的热反射和眩光，且可以利用植物的蒸腾作用降温和调节湿度，减少城市热岛效应。

太阳辐射照射到绿叶表面上，一部分太阳辐射被叶片反射，一部分被叶片吸收，还有一部分透过叶片之间的空隙照射到墙面上，其中被叶片吸收的太阳辐射从能量平衡的角度来看又分为三部分，即：植物光合作用所需要的能量，植物呼吸水分蒸腾蒸发所消耗的能量和植物吸收太阳辐射。叶片温度升高后与墙面、天空辐射换热以及与周围空气对流换热。与无绿叶覆盖的裸露墙面相比较，对降低建筑物的热量是有利的。夜间时，天空背景温度很低，由于叶片位于墙面与天空背景之间，墙体不能直接与天空辐射散热、与无绿叶覆盖的墙体相比较，显然叶片增加了散热热阻，这对降低建筑物的热量不利。但总体而言，相当于整个建筑物的热惰性变大，对温度起到了削峰填谷的作用，并且由于植物光合作用和蒸腾作用，使一部分太阳辐射没有引起温度的升高，而转变为植物生长所需的能量和环境中潜热。因此，植物通过新陈代谢的蒸发作用能够控制或调节环境的温度和湿度。

图 4-4-3　绿化墙体

绿化墙体一般外表面覆盖爬墙植物和攀藤植物，这些落叶植物适合保证冬季日照、夏季遮阳降温，特别是在建筑物西墙利用花架、种植槽和绿色藤蔓形成垂直绿化和通风间层，不仅降低了夏季西晒，改善了建筑物室内热环境，而且使建筑物立面更为生动丰富，同时绿化墙体对于改善建筑住区环境、调节碳氧平衡、减小温室效应、减轻空气污染、降低城市噪声等也具有十分明显的作用，如图 4-4-3 所示。

绿化墙体对于调节气温和增加空气湿度具有良好的效果，这类措施利用植物从地面吸收水分、叶面蒸发、蒸腾作用对环境起到冷却作用。绿化墙体对降低外表面温度、改善室内热环境，降低空调能耗极为有效。据实测，建筑物西墙种植爬墙虎，在植被遮蔽 90% 的状况下，外墙表面温度将降低 8.2℃。

复习思考题 4

1. 墙体按不同情况分为哪些类型？又各有哪些特点？

2. 墙体设计在结构方面和功能方面分别有哪些要求？

3. 块材墙所用材料主要有哪两部分？其中块材主要有哪些？试简要说明其特点及其组砌方式。

4. 如何做好墙脚的防潮以及增强勒脚的坚固耐久性？

5. 试简述墙体水平防潮层的构造做法。

6. 门窗过梁的形式有哪些？试简述其做法。

7. 墙体加固措施有哪些？

8. 什么是隔墙？有哪些类型？试简述其特点。

9. 什么是隔断？有哪些类型？试简述其特点。

第5章　地基、基础与地下室构造

◎**内容提要：**本章内容主要包括地基与基础的概念，分类、地基的设计要求，特殊问题的处理，基础埋深的影响因素，基础的常见类型及适用范围，地下室的分类、组成以及防潮、防水构造等。

5.1　概　　述

5.1.1　基本概念

基础是建筑物埋在地面以下的承重构件，是建筑物的重要组成部分。基础承受上部建筑物传递下来的全部荷载，并将这些荷载连同自重传递给下面的土层，是建筑物安全的重要保证。因此基础必须具有足够的强度，才能保证将建筑物的荷载可靠地传递给地基。

地基是承担由基础传递下来的荷载的土层，地基不是建筑物的组成部分。地基中具有一定的地耐力，直接承受建筑物荷载，并需进行力学计算的土层为持力层。持力层以下的土层为下卧层。地基承受建筑物荷载而产生的应力和应变随着土层深度的增加而减小，在达到一定的深度以后可以忽略不计，如图 5-1-1 所示。

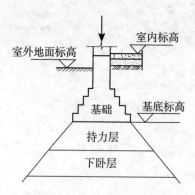

图 5-1-1　基础与地基示意图

5.1.2　基础与地基的相互关系

基础是房屋的重要组成部分，地基则不是，地基只是承受建筑物荷载的土壤层。

地基上所承受的全部荷载是通过基础传递的，因而为了保证建筑物的稳定性和安全性，必须满足建筑基础底面的平均压力不超过地基承载力。基础底面积 A 通过下列公式来确定

$$A \geqslant \frac{N}{f}$$

式中：N——建筑物的总荷载；

　　　f——地基承载力。

以上公式表明，当地基承载力不变时，建筑物总荷载越大，基础底面积也要求越大。或当建筑物总荷载不变时，地基承载力越小，基础底面积越大。

5.2　地　基

5.2.1　地基的分类

地基按土层性质不同，分为天然地基和人工地基。

1. 天然地基

天然地基是具有足够承载能力，不需要经过人工改良或加固，可以直接在上面建造房屋的天然土层。如岩石、碎石土、砂土和粘性土等，一般均可以作为天然地基。

天然地基的土层分布及承载力大小由勘测部门实测提供。作为建筑地基的土层分为岩石、碎石土、砂土、粉土、粘性土和人工填土等。

（1）岩石

岩石为颗粒间牢固连接，呈整体或具有节理裂隙的岩体。岩石根据其坚固性可以分为硬质岩石（花岗岩、玄武岩等）和软质岩石（页岩、粘土岩等）；根据其风化程度可以分为微风化岩石、中等风化岩石和强风化岩石等。岩石承载力的标准值 $f_k = 200 \sim 4000\text{kPa}$。

（2）碎石土

碎石土为粒径大于 2mm 的颗粒含量不超过全重的 50% 的土。碎石土根据颗粒形状和粒组含量又分为漂石、块石（粒径大于 200mm）；卵石、碎石（粒径大于 20mm）；圆砾、角砾（粒径大于 2mm）。碎石土承载力的标准值 $f_k = 200 \sim 1000\text{kPa}$。

（3）砂土

砂土为粒径大于 2mm 的颗粒含量不超过全重的 50%，粒径大于 0.075mm 的颗粒超过全重 50% 的土。砂土根据其粒组含量又可以分为砾砂（粒径大于 2mm 的颗粒占 25%～50%）、粗砂（粒径大于 0.5mm 的颗粒超过全重的 50%）、中砂（粒径大于 0.25mm 的颗粒超过全重的 50%）、细砂（粒径大于 0.075mm 的颗粒超过全重的 85%）、粉砂（粒径大于 2mm 的颗粒超过全重的 50%）。砂土的承载力为（标准值）$f_k = 140 \sim 500\text{kPa}$。

（4）粉土

粉土为塑性指数 $I_p \leqslant 10$ 的土。其性质介于砂土和粘性土之间。粉土的承载力为（标准值）$f_k = 105 \sim 410\text{kPa}$。

（5）粘性土

粘性土为塑性指数 $I_p > 10$ 的土，按其塑性指数 I_p 值的大小又分为粘土（$I_p > 17$）和粉质粘土（$10 < I_p \leqslant 17$）两大类。粘性土的承载力为（标准值）$f_k = 105 \sim 475\text{kPa}$。

（6）人工填土

人工填土根据其组成和成因可以分为素填土、杂填土、冲填土。素填土为碎石土、砂土、粉土、粘性土等组成的填土；杂填土为含有建筑垃圾、工业废料、生活垃圾等杂物的填土；冲填土为水力冲填泥沙形成的填土。人工填土的承载力为(标准值)$f_k = 65 \sim 160 \text{kPa}$。

2. 人工地基

当土层的承载力较差或虽然土层质地较好，但是上部荷载过大时，为使地基具有足够的承载能力和稳定性，应对土层进行加固，这种经过人工处理的土层称为人工地基。如淤泥、人工填土等。人工地基的加固处理方法有以下几种：

(1)压实法

利用重锤(夯)、碾压(压路机)和振动法将土层压实。这种方法简单易行，对提高地基承载力收效较大。如图 5-2-1 所示。

（a）夯实法　　　　　　（b）重锤夯实法　　　　　　（c）机械碾压法

图 5-2-1　基础与地基

(2)换土法

当地基土为淤泥、冲填土、杂填土及其他高压缩性土时，应采用换土法予以处理。换土所用材料宜选用中砂、粗砂、碎石或级配石等空隙大、压缩性低、无侵蚀性的材料。换土范围由计算确定。

(3)桩基

在建筑物荷载大、层数多、高度高、地基土又较松软时，一般应采用桩基。

5.2.2　地基的设计要求

1. 地基应具有足够的承载力和均匀程度

建筑物的选址应尽量选择地基承载力较高而且分布均匀的地段，如岩石类、碎石类、砂性土类和粘性土类等地段。地基土质应均匀，如果土质分布不均匀或处理不好，会使建筑物发生不均匀沉降，引起墙体开裂、房屋倾斜，甚至破坏。

2. 地基应具有安全的稳定性

地基要有抵抗产生滑坡、倾斜方面的能力。在必要时应加设挡土墙，以防止滑坡变形的出现。

3. 经济技术要求

要求设计时尽量选择土质好的地段、优先选用地方材料、合理的构造形式、先进的施工技术方案，以降低消耗，节约成本。

5.2.3　地基特殊问题的处理

1. 地基中遇有坟坑的处理

在基础施工中，若遇有坟坑，应全部挖出。并沿坟坑四周多挖 300mm，然后夯实并回填 3 : 7 灰土。若遇潮湿土壤应回填级配砂石。最后按正规基础做法施工。

2. 基槽中遇有枯井的处理

在基槽转角部位若遇有枯井，可以采用挑梁法，即两个方向的横梁越过井口，上部可以继续作基础墙，井内可以回填级配砂石。

3. 基槽中遇有沉降缝的处理

若新旧基础连接并遇有沉降缝时，应在新基础上加做挑梁，使墙体靠近旧基础，通过挑梁解决不均匀下沉问题。

4. 基槽中遇有橡皮土的处理

基槽中的土层含水量过多，饱和度达到 0.8 以上时，土壤中的孔隙几乎全部充满水，出现软弹现象，这种土层称为橡皮土。遇有这种土层，要避免直接在土层上用夯打。处理方法应先晾槽，也可以掺入石灰末降低土层的含水量。或用碎石或卵石压入土中，将土层挤实。

5. 基础标高不一的处理

不同基础埋深不一，标高相差很小的情况下，基础可以做成斜坡处理。若倾斜度较大时，应设踏步形基础，踏步高 $H \leq 500\text{mm}$，踏步长度 $\geq 2H$。

6. 防止地基不均匀下沉

当建筑物中部下沉较大、两端下沉较小时，建筑物墙体出现八字裂缝。若两端下沉较大，中部下沉较小时，建筑物墙体则出现倒八字裂缝。上述两种下沉均属于地基不均匀下沉，应予以充分注意，防止地基不均匀下沉。

5.3　基　　础

5.3.1　基础埋置深度

基础埋置深度简称基础的埋深，是指从室外设计地面到基础底面的垂直距离，如图 5-3-1 所示。根据基础埋置深度的不同，分为浅基础和深基础。常规基础埋置深度不超过 5m 的称为浅基础，超过 5m 的称为深基础。一般情况下，应优先选用浅基础，浅基础具有构造简单、施工方便、造价低的特点。如果浅层土质不良、总荷载较大或其他特殊情况下，才选用深基础。

除岩石地基外，基础的埋深不能小于 0.5m，否则，地基受到建筑荷载作用后可能将四周土挤走，使基础失稳，或者地坪受到雨水冲刷、各种侵蚀、机械破坏而导致基础暴露，影响建筑物安全。

5.3.2　基础埋深的影响因素

基础的埋深关系到地基是否可靠安全，施工难易程度以及工程造价等。影响基础埋深的影响因素很多，主要有以下几个方面：

1. 地基土层构造

基础应建造在坚实的土层上，而不能设置在承载力低、压缩性高的软弱土层上。地基土通常由多层土组成，直接支承基础的土层称为持力层，下部各层土为下卧层。

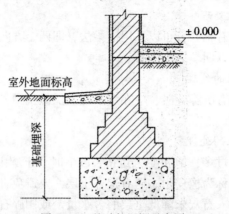

图 5-3-1 基础的埋深示意图

在满足地基稳定和变形要求的前提下，基础宜浅埋，当上层地基的承载力大于下层土时，宜利用上层土作持力层。除岩石地基外，基础埋深不宜小于 0.5m。若坚实土层很深，可以采取地基加固处理，或者将基础埋在优质土上，或采用桩基础，具体方案应进行技术经济比较并结合施工周期、难易程度等综合确定，如图 5-3-2 所示。

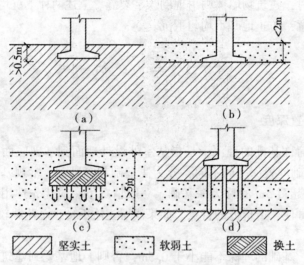

图 5-3-2 地基土层对基础埋深的影响示意图

2. 建筑物的用途，基础的形式和构造

若建筑物很高，自重也很大，基础则应埋深，即高层建筑基础埋深应随建筑物高度的增大而增大，以满足其稳定性要求；若建筑物设置地下室、设备基础或地下设施，基础埋深应满足其使用要求。

3. 作用在地基上的荷载大小和性质

一般地基荷载较大时应加大基础埋深，受上拔力的基础应有较大埋深，以满足抗拔力的要求。

4. 工程地质和水文地质条件

若地基存在地下水，确定基础埋深一般应考虑将基础埋于地下水位以上不小于200mm 处。因为地基土含水量的大小对承载力影响很大，且地基土若含有侵蚀性物质的地下水对基础还产生腐蚀。

当地下水位较高，基础不能埋置在地下水位以上时，宜将基础埋置在最低地下水位以下 200mm。这种情况，基础应采用耐水材料，且应同时考虑施工时基坑的排水和坑壁的支护等因素，采取地基土在施工时不受扰动的措施。

若基础埋置在易风化的岩层上，施工时应在基坑开挖后立即铺筑垫层，如图 5-3-3所示。

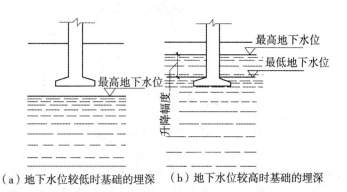

（a）地下水位较低时基础的埋深　　（b）地下水位较高时基础的埋深

图 5-3-3　地下水位对基础埋深的影响示意图

5. 土的冻结深度

土的冻结深度即冰冻线，是地面以下的冻结土和非冻结土的分界线。主要由当地的气温条件决定，气温越低，持续时间越长，冻结深度就越大。如哈尔滨冻结深度为 1.9m，沈阳冻结深度为 1.2m，北京冻结深度为 0.85m，上海冻结深度为 0.1m。如果基础置于冰冻线以上，当土壤冻结时，土的冻胀会把基础抬起，将房屋拱起，而融化后，基础又将下沉，导致房屋下沉。这个过程中，冻融是不均匀的，致使建筑物周期性地处于不均匀的升降状态中，势必会导致建筑物产生变形、开裂、倾斜等一系列的冻害。

因此，在冻胀土中埋置基础必须将基础底面置于冰冻线以下 200mm 处，若冻土深度小于 500mm，基础埋深不受影响，如图 5-3-4 所示。

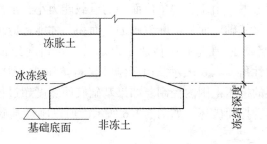

图 5-3-4　冻结深度对基础埋深的影响示意图

6. 相邻基础的埋深

若存在相邻建筑物，新建建筑物的基础埋深不宜大于原有建筑物的基础埋深。若新建建筑物的基础埋深必须大于原有建筑物的基础埋深，两基础之间应保持一定净距，其数值应根据原有建筑荷载大小，基础形式和土质情况确定。若上述要求不能满足，应采取分段施工，设临时加固支撑，打板桩，地下连续墙等施工措施，或加固原有建筑物地基，如图5-3-5所示。

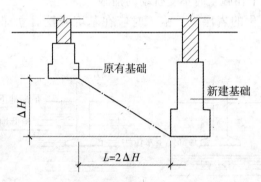

图 5-3-5　相邻基础埋深的影响示意图

除了上述几种主要因素以外，在工程设计中，还要考虑新建建筑物是否有地下室、设备基础、地下管沟等因素。若地面上有较多的硫酸、氢氧化钠、硫酸钠等腐蚀液体作用，基础埋深不宜小于1.5m，必要时，需要对基础作防护处理。

5.3.3　基础的分类

研究基础的类型是为了经济合理地选择基础的形式和材料，确定其构造，对于民用建筑的基础，可以按材料和受力特点、构造形式进行分类：

1. 按材料及受力分类

建筑物基础按材料及受力分类，可以分为刚性基础和柔性基础。

(1) 刚性基础

用刚性材料制作，底面宽度扩大受刚性角限制的基础称为刚性基础。在常用的建筑材料中，砖、灰土、混凝土、三合土等抗压强度高，而抗拉、抗剪强度低的材料，均属刚性材料。由这些材料制作的基础都属于刚性基础。

从受力和传力角度考虑，由于土壤单位面积的承载能力小，上部结构通过基础将其荷载传递给地基时，只有将基础底面积不断放脚加大面积，才能适应地基受力的要求。根据试验得知，上部结构(墙或柱)在基础中传递压力是沿一定角度分布的，这个传力角度称为压力分布角，或称刚性角，以 α 表示。由于刚性材料抗压能力强，抗拉能力弱，因此，压力分布角只能在材料的抗压范围内控制。如果基础底面宽度超过控制范围，致使刚性角扩大。这时，基础会因受拉而破坏。如图5-3-6所示。所以刚性基础底面宽度的增大要受到刚性角的限制。

不同材料基础的刚性角是不同的，通常砖砌基础的刚性角控制在26°～33°之间，素混凝土基础的刚性角应控制在45°以内。

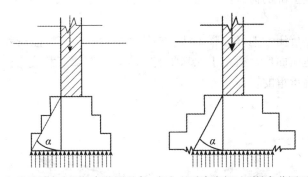

（a）基础受力在刚性角范围以内 （b）基础宽度超过刚性角范围而破坏

图 5-3-6 刚性基础示意图

由于刚性材料的特点，刚性基础只适用于受弯、受拉、剪力，因此刚性基础剖面尺寸必须满足刚性条件的要求。一般砌体结构房屋的基础常采用刚性基础。

①灰土基础。

灰土是经过消解后的生石灰和黏性土按一定比例拌合而成，其配合比常用石灰：黏性土＝3：7，俗称"三七"灰土。

灰土基础适合于 5 层以下（含 5 层）、地下水位较低的砌体结构房屋和墙体承重的工业厂房。灰土基础的厚度与建筑物层数有关。4 层以上（含 4 层）的建筑物，一般采用450mm；3 层以下（含 3 层）的建筑物，一般采用 300mm，夯实后的灰土厚度每 150mm 称"一步"，300mm 厚的灰土称为"两步"灰土。

灰土基础的优点是施工简便、造价低廉、就地取材，可以节省水泥、砖石等材料。其缺点是灰土的抗冻、耐水性能差，在地下水位线以下或很潮湿的地基上不宜采用。如图5-3-7 所示。

图 5-3-7 灰土基础

②砖基础。

用做基础的砖，其强度等级必须在 MU10 以上，砂浆一般不低于 M5。基础墙的下部要做成阶梯形，以使上部的荷载能均匀传递到地基上。阶梯放大的部分一般称为大放脚，如图 5-3-8 所示。

砖基础的特点是抗压性能好，整体性、抗拉、抗弯、抗剪性能较差，材料易得，施工简便，造价较低，适应面广。适用于地基坚实、均匀，上部荷载较小，6 层和 6 层以下的一般民用建筑物和墙承重的轻型厂方基础工程。

图 5-3-8 砖基础

③毛石基础。

毛石基础是指开采下来未经雕琢成形的石块，采用不小于 M5 砂浆砌筑的基础。毛石形状不规则，其质量与码石块的技术和砌筑方法关系很大，一般应搭板满槽砌筑。毛石基础的厚度和台阶高度均不得小于 100mm，当台阶多于两阶时，每个台阶伸出宽度不宜大于 150mm。为便于砌筑上部砖墙，可以在毛石基础的顶面浇铺一层 60mm 厚、C10 的混凝土找平层。毛石基础的优点是可以就地取材，但其整体性欠佳，因而有震动的房屋很少采用，如图 5-3-9 所示。

图 5-3-9 毛石基础

④三合土基础。

三合土基础是指由石灰、砂、碎砖三种材料组成，按 1：2：4，1：3：6 的体积比进行配合，然后在基槽内分层夯实的基础，每层夯实前虚铺 220mm 厚的三合土，夯实后净剩 150mm 厚。三合土铺筑至设计标高后，在最后一遍夯打时，宜浇注石灰浆，待表面灰浆略为风干后，再铺上一层砂子，最后整平夯实。

三合土基础在我国南方地区应用很广。其优点是造价低廉，施工简单，但是其强度较低，所以只能用于 4 层以下房屋的基础。

⑤混凝土基础

混凝土基础是指用混凝土制作的基础。混凝土基础适用于潮湿的地基或有水的基槽中。有阶梯形和锥形两种。其优点是强度高，整体性好，不怕水，如图 5-3-10 所示。

混凝土基础的厚度一般为 300～500mm，混凝土标号为 C7.5～C10。混凝土基础的宽高比为 1：1。

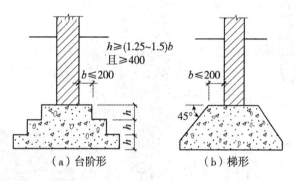

图 5-3-10　混凝土基础示意图

⑥毛石混凝土基础

为了节约水泥用量，对于体积较大的混凝土基础，可以在浇注混凝土时加入 20%～30% 的毛石，这种基础称为毛石混凝土基础。毛石的尺寸不宜超过 300mm。若基础埋深较大，也可以用毛石混凝土作成台阶形，每阶宽度不应小于 400mm。若地下水对普通水泥有侵蚀作用，应采用矿渣水泥或火山灰水泥拌制混凝土。

（2）柔性基础

柔性基础是指用钢筋混凝土制成的受压和受拉均较强的基础。当建筑物的荷载较大时，基础底面加宽，若仍采用混凝土材料，势必导致基础深度要加大。这样，既增加了挖土工作量，而且还使材料用量增加，对工期和造价都十分不利。

若在混凝土基础的底部配置钢筋，利用钢筋来承受拉力，使基础底部能够承受较大弯矩，这时，基础宽度的加大不受刚性角的限制，故称钢筋混凝土基础为柔性基础。在同样条件下，采用钢筋混凝土与混凝土基础比较，可以节省大量的混凝土材料和挖土工作量，如图 5-3-11 所示。

柔性基础的做法是在基础底板下均匀浇注一层素混凝土，作为垫层，其目的是保证基础钢筋和地基之间具有足够的距离，以免钢筋锈蚀，而且还可以作为绑扎钢筋的工作面。垫层一般采用 C7.5 或 C10 素混凝土，厚度 100mm。垫层两边应伸出底板各 50mm。

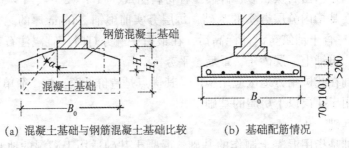

(a) 混凝土基础与钢筋混凝土基础比较　　　(b) 基础配筋情况

图 5-3-11　钢筋混凝土基础示意图

2. 按构造形式分类

基础按构造形式的不同可以分为独立基础、条形基础、联合基础(井格式基础、筏式基础、箱形基础、板式基础)、桩基础等。

(1)独立基础

若建筑物上部采用框架结构或单层排架结构承重,且柱距较大,基础常采用方形或矩形的单独基础,这种基础称为独立基础。独立基础是柱下基础的基本形式,常用的断面形式有阶梯性、锥形、杯形等,如图 5-3-12 所示。

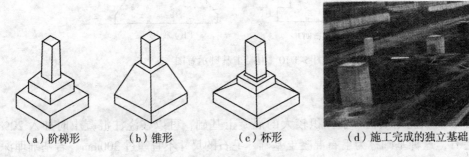

(a)阶梯形　　　(b)锥形　　　(c)杯形　　　(d)施工完成的独立基础

图 5-3-12　独立基础

(2)条形基础

若建筑物上部结构采用墙体承重,基础沿墙体设置成长条形,称为条形基础或带形基础。条形基础一般用于墙下,也可以用于柱下。这种基础有较好的整体性,可以减缓局部不均匀沉降。当建筑物采用墙承重时,通常将墙底加宽形成墙下条形基础;当建筑物采用柱承重结构,在荷载较大且地基较软弱时,可以在柱下基础沿一个方向连续设置成条形基础。中小型砖混结构常采用这种形式,选用材料可以是砖、石、混凝土、灰土、三合土等刚性材料,如图 5-3-13 所示。

(3)联合基础

联合基础类型较多,常见的有井格式基础、阀形基础和箱形基础。

①井格式基础。

若框架结构处在地基条件较差的情况,为了提高建筑物的整体性,以免各柱子之间产生不均匀沉降,常将柱下基础沿纵、横方向连接起来,做成十字交叉的井格基础,故又称

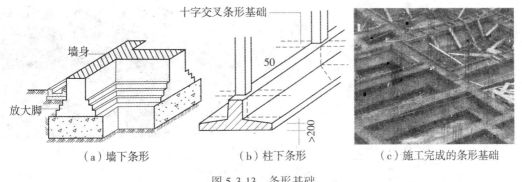

（a）墙下条形　　　　　（b）柱下条形　　　　　（c）施工完成的条形基础

图 5-3-13　条形基础

为十字带形基础。

②阀形基础。

若建筑物上部荷载较大，或地基土质很差，承载能力小，采用独立基础或井格基础不能满足要求，可以采用阀形基础。阀形基础常用于地基软弱的多层砌体结构、框架结构、剪力墙结构的建筑，以及上部结构荷载较大且不均匀或地基承载力低的情况，按其结构布置分为梁板式和平板式，其受力特点与倒置的楼板相似。如图 5-3-14 所示。

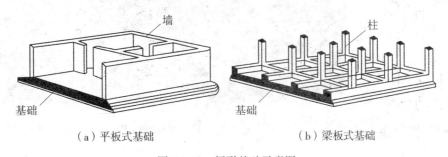

（a）平板式基础　　　　　　　　　（b）梁板式基础

图 5-3-14　阀形基础示意图

③箱形基础。

若建筑物上部荷载大、对地基不均匀沉降要求严格的高层建筑物、重型建筑物以及软弱土地基上多层建筑物，为增加建筑物的整体刚度，有效抵抗地基的不均匀沉降，常常采用由钢筋混凝土底板、顶板和若干纵横墙组成的空心箱体基础，即箱形基础。箱形基础具有整体性好、刚度大，有较好的地下空间可以利用，能承受很大的弯矩，适用于特大荷载且需要设地下室的建筑物，如图 5-3-15 所示。

(4)桩基础

若建筑物荷载较大，地基的软弱土层厚度在 5m 以上，基础不能埋在软弱土层内，或对软弱土层进行人工处理困难和不经济时，常采用桩基础。桩基的种类很多，按材料不同，可以分为钢筋混凝土桩、钢桩等；按桩的断面形状可以分为圆形桩、方形桩、环形桩、六角形桩及工字桩等；按桩的入土方法可以分为打入桩、振入桩、压入桩及灌注桩等；按桩的受力性能可以分为端承桩和摩擦桩，如图 5-3-16 所示。

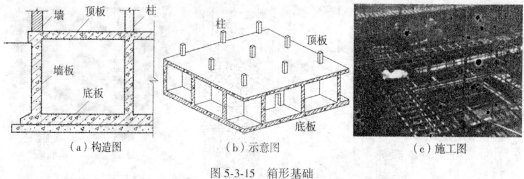

（a）构造图　　　　　（b）示意图　　　　　（c）施工图

图 5-3-15　箱形基础

　　端承桩是将建筑物的荷载通过桩端传递给地基深处的坚硬土层，这种桩适合于坚硬土层较浅，荷载较大的情况。摩擦桩是通过桩侧表面与周围土的摩擦力来承担荷载的。适用于软土层较厚，坚硬土层较深，荷载较小的情况。

（a）桩基础的组成　　　　　　（b）柱基础施工实例

图 5-3-16　桩基础

5.4　地　下　室

5.4.1　地下室的概念

　　建筑物底层地面以下的房间称为地下室。利用地下空间，可以节约建设用地。地下室可以作为储藏间、设备间、车库及战备人防工程等。高层建筑物常利用深基础，如箱形基础和阀形基础等，建造一层或多层地下室，不仅增加了使用面积，且降低了土方费用。

5.4.2　地下室的分类

1. 按使用性质分类

（1）普通地下室

普通地下室即普通的地下空间。一般按地下楼层进行设计，可以满足多种建筑功能的要求。

（2）人防地下室

人防地下室即有人民防空要求的地下空间。人防地下室是防备敌人突然袭击，有效地掩蔽人员和物资，保存战争潜力的重要设施。

2. 按埋入地下深度分类

（1）全地下室

房间地坪面低于室外地坪面的高度超过该房间净高的一半者为全地下室，或称为地下室。

（2）半地下室

房间地坪面低于室外地坪面高度超过该房间净高的三分之一，且不超过一半的称为半地下室。这种地下室一部分在地面以上，易于解决采光、通风等问题，如图 5-4-1 所示。

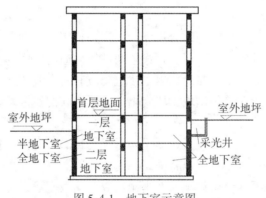

图 5-4-1　地下室示意图

3. 按结构材料分类

（1）砖墙结构地下室

砖墙结构地下室用于上部荷载不大及地下水位较低的情况。

（2）钢筋混凝土结构地下室

若地下水位较高且上部荷载很大，常采用钢筋混凝土墙结构的地下室。

5.4.3　地下室的构造

地下室一般由墙体、顶板、底板、门窗、楼梯及采光井等若干部分组成。

1. 墙体

地下室的墙体不仅承担上部的垂直荷载，同时还要承担土、地下水及土壤冻胀时产生的侧压力。因此地下室的外墙应按挡土墙设计，若采用钢筋混凝土或者素混凝土墙，外墙厚度应经过计算而确定，其最小厚度除应满足结构要求外，还应满足抗渗厚度的要求。其最小厚度不低于 300mm，外墙应作防潮或防水处理，其厚度不小于 490mm。

2. 顶板

地下室的顶板常采用现浇或预制钢筋混凝土板。防空地下室的顶板常规采用现浇板，且按相关规定决定厚度和混凝土强度等级，若采用预制板，往往在板上浇筑一层钢筋混凝土整体层，以保证有足够的整体性。在无采暖的地下室顶板上，即首层地板处应设置保温层，以利于首层房间的使用舒适。

3. 底板

地下室的底板应具有足够的强度、刚度和抗渗能力，因为地下室底板不仅承担作用于它上面的垂直荷载，当地下水位高于地下室底板时，还必须承担底板下水的浮力。因此常采用钢筋混凝土底板，并配置双层钢筋，底板下垫层上还应设置防水层，否则容易出现渗漏现象。

4. 门窗

地下室的门窗与地上部分相同。防空地下室的门，应符合相应等级的防护要求，一般采用钢门或钢筋混凝土门，防空地下室一般不允许设窗，若需开窗，应设置战时堵严措施。地下室的外窗若在室外地坪以下，应设置采光井和防护蓖，以利于室内采光、通风和室外行走安全。

5. 楼梯

地下室的楼梯可与地面上房间结合设置，层高小或用做辅助功能的地下室，可以设置单跑楼梯，具有防空要求的地下室至少要设置两部楼梯通向地面的安全出口，且必须有一个是独立的安全出口，安全出口与地面以上建筑物应有一定距离，一般不得小于地面建筑物高度的一半，以防空袭建筑物倒塌，堵塞出口，影响人们疏散。

6. 采光井

若地下室的窗在地面以下，为了达到采光通风的目的，常常设置采光井，一般每个窗设一个，当窗的距离很近时，也可以将采光井连在一起。

采光井由侧墙、底板、遮雨设施或铁格栅组成，侧墙一般为砖墙，井底板则由混凝土浇灌而成。采光井的底部抹灰应向外侧倾斜，且在井底地处设置排水管。

采光井的深度根据地下室窗台的高度而定，一般采光井底板顶面应较窗台低 250～300mm。采光井在进深方向（宽）为 1000mm 左右，在开间方向（长）的窗宽为 1000mm 左右，如图 5-4-2 所示。采光井侧墙顶面应比室外地面标高高 250～300mm，以防止地面水流入。

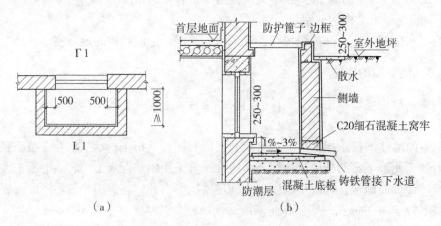

图 5-4-2　采光井的构造示意图

5.4.4　地下室的防潮和防水构造

地下室的外墙和底板都埋于地下，不仅受到地下水、上层滞水、毛细管水等的作用，同时也受到地表水的作用。处理不当，不仅影响使用，影响人的身体健康，且当水中含有酸、碱等腐蚀性物质时，还会对结构产生腐蚀，影响其耐久性。因此地下室的防潮和防水构造是确保地下室能正常使用的关键环节。

根据地下室的防水等级，不同地基土和地下水位高低以及有无滞水的可能来确定地下室防潮、防水方案。当设计最高地下水位高于地下室底板，或地室周围土层属弱透水性土存在滞水可能，应采取防水措施。当地下室周围土层为强透水性土，设计最高地下水位低于地下室底板且无滞水可能时应采取防潮措施。

《地下工程防水技术规范》(GB50108—2001)中把地下工程防水分为四级，如表 5-4-1 所示。各地下工程的防水等级，应根据工程的重要性和使用中对防水要求按表 5-4-2 中的要求选定。

表 5-4-1　　　　　　　　　　　　　　地下工程防水等级

防水等级	标　准
一级	不允许渗水，结构表面无湿渍。
二级	不允许漏水，结构表面可以有少量湿渍。 工业与民用建筑：总湿渍面积不应大于总防水面积(包括顶板、墙面、地面的 1/1000；任意 $100m^2$ 防水面积上的湿渍不超过 1 处，单个湿渍的最大面积不大于 $0.1m^2$。 其他地下工程：总湿渍面积不应大于总防水面积的 6/1000；任意防水面积的湿渍不超过 4 处，单个湿渍的最大面积不大于 $0.2m^2$。
三级	有少量的漏水点，不得有线流和漏泥砂。 任意防水面积上的漏水点数不超过 7 处，单个漏水点的最大漏水量不大于 2.5L/d，单个湿渍的最大面积不大于 $0.3m^2$。
四级	有漏水点，不得有线流和漏泥砂。 整个工程平均漏水量不大于 $2L/(m^2 \cdot d)$；任意 $100m^2$ 防水面积的平均漏水量不大于 $4L/(m^2 \cdot d)$。

表 5-4-2　　　　　　　　　　　　　　不同防水等级的适用范围

防水等级	适　用　范　围
一级	人员长期停留的场所；因有少量湿渍会使物品变质、失效的贮物场所及严重影响设备正常运转和危机工程安全运营的部位；极重要的战备工程。
二级	人员经常活动的场所；在有少量湿渍的情况下不会使物品变质、失效的场所及基本不影响设备正常运转和工程安全运营的部位；重要的战备工程。
三级	人员临时活动的场所；一般战备工程。
四级	对渗漏水无严格要求的工程。

1. 地下室的防潮

若地下水的常年水位和最高水位都在地下室地面标高以下，且无形成上层滞水的可能，地下水不能浸入地下室内部，地下室底板和外墙只需做防潮处理，地下室防潮只适用于防无压水。

对于砖墙的构造要求是：墙体必须采用水泥砂浆砌筑，灰缝饱满，在墙面外侧设垂直防潮层。其做法是在墙体外表面先抹一层20mm厚的水泥砂浆找平层，再涂一道冷底子油和两道热沥青，然后在防潮层外侧回填低渗透土壤，如粘土、灰土等，并逐层夯实。土层宽0.5m左右，以防止地面雨水或其他地表水的影响，如图5-4-3所示。

地下室的所有墙体都必须设两道水平防潮层：一道设置在地下室地坪附近；另一道设置在室外地面散水以上150~200mm的位置，以防止地下潮气沿地下墙体或勒角处侵入室内。凡在外墙穿管、接缝等处，均应嵌入油膏防潮。

对于地下室地面，一般主要借助混凝土材料的憎水性来防潮，但若地下室的防潮要求较高，其地层也应做防潮处理。地层防潮层一般设置在垫层与地面面层之间，且与墙体水平防潮层在同一水平面上。若地下室使用要求较高，可以在围护结构内侧加涂防潮涂料。

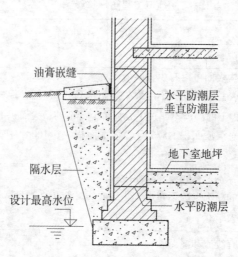

图 5-4-3 地下室的防潮处理示意图

2. 地下室的防水

若设计最高地下水位高于地下室地面，地下室的底板和部分外墙将浸在水中，地下室的外墙受到地下水的侧压力，底板则受到浮力。此时，地下室应做防水处理。地下室的外墙应做垂直防水处理，底板应做水平防水处理。目前，常采用的防水方案有材料防水和混凝土自防水两类。

（1）材料防水

材料防水是在外墙和底板表面敷设防水材料，借材料的高效防水特性阻止水的渗入，常用的防水材料有卷材、涂料和防水水泥砂浆等。

①卷材防水。

卷材防水是一种传统的防水做法，能适应结构的微量变形和抵抗地下水的一般化学侵蚀，比较可靠。防水卷材一般用沥青卷材（石油沥青卷材、焦油沥青卷材）和高分子卷材（如三元乙丙、丁基橡胶水卷材、氯化聚乙稀——橡胶共防水卷材等），各自采用与卷材相适应的胶结材料胶合而成的防水层。高分子卷材具有重量轻、使用范围广、抗拉强度大、延伸率大，对基层伸缩或开裂的适用性强等特点，而且是冷作业，施工操作方便，不污染环境。

沥青卷材是一种传统的防水材料，有一定的抗拉强度和延伸性，价格较低，但属于热作业，操作不便，且易污染环境，易老化。沥青卷材一般为多层做法，卷材的层数根据水压即地下水的最大计算水头大小而定。最大计算水头是指设计最高地下水位高于地下室底板下边的高度。按防水材料的铺贴位置不同，分为外包防水和内包防水两类。外包防水是将防水材料贴在迎水面，即外墙的外侧和底板的下面，防水效果好，采用较多，但维护困难，缺陷处难以查找。内包防水是将防水材料贴于背水一面，其优点是施工简便、便于维修，但防水效果较差，多用于修缮工程，如图 5-4-4 所示。

沥青油毡外防水构造的做法是，先在混凝土垫层上将油毡铺满整个地下室，在其上浇筑细石混凝土或水泥砂浆保护层以便浇筑钢筋混凝土底板。地坪防水油毡必须留出足够的长度以便与墙面垂直防水油毡搭接。墙体的防水处理是先在外墙外面抹 20mm 厚的 1 : 2.5 水泥砂浆找平层，涂刷冷底子油一道，再按一层油毡一层沥青胶顺序粘贴好防水层。油毡必须从底板上包上来，沿墙体由下而上连续密封粘贴，然后，在防水层外侧砌筑厚为 120mm 的保护墙以保护防水层均匀受压，在保护墙与防水层之间缝隙中灌注水泥砂浆。

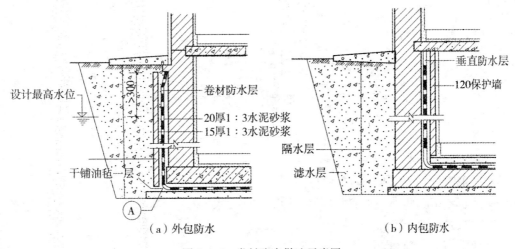

图 5-4-4　卷材防水做法示意图

②涂料防水。

涂料防水是指在施工现场以刷涂、刮涂、滚涂等方法将无定型液态冷涂料在常温下涂敷于地下室结构表面的一种防水做法。

③水泥砂浆防水。

水泥砂浆防水是采用合格材料，通过严格多层次交替操作形成的多防线整体防水层或掺入适量的防水剂以提高砂浆的密实性。

（2）混凝土防水

若地下室的墙采用混凝土结构或钢筋混凝土结构，可以连同底板采用防水混凝土，使承重、围护、防水功能三者合一。防水混凝土墙和底板不能过薄，一般外墙厚为 200mm 以上，底板厚应在 150mm 以上，否则会影响抗渗效果。为防止地下水对混凝土的侵蚀，在墙外侧应抹水泥砂浆，然后刷沥青，如图 5-4-5 所示。

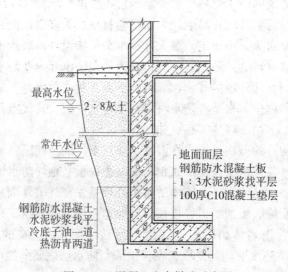

图 5-4-5　混凝土防水做法示意图

复习思考题 5

1. 什么是地基和基础？它们有什么区别？设计要求有哪些？
2. 地基特殊问题有哪些处理方式？
3. 什么是基础的埋深？影响基础埋深的因素有哪些？
4. 基础有哪些分类？
5. 箱形基础和阀形基础有哪些异同？
6. 地下室由哪些部分组成？各部分构造有何要求？
7. 什么是全地下室和半地下室？
8. 地下室的防潮和防水构造有哪些异同？
9. 什么是外防水和内防水？各自有什么特点？
10. 参观一栋带有地下室的建筑物，试确定其类型和各部分的构造。

第 6 章　楼地层构造

◎**内容提要**：本章内容主要包括楼板层、地坪层、地面的基本概念，楼板层与地层的组成和设计要求，钢筋混凝土楼板层的构造原理和结构布置特点，阳台与雨篷的构造原理和做法等。

6.1　概　　述

楼地层包括楼板层和地坪层，楼板层和地坪层是房屋的重要组成部分。楼板层是建筑物中水平分隔空间的结构构件，楼板层能承受其上的全部活荷载和恒久荷载，并将这些荷载传递给墙体或柱子，对墙体也能起到水平支撑的作用，可以增强建筑物的整体刚度，建筑物中的各种水平管线，也可敷设在楼板层内；地坪层是建筑物中与土层直接接触的水平构件，承担着作用在其上面的各种荷载，并将这些荷载传递给地基，地坪层有防潮等要求。

6.1.1　楼板层基本组成

为了满足建筑物各种使用功能的要求，楼板层一般由面层、结构层和顶棚组成。有特殊要求的楼板，还需设置附加层，如图 6-1-1 所示。

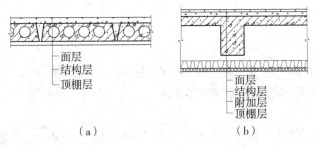

（a）　　　　　　　　　　　（b）

图 6-1-1　楼板层的组成示意图

1. 面层

楼板层的面层位于楼板层的最上层，起着保护楼板层、分布荷载、室内装饰等作用。根据室内使用要求的不同，有多种做法。

2. 结构层

楼板层的结构层又称为楼板，位于面层之下，由梁、板或拱组成，承担着整个楼板层的荷载。同时还有水平支撑墙体、增强建筑物整体刚度的作用。

3. 顶棚层

顶棚层又称为天花板或天棚,是楼板层的最下面部分,起着保护楼板、安装灯具、遮掩各种水平管线设备和装饰室内的作用。根据建筑物的不同要求,有直接抹灰顶棚、粘贴类顶棚和吊顶棚等多种形式。

4. 附加层

附加层又称为功能层,根据使用功能的不同,对某些具有特殊要求的楼板,还需设置附加层,用以满足隔声、防水、隔热、保温和绝缘等作用,附加层是现代楼板结构中不可缺少的部分。根据需要,有时和面层合二为一,有时又和吊顶合成一体。

6.1.2 地坪层基本组成

地坪层是建筑物底层房间与土壤相连接的水平构件,承担自重和其上人、家具、设备的各种荷载,并将这些荷载直接传递给下面的支承土层或通过其他构件传递给地基。同楼层一样是构成室内空间的底界面,是人们接触和使用最多的部分。为实现其功能,地坪层的基本构造由面层、垫层、基土层组成,根据使用要求和构造做法的不同,也需要设置结合层、隔离层、填充层、找平层等附加层。面层、附加层同楼层,有所不同的构造层是垫层、基土层。如图 6-1-2 所示。

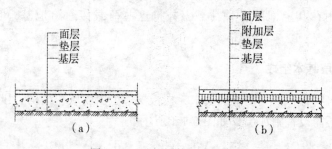

图 6-1-2　地坪层的组成示意图

1. 面层

地坪层的面层又称为地面,和楼板层的面层一样,是直接承担人、家具、设备等各种荷载的表面层,其做法和楼板层的面层相同。

2. 垫层

垫层是承担地坪层以上的全部荷载,并将其传给基土的构造层,也是地坪层的结构层。垫层一般采用 80~100mm 厚的 C10 混凝土,称为刚性垫层,刚性垫层受力后不产生塑性变形,多用于整体性、防潮防水要求较高的地坪;柔性垫层常采用 80~100mm 厚的碎石加水泥砂浆,或 60~100mm 厚的石灰炉渣,或 100~150mm 厚的三合土。由于柔性垫层受力后会产生塑性变形,所以多用于块材面层下面。

3. 基土层

基土层是指地坪层垫层下的地基土层(含地基加强或软土地基表面加固处理),基土层又称为地基。一般为原土层夯实或填土分层夯实。当上部荷载较大时,可以增设 100~150mm 厚的二八灰土,或三合土夯实。

4. 附加层

若地坪层有防水、防潮、隔声、保温、敷设管线等特殊功能要求，需增设附加层。

6.1.3 楼板层的设计要求

1. 具有足够的强度和刚度

楼板层的强度要求是指楼板层应保证在自重和活荷载作用下安全可靠，不发生任何破坏。这主要是通过结构设计来满足要求。楼板层的刚度要求是指楼板层在一定荷载作用下不发生过大变形，以保证正常使用。足够的刚度是指楼板的变形应在允许的范围内，楼板层的刚度是用相对挠度（即绝对挠度与跨度的比值）来衡量的。根据结构规范规定，当为现浇楼板时，其相对挠度不大于跨度的 $L/350 \sim L/250$；当为装配式楼板时，相对挠度不大于跨度的 $L/200$（L 为构建的跨度）。

2. 满足隔声、防火、防水、防潮等性能

不同使用性质的房间对隔声的要求不同，如我国对住宅楼板的隔声标准中规定：一级隔声标准为 65dB，二级隔声标准为 75dB 等。对一些特殊性质的房间如广播室、录音室、演播室等的隔声要求则更高，如表 6-1-1、表 6-1-2 所示。

表 6-1-1　　　　　　　　　　　　　公用建筑允许噪声标准

建筑名称	允许噪声标准（A 声级）/（dB）		
	甲等	乙等	丙等
剧场观众厅 影院观众厅	≤35 ≤40	≤40 ≤45	≤45 ≤45
电影院、医院病房、小会议室 教室、大会议室、电视演播室 音乐厅、剧院 测听室、广播录音室	35~42 30~38 25~30 20~30		

表 6-1-2　　　　　　　　　　　　　民间建筑允许噪声标准

房间名称	允许噪声标准（A 声级）/（dB）			
	一级	二级	三级	四级
卧室（或卧室或起居室）	≤40	≤45	≤50	
起居室	≤45	≤50	≤50	
学校教学用房	≤40[①]	≤50[②]	≤55[③]	
病房、医护人员休息室	≤40	≤45	≤50	
门诊室		≤60	≤65	
手术室		≤45	≤50	
测听室		≤25	≤30	

房间名称	允许噪声标准（A 声级）（dB）			
	一级	二级	三级	四级
旅馆客房	≤35	≤40	≤45	≤50
会议室	≤40	≤45	≤50	≤50
多用途大厅	≤40	≤45	≤50	
办公室	≤45	≤50	≤50	≤55
餐厅、宴会厅	≤50	≤55	≤60	

注：①特殊安静要求房间指语音教室、录音室、阅览室等。

②一般教室指普通教室、自然教室、音乐教室、琴房、阅览室、视听教室、美术教室、舞蹈教室等。

③无特殊要求的房间指健身房、以操作为主的实验室、教师办公室及休息室等。

噪声的传播途径有空气和固体两种。空气传声如说话声、吹号、拉提琴等乐器声都是通过空气来传播的。隔绝空气传声可以采取使楼板密实、无裂缝等构造措施来达到。楼板主要是隔绝固体传声，如人的脚步声、拖动家具、敲击楼板等都属于固体传声，防止固体传声可以采取以下措施：

在楼地层表面铺设地毯、橡胶、塑料毡等柔性材料，如图 6-1-3（a）所示。在钢筋混凝土楼板上铺设地毯，噪声通过量可以控制在 75dB 以内（钢筋混凝土不作隔声处理，通过噪声为 80~85dB；钢筋混凝土槽板、密肋板不作隔声处理，通过噪声在 85dB 以上）。这种方法比较简单，隔声效果较好，同时还能起到装饰美化室内的作用，是采用比较广泛的方法。

如图 6-1-3（b）所示，在楼板与面层之间加片状、条形状的弹性垫层以降低楼板的振动，即浮筑式楼板，用该方法来减弱由面层传来的固体声能。在楼板下加设吊顶，使固体噪声不直接传入下层空间。在楼板和顶棚之间留有空气层，吊顶与楼板采用弹性挂钩链接，使声能减弱。对隔声要求高的房间，还可以在顶棚铺设吸声材料加强隔声效果，如图 6-1-3（c）所示。

关于防止固体传声的第三种措施，以面层处理效果最好，又便于工业化；浮筑式楼板增加造价不多，效果也较好，但施工比较麻烦，因而采用较少。

楼板层应根据建筑物的等级、对防火的要求进行设计。建筑物的耐火等级对构件的耐火极限和燃烧性能有一定的要求，防火要求应符合《建筑设计防火规范》（GB50016—2006）的规定：一级耐火等级建筑的楼板耐火极限不少于 1.5h；二级耐火极限不少于 1h；三级耐火极限不少于 0.5h；四级耐火极限不少于 0.25h。保证在火灾发生时，在一定时间内不至于因楼板塌陷而给人们生命和财产带来损失。

楼板层还应满足一定的热工要求。对于有一定温度、湿度要求的房间，常在楼板层中设置保温层，使楼面的温度与室内温度一致，减少通过楼板的冷热损失。一些有水的房间，如厨房、厕所、卫生间等地面潮湿、易积水，应处理好楼板层的防渗漏问题，以防水的渗漏，影响相邻空间的正常使用或渗入墙体，使结构内部产生冷凝水、破坏墙体和内部

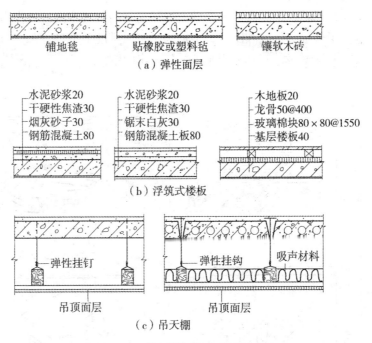

图 6-1-3 楼板隔固体声构造示意图

饰面。

3. 满足建筑经济的要求

一般情况下，多层砖混结构房屋楼板层的造价占房屋土建工程造价的 20%～30%。因此，应注意结合建筑物的质量标准、使用要求以及施工技术条件，选择经济合理的结构形式和构造方案，尽量减少材料的消耗和楼板层的自重，同时考虑便于在楼板层中铺设各种管线，并为工业化创造条件，以加快建设速度。

6.1.4 楼板的类型及选用

根据所采用材料的不同，楼板可以分为木楼板、砖拱楼板、钢筋混凝土楼板以及钢楼板等多种形式，如图 6-1-4 所示。

1. 木楼板

木楼板是在墙或梁支承的木搁栅上铺钉木板，木搁栅之间设置增强稳定性的剪刀撑。木楼板具有自重轻，保温隔热性能好、舒适、有弹性，只在木材产地采用较多，但其耐火性和耐久性均较差，且造价偏高，为节约木材和满足防火要求，现采用较少。

2. 砖拱楼板

砖拱楼板虽可以节约钢材、木材、水泥，但其自重大，承载力及抗震性能较差，且施工较复杂，目前也很少采用。

3. 钢筋混凝土楼板

钢筋混凝土楼板具有强度高，刚度好，耐火性和耐久性好，还具有良好的可塑性，在我国便于工业化生产，应用最广泛。

4. 压型钢板组合楼板

压型钢板组合楼板是在钢筋混凝土基础上发展起来的，利用钢衬板作为楼板的受弯构件和底模，既提高了楼板的强度和刚度，又加快了施工进度，是目前正大力推广的一种新型楼板，但由于需要钢材多，实际应用起来受到一定限制。

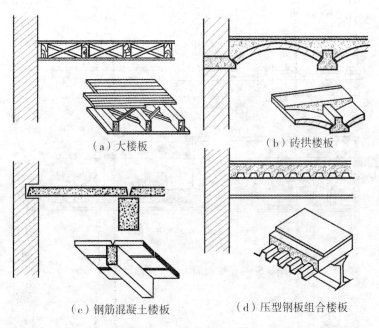

（a）大楼板　　　　　　　（b）砖拱楼板

（c）钢筋混凝土楼板　　　　（d）压型钢板组合楼板

图 6-1-4　楼板构造示意图

6.2　钢筋混凝土楼板层构造

钢筋混凝土楼板按其施工方法不同，可以分为现浇式、装配式和装配整体式三种。现浇钢筋混凝土楼板的整体性好，刚度大，利于梁板布置灵活、能适应各种不规则形状和需要留孔洞等特殊要求的建筑工程，但模板材料的消耗大，施工速度慢。装配式钢筋混凝土楼板能节省模板，并能改善构建制作时工人的劳动条件，有利于提高劳动生产率和加快施工进度，但楼板的整体性较差，房屋的刚度也不如现浇式的房屋刚度好。一些房屋为节省模板，加快施工进度和增强楼板的整体性，常做成装配整体式楼板。

6.2.1　现浇钢筋混凝土楼板层

现浇钢筋混凝土楼板是指在现场支模、绑扎钢筋、浇捣混凝土，经养护而成的楼板。现浇钢筋混凝土楼板根据受力和传力情况不同，分为板式楼板、梁板式楼板、无梁式楼板和压型钢板组合板等。

1. 板式楼板层

板内不设梁，板直接搁置在四周墙上的板称为板式楼板。因支承方式不同，现浇钢筋混凝土板式楼板层又分为两种情况：墙承式和柱承式楼板层。

（1）墙承式楼板层

墙承式楼板层是板的四边由承重墙支承，板将荷载直接传递给墙体，多用于小跨度的房间（居住建筑中的居室、厨房、卫生间）或走廊。这种楼板层结构具有整体性好、板底面平整、隔水性好等特点。楼板依其受力特点和支承情况有单向板和双向板之分，当板的长边与短边之比大于 2 时，板基本上沿短边单方向传递荷载，这种板称为单向板；当板的长边与短边之比小于或等于 2 时，作用于板上的荷载沿双向传递，在两个方向产生弯曲，称为双向板，如图 6-2-1 所示。

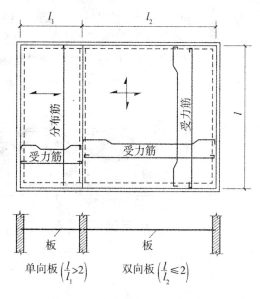

图 6-2-1　单向板和双向板示意图

（2）柱承式楼板层

柱承式楼板层是楼板结构直接由柱子支承，亦称为无梁楼板层或无梁楼盖。由于柱子直接支承楼板，为减小板跨和防止局部破坏，要增大柱子与楼板的接触面积，通常要在柱的顶部设置柱帽和托板，柱帽形式有方形、多边形、圆形等。如图 6-2-2 所示。

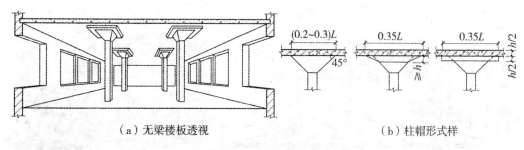

（a）无梁楼板透视　　　　　　　　　　（b）柱帽形式样

图 6-2-2　柱承式楼板层示意图

无梁楼板层柱网的布置应为方形或接近方形，这样比较经济。常用的柱网尺寸在 6m

左右，楼面活荷载大于5kPa，一般板厚不宜小于150mm，一般取柱网短边尺寸的1/30~1/25。这种楼板结构天棚平整，室内净高大，采光通风好，通常用于商场、仓库、展厅等大型空间中。

2. 梁板式楼板层

若房间或柱距尺寸较大，要设置梁作为板的中间支点来减小板的跨度，以免板厚过大。这时作用于楼板上的荷载传递方式为板、次梁、主梁、承重墙或柱。依梁的布置及尺寸等不同，有以下几种形式的梁板式楼板层。

(1) 主、次梁式楼板层

主、次梁式楼板层常用于面积较大的有柱空间中。主梁的经济跨度为6~8m，最大可达12m，梁高为跨度的1/14~1/8，梁宽为梁高的1/3~1/2；次梁的经济跨度为4~6m(次梁跨度即为主梁间距)，梁高为跨度的1/18~1/12，梁宽为梁高的1/3~1/2，如图6-2-3所示。

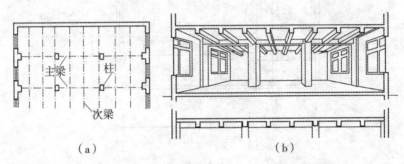

(a)　　　　　　　　　　　　(b)

图 6-2-3　主、次梁式楼板层示意图

板的经济跨度为1.5~3m，单向板板厚60~80mm，一般为板跨的1/35~1/30；双向板板厚80~160mm，一般为板跨的1/40~1/35。若施加预应力("宽梁"情况)，则梁的跨度可以达到20m左右，梁高为跨度的1/22~1/18。

(2) 井式楼板层

若房间的平面尺寸较大(跨度在10m以上)并接近正方形，常沿两个方向等尺寸地布置构件，主、次梁不分，梁的截面相同，形成井格式的梁板结构形式，如图6-2-4所示。

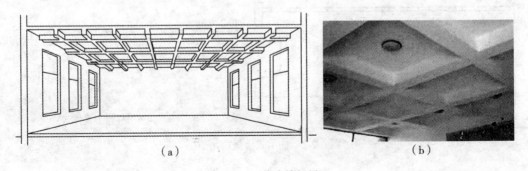

(a)　　　　　　　　　　　　(b)

图 6-2-4　井式楼板梁

井式楼板多用于正方形平面，也可以用于长方形平面，但长边与短边之比 $L_2/L_1 \leqslant$ 1.5；井式楼板可以利用结构本身形成较美观的顶棚，具有装饰效果，但需要现浇，且造价较高，多用于公共建筑的门厅、大厅或跨度较大的房间。梁跨一般在 10m 左右，根据需要也可以增加至 20~30m，如北京政协礼堂井字楼板跨度达 28.5m。

（3）压型钢板式楼板层

压型钢板组合楼板是利用截面为凹凸相间的压型钢板做衬板与现浇混凝土面层浇筑在一起支承在钢梁上的板成为整体性很强的一种楼板。这种楼板主要由楼面层、组合板（包括现浇混凝土与钢衬板）及钢梁等几部分组成，如图 6-2-5 所示。

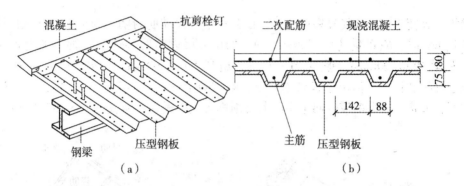

图 6-2-5　压型钢板式楼板层示意图

特点是压型钢板起到了现浇混凝土的永久性模板和受拉钢筋的双重作用，同时又是施工的台板，简化了施工程序，加快了施工进度。另外，还可利用压型钢板肋间的空间敷设电力管线或通风管道。

6.2.2 装配式（预制）钢筋混凝土楼板层

预制装配式钢筋混凝土楼板是指楼板的梁、板等构件，在预制加工厂或施工现场外预先制作成各种形式和规格的构件，然后运到工地现场进行安装。预制装配式钢筋混凝土楼板具有节省模板，便于机械化施工，施工速度快，降低劳动强度，提高生产率，工期大大缩短的优点，但其整体性差。由于有利于建筑工业化水平的提高，应大力推广。凡是建筑设计中平面形状规则，尺度符合模数要求的建筑物，都应尽量采用预制楼板，板的长度一般为 300mm 的倍数；板的宽度根据制作、吊装和运输条件以及有利于板的排列组合确定，一般为 100mm 的倍数。另外，预制构件分为预应力构件和非预应力构件两种。

1. 预制楼板构件类型

（1）实心平板

预制实心平板的跨度一般小于 2.5m；板厚为跨度的 1/30，一般为 60~80mm；板宽为 600~900mm。具有板面上、下平整，制作简单等优点；但由于板跨受到限制，隔声效果差，若板跨增加，板亦较厚，故经济性差；适用于小跨度铺板，多用在房物的走道、厨房、卫生间、阳台等处，也常用做架空隔板和管沟盖板，如图 6-2-6 所示。

（2）槽形板

槽形板是一种梁板结合的构件，即实心板的两侧设有纵肋，作用在板上的荷载主要由

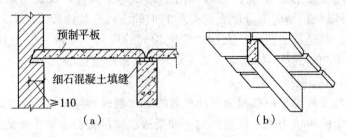

图 6-2-6 实心平板示意图

边肋承担。为便于搁置和提高板的刚度，板的两端常设端肋封闭。为加强槽形板的刚度，当板跨达 6m 时，应在板的中部每隔 500～700mm 增设横肋一道。一般尺度为板跨 3～7.2m，板宽 600～1200mm，板厚 30～35mm，肋高 150～300mm。槽形板的自重轻，用料省，便于开孔和打洞，但由于板底不平整，隔声效果差，不够美观，常用于实验室，厨房，厕所，屋顶。依板的槽口向下和向上分别称为正槽板和反槽板，如图 6-2-7 所示。

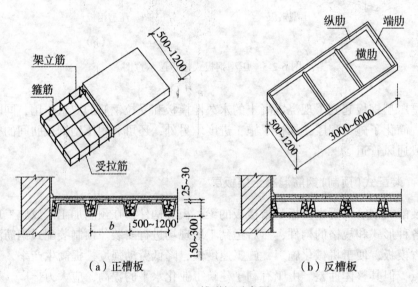

图 6-2-7 槽形板示意图

正置：肋向下搁置。板受力合理，板底不平，不利于室内采光，一般装修时需要设置吊顶棚。

倒置：肋向上搁置，板底平整，但需做面板；板受力不合理，考虑到楼板的隔声和保温，需在槽内填充轻质多孔材料。

(3)空心板

空心板的板厚一般为 120～300mm，宽度为 500～1200mm，板跨在 2.4～7.2m 范围内居多。具有板面上下平整，隔声效果好，便于施加预应力，故板跨度大的优点。但不能在板上任意开洞，若需开孔，应在板制作时就预留出孔洞的位置。如图 6-2-8 所示。

（a）　（b）圆孔空心板　（c）方孔空心板

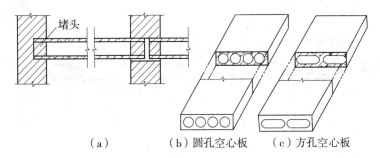

图 6-2-8　空心板示意图

2. 楼板的布置

根据房间的开间、进深大小确定板的支承方式，板沿短向布置较为经济，一般有两种搁置方式。一种是预制板直接搁置在墙上，称为板式结构布置；另一种是预制板搁置在梁上，称为梁板式结构布置，如图 6-2-9 所示。

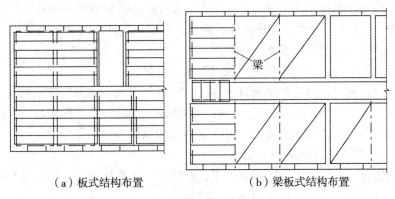

（a）板式结构布置　（b）梁板式结构布置

图 6-2-9　预制楼板结构布置示意图

楼板直接承在墙上，对一个房间进行板的布置时，通常以房间的短边为板跨进行布置，如房间为 3600mm×4500mm，采用板长为 3600mm 的预制板铺设，为了减少板的规格，也可以考虑以长边作为板跨，如另一个房间的开间为 3000mm、进深为 3600mm，此时仍可以选用板跨为 3600mm 的预制楼板。

3. 梁的断面形式

梁的截面形式有矩形、T 形、十字形、花篮形等，如图 6-2-10 所示。矩形截面梁外形简单，制作方便；T 形截面梁较矩形截面梁自重轻；采用十字形或花篮形可以减少楼板所占的空间高度。通常，梁的跨度尺寸为 5～8m 较为经济，如图 6-2-11 所示。

(a)　(b)　(c)　(d)　(e)

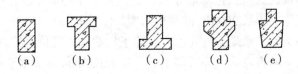

图 6-2-10　梁的截面形式示意图

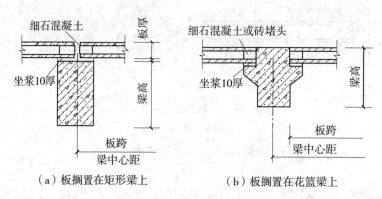

（a）板搁置在矩形梁上　　　　　（b）板搁置在花篮梁上

图 6-2-11　板在梁上搁置示意图

4. 楼板的细部构造

（1）铺板应注意细则

①在墙上的搁置长度不小于 90mm，在梁上的搁置长度不小于 60mm；

②采用 M5 砂浆坐浆不小于 10mm 厚，板端搁置部位应用水泥砂浆坐浆；

③板的端缝用细石混凝土或水泥砂浆灌实；

④空心板支承端的两端孔内用砖块或混凝土块填塞。

空心板平板布置时，只能两端搁置于墙上，应避免出现板的三边支承情况，即板的纵边不得伸入砖墙内，否则在荷载作用下，板会产生纵向裂缝。且使压在边肋上的墙体因受局部承压影响而削弱墙体的承载能力，因此空心板的纵长边只能靠墙。

（2）板与墙、板与板之间的钢筋锚固

为了增强楼板的整体刚度，特别是处于地基条件较差或地震区，应对板与墙、板与板之间用钢筋进行拉结，锚固钢筋，如图 6-2-12 所示。

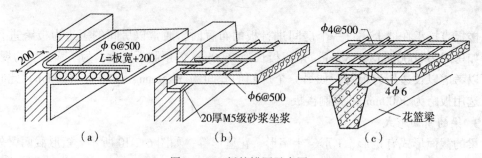

（a）　　　　　　　（b）　　　　　　　（c）

图 6-2-12　板的锚固示意图

①板靠墙：空心板的纵向长边靠墙布置，板面每隔 1000mm 设置拉筋，板缝为弯钩，钢筋伸入墙内，在墙体上为长 300mm 的水平弯钩。

②板进墙：空心板的支承端搁置在墙上，除了板端搁置部位坐浆外，应在每板缝设拉筋一根，板缝内为向下的直弯钩，伸入墙上的一端为长 300mm 的水平弯钩。

③内墙：在内墙上，板端钢筋连接，且在每板缝内设置拉筋，分布伸入两房间

各 500mm。

(3)板缝的处理

为了便于板的铺设，预制板之间应留有 10~20mm 的缝隙，板与板的接缝有端缝和侧缝两种。板端缝一般需将板缝内灌注砂浆或细石混凝土，且将板端露出的钢筋交错搭接在一起，或加钢筋网片，然后用细石混凝土灌缝。侧缝有三种形式：V 形缝、U 形缝和槽(双齿)形缝。灌注细石混凝土(粗缝)或水泥砂浆(细缝)，V 形缝与 U 形缝板缝构造简单，便于灌缝，所以应用较广，凹形缝有利于加强楼板的整体刚度，板缝能起到传递荷载的作用，使相邻板能共同工作，但施工较麻烦。如图 6-2-13 所示。

(a) V形缝　　　　(b) U形缝　　　　(c) 槽形缝

图 6-2-13　板缝的形式

在排板过程中，若板的横向尺寸与房间平面尺寸出现差额(这个差额称为板缝差)，可以采用以下办法调整板缝：

①当缝差在 60mm 以内时，通过细石混凝土调整板缝宽度即可；

②当缝差在 60~120mm 时，可以沿墙边挑两皮砖解决，如图 6-2-14(a)所示；

③当缝差在 120~200mm 时，或因竖向管道沿墙边通过时，则用局部现浇板带的办法解决，如图 6-2-14(b)所示；

④当缝差超过 200mm 时，重新选择板的规格。

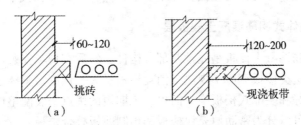

(a)　　　　　　　　　(b)

图 6-2-14　板缝的处理示意图

(4)隔墙与楼板的关系处理

1)轻质隔墙：可以直接搁置在楼板上任一位置。

2)自重较大的隔墙(砖隔墙)：为了避免将隔墙的荷载集中在一块楼板上，可以采取以下措施：

①采用槽形板——隔墙可以搁置在槽形板的边肋上，如图 6-2-15(a)所示。

②上、下隔墙相对时——结合板缝加设钢筋砖带或设梁，如图 6-2-15(b)所示。

③为了板底平整，可以使梁的截面与板厚度相同或在板缝内配筋，如图 6-2-15(c)所示。

④若采用空心板——可以在隔墙下板缝设现浇钢筋混凝土板带或设梁支承隔墙，如图

6-2-15(d)所示。

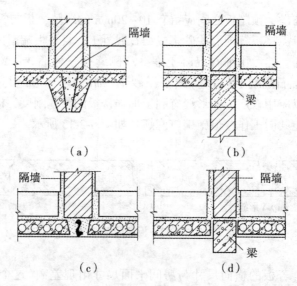

图 6-2-15　隔墙与楼板的关系示意图

（5）板的面层处理

由于预制构件的尺寸误差或施工上的原因造成板面不平，需做找平层，通常采用20~30mm厚水泥砂浆或30~40mm厚的细石混凝土找平，然后再做面层，电线管等小口径管线可以直接埋在整浇层内。装修标准较低的建筑物，可以直接将水泥砂浆找平层或细石混凝土整浇层表面抹光，即可作为楼面，如果要求较高，则必须在找平层上另做面层。

6.2.3　装配整体式钢筋混凝土楼板层

装配整体式钢筋混凝土楼板是先预制部分构件，然后在现场安装，再以整体浇筑方法连成一体的楼板。这类楼板克服了现浇板消耗模板量大、预制板整体性差的缺点，整合了现浇式楼板整体性好和装配式楼板施工简单、工期短的优点。装配整体式钢筋混凝土楼板按结构及构造方式可以分为密肋填充块楼板和预制薄板叠合楼板。

1. 密肋填充块楼板

密肋填充块楼板是指在填充块之间现浇钢筋混凝土密肋小梁和面层而形成的楼板层，也有采用在预制倒 T 形小梁上现浇钢筋混凝土楼板的做法，填充块有空心砖、轻质混凝土块等。这种楼板能够充分利用不同材料的性能，能适应不同跨度，且有利于节约模板，其缺点是结构厚度偏大。密肋填充块楼板有现浇密肋楼板、预制小梁现浇楼板、带骨架芯板填充楼板等，如图 6-2-16 所示。

密肋板由布置得较为密的肋（梁）与板构成。肋的间距及高应与填充物尺寸配合，通常肋的间距小于 700mm，肋宽 60~120mm，肋高 200~300mm，肋的跨度 3.5~4m，不宜超过 6m，板的厚度为 50mm 左右，楼面荷载不宜过大。

现浇密肋填充块楼板通常是以陶土空心砖、矿碴混凝土实心块等作为肋间填充块来现浇密肋和面板而成。预制小梁填充块楼板是在预制小梁之间填充陶土空心砖、矿碴混凝土

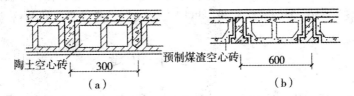

图 6-2-16 密肋填充块楼板示意图(单位：mm)

实心块、煤碴空心块等，上面现浇面层而成。密肋填充块楼板板底平整，有较好的隔声、保温、隔热效果，在施工中空心砖还可以起到模板作用，也有利于管道的敷设。这种楼板常用于学校、住宅、医院等建筑物中。

2. 叠合式楼板层

近年来，随着城市高层建筑和大开间建筑的不断涌现，从而在工程设计中要求加强建筑物的整体性，采用现浇钢筋混凝土楼板愈来愈多。现浇钢筋混凝土楼板需要消耗大量模板，很不经济。为解决这些矛盾，便出现了预制薄板与现浇混凝土面层叠合而成的装配整体式楼板，或称为预制薄板叠合楼板。

叠合式楼板可以分为普通钢筋混凝土薄板和预应力混凝土薄板两种。叠合式楼板形式中预制混凝土薄板既是永久性模板承担施工荷载，也是整个楼板结构的一个组成部分。预应力混凝土薄板内配置高强钢丝作为预应力筋，同时也是楼板的跨中受力钢筋。板面现浇混凝土叠合层，所有楼板层中的管线事先埋置在叠合层内。现浇层内只需配置少量支座负弯矩钢筋。预制混凝土薄板底面平整，作为顶棚可以直接喷浆或粘贴装饰顶棚壁纸。

叠合楼板跨度一般为 3~6m，最大可达 9m，以 5.4m 以内较为经济。预应力混凝土薄板厚通常为 50~70mm，板宽 1.1~1.8m，板间应留缝 10~20mm。为了保证预制混凝土薄板与叠合层有较好的连接，薄板上表面需做处理，常见的有两种：一种是在表面做刻槽处理，刻槽直径 50mm，深 20mm，间距 150mm；另一种是在薄板表面露出较规则的三角形状的结合钢筋，如图 6-2-17 所示。

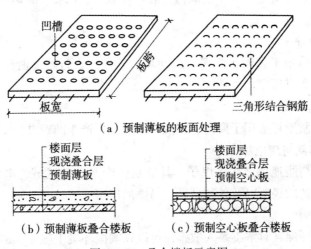

(a) 预制薄板的板面处理

(b) 预制薄板叠合楼板   (c) 预制空心板叠合楼板

图 6-2-17 叠合楼板示意图

现浇叠合层采用 C20 级混凝土，其厚度一般为 70~120mm。叠合楼板的总厚度取决于板的跨度，一般为 150~250mm。楼板厚度以大于或等于薄板厚度的两倍为宜。

6.3 地坪构造

地坪有广义地坪和狭义地坪之分，广义地坪是指各种地面的统称，狭义地坪是指通过一些工具及材料使地面呈现出良好的装饰效果。地坪层由面层、垫层、素土夯实层组成。

地坪是底层房间与土层相接触的部分，地坪承担底层房间的荷载，要求具有一定的强度和刚度，且具有防潮、防水、保暖、耐磨的性能。地坪和建筑物室外场地有密切的关系，要处理好地坪与平台、台阶及建筑物沿边场地的关系，使建筑物与场地交接明确，整体和谐。

地坪适用于一些对于卫生条件要求比较高的场所，比如医院地面、食品厂车间地面、制药厂车间地面、实验楼地面、机房地面等，以及要求抗冲压、抗腐蚀、耐磨的地面，比如地下停车场、工厂库房(过叉车)等。

6.3.1 地坪的分类

地坪是建筑物底层房间与下部土层接触的部分，地坪承担着低层房间的地面荷载，要具有良好的耐磨、防潮、防水、保温性能。

1. 溶剂型环氧树脂地坪

溶剂型环氧树脂地坪适用于医院、学校、办公楼、实验室、纺织厂、制药厂、仓库、停车场等地面。

2. 无溶剂型环氧树脂地坪

无溶剂型环氧树脂地坪适用于化工、制药、食品加工、实验楼、烟厂、物流中心等对卫生水平要求较高的地坪，这种地坪较前者绿色环保。

3. 环氧树脂砂浆地坪

环氧树脂砂浆地坪适用于电子、电器、五金机械厂、烟厂、制药厂、食品加车间、超市、实验楼等地面。

4. 多彩水晶地坪

多彩水晶地坪适用于公园、广场、运动场、学校、人行道、游泳池、家居、办公场所、商场、站台、大堂等室内外地坪。

5. 彩砂型环氧树脂地坪

彩砂型环氧树脂地坪适用于商场、医院、展厅、生产车间、办公室、地铁等地面。

6. 防静电型环氧树脂地坪

防静电型环氧树脂地坪适用于电子、计算机生产及包装区域、电讯、计算机控制中心，放置弹药、火药的场所以及各种易燃、易爆的厂房。

7. 水性环氧地坪

水性环氧地坪环保且对水不是太敏感，可以在潮湿环境中施工，适用环境与溶剂型环氧树脂地坪一样。

8. 丙烯酸聚氨脂地坪

丙烯酸聚氨脂地坪适用于室外环境，如操场、球场、体育馆、公园等地面。

9. 水泥基自流平地坪

水泥基自流平地坪运用广泛，适用于工业厂房、车间、仓储、商业卖场、展厅、体育馆、医院、各种开放空间、办公室等，也适用于居家、别墅、温馨小空间等。可以作为饰面面层，亦可以作为耐磨基层。

10. 学校地坪

学校地坪适用于教室/办公室、走廊/楼梯、宿舍/寝室、食堂/餐厅、礼堂/会议厅、各类功能室、校医室/保健室、活动广场等学校地面。

11. 彩色压花艺术地坪

彩色压花艺术地坪广泛适用于室内外：室外——园林景观、各类主题公园、小区街道、步行街、停车场、文化广场、游乐场、度假村等；室内——活动中心、幼儿园、学校、游泳池、宾馆、酒店、咖啡厅、花园别墅、超市商场、图书馆、各类会所、电影院、售楼处等；立面——装饰墙面、台阶、桥面等。

12. 彩色透水地坪

彩色透水地坪适用于人行道，公共广场，露天停车场，公园内道路，商业步行街，住宅及小区的庭院道路等。彩色透水地坪，能吸收车辆行驶时产生的噪音，能够使雨水迅速渗入地表，有效补充地下水，保护城市自然水系不受破坏，又可以解决普通路面容易积水的问题，提高行走的安全性和舒适性。

13. 锡钛消音地坪

锡钛消音地坪广泛应用于医院、家居、办公室、户外地坪、球场、公园、广场、游泳池、商城、旅游景观等各种场合，地坪色彩多样，如单色、混色、图案造型等。

14. 耐磨地坪

(1)水泥基耐磨地坪材料的概念

水泥基耐磨地坪材料是由硅酸盐水泥或普通硅酸盐水泥、耐磨骨料为基料，加入适量添加剂组成的干混材料。

(2)水泥基耐磨地坪材料的分类

水泥基耐磨地坪材料按其骨料可以分为：Ⅰ型水泥基耐磨地坪材料(非金属氧化物骨料)；和Ⅱ型水泥基耐磨地坪材料(金属氧化物骨料或金属骨料)两类。

原料分合金骨料和矿物骨料两种，用于工业厂房、车间、仓库、码头、停车场、物料中心、地下车库、广场等地面。

地面工程是指作为土建工程后续建设适应多种用途需要的各种地面工程。按照用途种类划分可以分为车行道、停车场、物流仓库地坪等。地坪必须符合高冲击、高耐磨的要求；机械加工车间地面防油渗要求；化工生产耐化学品介质腐蚀的要求；计算机控制室、面粉生产粉尘、纺织业纤维尘、燃料油、易燃易爆危险品储存库地面防止静电积聚的要求；电子元器件生产、手术室、食品、医药、精密机械生产装配区域的洁净地面要求等。必须由专业施工企业完成的各类特种地面工程的施工。

耐磨地坪根据材料可以分为耐磨颗粒添加剂型地坪、高分子聚合物型地坪。耐磨颗粒添加剂型地坪有：非金属、金属及合金颗粒添加剂型耐磨地面，应用于厂房、停车场、大型超市、人行道以及车行道等，这类地坪工程可以与土建工程同期进行，不附加施工工期。《建筑地面设计规范》(GB50037—96)中列出了以铁屑混凝土及水泥石屑为耐磨颗粒添加剂型的品种。由于设备及加工工艺完善，抗压强度、抗折强度及抗拉强度较规范数值有很大的提高。

应用于地面工程的高分子聚合物，主要有环氧、聚氨酯、乙烯基酯、丙烯酸酯以及聚脲型等，相同的高分子聚合物包括水性、溶剂型及无溶剂型之分，这类材料适合在多种环境条件下施工，可以纤维增强或添加耐磨填料、导静电剂等多层复合，使地面材料具有良好的抗油渗、耐蚀、导静电等性能，其表面有硬质或弹性的特性。

6.3.2　地坪构造

1. 地坪施工工艺

地坪施工工艺包括：基面处理；涂刷封闭底漆；批刮腻子；打磨、吸尘；涂刷色漆；完工后，养护(视工艺时间不等)。

2. 地坪施工技术指标

地坪施工技术指标包括：干燥时间，表干≤4h；实干≤24h；附着力(级)≤1；铅笔硬度≥2H；耐冲击性50通过；柔韧性1mm通过；耐磨性(750g/500R，失重g)≤0.03；耐水性48小时无变化；耐30%硫酸7天无变化；耐40%氢氧化钠7天无变化；耐汽油120#7天无变化；耐润滑油7天无变化。

3. 地坪的验收标准

(1)环境温度为25℃时，施工后2～3天应达到实干，即硬度达到完成固化的80%左右；

(2)表面不能出现发粘现象；

(3)气泡：平涂型、砂浆型无气泡，自流平允许1个小气泡/10m²；

(4)流平性良好，无镘刀痕，大面积接口处基本平整；

(5)无浮色发花，颜色均匀一致，大面积接口处允许有极不明显的色差；

(6)无粗杂质，但允许有空气中的浮尘掉落在地坪表面造成的极小缺陷；

(7)地坪表面应平整平滑，光泽度应达到设计要求(高光泽≥90、有光≥70、半光50～70)，平涂型为有光、水性为半光至无光；

(8)橘皮、砂浆防滑面效果应很明显。

4. 地坪基面处理

(1)为使地坪涂料的施工达到良好效果，对于尚未找平的地面，应首先施工水泥找平以进行找平处理。土建方找平时，在水泥初凝时，用专业地面机械对地面进行磨平处理。经过基层处理再涂装的环氧涂地坪的表面会更平整、光亮，地坪使用寿命也会相应提高。

(2)待水泥层干燥后(大约28d)，用打磨机对地面进行整体打磨处理，使其表面平整，水泥毛细孔全部敞开。

(3)对于有油污(食用油、机油)的基层，先用表面处理机喷洒于用水冲湿的地表面，反复擦洗，直到无油污为止。

(4)对于碱性太大(pH>8)的基层，先用稀盐酸或稀醋酸中和处理，然后用清水冲洗。

(5)对于潮湿的地面，通过吸水、擦干，太阳照、灯照，热风机吹烘，使其含水率达到施工要求。

（6）对于有旧漆膜的地面（如金刚砂地面、旧漆膜地面），先用机械铲除旧油漆，然后对局部不良情况进行处理，同时对地面打毛，以清除不牢靠的旧水泥层及金刚砂表面，使其形成粗毛面，从而提高新涂层的附着力。

（7）对于较深的伸缩缝，必须先用彩色弹性胶填充到低于地平面 1~2mm 的高度，然后用快干硬油漆腻子刮平；对于已填了沥青的伸缩缝，要将缝中的沥青铲平到低于地平面 1~2mm 的深度，然后用快干硬油漆腻子刮平，防止返色。

5. 地坪的选择方法

（1）机械性能要求

机械性能要求主要有以下三个方面：

①耐磨性：地坪在使用时会有哪些车辆行走？

②耐压性：地坪在使用时会承受多大荷载？

③耐冲击性：冲击力是否会引起地坪面剥离？

（2）化学性能要求

化学性能要求主要有以下两个方面：

①耐酸碱性：使用时腐蚀性化学物质的种类及浓度。

②耐溶剂性：使用时溶剂类型及接触时间。

（3）楼层位置状况

根据地坪是在地下楼层还是地面楼层的位置，确定是否需要做防潮处理或选择特殊防潮地坪。

（4）基面状况

①基层强度：一般要求抗压强度≥20MPa。

②平整度：是否需要用环氧砂浆修补？

③地面施工前一般需要用自流平处理。

（5）美观要求

①颜色要求：是否需要颜色划分区域？

②亮度要求：是选择哑光还是亮光？

③平整度要求：是否对地坪的平整度有要求？

（6）安全性要求

如果地坪处在油渍环境或坡道处，则需要选择防滑地坪。做地坪涂装方案设计：在了解了基材状况、地坪使用要求后，需要对地坪工程进行涂装方案设计，其内容包括：

①表面处理方式：即针对现实存在的基材状况，采用适宜的表面处理方式。

②涂层厚度，包括总涂层厚度及各道涂层的厚度设计。

③确定选用的地坪涂料及辅料品种，包括底漆、中涂层、面漆等，还有各种粒径的石英砂、稀释剂、清洗剂等辅料。

④确定各道涂层或工序的施工方法。

⑤进行各道工序施工需要的设备、工具及耗材等的配置。

⑥施工人员及施工进度安排等。

⑦施工过程中的质量控制和检测手段。

⑧其他需要考虑的问题。

设计一套合理可行的涂装方案是取得优良地坪工程的决定性因素。正因其重要性，所以必须综合考虑各种因素，包括：基材状况；地坪使用要求；施工环境条件；工程成本；要求工期等。

6. 补充说明

（1）压印地坪

压印地坪系统是对传统混凝土表面进行彩色装饰和艺术处理的新型材料和新型工艺。这种新压印地坪型材料和新型工艺的诞生，改变了传统混凝土地坪在表面装饰和表面色泽单一的缺点；对其使用领域受限的缺陷有很大突破；赋予了城市规划者和设计者在地面这块平台上有更多的设计和遐想空间；使业主和施工者在地面选材的空间上有很大提升。压印地坪系统由六个部分组成，即：彩色强化剂、彩色脱模粉、封闭剂、专业模具、专业工具和专业施工工艺。通过上述六个部分的搭配与完美组合对混凝土表面进行彩色装饰和艺术处理后；地坪表面所呈现出的色彩和造型凹凸有致、纹理鲜明、天然仿真、充满质感。其艺术效果超过花岗岩、青石板等，既美化了城市地面，又节省了采用天然石材所付出的高昂成本。

（2）透水地坪

1）透水地坪施工步骤：

①搅拌：透水地坪拌合物中水泥浆的稠度较大，且数量较少，为了使水泥浆能均匀地包裹在骨料上，宜采用强制式搅拌机，搅拌时间为 5min 以上。

②浇筑：在浇筑混凝土之前，路基必须先用水湿润。否则透水地坪快速失水分会减弱骨料之间的粘结强度。由于透水地坪拌合物比较干硬，将拌和好的透水地坪和良好的透水地坪材料铺在路基上铺平即可。

③振捣：在浇注混凝土过程中不宜强烈振捣或夯实。一般用平板振动器轻振铺平后的透水性混凝土混合料，但必须注意不能使用高频振捣器，否则会使混凝土过于密实而减少孔隙率，且影响透水效果。同时高频振捣器会使水泥浆体从粗骨料表面离析出来，流入底部形成一个不透水层，使材料失去透水性。

④辊压：振捣以后，应进一步采用实心钢管或轻型压路机压实、压平透水混凝土拌合料。考虑到拌合料的稠度和周围温度等条件，可能需要多次辊压，但应注意，在辊压前必须清理辊子，以防止粘结骨料。

⑤养护：透水地坪由于存在大量的孔洞，易失水，干燥很快，所以养护工作非常重要。尤其是早期养护，要注意避免地坪中水分大量蒸发。通常透水混凝土拆模时间比普通混凝土拆模时间短，拆模后其侧面和边缘就会暴露于空气中，应用塑料薄膜或彩条布及时覆盖路面和侧面，以保证路面湿度和水泥充分水化。透水地坪应在浇注后 1 天开始洒水养护，淋水时不宜用压力水柱直冲混凝土表面，这样会带走一些水泥浆，造成一些较薄弱的部位，可以在常态的情况下直接从上往下浇水。透水地坪的浇水养护时间应不少于 7 天。

2）透水地坪的性能及优点：

①吸收车辆行驶时产生的噪音，创造安静舒适的生活和交通环境。

②雨天可以防止路面积水和夜间路面反光，提高了车辆、行人的通行舒适性与安全性。

③透水混凝土地坪具有 15%~25% 的空隙率，增加了城市的可透水、透气面积，加强

混凝土内部水分与地表和空气的热量交换，有效调节城市气候，降低地表温度，有利于缓解城市"热岛现象"。

④透水混凝土地坪具有 $270L/m^2/min$ 的透水速度，能够增加渗入地表的雨水，缓解地下水位急剧下降等一些城市生态环境问题。

⑤透水混凝土地坪整体性强，使用寿命长，近似于或超出普通混凝土的使用年限；同时又弥补了透水砖的整体性差、高低不平、易松动、使用周期短等不足。

⑥透水混凝土地坪拥有系列经典的色彩搭配方案，能够配合设计师的创意及业主的特殊要求，实现不同环境、不同风格和个性要求的装饰创意，是其他地面材料无法比拟的。透水混凝土地坪适用于市政、园林、公园、人行道、体育场馆、停车场、小区、商业广场和文化设施等地面。

(3) 酸着色地坪

酸着色系统由三部分组成，即：酸性着色剂、封闭剂和专业工具。酸性着色剂是和混凝土中酸着色地坪的矿物质发生化学反应，使颜色渗透至混凝土表层而不会起皮、碎裂，渗透到混凝土每一部分的各种颜色将保持美丽的色泽，成为混凝土永久的一部分。酸性着色剂的用途很广泛，既可单独完成对混凝土表面的装饰效果，又可以与压印地坪搭配，达到更高要求的混凝土装饰效果。酸着色系统制作的地坪维护费用低、寿命久、耐用性强（图 6-3-1）。适用于各种室内、外结构牢固的旧混凝土或新浇筑混凝土表面装饰效果的制作，如餐厅、酒吧、展厅、商场、体育场馆、酒店大堂、酒店房间、家庭、公园、停车场、园林、小区和文化设施等地面。如图 6-3-1 所示。

图 6-3-1　酸着色地坪

6.4　阳台与雨篷构造

阳台是多层及高层建筑物中供人们室外活动的平台。设置阳台对建筑物外部形象具有重要作用。

6.4.1　阳台

1. 阳台的类型和设计要求

(1) 阳台类型

①按位置分：阳台按其与外墙面的关系分为挑阳台，凹阳台，半挑半凹阳台；按其在建筑中所处的位置可以分为中间阳台和转角阳台，如图 6-4-1 所示。

②按功能分：阳台按使用功能不同可以分为生活阳台（靠近卧室或客厅）和服务阳台（靠近厨房）。阳台由承重梁、板和栏杆组成。

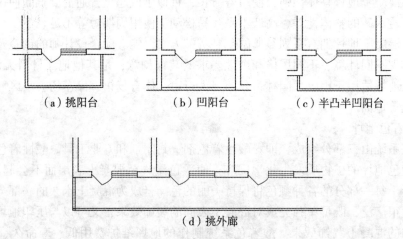

（a）挑阳台　　　　　　　（b）凹阳台　　　　　　（c）半凸半凹阳台

（d）挑外廊

图 6-4-1　阳台类型示意图

（2）设计阳台时的要求

①安全适用。悬挑阳台的挑出长度不宜过大，应保证在荷载作用下不发生倾覆现象，阳台挑出长度以 1.2～1.8m 为宜。低层、多层住宅阳台栏杆净高不低于 1.05m，中高层住宅阳台栏杆净高不低于 1.1m，但也不大于 1.2m。阳台栏杆形式应防坠落（垂直栏杆之间净距不应大于 110mm）、防攀爬（不设水平横杆）、防倾覆，以免造成恶果。放置花盆处，应采取防坠落措施。

②坚固耐久。阳台所用材料和构造措施应经久耐用，承重结构宜采用钢筋混凝土，金属构件应做防锈处理，表面装修应注意色彩的耐久性和抗污染性。

③排水顺畅。为防止阳台上的雨水流入室内，设计时要求将阳台地面标高低于室内地面标高 60mm 左右，并将地面抹出 5‰的排水坡将水导入排水孔，使雨水能顺利排出。

考虑地区气候特点。南方地区宜采用有助于空气流通的空透式栏杆，而北方寒冷地区和中高层住宅应采用实体栏杆，且满足立面美观的要求，为建筑物的形象增添风采。

2. 阳台结构布置方式

阳台结构布置方式如图 6-4-2 所示。

（1）墙承式

将阳台板直接搁置在墙上。这种结构形式稳定、可靠、施工方便，多用于凹阳台。

（2）挑梁式

从横墙内外伸挑梁，其上搁置预制楼板，这种结构布置简单、传力直接明确、阳台长度与房间开间一致。挑梁根部截面高度 H 为 $(1/6$-$1/5)L$，L 为悬挑净长，截面宽度为 $(1/3$-$1/2)h$。为美观起见，可以在挑梁端头设置面梁，既可以遮挡挑梁头，又可以承受阳台栏杆重量，还可以加强阳台的整体性。

(3)挑板式

若楼板为现浇楼板,可以选择挑板式阳台,悬挑长度一般为 1.2m 左右。即从楼板外延挑出平板,板底平整美观,阳台平面形式可做成半圆形、弧形、梯形、斜三角等各种形状。挑板厚度不小于挑出长度的 1/12。

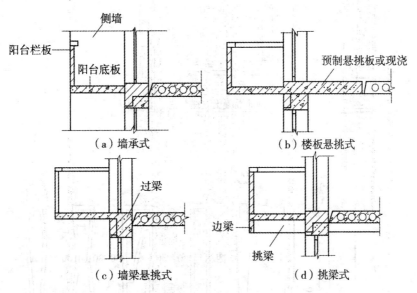

图 6-4-2 阳台的结构布置示意图

3. 阳台细部构造

(1)阳台栏杆类型与构造

1)栏杆类型

阳台栏杆(栏板)是设置在阳台外围的垂直构件,主要供人们倚扶之用,以保障人身安全,且对整个建筑物起装饰美化作用。

按阳台栏杆空透的情况不同阳台栏杆有实体、空花和混合式,如图 6-4-3 所示。

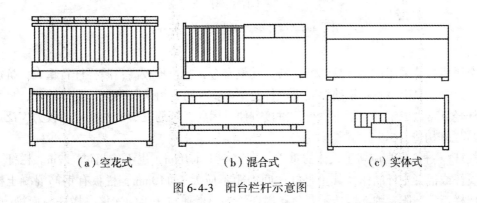

图 6-4-3 阳台栏杆示意图

阳台栏杆按材料可以分为砖砌栏杆、钢筋混凝土栏杆和金属栏杆,如图 6-4-4 所示。

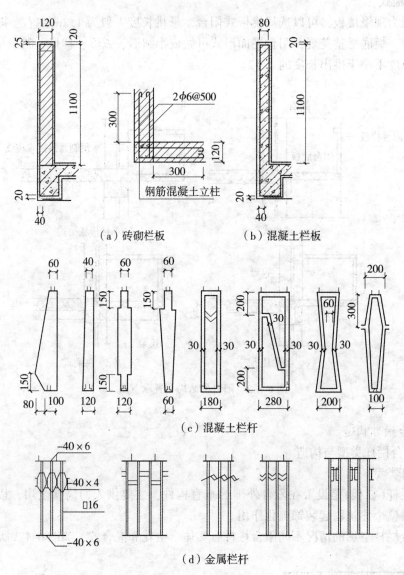

（a）砖砌栏板　　　　　　　（b）混凝土栏板

（c）混凝土栏杆

（d）金属栏杆

图 6-4-4　栏杆形式示意图（单位：mm）

　　金属栏杆若采用钢栏杆易锈蚀，若为其他合金，则造价较高；砖栏杆自重大，抗震性能差，且立面显得厚重；钢筋混凝土栏杆造型丰富，可虚可实，耐久、整体性好，自重较砖栏杆轻且常做成钢筋混凝土栏板，拼接方便。因此，钢筋混凝土栏杆应用较为广泛。

　　2）栏杆构造

　　栏杆（栏板）净高应高于人体的重心，不宜小于 1.05m，也不应超过 1.2m。栏杆一般用金属杆或混凝土杆制作，其垂直杆件间净距不应大于 110mm，栏板有钢筋混凝土栏板和玻璃栏板等。阳台细部构造主要包括栏杆扶手、栏杆与扶手的连接、栏杆与面梁（或称止水带）的连接、栏杆与墙体的连接等。

　　①栏杆扶手。栏杆扶手是供人手扶使用的，有金属扶手和钢筋混凝土扶手两种。金属

扶手一般为钢管与金属栏杆焊接。钢筋混凝土扶手应用广泛，形式多样，一般直接用做栏杆压顶，宽度有 80mm、120mm、160mm 等。若扶手上需放置花盆，需在外侧设保护栏杆，一般高 180~200mm，花台净宽为 240mm。

钢筋混凝土扶手用途广泛，形式多样，有不带花台、带花台、带花池等，如图 6-4-5 所示。

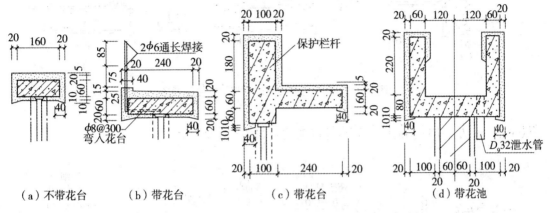

图 6-4-5　阳台扶手构造示意图

②栏杆与扶手的连接方式有焊接、现浇等方式，如图 6-4-6 所示。

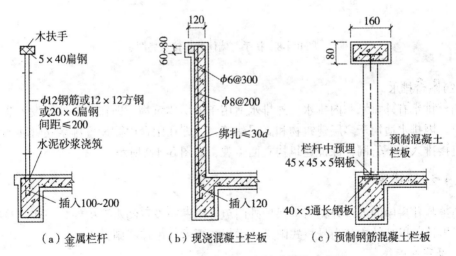

图 6-4-6　阳台栏杆(栏板)与扶手构造示意图

③栏杆与面梁或阳台板的连接方式有预埋铁件焊接、榫接坐浆、插筋现浇连接等，如图 6-4-7 所示。

④栏杆扶手与墙的连接，应将栏杆扶手或扶手中的钢筋伸入外墙的预留洞中，用细石混凝土或水泥砂浆填实固牢；现浇钢筋混凝土栏杆与墙连接时，应在墙体内预埋 240mm（宽）×180mm（深）×120mm（高）的洞，用 C20 细石混凝土块填实，从中伸出 2φ6，长

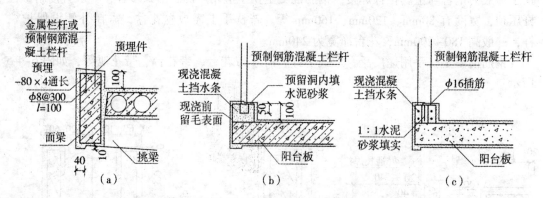

图 6-4-7　栏杆与面梁或阳台板的连接示意图

300mm，与扶手中的钢筋绑扎后再进行现浇，如图 6-4-8 所示。

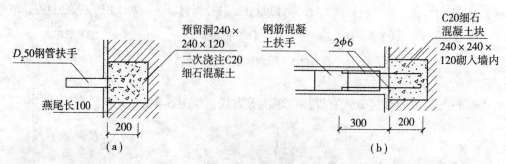

图 6-4-8　扶手与墙体的连接示意图

（2）阳台排水

阳台排水有外排水和内排水。外排水适用于低层建筑物，即在阳台外侧设置泄水管将水排出。内排水适用于多层建筑物和高层建筑物，即在阳台内侧设置排水立管和地漏，将雨水直接排入地下管网，保证建筑物立面美观，如图 6-4-9 所示。

6.4.2 雨篷

雨篷是在房屋的入口处，为了保护外门免受雨淋而设置的水平构件。当代建筑物的雨篷形式多样，以其结构分为悬板式雨篷、梁板式雨篷、吊挂式雨篷等。

1. 悬板式雨篷

悬板式雨篷外挑长度一般为 0.9～1.5m，板根部厚度不小于挑出长度的 1/8，且不小于 70mm，雨篷宽度比门洞每边宽 250mm，雨篷排水方式可以采用无组织排水和有组织排水两种。雨篷顶面距过梁顶面 250mm 高，板底抹灰可以抹 1：2 水泥砂浆内掺 5% 防水剂的防水砂浆 15mm 厚，多用于次要出入口，如图 6-4-10（a）所示。

2. 梁板式雨篷

若门洞口尺寸较大，雨篷挑出尺寸也较大，雨篷应采用梁板式结构。梁板式雨篷由梁和板组成，为使雨篷底面平整，梁一般翻在板的上面成倒梁，如图 6-4-10（b）所示。若雨

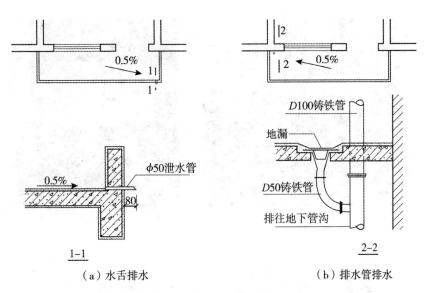

（a）水舌排水　　　　　　　　（b）排水管排水

图 6-4-9　阳台排水处理示意图

篷尺寸充分大，可以在雨篷下面设柱支撑。如影剧院、商场等主要出入口处悬挑梁从建筑物的柱上挑出，为使板底平整，多做成倒梁式。

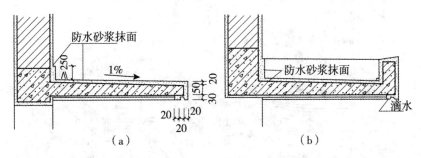

图 6-4-10　悬板式、梁板式雨篷示意图

3. 吊挂式雨篷

对于钢构架金属雨篷和玻璃组合雨篷常用钢斜拉杆，以抵抗雨篷的倾覆。有时为了建筑物立面效果的需要，立面挑出跨度大，也采用钢构架带钢斜拉杆组成的雨篷，如图 6-4-11 所示。

4. 雨篷排水和防水

雨篷顶面应做好防水和排水处理，如图 6-4-12 所示，一般采用 20mm 厚的防水砂浆抹面进行防水处理，防水砂浆应沿墙面上升，高度不小于 250mm，同时在板的下部边缘做滴水，防止雨水沿板底漫流。雨篷顶面需设置 1% 的排水坡，且在一侧或双侧设排水管将雨水排除。为了建筑物立面需要，可将雨水由雨水管集中排除，这时雨篷外缘上部需做挡水边坎。

（a）　　　　　　　　　　　　　　（b）

图 6-4-11　吊挂式雨篷

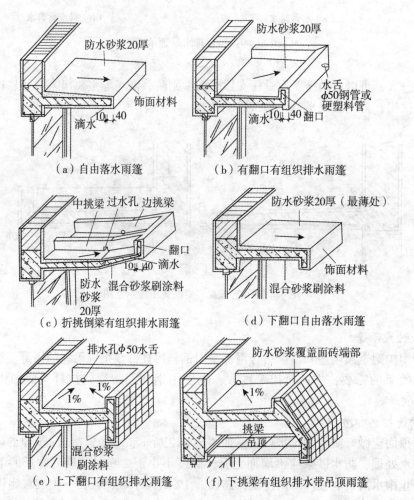

（e）上下翻口有组织排水雨篷　　（f）下挑梁有组织排水带吊顶雨篷

图 6-4-12　雨篷防水和排水处理示意图

复习思考题 6

1. 什么是楼板层？什么是地坪层？试叙述楼板层、地坪层的基本组成。

2. 楼板层设计要求有哪些？在设计中如何满足这些要求？

3. 钢筋混凝土楼板按施工工艺分为哪几种类型？试简述其优、缺点。

4. 试简述预制板的结构布置方式及其搁置要求。

5. 在具体布置模板时，当板宽尺寸之和与房间的净开间（或净进深）出现小于一个板宽的空隙时，应如何解决？

6. 装配整体式钢筋混凝土楼板按结构及构造方式可以分为哪两类？试简述其特点。

7. 什么是压印地坪？什么是酸着色地坪？

8. 阳台在设计时应注意哪些问题？

9. 阳台结构布置方式有哪些？

10. 观察学校建筑入口处雨篷，试确定其构造形式。

第7章　楼梯、电梯构造

◎**内容提要**：本章内容主要包括楼梯的组成、类型和尺度；钢筋混凝土楼梯的构造和楼梯的细部构造。本章对室外台阶和坡道、电梯和自动扶梯等知识也作了适当的介绍。

7.1　概　　述

建筑空间的竖向组合交通联系，依托于楼梯、电梯、自动扶梯、台阶、坡道等竖向交通设施。其中，楼梯作为竖向交通和人员紧急疏散的主要交通设施，使用最为普遍。因此对楼梯的设计要求首先是应具有足够的通行能力，即保证楼梯具有足够的宽度和合适的坡度；其次为使楼梯通行安全，应保证楼梯具有足够的强度、刚度，具有防火、防烟和防滑等方面的措施。楼梯造型要美观，增强建筑物内部空间的观瞻效果。本章以一般大量性民用建筑物中广泛使用的楼梯为重点予以介绍。

7.2　钢筋混凝土楼梯构造

现浇钢筋混凝土楼梯在施工时通过支模、绑扎钢筋、浇筑混凝土，从而与建筑物主体部分浇筑成整体。

钢筋混凝土楼梯整体性好，刚度大，可以现场支模又为许多非直线形的楼梯的制作提供了方便。钢筋混凝土楼梯一般大量应用于各种建筑物中，便于与各种材料组合，钢筋混凝土楼梯形式多样。但施工复杂，模板耗费多。

现浇钢筋混凝土楼梯按结构形式不同，可以分为板式楼梯和梁板式楼梯两种。

7.2.1　板式楼梯

建筑物中钢筋混凝土板式楼梯是由楼梯段承担梯段上全部荷载的楼梯。楼梯板分为有平台梁和无平台梁两种情况。有平台梁的板式楼梯，梯段相当于是一块斜放的现浇板，平台梁是支座，梯段内的受力钢筋沿梯段的长向布置，平台梁之间的距离为楼梯段的跨度，如图7-2-1(a)所示。

钢筋混凝土无平台梁的板式楼梯是将楼梯段和平台板组合成一块折板，取消平台梁，这时板的跨度为楼梯段的水平投影长度与平台宽度之和。如图7-2-1(b)所示。

7.2.2　梁板式楼梯

钢筋混凝土梁板式楼梯是由梯斜梁承担梯段上全部荷载的楼梯。楼梯段由踏步板和斜梁组成，斜梁两端支承在平台梁上，踏步板将荷载传递给梯斜梁，梯斜梁将荷载传递给平台梁。梁

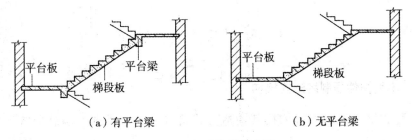

（a）有平台梁　　　　　　　　　（b）无平台梁

图 7-2-1　板式楼梯示意图

板式梯段的宽度相当于踏步板的跨度，平台梁的间距即为梯斜梁的跨度。梁板式梯段的斜梁位于踏步板的下部，这时踏步外露，俗称为明步楼梯。这种做法使梯段下部形成梁的暗角，容易积灰，梯段侧面经常被清洗踏步产生的脏水污染，影响美观。梯斜梁位于踏步板的上部，这时踏步被斜梁包在里面，称为暗部楼梯。暗部楼梯弥补了明步楼梯的缺陷，但由于斜梁宽度要满足结构的要求，往往宽度较大，从而使梯段的净宽变小。如图 7-2-2 所示。

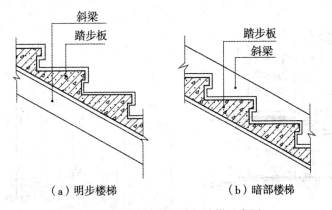

（a）明步楼梯　　　　　　　　　（b）暗部楼梯

图 7-2-2　明步楼梯和暗部楼梯示意图

　　钢筋混凝土梁板式楼梯的斜梁一般设置在梯段的两侧。但斜梁有时只设一根，通常有两种形式：一种是在踏步板的一侧设置斜梁，将踏步板的另一侧搁置在楼梯间墙上；另一种是将斜梁布置在踏步板的中间，踏步板向两侧悬挑（图 2-4-3c）。单梁式楼梯受力较复杂，但外形轻巧、美观，多用于对建筑空间造型有较高要求的建筑物内。如图 7-2-3 所示。

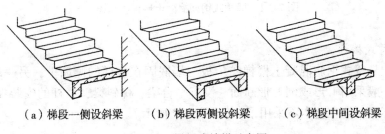

（a）梯段一侧设斜梁　　　（b）梯段两侧设斜梁　　　（c）梯段中间设斜梁

图 7-2-3　梁板式楼梯示意图

7.3 预制轻型楼梯构造

7.3.1 小型构件预制装配式楼梯

预制装配式钢筋混凝土楼梯按其构造方式可以分为墙承式、墙悬臂式和梁承式等类型。

1. 墙承式楼梯

预制装配墙承式钢筋混凝土楼梯踏步板两端支撑在墙体。踏步板一般采用一字形、L形或倒L形断面。没有平台梁、梯斜梁和栏杆，需要时设置靠墙扶手。但由于踏步板直接安装入墙体，对墙体砌筑和施工速度影响较大。同时，踏步板入墙端形状、尺寸与墙体砌块模数不容易吻合，砌筑质量不易保证。这种楼梯由于梯段间有墙，不易搬运家具，转弯处视线被挡，需要设置观察孔。对抗震不利，施工也较麻烦。现在只用于小型一般性建筑物中。如图 7-3-1 所示。

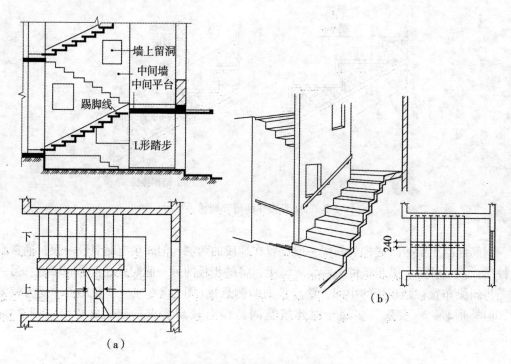

图 7-3-1 墙承式钢筋混凝土楼梯示意图

2. 墙悬臂式楼梯

预制装配悬臂式钢筋混凝土楼梯踏步板一端嵌固在楼梯的侧墙上，另一端悬挑在空中。踏步板一般采用L形或倒L形断面。没有平台梁、梯斜梁，栏杆的安装在悬挑一端。由于对抗震不好，现在基本不采用了。如图 7-3-2 所示。

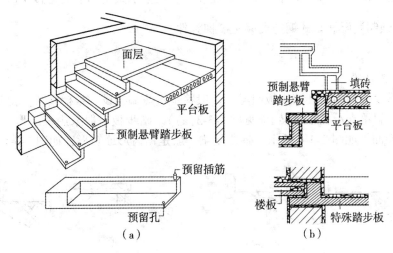

图 7-3-2 悬臂式钢筋混凝土楼梯示意图

3. 梁承式楼梯

预制装配梁承式钢筋混凝土楼梯是指平台梁支撑在墙体或框架梁上，梯段板架在平台梁上的楼梯结构。由于在楼梯平台与斜向梯段交汇处设置了平台梁，避免了构件转折处受力不合理和节点处理的困难，同时平台梁既可支承于承重墙上又可支承于框架结构梁上，这类楼梯在一般大量性民用建筑物中较为常用。预制构件可以按梯段(板式梯段或梁板式梯段)、平台梁、平台板三部分进行划分，如图 7-3-3 所示。

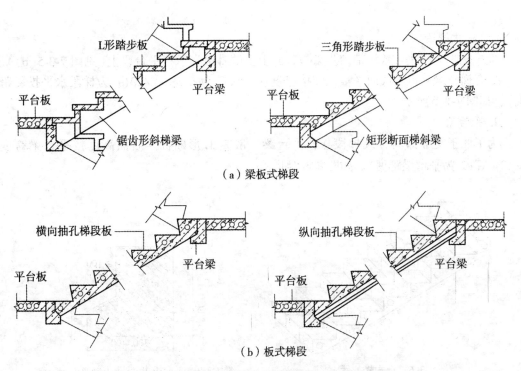

图 7-3-3 预制装配梁承式钢筋混凝土楼梯示意图

本节以常用的平行双跑楼梯为例，阐述预制装配梁承式钢筋混凝土楼梯的一般构造。

7.3.2 预制装配梁承式钢筋混凝土楼梯构件

1. 梯段

(1)梁板式梯段

梁板式梯段由梯斜梁和踏步板组成。一般踏步板两端各设一根梯斜梁，踏步板支承在梯段斜梁上，斜梁支承在平台梁上(见图 7-3-3(a))。踏步板一般采用一字形、三角形、L形或倒 L 形断面，如图 7-3-4 所示。梯段斜梁一般是锯齿形或矩形，如图 7-3-5 所示。

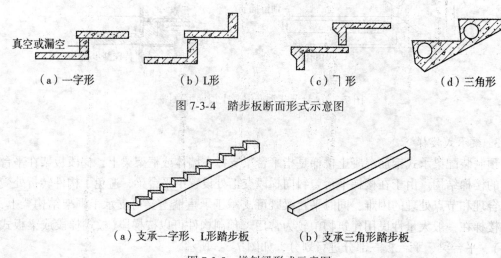

图 7-3-4 踏步板断面形式示意图

图 7-3-5 梯斜梁形式示意图

(2)板式梯段

板式梯段为整块或数块带踏步条板，其上下端直接支承在平台梁上(见图 7-3-5(b))。由于没有梯斜梁，板段底面平整，结构厚度小，板厚为 $L/30 \sim L/20$(L 为梯段水平投影跨度)，如图 7-3-6 所示。

2. 平台梁

为了便于支承梯斜梁或梯段板，平台梁一般是 L 形断面。断面高度按平台梁跨度 $L/12$ 估算(L 为平台梁跨度)。如图 7-3-7 所示。

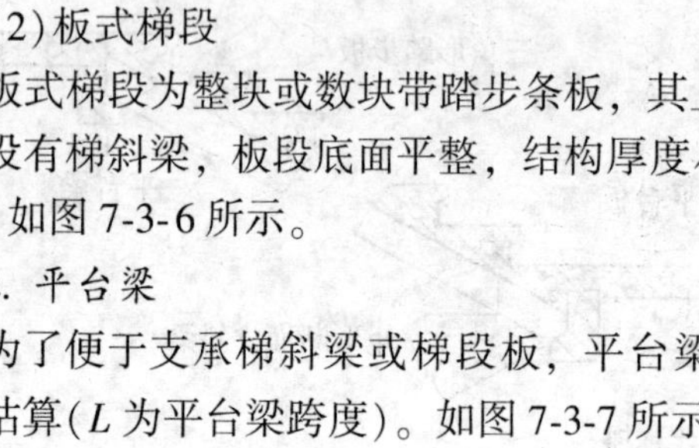

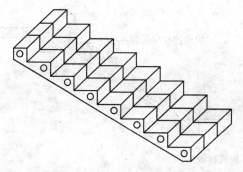

图 7-3-6 板式楼梯示意图

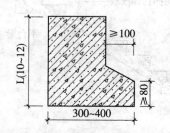

图 7-3-7 平台梁断面尺寸(单位：mm)

3. 平台板

平台板可以根据需要采用钢筋混凝土平板、槽板或空心板。若有管道穿过平台，一般不应用空心板。如图 7-3-8 所示。

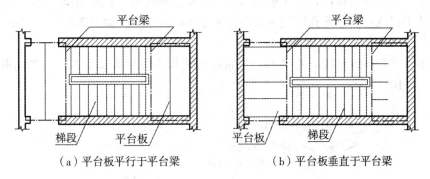

（a）平台板平行于平台梁　　　　　（b）平台板垂直于平台梁

图 7-3-8　平台板布置方式示意图

7.3.3　梯段与平台梁节点处理

梯段与平台梁的节点处理是构造设计的难点。就两梯段之间的关系而言，一般有梯段齐步和梯段错步两种方式。就平台梁与梯段之间的关系而言，有埋步和不埋步两种方式，如图 7-3-9 所示。

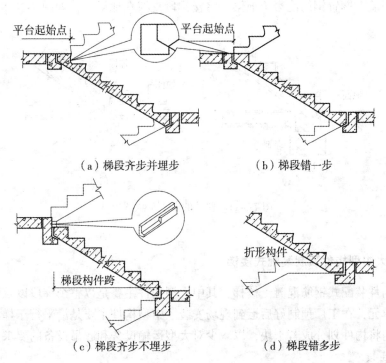

（a）梯段齐步并埋步　　　　　　　（b）梯段错一步

（c）梯段齐步不埋步　　　　　　　（d）梯段错多步

图 7-3-9　梯段与平台梁节点处理示意图

7.3.4 构件连接

1. 踏步板与梯段斜梁连接

一般地，踏步板与梯段斜梁连接采用水泥砂浆坐浆现浇。若需加强，可以梯斜梁预设插铁，与踏步板支承端预留孔插接再用高强度等级砂浆填实，如图7-3-10(a)所示。

2. 梯斜梁或梯段板与平台梁连接

一般地，梯斜梁或梯段板与平台梁连接需先采用水泥砂浆坐浆现浇，再焊接预埋钢板，如图7-3-10(b)所示。

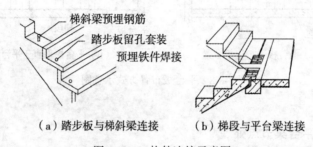

（a）踏步板与梯斜梁连接　　（b）梯段与平台梁连接

图 7-3-10　构件连接示意图

3. 梯斜梁或梯段板与梯基连接

梯斜梁或梯段板与梯基连接，一种是在楼梯段下直接设置砖、石、混凝土基础；另一种是在楼梯间墙上搁置钢筋混凝土地梁，将楼梯段支撑在地梁上，如图7-3-11所示。

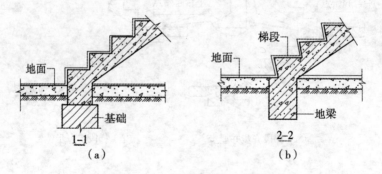

图 7-3-11　梯基的做法示意图

7.3.5 大中型构件预制装配式楼梯

大中型构件装配式钢筋混凝土楼梯，其中大型构件主要是以整个梯段以及整个平台为单独的构件单元，在工厂预制好后运到现场安装。中型构件主要是沿平行于梯段或平台构件的跨度方向将构件划分成若干块，以减少对大型运输设备和起吊设备的要求。

1. 构件连接

钢筋混凝土构件在现场可以通过构件上的预埋件焊接，也可以通过构件上的预埋件和预埋孔相互套接，如图7-3-12所示。

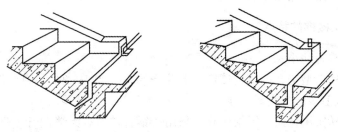

（a）梯段板与平台梁通过预埋件焊接　（b）梯段板与平台梁通过预埋件和预留孔套接

图 7-3-12　大中型预制梯段构件与平台梁连接示意图

2. 梯段构件与平台梁的交接关系

在平台梁设置于平台口边缘处的情况下，对折楼梯的两个相邻梯段若在该处对齐，则梯段构件会在不同的高度进入同一根平台梁。这在现浇工艺不难解决。但如果采用预制装配式工艺，因为两个相邻梯段需要在同一个搁置高度与平台梁相连接，所以平台梁的位置只有移动，才能够使上下梯段仍然在平台口处对齐，但这有可能会影响到梁下的净高。或者将上下梯段在平台口处错开半步或一步，构件就容易在同一高度进支座，但楼梯间的长度会因此而增加。图 7-3-13 给出了几种梯段构件与平台梁交接的方式。

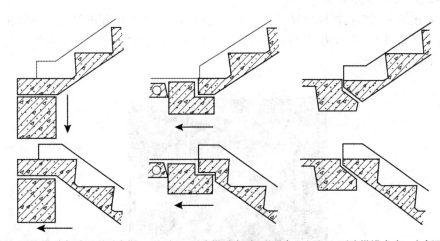

（a）上下跑梯对齐时矩形平台梁　（b）上下跑梯对齐时L形平台　（c）上下跑梯错半步，方便平台梁与
　　下移、后移，梁下净空减小　　　　梁后移，梁下净空不减小　　　上下梯段在同一高度相连接

图 7-3-13　装配式楼梯梯段构件与平台梁的交接关系

7.4　钢结构楼梯构造

焊接钢结构楼梯以支点少，承重高，造型多，技术含量高著称。不易受立柱，楼面等结构影响，结实牢固。焊接钢结构楼梯的钢板均经过调试准确焊接而成，因此踏板装上以后前后左右均一致水平。而且所有材料配件均横平竖直。焊接钢结构楼梯所用材料多种多

样，方管，圆管，角铁，槽钢，工字钢均可，因此造型多种多样。

7.4.1 钢结构楼梯的特点

（1）钢结构楼梯占地小。

（2）钢结构楼梯造型美。钢结构楼梯有 U 字形转角、90°直角形、有 S 形 360°螺旋式、有 180°螺旋形，造型多样，线条美观。

（3）钢结构楼梯实用性强。钢结构楼梯采用铸钢管件，有无缝钢管、扁钢等多种钢材骨架。其自重小，刚度小，塑性能力强，在地震时可以吸收大量能量。

（4）钢结构楼梯色彩亮。钢结构楼梯表面处理工艺多样，可以是全自动静电粉末喷涂（即喷塑），也可以全镀锌或全烤漆处理，外形美观，经久耐用。适用于室内或室外等大多数场合使用。能体现现代派的钢结构建筑艺术。

（5）钢结构楼梯的缺点是钢结构太柔，容易产生较大的水平位移，易腐蚀，耐火性差。

7.4.2 钢结构楼梯

多层轻钢结构楼梯主要用于两大类建筑：工业建筑和民用建筑，而民用建筑又包括公共建筑和住宅两类。在不同的建筑类型，对钢结构楼梯性能的要求不同，形式也不一样。

1. 工业建筑钢结构楼梯

在工业建筑中钢结构楼梯用途广泛，其形式有斜梯和角度较陡的爬梯，一般在工业建筑中钢结构楼梯用于：露天吊车钢梯；屋面检修钢梯；作业台钢梯；吊车钢梯；夹层部分的楼梯，如图 7-4-1 所示。

图 7-4-1　工业建筑中的钢结构楼梯

钢结构楼梯的梯梁斜梯一般采用槽钢，直梯可以用角钢。有时候也可以采用一定厚度的钢板来代替槽钢作为楼梯梁，这样所带来的后果是刚度过小，因而在民用建筑中是不允许的。如图 7-4-2 所示。

工业建筑的钢结构楼梯一般比较简陋，用圆钢管作为竖向的栏杆，钢板作为横向的栏

（a）　　　　　　　　　　　　　（b）

图 7-4-2　钢结构楼梯

杆，较粗的圆钢管作为楼梯的扶手，钢管直接搭焊在梯梁上。栏杆满足其功能要求即可，可以不作美观上的特殊处理。

2. 民用建筑钢结构楼梯

民用建筑中的钢结构楼梯对美观的要求高，要求结构造型和装修设计相互结合，创造出使用功能与周围环境和谐的气氛，使通过的人们能对周围环境受到强烈的感染力，对于公共建筑物尤其如此。其形式有直线型、圆弧线型、直圆弧型等。如图 7-4-3、图 7-4-4 所示。

图 7-4-3　某商业空间的钢结构楼梯

因为有刚度要求，钢板上混凝土的厚度至少是 70mm 才能满足刚度要求。楼梯梁多采用热轧槽钢，和楼面梁铰接，按简支梁计算。槽钢经过接口后弯成所需要的"之"字形的楼梯梁的形式，与楼层或层间梁用螺栓进行铰接连接，需要根据剪力来确定所需要的螺栓的大小和数目。

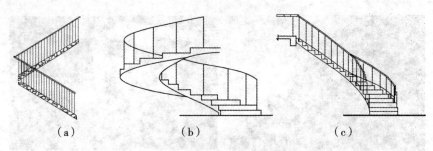

图 7-4-4 民用建筑中钢结构楼梯的几种形式

7.5 楼梯的细部构造

楼梯是建筑物中与人体接触频繁的构件，为了保证楼梯的使用安全，同时也为了楼梯的美观，应当对楼梯的踏步面层、踏步细部、栏杆和扶手进行适当的构造处理。

7.5.1 楼梯的踏步面层及防滑处理

1. 楼梯的踏步面层

公共楼梯的人流量大，使用率高，应选用耐磨、防滑、美观、不起尘的材料。一般地，凡是可以用来做室内地坪面层的材料，均可用来做楼梯的踏步面层。常见的楼梯的踏步面层有水泥砂浆面层、水磨石面层、地面砖面层、各种天然石材面层等，如图 7-5-1 所示。

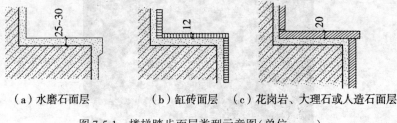

（a）水磨石面层　　　（b）缸砖面层　　（c）花岗岩、大理石或人造石面层

图 7-5-1 楼梯踏步面层类型示意图（单位：mm）

2. 楼梯防滑处理

为防止楼梯上行人的滑跌，在楼梯踏步前缘应采取防滑措施。楼梯踏步前缘也是楼梯踏步磨损最厉害的部位，采取防滑措施可以提高楼梯踏步前缘的耐磨程度，起到保护作用。常见的楼梯踏步防滑措施有：在距楼梯踏步面层前缘 40mm 处设置 2~3 道防滑凹槽；在距楼梯踏步面层前缘 40~50mm 处设置防滑条，设置防滑包口等。如图 7-5-2 所示。

7.5.2 楼梯栏杆（栏板）与扶手构造

1. 楼梯栏杆和栏板

楼梯栏杆一般采用方钢、圆钢、扁钢、钢管等制作成各种图案，既起安全防护作用，又具有一定的装饰效果。栏杆杆件形成的空花尺寸不宜过大，通常控制在 120~150mm 范

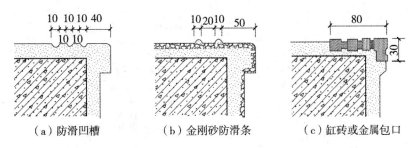

（a）防滑凹槽　　（b）金刚砂防滑条　　（c）缸砖或金属包口

图 7-5-2　楼梯踏步防滑处理示意图（单位：mm）

围以内，给人们以安全感。在幼儿园及小学校等建筑物中，栏杆应采用不易攀登的垂直线装饰，且垂直线之间的净距不大于 110mm，以防止儿童从间隙中跌落。

　　楼梯栏板是用实体材料制作的。常采用钢筋混凝土或配筋的砖砌体、木材、玻璃等。栏板的表面应平整光滑，便于清洗。如图 7-5-3 所示。

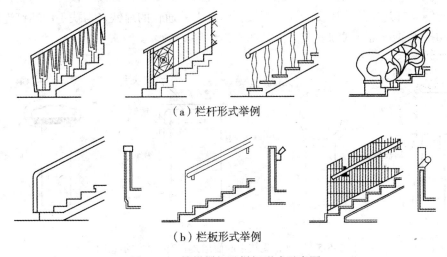

（a）栏杆形式举例

（b）栏板形式举例

图 7-5-3　楼梯栏杆及栏板形式示意图

　　楼梯组合栏杆是将栏杆和栏板组合在一起的一种栏杆形式。栏杆部分一般采用金属杆件，栏板部分可以采用预制混凝土板材、有机玻璃、钢化玻璃、塑料板等，如图7-5-4所示。

　　2. 楼梯扶手形式

　　室内楼梯的扶手多采用木制品，也有采用合金或不锈钢等金属材料以及工程塑料的。室外楼梯的扶手较少采用木料，以避免产生开裂及翘曲变形。金属和塑料是常用的室外楼梯扶手材料，此外，石料及混凝土预制件也不少见。

　　扶手断面形式和尺寸的选择既要考虑人体尺度和使用要求，又要考虑与楼梯的尺度关系和加工制作的可能性。

　　3. 楼梯栏杆扶手连接构造

　　(1)栏杆与扶手连接

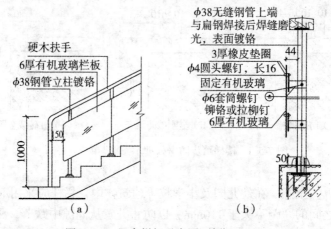

图 7-5-4　组合栏杆示意图(单位：mm)

　　楼梯扶手一般是连续设置的，除金属扶手可以与金属立杆直接焊接外，木制扶手和塑料扶手与钢立杆连接往往还要借助于焊接在立杆上的通长的扁铁来与扶手用螺钉连接或卡接。楼梯扶手的断面形式和安装方法如图 7-5-5 所示。

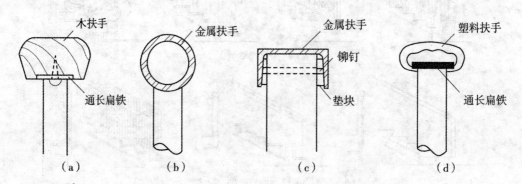

图 7-5-5　楼梯常见扶手断面形式和安装方法示意图

　　(2)栏杆与梯段连接
　　楼梯栏杆与梯段的连接方式有：栏杆与楼梯段上的预埋件焊接；栏杆插入楼梯段上的预留洞中，用细石混凝土、水泥砂浆或螺栓固定；在踏步侧面预留孔洞或与预埋铁件进行连接，如图 7-5-6 所示。
　　(3)楼梯扶手与墙面连接
　　若直接在墙上装设楼梯扶手，一般在墙上留洞，将楼梯扶手连接杆伸入洞内，用细石混凝土嵌固，或预埋钢板或螺栓焊接。如图 7-5-7 所示。
　　顶层平台上楼梯的水平扶手端部与墙体的连接一般是在墙上预留孔洞，用细石混凝土或水泥砂浆填实，也可以将扁钢用木螺丝固定在墙内预埋的防腐木砖上，若为钢筋混凝土墙或柱，则可以预埋铁件焊接，如图 7-5-8 所示。

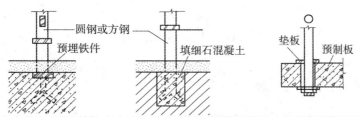

（a）梯段内预埋铁件 （b）梯段预留孔填细石混凝土固定 （c）预留孔螺栓固定

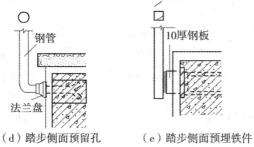

（d）踏步侧面预留孔　　（e）踏步侧面预埋铁件

图 7-5-6　楼梯栏杆与梯段的连接示意图

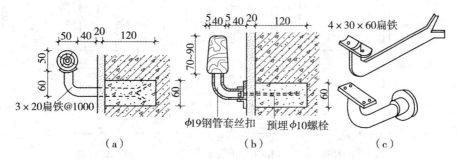

（a）　　　　　　　　　　（b）　　　　　　　　（c）

图 7-5-7　楼梯靠墙扶手与墙面连接示意图(单位：mm)

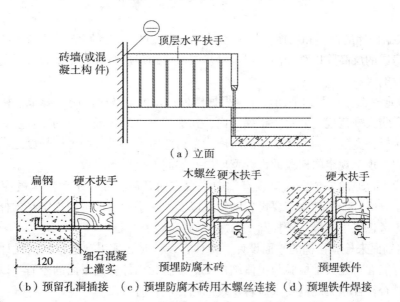

（a）立面

（b）预留孔洞插接　（c）预埋防腐木砖用木螺丝连接　（d）预埋铁件焊接

图 7-5-8　扶手端部与墙(柱)的连接

7.6 楼 梯 设 计

7.6.1 楼梯设计的一般步骤

在对建筑物的楼梯进行设计时，先要决定楼梯所在的位置，然后可以按照以下步骤进行设计：

（1）根据建筑物的类别和楼梯在平面中的位置，确定楼梯的形式。

在建筑物的层高及平面布局一定的情况下，楼梯的形式由楼梯所在的位置及交通流线决定。楼梯在层间的梯段数必须符合交通流线的需要，而且每一个梯段所有的踏步数应在相关规范所规定的范围内。

如图 7-6-1 所示，是平行双跑楼梯底层、中间层和顶层楼梯平面示意图。从图 7-6-1 中可以反映楼梯的基本布局以及转折的关系。

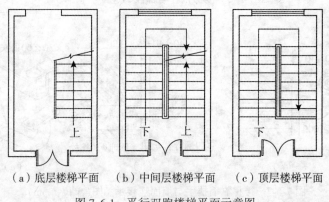

（a）底层楼梯平面　　（b）中间层楼梯平面　　（c）顶层楼梯平面

图 7-6-1　平行双跑楼梯平面示意图

（2）根据楼梯的性质和用途，确定楼梯的适宜坡度，选择踏步高，踏步宽，确定踏步级数。用房屋的层高除以踏步高，得出踏步级数，踏步应为整数。结合楼梯的形式，确定每个楼梯段的级数。

（3）决定整个楼梯间的平面尺寸。根据楼梯在紧急疏散时的防火要求，楼梯往往需要设置在符合防火规范规定的封闭楼梯间内。扣除墙厚以后，楼梯间的净宽度为梯段总宽度及中间的楼梯井宽度之和，楼梯间的长度为平台总宽度与最长的梯段长度之和。其计算基础是符合相关规范规定的梯段的设计宽度以及层间的楼梯踏步数。

若楼梯平台通向多个出入口或有门向平台方向开启，楼梯平台的深度应考虑适当加大，以防止碰撞。如果梯段需要设置两道及以上的扶手或扶手按照规定必须伸入平台较长距离，也应考虑扶手设置对楼梯和平台净宽的影响。

（4）用剖面来检验楼梯的平面设计。楼梯在设计时必须单独进行剖面设计，以便检验其通行的可能性，尤其是检验与主体结构交汇处有无构件安置方面的矛盾，以及其下面的净空高度是否符合相关规范要求。若发现问题，应及时修改。

7.6.2　楼梯的尺度设计

如图 7-6-2 所示，以双跑楼梯为例，说明楼梯尺寸计算方法。

(1)根据建筑物层高 H 和初步选择的步高 h 确定每层步数 N，$N=H/h$。为了减少构件规格，一般尽量采用等跑梯段，因此 N 宜为偶数。如所求出 N 为奇数或非整数，可以反过来调整步高 h。

(2)根据步数 N 和初步选择的步高 h 决定梯段的水平投影长度 L，其公式为

$$L = \left(\frac{N}{2} - 1\right)b。$$

(3)确定梯井宽度。供儿童使用的楼梯梯井的宽度不应大于120mm，以保证安全。

(4)根据楼梯间的净宽 A 和梯井宽 C，确定梯段宽度 a，即

$$a = \frac{A - C}{2}。$$

必须注意检验楼梯梯段的通行能力是否符合紧急疏散宽度的要求。

(5)根据中间平台宽度 $D_1(D_1 \geq a)$ 和楼层平台宽度 $D_2(D_2 \geq a)$，以及梯段水平投影长度 L 检验确定楼梯间的进深净长度 B。

$$B = D_1 + L + D_2$$

若不能满足上式，则对 L 值进行调整(即调整 b 值)。楼梯常见开间和进深轴尺寸还应考虑符合楼梯建筑模数规定。一般是 100mm 或 300mm 的倍数。

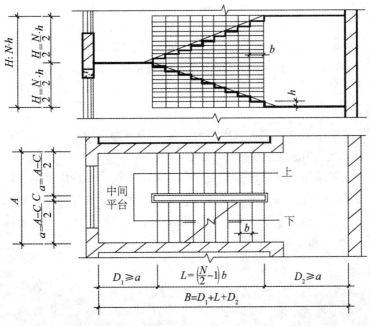

图 7-6-2　楼梯的尺度设计示意图

7.7 室外台阶与坡道

室外台阶与坡道是建筑物出入口处室内外高差之间的交通联系构件。台阶供人们进出建筑物之用,坡道是为车辆及无障碍而设置的,有时会把台阶与坡道合并在一起共同工作。

7.7.1 台阶

1. 台阶尺度

台阶处于室外,踏步宽度比楼梯大一些。其踏步高一般在 100~150mm 之间,踏步宽在 300~400mm 之间。平台深度一般不应小于 1000mm,平台需做 3%左右的排水坡度,以利雨水排除。如图 7-7-1 所示。考虑有无障碍设计坡道时,建筑物出入口处平台深度不应小于 1500mm。平台处铁篦子空格尺寸不大于 20mm。

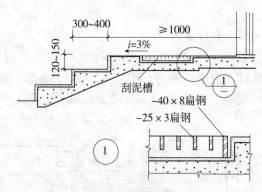

图 7-7-1 台阶尺度示意图(单位:mm)

2. 台阶的构造

建筑物室外台阶由平台和踏步组成。台阶应待建筑物主体工程完成后再进行施工,并与主体结构之间留出约 10mm 的沉降缝。

台阶的构造分实铺和架空两种,大多数台阶采用实铺。台阶由面层、垫层、基层等组成,面层应采用水泥砂浆、混凝土、水磨石、缸砖、天然石材等耐气候作用的材料。严寒地区的台阶还需考虑地基土冻胀因素,可以用含水率低的砂石垫层换土至冻土线以下。如图 7-7-2 所示为几种台阶做法示意图。

7.7.2 坡道

1. 坡道的分类

坡道按照其用途的不同,可以分成行车坡道和轮椅坡道两类。

行车坡道分为普通行车坡道和回车坡道两种。普通行车坡道布置在有车辆进出的建筑物入口处,如车库、库房等。回车坡道与台阶踏步组合在一起,布置在某些大型公共建筑物入口处,如医院、旅馆等。

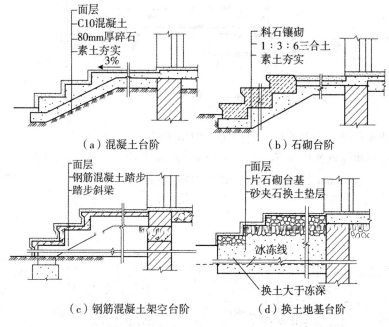

图 7-7-2　台阶构造示意图

　　轮椅坡道是便于残疾人通行的坡道，轮椅坡道还适合于拄拐杖和借助导盲棍者通过，轮椅坡道的形式如图 7-7-3 所示。轮椅坡道的坡度必须较为平缓，必须有一定的宽度。以下是有关于轮椅坡道的一些规定：

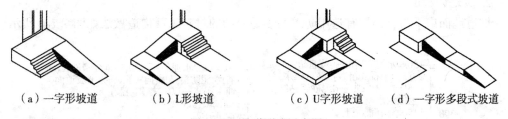

图 7-7-3　坡道形式示意图

　　(1)坡道的坡度
　　我国对便于残疾人通行的坡道的坡度标准为不大于 1/12，同时还规定与之相匹配的每段坡道的最大高度为 750mm，最大坡段水平长度为 9000mm。
　　(2)坡道的宽度及平台宽度
　　为便于残疾人使用的轮椅顺利通过，室内轮椅坡道的最小宽度应不小于 900mm，室外轮椅坡道的最小宽度应不小于 1500mm。图 7-7-4 表示相关的轮椅坡道平台所应具有的最小宽度。
　　(3)坡道扶手
　　坡道两侧宜在 900mm 高度处和 650mm 高度处设置上下层扶手，扶手应安装牢固，能

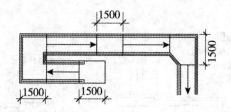

图 7-7-4　坡道休息平台的最小深度(单位：mm)

承担人们的身体重量，扶手的形状要便于人们用手抓握。两段坡道之间的扶手应保持连贯性。坡道的起点和终点处的扶手，应水平延伸 300mm 以上。坡道侧面凌空时，栏杆下端宜设置高度不小于 50mm 的安全挡台，如图 7-7-5 所示。

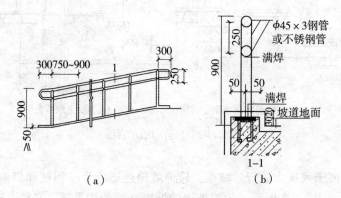

图 7-7-5　坡道扶手示意图(单位：mm)

2. 坡道的构造

坡道地面应平整，面层宜选用防滑及不易松动的材料，其构造做法如图 7-7-6 所示。

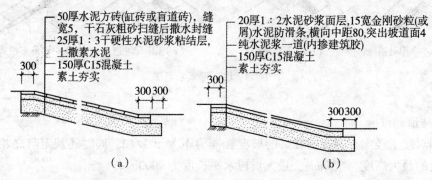

图 7-7-6　坡道地面构造做法示意图(单位：mm)

7.8　电梯与自动扶梯

在多层和高层建筑物以及某些工厂、医院中，为了上下运行的方便、快速和实际需要，常设有电梯。电梯有乘客电梯、载货电梯两大类，部分高层及超高层建筑物中为了满足疏散和救火的需要，还需设置消防电梯。

自动扶梯是人流集中的大型公共建筑物中常用的设备。在大型商场、展览馆、火车站、航空港等建筑物中设置自动扶梯，会为方便使用者、疏导人流起到很大的作用。

电梯和自动扶梯的安装及调试一般由生产厂家或专业公司负责。不同厂家提供的设备尺寸、运行速度及对土建工程的要求都不同，在设计时应按厂家提供的产品尺度进行设计。

7.8.1 电梯

1. 电梯的类型

按照电梯用途的不同，电梯可以分为乘客电梯、载货电梯、客货电梯、病床电梯、观光电梯、杂物电梯等。

按照电梯速度的不同，电梯可以分为高速电梯（速度大于 2m/s）、中速电梯（速度在 1.5~2m/s 之内）和低速电梯（速度在 1.5m/s 以内）。

按照对电梯的消防要求，电梯可以分为普通乘客电梯和消防电梯。

2. 电梯的组成

电梯由井道、机房和轿厢三部分组成，如图 7-8-1 所示。

电梯井道是电梯轿厢运行的通道，一般采用现浇混凝土墙。若建筑物高度不大，也可以采用砖墙，观光电梯可以采用玻璃幕墙。

电梯机房一般设置在电梯井道的顶部，其平面尺寸及剖面尺寸均应满足设备的布置、方便操作和维修要求，且具有良好的采光和通风条件。

3. 电梯井道的构造设计

电梯井道的构造设计应满足以下要求：

（1）平面尺寸

电梯井道平面净尺寸应满足电梯生产厂家提出的安装要求。

（2）电梯井道的防火

电梯井道和机房四周的围护结构必须具备足够的防火性能，其耐火极限不低于建筑物耐火等级的规定。若井道内超过两部电梯，需用防火结构隔开。

（3）电梯井道的隔振与隔声

一般在电梯机房的机座下设置弹簧垫层隔振，并在机房下部设置 1.5m 左右的隔声层，如图 7-8-2 所示。

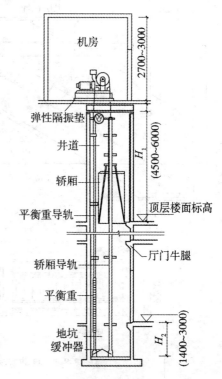

图 7-8-1 电梯的组成示意图（单位：mm）

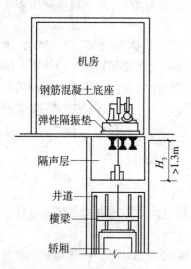

图 7-8-2 井道的隔振与隔声示意图

（4）电梯井道的通风

在电梯井道的顶层和中部适当位置（高层时）及坑底处设置不小于 300mm×600mm 或面积不小于电梯井道面积 3.5% 的通风口，通风口总面积的 1/3 应经常开启。

7.8.2 自动扶梯

自动扶梯适用于有大量人流上下的公共场所，坡度一般采用 30°，按运输能力分为单人自动扶梯、双人自动扶梯两种型号，其位置应设置在大厅的突出明显位置。

自动扶梯由电动机械牵引，机房悬挂在楼板的下方，踏步与扶手同步，可以正向运行、逆向运行，在机械停止运转时，自动扶梯可以作为普通楼梯使用，如图 7-8-3 所示。

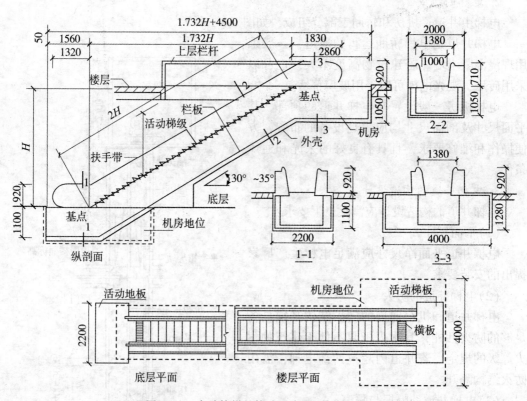

图 7-8-3 自动扶梯的构造示意图（单位：mm）

7.9　高差处的无障碍设计构造

无障碍设计：帮助下肢残疾的人和视觉残疾的人顺利通过高差。

7.9.1　坡道的坡度和宽度

便于残疾人通行的坡道坡度不大于 1/12，与之相匹配的每段坡道的最大高度为 750mm，最大坡段水平长度为 9000mm。

为便于残疾人使用的轮椅顺利通过，室内坡道的最小宽度应不小于 900mm，室外坡道的最小宽度应不小于 1500mm。如图 7-9-1、图 7-9-2 所示。

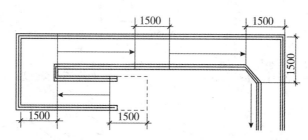

图 7-9-1　室外无障碍坡道的平面尺寸(单位：mm)

（a）　　　　　　　　　　　　（b）

图 7-9-2　无障碍设计图

7.9.2　楼梯形式及扶手栏杆

(1)楼梯应采用直行形式，如直跑楼梯、对折的双跑楼梯或成直角折行的楼梯等，不宜采用弧形梯段或在半平台上设置扇步。

(2)楼梯坡度应尽量平缓，其踢面高不大于 150mm，其中养老建筑物中的踢面高为 140mm，且每步踏步应保持等高。

(3)楼梯梯段宽度公共建筑物中楼梯梯段宽度不小于 1500mm；居住建筑不小于物中楼梯梯段宽度 1200mm。

（4）楼梯踏步无直角突沿，不得无踢面。

（5）坡道、公共楼梯凌空侧边应上翻 50mm，应设上下双层扶手。在楼梯梯段（或坡道坡段）的起始点及终结处，扶手应自其前缘向前伸出 300mm 以上，两个相邻梯段的扶手及梯段与平台的扶手应连通。如图 7-9-3 所示。

（6）在有障碍物、需要转折、存在高差等场所，设置地面提示块。如图 7-9-4 所示。

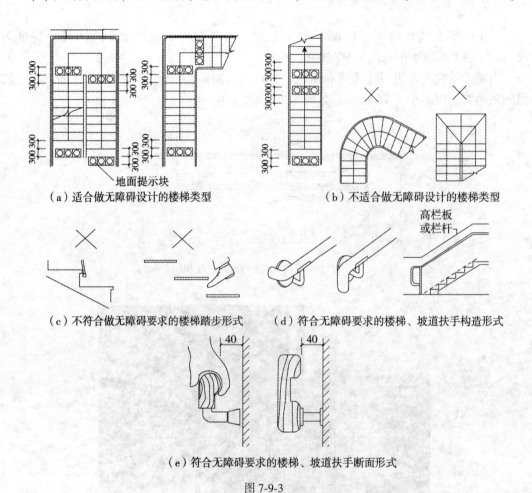

（a）适合做无障碍设计的楼梯类型　　（b）不适合做无障碍设计的楼梯类型

（c）不符合做无障碍要求的楼梯踏步形式　（d）符合无障碍要求的楼梯、坡道扶手构造形式

（e）符合无障碍要求的楼梯、坡道扶手断面形式

图 7-9-3

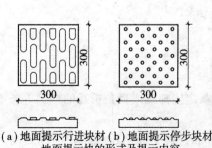

（a）地面提示行进块材（b）地面提示停步块材
地面提示块的形式及提示内容

（a）设地面提示块的无障碍坡道　　　（b）地面有高差处提示块的设置

图 7-9-4　无障碍坡道图

复习思考题 7

1. 试分析钢筋混凝结构楼梯和钢结构楼梯的构造特点。
2. 预制装配式钢筋混凝土楼梯按其构造方式可以分为哪些类型？试简述其特点。
3. 试简述大中型预制梯段构件与平台梁连接方式。
4. 踏步面层防滑处理方式有哪些？
5. 无障碍设计应注意哪些问题？
6. 试简述各种形式的楼梯的适用场所。
7. 试简述学校有哪几种楼梯形式。

第8章 屋顶构造

◎**内容提要**：本章内容主要包括屋顶的类型、组成和设计要求；平屋顶的排水组织方法和防水构造做法；坡屋顶的类型、组成和坡屋顶的细部构造。关于屋顶的保温和隔热等知识也做了适当的介绍。

8.1 概   述

屋顶是房屋最上部的维护结构，为满足相应的使用功能要求，屋顶为建筑物提供适宜的内部空间环境。屋顶也是其自身的承重结构，受到材料、结构、施工条件等因素的制约。屋顶又是建筑物体量的一部分，其形式对建筑物的造型有很大的影响，因而设计中还应注意屋顶的美观问题。在满足其他设计要求的同时，力求创造出适合各种类型建筑的屋顶。

8.1.1 屋顶的组成与类型

1. 屋顶的组成

屋顶是房屋上面的构造部分。各种形式的屋顶基本上都是由屋面、屋顶承重结构、保温隔热层和顶棚组成，如图8-1-1所示。

（1）屋面

屋面是屋顶的顶层，屋面直接承受大自然的长期侵袭，且承担施工和检修过程中加在

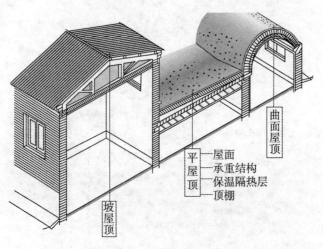

图8-1-1 屋顶组成示意图

其上面的荷载，因此屋面材料应具有一定的强度和很好的防水性能。

(2)屋顶承重结构

不同的屋面材料要有相应的承重结构。承重结构的种类很多，按材料区分有木结构、钢筋混凝土结构、钢结构等。

(3)保温层、隔热层

组成屋顶前两部分的材料，即屋面材料和承重结构材料，这两种材料保温和隔热性能都很差，在寒冷的北方必须加设保温层，在炎热的南方则必须加设隔热层。

(4)顶棚

对于每个房间而言，顶棚就是房间的顶面，对于平方或楼房的顶层房间而言，顶棚就是屋顶的底面，若屋顶结构的底面不符合使用要求，就需要另做顶棚。顶棚结构一般吊挂在屋顶承重结构上，称为吊顶。

坡屋顶顶棚上的空间称为闷顶，可利用这个空间作为使用房间，称为阁楼，在南方可以利用阁楼通风降温。

2. 屋顶的类型

由于不同的屋面材料和不同的承重结构形式，形成了多种屋顶类型，一般可以归纳为常见的三大类：平屋顶、坡屋顶、曲面屋顶，另外还有多波式折板屋顶，如图 8-1-2 所示。

(1)平屋顶

承重结构为现浇或预制的钢筋混凝土板，屋面上做防水、保温或隔热处理。平屋顶的坡度很小，一般采用 5%以下坡度，上人屋顶坡度在 2%左右。平屋顶既是承重构件又是维护结构。为满足多方面的功能要求，屋顶构造具有多种材料叠合、多层次做法的特点。

(2)坡屋顶

坡度在 10%以上的屋顶称为坡屋顶。坡屋顶一般由斜屋面组成，包括单坡、双坡、四坡、歇山式、折板式等多种形式。坡屋顶的坡度由屋架找出或把顶层墙体、大梁等结构构件上表面做成一定坡度，屋面板依势铺设形成坡度。

(3)曲面屋顶

曲面屋顶多用于较大跨度的公共建筑，如拱屋盖、薄壳屋盖、折板屋盖、悬索屋盖、网架屋盖等。由各种薄壳结构或悬索结构作为屋顶的承重结构，如双曲拱屋顶、球形网壳屋顶等，如图 8-1-3 所示。

曲面屋顶的结构形式独特，其传力系统、材料性能、施工及结构技术等都有一系列的理论和规范，再通过结构设计形成结构覆盖空间。建筑设计应在此基础上进行艺术处理，以创造出新型的建筑形式。

8.1.2　屋顶的功能和设计要求

1. 屋顶的功能

屋顶是建筑物顶部的覆盖构件，屋顶的作用主要有两点：一是作为外围护构件：抵御自然界的风霜雪雨、太阳辐射、气候变化和其他外界的不利因素，使屋顶覆盖下的空间，有一个良好的使用环境。二是作为承重构件，承担建筑物顶部的荷载并将这些荷载传递给下部的承重构件；同时还起着对房屋上部的水平支撑作用。

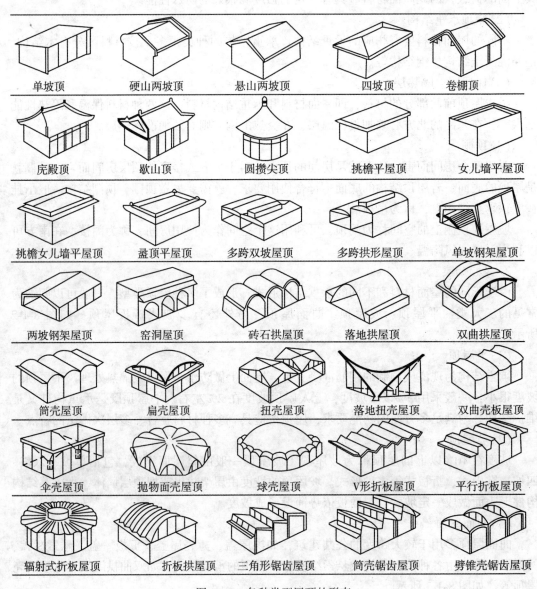

图 8-1-2　各种类型屋顶的形态

2. 屋顶的设计要求

（1）承重要求

屋顶除要承担自重外，还应承担风、雨、雪的压力，施工、维修时的荷载。

（2）保温隔热要求

屋面是建筑物最上部的围护结构，应能防止严寒季节室内热量经屋面向外大量传递且夏季具有隔热的功能。

（3）防水、排水要求

为了防止雨水渗透进入室内，影响房屋的正常使用，屋面应设置防水、排水系统。屋顶防水是一项综合技术，涉及建筑及结构的形式、防水材料、屋顶坡度、屋面构造处理等

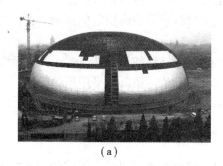 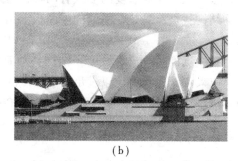

(a)   (b)

图 8-1-3　曲面屋顶的形态

问题，需综合加以考虑。设计中应遵循防水与排水相结合的原则解决屋顶的防水、排水问题。

我国现行规范《屋面工程技术规范》（GB50345—2012）中根据建筑物的性质、重要程度、使用功能要求及防水耐久年限等，将屋面防水划分为两个等级，各等级均有不同的设防要求，如表 8-1-1 所示。

（4）美观要求

屋顶是建筑物外观类型的反映。屋顶的形式、所用的材料及颜色均与建筑物美观具有密切关系。

上述要求中，防水和排水是非常重要的内容。屋顶的防水和排水性能是否良好，取决于屋面材料和构造处理。防水是指屋面材料应具有一定的抗渗能力，或采用不透水材料做到不漏水；排水则是使屋面雨水能迅速排除而不积存，以减少渗漏的可能性。

（5）其他要求

在社会进步和科技发展的今天，建筑工程设计中需要考虑屋顶花园、消防扑救和疏散等问题，屋面应注重"节能型"屋面的利用和开发，注意一些屋顶附带有停机坪等功能。建筑工程师在设计中要协调好屋顶各项要求之间的关系，以期最大限度地发挥屋顶的综合效益。

表 8-1-1　　　　　　　　　　　　　屋面防水等级和设防要求

防水等级	建筑类别	设防要求
Ⅰ级	重要建筑和高层建筑	两道防水设防
Ⅱ级	一般建筑	一道防水设防

8.2　平屋顶设计

8.2.1　平屋顶的排水坡度

平屋顶一般为现浇或预制钢筋混凝土结构，为保证平屋顶的防水质量，现已大多采用现浇屋面板形式。屋面坡度的形式有两种，一是直接将屋面板根据屋面排水坡度铺设成倾斜，称为结构找坡；二是在平铺的屋面板上用轻质材料垫出屋面所需的排水坡度，称为材料找坡。

平屋顶屋面的最小排水坡度：结构找坡宜为3%；材料找坡宜为2%。若屋面跨度大于18m，应采用结构找坡，以满足排水坡度的要求同时节约用料。平屋顶的天沟、檐沟纵向坡度不应小于1%，沟底水落差不得超过200mm，且不得流经变形缝和防火墙。

8.2.2 平屋顶的防水构造

平屋顶的防水构造涉及屋面防水材料，不同的屋面防水材料具有不同的构造要求与做法。目前国内常用的平屋顶防水材料主要有卷材防水、涂膜防水和刚性材料防水等若干种。

卷材防水屋面，是指以防水卷材和粘结剂分层粘贴而构成防水层的屋面。卷材防水屋面所用卷材有沥青类卷材、高分子类卷材、高聚物改性沥青类卷材等。卷材防水屋面较能适应温度、振动、不均匀沉陷因素的变化作用，能承受一定的水压，其整体性好，不易渗漏。施工中必须严格遵守施工操作规程，保证屋面防水质量，屋面卷材防水施工操作较为复杂，技术要求较高。适用于防水等级为Ⅰ~Ⅳ级的屋面防水。

8.3　坡屋顶设计

所谓坡屋顶是指屋面坡度在10%以上的屋顶。与平屋顶相比较，坡屋顶的屋面坡度较大，因而其屋面构造及屋面防水方式均与平屋顶有所不同。

8.3.1 坡屋顶的承重结构

1. 坡屋顶承重类型

坡屋顶中常用的承重结构有横墙承重、屋架承重和梁架承重，如图8-3-1所示。

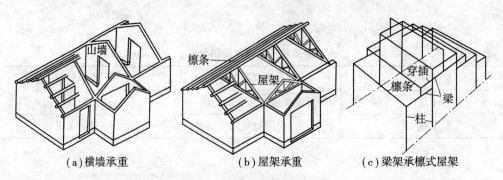

（a）横墙承重　　　　（b）屋架承重　　　　（c）梁架承檩式屋架

图 8-3-1　坡屋顶的承重结构示意图

（1）横墙承重（硬山搁檩）

横墙间距较小的坡屋面房屋，可以把横墙上部砌成三角形，直接把檩条支承在三角形横墙上，称为横墙承重，也称为硬山搁檩。

檩条可以用木材、预应力钢筋混凝土、轻钢桁架、型钢等材料。檩条的斜距不得超过1.2m。木质檩条常选用Ⅰ级杉圆木，木檩条与墙体交接段应进行防腐处理，常用方法是在山墙上垫上油毡一层，且在檩条端部涂刷沥青。

（2）屋架承重

若坡屋面房屋内部需要较大空间，可以把部分横向山墙取消，用屋架作为承重构件。坡屋面的屋架多为三角形（分为豪式和芬克式两种）。屋架可以选用木材（Ⅰ级杉圆木）、型钢（角钢或槽钢）制作，也可以用钢木混合制作（屋架中受压杆采用木材，受拉杆采用钢材），或钢筋混凝土制作。若房屋内部有一道或两道纵向承重墙，可以考虑选用三点支承或四点支承屋架。

（3）梁架承檩式屋架

为了防止屋架的倾覆，提高屋架及屋面结构的空间稳定性，屋架之间应设置支撑。屋架支撑主要有垂直剪刀撑和水平系杆等。

若房屋的平面有凸出部分，屋面承重结构有两种做法。当凸出部分的跨度比主体跨度小时，可以把凸出部分的檩条搁置在主体部分屋面檩条上，也可以在屋面斜天沟处设置斜梁，把凸出部分檩条搭接在斜梁上。当凸出部分跨度比主体部分跨度大时，可以采用半屋架。半屋架的一端支承在外墙上，另一端支承在内墙上。若无内墙，支承在中间屋架上。对于四坡形屋顶，若跨度较小，在四坡屋顶的斜屋脊下设斜梁，用于搭接屋面檩条。若跨度较大，可以选用半屋架或梯形屋架，以增加斜梁的支承点。

（4）承重结构构件

①屋架

屋架形式常为三角形，由上弦、下弦及腹杆组成，所用材料有木材、钢材及钢筋混凝土等。木屋架一般用于跨度不超过12m的建筑物，将木屋架中受拉力的下弦及直腹杆件用钢筋或型钢代替，这种屋架称为钢木组合屋架。钢木组合屋架一般用于跨度不超过18m的建筑物。若跨度更大，需采用预应力钢筋混凝土屋架或钢屋架。

②檩条

檩条所用材料可以为木材、钢材及钢筋混凝土，檩条材料的选用一般与屋架所用材料相同，使两者的耐久性能接近。

2. 坡屋顶承重结构布置

坡屋顶承重结构布置主要是指屋架和檩条的布置，其布置方式视屋顶形式而定，如8-3-2所示。

8.3.2　坡屋顶屋面

1. 平瓦屋面

坡屋顶屋面一般是利用各种瓦材，如平瓦、波形瓦、小青瓦等作为屋面防水材料。近年来还有不少采用金属瓦屋面、彩色压型钢板屋面等。

平瓦屋面根据基层的不同有冷摊瓦屋面、木望板平瓦屋面和钢筋混凝土板瓦屋面三种做法。

平瓦屋面的主要优点是瓦本身具有防水性，不需特别设置屋面防水层，瓦块之间搭接构造简单，施工方便。其缺点是屋面接缝多，若不设屋面板，雨、雪易从瓦缝中飘进室

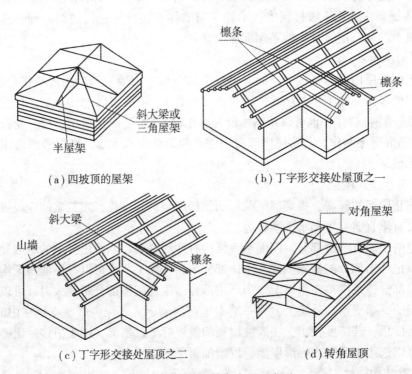

图 8-3-2 屋架和檩条布置示意图

内，造成漏水。为保证有效排水，瓦屋面坡度不得小于 1 ∶ 2（坡度为 26°34′）。在屋脊处需盖上鞍形脊瓦，在屋面天沟下需放上镀锌铁皮，以防止漏水。平瓦屋面的构造方式有下列几种：

（1）有椽条、有屋面板平瓦屋面。在屋面檩条上放置椽条，椽条上稀铺或满铺厚度为 8~12mm 的木板，板面上方平行于屋脊方向铺干油毡一层，钉顺水条和挂瓦条，安装机制平瓦。采用这种构造方案，屋面板受力较小，因而厚度较薄。

（2）冷摊瓦屋面。冷摊瓦屋面是一种构造简单的瓦屋面，在檩条上钉断面为 35mm×60mm，中距为 500mm 的椽条，在椽条上钉挂瓦条（注意挂瓦条间距符合瓦的标志长度），在挂瓦条上直接铺瓦。由于其构造简单，冷摊瓦屋面只用于简易或临时建筑。如图 8-3-3（a）所示。

（3）木望板瓦屋面。在檩条上钉厚度为 15~25mm 的屋面板（板缝不超过 20mm）平行于屋脊方向铺油毡一层，钉顺水条和挂瓦条，安装机制平瓦。这种方案将屋面板与檩条垂直布置为受力构件，因而其厚度较大，如图 8-3-3（b）所示。

2. 波形瓦屋面

波形瓦屋面包括水泥石棉波形瓦、钢丝网水泥瓦、玻璃钢瓦、钙塑瓦、金属钢板瓦、石棉菱苦土瓦等。根据波形瓦的波形大小可以分为大波瓦、中波瓦和小波瓦三种。波形瓦具有重量轻，耐火性能好等优点，但因其强度较低易折断破。

3. 小青瓦屋面

小青瓦屋面在我国传统房屋中采用较多，目前有些地方仍然采用。小青瓦断面呈弧

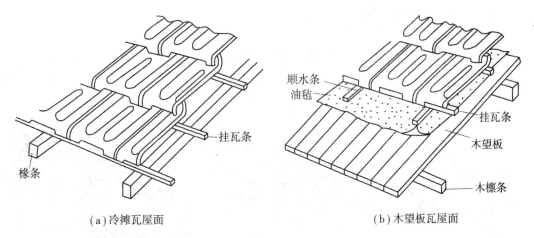

(a) 冷摊瓦屋面　　　　　　　　　　　　　(b) 木望板瓦屋面

图 8-3-3

形，其尺寸及规格不统一。铺设时分别将小青瓦仰、俯铺排，覆盖瓦成垄。仰盖瓦成沟，俯铺瓦盖于仰铺瓦，纵向交接处，与仰铺瓦之间搭接瓦长 1/3 左右。上下瓦之间的搭接长在少雨地区为搭六露四，在多雨区为搭七露三。小青瓦可以直接铺设于椽条上，也可以铺于望板(屋面板)上。

4. 钢筋混凝土坡屋顶

由于建筑技术的进步，传统坡屋顶已很少在城市建筑中采用。但因坡屋顶具有其特有的造型特征，因此近年来民用建筑中多采用钢筋混凝土坡屋顶。

瓦屋面由于保温、防火或造型等的需要，可以将钢筋混凝土板作为瓦屋面的基层盖瓦。盖瓦的方式有两种：一种是在找平层上铺油毡一层，用压毡条钉在嵌于板缝内的木楔上，再钉挂瓦条挂瓦；另一种是在屋面板上直接粉刷防水水泥砂浆且粘贴陶瓷面砖或平瓦。在仿古建筑物中也常常采用钢筋混凝土板瓦屋面。如图 8-3-4 所示。

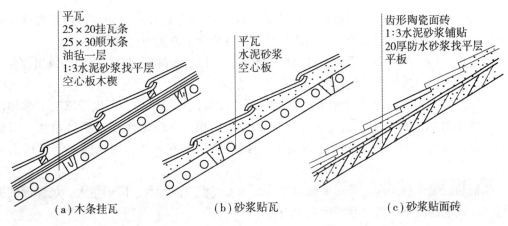

(a) 木条挂瓦　　　　　　　(b) 砂浆贴瓦　　　　　　　(c) 砂浆贴面砖

图 8-3-4　钢筋混凝土板瓦屋面构造示意图

8.3.3　坡屋面的细部构造

1. 檐口

（1）纵墙檐口

纵墙檐口根据造型要求做成挑檐或封檐。如图 8-3-5 所示。

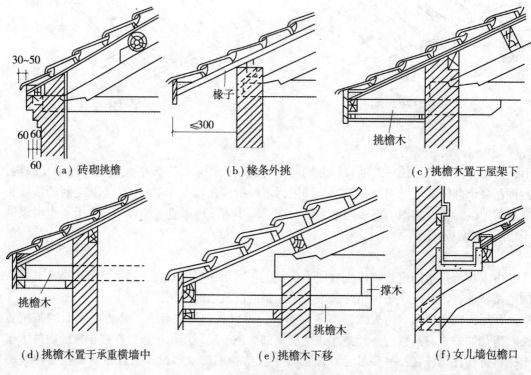

图 8-3-5　平瓦屋面纵墙檐口构造示意图

　　①砖挑檐。砖挑檐一般不超过墙体厚度的 1/2，且大于 240mm。每层砖挑长为 60mm，砖可以平挑出，也可以把砖斜放，用砖角挑出，挑檐砖上方瓦伸出 50mm。

　　②椽木挑檐。若屋面有椽木，可以用椽木出挑，以支承挑出部分的屋面。挑出部分的椽条，外侧可以钉封檐板，底部可以钉木条并做油漆。

　　③屋架端部附木挑檐或挑檐木挑檐。若需要较大挑长的挑檐，可以沿屋架下弦伸出附木，支承挑出的檐口木，且于附木外侧面钉封檐板，在附木底部做檐口吊顶。对于不设屋架的房屋，可以在其横向承重墙内压砌砖挑檐木并外挑，用挑檐木支承挑出的檐口。

　　④钢筋混凝土挑天沟。若房屋屋面集水面积大、檐口高度高、降雨量大，坡屋面的檐口可以设钢筋混凝土天沟，且采用有组织排水。

（2）山墙檐口

山墙檐口按屋顶形式分为硬山檐口与悬山檐口两种。硬山檐口构造，将山墙升起包住檐口，女儿墙与屋面交接处应作泛水处理。女儿墙顶应作压顶板，以保护泛水，如图

8-3-6所示。

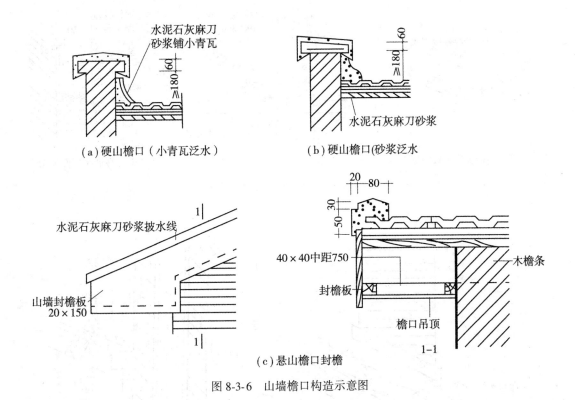

（a）硬山檐口（小青瓦泛水）　　　　　（b）硬山檐口(砂浆泛水）

（c）悬山檐口封檐

图 8-3-6　山墙檐口构造示意图

悬山屋顶的山墙檐口构造，先将檩条外挑形成悬山，檩条端部钉木封檐板，沿山墙挑檐的一行瓦，应用 1：2.5 的水泥砂浆做出披水线，将瓦封固。

2. 山墙

双坡屋面的山墙有硬山和悬山两种。硬山是指山墙与屋面等高或高于屋面成女儿墙。悬山是把屋面挑出山墙之外。

3. 天沟和斜沟构造

在等高跨或高低跨相交处，常常出现天沟，而两个相互垂直的屋面相交处则形成斜沟。沟应有足够的断面积，上口宽度不宜小于 300～500mm，一般用镀锌铁皮铺于木基层上，镀锌铁皮伸入瓦片下面至少 150mm。高低跨和包檐天沟若采用镀锌铁皮防水层，应从天沟内延伸至立墙(女儿墙)上形成泛水。

坡屋面的房屋平面形状有凸出部分，屋面上会出现斜天沟。构造上常采用镀锌铁皮折成槽状，依势固定在斜天沟下的屋面板上，以作防水层。如图 8-3-7 所示。

4. 烟筒出屋面构造

烟筒出屋面应注意防水和防火。因屋面木基与烟囱接触，容易引起火灾，故建筑防火规范中要求木基层距烟囱保持一定的距离，一般不小于 370mm。烟筒四周应做泛水，以防止雨水的渗漏。一种做法是镀锌铁皮泛水，将镀锌铁皮固定在烟筒四周的预埋件上，向下披水。在靠近屋脊的一侧，铁皮伸入瓦下，在靠近檐口的一侧，铁皮盖在瓦面上。另一种做法是用水泥砂浆或水泥石灰麻刀砂浆做抹灰泛水，如图 8-3-8 所示。

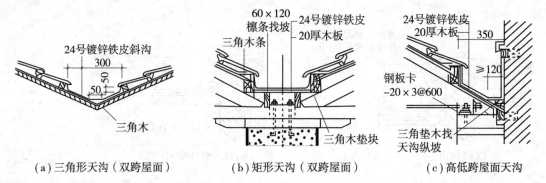

（a）三角形天沟（双跨屋面）　　（b）矩形天沟（双跨屋面）　　（c）高低跨屋面天沟

图 8-3-7　天沟、斜沟构造示意图

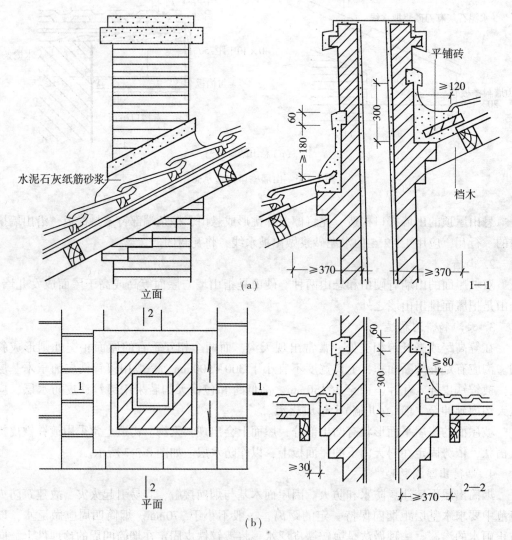

图 8-3-8　烟囱出屋面构造示意图(单位：mm)

8.3.4 其他屋面构成

1. 金属瓦屋面

金属瓦屋面是用镀锌铁皮或铝合金瓦做防水层的一种屋面，金属瓦屋面自重轻、防水性能好、使用年限长，主要用于大跨度建筑物的屋面。

金属瓦的厚度很薄（厚度在 1mm 以内），铺设这样薄的瓦材必须用钉子固定在木望板上，木望板则支撑在檩条上，为防止雨水渗漏，瓦材下应干铺一层油毡。所有的金属瓦必须相互连通导电，并与避雷针或避雷带连接。

2. 彩色压型钢板屋面

彩色压型钢板屋面简称彩板屋面，是近十余年来在大跨度建筑工程中广泛采用的高效能屋面，彩色压型钢板不仅自重轻强度高且施工安装方便。彩板的连接主要采用螺栓连接，不受季节气候影响。彩板色彩绚丽，质感好，大大增强了建筑物的艺术效果。彩板除用于平直坡面的屋顶外，还可以根据造型与结构的形式需要，在曲面屋顶上使用。

8.4 屋顶排水设计

8.4.1 屋顶排水坡度

为了排水，屋面应有坡度，而屋顶坡度的大小又取决于屋面材料的防水性能。各种屋面的坡度与屋面材料、地理气候条件、屋顶结构形式、施工方法、构造组合方式、建筑造型要求以及经济等诸方面的影响都有一定的关系。其中屋面覆盖材料的形体尺寸对屋面坡度形成的关系比较大。一般情况下，屋面覆盖材料的面积越小，厚度越大，屋面排水坡度亦越大。反之，屋面覆盖材料的面积越大，厚度越薄，则屋面排水坡度就可以较为平坦一些。不同的屋面防水材料具有各自的排水坡度范围，如图 8-4-1 所示。

1. 屋面坡度

屋面坡度的表示方法通常有以下几种：

（1）角度法

角度法是以倾斜屋面与水平面所成的夹角表示。如 $\alpha = 26°$、$30°$ 等，实际工程中不常用，如图 8-4-2（a）所示。

（2）斜率法

斜率法是以屋顶高度和剖面的水平投影长度的比值来表示屋面的排水坡度。如 $H : L = 1 : 2$、$1 : 20$、$1 : 50$ 等，常用于平屋顶及坡屋顶，如图 8-4-2（b）所示。

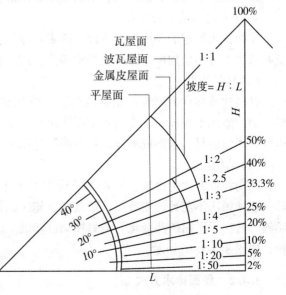

图 8-4-1 屋面坡度示意图

(3)百分比法

百分比法是以屋顶高度与其水平投影长度的百分比来表示排水坡度。如 $i=1\%$、2%、3%等，主要用于平屋顶，适合于较小的坡度，如图 8-4-2(c)所示。

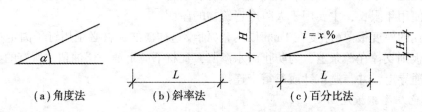

（a）角度法　　　　（b）斜率法　　　　（c）百分比法

图 8-4-2　坡度表示方法示意图

2. 影响屋面排水坡度大小的因素

影响屋面排水坡度大小的主要因素有屋面防水材料的大小和当地降雨量两方面的因素。

(1)屋面防水材料与排水坡度的关系

如果防水材料尺寸较小，接缝必然就较多，容易产生缝隙渗漏，因而屋面应有较大的排水坡度，以便将屋面积水迅速排除。如果防水材料覆盖面积大，接缝少而且严密，屋面的排水坡度就可以小一些。

(2)降雨量大小与坡度的关系

降雨量大的地区，屋面渗漏的可能性较大，屋顶的排水坡度应适当加大，反之，屋顶排水坡度则宜小一些。我国南方地区年降雨量较大，北方地区年降雨量较小，因而在屋面防水材料相同时，一般南方地区的屋面坡度比北方屋面坡度大。

(3)其他因素的影响

影响屋面坡度的其他因素有屋面排水路线的长短；上人或不上人；屋面蓄水等。

3. 屋面排水坡度的形成

屋面排水坡度的形成应考虑以下因素：建筑构造做法合理，满足房屋室内外空间的视觉要求，不过多增加屋面荷载，结构经济合理，施工方便等。

(1)材料找坡

材料找坡亦称为填坡，屋顶结构层可以像楼板一样水平搁置，采用价廉、质轻的材料，如炉渣加水泥或石灰来垫置屋面排水坡度，上面再做防水层。必须设保温层的地区，也可以用保温材料来形成坡度。材料找坡适用于跨度不大的平屋盖。如图 8-4-3(a)所示。

(2)结构找坡

结构找坡亦称为撑坡，屋顶的结构层根据屋面排水坡度搁置成倾斜，再铺设防水层等。这种做法不需另加找坡层，荷载轻、施工简便，造价低，若不另设吊顶棚，顶面稍有倾斜。若房屋平面凹凸变化，应另加局部垫坡。结构找坡一般适用于屋面进深较大的建筑物。如图 8-4-3(b)所示。

8.4.2　屋面排水方式

屋面排水方式可以分为无组织排水和有组织排水两大类。

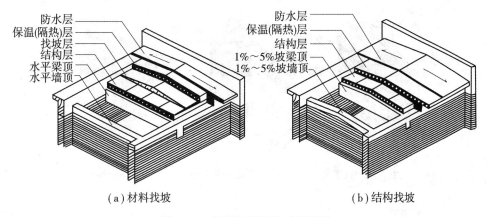

(a)材料找坡　　　　　　　　　　(b)结构找坡

图 8-4-3　屋面坡度的形成示意图

1. 无组织排水

屋面无组织排水又称为自由落水，是指屋面雨水直接从檐口落至室外地面的一种排水方式。具有构造简单、造价低廉的优点，但屋面雨水自由落下会溅湿墙面，外墙墙脚常被飞溅的雨水侵蚀，影响到外墙的坚固耐久性，并可能影响人行道的交通如图 8-4-4(a)所示。屋面无组织排水方式主要适用于少雨地区或一般低层建筑，不宜用于临街建筑和高度较高的建筑。坡屋顶无组织排水具体方案举例如图 8-4-5 所示。

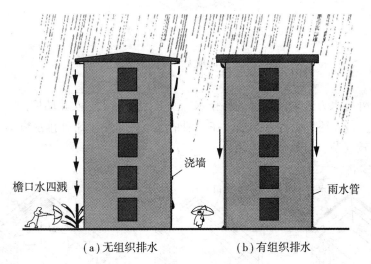

(a)无组织排水　　　　　　　　(b)有组织排水

图 8-4-4　屋面坡度的形成示意图

2. 有组织排水

屋面有组织排水是指屋面雨水通过排水系统，有组织地排至室外地面或地下管沟的一种排水方式。具有不妨碍人行交通、不易溅湿墙面的优点，因而在建筑工程中应用非常广泛。但与屋面无组织排水相比较，其构造较复杂，造价相对较高。

屋面外排水：是指雨水管装设在室外的一种排水方案，其优点是雨水管不妨碍室内空间使用和美观，其构造简单，因而被广泛采用。

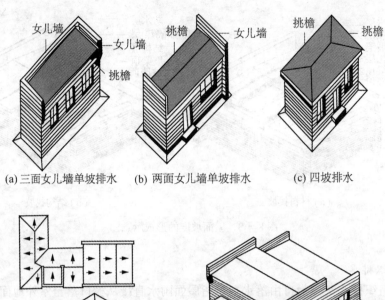

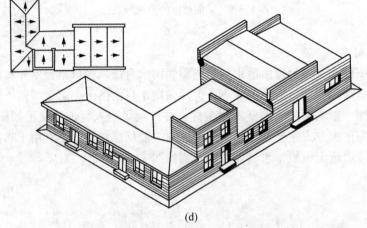

(d)

图 8-4-5　坡屋面顶无组织排水举例示意图

　　常用屋面外排水方式主要有檐沟外排水、女儿墙外排水、女儿墙檐沟外排水三种，如图 8-4-6 所示，另外还有暗管外排水。在一般情况下应尽量采用外排水方案，因为屋面有组织排水构造较复杂，极易造成渗漏。

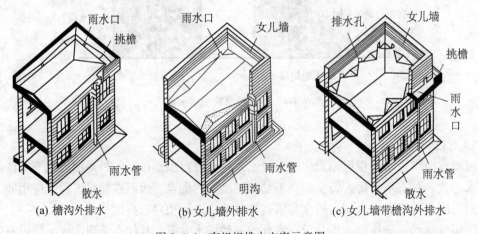

图 8-4-6　有组织排水方案示意图

屋面内排水：是指水落管位于外墙内侧，如图 8-4-7 所示。多跨房屋的中间跨为简化构造，以及考虑高层建筑的外立面美观和寒冷地区防止水落管冰冻堵塞等情况，可以采用内排水方式。具体举例如图 8-4-8 所示。

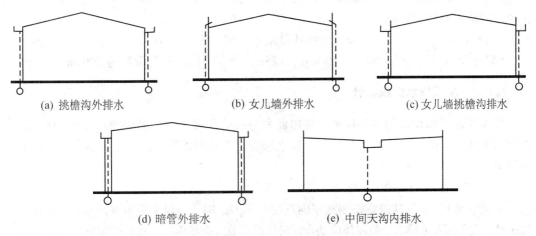

(a) 挑檐沟外排水　　　　　　　(b) 女儿墙外排水　　　　　　(c) 女儿墙挑檐沟排水

(d) 暗管外排水　　　　　　　　(e) 中间天沟内排水

图 8-4-7　屋面有组织排水常见方式示意图

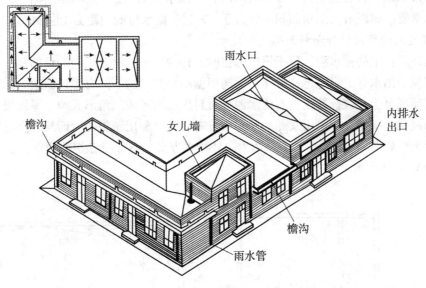

图 8-4-8　屋面有组织排水举例示意图

采用屋面有组织排水时，应使屋面流水线路短捷，檐沟或天沟流水通畅，雨水口的负荷适当且布置均匀。对屋面排水系统还有以下要求：

(1) 屋面流水线路不宜过长，因而屋面宽度较小时可以做成单坡排水；若屋面宽度较大，例如 12m 以上时宜采用双坡排水。

(2) 水落口负荷载按每个水落口排除 $150 \sim 200 m^2$ 屋面集水面积的雨水量计算。若屋面有高差，如高处屋面的集水面积小于 $100 m^2$，可以将高处屋面的雨水直接排在低屋面上，但出水口处应采取防护措施；若高处屋面的集水面积大于$100m^2$，高屋面则应自成排水系统。

为了简化计算，常用水落口的间距来控制负荷。一般建筑水落口间距宜为18~24m。

（3）檐沟或天沟应有纵向坡度使沟内雨水迅速排到水落口。纵坡一般为1%，用石灰炉渣等轻质材料垫置起坡。

（4）檐沟净宽不小于200mm，分水线处最小深度大于120mm。

（5）水落管的管径有75mm，100mm，125mm等，常用水落管管径为100mm。

8.4.3 屋顶排水组织设计

屋顶排水组织设计的主要任务是将屋面划分成若干排水区，分别将雨水引向雨水管，做到排水线路简捷、雨水口负荷均匀、排水顺畅、避免屋顶积水而引起渗漏。一般按下列步骤进行：

1. 确定排水坡面的数目（分坡）

一般情况下，临街建筑物平屋顶屋面宽度小于12m时，可以采用单坡排水；其宽度大于12m时，宜采用双坡排水。坡屋顶应结合建筑物造型要求选择单坡、双坡或四坡排水。

2. 划分排水区

划分排水区的目的在于合理地布置水落管。排水区的面积是指屋面水平投影的面积，每一根水落管的屋面最大汇水面积不宜大于$200m^2$。雨水口的间距为18~24m。

3. 确定天沟所用材料和断面形式及尺寸

天沟即屋面上的排水沟，位于檐口部位时又称为檐沟。设置天沟的目的是汇集屋面雨水，并将屋面雨水有组织地迅速排除。天沟根据屋顶类型的不同有多种做法。如坡屋顶中可以用钢筋混凝土、镀锌铁皮、石棉水泥等材料做成槽形或三角形天沟。平屋顶的天沟一般用钢筋混凝土制作，若采用女儿墙外排水方案，可以利用倾斜的屋面与垂直的墙面构成三角形天沟，如图8-4-9所示；若采用檐沟外排水方案，通常用专用的槽形板做成矩形天沟，如图8-4-10所示。

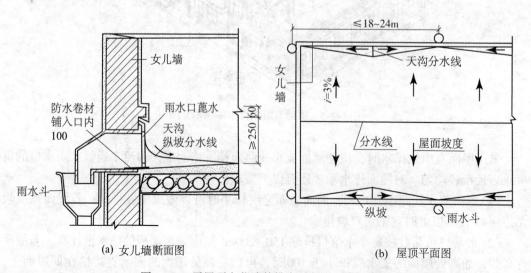

(a) 女儿墙断面图　　　　　　　　(b) 屋顶平面图

图 8-4-9　平屋顶女儿墙外排水三角形天沟示意图

第 8 章　屋 顶 构 造 ─── 163

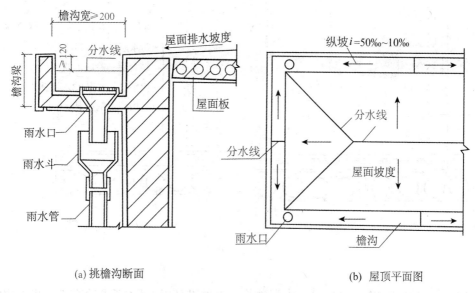

(a) 挑檐沟断面　　　　　　　　　(b) 屋顶平面图

图 8-4-10　平屋顶檐沟外排水矩形天沟示意图

8.4.4　确定水落管规格及间距

水落管按材料的不同有铸铁、镀锌铁皮、塑料、石棉水泥和陶土等，目前多采用铸铁和塑料水落管，其直径有 50mm、75mm、100mm、125mm、150mm、200mm 等若干种规格，一般民用建筑物最常用的水落管直径为 100mm，面积较小的露台或阳台可以采用 50mm 或 75mm 的水落管。水落管的位置应在实墙面处，其间距一般在 18m 以内，最大间距宜不超过 24m，因为水落管间距过大，则沟底纵坡面越长，会使沟内的垫坡材料增厚，减少了天沟的容水量，造成雨水溢向屋面引起渗漏或从檐沟外侧涌出。

8.5　卷材防水屋面构造

8.5.1　卷材防水屋面的构造层次和做法

卷材防水屋面由多层材料叠合而成，其基本构造层次按构造要求由结构层、找坡层、找平层、结合层、防水层和保护层组成，如图 8-5-1 所示。

1. 结构层

结构层通常为预制或现浇钢筋混凝土屋面板，要求具有足够的强度和刚度。

2. 找坡层(结构找坡和材料找坡)

材料找坡应选用轻质材料形成所需要的排水坡度，通常是在结构层上铺 1∶(6~8)的水泥焦渣或水泥膨胀蛭石等。

3. 找平层

柔性防水层要求铺贴在坚固而平整的基层上，因此必须在结构层或找坡层上设置找平层。以防止卷材凹陷或断裂，因而在松软材料上应设置找平层；找平层的厚度取决于基层

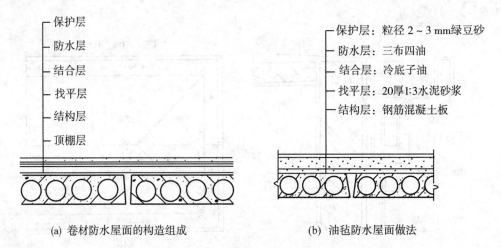

(a) 卷材防水屋面的构造组成   (b) 油毡防水屋面做法

图 8-5-1

的平整度，一般采用 20mm 厚 1：3 水泥砂浆，也可以采用 1：8 沥青砂浆等。找平层宜留分隔缝，缝宽一般为 5～20mm，纵横间距一般不宜大于 6m。若屋面板为预制的，分隔缝应设在预制板的端缝处。分隔缝上应附加 200～300mm 宽卷材，和胶粘剂单边点贴覆盖。

4. 结合层

结合层的作用是使卷材防水层与基层粘结牢固。结合层所用材料应根据卷材防水层材料的不同来选择，如油毡卷材、聚氯乙烯卷材及自粘型彩色三元乙丙复合卷材等，用冷底子油在水泥砂浆找平层上喷涂一至二道；三元乙丙橡胶卷材则采用聚氨酯底胶；氯化聚乙烯橡胶卷材需用氯丁胶乳等。冷底子油用沥青加入汽油或煤油等溶剂稀释而成，喷涂时不用加热，在常温下进行，故称为冷底子油。

5. 防水层

防水层是由胶结材料与卷材粘合而成的，卷材连续搭接，形成屋面防水的主要部分。若屋面坡度较小，卷材一般平行于屋脊铺设，从檐口到屋脊层层向上粘贴，上下搭接不小于 70mm，左右搭接不小于 100mm。

油毡屋面在我国已有数十年的使用历史，具有较好的防水性能，对屋面基层变形有一定的适应能力，但这种屋面施工麻烦、劳动强度大，且容易出现油毡鼓泡、沥青流淌、油毡老化等方面的问题，使油毡屋面的寿命大大缩短，平均 10 年左右就要进行大修。

目前所用的新型防水卷材，主要有三元乙丙橡胶防水卷材、自粘型彩色三元乙丙复合防水卷材、聚氯乙烯防水卷材、氯化聚乙烯防水卷材、氯丁橡胶防水卷材及改性沥青油毡防水卷材等，这些材料一般为单层卷材防水构造，防水要求较高时可以采用双层卷材防水构造。这些防水材料的共同优点是自重轻，适用温度范围广，耐气候性好，使用寿命长，抗拉强度高，延伸率大，冷作业施工，操作简便，大大改善了劳动条件，减少环境污染。

6. 保护层

不上人屋面保护层的做法：若采用油毡防水层为粒径 3～6mm 的小石子，称为绿豆砂保护层。绿豆砂要求耐风化、颗粒均匀、色浅；三元乙丙橡胶卷材采用银色着色剂，直接涂刷在防水层上表面；彩色三元乙丙复合卷材防水层直接用 CX—404 胶粘结，不需另加保护层。

上人屋面的保护层构造做法：通常可以采用水泥砂浆或沥青砂浆铺贴缸砖、大阶砖、混凝土板等，也可以现浇 40mm 厚 C20 细石混凝土。

8.5.2 卷材防水屋面细部构造

屋顶细部是指屋面上的泛水、天沟、雨水口、檐口、变形缝等部位。

1. 泛水构造

泛水是指屋顶上沿所有垂直面所设的防水构造，突出于屋面之上的女儿墙、烟囱、楼梯间、变形缝、检修孔、立管等的壁面与屋顶的交接处是最容易漏水的地方。必须将屋面防水层延伸到这些垂直面上，形成立铺的防水层，称为泛水。如图 8-5-2 所示。

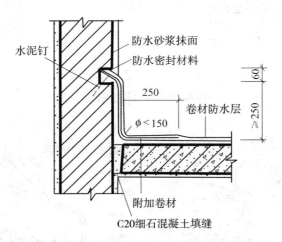

图 8-5-2　卷材防水屋面泛水构造示意图（单位：mm）

2. 檐口构造

柔性防水屋面的檐口构造有无组织排水挑檐和有组织排水挑檐沟及女儿墙檐口等，挑檐和挑檐沟构造都应注意处理好卷材的收头固定、檐口饰面并做好滴水。女儿墙檐口构造的关键是泛水的构造处理，其顶部通常做混凝土压顶，且设有坡度坡向屋面。如图 8-5-3 所示。

3. 雨水口构造

雨水口的类型有用于檐沟排水的直管式雨水口和女儿墙外排水的弯管式雨水口两种。雨水口在构造上要求排水通畅、防止渗漏水堵塞。直管式雨水口为防止其周边漏水，应加铺一层卷材并贴入连接管内 100mm，雨水口上用定型铸铁罩或铅丝球盖住，用油膏嵌缝。弯管式雨水口穿过女儿墙预留孔洞内，屋面防水层应铺入雨水口内壁四周不小于 100mm，且安装铸铁蓖子以防杂物流入造成堵塞。如图 8-5-4 所示。

4. 屋面变形缝构造

屋面变形缝的构造处理原则是既不能影响屋面的变形，又要防止雨水从变形缝渗入室内。

屋面变形缝按建筑设计可以设于同层等高屋面上，也可以设在高低屋面的交接处，如图 8-5-5、图 8-5-6 所示。

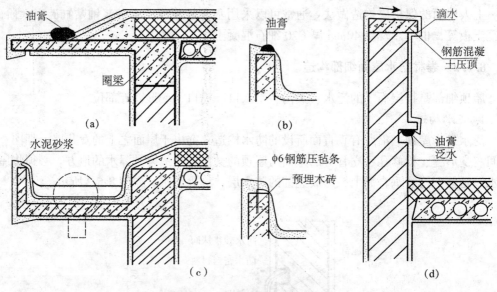

图 8-5-3 檐口构造示意图

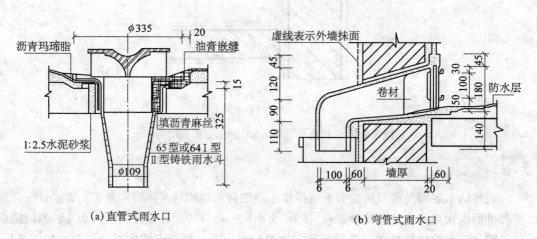

(a) 直管式雨水口   (b) 弯管式雨水口

图 8-5-4 雨水口构造示意图(单位: mm)

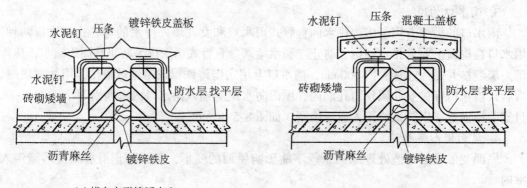

(a) 横向变形缝泛水之一   (b) 横向变形缝泛水之二

图 8-5-5 等高屋面变形缝示意图

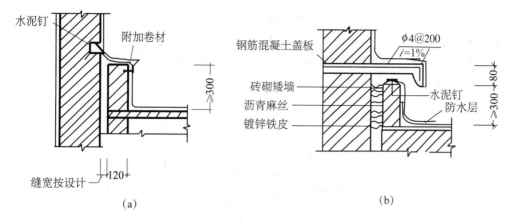

图 8-5-6 高低屋面变形缝示意图(单位：mm)

5. 屋面检修孔、屋面出入口构造

(1)屋面检修孔：屋面检修孔用于不上人屋面，检修孔四周的孔壁可以用砖立砌，也可以在现浇屋面板时将混凝土上翻制成，高度一般为 300mm。壁外的防水层应做成泛水并将卷材用镀锌薄钢板盖缝并压钉好，如图 8-5-7(a)所示。

(2)屋面出入口：屋面出入口一般设于出屋面的楼梯间，最好在设计中让楼梯间的室内地坪与屋面之间留有足够的高差，以利防水，否则需在出入口处设置门槛挡水。屋面出入口处的构造与泛水构造类同，如图 8-5-7(b)所示。

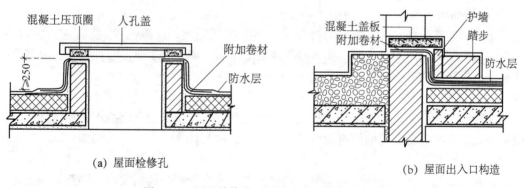

(a) 屋面检修孔   (b) 屋面出入口构造

图 8-5-7 屋面检修孔、屋面出入口构造示意图

8.6 刚性防水屋面

8.6.1 刚性防水屋面

刚性防水屋面是指以刚性材料作为防水层的屋面，如防水砂浆屋面、细石混凝土屋面、配筋细石混凝土防水屋面等。这种屋面具有构造简单、施工方便、节约材料、造价经济和维修较为方便等优点。其缺点是对温度变化和结构变形较为敏感，施工技术要求较

高，较易产生裂缝而渗漏水，所以刚性防水多用于日温差较小的我国南方地区防水等级为Ⅲ级的屋面防水，也可以用作防水等级为Ⅰ、Ⅱ级的屋面多道设防中的一道防水层。

1. 刚性防水屋面的构造层次及做法

刚性防水屋面一般由结构层、找平层、隔离层和防水层组成。

（1）结构层

刚性防水屋面的结构层要求具有足够的强度和刚度，一般应采用现浇或预制装配的钢筋混凝土屋面板，并在结构层现浇或铺板时形成屋面的排水坡度。

（2）找平层

为保证防水层厚薄均匀，通常应在结构层上用 20mm 厚 1∶3 水泥砂浆找平。若采用现浇钢筋混凝土屋面板或设有纸筋灰等材料时，也可以不设找平层。

（3）隔离层

为减少结构层变形及温度变化对防水层的不利影响，宜在防水层下设置隔离层。隔离层可以采用纸筋灰、低强度等级砂浆或薄砂层上干铺一层油毡等。若防水层中加有膨胀剂类材料，其抗裂性有所改善，也可以不做隔离层。

（4）防水层

常用配筋细石混凝土防水屋面的混凝土强度等级应不低于 C20，其厚度宜不小于40mm，双向配置 $\phi4 \sim \phi6.5$ 钢筋，间距为 100~200mm 的双向钢筋网片。为提高防水层的抗渗性能，可以在细石混凝土内掺入适量外加剂（如膨胀剂、减水剂、防水剂等），以提高其密实性能。

2. 刚性防水屋面防止开裂的措施

（1）增加防水剂

防水剂通常为憎水性物质、无机盐或不溶解的肥皂，如硅酸钠（水玻璃）类、氯化物或金属皂类制成的防水粉或浆。掺入砂浆或混凝土后，能与之生成不溶性物质，填塞毛细孔道，形成憎水性壁膜，以提高其密实性。

（2）采用微膨胀

在普通水泥中掺入少量的矾土水泥和二水石粉等所配置的细石混凝土，在结硬时产生微膨胀效应，抵消混凝土的原有收缩性，以提高其抗裂性。

（3）提高密实性

控制水灰比，加强浇注时的振捣，均可提高砂浆和混凝土的密实性。细石混凝土屋面在初凝前表面用铁滚辗压，使余水压出，初凝后加少量干水泥，待收水后用铁板压平、表面打毛，然后盖席浇水养护，从而提高面层的密实性，避免表面龟裂。

3. 刚性防水屋面细部构造

刚性防水屋面的细部构造包括屋面防水层的分格缝、泛水、檐口、雨水口等部位的构造处理。

（1）屋面分格缝

屋面分格缝实质上是在屋面防水层上设置的变形缝，如图 8-6-1 所示。其目的在于：

①防止温度变形引起防水层开裂。

②防止结构变形将防水层拉坏。因此屋面分格缝的位置应设置在温度变形允许的范围以内和结构变形敏感的部位。一般情况下分格缝间距不宜大于 6m。结构变形敏感的部位

主要是指装配式屋面板的支承端、屋面转折
处、现浇屋面板与预制屋面板的交接处、泛
水与立墙交接处等部位。

分格缝的构造要点为：

①防水层内的钢筋在分格缝处应断开。

②屋面板缝用浸过沥青的木丝板等密封
材料嵌填，缝口用油膏等嵌填。

③缝口表面用防水卷材铺贴盖缝，卷材
的宽度为 200～300mm。如图 8-6-2 所示。

（2）泛水构造

刚性防水屋面的泛水构造要点与卷材屋
面泛水屋面基本相同。不同的是：刚性防水
层与屋面突出物（女儿墙、烟囱等）之间必须

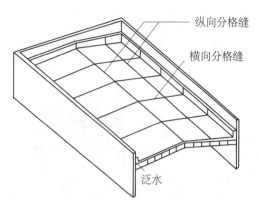

图 8-6-1　分格缝位置示意图

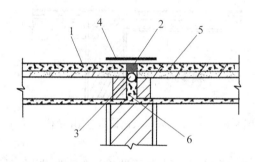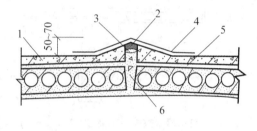

（a）横向分格缝(1—刚性防水层；2—密封材料；　（b）屋脊分格缝 (1— 刚性防水层；2—密封材料；
3—背衬材料；4— 保护层；5—细石混凝土)　　　　3—背衬材料；4—保护层；5—细石混凝土；
　　　　　　　　　　　　　　　　　　　　　　　6—细石混凝土填缝)

图 8-6-2　分格缝构造示意图

留分格缝，另铺贴附加卷材盖缝形成泛水。

女儿墙与刚性防水层之间留分格缝，使混凝土防水层在收缩和温度变形时不受女儿墙
的影响，可以有效地防止其开裂。分格缝内用油膏嵌缝，缝外用附加卷材铺贴至泛水所需
高度并做好压缝收头处理，以免雨水渗进缝内，如图 8-6-3 所示。

（3）檐口构造

刚性防水屋面檐口的形式一般有自由落水挑檐口、挑檐沟外排水檐口和女儿墙外排水
檐口、坡檐口等。

①自由落水挑檐口。根据挑檐挑出的长度，有直接利用混凝土防水层悬挑和在增设的
现浇或预制钢筋混凝土挑檐板上做防水层等做法。无论采用哪种做法，都应注意做好滴
水，如图 8-6-4 所示。

②挑檐沟外排水檐口。檐沟构件一般采用现浇或预制的钢筋混凝土槽形天沟板，在沟
底用低强度等级的混凝土或水泥炉渣等材料垫置成纵向排水坡度，铺好隔离层后再浇筑防
水层，防水层应挑出屋面并做好滴水，如图 8-6-5 所示。

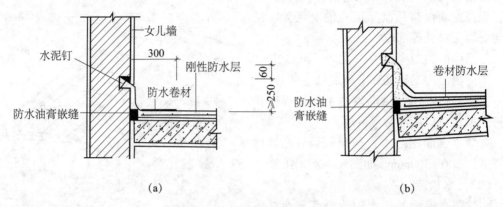

图 8-6-3 泛水构造示意图

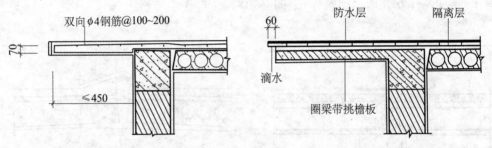

图 8-6-4 自由落水挑檐口示意图(单位：mm)　　图 8-6-5 挑檐沟外排水檐口示意图(单位：mm)

③坡檐口。建筑设计中出于造型方面的考虑，常采用一种平顶坡檐即"平改坡"的处理形式，使较为呆板的平顶建筑物具有某种传统的韵味，以丰富城市景观。如图 8-6-6所示。

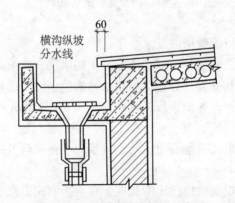

图 8-6-6 平屋顶坡檐构造示意图

(4)雨水口构造

刚性防水屋面的雨水口有直管式和弯管式两种做法，直管式一般用于挑檐沟外排水的雨水口，弯管式用于女儿墙外排水的雨水口。

①直管式雨水口。直管式雨水口为防止雨水从雨水口套管与沟底接缝处渗漏，应在雨水口周边加铺柔性防水层并铺至套管内壁，檐口处浇筑的混凝土防水层应覆盖于附加的柔性防水层之上，且于防水层与雨水口之间用油膏嵌实。如图 8-6-7 所示。

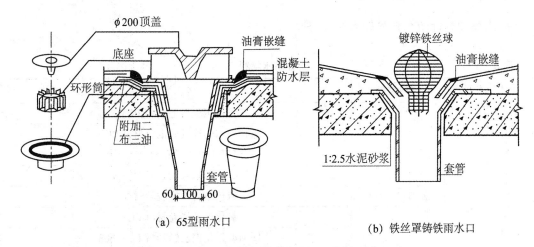

图 8-6-7　直管式雨水口构造示意图

②弯管式雨水口。弯管式雨水口一般用铸铁做成弯头。安装雨水口时，在雨水口处的屋面应加铺附加卷材与弯头搭接，其搭接长度不小于 100mm，然后浇筑混凝土防水层，防水层与弯头交接处需用油膏嵌缝。如图 8-6-8 所示。

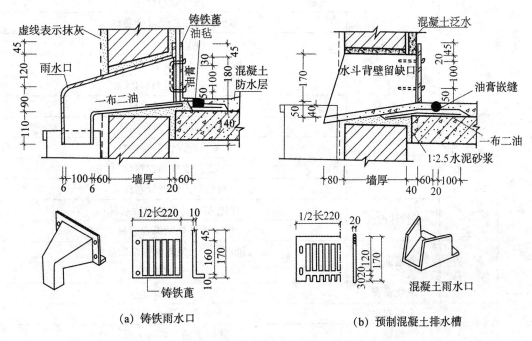

图 8-6-8　弯管式雨水口构造示意图(单位：mm)

8.7 防水屋面

8.7.1 涂料防水屋面构造

防水屋面柔性防水材料如表 8-7-1 所示。

表 8-7-1 柔性防水材料

类别	品种	材料类型		品 名 举 例
防水卷材	合成高分子卷材	橡胶类	硫化型	三元乙丙橡胶卷材(EPDM)
				氯化聚乙烯橡胶共混卷材(CPE)
				氯磺化聚乙烯卷材(CSP)
				丁基橡胶卷材
				硫化型再生橡胶卷材*
			非硫化型	氯化聚乙烯卷材(CPE)
				增强型氯化聚乙烯卷材 LYX-603
				三元丁再生橡胶卷材
				自粘型高分子卷材
		橡塑类		氯化聚乙烯橡塑共聚卷材
				三元乙丙-聚乙烯共聚卷材(TPO)
		树脂类		聚氯乙烯卷材(PVC)
				丙烯酸卷材
				双面丙纶聚乙烯复合卷材
				EVA 卷材
				低密度聚乙烯卷材(LDPE)
				高密度聚乙烯卷材(HDPE)
				丙烯酸水泥基卷材
	聚合物改性沥青卷材	弹性体改性		SBS 橡胶改性沥青卷材
				丁苯橡胶改性沥青卷材
				再生胶改性沥青卷材
				自粘型改性沥青卷材
		塑性体改性		APP(APAO)改性沥青卷材
				PVC 改性焦油沥青卷材
	沥青卷材	普通沥青		石油沥青、焦油煤沥青纸胎油毡
				纸胎油毡
		氧化沥青		氧化石油沥青油毡
	其他	金属卷材		PSS 合金防水卷材
		粉毡		膨润土毯、膨润土板

1. 涂料防水屋面适用范围

涂膜防水屋面又称为涂料防水屋面，是指用可塑性和粘结力较强的高分子防水涂料，直接涂刷在屋面基层上形成一层不透水的薄膜层以达到防水的目的。防水涂料有塑料、橡胶和改性沥青三大类，常用的有塑料油膏、氯丁胶乳沥青涂料和焦油聚氨酯防水涂膜等。这些材料多数具有防水性好、粘结力强、延伸性大、耐腐蚀、不易老化、施工方便、容易维修等优点，近年来应用较为广泛，主要适用于防水等级为Ⅲ、Ⅳ级的屋面防水，也可以用作Ⅰ、Ⅱ级屋面多道防水设防中的一道防水。在有较大震动的建筑物或寒冷地区则不宜采用这类材料。

涂膜防水材料按其溶剂或稀释剂的类型可以分为溶剂型、水溶性、乳液型等类；按施工时涂料液化方法的不同可以分为热熔型、常温型等类。同时，可以增强涂层的贴附覆盖力和抗变形能力。目前，使用较多的胎体增强材料为 0.1mm×6mm×4mm 或 0.1mm×7mm×7mm 的中性玻璃纤维网格布或中碱玻璃布、聚酯无纺布等。

2. 涂膜防水屋面的构造层次和做法

涂膜防水屋面的构造层次与柔性防水屋面的构造层次相同，由结构层、找坡层、找平层、结合层、防水层和保护层组成。

涂膜防水屋面的常见做法，结构层和找坡层材料做法与柔性防水屋面的做法相同。找平层通常为 25mm 厚 1∶2.5 水泥砂浆。为保证防水层与基层粘结牢固，结合层应选用与防水涂料相同的材料经稀释后满刷在找平层上。若屋面不上人，保护层的做法根据防水层材料的不同，可以采用蛭石或细砂撒面、银粉涂料涂刷等做法；若屋面为上人屋面，保护层做法与柔性防水上人屋面做法相同。

具体来说：

(1)氯丁胶乳沥青防水涂料屋面

氯丁胶乳沥青防水涂料以氯丁胶乳和石油沥青为主要原料，选用阳离子乳化剂和其他助剂，经软化和乳化而成，是一种水乳型涂料，如图 8-7-1 所示。

①找平层：先在屋面板上用 1∶2.5 或 1∶3 的水泥砂浆做 15~20mm 厚的找平层并设分格缝，分格缝宽 20mm，其间距不大于 6m，缝内嵌填密封材料。找平层应平整、坚实、洁净、干燥、方可作为涂料施工的基层。

②底涂层：将稀释涂料(按质量，防水涂料∶0.5~1.0 的离子水溶液=6∶4 或 7∶3)均匀涂布于找平层上作为底涂，干后再刷 2~3 层涂料。

③中涂层：中涂层为加胎体增强材料的涂层，要铺贴玻璃纤维网格布，有干铺和湿铺两种施工方法。

干铺法：在已干的底涂层上干铺玻璃纤维网格布，展开后加以点粘固定，当铺过两个纵向搭接缝以后依次涂刷防水涂料 2~3 层，待涂层干后按上述做法铺第二层玻璃网格布，然后再涂刷 1~2 层涂料。干后在其表面刮涂增厚涂料(按质量，防水涂料∶细砂=1∶1~1∶2)。

湿铺法：在已干的底涂层上边涂防水涂料边铺贴玻璃纤维网格布，干后再刷涂料。一布二涂的厚度通常大于 2mm，二布三涂的厚度大于 3mm。

④面层：根据需要面层可以做细砂保护层或涂覆着色层。细砂保护层是在未干的中涂层上抛撒 20 目浅色细砂并辊压，使砂牢固地粘结于涂层上；着色层可以使用防水涂料或耐老化的高分子乳液作胶粘剂，加上各种矿物颜料配制成成品着色剂，涂布于中涂层表面。

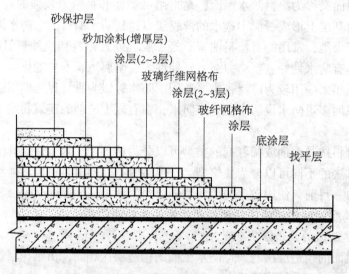

图 8-7-1　氯丁胶乳沥青防水涂料屋面示意图

（2）焦油聚氨酯防水涂料屋面

焦油聚氨酯防水涂料又名 851 涂膜防水胶，是以异氰酸酯为主剂和以煤焦油为填料的固化剂构成的双组分高分子涂膜防水材料，其甲、乙两液混合后经化学反应能在常温下形成一种耐久的橡胶弹性体，从而起到防水的作用。

焦油聚氨酯防水涂料的做法是，将找平以后的基层面吹扫干净并待其干燥后，用配制好的涂液（甲、乙二液的重量比为 1∶2）均匀涂刷在基层上。不上人屋面可以待涂层干后在其表面刷银灰色保护涂料；上人屋面在最后一遍涂料未干时撒上绿豆砂，三天后在其上做水泥砂浆或浇混凝土贴地砖的保护层。

（3）塑料油膏防水屋面

塑料油膏防水材料以废旧聚氯乙烯塑料、煤焦油、增塑剂、稀释剂、防老化剂及填充材料等配制而成。

塑料油膏防水材料屋面的做法是，先用预制油膏条冷嵌于找平层的分格缝中，在油膏条与基层的接触部位和油膏条相互搭接处刷冷粘剂 1~2 遍，然后按产品要求的温度将油膏热熔液化，按基层表面涂油膏，铺贴玻璃纤维网格布，压实，表面再刷油膏，刮板收齐边沿的顺序进行。根据设计要求可以做成一布二油或二布三油。

3. 涂膜防水屋面细部构造

涂膜防水屋面的细部构造要求及做法类同于卷材防水屋面。

（1）分格缝构造

涂膜防水只能提高表面的防水能力，由于温度变形和结构变形会导致基层开裂而使得屋面渗漏，因此对屋面面积较大和结构变形敏感的部位，需设置分格缝。

（2）泛水构造

涂膜防水屋面泛水构造的要点与柔性防水屋面基本相同，即泛水高度不小于 250mm；屋面与立墙交接处应做成弧形；泛水上端应有挡雨措施，以防渗漏，如图 8-7-2 所示。

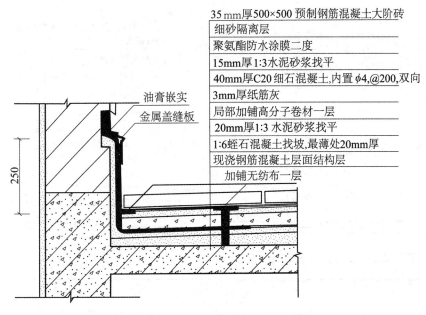

图 8-7-2　涂膜防水屋面泛水构造示意图(单位：mm)

8.8　屋顶的保温与隔热

8.8.1　屋顶的保温

1. 保温材料类型

保温材料多为轻质多孔材料，其容重轻、导热系数小，一般分为散料、板块料和现场浇筑的混合料三大类。

(1)散料类：散料常用炉渣、矿渣、膨胀蛭石、膨胀珍珠岩等。

(2)板块类：板块类材料是指利用骨料和胶结材料由工厂制作而成的板块状材料，如加气混凝土、泡沫混凝土、膨胀蛭石、膨胀珍珠岩、泡沫塑料等块材或板材等。

(3)现场浇筑混合料：现场浇筑混合料是指以散料作骨料，掺入一定量的胶结材料，现场浇筑而成。如水泥炉渣、水泥膨胀蛭石、水泥膨胀珍珠岩及沥青膨胀蛭石和沥青膨胀珍珠岩等。

屋面保温材料的选择应根据建筑物的使用性质、构造方案、材料来源、经济指标等因素综合考虑确定。

2. 平屋顶的保温构造

平屋顶因屋面坡度平缓，适合将保温层设置在屋面结构层上(刚性防水屋面不适宜设保温层)。

(1)正置式保温：将保温层设置在结构层之上、防水层之下而形成封闭式保温层。也称为内置式保温，如图 8-8-1(a)所示。

(2)倒置式保温：将保温层设置在防水层之上，形成敞露式保温层。也称为外置式保温，如图 8-8-1(b)所示。

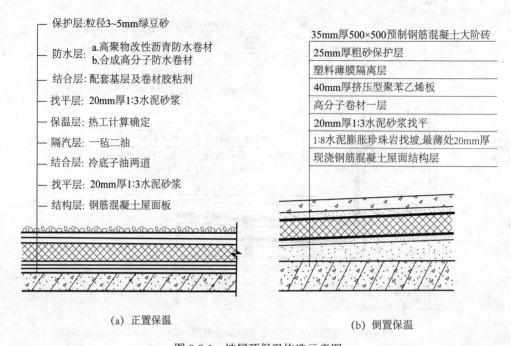

(a) 正置保温　　　　　　　　　　　　　　　(b) 倒置保温

图 8-8-1　坡屋顶保温构造示意图

　　保温卷材防水屋面与非保温卷材防水屋面的区别是增设了保温层，构造需要相应增加找平层、结合层和隔汽层。设置隔汽层的目的是防止室内水蒸汽渗入保温层，使保温层受潮而降低保温效果。隔汽层的一般做法是在 20mm 厚 1：3 水泥砂浆找平层上涂刷冷底子油两道作为结合层，结合层上做一布二油或两道热沥青隔汽层。

　　3. 坡屋顶保温构造

　　坡屋顶保温材料可以根据工程具体要求选用松散材料、块体材料或板状材料。

　　采用屋面层保温时：保温层设置在瓦材下面或檩条之间；

　　采用顶棚层保温时：通常需在吊顶龙骨上铺板，板上设置保温层，可以收到保温和隔热的双重效果。

8.8.2　屋顶的隔热

　　在夏季太阳辐射和室外气温的综合作用下，从屋顶传入室内的热量要比墙体传入室内的热量多得多。在低多层建筑物中，顶层房间占有很大的比例，屋顶的隔热问题应予以认真的考虑。我国南方地区的建筑物屋面隔热尤为重要，应采取适当的构造措施来解决屋顶的降温和隔热的问题。

　　屋顶隔热降温的基本原理是：减少直接作用于屋面的太阳辐射热量。所采用的主要构造做法是：屋顶间层通风隔热、屋顶蓄水隔热、屋顶植被隔热、屋顶反射阳光隔热等。

　　1. 通风隔热屋面

　　通风隔热屋面是指在屋顶中设置通风间层，使上层表面起着遮挡阳光的作用，利用风压作用和热压作用把间层中的热空气不断带走，以减少传到室内的热量，从而达到隔热降温的目的。通风隔热屋面一般有架空通风隔热屋面和顶棚通风隔热屋面两种做法。

　　(1)架空通风隔热屋面：通风层设在防水层之上，其做法很多，架空通风隔热屋面构造，其中以架空预制板或大阶砖最为常见。架空通风隔热层设计应满足以下要求：架空层应有适当的净高，一般以 180~240mm 为宜；距女儿墙 500mm 范围内不铺架空板；隔热板的支点可以做成砖垄墙或砖墩，间距视隔热板的尺寸而定，如图 8-8-2、图 8-8-3 所示。

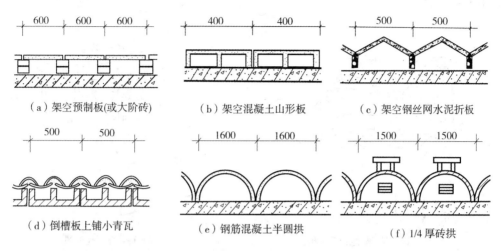

（a）架空预制板(或大阶砖) （b）架空混凝土山形板 （c）架空钢丝网水泥折板

（d）倒槽板上铺小青瓦 （e）钢筋混凝土半圆拱 （f）1/4 厚砖拱

图 8-8-2 架空通风隔热构造示意图(单位：mm)

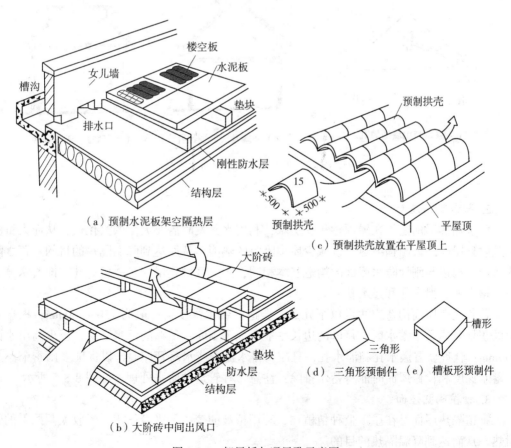

（a）预制水泥板架空隔热层

（c）预制拱壳放置在平屋顶上

（b）大阶砖中间出风口

（d）三角形预制件 （e）槽板形预制件

图 8-8-3 架风桥与通风孔示意图

(2)顶棚通风隔热屋面：顶棚通风隔热屋面的做法是利用顶棚与屋顶之间的空间作隔热层，顶棚通风隔热层设计应满足以下要求：顶棚通风层应有足够的净空高度，一般为500mm左右；需设置一定数量的通风孔，以利于空气对流；通风孔应考虑防飘雨措施。如图 8-8-4 所示。

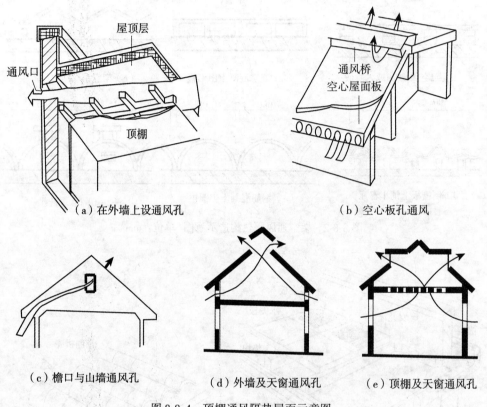

（a）在外墙上设通风孔　　　　　　　　　（b）空心板孔通风

（c）檐口与山墙通风孔　　　　（d）外墙及天窗通风孔　　　（e）顶棚及天窗通风孔

图 8-8-4　顶棚通风隔热屋面示意图

2. 蓄水隔热屋面

蓄水隔热屋面是指在屋顶蓄积一层水，利用水蒸发时需要大量的汽化热，从而大量消耗照射到屋面的太阳辐射热，以减少屋顶吸收的热能，从而达到降温隔热的目的。蓄水隔热屋面的构造与刚性防水屋面的构造基本相同，主要区别是增加了一壁三孔，即蓄水分仓壁、溢水孔、泄水孔和过水孔。

蓄水隔热屋面构造应注意以下几点：合适的蓄水深度，一般为 150~200mm，根据屋面面积划分成若干蓄水区，每区的边长一般不大于 10m；足够的泛水高度，至少高出水面100mm；合理设置溢水孔和泄水孔，且应与排水檐沟或水落管连通，以保证多雨季节不超过蓄水深度和检修屋面时能将蓄水排除；注意做好管道的防水处理。如图 8-8-5 所示。

3. 种植隔热屋面

种植隔热屋面是在屋顶上种植植物，利用植被的蒸腾和光合作用，吸收太阳照射的辐射热，从而达到降温隔热的目的。

种植隔热根据栽培介质层构造方式的不同可以分为一般种植隔热和蓄水种植隔热

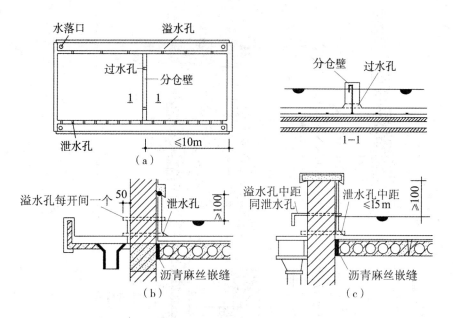

图 8-8-5 蓄水屋面构造示意图

两类。

（1）一般种植隔热屋面

一般种植隔热屋面是在屋面防水层上直接铺填种植介质，栽培植物。其构造要点为：

①选择适宜的种植介质。宜尽量选用轻质材料作栽培介质，常用的有谷壳、蛭石、陶粒、泥碳等，即所谓的无土栽培介质。栽培介质的厚度应满足屋顶所栽种的植物正常生长的需要，可以参考表 8-8-1 选用，但一般不宜超过 300mm。

表 8-8-1　　　　　　　　　　　　　　　种植层的深度

植物种类	种植层深度/mm	备　注
草皮	150～300	前者为该类植物的最小生存深度，后者为最小开花结果深度。
小灌木	300～450	
大灌木	450～600	
浅根乔木	600～900	
深根乔木	900～1500	

②种植床的做法。种植床又称为苗床，可以用砖或加气混凝土来砌筑床埂，如图 8-8-6 所示。

③种植屋面的排水和给水。一般种植屋面应有一定的排水坡度（1%～3%）。通常在靠屋面低侧的种植床与女儿墙之间留出 300～400mm 的距离，利用所形成的天沟有组织排水，并在出水口处设挡水坎，以沉积泥沙，如图 8-8-7 所示。

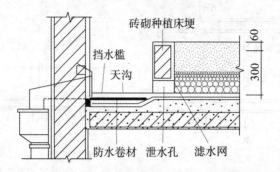

图 8-8-6 种植屋面构造示意图(单位：mm)

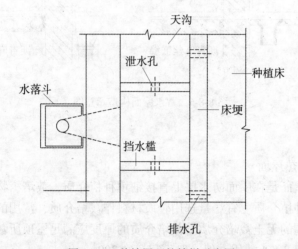

图 8-8-7 种植屋面的挡栏示意图

④种植屋面的防水层。种植屋面可以采用一道或多道(复合)防水设防，但最上面一道应为刚性防水层。

⑤注意安全防护问题。种植屋面是一种上人屋面，护栏的净保护高度不宜小于 1.1m。

(2)蓄水种植隔热屋面

蓄水种植隔热屋面是将一般种植屋面与蓄水隔热屋面结合起来，其基本构造层次，如图 8-8-8 所示。

①防水层：防水层应采用设置涂膜防水层和配筋细石混凝土防水层的复合防水设施做法。应先做涂膜防水层，再做刚性防水层。

②蓄水层：种植床内的水层靠轻质多孔粗骨料蓄积，粗骨料的粒径不应小于 25mm，蓄水层(包括水和粗骨料)的深度不应小于 60mm。

③滤水层：考虑到保持蓄水层的畅通，不至被杂质堵塞，应在粗骨料的上面铺 60~80mm 厚的细骨料滤水层。细骨料按 5~20mm 粒径级配，下粗上细逐层铺填。

④种植层：为尽量减轻屋面板的荷载，栽培介质的堆积密度不宜大于 10kN/m³。

⑤种植床埂：蓄水种植屋面应根据屋顶绿化设计用床埂进行分区，每区面积不宜大于

$100m^2$。床埂宜高于种植层 60mm 左右，床埂底部每隔 1200～1500mm 设一个溢水孔，溢水孔处应铺设粗骨料或安设滤网以防止细骨料流失。

⑥人行架空通道板：人行架空通道板设在蓄水层上、种植床之间，通常可以支承在两边的床埂上。

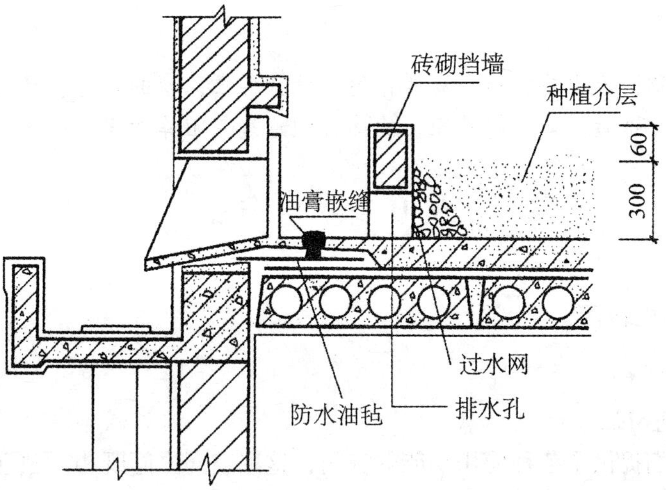

图 8-8-8　种植屋面构造示意图(单位：mm)

4. 反射降温屋面

利用材料的颜色和光滑度对热辐射的反射作用，将一部分热量反射回去从而达到降温的目的。例如采用浅色的砾石、混凝土作面层，或在屋面上涂刷白色涂料，对隔热降温都有一定的效果。如果在吊顶棚通风隔热的顶棚基层中加铺—层铝箔纸板，利用第二次反射作用，其隔热效果将会进一步提高。

复习思考题 8

1. 屋顶由哪些部分组成？
2. 屋顶有哪些类型？
3. 屋顶的功能是什么？其设计要求有哪些？
4. 影响屋面排水坡度大小的因素有哪些？
5. 试简述卷材防水的主要构造层次。
6. 试简述刚性防水的优点、缺点。其构造层次如何？
7. 平屋顶的保温构造主要有哪些做法？构造层次如何？
8. 屋顶的隔热有哪些做法？

第 9 章 门窗构造

◎**内容提要**：本章内容主要包括门窗的作用和设计要求；窗的类型、尺度和构造做法；门的类型、尺度和构造做法。对特殊门窗的构造和建筑遮阳等知识也做了适当的介绍。

9.1 概 述

9.1.1 门窗的作用

1. 门的作用

（1）水平交通与疏散

建筑物给人们提供了各种使用功能的空间，这些空间之间既相对独立又相互联系，门能在室内各空间之间以及室内与室外之间起到水平交通联系的作用；同时，当有紧急情况和火灾发生时，门还起交通疏散的作用。

（2）围护与分隔

门是空间的围护构件之一，依据其所处环境门起着保温、隔热、隔声、防雨、密闭等作用，门还以多种形式按需要将空间分隔开。

（3）采光与通风

当门的材料以透光性材料（如玻璃）为主时能起到采光的作用，如阳台门等；当门采用通透的形式（如百叶门等）时，可以通风，常用于要求换气量大的空间。

（4）装饰

门是人们进入一个空间的必经之路，会给人留下深刻的印象。门的样式多种多样，和其他的装饰构件相配合，能起到重要的装饰作用。

2. 窗的作用

（1）采光

窗是建筑物中主要的采光构件。开窗面积的大小以及窗的式样决定着建筑空间内是否具有满足使用功能的自然采光量。

（2）通风

窗是空气进出建筑物的主要洞口之一，对空间中的自然通风起着重要作用。

（3）装饰

窗在墙面上占有较大面积，无论是在建筑物的室内还是室外，窗都具有重要的装饰作用。

9.1.2　门窗的设计要求

1. 采光和通风方面的要求

按照建筑物的照度标准，建筑物门窗应选择适当的形式以及面积。窗洞口的大小应考虑房间的窗地比，窗地比是窗洞口与房间净面积之比。按照国家相应的规范要求，一般居住建筑物的起居室、卧室的窗户面积不应小于地板面积的 1/7；公共建筑方面，学校为1/5，医院手术室为 1/3～1/2，辅助房间为 1/12。

在通风方面，自然通风是保证室内空气质量的最重要因素。这一环节主要是通过门窗位置的设计和适当类型的选用来实现的。在进行建筑设计时，必须注意选择有利于通风的窗户形式和合理的门窗位置，以获得空气对流。

2. 密闭性能和热工性能方面的要求

门窗大多经常启闭，其构件之间缝隙较多，再加上门窗启闭时会受震动，或者由于主体结构的变形，使得门窗与建筑物主体结构之间出现裂缝，这些缝有可能造成雨水或风沙及烟尘的渗漏，还可能对建筑物的隔热、隔声带来不良影响。因此与其他围护构件相比较，门窗在密闭性能方面的问题更突出。

此外，门窗部分很难通过添加保温材料来提高其热工性能，因此选用合适的门窗材料以及改进门窗的构造方式，对改善整个建筑物的热工性能、减少能耗，起着重要的作用。

3. 使用和交通安全方面的要求

门窗的数量、大小、位置、开启方向等，均会影响到建筑物的使用安全。例如相关规范中规定了不同性质的建筑物以及不同高度的建筑物，其开窗的高度不同，这完全是出于安全防范方面的考虑。又如在公共建筑物中，相关规范中规定位于疏散通道上的门应该朝疏散的方向开启，而且通往楼梯间等处的防火门应当有自动关闭的功能，也是为了保证在紧急状况下人群疏散顺畅，而且减少火灾发生区域的烟气向垂直逃生区域扩散。

4. 建筑视觉效果方面的要求

门窗的数量、形状、组合、材质、色彩是建筑物立面造型中非常重要的部分。特别是在一些对视觉效果要求较高的建筑物中，门窗更是立面设计的重点。

9.2　木门窗的构造

9.2.1　平开木门的构造

1. 门框

门框的断面形状与尺寸取决于门扇的开启方式和门扇的层数，由于门框要承担各种撞击荷载和门扇的重量作用，应具有足够的强度和刚度，故其断面尺寸较大，如图 9-2-1所示。

门框在洞口中，根据门的开启方式及墙体厚度不同分为外平、居中、内平、内外平四种，如图 9-2-2 所示。

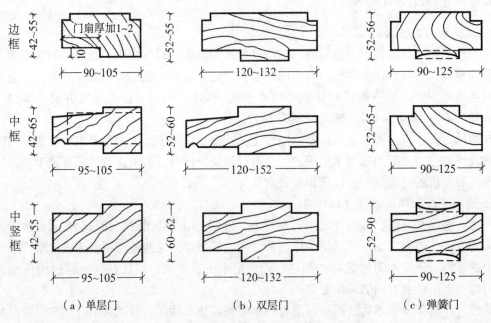

（a）单层门　　　　　　　　（b）双层门　　　　　　　　（c）弹簧门

图9-2-1　平开木门门框的断面形状和尺寸示意图（单位：mm）

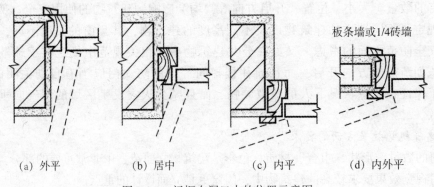

（a）外平　　　　　　（b）居中　　　　　　（c）内平　　　　　　（d）内外平

图9-2-2　门框在洞口中的位置示意图

2. 门扇

平开木门的门扇有多种做法，常见的有镶板门、拼板门、夹板门、玻璃门等。

（1）镶板门

镶板门由上、中、下冒头和边梃组成骨架，中间镶嵌门芯板，门芯板可以采用15mm
厚的木板拼接而成，也可以采用胶合板、硬质纤维板或玻璃等，如图9-2-3所示。

（2）夹板门

夹板门用小截面的木条(35mm×50mm)组成骨架，在骨架的两面铺钉胶合板或纤维板
等，如图9-2-4所示。

（3）拼板门

拼板门的构造与镶板门相同，由骨架和拼板组成，只是拼板门的拼板用35～45mm厚

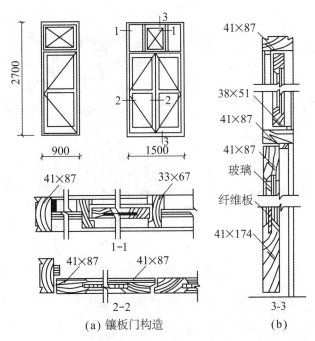

图 9-2-3　镶板门构造示意图(单位：mm)

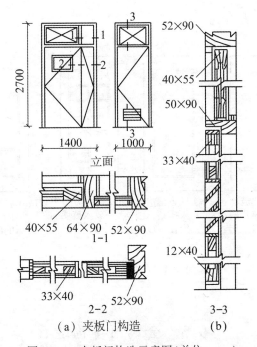

图 9-2-4　夹板门构造示意图(单位：mm)

的木板拼接而成，因而其自重较大，但坚固耐久，多用于库房、车间的外门，如图 9-2-5 所示。

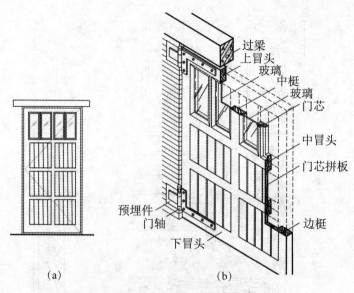

图 9-2-5 拼板门构造示意图

(4)玻璃门

玻璃门的门扇构造与镶板门基本相同,只是门芯板用玻璃代替,用在要求采光与透明的出入口处,如图 9-2-6 所示。

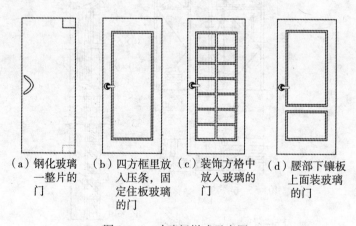

（a）钢化玻璃　（b）四方框里放　（c）装饰方格中　（d）腰部下镶板
　　一整片的　　　入压条,固　　放入玻璃的　　上面装玻璃
　　门　　　　　定住板玻璃　　门　　　　　的门
　　　　　　　　的门

图 9-2-6 玻璃门样式示意图

9.3 金属门窗构造

9.3.1 铝合金窗的构造

铝合金窗多采用水平推拉式的开启方式,窗扇在窗框的轨道上滑动开启。窗扇与窗框

之间用尼龙密封条进行密封，以避免金属材料之间相互摩擦。玻璃卡在铝合金窗框料的凹槽内，并用橡胶压条固定，如图 9-3-1 所示。

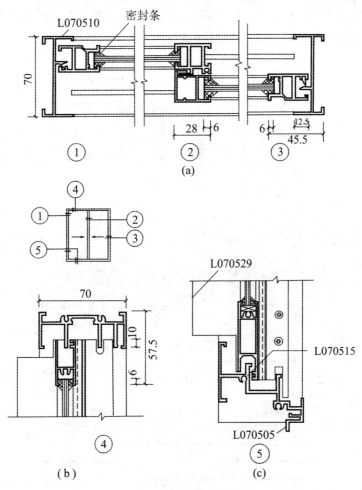

图 9-3-1　铝合金窗构造示意图(单位：mm)

铝合金窗一般采用塞口的方法安装，固定时，窗框与墙体之间采用预埋铁件、燕尾铁脚、膨胀螺栓、射钉固定等方式连接，如图 9-3-2 所示。

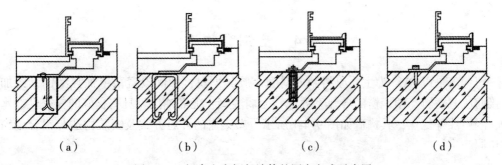

图 9-3-2　铝合金窗框与墙体的固定方式示意图

9.3.2 金属门的构造

目前建筑物中的金属门包括塑钢门、铝合金门、彩板门等。塑钢门多用于住宅的阳台门或外门，开启方式多为平开或推拉。铝合金门多为半截玻璃门，采用平开的开启方式，门扇边梃的上下端用地弹簧连接，如图9-3-3所示。

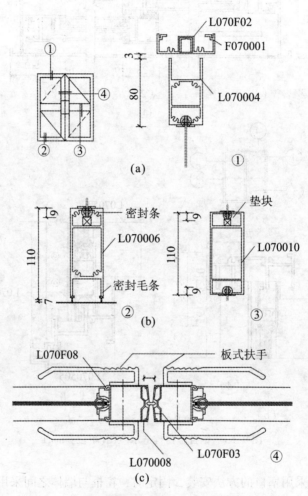

图 9-3-3 铝合金地弹簧门的构造示意图(单位：mm)

9.4 塑钢窗构造

塑钢窗是以PVC为主要原料制成空腹多腔异型材，中间设置薄壁加强型钢，经加热焊接而成窗框料。塑钢窗的导热系数低，耐弱酸碱，无需油漆且具有良好的气密性、水密性、隔声性等优点，其构造如图9-4-1所示。塑钢窗的开启方式及安装构造与铝合金窗基本相同。

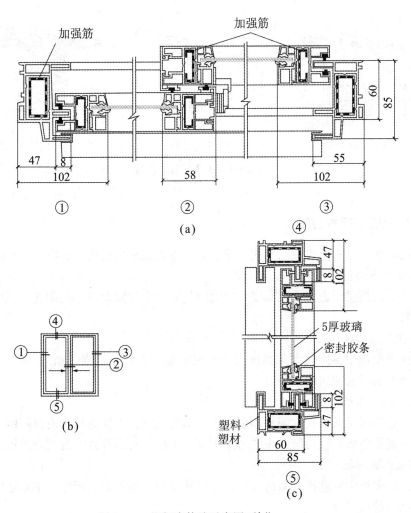

图 9-4-1 塑钢窗构造示意图（单位：mm）

9.5 遮 阳

9.5.1 遮阳的作用

遮阳是为了防止阳光直接射入建筑物室内，避免夏季室内温度过高和产生眩光而采取的构造措施。建筑遮阳方法很多，如绿化遮阳，室内窗帘等均是有效方法，但对于太阳辐射强烈的地区，特别是朝向不利的建筑物墙面上门窗等洞口，应采取专门遮阳措施。遮阳设施有活动遮阳和固定遮阳两种类型。如图 9-5-1 所示。近年来在国内外大量运用的各种轻型遮阳，常用不锈钢、铝合金及塑料等材料制作。

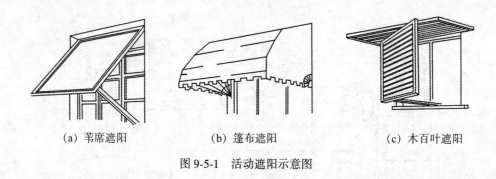

(a) 苇席遮阳   (b) 篷布遮阳   (c) 木百叶遮阳

图 9-5-1　活动遮阳示意图

9.5.2　固定遮阳板的形式

固定遮阳板的基本形式有水平式、垂直式、综合式和挡板式，如图 9-5-2 所示。

1. 水平式遮阳板

水平式遮阳板主要遮挡太阳高度角较大时从窗口上方照射下来的阳光。主要适用于朝南的窗洞口。

2. 垂直式遮阳板

垂直式遮阳板主要遮挡太阳高度角较小时从窗口侧面射来的阳光。主要适用于南偏东、南偏西及其附近朝向的窗洞口。

3. 综合式遮阳板

综合式遮阳板是水平式遮阳板和垂直式遮阳板的综合，能遮挡从窗口两侧及前上方射来的阳光。遮阳效果比较均匀，主要适用于南、东南、西南及其附近朝向的窗洞口。

4. 挡板式遮阳板

挡板式遮阳板主要遮挡太阳高度角较小时从窗口正面射来的阳光。主要适用于东、西及其附近朝向的窗洞口。

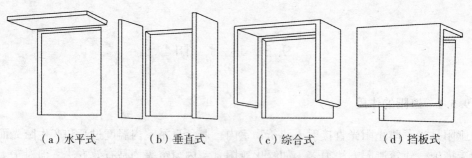

（a）水平式　　　（b）垂直式　　　（c）综合式　　　（d）挡板式

图 9-5-2　遮阳板基本形式示意图

实际工程中，遮阳可以由上述基本形式演变出各种造型丰富的其他形式。如为避免单层水平式遮阳板的出挑尺寸过大，可以将水平式遮阳板重复设置成双层或多层；若窗间墙较窄，可以将综合式遮阳板连续设置；挡板式遮阳板可以结合建筑立面处理，或连续或间断。如图 9-5-3 所示。

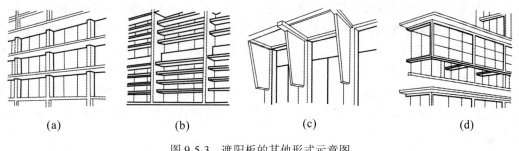

(a)　　　　　　(b)　　　　　　(c)　　　　　　(d)

图 9-5-3　遮阳板的其他形式示意图

9.5.3　遮阳设计新趋势

由于建筑物室内对阳光的需求是随时间、季节变化的，而太阳的高度、角度是随气候、时间不同而变化的，因而可以调节角度的遮阳对于建筑物节能和满足使用要求均较好。以生态技术为手段的新一代建筑师正在积极探索新的、更加高效的遮阳方式。充分体现新材料、新工艺、新技术的利用，充分挖掘多功能、可调控的遮阳构件。

1. 新型建筑遮阳材料和工艺

可以用做遮阳构件的材料相当丰富，不同的材料具有各自的物理特性，包括力学特性和热工性能。遮阳构配件中传统的木材和混凝土今日仍然在使用，只是加工工艺更为精细和现代化。巴黎国家图书馆，整个玻璃幕墙后面排列了厚重的木遮阳板，通过翻转来改变采光和遮阳效果。织物由于其柔性特征，可以加工成小巧而造型别致的遮阳构件，慕尼黑赫尔佐格和德穆龙设计的利用导轨来对布帘遮阳进行控制和定型，德方斯巨门下则采用了柔性张拉膜。

当今最为流行的遮阳构配件材料是金属，钢格网遮阳具有很高的结构强度，可以满足人员走动和上下通风的需要，广泛应用在可通风的双层玻璃幕墙中。轻质的铝材可以加工成室外遮阳隔栅、遮阳卷帘以及室内百叶窗。在生产工艺方面，今天广泛使用的金属遮阳构配件的生产无需像过去那样依靠人工打制，电脑控制生产的准确性使每一个构配件看起来都精美绝伦，同时批量生产使大规模的应用成为可能。先进技术控制的施工又使得丝丝入扣的榫铆交接成为可能，新工艺、新技术确保了金属遮阳构配件的精确和精密。采用高性能的隔热和热反射玻璃制成的玻璃遮阳板，以及结合光电光热转换的遮阳板，则使得遮阳材料和技术更上一层楼，弗莱堡沃邦生态村的屋顶和弗莱堡太阳能电池厂中庭侧面，都布满了太阳能板，既可以将接收到的太阳光转换成电力，又能够遮阳。弗莱堡的旋转别墅还将光电与光热转换综合起来加以运用。

2. 自动控制的遮阳构配件

对于遮阳构配件，简单的手工调节在今天仍然有效，但对于一些大面积的幕墙和高层建筑物，则需要依赖自动调节设施，特别是高层建筑物的遮阳构配件，无论在尺寸还是在调节操控方面，都提出了更高的要求，因此提高了遮阳调节的自动化程度。建筑师努力将现代自动控制技术用于建筑物遮阳设计，在满足功能需要的同时，营造出一种美妙的光影效果和气氛。德国法兰克福商业银行的遮阳百叶自动控制系统，德国国会大厦穹顶中可以自动追踪太阳运行轨迹并做相应运动的遮阳"扇"都集中了自动控制技术与工艺的精华。阿拉伯世界研究中心像光圈一样调节的采光遮阳窗，它使用了最前卫的技术和构造技巧，其主立面用框架和滤光器的手法处理采光，且覆盖隔栅，可以根据阳光作出精确调节，达到采光和遮阳的目的。在每一个单元格上，控制调节的电子线路板清晰可见，其遮阳板充分体现出艺术与技术的完美结合。这种应用易变控光装置的现代形式反映了阿拉伯建筑的传统几何原型。极富现代感的金属材质、纤细、精巧的金属节点，一种使用反射、折射和逆光效果的敏锐装置创造出采光和遮阳的奇迹，成为阿拉伯世界研究中心最富感染力的标志。

复习思考题 9

1. 试简述门和窗的作用。
2. 试简述门和窗的设计要求。
3. 按不同分类方式窗有哪些类型？窗由哪几部分组成？
4. 按不同分类方式门有哪些类型？门由哪几部分组成？
5. 铝合金窗与墙的固定方式有哪些？试用图表示。
6. 试简述隔声门窗的构造。
7. 遮阳设计有哪些新趋势？

第 10 章　建筑饰面构造

◎**内容提要**：本章主要讲述了建筑墙面、地面及顶棚的装饰功能、装饰材料、装饰类型及构造做法。

10.1　概　　述

随着人们生活水平的提高，人们对自己所处空间的质量提出了更高的要求，要求环境美观、有一定的舒适度。因而一栋建筑在结构主体完成之后，还需要对结构表面的内、外墙面，楼、地面，顶棚等有关部位进行一系列的加工处理，即进行装修。如果说建筑主体工程构成了建筑物的骨架，那么通过装修的建筑物则形成了有血有肉的有机整体，最终以丰富、完善的面貌呈现在人们面前。因此建筑装修也就成为现代建筑工程中一个不可缺少的重要组成部分。

10.1.1　建筑物饰面装修的作用

1. 建筑物饰面的保护作用

建筑是百年大计，如何延长建筑物的使用年限，从古到今都是人们所关心的问题。建筑结构构件暴露在大气中，在风、霜、雨、雪和太阳辐射等作用下，水泥制品会疏松，钢铁构配件会由于氧化而锈蚀，建筑构配件可能因热胀冷缩导致结构节点被拉裂，影响其牢固与安全。如果建筑物表面采用抹灰、涂料、贴面等饰面装修进行处理。这样，一方面能提高建筑物防水、防火、防锈、防酸、防碱的能力；另一方面，可以保护建筑物主体结构不直接受外力的磨损、碰撞和破坏，从而提高建筑物结构构件的耐久性，延长其使用年限。

2. 建筑物饰面装修改善环境条件，满足房屋的使用功能要求

通过对建筑物表面装修，不仅可以改善建筑物室内外清洁、卫生条件，还能增强建筑物的采光、保温、隔热、隔声性能，在某些特殊空间中表现得非常明显。例如，通过影剧院观众厅的内墙壁与顶棚的装饰，可以改善其声学效果。砖砌体抹灰后不但能提高建筑物室内及环境照度，而且能防止冬天砖缝可能引起的空气渗透。

3. 建筑物饰面装修的美观作用

建筑物饰面装修对建筑物不仅具有增强其功能和保护作用，还具有美化和装饰作用，这种作用也称为"建筑的精神功能"，建筑空间通过装饰，可以创造出优美、和谐、统一而又丰富的空间环境，以满足人们在精神方面对美的要求。

10.1.2　建筑物饰面装修的设计要求

1. 满足建筑空间的使用要求

由于人类活动的多样化，人们会根据使用需要建造不同类型的建筑空间，这也就带来了建筑装饰的多样化。由于建筑空间使用要求的不同，装修的要求也就不同，装修效果也各异。

同时，不同等级和功能的建筑物除了在建筑设计中应满足其要求外，还应采取不同装修的质量标准，选择相应的装修材料，构造方案和施工措施。

2. 正确合理地选用材料

建筑装修材料是建筑装饰工程的重要物质基础，也是表现室内装饰效果的基本要素。建筑装饰工程的质量、效果和经济性及其各种构造方法的选择，在很大程度上取决于对建筑装修材料的选择及其合理使用。

建筑装修材料由于受产量、产地、加工难易程度和产品性能等诸多因素的影响，其价格档次不同，高档价格的建筑装修材料的运用关键在于构思和创意，中低档材料，只要运用得当、搭配合理，也能达到雅俗共赏的装饰效果。因此，利用产地优势，就地取材，是创造建筑装修特色、节省投资的良好渠道。目前，人工合成的建筑装修材料层出不穷、大量涌现。由于这类材料具有性能优良、轻质高强、色泽丰富、易于加工、价格适中等众多优点，因而应用十分广泛。另外，人工合成建筑装修材料已部分地取代了传统的天然材料，因而使有限的自然资源得以有计划地开采，同时也降低了工程造价。合理地利用材料，既能达到经济节约的目的，又能保证良好的装饰效果。

3. 充分考虑施工技术条件

建筑装修工程是通过施工来实现的。如果仅有良好的设计、材料，没有好的施工技术条件，理想的效果难以实现。因此，在设计阶段就要充分考虑影响装修做法的各种因素，如工期长短、施工季节、施工队伍的技术熟练程度等，这些因素对于保证工程质量、缩短工期、节省材料、降低工程总造价，具有十分重要的意义。

10.1.3　饰面装修的基本要求

在结构层表面起保护美观作用的覆盖层为饰面层。饰面装修的基本要求如下：

1. 确保饰面层附着牢固

饰面层附着于结构层表面应牢固可靠。实际工程中，地面、墙面、顶棚到处可见饰面层出现开裂、起壳、脱落现象。其原因往往是由于构造措施处理不当，面层材料与基层材料膨胀系数不一或粘结材料的选择不当等因素所致。所以应根据建筑物不同部位、不同性质的饰面材料和基层材料选择相应的构造连接措施，如粘、钉、抹、涂、贴、挂等，使其饰面层附着牢固。

2. 饰面层应具有一定厚度，注意分层次

饰面装修往往分为若干个层次。由于饰面层的厚度与材料的耐久性、坚固性成正比，因而在构造设计时必须保证饰面层具有相应的厚度。但是，饰面层厚度的增加又会使得构造方法与施工技术复杂化，这需要对饰面层进行分层施工或采取其他的构造加固措施。

3. 饰面应均匀与平整

饰面的质量标准，除要求附着牢固外，还应均匀、平整，色泽一致，清晰美观。要达到这些效果，必须从选料到施工，都要严把质量关。

建筑物主要装修的部位有内外墙面、楼地面及顶棚三大部分。各部分的饰面种类很多，本书只介绍一般民用建筑的普通饰面装修。

10.2　墙面装饰构造

墙面装饰可以分为室外装饰、室内装饰两部分。室外墙面直接影响到建筑物外观和城市面貌，可以根据建筑物本身的使用要求、功能特性、审美取向和技术经济条件，选用具有一定防水和耐风化性能的材料及适当的构造做法做好墙面装饰，以保护墙体结构、保持外观清洁。室内墙面装饰则是运用色彩、质感、形体及光影等的变化来美化室内环境，满足室内环境审美趣味，选择各种具有易清洁、易安装、易更新及具有良好物理性能(耐燃、防火、无毒、无害)的材料做墙面装饰，以满足多方面的使用功能。

墙面装修按材料和构造工艺可以分为抹灰类、贴面类、裱糊类、清水墙面低等。其中裱糊类适于室内墙面，清水墙面类适于室外墙面，其他几类墙面室内外均可。

10.2.1　抹灰类墙面装修

抹灰类墙面是指建筑物内、外表面为水泥砂浆、混合砂浆等做成的各种饰面抹灰层。抹灰类墙面包括一般抹灰墙面、装饰抹灰墙面。

抹灰类墙面做法的优点是取材容易、施工方便、造价低等。其缺点是劳动强度高、湿作业量大。属中低档装饰，可以用于室内外墙面。

1. 一般抹灰墙面的构造

为保证抹灰质量，做到表面平整、粘贴牢固、色彩均匀、不开裂，施工时必须分层操作。抹灰一般分三层，即底灰、中灰、面灰。

底灰的作用是保证饰面层与墙体连接牢固及饰面层的平整度。不同的基层，底层的处理方法也不同。若墙体基层为砖、石，一般采用水泥砂浆、混合砂浆做底层。若基层为轻质砌块，先在墙面上涂刷一层 108 胶封闭基层，再做底层抹灰。装饰要求较高的墙面，还应满钉细钢丝网片再做抹灰。若为现浇混凝土墙体，做底灰之前必须对基层进行处理，处理方法有除油垢、凿毛、甩浆、划纹等。

中灰的作用是找平与粘结，弥补底层的裂缝。根据要求可以分为一层或多层，用料与底灰基本相同。

面灰的作用是装饰。要求平整、色彩均匀、无裂纹。可以做成光滑和粗糙等不同质感。

根据抹灰质量的不同，一般抹灰分普通抹灰、中级抹灰和高级抹灰三种标准。普通抹灰由底灰、面灰构成。或者不分层次，一遍成型，适用于简易住宅、大型临时设施以及地下室、储藏室等辅助用房。中级抹灰由底灰、中灰、面灰构成，适用于一般住宅、公共建筑、工业建筑以及高级建筑物中的附属建筑。高级抹灰由底灰、多层中灰、面灰构成，适用于大型公共建筑、纪念性建筑以及有特殊功能要求的高级建筑物。

2. 装饰抹灰构造

按照不同施工方法和不同面层材料形成不同装饰效果的抹灰，可以分为石碴类（水刷石、斩假石、干粘石），水泥、石灰类（拉条灰、拉毛灰、洒毛灰、假面砖）和聚合物水泥砂浆（喷涂、弹涂、滚涂）等。石碴类饰面材料是装饰抹灰中使用较多的一类，以水泥为胶结材料，以石碴为骨料做成水泥石碴浆作为抹灰面层，然后用水洗、斧剁、水磨等方法除去表面水泥浆皮，或者在水泥砂浆面上甩沾小粒径石碴，使饰面显露出石碴的颜色、质感，对墙面具有丰富的装饰效果。

（1）斩假石饰面

斩假石饰面是以水泥石碴浆作面层，待凝结硬化后，用斧子或凿子在面层上剁斩出石雕的纹路即成。按其质感分为主纹剁斧、棱点剁斧和花锤剁斧三种。这种饰面质朴素雅、美观大方，装饰效果好，但手工量大，一般多用于建筑物重点部位。

斩假石饰面构造做法：采用 15mm 厚水泥砂浆打底，刷一遍素水泥浆，即抹 10mm 厚水泥石碴浆（可掺入颜色），剁斩面层，在阴阳转角处和分格线周边留 15~20mm 不剁斩。

（2）水刷石饰面

水刷石饰面是采用水泥石碴浆抹面，干后用水冲去水泥浆，半露石碴的饰面。

水刷石饰面构造做法：采用 15mm 厚水泥砂浆打底刮毛，刮一层 1~2mm 厚的薄水泥浆；抹水泥石碴浆，半凝固后，用喷枪、水壶喷水或硬毛刷蘸水，刷去表面的水泥浆，使石子半露。施工时应将墙面用引条线分格，也可以按不同颜色分格分块施工。用于外墙面装饰。如图 10-2-1 所示。

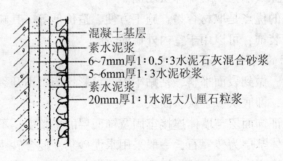

图 10-2-1　水刷石饰面分层构造示意图

（3）干粘石饰面

干粘石饰面是将彩色石粒直接粘在砂浆层上的饰面。比水刷石节约材料，且功效高。

干粘石饰面构造做法：采用 12mm 厚水泥砂浆打底，扫毛或划出纹道，中层用 6mm 厚水泥砂浆，面层为粘结砂浆，面层抹平后，立即开始用拍子和托盘甩石粒，待砂浆表面均匀粘满石碴后，用拍子压平拍实。如图 10-2-2 所示。

10.2.2　涂料类墙面装修

涂料类饰面是在墙面已有的基层上，刮批腻子找平，然后涂刷选定的建筑涂料所形成的一种饰面。涂料类饰面具有工效高、工期短、材料用量少、自重轻、造价低等优点。其缺点是耐久性略差，但维修、更新方便，且简单易行。装饰效果方面最大的优点是几乎可

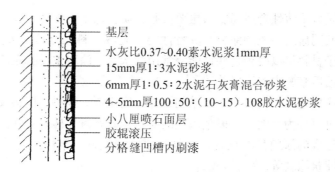

　　基层
　　水灰比0.37~0.40素水泥浆1mm厚
　　15mm厚1：3水泥砂浆
　　6mm厚1：0.5：2水泥石灰膏混合砂浆
　　4~5mm厚100：50：（10~15）108胶水泥砂浆
　　小八厘喷石面层
　　胶辊滚压
　　分格缝凹槽内刷漆

图 10-2-2　干粘石饰面分层构造示意图

以配制成任何一种需要的颜色，这也是其他饰面材料所不能及的，故在饰面装修工程中得到较为广泛的应用。根据饰面涂刷材料的性能和基本构造，可以将涂料类饰面分为油漆饰面、涂料饰面、刷浆饰面。

　　1. 油漆饰面

　　油漆是指以合成树脂或天然树脂为原料的涂料。油漆墙面耐水、易清洗，但涂层的耐光性差，有时对墙面基层要求较高，施工工序繁、工期长。若需要显现墙体材料的质感，使用清漆，否则使用调和漆，即将基料、填料、颜料及其他辅助料调制成的漆，可以将饰面做成各种色彩。

　　用油漆做墙面装饰时，要求基层平整，充分干燥，且无任何细小裂纹。一般构造做法是先在墙面上用水泥石灰砂浆打底，再用水泥、石灰膏、细黄砂粉面两层，总厚度为20mm 左右，最后刷清漆或调和漆。一般情况下，油漆均涂一底二度。

　　2. 涂料饰面

　　建筑装饰涂料按化学组合分类可以分为无机高分子涂料、有机高分子涂料、有机无机复合涂料。按涂料的分散介质分类可以分为溶剂型涂料、水溶性涂料、乳液型涂料。按建筑涂料的功能分类可以分为装饰涂料、防火涂料、防水涂料、防腐涂料、防霉涂料等。

　　（1）溶剂型涂料

　　溶剂型涂料产生的涂膜细腻坚韧，且耐水性、耐老化性能均较好，成膜温度可以低于零摄氏度，但其易燃、挥发的有机溶剂对人体有害。常用的溶剂型涂料有氯化橡胶涂料、丙烯酸酯涂料、丙烯酸聚氨酯涂料、环氧聚氨酯涂料等。这类涂料主要用于外墙饰面。

　　（2）乳液型涂料

　　常用的乳液型涂料有乳胶漆和乳液厚涂料两类。若填充料为细粉末，所得涂料可形成类似油漆漆膜的平滑涂层，称为乳胶漆；而掺用类似云母粉、粗砂粒等填料所得的涂料，称为乳液厚涂料。其主要优点是以水为分散介质，无毒、施工操作方便，且耐久性较好，具有一定的透气型和耐碱性；但施工时温度不能太低，一般为 8℃ 以上，其耐暴晒性和耐水性不够理想，因此大量用于室内装修。近年来，由于采取了许多改进措施，使其性能大大改善，既用在室内也用在室外，成为应用最广泛的一种涂料。常用的内墙涂料有聚醋酸乙烯乳液涂料、乙烯乳液涂料、苯丙—环氧乳液涂料等；常用的外墙涂料有乙丙、纯丙、苯丙乳液涂料及丙烯酸性涂料等若干种。

　　（3）水溶性涂料

水溶性涂料是以水溶性合成树脂为主要成膜物质，以水为稀释剂，加入适量颜料、填料及辅助材料，共同研磨而成的涂料，其特性类似乳液涂料，但其耐水性和耐污染性差，若掺入有机高分子材料可以改善这些性能。常用的水溶性涂料主要有聚乙烯醇水玻璃内墙涂料和聚乙烯醇缩甲醛胶内墙涂料等。

无机高分子涂料是以无机材料为胶结剂，加入固化剂、颜料、填料及分散剂等经搅拌混合而成。大致可以分为水泥系、碱金属硅酸盐系、胶态氧化硅系等几大类。相对于有机涂料，无机涂料形成的涂膜具有更好的长期耐水和耐候性。常用的有硅酸盐无机建筑涂料、硅溶胶无机建筑涂料等。

建筑装饰涂料按施工厚度分为厚质、薄质两类。薄质涂料因其形成的涂层较薄，不能形成凹凸的质感，所以，涂料的装饰作用主要在于改变墙面色彩，如采用厚质涂料则既可以改变颜色，也可以改变质感。

3. 刷浆饰面

刷浆饰面是指在表面喷刷浆料或水性涂料的做法，通常有以下几种：

(1) 聚合物水泥浆饰面

聚合物水泥浆的主要成分为：水泥、高分子材料、分散剂、憎水剂和颜料。

聚合物水泥浆强度高，施工方便，但其耐久性、耐污染性和装饰效果都存在较大的局限性。大面积使用易出现色差，基层的盐析物很容易析出，从而影响墙面装饰效果，因此只适用一般等级工程的线脚及局部装饰。

(2) 大白浆饰面

大白浆是指以大白粉、胶结料为原料加水调和而成的涂料。其盖底能力较高，涂层外观较石灰浆细腻、洁白，且货源充足，价格较低，施工更新方便，故广泛用于室内墙面及顶棚。

大白浆可以配成色浆使用。若加入108胶或聚醋酸乙烯乳液（大白粉的15%～20%或8%～10%）作为胶料，可以提高其粘结性能。一般在抹灰面上局部或满刮腻子后，喷刷两遍或三遍成活，具体视装饰效果等级要求而定。

(3) 可赛银浆饰面

可赛银浆是指以硫酸钙、滑石粉为填料，以酪素为粘结料，掺入颜料混合而成的粉末状材料，又称酪素涂料。使用时，先用温水隔夜将粉末充分浸泡，使酪素充分溶解，然后调至施工稠度即可。可赛银浆与大白浆相比较，其质地更细腻，均匀性更好，色彩更易取得均匀一致的效果，耐碱性和耐磨性也较好，属中档内墙涂料。在已做好的墙面基层上刷两遍即可。

(4) 水泥避水色浆饰面

水泥避水色浆又名憎水水泥浆，是在白水泥中掺入消石灰粉、石膏、氯化钙等无机物作为保水和促凝剂，另外还掺入硬酯酸钙作为疏水剂，以减少涂层的吸水性，延缓其被污染的过程。根据需要可以适当掺颜料，但大面积使用时，颜色不易做匀。水泥避水色浆强度比石灰浆高，但其成分太多，量又很小，现场施工条件下不易掌握。硬酯酸钙若不充分搅匀，涂层疏水效果不明显，耐污染效果也不会显著改进，特别是砖墙盐析较大，但比石灰浆要好。

10.2.3　贴面类墙面装修

一些天然材料或人造的材料根据材质加工成大小不同的块材后，在现场通过构造连接或镶贴于墙体表面，由此而形成的墙饰面称为贴面类饰面。贴面类饰面材料品种多样，装饰效果丰富，具有坚固耐用、色泽稳定、易清洗、耐腐、防水等优点。

贴面类墙体饰面按饰面部位不同可以分为内墙饰面、外墙饰面；按工艺形式不同可以分为直接镶贴饰面、贴挂类饰面。

1. 直接镶贴饰面

直接镶贴饰面构造比较简单，大体上由底层砂浆、粘结层砂浆和块状贴面材料面层组成，底层砂浆具有使饰面与基层之间粘附和找平的双层作用，粘结层砂浆的作用是与底层形成良好的整体，并将贴面材料粘附在墙体上。常见的直接镶贴饰面材料有面砖、瓷砖、陶瓷锦砖、玻璃锦砖等。外墙面砖的基本构造做法如图 10-2-3 所示。

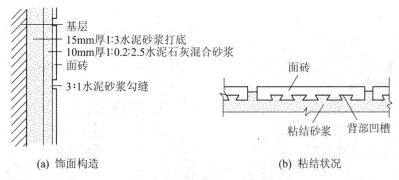

(a) 饰面构造　　　　　　　　　　　(b) 粘结状况

图 10-2-3　外墙面砖饰面构造示意图

2. 贴挂类饰面

大规格饰面板材(边长 500~2000mm)通常采用"挂"的方式。例如各种大规格的天然石材和人工石材。

(1)钢筋网挂贴法

传统的外墙饰面板钢筋网挂贴法又称钢筋网挂贴湿作业法。这种构造做法历史悠久，造价比较便宜。传统钢筋网挂贴法构造是指将饰面板打眼、剔槽，用钢丝或不锈钢丝绑扎在钢筋网上，再灌 1:2.5 水泥砂浆将板贴牢，如图 10-2-4 所示。

(2)干挂法

干挂法是指用高强度螺栓和耐腐蚀、高强度的柔性连接件将饰面板直接吊挂于墙体上或空挂于钢骨架上的构造做法，不需要再灌浆粘贴。这样有助于面层的维修更换。甚至对面层板材之间的缝隙也做离缝处理。这种方法应用在外墙面上，间层中空气的流通可以起到隔热作用。饰面板干挂法的基本构造有两种：一是直接干挂法，构造做法如图 10-2-5(a)所示。二是间接干挂法，构造做法如图 10-2-5(b)所示。

10.2.4　清水墙饰面

清水墙饰面是指墙体砌成之后，墙面不加其他覆盖性装饰面层，只是利用原结构墙或

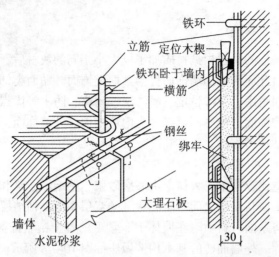

图 10-2-4 饰面板钢筋网挂贴法构造示意图

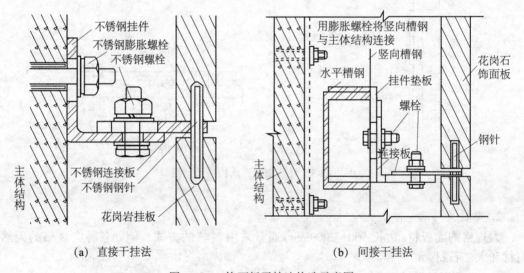

（a）直接干挂法 　　　　　　　（b）间接干挂法

图 10-2-5 饰面板干挂法构造示意图

混凝土的表面进行勾缝或模纹处理的一种墙面装饰方法。具有淡雅凝重的装饰效果，而且其耐久，朴素淡雅，不易变色，不易污染，也没有明显的褪色和风化现象。即使是在新型墙体材料及工业化施工方法已居主导地位的今天，清水砖墙和清水混凝土墙仍在墙面装饰中占有重要地位。

1. 清水砖墙饰面

清水砖墙通常用粘土砖来砌筑。适宜于砌筑清水墙的砖应质地密实、表面晶化、砌体规整、棱角分明、色泽一致、抗冻性好、吸水率低。粘土砖主要有青砖和红砖两种，红砖是在生产的过程中，烧结好在窑中自然冷却的，颜色是红色；青砖是淋水强制冷却的砖，颜色是青色。还有一种过火砖，是垛在窑内靠近燃料投入口的部位，由于温度高而烧成的一种次品砖，颜色深红、质地坚硬，是装饰用的上好佳品。过火砖往往被用来砌筑小品或室内壁炉部分的清水墙，装饰效果非常明显。近年来，国外生产了一些专门用于清水墙装饰的砖,如日本生产的劈裂砖等。

清水砖墙的砌筑方法,一般以普通的满丁满条为主,此时灰缝的处理显得尤为重要。改变灰缝的颜色能够有效地影响整个墙面的色调与明暗程度,这是因为灰缝的面积占砖墙面的 1/6 的缘故。墙面的勾缝采用 1∶1.5 水泥砂浆,可以在砂浆中掺入一定量的颜料。也可以在勾缝之后再涂刷颜色或喷色以加强其视觉效果。

灰缝的主要形式有凹缝、斜缝、圆弧凹缝、平缝等。砖缝的颜色变化,整个墙面的效果也会变化。但是勾凹缝才产生一定的阴影,形成鲜明的线条和质感。

2. 清水混凝土墙饰面

装饰混凝土墙饰面是利用混凝土本身的图案、线型或水泥和骨料的颜色、质感来装饰墙面。装饰混凝土饰面分为清水混凝土和露骨料混凝土两类。混凝土经过处理,保持原有外观质感纹理的为清水混凝土;将表面水泥浆膜剥离,露出混凝土粗细骨料的颜色、质感的为露骨料混凝土。

自 20 世纪 60 年代以来,以英国史密斯夫妇为代表的粗野派建筑师设计的一系列清水混凝土饰面建筑曾风靡一时,这些建筑物的墙面不加以任何其他饰面材料,而以精心挑选的木质花纹的模板,经过设计排列,浇筑出很有特色的清水混凝土墙。其特点是坚固、耐久、外表朴实自然,不会像其他饰面容易出现冻胀、剥离、褪色等问题。

清水混凝土的墙面装饰,利用混凝土本身的特点进行装饰,可以节省造价,避免脱壳、脱落等。当采用木板做模板时,混凝土表面呈现出木材的天然纹理,自然、质朴。还可以用硬塑料做衬模,使混凝土表面呈现凹凸不平的图案。

清水混凝土装饰效果的好坏,关键在于模板的挑选和排列。拉接螺杆的定位要整齐而有规律。在模板的设计安装,混凝土配合比和浇筑方法上都必须考虑周全,才能达到预期的效果。为保证脱模时不损坏边角,墙柱的转角部位最好处理成斜角或圆角。为了使壁面有变化,也可以将模板面设计成各种形状,有时也可以对壁面进行斩刻,修饰成毛面。

10.2.5 裱糊与软包墙体饰面

裱糊与软包墙体饰面是采用柔性装饰材料,利用裱糊、软包方法所形成的一种内墙面饰面。这种饰面具有装饰性强、经济合理、施工简便、可粘贴等特点。现代室内墙面装饰常用的柔性装饰材料有各类壁纸、墙布、棉麻织品、织锦缎、皮革、微薄木等。裱糊与软包墙体饰面按构造大致可以分为:壁纸裱糊、锦缎裱糊、软包饰面。

1. 壁纸裱糊饰面

壁纸裱糊饰面常用的材料有各类壁纸、壁布和配套的粘结材料。其中常用的壁纸类型有:PVC 塑料壁纸(以聚氯乙烯塑料或发泡塑料为面层材料,衬底为纸质或布质);纺织物面壁纸(以动植物纤维做面料复合于纸质衬底上);金属面壁纸(以铝箔、金粉、金银线配以金属效果饰面);天然木纹面壁纸(以极薄的木皮衬在布质衬底上),等等。常用的壁布类型有:人造纤维装饰壁布(以人造纤维如玻璃纤维等的织物直接作为饰面材料);锦缎类壁布(以天然纤维织物如织锦缎等直接作为饰面材料),等等。

2. 锦缎裱糊饰面

丝绒和锦缎是一种高级墙面装饰材料,其特点是绚丽多彩、质感温暖、典雅精致、色泽自然逼真,属于较高级的饰面材料,仅用于室内高级装修。但其材料较柔软、易变形、不耐脏，在潮湿环境中易霉变，故其应用受到了很大的限制。锦缎裱糊基本构造如图 10-2-6所示。

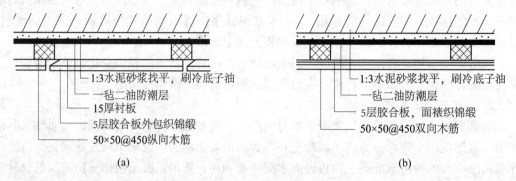

图 10-2-6 丝绒和锦缎裱糊构造示意图(单位：mm)

3. 软包饰面

软包饰面是现代室内墙面装修常用的做法，软包饰面具有吸声、保温、防儿童碰伤。质感舒适、美观大方等特点。特别适用于有吸声要求的会议厅、会议室、多功能厅、娱乐厅、消声室、住宅起居室、儿童卧室等处。软包饰面由底层、吸音层、面层三大部分组成。

软包饰面主要有胶合板压钉面料构造和吸声层压钉面料构造两种做法，如图 10-2-7、图 10-2-8 所示。

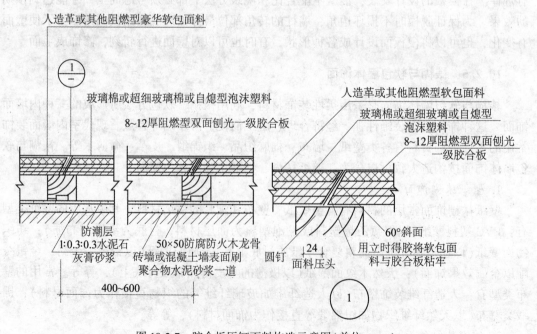

图 10-2-7 胶合板压钉面料构造示意图(单位：mm)

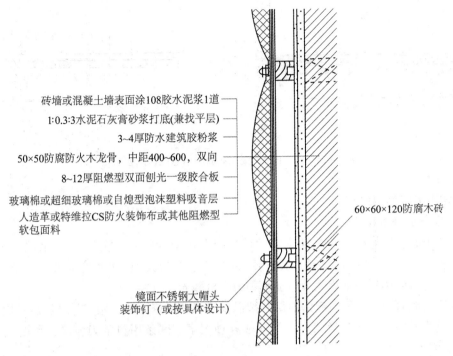

砖墙或混凝土墙表面涂108胶水泥浆1道
1:0.3:3水泥石灰膏砂浆打底(兼找平层)
3~4厚防水建筑胶粉浆
50×50防腐防火木龙骨，中距400~600，双向
8~12厚阻燃型双面刨光一级胶合板
玻璃棉或超细玻璃棉或自熄型泡沫塑料吸音层
人造革或特维拉CS防火装饰布或其他阻燃型
软包面料

60×60×120防腐木砖

镜面不锈钢大帽头
装饰钉(或按具体设计)

图 10-2-8　吸声层压钉面料构造示意图(单位：mm)

10.3　楼地面装饰构造

楼地面装修主要是指楼板层和地坪层面层的装修。面层由饰面材料和其下面的找平层两部分组成。楼地面装修的种类很多，可以从不同的角度进行分类。

楼地面按其材料和做法可以分为四大类：整体地面、块料地面、人造软质制品地面和木质地面。根据不同的要求设置不同的地面。

10.3.1　整体地面

按设计要求选用不同材质和相应配合比，经施工现场整体浇筑的楼地面面层称为整体式楼地面。整体式楼地面的面层无接缝，可以通过加工处理，获得丰富的装饰效果，一般造价较低。整体式楼地面包括水泥砂浆楼地面、细石混凝土楼地面、现浇水磨石楼地面、涂布楼地面等。

1. 水泥砂浆楼地面

水泥砂浆楼地面构造简单，施工方便，造价较低，但热导率大，易起灰、起砂，天气过潮时，易产生凝结水。水泥砂浆楼地面饰面做法有单层和双层两种，如图 10-3-1 所示。双层做法虽增加了工序，但不易开裂。

2. 细石混凝土楼地面

细石混凝土楼地面强度高、整体性和耐久性好，干缩小，不易起砂，但厚度较大（35~50mm），面层材料为细石混凝土，混凝土标号为 C20 以上，石子粒径应不大于

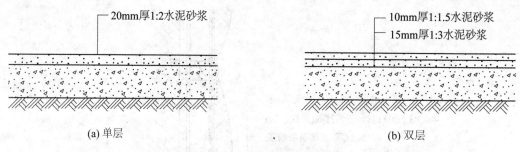

图 10-3-1　水泥砂浆楼地面面层示意图(单位：mm)

15mm 或不大于面层厚度的 2/3。

3. 现浇水磨石楼地面

现浇水磨石楼地面是在刚性垫层或结构层上用 10～20mm 厚的 1：3 水泥砂浆找平，采用白水泥与水泥加颜料(普通水磨石)，或彩色水泥与大理石屑(美术水磨石)拌和浇筑为面层，待面层达到一定承载力后加水用磨石机磨光、打蜡而成。

为适应地面变形可能引起的面层开裂以及施工和维修方便，做好找平层后，用嵌条把地面分成若干小块。分块形状可以设计成各种图案。嵌条用料常为玻璃、塑料或金属条(铜条、铝条)。

现浇水磨石楼地面具有色彩丰富、图案组合多种多样的饰面效果，面层平整平滑，坚固耐磨，整体性好，防水，耐腐蚀，易于清洁。常用于公共建筑物中人流较多的门厅等楼地面。其构造做法如图 10-3-2 所示。

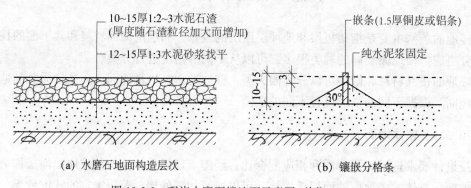

图 10-3-2　现浇水磨石楼地面示意图(单位：mm)

4. 涂布楼地面

涂布楼地面主要是采用合成树脂代替水泥或部分水泥，再加入填料、颜料等混合调制而成的材料，硬化以后形成整体无缝的面层。该饰面易清洁、施工简洁、功效高、更新方便、造价低。

10.3.2　块料楼地面

块料楼地面是指用陶瓷地砖、陶瓷锦砖、水泥砖、预制水磨石板、大理石板、花岗石板等板材铺砌的地面。块材式楼地面目前应用十分广泛，一般具有以下特点：花色品种多样，耐磨、耐水、易于清洁；施工速度快，湿作业量少；对板材的尺寸与色泽要求高；其弹性、保温性、消声性都较差。

1. 陶瓷地砖楼地面

陶瓷地砖是以优质陶土为原料，经半干压成型再在 1100℃ 左右温度焙烧而成，分无釉和有釉两种。其背面有凹凸条纹，便于镶贴时增强面砖与基层的粘结力。铺贴时一般用 15~20mm 厚的 1：3 水泥砂浆找平，同时作为结合材料。铺贴要求平整，如图 10-3-3 所示。

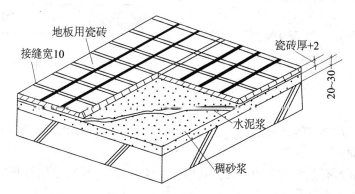

图 10-3-3　陶瓷地砖地面构造示意图（单位：mm）

陶瓷地砖的种类及尺寸规格、花色品种较多，适用于公共建筑物及居住的大部分房间楼地面。地砖的表面质感多种多样，有平面、麻面、磨光面、抛光面、纹点面、仿大理石（或花岗岩）表面、压花浮雕表面等多种表面形状。也可以制成丝网印刷、套花图案，产生单色及多色等装饰效果。

2. 水泥制品块楼地面

水泥制品块楼地面常见的有水泥砂浆砖、预制水磨石块、预制混凝土块等。水泥制品块与基层粘结有两种方式：若预制块尺寸较大且较厚，常在板下干铺一层 20~40mm 厚细砂或细炉渣，待校正后，板缝用砂浆嵌填。这种做法施工简单、造价低，便于维修更换，但不易平整。若预制块小而薄，则采用 12~20mm 厚的 1：3 水泥砂浆做结合层，铺好后再用 1：1 水泥砂浆嵌缝。这种做法坚实，平整，但其施工较复杂，造价也较高。

3. 饰面石材楼地面

饰面石材主要有大理石、花岗石、石灰岩等，是从天然岩体中开采出来的、经过加工成块材或板材，再经过粗磨、细磨、抛光、打蜡等工序，就可以加工成各种不同质感的高级装饰材料。饰面石材楼地面的构造做法如图 10-3-4 所示。

10.3.3　人造软质楼地面

人造软质制品地面是指以质地较软的地面覆盖材料所形成的楼地面饰面，如橡胶地毡、聚氯乙烯塑料地板、地毯等地面。

1. 橡胶地毡楼地面

橡胶地毡是以天然橡胶或合成橡胶为主要原料，加入适量的填充料加工而成的地面覆盖材料。橡胶地毡地面具有较好的弹性、保温、隔撞击声、耐磨、防滑、不导电等性能，

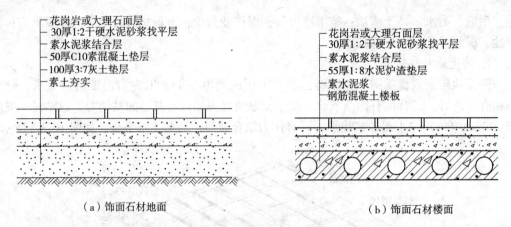

花岗岩或大理石面层	花岗岩或大理石面层
30厚1:2干硬水泥砂浆找平层	30厚1:2干硬水泥砂浆找平层
素水泥浆结合层	素水泥浆结合层
50厚C10素混凝土垫层	55厚1:8水泥炉渣垫层
100厚3:7灰土垫层	素水泥浆
素土夯实	钢筋混凝土楼板
（a）饰面石材地面	（b）饰面石材楼面

图 10-3-4　饰面石材楼地面构造示意图(单位：mm)

适用于展览馆、疗养院等公共建筑，也适用于车间、实验室的绝缘地面以及游泳池边、运动场等防滑地面。

橡胶地毡表面有平滑或带肋两类，其厚度为 4~6mm，橡胶地毡与基层的固定一般采用胶粘剂粘贴在水泥砂浆基层上。

2. 塑料地板楼地面

塑料地板楼地面是指用聚氯乙烯或其他树脂塑料地板作为饰面材料铺贴的楼地面。塑料地面具有美观、质轻、耐腐、绝缘、绝热、防滑、易清洁、施工简便、造价较低的优点，但其不耐高温、怕明火、易老化。多用于一般性居住和公共建筑，不适宜人流密集的公共场所。

塑料地板的种类很多，从不同的角度划分如下：按产品形状可以分为块状塑料地板和卷状塑料地板；按其结构可以分为单层塑料地板、双层复合塑料地板、多层复合塑料地板；按材料性质可以分为硬质塑料地板、软质塑料地板、半硬质塑料地板；按树脂性质可以分为聚氯乙烯塑料地板、氯乙烯—醋酸乙烯塑料地板和聚丙烯地板。

塑料地板与基层的固定一般用胶粘剂粘贴在水泥砂浆基层上。

3. 地毯楼地面

地毯是一种高级地面饰面材料。地毯楼地面具有美观、脚感舒适、富有弹性、吸声、隔声、保温、防滑、施工和更新方便的特点。广泛应用于宾馆、酒家、写字楼、办公用房、住宅等建筑物中。地毯的种类很多，按其材料可以分为纯毛地毯、混纺地毯、化纤地毯、剑麻地毯和塑料地毯等；按加工工艺可以分为机织地毯、手织地毯、簇绒编织地毯和无纺地毯。

地毯的铺设方式有固定和不固定两种。不固定铺设是将地毯浮搁在基层上，不需将地毯与基层固定。地毯固定铺设的方法又分为两种，一种是胶粘剂固定法，另一种是倒刺板固定法。胶粘剂固定法用于单层地毯，倒刺板固定法用于有衬垫地毯。如图 10-3-5、图 10-3-6 所示。

10.3.4　木楼地面

木楼地面是近年来常用的楼地面，木楼地面具有以下特点：纹理及色泽自然美观，具

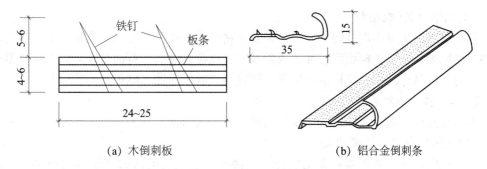

(a) 木倒刺板　　　　　　　(b) 铝合金倒刺条

图 10-3-5　倒刺板、倒刺条示意图

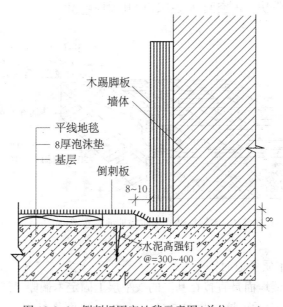

图 10-3-6　倒刺板固定地毯示意图(单位:mm)

有较好的装饰效果;有弹性,行走有舒适感,自重轻,具有良好的保温隔热性能,不起尘,易清洁。但其耐火性、耐久性较差,潮湿环境下易腐朽,易产生裂缝和翘曲变形。

1. 木质楼地面的基本材料

木质楼地面所用的材料可以分为:面层材料、基层材料和粘结材料三类。

(1)面层材料

面层是木质楼地面直接受磨损的部位,也是室内装饰效果的重要组成部分。因此要求面层材料耐磨性好、纹理优美清晰、有光泽、不易腐朽、开裂及变形。根据材质的不同,面层可以分为普通纯木地板、软木地板、复合木地板、竹地板等。

(2)基层材料

基层的主要作用是承托和固定面层。基层可以分为水泥砂浆(或混凝土)基层和木基层。水泥砂浆(或混凝土)基层,一般多用于粘贴式木质地面。常用水泥砂浆配合比为1:2.5~1:3,混凝土强度等级一般为C10~C15。木质基层有架空式和实铺式两种,由木楞、剪刀撑、垫木、沿游木和毛地板等部分组成。一般选用松木和杉木作用料。

（3）粘结材料（胶粘剂）

粘结材料的主要作用是将木质地板条直接粘结在水泥砂浆或混凝土基层上，目前应用较多的粘贴剂有：氯丁橡胶型、环氧树脂型、合成橡胶溶剂、石油沥青、聚氨酯及聚醋酸乙烯乳液等。具体选用，应根据面层及基层材料、使用条件、施工条件等综合确定。

2. 木质楼地面的基本构造

木质楼地面一般有实铺式和空铺式两种方式，实铺式又分为粘贴式和铺钉式两种。

（1）实铺粘贴式木质楼地面

实铺粘贴式木质楼地面是在钢筋混凝土楼板上或底层地面的素混凝土垫层上做找平层，再用粘结材料将各种木板直接粘贴在找平层上而成，如图 10-3-7 所示。这种做法构造简单、造价低、功效快、占空间高度小，但其弹性较差。

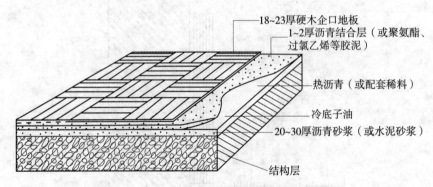

图 10-3-7　实铺粘贴式木质楼地面示意图（单位：mm）

（2）实铺铺钉式木质楼地面

实铺铺钉式木质楼地面是直接在基层的找平层上固定木楞栅，然后将木地面铺钉在木楞栅上，如图 10-3-8 所示。这种做法施工较简单，地面弹性好，所以实际工程中应用较多。

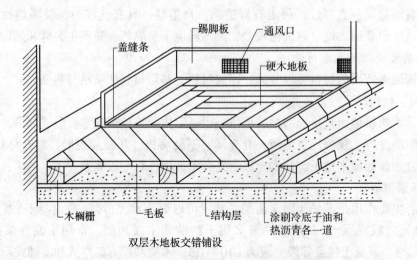

图 10-3-8　实铺铺钉式木质楼地面示意图

（3）空铺式木质楼地面

空铺式木质楼地面主要是用于因使用要求弹性好，或面层与基底距离较大的场合。通过地垄墙、砖墩或钢木支架的支撑来架空，如图 10-3-9 所示。其优点是使木质地板富有弹性、脚感舒适、可以隔声、防潮。其缺点是施工较复杂、造价高。

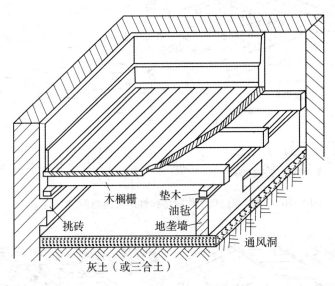

图 10-3-9　空铺式木质楼地面示意图

10.3.5　楼地面特殊构造

1. 弹性木质楼地面

弹性木质楼地面主要用于某些专业性较强的地面，如舞台、舞厅、练功房、比赛场等。

弹性木质楼地面构造上分为衬垫式和弓式。衬垫式弹性木质楼地面如图 10-3-10 所示。弓式弹性木质楼地面又分为木弓和钢弓，如图 10-3-11 所示。

2. 活动地板

活动夹层楼地面是由各种装饰板材经高分子合成胶粘剂胶合而成的活动木地板，包括抗静电的铸铅活动地板和复合抗静电活动地板等，配以龙骨、橡胶垫、橡胶条和可调节的金属支架等组成的楼地面，如图 10-3-12 所示。

活动夹层楼地面具有安装、调试、清理、维修简便，板下可以敷设多条管道和各种管线，且可以随意开启检查、迁移等特点，多用于计算机房、通信中心、电子教室等建筑物中。

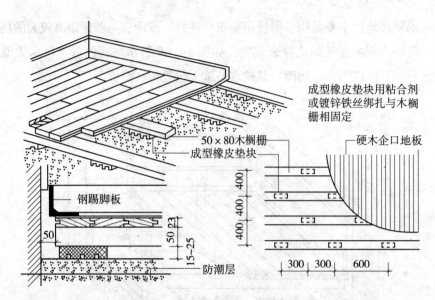

成型橡皮垫块用粘合剂或镀锌铁丝绑扎与木搁栅相固定

硬木企口地板

50×80木搁栅
成型橡皮垫块

钢踢脚板

防潮层

图 10-3-10　成型橡皮垫块作衬垫弹性木质楼地面(单位：mm)

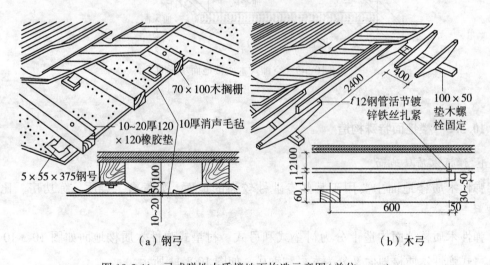

70×100木搁栅

10~20厚120×120橡胶垫　10厚消声毛毡

5×55×375钢号

（a）钢弓

*f*12钢管活节镀锌铁丝扎紧

100×50垫木螺栓固定

（b）木弓

图 10-3-11　弓式弹性木质楼地面构造示意图(单位：mm)

10.3.6　楼地面的细部构造

踢脚是楼地面与墙面相交处的构造处理。设置踢脚板的作用是遮盖楼地面与墙面的接缝，保护墙面根部免受外力冲撞及避免清洗楼地面时被沾污，同时满足室内美观的要求。踢脚的高度一般为 100~150mm。

踢脚的构造方式有与墙面相平、凸出、凹进三种，如图 10-3-13 所示。踢脚按材料和施工方式可以分为抹灰类踢脚、铺贴类踢脚、木质类踢脚等。

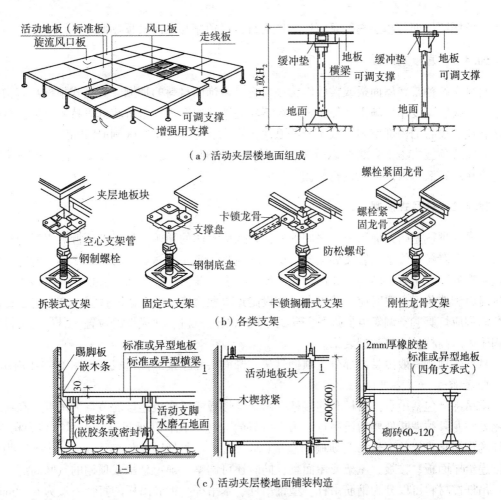

（a）活动夹层楼地面组成

（b）各类支架

（c）活动夹层楼地面铺装构造

图 10-3-12　活动夹层楼地面构造组成示意图（单位：mm）

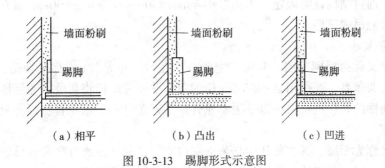

（a）相平　　　　　　（b）凸出　　　　　　（c）凹进

图 10-3-13　踢脚形式示意图

10.4　顶棚装饰构造

　　顶棚是位于楼盖和屋盖下的装饰构造，又称为天棚、天花板。顶棚的设计与选择应考虑到建筑功能、建筑声学、建筑热工、设备安装、管线敷设、维护检修、防火安全等综合因素。顶棚按饰面与基层的关系可以归纳为直接式顶棚与悬吊式顶棚两大类。

10.4.1 直接式顶棚

直接式顶棚是在屋面板或楼板结构底面直接做饰面材料的顶棚。直接式顶棚具有构造简单、构造层厚度小，施工方便，可以取得较高的室内净空，造价较低等特点。但没有供隐蔽管线、设备的内部空间，故用于普通建筑物或空间高度受到限制的房间。

直接式顶棚按施工方法可以分为直接抹灰式顶棚、直接喷刷式顶棚、直接粘贴式顶棚、直接固定装饰板顶棚及结构顶棚。

10.4.2 悬吊式顶棚

悬吊式顶棚是指饰面与板底之间留有悬挂高度做法的顶棚。悬吊式顶棚可以利用这段悬挂高度布置各种管道、管线和设备，或对建筑物起到保温隔热、隔声的作用，同时，悬吊式顶棚的形式不必与结构形式相对应。但应注意：若无特殊要求，悬挂空间越小越利于节约材料和造价；必要时应留检修孔、铺设走道以便检修，防止破坏面层；饰面应根据设计留出相应灯具、空调等电器设备安装的空间以及送风口、回风口的位置。悬吊式顶棚多适用于中、高档的建筑顶棚装饰。

悬吊式顶棚一般由悬吊部分、顶棚骨架、饰面层和连接部分组成，如图 10-4-1 所示。

1. 悬吊部分

悬吊部分包括吊点、吊杆和连接杆。吊杆与楼板或屋面板连接的节点为吊点。在荷载变化处和龙骨被截断处要增设吊点。吊杆(吊筋)是连接龙骨和承重结构的承重传力构件。吊杆的作用是承担整个悬吊式顶棚的重量(如饰面层、龙骨以及检修人员)，并将这些重量传递给屋面板、楼板、屋架或屋面梁，同时还可调整、确定悬吊式顶棚的空间高度。

吊杆按材料可以分为钢筋吊杆、型钢吊杆、木吊杆。钢筋吊杆的直径一般为 6~8mm，用于一般悬吊式顶棚；型钢吊杆用于重型悬吊式顶棚或整体刚度要求较高的悬吊式顶棚，其规格尺寸应通过结构计算确定；木吊杆用 40mm×40mm 或 50mm×50mm 的方木制作，一般用于木龙骨悬吊式顶棚。

2. 顶棚骨架

顶棚骨架又称为顶棚基层，是由主龙骨、次龙骨、小龙骨(或称主搁栅、次搁栅)所形成的网格骨架体系。其作用是承担饰面层的荷载并通过吊杆将荷载传递到楼板或屋面板上。悬吊式顶棚的龙骨按材料可以分为木龙骨、型钢龙骨、轻钢龙骨、铝合金龙骨等。

3. 饰面层

饰面层又称为面层，其主要作用是装饰室内空间，并且还兼有吸音、反射、隔热等特定的功能。饰面层一般有抹灰类饰面层、板材类饰面层、开敞类饰面层。

4. 连接部分

吊顶的连接部分是指悬吊式顶棚龙骨之间、悬吊式顶棚龙骨与饰面层之间、龙骨与吊杆之间的连接件、紧固件。一般有吊挂件、插挂件、自攻螺钉、木螺钉、圆钢钉、特制卡具、胶粘剂等。

(1)吊杆、吊点连接构造

空心板、槽形板缝中吊杆的安装如图 10-4-2 所示。现浇钢筋混凝土板上吊杆的安装

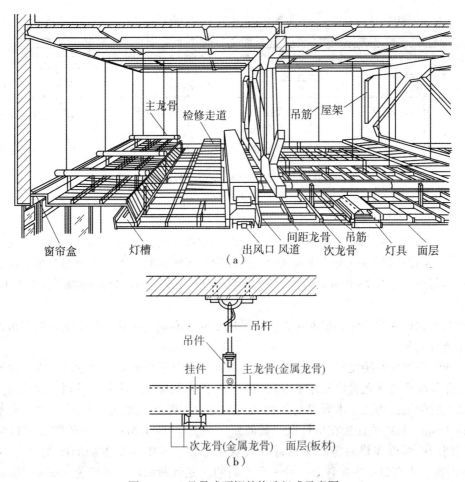

图 10-4-1　悬吊式顶棚的构造组成示意图

如图 10-4-3 所示。

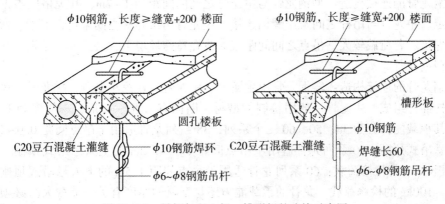

图 10-4-2　吊杆与空心板、槽形板的连接示意图

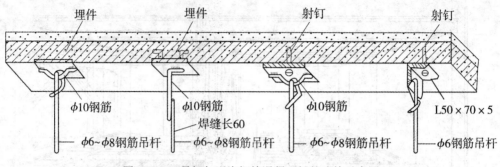

图 10-4-3 吊杆与现浇钢筋混凝土板的连接示意图

（2）龙骨的布置与连接构造

①龙骨的布置要求。主龙骨是悬吊式顶棚的承重结构，又称为承载龙骨、大龙骨。主龙骨吊点之间的间距应按设计要求选择。当顶棚跨度较大时，为保证顶棚的水平度，其中部应适当起拱，一般 7~10m 的跨度，按 3/1000 高度起拱；10~15m 的跨度，按 5/1000 高度起拱。

次龙骨也称为中龙骨、覆面龙骨，主要用于固定面板。次龙骨与主龙骨垂直布置，并紧贴主龙骨安装。

小龙骨也称为间距龙骨、横撑龙骨，一般与次龙骨垂直布置，个别情况也可以平行布置。小龙骨底面与次龙骨底面相平，其间距和断面形状应配合次龙骨且利于面板的安装。

②龙骨的连接构造。木龙骨连接构造：木龙骨的断面一般为方形或矩形。主龙骨为 50mm×70mm，钉接或拴接在吊杆上，其间距一般为 1.2~1.5m；主龙骨的底部钉装次龙骨，其间距由面板规格而定。次龙骨一般双向布置，其中一个方向的次龙骨为 50mm×50mm 断面，垂直钉于主龙骨上，另一个方向的次龙骨断面尺寸一般为 30mm×50mm，可以直接钉在断面为 50mm×50mm 的次龙骨上。木龙骨使用前必须进行防火、防腐处理，处理的基本方法是：先涂氟化钠防腐剂 1~2 道，然后再涂防火涂料 3 道，龙骨之间用榫接、粘钉方式连接，如图 10-4-4 所示。木龙骨多用于造型复杂的悬吊式顶棚。

型钢龙骨的连接构造：型钢龙骨与主龙骨之间的间距为 1~2m，其规格应根据荷载的大小确定。主龙骨与吊杆之间常用螺栓连接，主龙骨与次龙骨之间采用铁卡子、弯钩螺栓连接或焊接。若荷载较大、吊点之间间距很大或在特殊环境下，必须采用角钢、槽钢、工字钢等型钢龙骨。

轻钢龙骨的连接构造：轻钢龙骨由主龙骨、中龙骨、横撑小龙骨、次龙骨、吊件、接插件和挂插件组成。主龙骨一般用特制的型材，断面有 U 形、C 形，一般多为 U 形。主龙骨按其承载能力分为 38、50、60 三个系列，38 系列龙骨适用于吊点间距 0.9~1.2m 的不上人悬吊式顶棚；50 系列龙骨适用于吊点间距 0.9~1.2m 的上人悬吊式顶棚，主龙骨可以承担 80kg 的检修荷载；60 系列龙骨适用于吊点间距 1.5m 的上人悬吊式顶棚，可以承担 80~100kg 的检修荷载。龙骨的承载能力还与型材的厚度有关，荷载大时必须采用厚形材料。中龙骨、小龙骨断面有 C 形和 T 形两种。吊杆与主龙骨、主龙骨与中龙骨、中龙骨与小龙骨之间是通过吊挂件、接插件连接的，如图 10-4-5 所示。

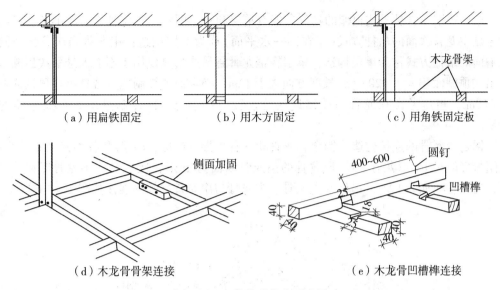

（a）用扁铁固定　　　（b）用木方固定　　　（c）用角铁固定板

（d）木龙骨骨架连接　　　（e）木龙骨凹槽榫连接

图 10-4-4　木龙骨构造示意图

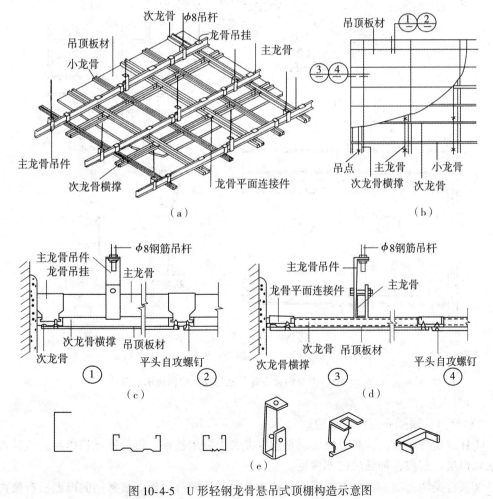

（a）　　　　　　　　　　（b）

（c）　　　　　　　　　　（d）

（e）

图 10-4-5　U 形轻钢龙骨悬吊式顶棚构造示意图

　　U 形轻钢龙骨悬吊式顶棚的构造方式有单层和双层两种。中龙骨、横撑小龙骨、次龙骨紧贴主龙骨底面的吊挂方式(不在同一水平面)称为双层构造；主龙骨与次龙骨在同一水平面的吊挂方式称为单层构造，单层轻钢龙骨悬吊式顶棚仅用于不上人悬吊式顶棚。若悬吊式顶棚面积大于 120m² 或长度方向大于 12m，必须设置控制缝，若悬吊式顶棚面积小于 120m²，可以考虑在龙骨与墙体连接处设置柔性节点，以控制悬吊式顶棚整体的变形量。

　　铝合金龙骨的连接构造：铝合金龙骨断面有 T 形、U 形、LT 形及各种特制龙骨断面，应用最多的是 LT 形龙骨。LT 形龙骨的主龙骨断面为 U 形，次龙骨、小龙骨断面为倒 T 形，边龙骨断面为 L 形。吊杆与主龙骨、主龙骨与次龙骨之间的连接如图 10-4-6 所示。

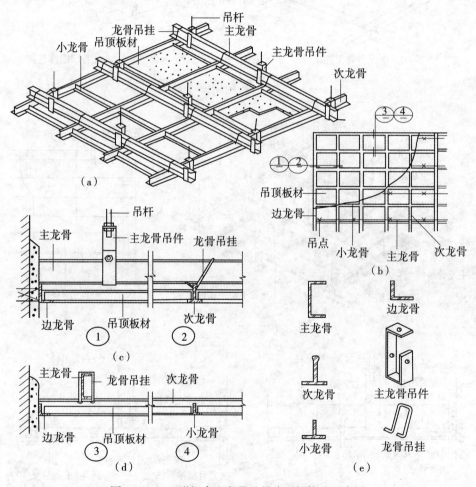

图 10-4-6　T 形铝合金龙骨悬吊式顶棚构造示意图

　　(3)悬吊式顶棚饰面层连接构造

　　①抹灰类饰面层。抹灰类饰面层是指在龙骨上钉木板条、钢丝网或钢板网，然后再做抹灰饰面层。目前这种做法已不多见。

　　②板材类饰面层。板材类饰面层也称为悬吊式顶棚饰面板。最常用的饰面板有植物板

材(木材、胶合板、纤维板、装饰吸音板、木丝板)，矿物板(各类石膏板、矿棉板)，金属板(铝板、铝合金板、薄钢板)等。各类饰面板与龙骨的连接有以下几种方式。

钉接：用铁钉、螺钉将饰面板固定在龙骨上。木龙骨一般用铁钉，轻钢、型钢龙骨用螺钉，钉距视板材材质而定，要求钉帽要埋入板内，并作防锈处理，如图 10-4-7(a)所示。适用于钉接的板材有植物板、矿物板、铝板等。

粘接：用各种胶粘剂将板材粘贴于龙骨底面或其他基层板上，如图 10-4-7(b)所示。也可以采用粘、钉结合的方式，连接更牢靠。

搁置：将饰面板直接搁置在倒 T 形断面的轻钢龙骨或铝合金龙骨上，如图 10-4-7(c)所示。有些轻质板材采用该方式固定，遇风易被掀起，应采用物件夹住。

卡接：用特制龙骨或卡具将饰面板卡在龙骨上，这种方式多用于轻钢龙骨、金属类饰面板，如图 10-4-7(d)所示。

吊挂：利用金属挂钩将饰面板按排列次序组成的单体构件挂于龙骨下，组成开敞悬吊式顶棚，如图 10-4-7(e)所示。

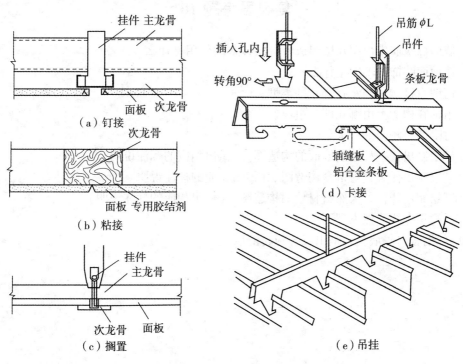

图 10-4-7　悬吊式顶棚饰面板与龙骨的连接构造示意图

③饰面板的拼缝。

对缝：对缝也称为密缝，是板与板在龙骨处对接，如图 10-4-8(a)所示。粘、钉固定饰面板时可以采用对缝。对缝适用于裱糊、涂饰的饰面板。

凹缝：凹缝是利用饰面板的形状、厚度所形成的拼接缝，也称为离缝，凹缝的宽度不应小于 10mm，如图 10-4-8(b)所示。凹缝有 V 形缝和矩形缝两种，纤维板、细木工板等可以刨破口，一般做成 V 形缝。石膏板做矩形缝，镶金属护角。

盖缝：盖缝是利用装饰压条将板缝盖起来，如图 10-4-8(c) 所示，这样可以克服缝隙宽窄不均、线条不顺直等施工质量问题。

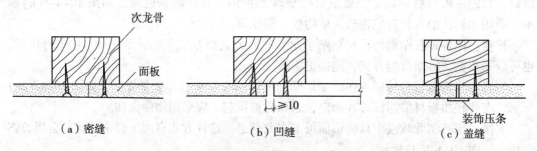

图 10-4-8　悬吊式顶棚饰面板拼缝形式示意图

复习思考题 10

1. 墙面抹灰通常由哪几层组成？各层抹灰的作用是什么？
2. 楼地面装饰的功能是什么？
3. 何谓直接式顶棚？有哪几种类型？
4. 吊顶在构造上由哪几部分组成？
5. 对隔墙与隔断的要求是什么？
6. 试绘制出任一种玻璃墙面的构造图。(做出相应的标注说明)
7. 试绘制出任一种窗帘盒构造图。(做出相应的标注说明)
8. 试绘制出任一种天然石材地面构造图。(做出相应的标注说明)
9. 试简单介绍天然大理石。
10. 何谓板材隔墙？列举出三种板材隔墙。

第11章 变 形 缝

◎**内容提要**：本章内容主要包括变形缝的基本概念、类型与作用、设置原则和各类变形缝的构造要求，以及不设或尽量少设变形缝的构造处理。

11.1 概 述

11.1.1 变形缝的概念

由于受温度变化、地基不均匀沉降以及地震因素的影响，建筑物的结构内将产生附加的变形和应力，如果不采取措施或措施不当，会使建筑物产生裂缝，甚至倒塌，影响建筑物的使用与安全。为避免这种状态的发生，可以采用以下两种措施：一种是通过加强建筑物的整体性，使其具有足够的强度与刚度来抵抗这些破坏应力；另一种是在变形敏感部位将结构断开，预留缝隙，事先将房屋划分成若干个独立的小部分，使各部分能自由变形，不受约束，这种预留的人工构造缝称为变形缝。其做法比较经济，常被采用。

11.1.2 变形缝的类型

变形缝有三种形式：伸缩缝、沉降缝和抗震缝。这三种变形缝的各自功能各不相同，但是其构造要求基本相同，即缝的构造应能保证建筑物各独立部分能自由变形，互不影响，同时满足使用和美观要求；不同部位的变形缝应根据需要分别采取防水、防火、保温、防虫等安全防护措施；高层建筑及防火要求高的建筑物，室内变形缝应做防火处理；变形缝内不得敷设电缆、可燃气体管道和易燃、可燃液体管道，若这类管道必须穿过，应在穿过处加设不燃烧材料套管，且采用不燃烧材料将套管两端空隙紧密填塞。

11.2 伸 缩 缝

11.2.1 伸缩缝的概念

为了防止建筑物构件因温度变化而产生热胀冷缩，使房屋出现裂缝，甚至破坏，必须沿建筑长度方向每隔一定距离设置垂直缝隙，这种缝隙称为伸缩缝，也称为温度缝。

11.2.2 伸缩缝的设置要求

建筑物因受温度变化的影响而产生热胀冷缩，在结构内部产生温度应力，若建筑物长度超过一定限度，建筑平面变化较多或结构类型变化较大，建筑物会因热胀冷缩导致变形大，从而产生开裂。建筑物的长度越大，其变形越大。由于基础埋在地下，受温度变化影响较小，不必断开，因而伸缩缝从基础顶面开始，将建筑物的墙体、楼板层、屋顶等地面以上构件全部分开，如图 11-2-1 所示。

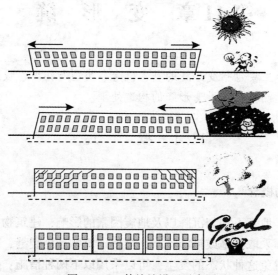

图 11-2-1　伸缩缝设置示意图

　　伸缩缝的位置和间距主要与建筑物的材料、结构形式、使用情况、施工条件及当地温度变化情况有关。《砌体结构设计规范》（GB50003—2011）和《混凝土结构设计规范》（GB50010—2011）分别对砌体建筑和钢筋混凝土结构建筑的伸缩缝最大间距所做的规定如表 11-2-1、表 11-2-2 所示。

表 11-2-1　　　　　　　　　　　　　砌体房屋温度伸缩缝的最大间距

砌体类别	屋盖或楼盖类别		间距/m
各种砌体	整体式或装配整体式钢筋混凝土结构	有保温层或隔热层的屋盖、楼盖	50
		无保温层或隔热层的屋盖	40
	装配式无檩体系钢筋混凝土结构	有保温层或隔热层的屋盖、楼盖	60
		无保温层或隔热层的屋盖	50
	装配式有檩体系钢筋混凝土结构	有保温层或隔热层的屋盖、楼盖	75
		无保温层或隔热层的屋盖	60
	瓦材屋盖、木屋盖、轻钢屋盖		100

　　注：1. 层高大于 5m 的混合结构单层房屋伸缩缝的间距可以按表中数值乘以 1.3 后采用。但若墙体采用硅酸盐砖、硅酸盐砌块和混凝土砌筑，伸缩缝间距不得大于 75m。

　　2. 严寒地区、不采暖的温度差较大且变化频繁地区，墙体伸缩缝的间距，应按表中数值予以适当减少后采用。

　　3. 墙体的伸缩缝内应嵌入轻质可塑材料；在进行立面处理时，必须使缝隙能起伸缩作用。

表 11-2-2   钢筋混凝土结构伸缩缝的最大间距

结 构 类 型		室内或土中/m	露天/m
排架结构	装配式	100	70
框架结构	装配式	75	50
	现浇式	55	35
剪力墙结构	装配式	65	40
	现浇式	45	30
挡土墙、地下室墙等类结构	装配式	40	30
	现浇式	30	20

注：1. 若有充分依据或可靠措施，表中数值可以增减。

2. 若屋面板上部无保温或隔热措施，框架、剪力墙结构的伸缩缝间距，可以按表中露天栏的数值选用，排架结构可以按适当低于室内栏的数值选用；

3. 排架结构的柱顶面(从基础顶面算起)低于 8m 时，宜适当减少伸缩缝间距。

4. 外墙装配内墙现浇的剪力墙结构，其伸缩缝最大间距按现浇式一栏的数值选用。滑膜施工的剪力墙结构，宜适当减小伸缩缝间距。现浇墙体在施工中应采取措施减少混凝土收缩应力。

11.2.3 伸缩缝的构造

为了保证缝两侧的建筑构件能在水平方向自由伸缩，伸缩缝的宽度一般为 20~30mm。

1. 墙体伸缩缝构造

根据墙体的材料、厚度及施工条件的不同，伸缩缝可以做成平缝、错口缝、企口缝等截面形式，如图 11-2-2 所示。为了防止雨、雪等对室内的渗透和渗漏，外墙缝内应填塞可防水、防腐蚀的弹性材料，如沥青麻丝、木丝板、塑料条、橡胶条和油膏等。当缝隙较

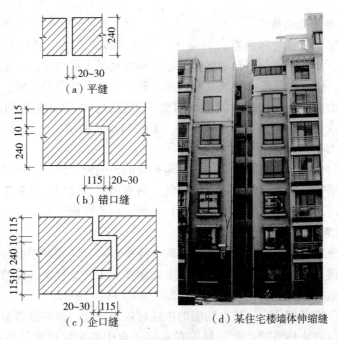

(a) 平缝

(b) 错口缝

(c) 企口缝

(d) 某住宅楼墙体伸缩缝

图 11-2-2 墙体伸缩缝的截面形式示意图(单位：mm)

宽时，缝口可以用镀锌薄钢板、彩色薄钢板、铝皮等金属调节片做盖缝处理。对内墙和外墙内侧的伸缩缝，从室内美观的角度考虑，通常以装饰性木板或金属调节板遮挡，木盖板一边固定在墙上，另一边悬拖着，以便于适应建筑结构伸缩变形。所有填缝及盖缝材料的安装构造均应保证结构在水平方向伸缩自由，如图11-2-3所示。

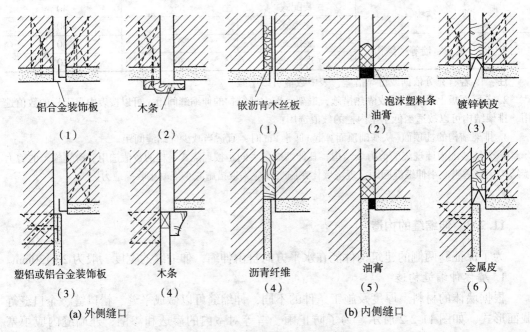

铝合金装饰板 （1）　木条 （2）　嵌沥青木丝板 （1）　泡沫塑料条 油膏 （2）　镀锌铁皮 （3）

塑铝或铝合金装饰板 （3）　木条 （4）　沥青纤维 （4）　油膏 （5）　金属皮 （6）

(a) 外侧缝口　　　　　　　　　　　　　(b) 内侧缝口

图 11-2-3　墙身伸缩缝构造示意图

2. 楼地板层伸缩缝构造

楼地板层伸缩缝的位置和缝宽应与墙体、屋顶变形缝一致，缝内采用具有弹性的油膏、金属调节片、沥青麻丝等材料做嵌缝处理，弹性材料上面再铺活动盖板或橡胶、塑料地板等地面材料，做封缝处理，使其具有地面平整、防水和防尘等功能。顶棚的盖缝条也只能单边固定，加设不妨碍构件之间变形需要的盖缝板，以保证构件两端能自由伸缩变形。盖缝板的形式和色彩应和室内装修协调，如图11-2-4所示。

3. 屋面伸缩缝构造

屋面伸缩缝的位置与缝宽亦与墙体、楼地板层的伸缩缝一致。一般设在同一标高屋顶或建筑物的高低错落处。屋面伸缩缝应注意做好防水和泛水处理，其基本要求同屋顶的泛水构造相似，不同之处在于盖缝处应能允许自由伸缩而不造成渗漏。

（1）柔性防水屋面变形缝

不上人屋面变形缝，一般是在缝两侧各砌半砖厚矮墙，并做好屋面防水和泛水构造处理，矮墙顶部用镀锌薄钢板或混凝土盖板。上人屋面为了便于行走，缝两侧一般不砌小矮墙，此时应切实做好屋面防水，避免雨水渗漏。如图11-2-5所示。

在变形缝内部应采用具有自防水功能的柔性材料来塞缝，例如挤塑型聚苯板、沥青麻丝、橡胶条等，以防止热桥的产生。目前在实际工程中大量应用成品盖缝构造件，如图11-2-5(c)所示。

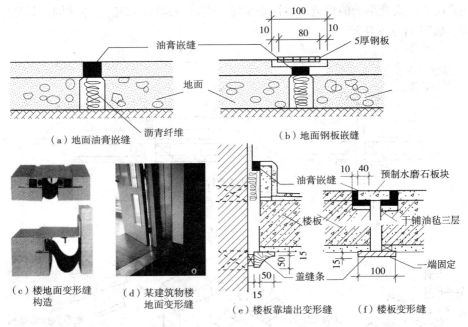

图 11-2-4 楼地板层伸缩缝构造示意图(单位：mm)

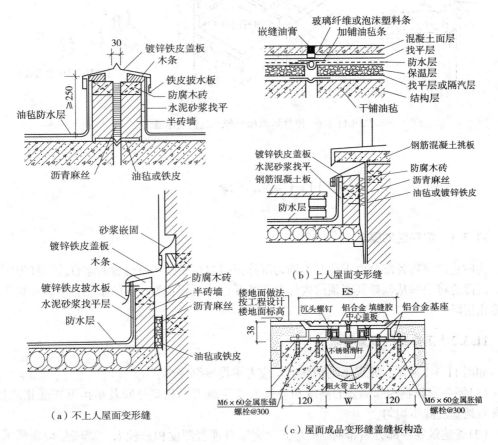

图 11-2-5 屋面变形缝构造示意图(单位：mm)

刚性防水屋面变形缝的构造与柔性防水屋面变形缝构造的做法基本相同，只是防水材料不同，如图 11-2-6 所示。

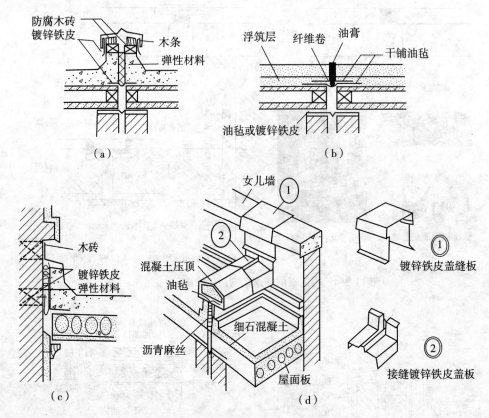

图 11-2-6　刚性防水屋顶伸缩缝构造示意图

11.3　沉　降　缝

11.3.1　沉降缝的概念

为防止建筑物各部分由于地基不均匀沉降而引起房屋破坏所设置的垂直缝隙称为沉降缝。沉降缝将房屋从基础到屋顶的构件全部断开，使两侧各为独立的单元，可以在垂直方向自由沉降。

11.3.2　沉降缝的设置要求

如图 11-3-1 所示，凡属下列情况，均应考虑设置沉降缝：

（1）同一建筑物相邻部分的高度相差较大或荷载大小相差悬殊及结构形式变化之处，易导致地基沉降不均匀。

（2）若建筑物各部分相邻基础的形式、宽度及埋置深度相差较大，造成基础底部压力有很大差异，易形成不均匀沉降。

（3）若建筑物建造在不同地基上，且难以保证均匀沉降。

（4）建筑物体形比较复杂，连接部位又比较薄弱。

（5）新建建筑物与原有建筑物紧相毗连。

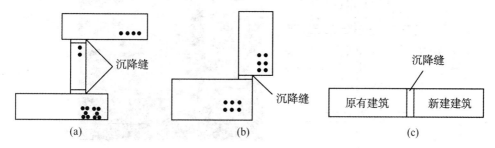

图 11-3-1　沉降缝的设置示意图

沉降缝的宽度与地基情况及建筑高度有关，地基越软弱的建筑物，其沉陷的可能性越大，沉降后所产生的倾斜距离越大，要求的缝宽越大。沉降的宽度如表 11-3-1 所示。

表 11-3-1　　　　　　　　　　　　　　　　沉降缝的宽度

地 基 性 质	建筑物高度或层数	缝宽/mm
一般地基	$H<5\mathrm{m}$	30
	$H=5\sim10\mathrm{mm}$	50
	$H=10\sim15\mathrm{mm}$	70
软弱地基	2～3 层	50～80
	4～5 层	80～120
	5 层以上	>120
湿陷性黄土地基	—	≥30～70

注：沉降缝两侧单元层数不同时，由于高层影响，低层倾斜往往很大，因此宽度应按高层确定。

11.3.3　沉降缝的构造

沉降缝一般兼具伸缩缝的作用，其构造与伸缩缝构造基本相同，为了沉降变形与维修留有空间，应在调节片或盖缝板构造上保证两侧墙体在水平方向和垂直方向均能自由变形。

1. 基础沉降缝

基础沉降缝的构造处理方案有双墙式、挑梁式和交叉式。

（1）双墙式

如图 11-3-2 所示，双墙式基础沉降缝的处理方案是将双墙下的基础放脚断开留缝。这种做法施工简单、造价低，但是容易出现两墙之间间距较大或基础偏心受压的情况，有可能向中间倾斜，因此这类沉降缝适用于基础荷载较小的房屋。

（2）挑梁式

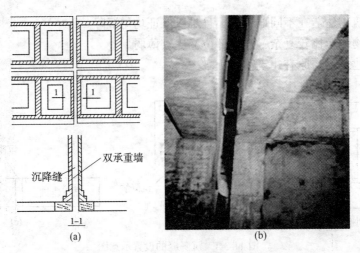

图 11-3-2 双墙式基础沉降缝示意图

如图 11-3-3 所示，若沉降缝两侧基础埋深相差较大或新建建筑与原有建筑相毗连，可以采用挑梁式基础沉降缝方案。亦即将沉降缝一侧的墙和基础按一般构造做法处理，而另一侧则采用挑梁支承基础梁、基础梁上支承轻质墙的做法。

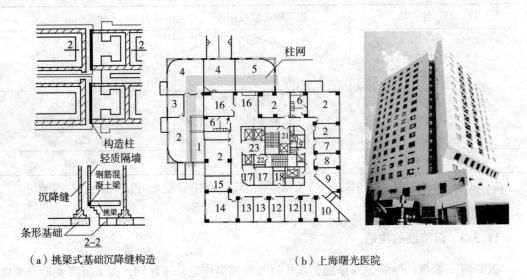

（a）挑梁式基础沉降缝构造　　　　　　　（b）上海曙光医院

图 11-3-3 挑梁式基础沉降缝示意图

（3）交叉式

如图 11-3-4 所示，交叉式基础沉降缝的处理方案是将沉降缝两侧的基础做成墙下独立基础，交叉设置，在各自的基础上设置基础梁以支承墙体。这种做法受力明确、效果较好，但其施工难度大，造价偏高。

2. 外墙沉降缝

一般地，外墙沉降缝外侧缝口宜根据缝的宽度不同，采用两种形式的金属调节片盖缝，内墙沉降缝及外墙内侧缝口的盖缝同伸缩缝。如图 11-3-5 所示。

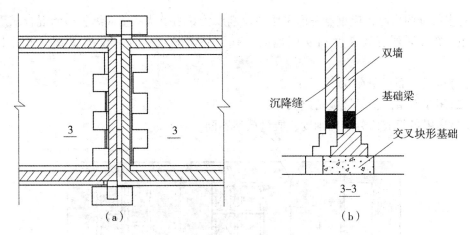

图 11-3-4 交叉式基础沉降缝示意图

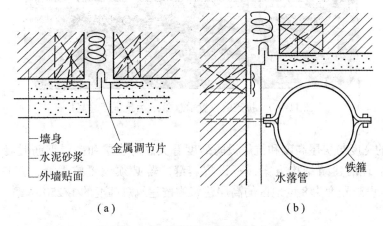

图 11-3-5 外墙沉降缝构造示意图

11.4 抗 震 缝

11.4.1 抗震缝的概念

建造在抗震设防烈度为 7~9 度地区的房屋，为了防止建筑物各部分在地震时，相互撞击引起破坏，按抗震要求设置的垂直缝隙即为抗震缝，又称为防震缝。抗震设防烈度 6 度以下的地区可以不进行抗震设防。设防烈度为 10 度的地区，建筑抗震设计应按相关专门规定执行。设防烈度 7~9 度的地区，应按一般规定设防震缝，将房屋划分成若干体型简单、结构刚度均匀的独立单元。

11.4.2 抗震缝的设置要求

抗震缝应沿建筑物全高设置，缝的两侧应布置双墙或双柱，或一墙一柱，以使各部分结构都具有较好的刚度。抗震缝的设置原则依抗震设防烈度、房屋结构类型和高度不同而异。对多层砌体房屋，应重点考虑采用整体刚度较好的横墙承重或纵、横墙混合承重的结构体系，在设防烈度为 8 度和 9 度地区，有下列情况之一时宜设抗震缝，如图 11-4-1 所示。

(1)房屋立面高差在 6m 以上；

(2)房屋有错层，且楼板高差较大；

(3)房屋各组成部分结构刚度、质量截然不同。

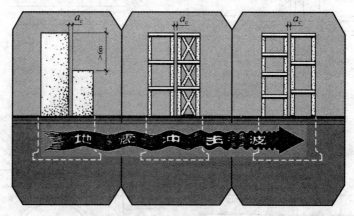

图 11-4-1　抗震缝设置示意图(a 为抗震缝缝宽)

抗震缝的宽度与房屋高度和抗震设防烈度有关。对多层和高层钢筋混凝土结构房屋，应尽量选用合理的建筑结构方案，不设抗震缝。若必须设置抗震缝，其最小宽度如表 11-4-1所示。设防烈度为 8 度地区的高层建筑物按建筑总高度的 1/250 考虑。

表 11-4-1　　　　　　　　　　　　抗震缝的宽度

建筑物高度/m	设计烈度	抗震缝宽度/mm	
≤15	按设计烈度的不同 按设计烈度	多层砖房 多层钢筋混凝土房屋	50~70 70
>15	6	高度每增高 5mm	在 70 基础上增加 20
	7	高度每增高 4mm	
	8	高度每增高 3mm	
	9	高度每增高 2mm	

11.4.3　抗震缝的构造

抗震缝的构造与伸缩缝、沉降缝的构造基本相同，同时抗震缝应与伸缩缝、沉降缝统一布置，且应满足抗震缝的设计要求。常规抗震缝基础可以不分开，但在平面复杂的建筑物中，或建筑物相邻部分刚度差别很大时，则需要将基础分开。若抗震缝与沉降缝结合设置，基础应该断开。

建筑物的抗震，一般只考虑水平地震作用的影响，因此，抗震缝构造及要求与伸缩缝相似，但不应做成错缝和企口缝，如图 11-4-2 所示。由于抗震缝一般较宽，构造上更应注意做好盖缝的牢固、防风、防雨等防护构造，同时还应具有一定的适应变形的能力，寒冷地区的外缝口必须用具有弹性的软质聚氯乙烯泡沫塑料、聚苯乙烯泡沫塑料等保温材料填实，如图 11-4-3 所示。盖缝条两侧钻有长形孔，加垫圈后打入钢钉，钢钉不能钉实，应给盖板和钢钉之间留有上下少量活动的余地，以适应建筑物沉降要求。盖板呈 V 形或 W 形，可以左右伸缩，以适应水平变形的要求。

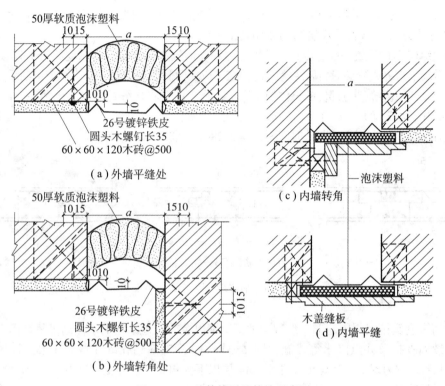

图 11-4-2　墙体抗震缝构造示意图

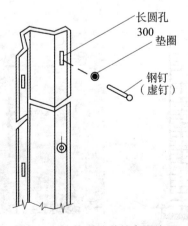

图 11-4-3　抗震缝盖缝条示意图

11.5　不设变形缝对抗变形

在建筑物中设缝构造复杂，给建筑设计、结构设计和施工都带来一定的难度，同时也在一定程度上影响建筑物的造型。因此在工程设计时，应尽可能通过合理的选址、地基处理、建筑体型的优化、结构选型和计算方法的调整及施工程序上的配合来避免或克服不均匀沉降，从而达到不设或尽量少设变形缝的目的。

实际工程设计中可以采取加强基础处理，加强结构易变形处的刚度，以及采用施工后浇缝(带)的方式，以满足建筑物的使用功能要求。

后浇缝(带)的位置一般应设置在结构受力和变形较小的部位，其宽度约为1m。其构造形式可以做成平直缝或阶梯缝。后浇缝(带)的施工应在两侧混凝土养护期达6个星期后方可进行施工。为保证后浇缝(带)部位的整体施工质量，施工前应将接缝处的混凝土凿毛，清洗干净、保持湿润并刷水泥净浆。后浇缝(带)应采用补偿收缩混凝土浇筑，其强度等级不应低于两侧混凝土。后浇缝(带)混凝土的养护时间不得少于28d，如图11-5-1所示。

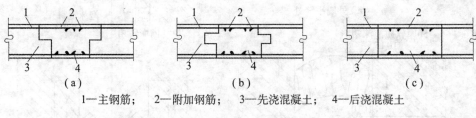

1—主钢筋；　　2—附加钢筋；　　3—先浇混凝土；　　4—后浇混凝土

图11-5-1　后浇缝(带)构造示意图

上海海仑宾馆因周围地形、地貌、地下管网以及软土地基地下水位高等复杂因素，采取地下连续墙围护及井点降水等措施，用 ϕ800mm、长70m钻孔灌注桩296根，打桩承载力300t。上部结构为现浇框架剪力墙体系，14层以下为400号混凝土，14层以上为300号混凝土，不设沉降缝，不用深梁悬挑，采用大直径超长桩，钢筋笼及底板内钢筋用套筒冷压连接新工艺。基础底板厚2.8m，8600m³大体积混凝土要求一次浇捣。如图11-5-2所示。

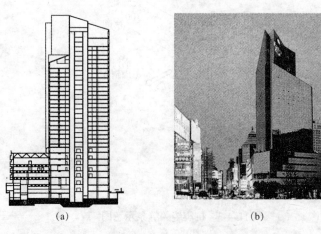

(a)　　　　　　　　　　　　　　　(b)

图11-5-2　上海海仑宾馆

复习思考题 11

1. 什么是变形缝？变形缝有哪几种类型？
2. 何种情况下需要设置伸缩缝、沉降缝、抗震缝？如何确定其宽度？
3. 伸缩缝、沉降缝、抗震缝能互相替代吗？为什么？
4. 墙体伸缩缝的截面形式有哪几种？
5. 设置基础沉降缝有哪几种方式？
6. 实际工程设计中可以通过哪些方式处理而不设或少设变形缝？
7. 后浇带有哪些构造要求？

第三篇　大型性建筑构造

第 12 章　高层建筑构造

◎**内容提要**：本章内容主要包括高层建筑的结构类型、造型设计，楼板外墙的构造以及高层建筑的垂直交通设计与设备层相关知识。

12.1　概　　述

12.1.1　高层建筑的定义及分类

关于高层建筑的界定，一般有两个主要指标：建筑层数和建筑高度。建筑高度是指高层建筑室外地面到其檐口或屋面面层的高度。屋顶上的瞭望塔、水箱、电梯机房、排烟机房和楼梯出口等不计入建筑高度和层数内。由于世界各国的经济条件、建筑技术、电梯设备、消防装置等各不相同，世界各国对高层建筑的定义也不同。

联合国教科文组织所属世界高层建筑委员会建议按高层建筑的层数分为四类：

第一类：9~16 层（最高到 50m）；

第二类：17~25 层（最高到 75m）；

第三类：26~40 层（最高到 100m）；

第四类：40 层以上（即超高层建筑）。

尽管联合国教科文组织有所规定，但是各国仍然有自己的划分方法。如欧洲国家把 20 层定为高层，而美国则以 30~40 层，甚至更高的层数才称为高层。在北美，现在 20 层以上的建筑物相当普遍，以致 20 层的建筑物都不能称为高层。而日本对于办公楼、旅馆等建筑物则以 30 层为界；住宅超过 20 层算是高层建筑物。

目前，我国对高层建筑的定义主要根据《高层民用建筑设计防火规范》（GB50045—95）将高层建筑分为高层民用建筑和高层工业建筑两类来考虑。

1. 高层民用建筑

根据上述防火规范中的规定：凡 10 层及 10 层以上的住宅建筑（包括首层设置商业服务网点的住宅）和建筑高度超过 24m 的公共建筑（不包括高度超过 24m 的单层建筑），都属于高层民用建筑。对建筑高度的规定，是根据我国目前定型生产的曲臂登高消防车的最大扑救高度 24m 左右来确定的。高层住宅界定为 10 层及以上，除了因住宅高度超过 24m，还考虑高层住宅所占的数量，占全部高层建筑的 40%~50%。无论是塔式还是板式高层住宅，每个单元间防火分区面积均不大，且有较好的防火分离，火灾发生时蔓延扩大受到一定限制，危害性较少，故做了区别对待。

我国建筑高度超过 250m 的民用建筑，在防火措施方面缺乏实践经验，需要对消防给水、安全疏散和消防的装备水平等方面进行专题研究，提出适当的防火措施。与高层建筑相连且建筑高度超过 24m 的附属建筑，在消防设施要求上与相连高层建筑同等对待。单层主体建筑物高度超过 24m 的体育馆、会堂、剧院等公共建筑物，建筑空间大，容纳人数多，防火要求不同，故不包括在高层民用建筑内。

2. 高层工业建筑

高层工业建筑(包括高层厂房和高层库房)，是指高度超过 24m 的两层及两层以上的厂房、库房。高层库房是指高度超过 7m 的机械化操作或自动化控制的货架库房，其总高度超过 24m 亦可以称为高层仓库。

12.1.2　高层建筑发展概况

自古以来，人类在建筑上就有向高空发展的愿望和需要，社会和建筑师在一定场合希望把大楼建得高些、再高些。19 世纪末，随着美国经济的发展，建筑技术也相应的取得进步，高层建筑首先在美国芝加哥兴起。1871 年，芝加哥发生一场大火，占地 8000m² 范围城区内的房屋几乎焚烧一空。大火以后重建城市，开始出现高层建筑。这类高层建筑多采用铸铁梁柱、砖拱楼板、砖石墙，外观简朴，高度普遍在 10 层左右。由伯纳姆和鲁特设计的芝加哥第一幢 10 层楼房——蒙托克大楼就是这种类型的建筑。自此以后也有了"摩天楼"这个名词。

19 世纪，随着工业技术的进步和经济的繁荣，城市人口迅猛增加，城市用地日趋紧张，人类才有了建造高层建筑以满足居住以及商业交往的真正需要。据国外相关资料分析，9~10 层建筑要比 5 层节约用地 23%~38%，16~17 层建筑比 5 层建筑可节约土地 32%~49%。如果建筑物从 5 层增加到 9 层，建筑密度可以提高 35%，从而能使整个小区市政设施费用降低 32%。高层建筑得以发展，还有另外一些主观原因。在资本主义国家里，垄断资产阶级的相互竞争十分剧烈。谁都想借高层建筑这块招牌来标榜门面，借以显示财团的雄厚实力。此外，各国之间也都互不示弱地把发展高层建筑看做是先进、发达、富裕的标志，所以也彼此竞相比赛式地发展高层建筑。

科学技术的进步、钢铁和水泥的问世、电以及电梯的发明，为高层建筑的发展提供了有利条件。自从 1853 年奥的斯在美国发明了安全载客升降机以后，高层建筑的实现才有了可能性。因此，19 世纪中期出现了以钢铁和混凝土为建筑材料，广泛采用框架结构或剪力墙结构承重的近代高层建筑。

美国在世界近代高层建筑的发展中起了推动作用，从 1886 年芝加哥建的 10 层家庭保险大楼到 1974 年芝加哥又以束筒结构形式建造了西尔斯大厦，共 110 层，总高 443m。直到 20 世纪 70 年代末，这种高层建筑的热潮在美国达到高峰，高层建筑如雨后春笋般地出现。直到 20 世纪 70 年代末进入 80 年代后，在欧美(主要是美国)建造高层建筑这种热潮有所停顿，出现了相对饱和的局面，虽然也出现了一部分高层建筑，但不是向更高发展而是向精、尖上发展，积极追求更高的质量。

与欧美国家恰恰相反，在亚洲、非洲、澳大利亚，就连多地震的日本，都在步欧美的后尘，把欧美已经厌恶的高层建筑重新拾起，竟然也掀起了高层建筑热。一些发展中国家，本来经济不富裕，一旦在获得充足的物质技术手段时，也要发展高层建筑。

日本是地震多发国家，由于以前的抗震问题没有解决，一直没有发展高层建筑。那时日本的高层建筑，按抗震的规定只限于 31m 的高度。20 世纪 60 年代初，日本的建筑抗震问题已经解决，于是在 1964 年 1 月宣布废除以前 31m 高度的限制，从而便开始了兴建高层建筑。从 17 层的新大谷旅馆开始，随后出现了 40 层的办公大楼，20 世纪 70 年代初又建成了京五广场旅馆，地上 47 层，地下 3 层。不到 10 年光景，日本就建成了约 40 幢高层建筑。1978 年又完成了东京池袋区副中心办公大楼，地上 60 层，塔楼 3 层，地下 3 层，连同塔楼总计高度 240m，总建筑面积达 20.4 万 m^2。最近几年，日本正准备兴建 70~90 层，甚至超过 100 层的超高层建筑。

意大利是发展高层建筑较早的国家之一，早在 20 世纪 50 年代，米兰就已建成 30 层的皮瑞利大厦，这也是欧洲早期的高层建筑。近些年来，意大利对于办公楼多发展高层建筑，一般都在 30~50 层之间，而且数量也很多。相反，在住宅建筑方面，却不发展高层，最高的不超过 20 层，数量也不多，其他大多在 5 层以下。5 层以下的住宅占新建住宅总数的 93%~95%。

加拿大也是发展高层建筑很突出的国家。20 世纪 60 年代中叶就已建成了 31 层的多伦多市政厅大厦，20 世纪 70 年代初多伦多又建成了 57 层高 229m 的大厦，1976 年又成功地建成了多伦多国立电视塔，高达 553.2m，超过了莫斯科电视塔，成为目前世界上最高的钢筋混凝土构筑物。

法国对于城市规划要求较严，在巴黎市区中心，不允许建高层建筑，所以法国的高层建筑多在市郊。法国从 20 世纪 60 年代末、70 年代初才发展高层建筑。一般高层办公大楼多在 30~40 层，1973 年建成 58 层、高 229m 的曼思·蒙帕拉斯大厦。另一高层建筑是菲亚特大厦，地上 47 层，地下 5 层，高 176.2m，也是办公大楼。总建筑面积为 11 万 m^2。

我国现代高层建筑从 20 世纪 50 年代开始自行设计与建造，1959 年北京建成了一批高层公共建筑，如民族饭店(14 层)、民航大楼(16 层)。20 世纪 60 年代最高的是广州宾馆(27 层，87m)，20 世纪 70 年代高层建筑发展加快，上海、广州、北京都兴建了一批高层办公楼和旅馆，广州白云宾馆(33 层，112m)成为 20 世纪 70 年代国内最高的建筑物，而北京饭店(18 层，87m)是 8 度抗震设防的最高建筑物。上海首先兴建了一批 13~16 层高层住宅，把高层建筑推向量大面广的住宅建筑。1975—1976 年间北京建成了前三门一条街高层住宅群，从此高层住宅迅速发展，成为我国高层建筑中数量最多的类型。

20 世纪 80 年代，国内高层建筑高速发展。1980—1984 年间所建成的高层建筑相当于 1949—1979 年 30 年来的总和。仅就北京市而言，到 1985 年底，高层建筑竣工面积已超过 688 万 m^2，其中高层住宅竣工面积已达 556 万 m^2。1985 年以后，随着国民经济的发展和旅游、外贸的增长，高层公共建筑和旅馆建筑大量兴建，而且从大中城市遍及小城市和沿海地区，为解决居住问题而大批建造的高层住宅，我国建造高层建筑出现了一个新的高潮。

12.1.3　高层建筑发展中存在的问题

高层建筑的优点很多，但其缺点也不少。当前许多人已逐渐认识到，由于高层建筑给日照、环境以及人的心理健康都带来了一系列的危害性。例如，随着建筑高度的增长，风速、风压也将随之加大，风对建筑物撞击的呼啸声也随之加强；建筑的自振、振幅也将增大，建筑物的摆动也随之增大；处于背风面的涡流区也将增大，太阳辐射热也日益增加。这一系列的不利因素，都是高层建筑难以解决的问题。从心理学上来看，由于高层建筑高度的增高，给人们在心理上造成了不安感。尤其对高层住宅建筑，上、下楼不便，出现寂寞和孤独感，以及使儿童发育不良等，这一系列的危害性，正在引起专家们的广泛关注和研究。从经济学方面分析，高层建筑的造价高、管理费用大、能量消耗大、使用不便、建筑周期长等。

12.1.4　我国高层建筑未来的发展趋向

总结我国近 30 年来高层建筑的发展可以看到，其建筑设计的指导思想已从强调突出个体的自我表现、不断争取更高的高度，刻意追求摩登几何造型，单纯显示新材料、新技术，而转向更加注意高层建筑本身与城市环境的协调，注意造型的比例均衡和内在气质的把握，注意使用上的开放性和多功能性，注意装饰与细部上的文化内涵，注意室内外绿化空间的设计和灯饰照明的配置。这些都是当前高层建筑的主要特征和必备条件。

高层建筑的发展除了理性的回归、保护环境和文化的多元性，节约能源，从资源消耗型到资源节约型以外，还要保护一切优秀文化和在全球化背景下提倡文化的多元化。

12.2　高层建筑的结构体系及造型

高层建筑的结构体系，应根据建筑的性质、层数、高度、荷载作用、经济技术条件等因素加以综合分析选择。

我们从高层建筑的材料结构体系和空间结构体系两个方面来阐述。其中高层建筑的空间结构体系又可以进一步划分为水平结构体系和垂直结构体系。对于高层建筑结构，侧向力和侧向位移是结构设计的主要控制因素，因此，竖向承重结构体系不但要承担与传递竖向荷载、还要抵抗侧向力的作用，故竖向结构也称为抗侧力结构。水平结构即日常所说的楼盖及屋盖结构，在高层建筑物中，楼(屋)盖结构除了承担与传递楼(屋)面竖向荷载以外，还要协调各榀抗侧力结构的变形与位移，对结构的空间整体刚度的发挥和抗震性能有直接的影响。

12.2.1　高层建筑的材料结构体系

根据高层建筑的材料，可以将高层建筑的结构形式分为：配筋砌体结构、钢结构、钢筋混凝土结构以及钢—钢筋混凝土混合结构等形式。

1. 配筋砌体结构

传统的不配筋砌体结构并不适合建造高层建筑，其主要原因在于不配筋砌体结构强度较低、自重大、抗震性能差，不能满足抗震要求。但是配筋砌体结构则可以用于建造高层建筑，配筋砌体结构，对砌块的水平和竖向配筋均有最小配筋率要求，利用配筋砌块承担结构的竖向作用和水平作用，在受力模式上类同于钢筋混凝土剪力墙结构，具有强度高、延性好、抗震性能好的特点。

配筋砌体结构始创于美国，美国在 1931 年新西兰那匹尔大地震和 1933 年加里福尼亚长滩大地震之后，开始研究和应用配筋砌体抗震结构体系，并建造了大量的多层和高层配筋砌体建筑物，这些建筑物大部分都成功地接受了强烈地震的考验，如 1971 年圣费南多大地震，1987 年、1989 年和 1994 年的洛杉矶大地震。另外 1971 年 2 月 9 日，美国洛杉矶发生 6.6 级地震，震源深度约 13km。在这次地震中，一般钢筋混凝土建筑物都遭到破坏，而离震中 30km 的 13 层加筋混凝土砌块旅馆建筑却无损坏。这些实例都显示出了配筋砌体建筑物良好的抗震性能。

我国近年来随着对混凝土小砌块及其配筋砌体的进一步研究和推广，各省市都对在大跨度和中高层建筑中应用配筋砌体相当重视，并已经取得了一些阶段性的成果。近 10 年来，我国砌块建筑的年递增率都在 20% 左右，尤以大中城市推广迅速。以上海市砌块建筑为例，1994 年约 50 万 m^2，1995 年 100 万 m^2，1996 年 150 万 m^2。到 1999 年第一季度就已完成建筑 450 万 m^2。可以预计，随着最新的《砌体结构设计规范》（GB50003—2001）颁布实施后，砌块建筑（包括普通砌块建筑和配筋砌块建筑）将逐步成为我国建筑结构的一种主要的结构形式。目前，我国现行规范《砌体结构设计规范》（GB50003—2001）中对配筋砌块适用的最大高度有明确的规定。如表 12-2-1 所示。

表 12-2-1　　　　　　　　　　　配筋砌块适用的最大高度

设防烈度	6 度	7 度	8 度
最大高度/m	54	45	30
代表城市	重庆、杭州、商丘、信阳、漯河	上海、天津、广州、郑州、洛阳、开封	北京、新乡、安阳、鹤壁

注：设防烈度是指设计基准期为 50 年的时期内，可能遭遇超越概率为 10% 的地震烈度值。

2. 钢结构

以钢材制作为主的结构，是主要的建筑结构类型之一。钢材的特点是强度高、自重轻、刚度大，故用于建造大跨度和超高、超重型的建筑物特别适宜。世界上公认的第一座钢结构高层建筑是美国芝加哥的家庭保险大厦（Home Insurance，1885 年，高 55m），如图 12-2-1 所示。20 世纪初，随着建筑技术的飞速进步，电梯技术的完善，1931 年纽约建成了 102 层（高 381m）的帝国大厦，钢框架结构，雄踞世界第一高 40 多年。1974 年又建成了芝加哥西尔斯大厦，110 层（高 443m），单位面积用钢量 161kg/m^2。

我国的钢结构高层建筑起步较晚，1949 年以前最高的是 1934 年在上海建成的上海国际饭店，22 层，高 82.5m。自 20 世纪 80 年代中期以来，逐步开始修建高层钢结构建筑，先后在北京、上海、深圳、广州、大连、厦门等地修建起了数十幢高层钢结构建筑。2008 年 8 月 29 日，上海环球金融中心竣工，楼高 492m，地上 101 层，地下 3 层，主楼建筑面积 25.3 万 m^2，总用钢量 6.5 万 t，如图 12-2-2 所示。目前，我国钢产量已连续数年位居世界第一，材料充足，所以，随着高层建筑层数和高度的增加，今后我国高层建筑更多的采用钢结构是势在必行的。

图 12-2-1　芝加哥家庭保险大厦

图 12-2-2　上海环球金融中心

3. 钢筋混凝土结构

钢筋混凝土结构是指用配有钢筋增强的混凝土制成的结构。承重的主要构件是用钢筋混凝土建造的。包括薄壳结构、大模板现浇结构及使用滑模等建造的钢筋混凝土结构的建筑物。其中钢筋承受拉力，混凝土承受压力。钢筋混凝土结构与砌体结构相比较，具有强度高、整体性好、抗震性好等特点。与钢结构相比较，具有耐火、耐久性强等优点。但钢筋混凝土结构的缺点是自重大、抗拉强度较低、易裂、施工周期长且受季节影响大、补强修复困难、建筑材料基本不可再生循环、对环境的负面影响较大等。我国目前高层及超高层建筑中有很大一部分是采用钢筋混凝土结构的，著名建筑如深圳国际贸易中心大厦(50层、高 160m)、广州国际大厦(63层、高 200m)、香港合和中心大厦(64层、高 216m)等，均为钢筋混凝土结构。

4. 钢—钢筋混凝土混合结构

钢—钢筋混凝土混合结构，综合发挥了钢结构与钢筋混凝土结构的优势。这种结构可以使两种材料互相取长补短，取得经济合理，技术性能优良的效果。通常钢与钢筋混凝土组合于一个结构中有两种方式，第一种方式是用钢材加强钢筋混凝土构件，钢材设置在构件内部，外部由钢筋混凝土包住，称为钢骨混凝土构件，这种构件可以充分利用外包混凝土的刚度和耐火性能，又可以利用钢骨减小构件断面和改善其抗震性能；也可以在钢管内部填充混凝土，称为钢管混凝土，自 20 世纪 90 年代初，第一座部分柱子采用钢管混凝土柱的福建泉州市邮局大楼建成以来，已经有数十座建成或在建的钢管混凝土高层建筑，由于钢管混凝土有效地利用了钢材的抗拉强度和混凝土的抗压强度，大大提高了钢管混凝土柱的抗压和抗剪承载力，减小了柱截面，有利于抗震，而且由于管内混凝土的吸热作用，增加了柱子的耐火时间；同时，因为外钢管可以防止内部混凝土的脆性破坏。对于高强混凝土的采用提供了可靠的保证，第二种方式是部分抗侧力结构用钢结构，另一部分采用钢筋混凝土结构，形成组合结构。通常是钢筋混凝土做的内筒或剪力墙，钢材做框架梁柱。

目前这种结构在我国有着广泛的运用，我国著名的超高层建筑，如深圳的地王大厦(69层、高 383.95m，见图 12-2-4)、上海金茂大厦(88 层、高 420.5m，见图 12-2-3)等均采用了钢—钢筋混凝土混合结构。

图 12-2-3　上海金茂大厦

图 12-2-4　深圳地王大厦

12.2.2　高层建筑的水平结构体系

水平结构是指楼盖和屋盖结构。在高层建筑中，水平结构除承担作用于楼面或屋面上的竖向荷载外，还要承担起连接各竖向承重构件的任务。作用在各榀竖向承重结构上的水平力是通过楼盖及屋盖来传递或分配的，特别是当各榀框架、剪力墙结构的抗侧向刚度不等时，或当建筑物发生整体扭转时，楼盖结构中将产生楼板平面内的剪力和轴力，以实现各榀框架、剪力墙结构变形协调、共同工作。这就是所谓的空间协同工作，另外，楼盖结构作为竖向承重结构的支承，使各榀框架、剪力墙不致产生平面外失稳。

在高层建筑结构分析时，常常采用楼盖结构在其自身平面内刚度为无穷大的设定，因此，高层建筑楼盖结构型式的选择和楼盖结构的布置，首先应考虑使结构的整体性好、楼盖平面内刚度大，使楼盖在实际结构中的作用与在计算简图中平面内刚度无穷大的假定相一致。其次，楼盖结构的选型应尽量使结构高度小、重量轻。因为高层建筑层数多，楼盖结构的高度和重量对建筑物的总高度、总荷重影响较大。建筑物总高度大，则相应的结构材料、装饰材料、设备管线材料、电梯提升高度都将增大，故增加了工程造价。

建筑总荷重影响到墙柱截面尺寸、地基处理费用及基础造价等。另外，楼盖结构的选型和布置还要考虑建筑物的使用要求、建筑装潢要求、设备布置要求及施工技术条件等。高层建筑楼盖结构的型式很多，按施工方法一般可以分为现浇楼盖、叠合楼盖、装配整体式楼盖及组合楼盖等。

在高层建筑特别是超高层建筑的结构布置中，常常会在某些高度设置刚性层。这时需将楼盖结构与刚性桁架或刚性大梁连成整体。在某些转换层，例如框架剪力墙的转换层，楼盖结构的布置也应与转换层大梁结构的布置相协调，以增强转换层结构的刚度。同时应将楼盖加强加厚，以实现各抗侧力结构之间水平力的有效传递。

12.2.3 高层建筑的垂直结构体系

高层建筑结构设计不仅要求结构具有足够的承载力，还应具有足够的抗侧刚度。竖向承载力要求具有足够的抗压强度，而水平荷载则要求结构具有足够的抗弯、抗剪强度和刚度，为保证其安全度和使用舒适度，侧向位移应控制在一定限度内。由于各种结构抗压、抗侧力与荷载大小及种类有关，因此形成了不同的结构体系，现分述如下：

1. 纯框架结构体系

(1)结构特征及适用范围

纯框架结构体系是指竖向承重结构全部由框架组成。在水平荷载下，这种结构体系强度低、刚度小、水平位移大，又称为柔性结构体系，如图 12-2-5 所示。

框架结构体系具有可以较灵活地配合建筑平面布置的优点，有利于安排需要较大空间的会议室、商场、餐厅、教室、实验室、娱乐厅、车间等。同时框架结构的梁、柱构件易于标准化、定型化，便于采用装配整体式结构，以缩短施工工期。

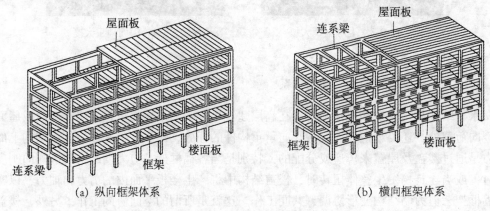

(a) 纵向框架体系　　　　　　　　　(b) 横向框架体系

图 12-2-5　纯框架结构体系示意图

框架结构体系也有其自身的缺点：首先，框架节点应力集中显著。框架节点是结构整体性的关键部位，但同时又是应力集中的地方，节点往往是导致结构破坏的薄弱环节；其次，框架结构体系的侧向刚度小，抵抗侧向变形能力差，框架在强烈的地震作用下，结构所产生的水平位移较大，易造成严重的非结构性破坏，故纯框架结构体系在高烈度地震区不宜采用；最后，纯框架体系目前主要用于 10 层左右住宅楼及办公楼，若楼层过高则会因水平荷载所引起的柱中弯矩加大，使底层柱截面过大而影响使用。

(2)柱网布置及尺寸

柱网布置首先应满足建筑物的使用要求，并使结构布置合理、受力明确、直接、施工方便，在进行综合经济、技术比较后，选用合适的柱网。如图 12-2-6 所示为框架结构柱的布置示例。

　　框架柱的截面常为矩形，根据需要也可以设计成 T 形、I 形和其他形状。横梁截面常为矩形或 T 形，有时为了提高房屋的净高度而做成花篮形。

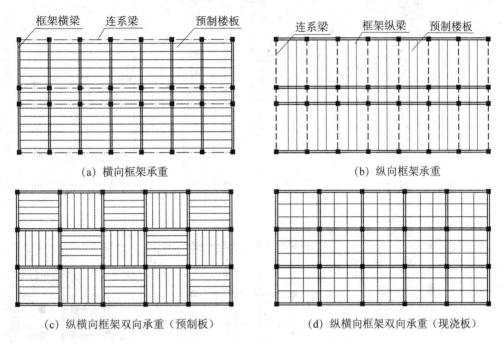

(a) 横向框架承重　　　　　　　　　　　　　　　　(b) 纵向框架承重

(c) 纵横向框架双向承重（预制板）　　　　　　　(d) 纵横向框架双向承重（现浇板）

图 12-2-6　框架结构承重体系示意图

　　框架梁跨度通常在 4 ~ 9m 之间。一般住宅、办公楼、旅馆和医院的柱网开间多用 6.3m、6.6m、6.9m、7.2m 等若干种；进深有 4.8m、5.4m、6.0m、6.9m 等若干种；层高有 3.0m、3.3m、3.6m、4.8m 和 6.0m 等若干种；内廊宽度一般为 2.0 ~ 2.7m。住宅建筑，框架总宽较小，多在 10 ~ 14m。常用两跨三行柱的布置方法，如图 12-2-7 所示。办公、旅馆和医院多设内廊，一般采用三跨四行柱的布置方法，如图 12-2-8 所示。高级饭店多为内廊式，两边设置客房，一般采用三跨四行柱的布置方法。其中有中间跨小及中间跨大两种布置方法，如图 12-2-9 所示。现代大型商店、商场面积较大，多采用多跨形式。其柱网尺寸一般为 7.5m×7.5m、8.0m×8.0m 和 9.0m×9.0m，如图 12-2-10 所示，主要考虑商业柜台布置和地下停车场的布置，层高多为 4.5 ~ 6.0m；工业车间的柱网及层高根据工艺要求而定。车间柱网可以归纳为内廊式和等跨式两类。柱网进深宜采用 6.0m、6.6m、6.9m 三种；走廊宽度宜采用 2.4m、2.7m、3.0m 三种；开间一般为 6.0m，层高一般为 3.6m、3.9m、4.5m、4.8m 和 5.4m 等若干种。也有采用大柱网的，如图 12-2-11 所示。

　　2. 纯剪力墙结构体系

　　(1) 结构特征及适用范围

　　纯剪力墙结构体系，是指该体系中竖向承重结构全部由横向和纵向的钢筋混凝土剪力墙承担，剪力墙不仅承担重力荷载，而且还要承担风、地震等水平荷载的作用。这种体系侧向刚度大、侧移小，称为刚性结构体系，如图 12-2-12(a) 所示。

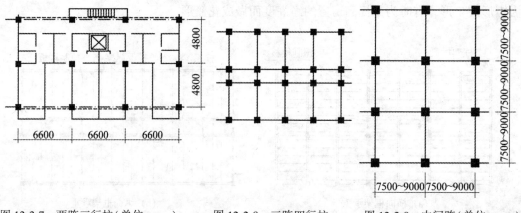

图 12-2-7　两跨三行柱(单位：mm)　　　图 12-2-8　三跨四行柱　　　图 12-2-9　中间跨(单位：mm)

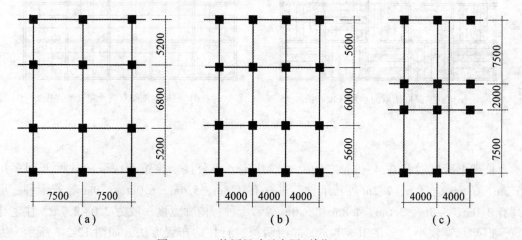

(a)　　　　　　　　　　(b)　　　　　　　　　　(c)

图 12-2-10　柱网尺寸示意图(单位：mm)

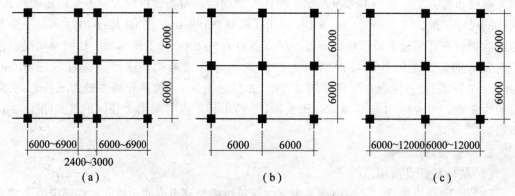

(a)　　　　　　　　　　(b)　　　　　　　　　　(c)

图 12-2-11　大柱距柱网尺寸示意图(单位：mm)

　　剪力墙通常为横向布置，间距为 3~6m，因此平面布置不灵活，仅适用于小开间的高层住宅、旅馆、办公楼等。剪力墙结构体系从理论上讲可以建造上百层的民用建筑，但楼层过高墙会增厚，从使用和经济技术考虑，地震区的剪力墙体系楼层一般控制在 35 层，总高 110m 以内，非地震区可以适当放宽。

　　在某些特殊情况下，为了在建筑底部做成较大空间，可以将剪力墙体系底层部分剪力墙改为框架柱，形成框支剪力墙结构，如图 12-2-12(b) 所示，但这种结构的上部刚度与底层刚度悬殊较大，刚度突变，对抗震极为不利，故在地震区不允许采用框支剪力墙体系。可以采用部分剪力墙落地、部分剪力墙框支的结构体系，并且在构造上要满足：落地墙布置在两端或中部，纵、横向连接围成筒体；落地墙间距不能过大；落地剪力墙的厚度和混凝土的等级应适当提高，使整体结构上、下刚度相近；应加强过渡层楼板的整体性和刚度。

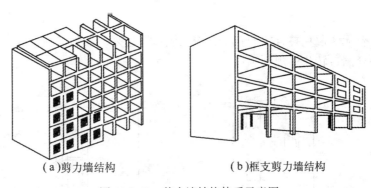

（a）剪力墙结构　　　　　　　　（b）框支剪力墙结构

图 12-2-12　剪力墙结构体系示意图

　　(2)剪力墙的结构布置

　　①剪力墙的结构布置根据剪力墙的布置方式不同可以分为横向布置、纵向布置和纵、横向布置三种方式。横向方式布置的剪力墙其刚度较好，但平面布置不灵活，仅适用于小开间的高层住宅、旅馆、办公楼等。纵向方式布置的剪力墙能使建筑物的空间较大，但其刚度较差。因此，在抗震设计中，剪力墙宜采用纵、横向结合布置的方式，大梁支承在纵墙上，板支承在横墙上。

　　②较长的剪力墙宜开设洞口将墙分成长度较为均匀的若干墙段。每个独立墙段可以是实体墙、小开口墙、联肢墙或壁式框架。墙段之间宜采用弱连梁连接，每个独立墙段的总高度和墙肢截面高度之比不应小于 2，墙肢截面高度不宜大于 8m，弱连梁跨度比宜大于 6。如图 12-2-13 所示。

　　③剪力墙结构的刚度不宜过大，剪力墙间距不宜太密，宜采用大开间布置；高层建筑结构不应采用全部为短肢剪力墙的剪力墙结构。若短肢剪力墙较多，应布置筒体或一般剪力墙。短肢剪力墙是指墙肢截面高度与厚度之比为 5~8 的剪力墙。

　　④剪力墙上洞口的布置，影响剪力墙的力学性能。应规则开洞，洞口成列、成排布置，能形成明确的墙肢和连梁，使应力分布比较规则。剪力墙底部不宜采用错洞布置，若因建筑物功能需要无法避免错洞，宜控制错洞墙洞口之间的水平距离不小于 2m，且在洞口周边采取有效构造措施，如图 12-2-14 所示。一、二、三级抗震设计的剪力墙不宜采用

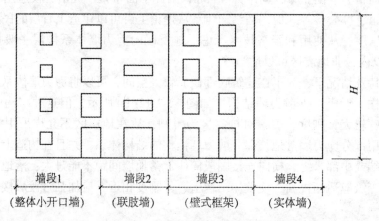

图 12-2-13　较长剪力墙的组成示意图

叠合错洞墙；若无法避免叠合错洞布置，应在洞口周边采取加强措施，或采用其他轻质材料填充，将叠合洞口转化为规则洞口。

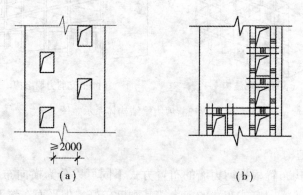

图 12-2-14　剪力墙洞口不对齐时的构造示意图

　　⑤剪力墙宜自下到上连续布置，避免刚度突变。

　　⑥剪力墙结构实例。某饭店采用剪力墙承重方案，即每开间设置一道钢筋混凝土承重墙，其间距为 2.7~3.9m。该建筑物地下 3 层，地上 29 层，层高为 2.9m，8 度设防，其平面图如图 12-2-15 所示。

　　3. 框架-剪力墙结构体系

　　(1)结构特征及适用范围

　　框架-剪力墙结构体系是在框架体系中适当布置能抵抗水平推力的剪力墙，且使框架柱、楼板有可靠连接而形成的结构体系。房屋的竖向荷载由框架柱和剪力墙共同承担，而水平荷载则主要由刚度较大的剪力墙承担。

　　框架-剪力墙结构体系，吸取了框架结构和剪力墙结构各自的长处，既能为建筑平面布置提供较大的使用空间，又具有良好的抗侧力性能。框架-剪力墙结构中的剪力墙可以单独设置，也可以利用电梯井、楼梯间、管道井等墙体。因此，这种结构已被广泛应用于

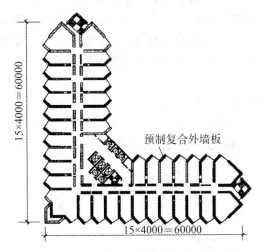

图 12-2-15 某建筑物剪力墙建筑平面示意图(单位：mm)

各类房屋建筑。一般适用于 25 层以下，总高度在 90m 以内的建筑。

(2)结构布置原则

框架-剪力墙结构体系中，框架结构布置方法与纯框架结构布置方法相同，关键是如何合理布置剪力墙的位置，使其既能满足建筑使用空间要求，又能达到剪力墙承受大部分水平推力，所以，剪力墙的数量、间距、位置等布置合理与否，对高层建筑框架-剪力墙结构受力、变形及经济影响很大。下面就其布置原则和要求分述如下：

①在地震区剪力墙应沿房屋纵、横两个方向布置，在非地震区仅沿横向布置；剪力墙宜对称布置，设在建筑物端部、平面形状变化及静载大的部位；剪力墙中心线应与框架柱截面重心线重合，且使剪力墙与柱布置在一起形成 L 形、T 形、一字形等，如图 12-2-16 所示。

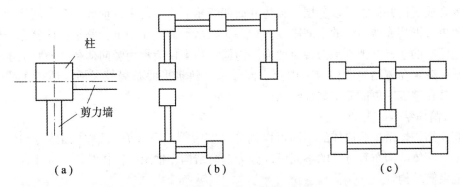

图 12-2-16 框架—剪力墙结构布置形式示意图

②剪力墙宜贯通房屋的全高，其截面厚度应不变，防止刚度剧烈变化；在框架—剪力墙结构体系中，剪力墙尽量不开洞，若必须开洞洞口应布置在中部，开洞面积与剪力墙面积之比小于 0.16；剪力墙的间距不宜过大，使楼板平面内的刚度足够大，从而保证框架

与剪力墙侧移一致，可靠地传递水平荷载，因此要求在现浇楼板中 $L/B \leqslant 4$，在现浇面层的装配式钢架混凝土楼板中 $L/B \leqslant 2.5$（式中 L 为剪力墙间距，B 为房屋宽度）；应合理确定剪力墙的数量，保证剪力墙能够承担 80%～90% 的水平力，用"壁率"这一指标表示。所谓"壁率"是指每平方米建筑面积中剪力墙水平截面的长度，一般取壁率为 $12～50 \text{cm/m}^2$。

（3）框架-剪力墙结构体系实例

上海新民晚报联合大楼：建筑高度 76.1m，地上 23 层，地下 1 层，抗震设防烈度 7 度，Ⅲ类场地，标准层层高 2.8m，6 层以下的柱截面尺寸为 1000mm×1000mm，6 层以上的柱截面尺寸为 800mm×800mm，墙截面厚度为 300mm。如图 12-2-17 所示。

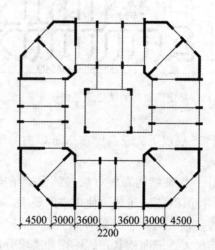

图 12-2-17　上海新民晚报联合大楼结构平面示意图（单位：mm）

4. 筒体结构体系

（1）结构特征及适用范围

筒体结构是由框架-剪力墙结构与全剪力墙结构综合演变和发展而来的，由框架或剪力墙围合成竖向井筒，并以各层楼板将井筒四壁相互连接起来，形成一个空间构架。筒体结构比单片框架或剪力墙的空间刚度大得多，在水平荷载作用下，整个筒体就像一根粗壮的拔地而起的悬臂梁把水平力传至地面。筒体结构不仅能承担竖向荷载，而且能承担很大的水平荷载。筒体结构所构成的内部空间较大，建筑平面布局较灵活，适用于超高层建筑，尤其在地震区更能显示其优越性。

（2）筒体结构的类型

筒体结构体系按照筒体的不同可以划分为实腹筒、空腹筒（又称框架筒）和桁架筒三种。根据筒体结构布置方式的不同可以分为框筒结构、框架—筒体结构、筒中筒结构、多筒和成束筒结构。

①框筒结构。框筒结构是指外围为密柱框筒，内部为普通框架柱组成的结构。框筒结构将建筑物的外围钢筋混凝土墙体做成一个大筒体，这类筒体具有很大的抗侧刚度，由于需要开窗，在墙体上开洞而形成了"梁"和"柱"，其外形与框架类似，但梁的高度大，柱的间距小，形成由密柱深梁组成的空腹筒结构，称为框筒。如图 12-2-18（a）所示。

框筒结构一般要求孔洞面积不宜大于立面总面积的 60%，周边柱轴线间距在 2～3m，不宜大于 4m。窗裙梁高度为 0.6~1.2m，宽度为 0.3~0.5m。整个结构的高宽比小于 3，结构平面长宽比小于 2。角柱对于框筒结构的抗侧刚度和抗扭有很大的作用。在水平力作用下，角柱会产生很大的应力，所以角柱应具有较大的刚度和截面面积。

②框架—筒体结构。框架—筒体结构与框架—剪力墙结构并无本质上的区别。框架—筒体结构实际上就是在框架内的一定位置上，设置剪力墙内筒，外周为一般框架。其平面形状较为自由、灵活多样，但是，为了尽可能减少在水平力作用下的扭转，还是应尽可能采用具有对称轴的简单、规则平面。如图 12-2-18(b)所示。

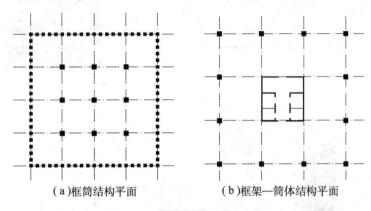

（a）框筒结构平面　　　　　　　（b）框架—筒体结构平面

图 12-2-18　建筑结构平面示意图

③筒中筒结构。筒中筒结构是指由内外套置的若干层筒体，内外筒之间通过楼板连成整体。由于是若干层筒体的共同工作，故筒中筒结构比单筒结构承担的水平力要大得多。筒中筒结构的内筒一般布置成辅助房间和交通空间，多采用实腹筒，也可以用空腹筒，外筒宜用空腹筒，有利于采光。筒中筒结构形成的内部空间较大，抗侧力大，适用于办公、旅馆等多功能的超高层建筑。筒中筒结构内筒与外筒之间的距离不宜大于 12m，内筒边长一般为外筒边长的 1/3，为房屋高度的 1/15~1/12。内筒贯通建筑物全高。香港中环广场主楼采用切角的三角形平面，总建筑面积约 14 万 m^2，地上 75 层，总高 301m，采用筒中筒结构体系。如图 12-2-19 所示。

④束筒结构。束筒结构由若干个筒体相并列，其整体刚度比前三种筒体结构有显著提高，这样就能把筒体建筑建造得更高，美国芝加哥西尔斯大厦就是采用束筒结构的超高层建筑物。由 SOM 建筑设计事务所设计，1974 年建成，地上 110 层，地下 3 层，高 443m，总建筑面积 41.8 万 m^2。底部平面 68.7m×68.7m，由 9 个 22.9m 见方的正方形筒体组成。整个大厦平面随层数增加而分段收缩。在 50 层以上切去两个对角正方形，60 层以上切去另外两个对角正方形，90 层以上再切去三个正方形，最后只剩下两个正方形筒体到顶，如图 12-2-20 所示。大厦造型如 9 个高低不一的方形空心筒集束在一起，挺拔而起，简捷稳定，不同方向的立面透视各不相同。这种束筒结构体系是建筑设计与结构创新相结合的成果。

5. 巨型结构体系

巨型结构是由大型构件(巨型梁、巨型柱和巨型支撑)组成的主结构与常规结构构件

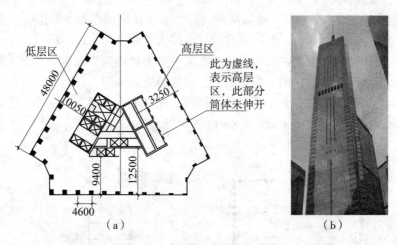

图 12-2-19　香港中环广场大厦

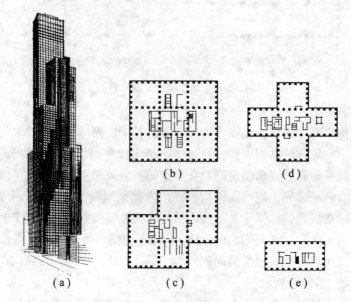

图 12-2-20　美国芝加哥西尔斯大厦

组成的次结构共同工作的一种结构体系。从平面整体上看巨型结构的材料使用正好满足了尽量开展的原则，可以充分发挥材料性能；从结构角度看巨型结构是一种超常规的具有巨大抗侧刚度及整体工作性能的大型结构，是一种非常合理的超高层结构形式；从建筑角度看巨型结构可以满足许多具有特殊形态和使用功能的建筑平面和立面要求，使建筑师们的许多天才想象得以实施。

　　巨型结构由于其自身的优点和特点，已经越来越多地被应用于实际工程。巨型结构按主要受力体系形式划分，可以分为巨型桁架结构、巨型框架结构、巨型悬挂结构和巨型分离式结构 4 种基本类型。按材料区分，巨型结构可以分为巨型钢筋混凝土结构、巨型钢骨混凝土结构、巨型钢—钢筋混凝土混合结构及巨型钢结构。

（1）巨型桁架结构

巨型桁架结构体系的主结构主要以桁架的形式传递荷载，是桁架力学概念在高层建筑中的整体应用。巨型桁架结构一般将巨型斜支撑应用于高层建筑物的内部或贯穿建筑物的表面，构成桁架的构件既可能是较大的钢构件、钢筋混凝土构件和型钢劲性混凝土构件，也可能是空间组合构件。其类型一般有：大型支撑框筒型、大型空间桁架型和斜格桁架型。

香港中国银行大厦是典型的巨型桁架结构，在房屋的四角设置了边长为 4m 的巨大钢筋混凝土柱，大型交叉的钢支撑高度为 12 层楼高，每隔 13 层沿房屋的四周及内部设置整层高的钢加筋桁架。整幢建筑建造成竖向桁架，分成 4 段，最下面一段是正方体，向上依次削减，呈多棱体和三棱体，全部风力都传递到下面的 4 根巨大的钢筋混凝土角柱上。空间桁架将水平力转化为竖向的或斜向的轴力，受轴力作用的杆件最能充分发挥材料的效能。如图 12-2-21 所示。

图 12-2-21　香港中国银行大厦

（2）巨型框架结构

巨型框架结构体系是由柱距较大的立体桁架柱(或巨大的钢筋混凝土柱、钢管混凝土柱)及桁架梁构成，即通常所说的巨型柱和巨型梁。立体桁架柱是由四片桁架形成的立体构件，一般布置在建筑物平面的周边，桁架梁可以是立体桁架，也可以是平面桁架，一般 10 层或 15 层设置一道，在两层空间桁架层之间设置次框架结构，以承担空间桁架层之间的楼面荷载，并将这些楼面荷载通过次框架的柱子传递给桁架梁及立体桁架柱。

巨型框架结构体系主次结构受力明确，布置灵活，最显著地优点是可以满足大开洞的建筑功能要求，在巨型框架的下部若干层高度范围内，可以按需要设置大空间的无柱中庭、展览厅和多功能厅等。

（3）巨型悬挂结构

巨型悬挂结构体系是指采用吊杆将高楼各层楼盖分段悬挂在主构架上所构成的结构体

系，主构架与巨型框架相类似，承担全部侧向和竖向荷载，并将这些荷载直接传递至基础。巨型悬挂结构体系一般采用钢结构，主构架虽然承担压弯，但是由于截面尺寸较大，稳定承载力较高，强度能够充分发挥；吊杆是次构件，虽然其截面尺寸小，但是由于仅承担拉力，强度也能得到充分发挥。所以巨型钢结构悬挂体系能够充分利用材料强度，而且能够采用高强度钢，是一种经济有效的钢结构体系。巨型悬挂结构体系将整幢建筑物悬挂在大型主构架上，避免地震的直接冲击，从而可以大幅度减小建筑物所受到的地震作用。但巨型悬挂结构体系的结构设计、施工都比较复杂，一般都是为了适应建筑规划的要求才采用这种结构体系。

于 1985 年建成的香港汇丰银行大厦是典型的巨型悬挂结构。汇丰银行大厦之所以采用巨型悬挂结构体系是因为建筑规划要求大楼底层为全开敞大空间，与该建筑物前面的皇后广场自然地连成一片。如图 12-2-22 所示。

图 12-2-22　香港汇丰银行大厦

(4)巨型分离式结构

巨型分离式结构体系是由若干个相对独立的结构(一般是筒体结构)构成巨型构件连接而成的一种巨型结构。巨型分离式结构是一种联体式结构，应用这种结构概念可以设计出特高建筑，可以缓解城市人口密集，生产、生活用房紧张，地价猛涨，交通拥挤的矛盾。如日本东京市拟建的"动力智能大厦—200"，地下 7 层，地上 200 层，高 800m；总建筑面积为 150 万 m^2。该大楼由 12 个相对独立的单元体组合而成；每个单元体是一个直径 50m、高 50 层的筒形建筑。这幢建筑物可以称为一个小型的空中城市，居住其中的人们可以不出楼门即可上班、购物、娱乐，方便舒适而且缓解了城市的交通紧张问题。

12.2.4　高层建筑的造型设计

1. 高层建筑造型的设计原则

(1)高层建筑的体型首先应满足功能的要求，但不要机械地依附功能。应综合地反映内部与外部空间，"从内到外"，"从外到内"，以使"内"与"外"达到统一协调。

（2）高层建筑的体型所构成的空间实体，应根据技术设备与经济条件综合考虑并加以比较，因地制宜地"富变化于统一"，使建筑物既具有实用的属性又赋予美的属性。人们要创造出美的空间环境、就必须遵循美的法则来进行构思。古今中外的建筑物，尽管在形式处理上千差万别，但必须遵循一个共同的准则——多样统一。因而，只有多样统一堪称为形式美的规律。在多样统一的基础上再从主从、对比、韵律、比例、尺度、均衡等诸方面来进行综合思考。

（3）在设计建筑物体型时，应首先从整体组合来考虑，并符合城市规划部门对该地区的规划要求和设想。

（4）从结构方面看，高层建筑应根据结构受力的特点，根据侧向力的位移和房屋的高厚比等因素来组合其体型空间。

（5）在高层建筑设计中，应考虑"阴影区"带来的影响。

（6）高层建筑体型设计应注意解决体型对小气候的影响，由于气流的绕行而形成气流，使周围空间产生强烈缝隙风和涡流，这对通风均产生不利影响。如图 12-2-23 所示。

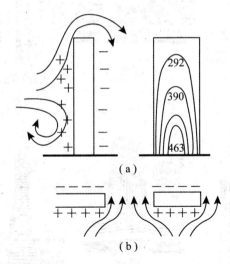

图 12-2-23　高层住宅周围气流风压示意图

2. 高层建筑的基本体型

（1）矩形和正方形棱柱体

在国内外高层建筑中采用方形和矩形棱柱体较多，从几何角度看，这类体型的建筑物对侧移较敏感。由于矩形和方形几何体受力明确，平面布局灵活，结构布置简单，经济效果好，建筑构件的类型少，便于施工，故应用得较多。

（2）圆柱体和椭圆柱体

圆柱体和椭圆柱体的高层建筑形成了弧状几何体和对侧向荷载的三维效应，其体型可以减少风荷载 20%~40%，而且建筑形体富有变化。如美国亚特兰大的桃树广场旅馆。以其光亮而又简洁的圆柱体型闻名于世。如图 12-2-24 所示为圆柱体和椭圆柱体的几个建筑实例。

(3)三棱柱体

与方柱体、长方柱体和圆柱体相比较，三棱柱体的外墙面积最大，对抵抗侧向位移不利、为保暖隔热所耗费的能源最多，平面布置有不规则的死角出现，但其外形新颖奇特，常受到建筑师的欢迎。在地形和环境需要时也可以采用。为了克服这种体型存在的缺点，可以将三棱柱体的三个角切去，如图 12-2-24(d)、(e)所示。

(4)角锥体和收分体

角锥体和收分体是减少建筑物侧移的有效建筑体型，建筑空间轮廓富于变化，但每层平面的大小都不同，增加了结构设计和施工的难度。如图 12-2-24(c)、(f)所示。

(5)其他体型

从以上基本体型可以变化出各种体型，如十字形、新月形、Y 形、L 形、梯形等。

图 12-2-24　高层建筑的各种体型示意图

12.3　高层建筑楼板构造

楼板是建筑结构中的主要组成部分之一，是承担竖向荷载和保证水平力作用沿水平面传递的主要横向构件，因此，在高层建筑物中必须保证足够的刚度和整体性。目前建筑楼板的形式主要有：现浇板、叠合板、预制板三大类。对于一般层数不太高的高层建筑楼盖体系，可以采用预制板，但在层数更多(15 层以上，高度超过 50m)的高层建筑物中，应采用现浇板或叠合板。

12.3.1　现浇楼板

高层建筑的现浇楼板可以分为现浇肋梁楼板、井字梁楼板、密肋楼板、无梁楼板、预应力楼板等若干种形式。

1. 现浇肋梁楼板

现浇肋梁楼板是由板、次梁、主梁现浇而成。根据板的受力状况不同，有单向板肋梁楼板、双向板肋梁楼板。单向板肋梁楼板，板由次梁支承，次梁的荷载传递给主梁。如图 12-3-1 所示。

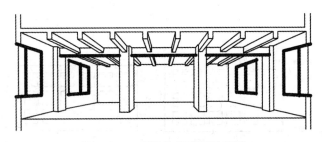

图 12-3-1　现浇肋梁楼板示意图

在进行肋梁楼板的布置时应遵循以下原则：

(1)承重构件，如柱、梁、墙等应有规律地布置，宜做到上下对齐，以利于结构传力直接，受力合理。

(2)板上部宜布置较大的集中荷载，自重较大的隔墙和重大设备宜布置在梁上，梁应避免支承在门窗洞口上。

(3)满足经济要求。一般情况下，常采用的单向板跨度尺寸为 1.7~2.5m，不宜大于 3m。双向板短边的跨度宜小于 4m；方形双向板宜小于 5m×5m。次梁的经济跨度为 4~6m；主梁的经济跨度为 5~8m。

在进行肋梁楼板布置时，还应考虑梁在顶棚上产生的阴影对房间采光和视觉的影响。若单向板肋梁楼板，次梁较密，当次梁与窗口光线垂直时，次梁将在顶棚上产生较多分散的阴影；当次梁与光线平行时，主梁将在顶棚上形成较集中的阴影区。

2. 井字梁楼板

若肋梁楼板两个方向的梁不分主次，高度相等，同位相交，呈井字形，则称为井字梁楼板，如图 12-3-2 所示。因此，井字梁楼板实际是肋梁楼板的一种特例。井字梁楼板的板为双向板，所以，井字梁楼板也是双向板肋梁楼板。

井字梁楼板的优点是造型优美，受力合理，梁高较一般肋梁楼板小，因而可以得到较大的室内净空，且这种楼板的梁板布置图案美观，具有装饰效果。所以，一些大厅，如北京西苑饭店接待大厅、北京政协礼堂等均采用了井字梁楼板，其跨度达 30~40m，梁的间距一般为 3m 左右。

井字梁网格内的板应按双向板设计，板的长边与短边之比不宜大于 1.5，尽量接近 1，

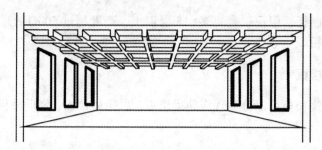

图 12-3-2　井字梁楼板示意图

井字梁两个方向的梁高宜相等，根据荷载变化的大小，一般梁高取跨度的 1/20~1/15 即 $h/L≈1/20~1/15$，梁的布置可以与周边梁平行，也可以按 45°对角线布置，如图 12-3-3 所示。

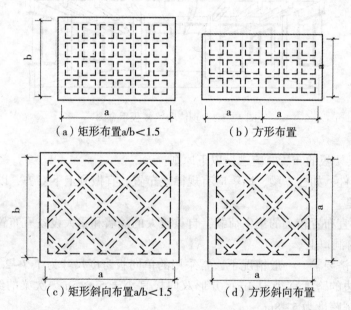

（a）矩形布置a/b<1.5　　　　　　（b）方形布置

（c）矩形斜向布置a/b<1.5　　　　（d）方形斜向布置

图 12-3-3　梁的布置示意图

3. 密肋楼板

密肋楼板由薄板和间距较小的肋梁组成，密肋可以是单向的，也可以是双向的；这种楼板的优点是重量较轻，肋间板便于开孔洞，适用范围为规则的跨间和外形及跨度大而梁高受到限制的情况。对于筒体结构的角区楼板也常用双向密肋楼板。肋距一般为 0.9~1.5m，现浇普通钢筋混凝土密肋板跨度一般不大于 9m，预应力混凝土密肋板跨度可达 12m，在使用荷载较大的情况下，采用密肋楼板可以取得较好的经济指标。

4. 无梁楼板

若楼板不设梁，将楼板直接支承在柱上，则为无梁楼板，如图 12-3-4 所示。通常在柱顶设置柱帽，特别是楼板承担的荷载较大时，为了提高楼板的承载能力和刚度，必须设置柱帽，以免楼板加厚。柱帽的形式有方形、多边形、圆形等。

无梁楼板采用的柱网通常为正方形或接近正方形，这样较为经济。常用的柱网尺寸为 6m 左右，板厚 170~190mm。采用无梁楼板顶棚平整，有利于室内的采光、通风，视觉效果较好，且能减少楼板所占的空间高度。但楼板较厚，当楼面荷载小于 5KN/m² 时不经济。无梁楼板常用于商场、仓库、多层车库等建筑物内。

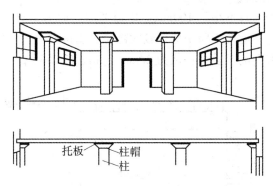

托板　柱帽
柱

图 12-3-4　无梁楼板示意图

5. 预应力楼板

在高层建筑物中，预应力楼板目前主要采用后张法无粘结平板预应力楼板。普通混凝土平板楼板受跨度限制，使用上有局限性，无粘结预应力平板楼盖是适应高层公共建筑物大跨度要求的一种楼板形式，这种楼板可以做成单向板，也可以做成双向板；其优点是能降低楼层层高，与其他高层建筑现浇楼板相比较，模板工程简单，施工方便，目前正得到推广使用，但这种楼板在地震区应谨慎使用。

12.3.2　叠合楼板

叠合楼板一般有预应力混凝土薄板叠合板和双钢筋混凝土薄板叠合板两种。这种楼板是以预制板作为模板在其上部现浇普通混凝土，硬化后与预制板共同受力，形成叠合楼板。这种楼板正弯矩由预制板钢筋承担，负弯矩由配置在叠合层内的支座负筋承担。其主要优点是：

(1)预制板可以作为施工底模，因此可以节约模板和仅用少量支撑。

(2)叠合楼板有良好的整体性和连续性。因此，适用于在层数较高、开间较大、整体性要求高的建筑物中。

1. 预应力混凝土薄板叠合楼板

预应力混凝土薄板叠合楼板系采用预应力混凝土薄板上加现浇混凝土叠合层组成的整体钢筋混凝土连续板。这种楼板适用于地震区和非地震区的楼板及屋面板，可以设计成单向条板或双向整间板。应用于旅馆、饭店、试验楼等建筑物，在现浇叠合层内需埋设较多电气管线及机电暗管时，管线外径不得大于叠合层厚度的 1/3，但管线交叉处可以不受此限。

2. 预制混凝土双钢筋薄板叠合板

预制混凝土双钢筋薄板叠合板系采用双向钢筋预制底板上加现浇混凝土叠合层组成的

整体钢筋混凝土连续板，这种楼板适用于地震区及非地震区的楼板及屋面板，可以作单向板也可以作双向板，双钢筋叠合板预制底板的厚度：当跨度为 3.9m 及以下时为 50mm，跨度大于 3.9m 时，应大于 63mm，现浇混凝土叠合层厚度可以根据板跨度、荷载等情况确定，一般不应超过底板厚度的两倍，且不小于预制底板的厚度。这种楼板应用于旅馆、饭店、试验楼等电线管道较多之房屋中，在叠合层内需埋设电线管线等，现浇叠合层厚度不宜小于管线外径 3 倍，且不小于 100mm。单板宽度一般为 1500~3900mm，预制底板按需要进行拼接，拼接缝不应位于跨中弯矩较大部位，拼接叠合后可以按整间弹性双向板计算其内力。主要受力方向的钢筋保护层为 20mm，如图 12-3-5 所示。

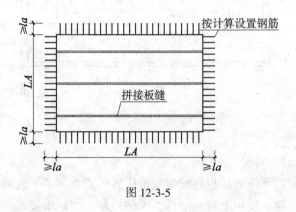

图 12-3-5

12.3.3 预制楼板

房屋高度不超过 50m 时，除现浇楼面外，还可以采用装配式楼板和装配整体式楼板。装配式楼板为预制楼板通过板缝现浇将各预制板连为整体。装配整体式楼板则除板缝现浇外，还应在预制板面做现浇钢筋混凝土面层。地震烈度 8、9 度区不宜采用装配式楼板和装配整体式楼板。

对装配式楼板和装配整体式楼板中应采用现浇的部位：

(1)房屋的顶层。

(2)结构的转换层。

(3)楼面有较大开洞。

(4)平面过于复杂，外伸段较长。

1. 装配式楼板

高度不超过 50m 的剪力墙结构和框架结构，由于各片抗侧力结构的刚度相差不多，水平力在各片抗侧力结构中的分配比较接近，所以楼板平面受力较小，可以采用装配式楼盖，并通过现浇板缝连为整体。现浇板缝应大于 40mm，板缝宜连续贯通，用强度等级高于 C20 的混凝土填堵密实。

(1)板缝连接如图 12-3-6 所示。

(2)板墙连接：预制板搁置于混凝土墙上或牛腿上的最小长度为 25mm，预制板板端应留出胡子筋，其长度不应小于 100mm，板孔堵头应留出不小于 50mm 的空腔，空腔内用不低于 C20 的细石混凝土浇灌密实，其构造如图 12-3-7 所示。

（3）预制板与梁的连接：为了保证安装阶段的可靠性，预制板在梁上的搁置长度宜大于 35mm，其构造做法如图 12-3-8 所示。

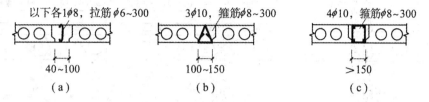

图 12-3-6　板缝连接示意图（单位：mm）

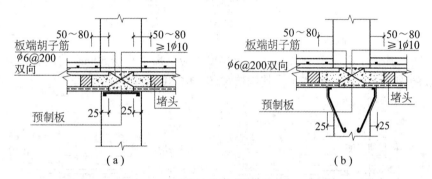

图 12-3-7　板墙连接示意图（单位：mm）

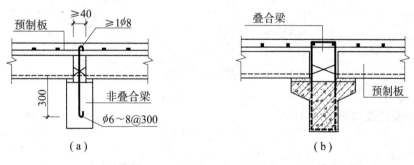

图 12-3-8　预制板与梁的连接示意图

（4）预制板与剪力墙平行时，应在预制板上设置拉筋，拉筋的一端锚入墙内，另一端钩入板缝底。非抗震设计时拉筋间距不大于 1500mm，且每一开间内不少于两根。抗震设计时，间距不大于 800mm、且每一开间内不少于 4 根。预制板与纵墙之间可以留有一定宽度的现浇带，内配计算确定的纵向钢筋。

2. 装配整体式楼板

装配整体式楼板现浇板缝应大于 40mm，板缝宜连续贯通，现浇面层宜每层设置。现浇板缝和现浇面层混凝土强度等级不应小于 C20，不宜大于 C40，现浇面层厚度应不小于 50mm，内配不少于 $\phi 6@200$ 的双向钢筋。钢筋应深入剪力墙内或与剪力墙预留的锚筋连接。

（1）板缝连接如图 12-3-9 所示。

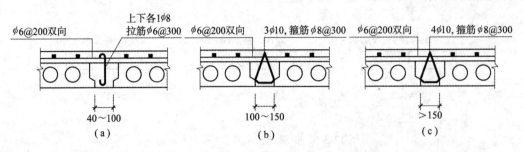

图 12-3-9　板缝连接示意图（单位：mm）

（2）板墙连接。预制板搁置于混凝土墙上或牛腿上的最小长度为 25mm，预制板板端留出胡子筋，其长度不应小于 100mm，板孔堵头应留出不小于 50mm 的空腔，空腔内用不低于 C20 的细石混凝土浇灌密实，其构造如图 12-3-10 所示。

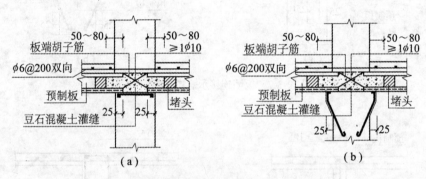

图 12-3-10　板墙连接示意图（单位：mm）

（3）板梁连接如图 12-3-11 所示。

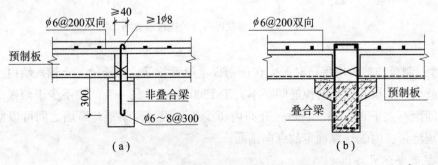

图 12-3-11　板梁连接示意图（单位：mm）

（4）空心板堵头如图 12-3-12 所示。

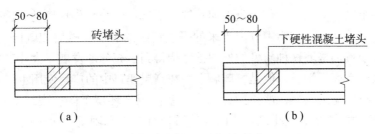

图 12-3-12 空心板堵头示意图(单位：mm)

12.4 高层建筑外墙构造

12.4.1 高层建筑外墙的特点

外墙是高层建筑的重要围护结构。其面积相当于总建筑面积的 20%～40%，平均花费在外墙上的费用占土建总造价的 30%～35%，有的甚至高达 50%。现代高层建筑大多采取常年室内空调，以抵御高空气候变化大的影响、因而对外墙的保温隔热和防风雨等要求也相应提高。出于美观要求、耐久性要求和减轻建筑物自重等因素的考虑，高层建筑外墙多采用轻质薄壁和高档饰面材料。高层建筑外墙施工不但工作量大，而且又是高空作业，多采取标准化、定型化、预制装配等构造方式，以减少现场作业量和加快施工速度。以上几点可以说是高层建筑外墙的特点，也是进行高层建筑外墙设计的依据。

12.4.2 高层建筑外墙的类型

高层建筑外墙一般为非承重墙，其重量由主体结构支承，根据外墙的构造形式和支承方式不同分为填充墙和幕墙两类。

1. 填充墙

填充墙是用砖或轻质混凝土块材砌筑在结构框架梁柱之间的墙体，既可用于外墙，也可用于内墙，填充墙与框架之间具有可靠的连接，保证砌块的稳定性。

填充墙属于手工砌筑，取材容易，造价较低，根据我国实际情况，在层数不多的高层建筑中，仍有其较广泛的应用前景。

2. 幕墙

幕墙是以板材形式悬挂于主体结构上的外墙，犹如悬挂的幕而得名。幕墙构造具有以下特征：幕墙不承重，但要承担风荷载，并通过连接件将自重和风荷载传递到主体结构。幕墙按材料区分可以分为轻质幕墙和重质幕墙，轻质幕墙如玻璃幕墙、金属板材幕墙、纤维水泥板幕墙、复合板材幕墙等。钢筋混凝土外墙挂板则属于重质幕墙。

目前高层建筑中运用最多的是玻璃幕墙，关于玻璃幕墙的相关知识在第四篇第 19 章中有详细介绍。本节着重介绍一下如今运用很广泛的高层建筑生态性外墙。

12.4.3 高层建筑外墙的发展和演变

提起高层建筑的外墙，人们自然就会想到玻璃幕墙。1925 年，格罗皮乌斯率先在包豪斯实现了一个摩登梦想——使用全玻璃外墙来创造室内与室外环境的通透融合。这就是幕墙的雏形：一片从建筑结构中分离出来的平整连续的表皮。随后20世纪30—40年代，高度的工业化使玻璃幕墙这种新型的外围护结构得到了充分的发展，大片玻璃的使用使封闭的建筑与大自然有了沟通。但是，玻璃幕墙在高层建筑中的广泛使用也带来了一系列的问题。如：大量的能源消耗，严重的光污染，室内卫生环境下降，视线干扰等。20世纪70年代的"玻璃盒子"终于使建筑外墙面临前所未有的生态困境，全球范围内的能源危机和人类生存环境的不断恶化，使节约能源、保护环境成为人类面临的最主要的问题。

随着科学技术的进步，以可持续发展为目标的生态型高层建筑应运而生。这一崭新的理念以最大限度地维护生态环境为目的，将高新科技手段运用到高层建筑的设计中，采用电子计算机、信息技术、生物科学技术、材料合成技术、资源替代技术、建筑构造措施等，达到降低建筑消耗，减少高层建筑对自然环境的破坏，努力维持生态环境平衡的目的。

为了更好地将"生态"概念引入高层建筑，许多建筑师对"外墙"的设计进行了深入地探索。由于高层建筑的外墙，对建筑节能有着十分重要的作用。因此，透明性高、保温性好、且能够自然通风便成为高层建筑生态型外墙的重要特征。近年来，欧洲的一些建筑师诸如N·福斯特、R·皮阿诺、L·罗杰斯、T·赫尔佐格等在这方面有了较多的尝试和成就。

12.4.4 高层建筑生态化外墙

1. 生态化外墙的特点

外墙设计在当今的高层建筑设计中占有越来越重要的地位。由传统单层外墙的玻璃幕墙发展到今天的生态化外墙系统，这是人类面临生态危机情况下做出的一种新的反应与探索。

目前，这种生态化外墙的设计尚在发展时期，生态化外墙造价昂贵，技术要求高，但生态化外墙在建筑节能上却显示出了巨大的威力。传统玻璃幕墙能源损耗很大，对外界环境的适应性差，能源利用效率很低。如果将传统高层建筑的外墙比做建筑物的一件衣服，那么生态化的高层建筑外墙则像建筑物的皮肤。生态化外墙不仅将高新科技手段与高层建筑紧密结合，还可以根据天气、温度、湿度、风力等自然条件的变化自觉调节外墙功能，高效的节约能源。由于生态化外墙包括了双层墙系统，外侧为全封闭式，因此可以大大减少外界噪音对建筑物内部的干扰。透明光洁的外墙，精致独特的构件，为高层建筑赋予了一种与众不同的美。

2. 实例分析

（1）德国法兰克福商业银行总部大楼

N·福斯特事务所设计的德国法兰克福商业银行总部大楼，成功地将自然景观引入超高层集中式办公建筑中，如图12-4-1所示，使城市高密度的生活方式与自然生态环境相融合，被称为世界上第一座生态型超高层建筑。值得一提的是，在这座建筑中，外墙设计也引起了相当大的关注。这座建筑的外墙覆盖系统包括一层隔热玻璃和一层简单的由外皮构成的双层墙以及其间的多孔通风层，如图12-4-2所示。外墙结构正如皮肤一样保护建筑物内部不受任何天气变化所带来的影响。新鲜空气通过外皮上的连续槽进入通风层，办公室内的控制板使自然通风系统得到完善，通过这些装置可以用手动或机械方式打开或关闭通风系统，这样产生的缓冲气流再次进入建筑物主体，使建筑物内部空间获得柔和的自然通风。当气候条件不允许使用自然通风时，可以使用一套机械送风系统为建筑物内部送风，在冬天还有一个带温度控制装置的外围加热系统可供使用。此外，外墙还有精心设计的热学装置以减少直射阳光的影响以及室内使用空调的需求，同时也减少了能量的消耗。由于对外墙设计进行了分析和物理计算以及由计算机辅助的模拟计算方法的应用，几乎全年都可以使用自然通风。这座建筑的外墙设计不但在自然通风的基础上节省了能源，而且其独特的双层墙也充分将"生态"思想发挥得淋漓尽致。

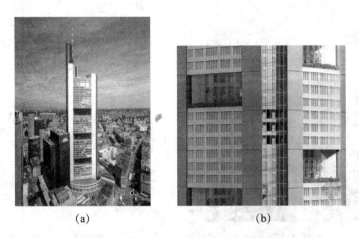

(a)　　　　　　　　　　　(b)

图 12-4-1　德国法兰克福商业银行总部大楼

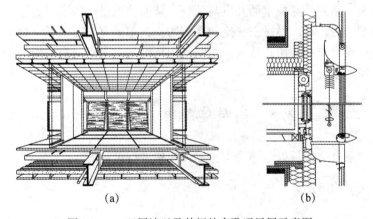

(a)　　　　　　　　　　　(b)

图 12-4-2　双层墙以及其间的多孔通风层示意图

（2）德国 RWE 总部大楼

1997 年，在德国埃森建成的由英恩·霍文欧文迪克事务所设计的 RWE 总部大楼也是一座外墙设计极为精巧的现代办公楼，该建筑的最突出特点就是其双层墙，所采用的智能幕墙系统可能是迄今为止最精密复杂的幕墙系统，如图 12-4-3 所示，这个系统能精确地调节建筑物内的各种能量分配。这个 120m 高的玻璃柱体标志着对传统美国式的、室内外完全分离并完全采用人工空调的建筑方式进行变革的一个转折点。因为 RWE 塔楼的双层墙可以使其自由呼吸,如图 12-4-4 所示。这里的双层墙中,其外层为单片玻璃的点式连接幕墙,采用 2m×3.6m 的模数以使空气可以沿相应的槽流通。中间有一个宽 50cm 的热通道,通道内装有能收放并调节角度的百页。内侧为双层中空绝热的克里莫普拉斯(climaplus)白玻璃。这个内层结构实际上是一个双层推拉门,安装了铰链,可以通过手动开关。因此即使是上部楼层的工作空间也可以享受自然空气而不必担心高空的阵风。该外

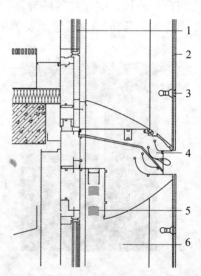

图 12-4-3　RWE 总部大楼幕墙外观　　　图 12-4-4　RWE 总部大楼外墙大样图

墙设计的核心是一系列特殊技术的开发与革新,从而使能量的需求降到了最低。置于双层墙之间的鱼嘴型装置,可以通过空气交换系统防止太阳的有害侵入,有效地避免眩光。这座建筑物的外墙设计充分利用自然资源控制室内环境。显示了其自身作为一个与大自然进行可控制性交换的系统。

12.5　高层建筑垂直交通设计

高层建筑的垂直交通是以电梯为主,楼梯为辅进行设计的。

12.5.1　楼梯的布置

1. 楼梯布置要求

在高层建筑中,显然设置了足够数量的电梯,但楼梯配合电梯作为竖向交通工具是不可缺少的,楼梯对于下面几层用户和层间用户短距离联系,以及在非常情况下(如火灾)作为安全紧急疏散通道均起到重要的作用。因此,楼梯的设置和数量以及安全方便方面在高层建筑防火设计中有许多特殊问题必须统一考虑。首先,楼梯设计必须符合《高层民用建筑设计防火规范》(GB50045—95)中的要求,楼梯作为电梯的辅助竖向交通工具,应与电梯有机配合,以利相互补充,因此楼梯至少应与一部电梯靠在一起。其布置方式如图12-5-1所示。

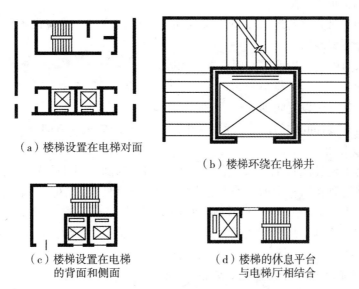

（a）楼梯设置在电梯对面

（b）楼梯环绕在电梯井

（c）楼梯设置在电梯
的背面和侧面

（d）楼梯的休息平台
与电梯厅相结合

图 12-5-1　电梯和楼梯的关系示意图

2. 楼梯的安全疏散设计

为保证高层民用建筑在正常情况下和非正常情况下的使用要求，高层民用建筑系统每个防火分区的安全出口不应少于两个，且应注意每部楼梯服务的面积以及两部楼梯之间距离的设置。表 12-5-1 为《高层民用建筑设计防火规范》（GB50045—95）中对安全疏散距离的规定。

表 12-5-1　　　　　　　　　　　　　安全疏散距离

建筑物名称		房间门或住宅户门至最远的外部出口或楼梯间的最大距离/m	
		位于两个安全出口之间的房间	位于袋形走道两侧或尽端的房间
医院	病房部分	24	12
	其他部分	30	15
教学楼、旅馆、展览楼		30	15
其他建筑		40	20

3. 疏散楼梯的位置

疏散楼梯是发生火灾时，电梯停止使用的紧急情况下最主要的竖向安全疏散通道。因此，其位置除应符合安全疏散距离的规定，还应符合人在火灾发生后可能的疏散方向。

（1）疏散楼梯间布置方向

①疏散楼梯靠近电梯厅。人们在紧急情况下，首先选择自己习惯经常使用的方向和路线，因此疏散楼梯靠近电梯厅有利于人们紧急疏散。

②疏散楼梯设置双向疏散出口。疏散楼梯位于标准层两端，在一个方向疏散受阻的情况下，人们必然折回向另一方向。

（2）防烟楼梯间的要求

一类建筑和建筑高度超过 32m 的二类建筑以及塔式住宅，均应设置防烟楼梯间，防烟楼梯间应符合下列要求：

①楼梯间入口处应设置前室或阳台、凹廊等。

②前室面积公共建筑不应小于 6m²，居住建筑不应小于 4.5m²。

③楼梯间的前室应设置防烟、排烟设施。

④通向前室和楼梯间的门均应设置乙级防火门，且应向疏散方向开。

4. 封闭式楼梯间

建筑物高度不超过 32m 的二类建筑，应设封闭楼梯间。封闭楼梯间应靠外墙，且能天然采光和自然通风，以利排烟。若不能直接天然采光和自然通风，应按防烟楼梯间规定设置。楼梯间应设乙级防火门，且应向疏散方向开启。

图 12-5-2 为两个疏散楼梯间实例，其中图 12-5-2(a) 为巴黎 Concord-la-Fayette 旅馆疏散楼梯布置；图 12-5-2(b) 为北京燕京饭店疏散楼梯布置。

5. 疏散楼梯间与消防电梯合并组成疏散单元

疏散楼梯在竖向及各层位置不变，能上能下，且底层有直接通往室外的出入口，并应直通屋顶(且不少于两座)。一旦建筑物下面火势蔓延，人们可以通过消防电梯直接上屋顶等待直升飞机或消防人员援救。

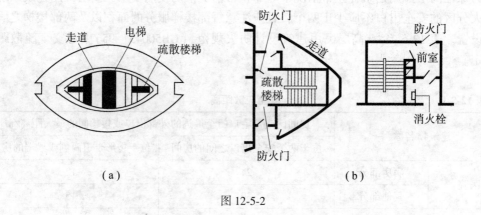

图 12-5-2

12.5.2 电梯的设置

1. 电梯及电梯厅的布置

高层建筑的主要竖向交通工具是电梯。电梯的选用及电梯厅的位置对高层建筑物中人们紧急疏散起着重要作用，特别是在防火、安全方面尤为重要。

（1）电梯及电梯厅的布置原则

①电梯及电梯厅要适当集中、其位置要适中，以使对各层和层间的服务半径均等。

②分层分区。规定各电梯的服务层，使其服务均等。超高层建筑物中，应将电梯分为高层、中层、低层运行组。

③建筑物内的主要通道要与电梯厅分隔开，以免相互干扰，将电梯厅设在凹处。

电梯厅的布置方式如图 12-5-3 所示。

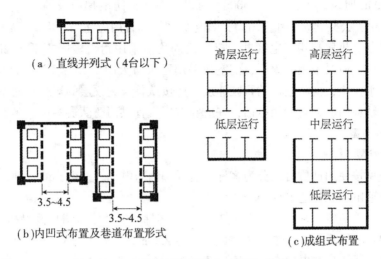

（a）直线并列式（4台以下）

3.5~4.5

3.5~4.5

（b）内凹式布置及巷道布置形式

高层运行　　高层运行

低层运行　　中层运行

低层运行

（c）成组式布置

图 12-5-3　电梯厅的布置方式示意图（单位：m）

④电梯的设置首先应考虑安全可靠，方便用户，其次才是经济。我国目前对电梯的设置尚无量的规定，但在保证一定服务水平的基础上，应使电梯的运载能力与客流量平衡。

（2）电梯厅的位置

电梯在高层建筑物中的位置一般可以归纳为：在建筑物平面中心、在建筑物平面一侧、在建筑物平面基本体量以外，如图 12-5-4 所示。

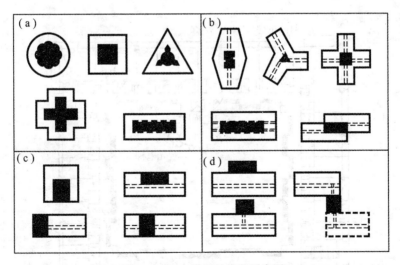

图 12-5-4　电梯厅的位置示意图

（3）消防电梯的设置

《高层民用建筑设计防火规范》（GB50045—95）中规定，一类公共建筑、塔式住宅、12 层及 12 层以上的单元式住宅和通廊式住宅、高度超过 32m 的其他二类公共建筑均应设置消防电梯。并应根据每层建筑面积大小来设置消防电梯数量，当不大于 1500m² 时设一台，大于 1500m² 时设二台，大于 4500m² 时设三台。消防电梯应设前室，其面积居住建筑不小于 4.5m²，公共建筑不小于 6m²，若与防烟楼梯合用应适当加大。

消防电梯井、机房与相邻电梯井、机房之间均应采用耐火极限不低于 2h 的墙隔开。若在隔墙上开门、应设甲级防火门；前室应采用乙级防火门或具有停滞功能的防火卷帘。井底应设置排水设施，消防电梯的行驶速度，应按从首层到顶层的运行时间不超过 60s 计算确定。电梯轿箱内应设置专用电话，并应在首层设置供消防队员专用的操作按钮。

2. 电梯的类型

(1) 电梯类型

电梯的类型按使用性质可以分为客梯、货梯和消防电梯。按电梯的行驶速度可以分为高速电梯、中速电梯和低速电梯。

高速电梯：消防电梯常用速度大于 2.5m/s，客梯速度随层数增加而提高。

中速电梯：一般货梯，按中速考虑，速度为 2.5m/s 以内。

低速电梯：运送食物电梯常用低速，速度为 1.5m/s 以内。

(2) 观光电梯

观光电梯是把竖向交通工具和登高流动观景相结合的电梯。20 世纪 60 年代，随着高层旅馆的大量兴建、中庭诞生，出现了观光电梯。电梯从封闭的井道中解脱出来，透明的电梯轿厢使电梯内外景观相互流通，是建筑物内垂直交通工具从单一功能到多功能的发展，北京长城饭店、西苑饭店、上海华亭宾馆均已采用。

①观光电梯与电梯厅合一。观光电梯与电梯厅合一既是中庭的组景因素、又是旅馆的主要竖向交通工具，如图 12-5-5 所示。

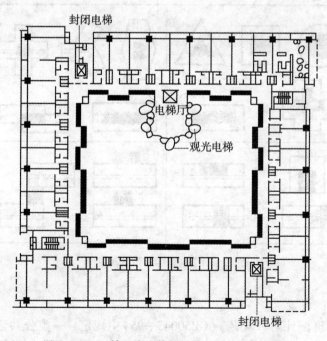

图 12-5-5　亚特兰大海特摄政旅馆客房层平面图

②分列式。观光电梯与电梯厅分开设置，观光电梯承担低层到屋顶旋转餐厅的交通量，通常位于客房楼的外壁，另设电梯厅承担竖向交通。如图 12-5-6 所示。

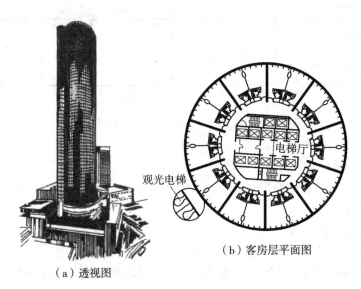

（a）透视图　　　　　　（b）客房层平面图

图 12-5-6　亚特兰大桃树广场旅馆观光电梯

③综合式。封闭的电梯同观光电梯共同组成电梯厅。观光电梯面向中庭式外部空间。如图 12-5-7 所示。

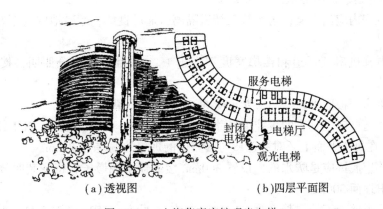

（a）透视图　　　　　　（b）四层平面图

图 12-5-7　上海华亭宾馆观光电梯

3. 电梯的组成

电梯由下列几个部分组成。

（1）电梯井道

不同性质的电梯，其井道根据需要有各种井道尺寸，以配合各种电梯轿厢供选用。电梯井道壁多为钢筋混凝土井壁或框架填充墙井壁。观光电梯井壁可以用通高玻璃幕墙，乘客可以通过玻璃幕墙观赏室外景色。

（2）电梯机房

电梯机房和井道的平面相对位置允许机房任意向两个相邻方向伸出，且满足机房有关设备安装的要求，如图 12-5-8 所示。

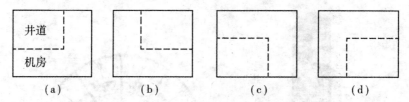

图 12-5-8　电梯井道和机房的平面相对位置图

（3）电梯井道地坑

一般电梯井道地坑在最底层平面标高下大于等于 1.4m，作为电梯轿厢下降时所需的缓冲器的安装空间。

（4）组成电梯的有关部件

①电梯轿厢。是直接载人，运货的厢体。

②电梯井壁导轨和导轨支架。是支承、固定电梯轿厢上下升降的轨道。

③牵引轮及其钢支架、钢丝绳、平衡锤、电梯轿厢开关门、检修起重吊钩等。

④有关电器部件。交流电动机、直流电动机、控制柜、继电器、励磁柜、选层器、动力照明、电源开关、厅外层数指示灯和厅外上下召唤盒开关。

4. 电梯与建筑物的相关部位构造

（1）电梯井道、机房建筑的一般要求

①电梯机房内应当干燥，与水箱和烟道隔离，通风良好，寒冷地区应考虑采暖，且应有充分照明。

②通向电梯机房的通道和楼梯宽度不小于 1.2m，且应有充分照明，楼梯坡度不大于 45°。

③电梯机房楼板应平坦整洁，能承受 6kPa 的均布荷载。

④电梯井道壁应是垂直的，井道尺寸只允许正偏差，其值不超过：对于井道宽度和深度为 50mm；在每个平面上，对井道壁与其相应的理想的偏差为 30mm。

⑤电梯井道底坑应是防水的，设置 300mm 缓冲器水泥墩子，待安装时浇制，需留钢筋 4 根，伸出地面 300mm。

⑥电梯井道壁为钢筋混凝土时，应预留 150mm 见方、150mm 深孔洞、垂直中距 2m，以便安装支架。

⑦电梯框架梁（圈梁）上应预埋铁板，铁板后面的焊结件与梁中钢筋焊结牢。每层中间加圈梁一道，并需放置预埋铁板。

⑧电梯井壁为砖墙时，在安装电梯时钻孔预埋导轨支架。

⑨电梯为两台并列时，中间可以不用隔墙而按一定的间隔设置钢筋混凝土梁或型钢过梁，以便安装支架。

（2）电梯导轨支架的安装

安装电梯导轨支架分预留孔插入式和预埋铁焊结式。

12.5.3　自动扶梯

19 世纪初，全世界第一台自动扶梯于法国巴黎的国际展览中心安装以后，自动扶梯便广泛应用于不同种类的建筑物中，自动扶梯为乘客提供了既舒适又快捷的层间上、下运输服务。

自动扶梯可以分为商业用自动扶梯及公共用自动扶梯两大类型，商业用自动扶梯除了提供乘客们一种既方便又舒适的上、下楼层间的运输工具外，在一些高层建筑物内的中庭以及商业中心和百货商场中，自动扶梯可引导乘客走一些既定路线，以引导乘客和顾客游览、购物。公共用自动扶梯的主要任务、则是在最短时间内，将乘客由一层楼运送至另一层楼。

1. 自动扶梯的结构及推动系统

自动扶梯的运行原理，是采取一种简单的机电系统技术。由电动马达变速器以及安全制动器所组成的推动单元拖动两条环链，自动扶梯的每级踏板都与环链连接，通过轧轮的滚动，踏板便沿着主构架中的轨道循环运转，设置在踏板上面的扶手带以相应速度与踏板同步运转，如图 12-5-9 所示。

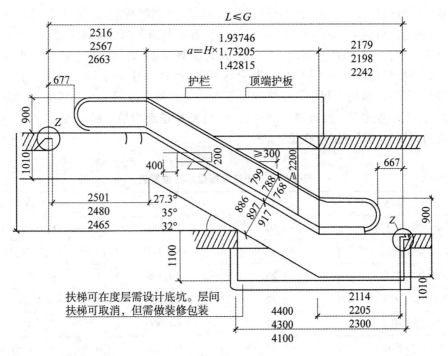

图 12-5-9　自动扶梯示意图(单位：mm)

2. 自动扶梯的客流量

自动扶梯一般运输的垂直高度为 0~20m，有些扶梯运输的垂直高度可达 50m 以上。踏板的宽度一般为 600~1000mm 不等，速度则为每秒 0.45~0.75m。常用速度为 0.5m/s。自动扶梯的理论载客量为 4000~13500 人次/h。其计算方法为：

$$Q = \frac{n \times v \times 3600}{0.40}$$

式中：Q——每小时载客人次；

   n——每级踏板站靠人数。

   600mm：踏板 $n = 1$；

   800mm：踏板 $n = 1.5$；

   1000mm：踏板 $n = 2.0$。

12.6 高层建筑设备层

高层建筑中为了保障舒适、安全的工作和生活环境，需要设置复杂的设备系统，包括：空调系统、给排水系统、电气系统、消防系统以及建筑智能化系统等。所谓高层建筑设备层，是指建筑物某层的有效面积大部分作为这些设备系统布置的楼层。

12.6.1 高层建筑设备层的设置位置及高度

1. 设备层的设置位置

设备层的具体位置，应配合建筑物的使用功能、建筑物高度、平面形状、电梯布局（高速、低速竖向分区）、空调方式、给水、排水方式等因素综合加以考虑。

高层建筑中，一般将产生振动、发热量大的重型设备（如制冷机、锅炉、水泵、蓄水池等）设置在建筑物最下部；将竖向负荷分区用的设备（如中间水箱、水泵、空调器、热交换器等）设置在建筑物中间层，而将利用重力差的设备，体积大、散热量大、需要对外换气的设备（如屋顶水箱、冷却塔、送风机等）设置在建筑物最上层。表 12-6-1 中列出了国外典型的高层建筑设备层所在位置。

表 12-6-1   典型的高层建筑设备层所在位置表

名　　　称	层　数	建筑面积/m²	设备层位置/层
曼哈顿花旗银行	$-5,60$	208,000	$-5,11,31,51,61,62$
伊利诺伊贝尔电话公司	$-2,31$	902,000	$-2,3,21,31$
神户贸易中心	$-2,26$	50,368	$-2,12,13$
东京 IBM 大厦	$-2,22$	38,000	$-2,21$
NHK 播音中心	$-1,23$	64,900	-1
京王广场旅馆	$-3,47$	116,236	$-3,8,46$

高层建筑中，因建筑高度大，层数多，设备所承受的负荷很大。从建筑物与设备系统的有效利用角度考虑，要节约设备管道空间，合理降低设备系统造价。因此，高层建筑除了用地下层或屋顶层作为设备层外，往往还有必要在中间层设置设备层，以使空调、给水、排水等设备的布置达到经济、合理。最早明确设置中间设备层的第一座高层建筑物，是 1950 年竣工的 30 层的联合国大厦。

设置中间设备层有以下特点：

(1)为了支承设备重量，要求中间设备层的地板结构承载能力比标准层大，而考虑到设备系统的布置方式不同，中间设备层的层高会低于或高于标准层。

(2)施工时，需要预埋管道附件(支架)或留孔，留洞，结构上需考虑防水、防震措施。

(3)从高层建筑的防火要求来看，设备竖井应处理层间分隔；但从设备系统自身的布置要求来看，层间分隔增加了设备系统的复杂性，需处理好相互关系。

(4)标准层中插入设备层，增加了施工的难度。

2. 设备层的高度

从目前国内外高层建筑情况来看，往往采用中间设备层，其原因是有利于设备系统(特别是空调和给水、排水装置)的布置和管理。一般情况下，每 10~20 层设一层中间设备层。设备层高度以能布置各种设备和管道为准。例如，有空调设备的设备层，通常从地坪以上 2m 内安装空调设备，在此高度以上 0.75~1m 布置空调管道和风道，再上面 0.6~0.75m 为给水、排水管道，最上面 0.6~0.75m 为电气线路区。表 12-6-2 列出了设备层层高概略值。如果没有制冷机和锅炉，仅有各种管道和其他分散的空调设备，国内常采用层高 2.2m 以内的技术夹层。

表 12-6-2　　　　　　　　　　设备层的层高概略值

总建筑面积/m²	设备层(包括制冷机房、锅炉房)层高/m	总建筑面积/m²	设备层(包括制冷机房、锅炉房)层高/m
1000	4.0	3000	4.5
5000	4.5	10000	5.0
15000	5.5	20000	6.0
25000	6.0	30000	6.5

12.6.2　高层建筑设备与楼板的相关构造

1. 高层建筑给水、排水设备与楼板的相关构造

水泵间是供水系统中不可缺少的部分，高层建筑中由于供水系统的不同，设置单个或多个水泵间。水泵间有振动和有噪声。一般水泵间设置在一层或地下室、半地下室。有时也设置在楼层。水泵间内至少有 4 台水泵，2 台生活水泵，2 台消防水泵。若有集中热水系统，另加热水泵。另外还需要设置周转水箱或水池。水泵应有设备基础，楼层上的设备基础与大楼连成整体，楼板采取现浇。水泵间运行时有水渗漏，因此，在水泵间内设置排水沟和集水井。集水井应下凹，以便集水，水泵间设置在楼层时，楼板下凹，不要影响下面房屋使用。水泵四周的地面应略高于相邻地面 5~6cm，以便做坡度和排水沟。水箱在楼层对、与上部楼板留出不小于 80cm 的检修间隙。设备若有振动，还应根据要求在楼板上设置相关减振措施。

2. 电话

高层建筑的总机室即是一个人工电话站或自动电话站。电话站的地板最好采用架空活动地板，以便敷设线路。若采用水泥楼地板，除留出线沟外，应铺上橡胶地板或塑料地板。高层建筑中电话线路敷设一般要求采用电话电缆穿金属管沿墙或楼板暗敷设。

12.6.3　高层建筑智能化系统的设备空间

所谓建筑智能化，是指具有"3A"的建筑。即办公自动化 OA(Office Automation)系统、建筑设备自动化 BA(Building Automation)系统和通信自动化 CA(Communication Automation)系统。

1. 智能化高层建筑的层高

智能化高层建筑的标准层在土建施工阶段一般做成大空间开敞形式，由用户自行隔断和装修。这种布局提高了建筑面积的有效利用率，适合于高层结构体系。空调、照明、消防、电源和通信线路插座均按建筑模数网格布置，一般按一个人的使用面积(例如 $9m^2$)划分网格。由于大量的电缆线和管线要到位，因此智能化建筑中要有架空地板或吊顶空间，同时又要保证一定的净空(通常为 2.8~3.3m)，以免造成压抑感。由此可见，如果加上架空地板的架空高度、结构及吊顶空间高度，则智能化建筑的层高可达 4~4.8m。

2. 电讯小室

在每一楼层设置电讯小室，将垂直通讯干线与水平布线连接。水平布线最长距离为90m。每 $1000m^2$ 办公面积至少设一间(最好是 $500m^2$ 设一间)，房间尺寸不小于 2.6m×2m。电讯小室应作全高防火墙(耐火极限 2h)、防水吊顶，吊顶高度至少为 2.5m。室内无窗，门至少高 2m，宽 1m。室内设架空地板。

3. 计算机房

智能化建筑物内的计算机房是为安装小型机乃至巨型机用的，同时还应包括外围设备、电源(UPS)、数据通讯设备和操作管理人员用房。计算机房的面积至少应为办公面积的 10%，至少应有 2m 宽的入口通道。为计算机房服务的电梯载重量不得小于 1200kg，其轿厢尺寸至少应为 2m×3m。由于要安装计算机柜，所以计算机房的层高最好不小于3.5m，其架空地板高度为 300~600mm。

4. 配线室

配线室是指安装电讯电缆接线架用的房间。大楼的总进线(与市话网的接口)称为交接线室，每层楼干线与平面布线的接口称为配线室。该房间用全高防火墙和防水吊顶，无窗，要有防火和防水措施和保安防卫措施。房间的最小尺小为 2m×2m。在考虑配线室尺寸时应遵循以下原则：每 $100m^2$ 办公面积需要在墙上安装的单边接线架宽度为 100mm，双边接线架宽度为 50mm。

5. 数字程控小交换机总机室

总机室中的设备包括电话接线板、传真机、电传机、分理台、紧急电话、电话会议控制设备、内部无线寻呼和接通记录装置等。现代化的 PABX(程控交换机)带有将各种功能集成在个人电脑上的控制台，这就增加了总机接线员工作面的需求。总机室应在DPBX(数字用户交换机)机房的 50m 距离内。

复习思考题 12

1. 试简述高层建筑的定义，并说明高层建筑有哪些类型？
2. 试简述高层建筑的结构体系，按材料划分高层建筑有哪些类型？
3. 试绘图说明高层建筑的垂直结构体系及各自的特点和适用范围。
4. 试简述筒体结构的类型及适用。
5. 试简述巨型结构的类型及适用范围。
6. 试简述高层建筑的造型设计原则。
7. 试简述高层建筑现浇楼板的类型及各自特点。
8. 试绘图举例高层建筑防烟楼梯间的设置要求。
9. 试简述消防电梯的设置要求。
10. 试简述高层建筑设备层的位置及高度。

第 13 章　大跨度建筑构造

◎ **内容提要**：本章内容主要包括大跨度建筑的概念和分类以及各种大跨度结构的概念、分类、构造要求以及适用范围。

13.1　概　　述

现代社会中存在着各式各样建筑结构形式的建筑物，每种建筑结构充分表现了其建筑物的独特性及美感。大跨度建筑是人类社会发展与进步的产物，是指横向跨越 30m 以上空间的各类结构形式的建筑物，多用于民用建筑中的影剧院、体育馆、展览馆、大会堂、航空港候机厅以及其他大型公共建筑，国内工业建筑中的大跨度厂房、飞机装配车间和大型仓库等。大跨度建筑体现了一个城市甚至是一个国家建筑技术的发展水平，同时对改善城市景观、调节市民的生活环境具有重要的作用。

传统的大跨度建筑的结构形式有刚架结构、桁架结构、拱式结构、薄壳结构、平板网架结构、网壳结构、悬索结构等。这些结构形式在我国工业与民用建筑中都得到了广泛的应用，在建筑结构方面具有不同的受力特点，在建筑工程中具有不同的造型特色，但与国际先进水平相比较，我国大跨度空间结构的发展仍存在一定差距，尤其是 150m 以上的超大跨度空间结构的工程实践还比较少，结构形式的表现还比较拘谨，较少大胆创新之作。随着高强度材料的推广应用，随着建筑施工技术不断进步，随着各种新型屋面材料的出现，随着人们对建筑精神功能要求的提高，大跨度建筑结构的形式将会越来越丰富多彩。

13.2　桁　架　结　构

13.2.1　概述

桁架是一种大跨度结构，虽然可以跨越较大的空间，但是由于其本身具有一定的高度，而且上弦一般又呈两坡或曲线的形式，所以只适合于当做屋顶结构。桁架结构主要由上弦杆、下弦杆和腹杆三部分组成，如图 13-2-1 所示。

桁架结构受力合理，计算简单，施工方便，适应性强，对支座没有横向力。桁架结构的最大特点是：①整体受弯转化为局部构件的受压或受拉；②充分利用三角形所具有的刚性特点。基于这两点，可以有效地发挥出材料的强度，以较小的杆件拼合在一起组成桁架，从而增大结构的跨度，以跨越较大的空间。

桁架常用做屋盖的承重结构，存在结构高度大和侧向刚度小的缺点，不但增加了屋面及围护墙的用料，还增加了采暖、通风、采光等设备的负荷，给音响控制带来困难。其中

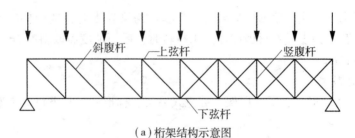

（a）桁架结构示意图

（b）某汽车客运站候车厅内部桁架结构

图 13-2-1　某汽车客运站候车厅内部——桁架结构

侧向刚度小，对于钢屋架特别明显，受压的上弦平面外稳定性差，也难以抵抗房屋纵向的侧向力，需要设置支撑，支撑过多又会耗费钢量，增加工程成本。

13.2.2　桁架结构的分类

桁架结构的形式很多，按所使用材料的不同，可以分为木屋架、钢—木组合屋架、混凝土屋架等。按屋架外形的不同，可以分为三角形屋架、梯形屋架、抛物线形屋架、折线形屋架、平行弦屋架等。按结构受力的特点及材料性能的不同，可以分为桥式屋架、无斜腹杆屋架或刚接桁架、立体桁架等。

1. 木屋架

常用的木屋架是方木或原木齿连接的豪式木屋架。一般分为三角形和梯形两种，大多在工地上用手工制作。如图 13-2-2 所示。

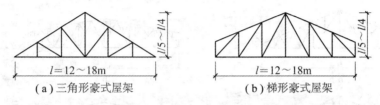

（a）三角形豪式屋架　　　　　　　（b）梯形豪式屋架

图 13-2-2　豪式木屋架示意图

三角形屋架的内力分布不均匀，内力分布为支座处大而跨中小，一般适用于跨度在18m 以内的建筑结构。三角形屋架的坡度大，适用于屋面材料的粘土瓦、水泥瓦及小青瓦等要求排水坡度较大的情况。

梯形屋架受力性能比三角形屋架合理，当房屋跨度较大时，选用梯形屋架较为适宜。当采用坡形石棉瓦、铁皮或卷材做屋面防水材料时，屋面坡度需取斜度 $i=1/5$。梯形屋架适用跨度为 12～15m。

2. 钢-木组合屋架

钢-木组合屋架的形式有豪式屋架、芬克式屋架、梯形屋架和下折式屋架，如图13-2-3所示。

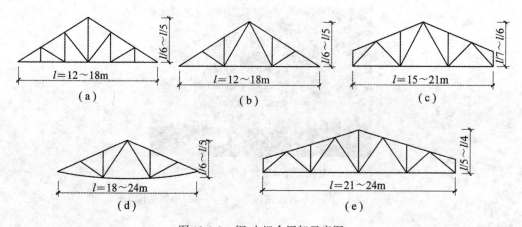

图 13-2-3　钢-木组合屋架示意图

钢-木组合屋架的适用跨度视屋架结构的外形而定，对于三角形屋架，其跨度一般为 12～18m，对于梯形、折线形等多边形屋架，其跨度可以为 18～24m。

3. 钢屋架

如图 13-2-4～图 13-2-6 所示，钢屋架的形式主要有三角形屋架、梯形屋架、矩形(平行弦)屋架等，为改善上弦杆的受力情况，常采用再分式腹杆的形式，如图13-2-5(b)所示。

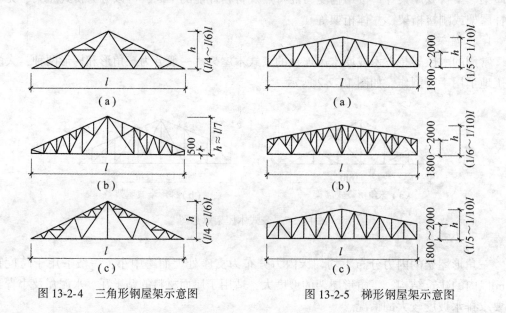

图 13-2-4　三角形钢屋架示意图　　　图 13-2-5　梯形钢屋架示意图

三角形屋架一般适用于屋面坡度较大的屋盖结构中，若荷载和跨度较大，采用三角形屋架就不够经济。

梯形屋架一般适用于屋面坡度较小的屋盖中，其受力性能比三角形屋架优越，适用于较大跨度或较大荷载的工业厂房。梯形屋架一般都用于无檩体系屋盖，屋面材料大多采用大型屋面板。

矩形屋架也称为平行弦屋架，容易满足标准化、工业化生产的要求，一般常用于托架或支撑系统，不宜用于大跨度建筑中。若跨度较大，为节约材料，也可采用不同的杆件截面尺寸。

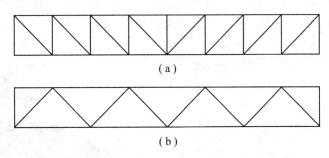

（a）

（b）

图 13-2-6　矩形钢屋架示意图

4. 轻型钢屋架

轻型钢屋架按结构形式主要有三角形屋架、三铰拱屋架和梭形屋架三种，其中，三角形屋架是最常用的。如图 13-2-7、图 13-2-8 所示。

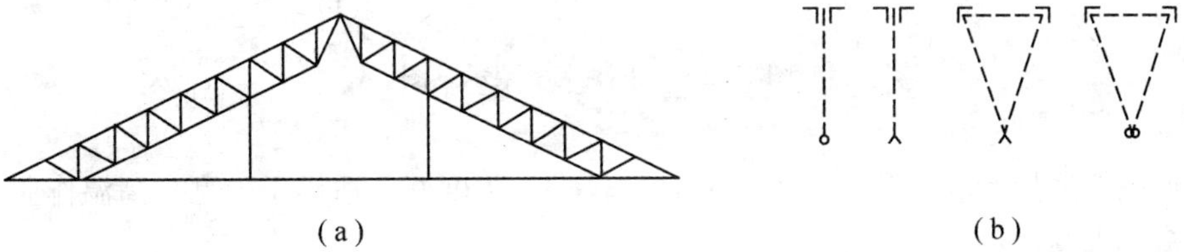

（a）

（b）

图 13-2-7　三铰拱轻型钢屋架示意图

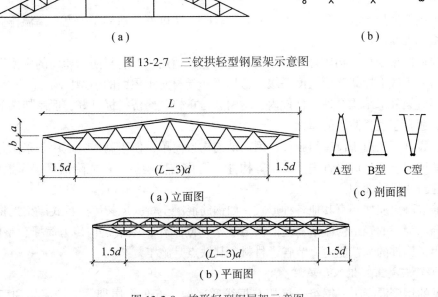

L

a

b

$1.5d$ $(L-3)d$ $1.5d$

（a）立面图

A型　B型　C型

（c）剖面图

$1.5d$ $(L-3)d$ $1.5d$

（b）平面图

图 13-2-8　梭形轻型钢屋架示意图

屋面有斜坡屋面和平坡屋面两种。三角形屋架和三铰拱屋架适用于斜坡屋面，屋面坡度通常取 1/3~1/2。梯形屋架的屋面坡度较为平坦，通常取 1/8~1/2。轻型钢屋架适用于跨度不大于 18m，柱距 4~6m，设置有起重量不大于 50kN 的中、轻级工作制桥式吊车的工业建筑和跨度不大于 18m 的民用房屋的屋盖结构。也有一些实际工程的跨度已超过了上述范围。

5. 混凝土屋架

混凝土屋架的常见形式有梯形屋架、折线形屋架、拱形屋架、无斜腹杆屋架等。根据是否对屋架下弦施加预应力，可以分为钢筋混凝土屋架和预应力钢筋混凝土屋架两种，其跨度为 18~36m 或更大。混凝土屋架的常用形式如图 13-2-9 所示。

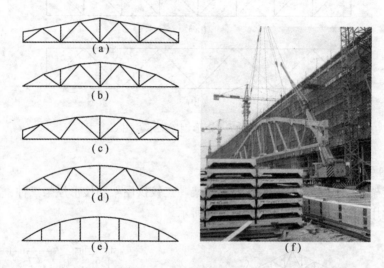

图 13-2-9 混凝土屋架示意图

梯形屋架适用于卷材防水屋面，其自重较大，刚度好，适用于重型、高温作业及采用井式或横向天窗的厂房。

折线形屋架外形结构较合理，结构自重较轻，适用于非卷材防水屋面的中型厂房或大型厂房。折线形屋架屋面坡度平缓，适用于非卷材防水屋面的中型厂房。

拱形屋架外形结构合理，杆件内力均匀，自重轻、经济指标良好，但屋架端部屋面坡度太陡，适合于卷材防水的屋面。

无斜腹杆屋架由于没有斜腹杆，因而结构构造简单，便于制作，适用于采用井式或横向天窗的厂房。不仅可以省去天窗架等构件，简化结构构造，还能降低厂房屋盖的高度，减小了建筑受风的面积。

钢筋混凝土屋架还有其他各种形式，如钢筋混凝土桥式屋架等。桥式屋架是将屋面板与屋架合二为一的轻结构体系，屋面板与屋架共同工作，屋架结构传力简捷、整体性好，充分利用了构件的承载能力，节省了材料，其缺点是施工复杂。

6. 钢筋混凝土—钢组合屋架

常见的钢筋混凝土—钢组合屋架有折线形屋架、五角形屋架、三铰屋架和两铰屋架等，如图 13-2-10 所示。

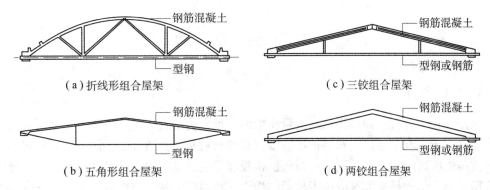

（a）折线形组合屋架　　　　　（c）三铰组合屋架

（b）五角形组合屋架　　　　　（d）两铰组合屋架

图 13-2-10　钢筋混凝土—钢组合屋架示意图

折线形屋架的特点是其自重轻、材料省、技术经济指标都较好，适用跨度为 12~18m 的中小型厂房。折线形屋架屋面坡度约为 1/4，适用于石棉瓦、瓦垄铁、构件自防水等的屋面。

两铰或三铰组合屋架的特点是其自重轻、杆件少、受力明确，构造简单，施工方便，特别适用于农村地区的中小型建筑。若采用卷材防水屋面坡度为 1/5，若采用非卷材防水屋面坡度为 1/4。

桥式屋架是将屋面板与屋架合二为一的结构体系。如图 13-2-11 所示。

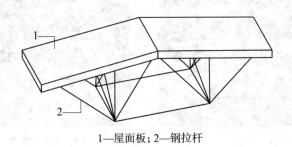

1—屋面板；2—钢拉杆

图 13-2-11　钢筋混凝土—钢组合桥式屋架示意图

13.2.3　屋架结构的构造

屋架结构的主要尺寸包括屋架的矢高、坡度、节间长度。

1. 屋架矢高

屋架的矢高直接影响结构的刚度与经济指标，矢高不宜过大也不宜过小。屋架的矢高应根据屋架的结构形式确定，常规矢高取跨度的 1/15~1/10。

2. 屋架坡度

屋架上弦坡度应与屋面防水构造相适应，若采用瓦类屋面，屋架上弦坡度应大一些，一般不小于 1/3，以利于排水。若采用大型屋面板并作卷材防水，屋面坡度可以平缓一些，一般为 1/12~1/8。

3. 屋架节间长度

屋架节间长度的大小与屋架的结构形式、材料以及受荷条件有关。一般上弦受压，节间长度应小一些，下弦受拉，节间长度可以大一些。

13.3 拱 结 构

13.3.1 概述

拱是一种十分古老而现代仍在大量应用的一种结构形式。拱是主要以受轴向力为主的结构，这对于混凝土、砖、石等抗压强度较高的材料是十分适宜的，拱可以充分利用这些材料抗压强度高的特点，避免这些材料抗拉强度低的特点，因而拱很早就得到了十分广泛的应用。拱式结构最初大量应用于桥梁结构中，在混凝土材料出现后，逐渐广泛应用于大跨度房屋建筑中。我国古代拱式结构的杰出建筑是河北省的赵州桥，其跨度为37m，建于1300多年前，为石拱桥，经受历次地震考验，至今保存完好，如图13-3-1所示。

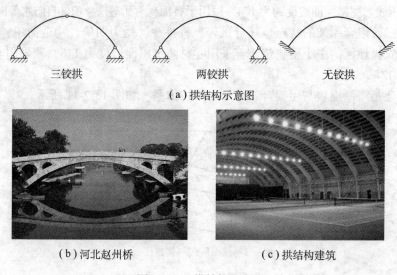

（a）拱结构示意图

（b）河北赵州桥　　　　　　　（c）拱结构建筑

图 13-3-1　拱结构示意图

13.3.2 拱结构的分类

拱式结构应用广泛，形式多样。按结构支承方式分类，拱可以分为三铰拱、两铰拱和无铰拱；按应用材料分类，拱可以分为钢筋混凝土结构拱、钢结构拱、胶合木结构拱、砖石砌体结构拱；按拱身截面来分类，拱可以分为格构式拱、实腹式拱、等截面拱和变截面拱。

三铰拱为静定结构，由于跨中存在着顶铰，使拱本身和屋盖结构构造复杂，因而较少采用。两铰拱和无铰拱均为超静定结构，两铰拱的优点是受力合理、用料经济、制作和安装比较简单，对温度变化和地基变形的适应性较好，因而目前较为常用。无铰拱受力最为合理，但对支座要求较高，若地基条件较差，不宜采用。

1. 钢结构拱

钢结构拱有实腹式拱和格构式拱两种。一般采用格构式拱，以节省材料，如图13-3-2所示。实腹式拱可以做成具有曲线形的外形，通常为焊接工字形截面。格构式拱因分段后在现场进行吊装，若设计成标准单元，则可以方便施工，如图13-3-3所示。

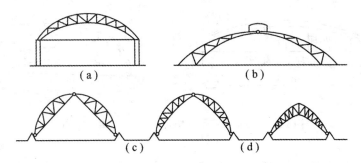

图 13-3-2　格构式钢拱的形式示意图

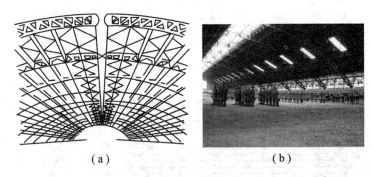

图 13-3-3　西安秦俑博物馆展览厅

2. 钢筋混凝土拱

钢筋混凝土拱一般采用实腹式拱，以方便施工。钢筋混凝土拱的拱身截面一般为矩形或工字形，上铺大型预制屋面板。也可以做成折板拱、波形拱或网状筒拱成为梁板结构，以进一步节省材料，又可以达到较好的室内视觉效果。图 13-3-4 为湖南省游泳馆，跨度为 47.6m，采用装配式折板拱；图 13-3-5 为无锡体育馆，跨度为 60m，采用钢丝网水泥双曲拱。有的拱采用装配式钢筋混凝土网状筒拱结构。

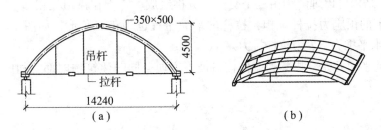

图 13-3-4　折板拱(湖南省游泳馆)示意图(单位：mm)

13.3.3　拱结构的构造

1. 拱结构的支撑系统

拱为平面受压或压弯结构，因此必须设置横向支撑且通过檩条或大型屋面板体系来保证拱在轴线平面外的受压稳定性。为了增强拱结构的纵向刚度，传递作用于山墙上的风荷

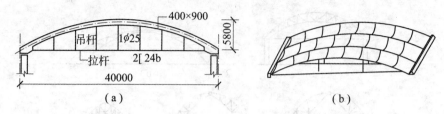

图 13-3-5　波形拱(无锡体育馆)示意图(单位：mm)

载，还应设置纵向支撑形成整体，如图 13-3-6 所示。拱支撑系统的布置原则与单层刚架结构类似，详见本书第三篇第 14 章关于单层工业厂房设计章节。

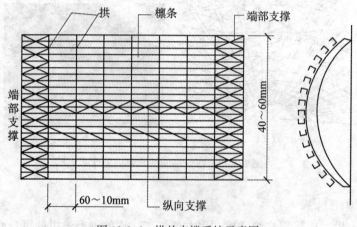

图 13-3-6　拱的支撑系统示意图

2. 拱结构的布置形式

拱式结构可以根据平面的需要交叉布置，构成圆形平面，如图 13-3-7 所示，或其他正多边形平面。法国巴黎工业技术展览中心，其大厅平面为边长 218m 的正三角形，高 43.6m，大厅结构可以理解为由三个交叉的宽拱组成，它们在拱顶处相遇，拱的水平推力由布置在地下的预应力拉杆承担，拉杆的平面布置也为正三角形，如图 13-3-8 所示，图中 H 为拱角水平推力，T 为拉杆拉力。

若拱从地平面开始，拱脚处墙体构造极不方便，同时建筑物内部空间的利用也不好，

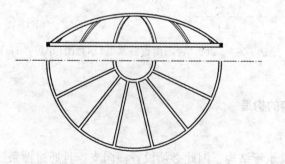

图 13-3-7　圆形平面交叉拱示意图

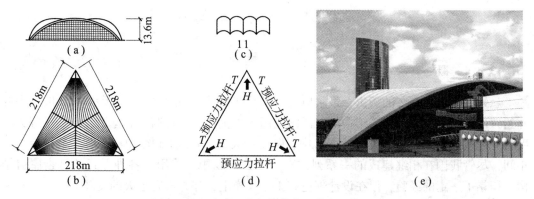

图 13-3-8　法国巴黎工业技术展览中心外观图

为此可以在拱脚附近外加一排直墙，把拱包在建筑物内部；也可把建筑外墙收进一些，把拱脚暴露在建筑物的外部；还可把拱脚改成直立柱式，但这样做对结构受力并不好。如图13-3-9 所示。

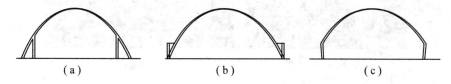

图 13-3-9　拱与建筑外墙的布置关系示意图

图 13-3-10 为美国蒙哥玛利体育馆结构示意图，该体育馆平面为椭圆形，而各榀拱架结构的尺寸是一致的，因此一部分拱脚包在建筑物内，而另一部分拱脚则暴露在建筑物的外部，且各榀拱脚伸出建筑物的长度是变化的，给人以明朗、轻巧的视觉效果。

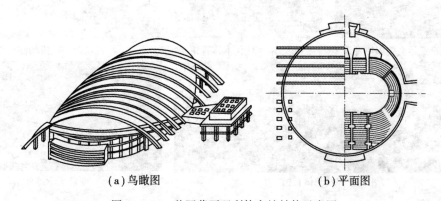

（a）鸟瞰图　　　　　　　（b）平面图

图 13-3-10　美国蒙哥玛利体育馆结构示意图

13.4 悬索结构

13.4.1 概述

悬索结构有着悠久的历史，最早应用于桥梁工程中，如图 13-4-1 所示。20 世纪中叶开始，现代大跨度悬索屋盖结构被广泛的应用于飞机库、体育馆、展览馆、杂技场等大跨度公共建筑物和某些大跨度工业厂房中，跨度最大达 160m。如图 13-4-2 所示，在近数十年间，尽管我国在相继建成的一系列体育场馆建筑物中，采用了各种形式的悬索屋盖结构，积累了一定的经验，但在设计理论和工程规模上，却并没有很大的突破。

（a）四川泸定桥　　　　　　（b）美国金门大桥

图 13-4-1　悬索结构的桥梁

（a）北京亚运会朝阳体育馆　　（b）东京代代木体育馆　　（c）杜勒斯国际机场候机楼

（d）成都城北体育馆　　　　　　（e）耶鲁大学冰球馆

图 13-4-2　悬索结构的建筑物

悬索结构由受拉索、边缘构件和下部支撑构件所组成，如图 13-4-3 所示。拉索按一定的规律布置可以形成各种不同的体系，边缘构件和下部支撑构件的布置则必须与拉索的形式相协调，有效地承担或传递拉索的拉力。拉索一般采用由高强钢丝组成的网铰线、钢丝绳或钢丝束，在均匀荷载作用下必然下垂而呈现出悬链曲线的形式；边缘构件和下部支撑构件则常常为钢筋混凝土结构。

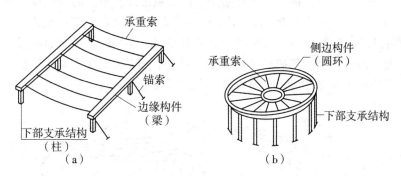

图 13-4-3　悬索结构组成示意图

悬索屋盖结构具有以下特点：

（1）悬索结构的索一般都是采用高强度材料制成的，大大减少材料用量，且可以减轻结构自重，同时通过索的轴向受拉来抵抗外荷载的作用，可以充分利用钢材的强度。因而，悬索结构适用于大跨度的建筑物，跨度越大经济效益越好。

（2）悬索结构的钢索线条柔和，便于协调，容易适应各种建筑平面，便于建筑造型，因而，悬索结构能较自由地满足各种建筑功能和表达形式的要求，创作出新颖且富有动感的建筑体型。

（3）悬索结构的钢索自重小，屋面构件一般也较轻，安装屋盖时不需要大型起重设备，施工时不需要大量脚手架，也不需要模板。因而与其他结构形式相比较，施工比较方便且施工费用相对较低。

（4）悬索结构可以创造具有良好物理性能的建筑空间。既可以利用屋面来遮盖对声学要求较高的公共建筑，也利于室内采光的处理。

（5）悬索屋盖结构的稳定性较差，单根悬索是一种几何可变结构，其平衡形式随荷载分布方式而变，特别是当荷载作用方向与垂度方向相反时，悬索就丧失了承载能力，因此，常常需要附加布置一些索系或结构来提高屋盖结构的稳定性。

（6）悬索结构的边缘构件和下部支承必须具有一定的刚度和合理的形式，以承担索端巨大的水平拉力，因此悬索体系的支承结构往往需要耗费较多的材料，其用钢量均超过钢索部分。当结构跨度小时，由于钢索锚固构造和支座结构的处理与大跨度时一样复杂，往往不经济。

13.4.2　悬索结构的分类

悬索屋盖结构按屋面几何形式的不同，可以分为单曲面屋盖和双曲面屋盖两类；根据拉索布置方式的不同，可分为单层悬索体系、双层悬索体系、交叉索网体系三类。

1. 单层悬索体系

单层悬索体系的优点是传力明确，构造简单。其缺点是屋面稳定性差，抗风（上吸力)能力小。为此常采用重屋面，适用于中、小跨度建筑的屋盖。单层悬索体系有单曲面单层拉索体系和双曲面单层拉索体系。

（1）单曲面单层拉索体系

单曲面单层拉索体系也称单层平行索系，该索系由许多平行的单根拉索组成。屋盖表面为筒状凹面，需从两端山墙排水，如图 13-4-4 所示。拉索两端的支点可以是等高的，也可以是不等高的；拉索可以是单跨的，也可以是多跨连续的。单曲面单层拉索体系的优点是传力明确，构造简单。其缺点是屋面稳定性差，抗风(上吸力)能力小，索的水平拉力不能在上部结构实现自平衡，必须通过适当的形式传至基础。

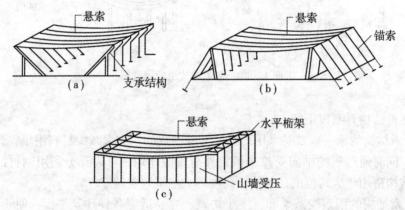

图 13-4-4　单曲面单层拉索体系水平力的平衡示意图

如图 13-4-5 所示，德国乌柏特市游泳馆可以容纳 2000 观众，比赛大厅平面面积为 65m×40m，屋盖设计成纵向单曲单层悬索。悬索拉力通过看台斜梁传至游泳池底部，两侧对称平衡，使地基仅承担压力，该建筑结构形式与建筑使用空间协调一致，非常合理。屋面材料采用浮石混凝土和普通混凝土屋面，以保证悬索的稳定性。

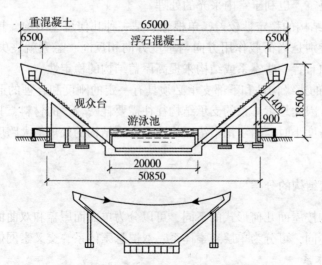

图 13-4-5　德国乌柏特市游泳馆结构示意图(单位：mm)

（2）双曲面单层拉索体系

双曲面单层拉索体系也称为单层辐射索系。这种索系常见于圆形的建筑平面，其各拉索按辐射状布置，整个屋面形成一个旋转曲面，双曲面单层拉索体系有碟形和伞形两种。碟形悬索结构的拉索一端支承在周边柱顶环梁上，另一端支承在中心内环梁上，其特点是雨水集中于屋盖中部，屋面排水处理较为复杂。伞形悬索结构的拉索通畅，但中间有立柱限制了建筑物的使用功能。如图 13-4-6 所示。

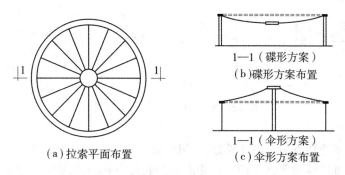

（a）拉索平面布置

1—1（碟形方案）
（b）碟形方案布置

1—1（伞形方案）
（c）伞形方案布置

图 13-4-6　双曲面单层拉索体系示意图

乌拉圭蒙特维多体育馆碟形悬索结构和山东淄博长途汽车站伞形悬索结构均采用了混凝土屋面板。如图 13-4-7 所示。

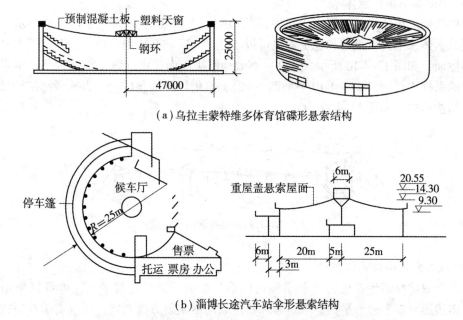

（a）乌拉圭蒙特维多体育馆碟形悬索结构

（b）淄博长途汽车站伞形悬索结构

图 13-4-7　碟形和伞形悬索结构示意图（单位：mm）

2. 双层悬索体系

双层悬索体系由一系列承重索和相反曲率的稳定索组成。每对承重索和稳定索一般位于同一竖向平面内，二者之间通过受拉钢筋混凝土或受压撑杆联系，联系杆可以斜向布置，构成犹如屋架的结构体系，因而又称为索桁架。如图 13-4-8 所示。

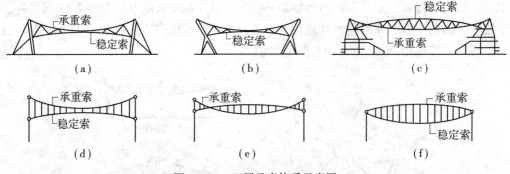

图 13-4-8   双层悬索体系示意图

双层悬索体系的特点是其稳定性好，整体刚度大，反向曲率的索系可以承担不同方向的荷载作用，通过调整承重索、稳定索或腹杆的长度，可以对整个屋盖体系施加预应力，增强了屋盖的整体性。双层悬索体系适宜于采用轻屋面，如铁皮、铝板、石棉板等屋面材料和轻质高效的保温材料，以减轻屋盖自重、节约材料，降低造价。

双层悬索体系按屋面几何形状的不同也有单曲面双层拉索体系和双曲面双层拉索体系两类。

(1) 单曲面双层拉索体系

单曲面双层拉索体系常用于矩形平面的单跨或多跨建筑物，如图 13-4-9 所示。单曲面双层拉索体系中的承重索和稳定索也可以不在同一竖向平面内，而是相互错开布置，构成波形屋面，如图 13-4-10 所示，这样可有效地解决屋面排水问题，承重索与稳定索之间靠波形的系杆连接(见图 13-4-10 中剖面 2—2)，且借以施加预应力。吉林滑冰馆即采用了类似的结构形式，如图 13-4-11 所示。

图 13-4-9   单曲面双层拉索体系示意图

(2) 双曲面双层拉索体系

双曲面双层拉索体系也称为双层辐射体系，常用于圆形建筑平面，也可以采用椭圆形、正多边形或扁多边形平面。承重索和稳定索均沿辐射方向布置，周围支承在周边柱顶的受压环梁上，中心则设置受拉内环梁，整个屋盖支承于外墙或周边的杆件上，根据承重索和稳定索的关系所形成的屋面可以为上凸、下凹或交叉形，相应地在周边柱顶应设置一道或两道受压环梁，如图 13-4-12 所示。通过承重索、稳定索或腹杆的长度且利用中心受拉或受压，也可以对拉索体系施加预应力。

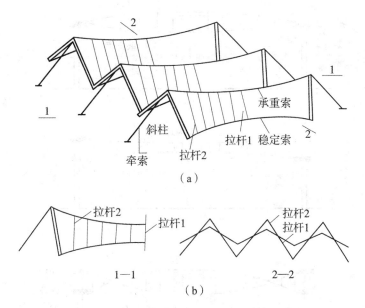

（a）

1—1   2—2

（b）

图 13-4-10 单曲面双层拉索体系中承重索和稳定索不在同一竖平面内

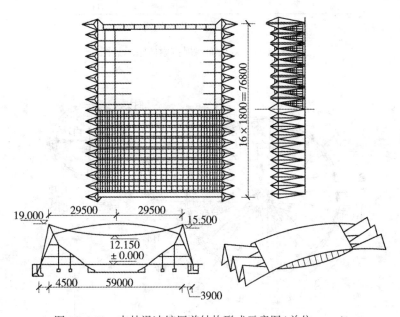

图 13-4-11 吉林滑冰馆屋盖结构形式示意图（单位：mm）

  成都市城北体育馆采用了无拉环的圆形双层悬索结构，将上述中心环由受拉环改为构造环，该建筑不是将钢索锚固在中心环上，而是将钢索绕过中心环，从而避免了使中心环受拉，钢索的布置如图 13-4-13 所示。

 3. 交叉索网体系

  交叉索网体系也称为鞍形索网，鞍形索网由两组相互正交的、曲率相反的拉索直接交

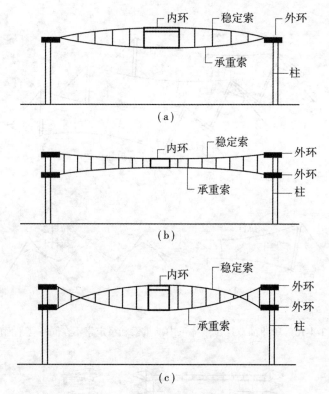

图 13-4-12　双曲面双层拉索体系示意图

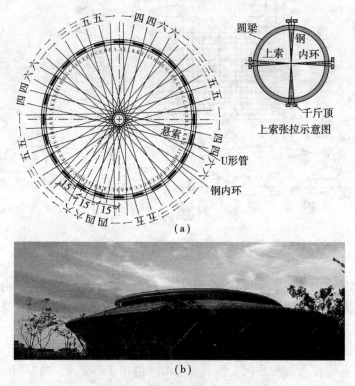

图 13-4-13　成都市城北体育馆钢索布置

叠组成，形成负高斯曲率的双曲抛物面，如图 13-4-14 所示，两组拉索中，下凹者为承重索，上凸者为稳定索，稳定索应在承重索之上，交叉索网结构通常施加预应力，以增强屋盖结构的稳定性和刚度，由于存在曲率相反的两组索，对其中任意一组或同时对两组进行张拉，均可实现预应力。

交叉索网体系需设置强大的边缘构件，以锚固不同方向的两组拉索。因而具有刚度大、变形小、反向受力能力，结构稳定性好等优点，适用于圆形、椭圆形、菱形等平面形式的大跨度建筑的屋盖。屋面材料一般采用轻屋面，如卷材、铝板、拉力薄膜，以减轻自重、节省造价。

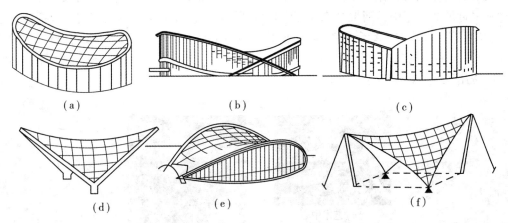

图 13-4-14　交叉索网体系及其边缘构件示意图

边缘构件形式丰富多变，造型优美，屋面排水容易处理。根据边缘构件的形式，建筑物的造型一般有以下几种布置方式。

（1）边缘构件为闭合曲线环形梁

如图 13-4-14(a)所示，边缘构件做成闭合曲线环形梁的形式，环梁呈马鞍形，搁置在下部的柱或承重墙上。

（2）边缘构件为落地交叉拱

如图 13-4-14(b)所示，边缘构件做成倾斜的抛物线拱，拱在一定的高度相交后落地，拱的水平推力可以通过在地下设拉杆平衡。

（3）边缘构件为不落地交叉拱

如图 13-4-14(c)、(d)所示，边缘构件在另一个方向的则必须设置拉索或刚劲的竖向构件，如扶壁或斜筑等，以平衡其向外的水平合力。

（4）边缘构件为一对不相交的落地拱

如图 13-4-14(e)所示，作为边缘构件的一对落地拱可以不相交，各自独立，以满足建筑造型上的要求。

（5）边缘构件为拉索结构

如图 13-4-14(f)所示，鞍形交叉索网结构也可以用拉索作为边缘构件，可以根据需要设置立柱，并可以做成任意高度，覆盖任意空间，造型活泼，布置灵活。

13.5 网 架 结 构

13.5.1 概述

空间网架是由许多杆件根据建筑形体要求，按照一定的规律进行布置，通过节点连接组成一种网状的三维杆系结构，网架结构具有三向受力的性能，故也称为三向网架。网架结构平面布置灵活，空间造型美观，能适应不同跨度、不同平面形状、不同支承条件、不同功能需要的建筑物，特别是在大、中跨度的屋盖结构中网架结构更能显示出其优越性。因而在最近的数十年中，网架结构在国内外得到了很大的发展和广泛的应用，包括体育建筑(如体育馆、训练馆、看台雨篷等)、公共建筑(如展览馆、影剧院、车站、码头、候机大厅等)、工业建筑(如仓库、厂房、飞机库等)以及一些小型建筑的屋盖(如门厅、加油站、收费站等)，如图 13-5-1 所示。

(a)艺术中心

(b)加油站　　　　　(c)商场

（d）机场候机大厅

图 13-5-1　网架结构的建筑物

13.5.2　网架结构的分类

网架结构一般为双层，有时也有三层的，按照杆件的布置规律及网格的格构原理分类，网架结构可以分为交叉桁架体系和角锥体系两类。交叉桁架体系由两向或三向相互交叉的平面桁架组成，角锥体系则分别由四角锥、三角锥、六角锥等组成。由于交叉桁架体系网架可以先拼装成平面桁架，然后进行总拼装，而且平面桁架的制作为施工单位所熟悉，因此交叉桁架体系网架在制作与安装方面比角锥体系网架易于推广。随着网架构件制造越来越专业化，角锥体系因其良好的受力性能和优美的艺术效果而更具有竞争力。

为了便于说明网架结构各构件的布置，本节图 13-5-2～图 13-5-5 中网架平面杆件的表示方法为：平面图中分为 4 个区，左上角为平面总图，右上角为上弦杆的位置，左下角为下弦杆的位置，右下角为腹杆的位置。

1. 交叉桁架体系网架

交叉桁架体系网架是由一榀榀平面桁架相互交叉组合而成。网架中每榀桁架的上、下弦杆及腹杆位于同一垂直平面内，根据网架的平面形状和跨度大小，整个网架可以由两向或三向平面桁架交叉而成，两向相交的桁架的夹角，可以做成 90°，也可以成任意角度。三向交叉桁架的夹角一般为 60°。交叉桁架体系网架的形式有下列五种：

(1)两向正交正放网架

两向正交正放网架由两个方向的平面桁架交叉而成，其交角为 90°，因而称为正交。两个方向的桁架分别平行于建筑平面的边线，因而又称为正放。其特点是网架图形、节点简单，施工方便，如图 13-5-2(b)所示。

(2)两向正交斜放网架

两向正交斜放网架是由两组相互交叉成 90°的平面桁架组成，但每榀桁架与建造平面边线的夹角为 45°，因而称为两向正交斜放网架，如图 13-5-2(c)所示。

(3)两向斜交斜放网架

由于建筑物的使用功能或建筑立面要求，有时建筑平面中两相邻边的柱距不等，因而相互交叉桁架的交角不能保持 90°，成为其他某一角度，而且两个方向的桁架与建筑平面边线也形成了一角度，因而称为两向斜交斜放网架，如图 13-5-2(d)所示。

(4)三向交叉网架

三向交叉网架一般是由三个方向的平面桁架相互交叉而成，其夹角互为 60°。因而上、下弦杆在平面中组成三角形，如图 13-5-2(e)所示。三向交叉网架比两向网架的空间刚度大、杆件内力均匀，适合在大跨度工程中采用，特别适用于三角形、梯形、正六边形、多边形及圆形平面的建筑中，其造型也比两向网架美观，但三向交叉网架杆件种类多，节点构造复杂，在中小跨度中应用不是很经济。

(5)单向折线形网架

单向折线形网架是由一系列平面桁架相互斜交成 V 字形而形成，如图 13-5-2(f)所示。也可以看成是将正放四角锥网架取消了纵向的上、下弦杆，仅有沿跨度方向的上、下弦杆，因此，呈单向受力状态，但这种结构比单纯的平面桁架刚度大，不需要布置支撑系统，各杆件内力均匀，对于较小跨度特别是狭长的建筑平面较为适宜。为加强结构的整体刚度，一般需沿建筑平面周边增设部分上弦杆件。单向折线形网架杆件少，施工方便。

2. 角锥体系网架

角锥体系网架是由四角锥单元、三角锥单元或六角锥单元所组成的空间网架结构，分别称为四角锥网架、三角锥网架和六角锥网架。角锥体系网架比交叉桁架刚度更大，受力性能好，若由工厂预制标准锥体单元，则堆放、运输、安装都很方便。角锥可以并列布置，也可以抽空跳格布置，降低用钢量。

(1)四角锥网架

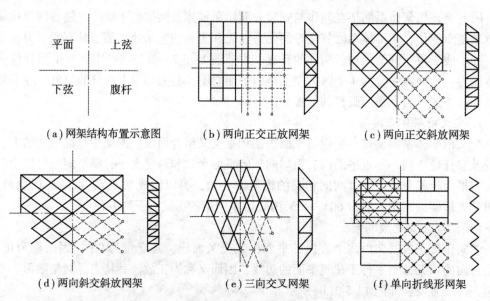

图 13-5-2　交叉桁架体系网架示意图

四角锥网架的四角锥体由四根弦杆、四根腹杆组成，将各个四角锥体按一定规律连接起来，即可组成四角锥网架，根据锥体的连接方式不同，四角锥网架又可以分为正放四角锥网架、正放抽空四角锥网架、斜放四角锥网架、棋盘形四角锥网架、星形四角锥网架等5 种形式，如图 13-5-3 所示。

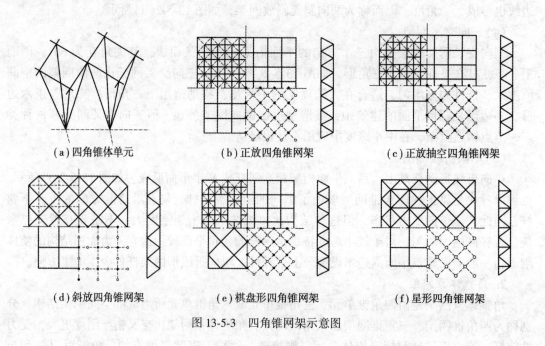

图 13-5-3　四角锥网架示意图

（2）三角锥网架

由倒置的三角锥体为基本单元组成的网架称为三角锥网架。三角锥体底面呈三角形，锥顶向下，顶点位于正三角形底面的重心线上。由底面正三角形的三个角向锥顶连接三根腹杆，即构成一个三角锥单元体。三角锥体的底边形成网架的上弦平面，连接三角锥顶点的杆件，形成网架的下弦平面。三角锥体网架的上、下弦杆构成的平面网格均为正三角形或六边形图案。如图 13-5-4 所示。

三角锥网架的刚度很好，适用于大跨度工程，特别适用于梯形、六边形和圆形建筑平面的工程。根据锥体单元布置和连接方式的不同，常见的三角锥网架有三角锥网架、抽空三角锥网架和蜂窝形三角锥网架 3 种形式。

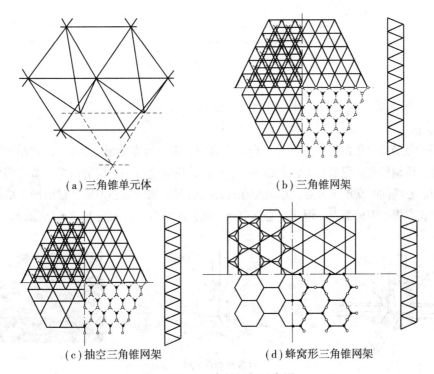

（a）三角锥单元体　　　　　　　　（b）三角锥网架

（c）抽空三角锥网架　　　　　　　（d）蜂窝形三角锥网架

图 13-5-4　三角锥网架示意图

（3）六角锥网架

六角锥网架由六角锥单元组成，如图 13-5-5 所示。由于六角锥网架杆件多，节点构造复杂，因而，在实际工程中很少使用。若锥尖向下，上弦为正六边形网格，下弦为正三角形网格，反之，若锥尖向上，上弦为正三角形网格，下弦为正六边形网格。

13.5.3　网架结构的构造

1. 杆件截面

网架杆件可以采用普通型钢和薄壁型钢。管材可以采用高频电焊钢管或无缝钢管。若有条件应采用薄壁管型截面。杆件的截面应根据承载力计算和稳定性验算确定。杆件截面的最小尺寸，普通型钢不宜小于 L50×3，钢管不宜小于 $\phi48×2$。在设计中网架杆件应尽量采用高频电焊钢管，因为这种钢管比无缝钢管造价低且管壁较薄，壁厚一般在 5mm 以下，而无缝钢管多为壁厚 5mm 以上的厚壁管。网架杆件也可以采用角钢。在中小跨度时，可

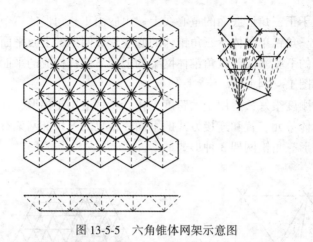

图 13-5-5　六角锥体网架示意图

以采用双角钢截面，在大跨度时，可以将角钢拼成十字形、王字形或箱形。

2. 节点

平板网架节点交汇的杆件多，且呈现立体几何关系。节点的形式构造对结构的受力性能、制作安装、用钢量及工程造价有较大影响，节点设计应安全可靠、构造简单、节约钢材，且使各杆件的形心线同时交汇于节点，以避免在杆件内引起附加的偏心力矩，目前网架结构中常用的节点形式有焊接钢板节点、焊接空心球节点、螺栓球节点等，如图 13-5-6 所示。

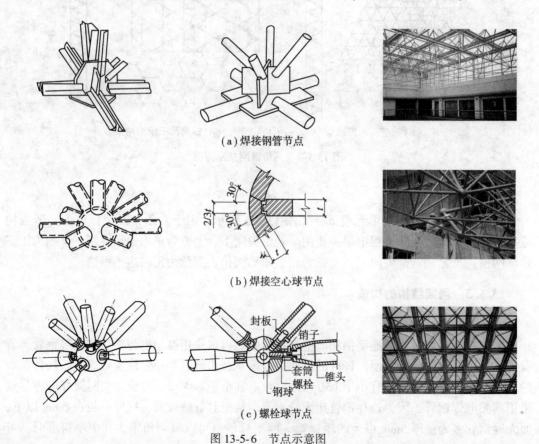

（a）焊接钢管节点

（b）焊接空心球节点

（c）螺栓球节点

图 13-5-6　节点示意图

3. 支座形式

支座节点应采用传力可靠、连接简单的构造形式。支座节点是联系网架结构与下部支承结构的纽带，因此其构造的合理性对整个结构的受力合理性都具有直接影响，且将影响到网架的制作安装及造价。网架结构的支座一般采用铰支座，支座节点的构造应符合这一力学假定，既能承担压力或拉力，又能允许节点处具有转动力和滑动力。为了兼顾经济合理的原则，可以根据网架结构的跨度和支承方式选择不同的支座方式，如图 13-5-7 所示。

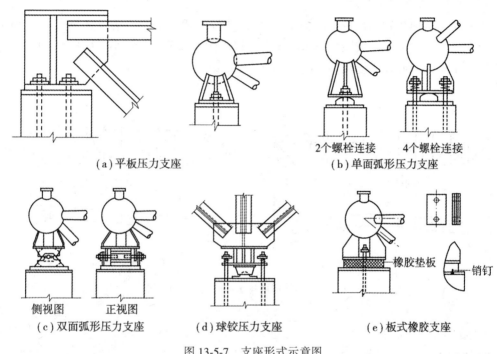

图 13-5-7　支座形式示意图

4. 柱帽

四点或多点支承的网架，其支承点处由于反力集中，杆件内力很大，给节点设计带来一定的困难。因此，柱顶处宜设置柱帽以使反力扩散。柱帽形式可以根据建筑功能的要求或建造造型要求进行设计，如图 13-5-8 所示。

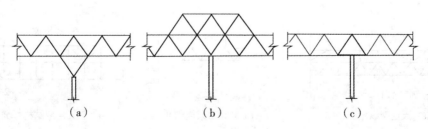

图 13-5-8　点支承网架柱帽设计示意图

5. 屋面

网架结构的设计荷载主要为屋面板、保温隔热屋面、防水材料及网结构的自重，因此屋面构造方案对网架结构的内力的用钢量指标有很大影响。屋面承重体系一般可以分为无檩屋面和有檩屋面两种。无檩屋面通常采用角点支承的钢丝水泥板、钢筋混凝土肋形板等，其缺点是自重较大。有檩屋面则是在网架上布置薄壁型钢檩条和在木椽上铺木望板，再铺保温材料及铝铁或铁皮防水。

（1）屋面排水坡度的形成

网架屋盖的面积较大，很小的坡度也会造成较大的起坡高度。为设计与制作方便网架结构一般不起拱。为了形成屋面排水坡度，可以采用上弦节点上加小立柱找坡、网架变高度找坡、整个网架起坡、支承柱变高度4种方式。如图 13-5-9 所示。

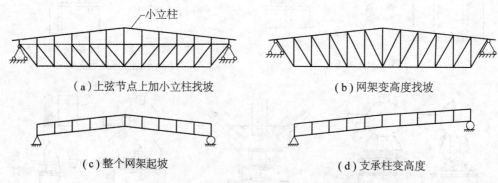

（a）上弦节点上加小立柱找坡　　　　　（b）网架变高度找坡

（c）整个网架起坡　　　　　　　　（d）支承柱变高度

图 13-5-9　网架屋面排水坡度的形成示意图

（2）天窗架

网架的天窗可以做成锥体，局部形成三层网架，天窗杆件内力较小，截面多为按构造确定。为节省材料，可以将天窗架设计成平面结构，可以省去大量锥杆，仅需局部布置支撑即可，如图 13-5-10 所示。此时，网架结构计算不计天窗架的结构整体作用。对于有北向采光要求的工业厂房，网架结构上的锯齿形天窗架可以取如图 13-5-11 所示的形式。

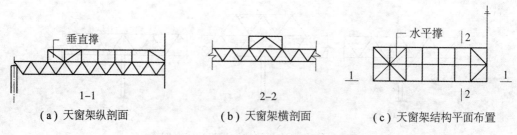

（a）天窗架纵剖面　　　　　（b）天窗架横剖面　　　　　（c）天窗架结构平面布置

图 13-5-10　天窗架按平面结构布置示意图

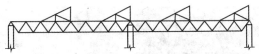

(a) 网架结构锯齿形天窗架结构示意图

(b) 网架结构锯齿形天窗厂房

图 13-5-11　网架结构锯齿形天窗架结构布置示意图

13.6　薄　壳　结　构

13.6.1　概述

　　自然界中有十分丰富的壳体结构实例，如蛋壳、蚌壳、螺蛳壳、脑壳及植物的果壳等，在日常生活中也有类似空间薄壁结构的应用，如乒乓球、罐、灯泡、安全帽、轮船等，这些壳体结构都是以最少的材料构成特定的使用空间，并且具有一定的强度和刚度。壳体结构由于具有合理的外形，不仅内部应力分配既合理又均匀，同时可以保持极好的稳定性，所以壳体结构虽然厚度极小但是可以覆盖很大的空间。

　　一般在建筑工程中遇到的壳体，常属于薄壳结构的范畴。薄壳空间整体工作性能良好，内力比较均匀，是一种强度高、刚度大、材料省、既经济又合理的结构形式，所以非常适用于大跨度的各类建筑物，如图 13-6-1 所示。

13.6.2　薄壳结构的分类

　　壳体结构按其受力情况不同，可以分为折板、单面曲壳和双面曲壳等多种类型。在实际工程应用中，壳体结构的形式更是丰富多彩。壳体结构既可以单独地使用，又可以用来覆盖中等面积的空间；既适合于方形、矩形平面要求，又可以适应圆形平面、三角形平面，乃至其他特殊形状平面的要求。

　　1. 折壳

　　折壳又称为折板，是一个整体的空间结构体系，由许多个窄而长的薄板以一定的角度相互拼接而成的。其形式可以分为三角形剖面或梯形剖面、单式或复式、单波或多波、单跨或多跨等，以分别适应不同平面的要求，所用材料主要是钢筋混凝土。折板结构截面构造简单、施工方便、模板消耗量较少，因此在实际工程中得到了广泛的应用。

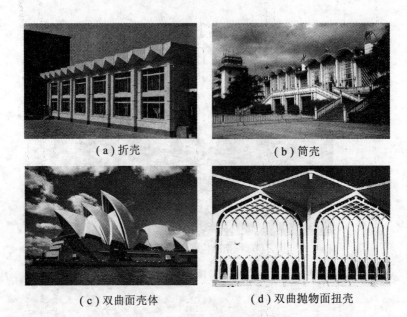

(a)折壳　　　　　　　　　　　　　(b)筒壳

(c)双曲面壳体　　　　　　　　(d)双曲抛物面扭壳

图 13-6-1　薄壳结构建筑物

2. 筒壳

筒壳又称为单曲面壳，一般为圆弧形，也可以采用抛物线形。筒壳和折壳有相似的地方，即都可以有单波或多波、单跨和多跨等多种形式的组合，以分别适应不同形式建筑平面的要求。由于筒壳的几何形状简单，模板制作方便，易于施工，因而在工业与民用建筑中得到广泛的应用。

3. 双曲面壳体

沿着两个方向都有弯曲变化的壳称为双曲面壳，扁壳、扭壳、抛物面壳、球面壳等均属于双曲面壳。这些壳体既可以单独使用，又可以组合在一起使用，形式变化丰富多样，无论对建筑物的内部空间或外部形体处理都有很大的影响。例如澳大利亚悉尼歌剧院的外观为三组巨大的壳片，耸立在一南北长 186m、东西最宽处 97m 的现浇钢筋混凝土结构的基座上。这座世界著名的建筑物不仅可以扩大柱网的间距以利于功能要求，同时还可以利用壳体形状的变化来开天窗，以满足采光通风的要求。

13.7　薄 膜 结 构

13.7.1　概述

薄膜结构在最近几年得到了较大的发展，薄膜结构是从张拉结构中发展起来的一种结构形式，以性能优良的柔软织物为材料，可以是向膜内充气，由空气压力支撑膜面，也可以是利用柔软性的拉索结构或刚性的支撑结构将薄膜绷紧或撑起，从而形成具有一定刚度，能够覆盖大跨度空间的结构体系。薄膜结构具有轻质、柔软、不透气、不透水、耐火性好、有一定的透光率、具有足够的受拉承载力的优点，加上新近研制的膜材耐久性具有明显的提高，因此在国内外被较多地应用于体育场馆、展览中心、商场、仓库、交通服务设施等大跨度建筑物中。薄膜结构可以直接落地构成建筑空间，也可以作为屋顶搁置在墙、柱等竖向构件上。如图 13-7-1 所示。

(a) 酒店屋顶花园　　　　　　　　　　(b) 沙滩休闲广场

(c) 高速公路收费站入口　　　　　　　(d) 体育场看台

图 13-7-1　薄膜结构的建筑物

薄膜结构具有以下特点：

(1) 薄膜结构是建筑与结构合一的一种结构体系，薄膜既可以承担膜面内的受力，又可以防雨、挡风，起维护作用，同时还可以采光以节省室内照明的能源。

(2) 薄膜结构是一种理想的抗地震建筑物，其自重轻，对地震反应很小。薄膜结构为柔性结构，具有良好的变形性能，易于耗散地震能量。

(3) 薄膜结构制作方便、施工速度快、造价经济。根据国外相关经验，以运动场为例，薄膜结构屋盖工程可以比一般结构如钢筋混凝土薄壳或钢桁架结构节省土建造价 50%，工程总造价可以降低 15%~20%，施工工期可以缩短 1/4~1/2。

(4) 薄膜结构灵活性强，当自然灾害降临时，薄膜结构可以立刻解决人们的住房和储存空间短缺的问题。

(5) 薄膜结构的主要缺点是耐用久性较差，早期的薄膜结构常常用于临时性建筑。最近几年，新型薄膜材料出现后，薄膜结构的设计寿命可达 20 年以上，逐步作为永久性屋盖结构。

13.7.2　薄膜结构的分类

薄膜结构可以分为充气薄膜结构、悬挂薄膜结构、骨架支撑薄膜结构等。

1. 空气薄膜结构

空气薄膜结构即为充气薄膜结构，通常分为三大类：气压式、气承式和混合式。

气压式薄膜结构

气压式薄膜结构又称为气胀式薄膜结构,是在若干充气肋或充气被的密闭空间内保持空气压力,以保证其支承能力的结构,其工作原理与轮胎、游泳救生圈相似。

气压式薄膜结构有两种形式,即气肋结构和气被结构,前者是用加压充气管组成框架以支撑防风挡雨的受拉薄膜。该薄膜能增加结构的稳定,气管内气量不大。适用于小跨度的结构。后者是在两层薄壳之间充入空气,双层薄膜用线或隔膜连接起来,这种形式的结构中可以充入较大的气量,适用跨度比气肋结构大得多。如图 13-7-2 所示。

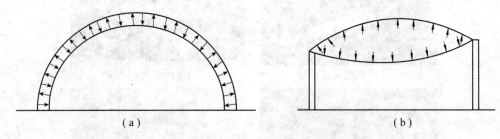

（a）　　　　　　　　　　　　　（b）

图 13-7-2　气压式充气结构示意图

美国波士顿艺术中心剧场建于 1959 年,该建筑物的屋顶是一个直径为 44m 的圆盘形充气屋盖,中心高 6m,双层屋面采用拉链联合起来,支承在柱子上的受压网环上,整个屋面倾斜,以使底部凸面有利于音响效果,屋面用两台风机充气。如图 13-7-3 所示。

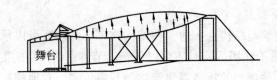

图 13-7-3　美国波士顿艺术中心剧场结构示意图

2. 气承式薄膜结构

气承式薄膜结构是靠不断地向壳体内鼓风,在较高的室内气压作用下使其自行撑起,以承担其自重和外荷载的结构。其工作原理与热气球相似,如图 13-7-4 所示。气承式薄膜结构的特点是建造速度快、结构简单、使用安全可靠、价格低廉(因其对材料的气密性要求不高)以及在内部安装拉索的情况下其跨度和面积可以无限制地扩大等优点。因此在实际工程中得到了极为广泛的应用。1970 年全世界的气承式建筑约 2 万座,到 1990 年已将近 10 万座,主要用于修建仓库设施(占 50%~70%)和体育场馆屋顶(占 20%~40%),其次是展览馆和建筑安装工地顶盖。

美国密执安州庞提亚克(Pontiac)体育馆建于 1975 年(图 3-2-51),是当时世界上最大的充气结构,也是第一个被认为是永久性建筑的充气结构。其平面尺寸为 220m×168m,矢高 15.2m,覆盖面积 3500m²,最大观众席位数 80638 个,采用了特氟隆(聚四氟乙烯塑料)涂覆的玻璃纤维薄膜,薄膜为单层结构,膜片的四边包裹直径为 13mm 的尼龙绳索,

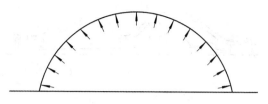

图 13-7-4　气承式薄膜结构示意图

固定在对角线方向平等布置的钢壳上，钢索直径为 76mm，共 18 根，间距 13m。如图 13-7-5所示。该结构设计寿命在 20 年以上，但是在荷载作用下，薄膜结构会产生变形，这对充气结构来说是灾难性的。1985 年 3 月的一场暴风雪中，体育馆充气屋盖的 100 块玻璃纤维板中有 7 块被撕裂，砸坏了下面的混凝土栏杆与座位，整个屋面被摧毁了约 30m^2，随大风又吹坏了另外的 18 块板。

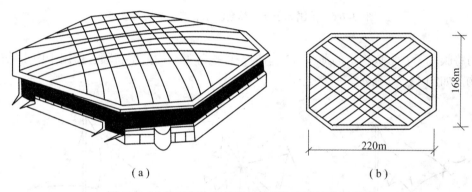

（a）　　　　　　　　　　　　　　　　　（b）

图 13-7-5　美国密执安州庞提亚克体育馆结构示意图

3. 混合式薄膜结构

由于气压式薄膜结构和气承式薄膜结构都有其局限性，于是人们研制出了混合式薄膜结构，混合式薄膜结构有两种形式，第一种是将气压式薄膜结构与气承式薄膜结构混合，这样既发挥了气承式薄膜结构跨度大的优点，又利用了双层薄膜性能好的特点，从两个方面获得结构的稳定。第二种是将充气结构与其他传统的建筑结构相结合，其变化是无穷的。在无风雪的情况下，这种结构可以不用充气而自由出入，在风雪荷载下，则需要通过内部充气来增强结构的承载能力。

美国原子能委员会流动展览厅建于 1960 年，采用了由两个高低拱连成的马鞍形混合充气结构，结构长 90m，最宽处 38m，最高处 18m，由双层涂乙烯基的尼龙薄膜建成，层间有 1.2m 的空气层，分成 8 个气仓，目的是为了任何一仓受损时不致影响整个结构的稳定，内外层薄膜的压力差分别为 49 和 8 个厘米汞柱。内压的选择要能抵当 150km/h 的风力，双层膜间的空气足够建筑物的保温和隔热，不再需要空调冷气设备，建筑物两端出入口处有刚性框架支撑的转门，两端的空气雨篷起气锁的作用。如图 13-7-6 所示。

4. 悬挂薄膜结构

悬挂薄膜结构采用桅杆、拱、拉索等支撑结构将薄膜张挂起来，利用柔性索向膜面施

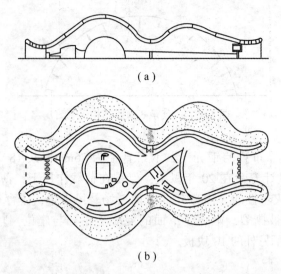

图 13-7-6　美国原子能委员会流动展览厅结构示意图

加张力将膜绷紧，形成稳定的薄膜屋盖结构，悬挂薄膜结构造型新颖，适用于中小跨度的建筑物。如图 13-7-7 所示。

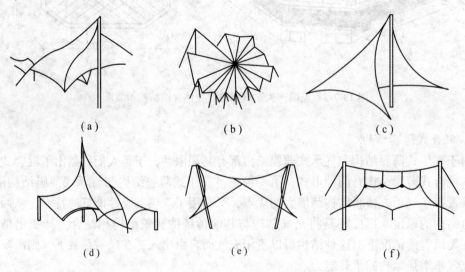

图 13-7-7　悬挂薄膜结构示意图

　　悬挂薄膜结构的支承方式有两种：其一，由索或拱产生的波状曲线支承；其二，在内部由立桅杆或拉索所形成的点支承，上述支承及其组合使薄膜形成鞍形曲面，使薄膜结构的受力性能相当于悬索结构中的交叉索网体系。在点支承的薄膜结构中，薄膜内各个方向的拉力在支承点平衡，则在该点势必会造成应力集中，为此，应在支承点处采取适当的构造措施，如图 13-7-8 所示。

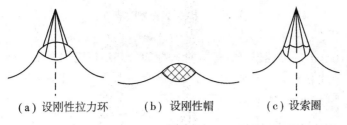

（a）设刚性拉力环　　　（b）设刚性帽　　　（c）设索圈

图 13-7-8　桅杆支承点处的节点构造示意图

13.7.3　薄膜结构的构造

薄膜结构的膜材一般是由高强编织物和涂层构成的复合材料。一般织物由直的经线和波状的纬线所组成，经线与纬线之间的网格是完全没有抗剪刚度的。因此，薄膜可以近似地被认为是各向同性的。薄膜的涂层除上述功能外，还可以使织物具有不透气和防水性能，且增加了织物的耐久性、耐腐蚀性和耐磨损性。此外，涂层的作用还可以把几块织物连接起来。如图 13-7-9 所示。

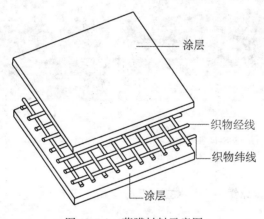

——涂层

织物经线

织物纬线

涂层

图 13-7-9　薄膜材料示意图

目前薄膜结构所用的薄膜材料可以分为两类：其一，聚酯织物加聚氯乙烯涂层，这种薄膜材料适用于中、小跨度的临时或半临时性的建筑物屋盖。早期应用较为广泛，其特点是张拉强度较高，加工制造方便，价格便宜，但弹性模较低，材料尺寸稳定性较差，耐久性不高，适用寿命一般为 5～10 年。其二，无机材料织物加聚四氟乙烯涂层，这种薄膜材料适用于大跨度永久性建筑屋盖，是目前在国际上薄膜结构中应用最为广泛的薄膜材料。其特点是强度高、刚度大、材料尺寸稳定性好、防火不燃、透光性好、自洁性好（如不粘污物，无需经常清洗），而且具有优良的耐久性，使用寿命在 25 年以上。但其价格较高，同时需要特殊的设备和技术。

13.8 其他特种结构

随着我国国民经济的迅速发展，一大批大型的公共建筑应运而生，推动了建筑结构体系的发展，特别是计算机现代科学技术的飞速进步，为大型特种结构以及一些非常规结构体系的出现提供了可靠的技术手段。

13.8.1 国家奥林匹克体育馆——"鸟巢"

中国国家奥林匹克体育场的"鸟巢"是由一系列辐射状门式钢桁架围绕碗状座席区旋转编织而成的，形成了独特的空间结构。由于其外形酷似一个庞大的鸟窝，故称其为"鸟巢"。这座体育馆结构科学、简洁，设计新颖、独特，是国际上极富特色的巨型建筑物。其主体结构材料为钢结构。由于辐射式门架不是一条合理的曲线，在构件上同样会产生剪力和轴力，因此，用钢量较大，如图 13-8-1 所示。

（a）外观　　　　　　　　　　　（b）内部空间结构

图 13-8-1　中国国家奥林匹克体育馆——"鸟巢"

13.8.2 中国国家游泳馆——"水立方"

中国国家游泳馆——"水立方"的外墙体和屋面围护结构采用新颖钢膜结构体系，该钢膜结构体系由一系列类似于细胞、水晶体的钢网架单元和 ETFE（聚乙烯—四氟乙烯共聚物）充气薄膜共同组成。如图 13-8-2 所示。

"水立方"是世界上最大的薄膜结构工程，除了地面之外，外表采用膜结构—ETFE 材料，蓝色的表面出乎意料的柔软、充实。这种材料的寿命为 20 年，但实际会更长，人可以踩在上面行走，感觉特别舒适。目前，世界上只有三家企业能够完成这种膜结构。

考虑到场馆的节能标准，膜结构具有较强的隔热功能。其次，修补这种结构非常方便，如果射枪或是尖锐的东西戳进去后，监控的电脑会自动显现出来。膜结构自身具有排水和排污的功能以及去湿和防雾功能，尤其是防结露功能，这些功能对游泳运动尤其重要。

（a）外观　　　　　　　　　　　　　（b）内部空间结构

图 13-8-2　中国国家游泳馆——"水立方"

13.8.3　中国国家大剧院

中国国家大剧院是一座高 46.28m，长 212.20m，宽 143.64m 的钢结构"大蛋壳"，如图 13-8-3 所示。施工难度极高的大穹顶是整个设计的核心，用钢量如此之多的壳体建筑在全球都很少见，而跨度在 200m 以上的椭圆形球体更是前所未有。施工单位建议将难度最大的环顶梁预拼装，其余采取平面预拼；原先方案采用小节点螺栓连接，而最终国内工程师建议改用管子套筒焊接，使每个铸铁件的重量从 100kg"瘦身"到 34kg。这些建议都得到采纳，仅此两项就节约了施工费 2000 余万元。

（a）外观　　　　　　　　　　　　　（b）内部空间结构

图 13-8-3　中国国家大剧院——"大蛋壳"

13.8.4　中国中央电视台

中国中央电视台新台址主楼由两座塔楼、裙房及基座组成，设三层地下室。总建筑面积约 60 万 m^2，其中地上总建筑面积 40 万 m^2。两座塔楼呈倾斜状，由北酒店、南酒店及核心筒组成，分别为 52 层和 44 层。新台址主楼建筑造型和结构体系独特，主体结构为钢结构，结构动力特性和地震响应异常复杂。南、北酒店之间通过钢桁架形成闭合的结构，其顶部通过 14 层高的悬臂结构连为一体，最大高度 234m，裙房为 9 层，与塔楼连为一体。如图 13-8-4 所示。

（a）外观　　　　　　　　　　　　　（b）内部空间结构

图 13-8-4　中国中央电视台

13.8.5　上海浦东国际机场

上海浦东国际机场由 T2 航站楼、交通中心、总体道路、管沟及与规划中的卫星指南相连的捷运通道等组成。其中，T2 航站楼建筑面积为 48 万 m^2，基础形式为桩基础独立承台，主体结构采用预应力钢筋混凝土结构与钢结构空间屋盖相结合的混合结构体系。覆盖航站主楼和入口高架道路的波浪形屋盖采用由 Y 形斜柱支撑的、下弦为钢棒的三跨连续张弦梁钢结构，轴线跨度分别为 46m、89m、46m，通过 Y 形分叉的中柱和边斜柱与下部混凝土结构连接；候机长廊的屋盖采用由 Y 形分岔的中柱和边斜柱支撑的空间曲线形连续箱梁结构体系。如图 13-8-5 所示。

此外，工程设计采用多种最新的分析设计手段，如等效风荷载的确定、屋盖整体分析、Y 形柱极限承载力研究、大跨度钢结构的弹塑性时程分析、钢结构防火分析等。

（a）外观　　　　　　　　　　　　　（b）内部空间结构

图 13-8-5　上海浦东国际机场

复习思考题 13

1. 什么是大跨度建筑？有哪些类型？
2. 什么是桁架结构？有何特点？
3. 混凝土屋架有哪些类型？各种类型有何特点和适应范围？
4. 什么是拱结构？有哪些分类和构造要求？
5. 什么是悬索结构？有何特点？
6. 什么是交叉索网体系？有何特点？常见的交叉索网体系布置方式有哪些？
7. 什么是网架结构？有何特点？
8. 网架结构的屋面有哪些构造设计要求？
9. 什么是薄壳结构？有哪些分类？
10. 什么是薄膜结构？有哪些分类？
11. 薄膜结构有哪些构造设计要求？
12. 试列举 1~2 项目前国内外特种结构的建筑物，并简要介绍一下其构造设计。

第 14 章　工业建筑概述

◎**内容提要：**本章主要介绍什么是工业建筑，工业建筑的特点，工业建筑的分类以及工业建筑设计的任务和要求。

14.1　概　　述

工业建筑是伴随工业革命而出现的一种新型建筑，18 世纪后期开始在英国出现。随后在欧美一些国家也兴建了各种工业建筑。前苏联在 20 世纪 20—30 年代开始进行大规模工业建设。我国在 20 世纪 50 年代开始大量建造各种类型的工业建筑。

现代工业建筑体系的发展已有 200 多年的历史，其中以第二次世界大战后的近数十年的发展最为迅速，更显示出工业建筑独有的特征和建筑风格。

我国于 1949 年后新建和扩建了大量工厂和工业基地，在全国已形成了比较完整的工业体系。长期以来，我国在工业建筑设计中，贯彻了"坚固适用、经济合理、技术先进"的设计原则，设计水平不断提高，设计力量迅速壮大。特别是改革开放以后，我国工业建筑发展很快，整体水平有了很大提高。

14.1.1　工业建筑的特点

工业建筑是指工厂企业内由不同的生产工艺特性而决定的各类不同建筑单元的总和。一般较大型的工业企业，包括生产性建筑，辅助生产建筑，生产服务性建筑，公用工程建筑以及生产管理办公区建筑，工厂类别各异，所以工业建筑的内容十分丰富多彩。因此，对于工业建筑而言，不应狭义地理解为就是厂房。

工业建筑物是进行工业生产的房屋，工业建筑与民用建筑在设计原则、建筑技术及建筑材料等方面具有建筑的共性。但是，由于生产工艺的复杂性和多样性，在建筑布局、设计配合、使用要求、建筑结构和建筑构造等方面，工业建筑又具有以下特点：

1. 工业建筑必须满足工业生产的要求，并为工人创造良好的劳动卫生条件。工业建筑必须紧密结合生产，满足工业生产的要求。厂房设计在满足生产工艺要求的基础上，为工人创造良好的劳动环境，以利提高产品质量及劳动生产率。

2. 厂房内部空间较大。不少工业厂房有大量的大型设备及起重机械，因而厂房内部大多具有较大的开敞空间。

3. 工业建筑的结构和构造比较复杂。工业生产类别差异很大，有重型的、轻型的；有冷加工、热加工；有恒温、密闭的要求，等等。这些对建筑平面布局、层数、体型、立面及室内空间处理等有直接的影响。因此，工业建筑无论是在结构承重，还是在采光、通风、屋面排水及构造处理等方面都比一般民用建筑更复杂。

14.1.2 工业建筑的类型

工业建筑的类型相当繁杂,就厂房而言,有重工业厂房、轻工业厂房,也有单层厂房、多层厂房。随着科学技术的进步及生产力的发展,工业生产的种类越来越多,生产工艺更为先进复杂,技术要求也更高,相应地对建筑设计提出的要求也更为严格,因此工业建筑的类型也越来越多样。

1. 按用途分类

(1)主要生产厂房

主要生产厂房是指从备料、加工至半成品、成品的整个加工装配过程中直接从事生产的厂房。例如钢铁厂的烧结、焦化、炼铁、炼钢车间;拖拉机制造厂中的铸铁车间、铸钢车间、锻造车间、冲压车间、铆焊车间、热处理车间、机械加工及装配车间,等等。这些车间都属于主要生产厂房。"车间"一词,本意是指工业企业中直接从事生产活动的管理单位,后多被用来代替"厂房"。

(2)辅助生产厂房

辅助生产厂房是指间接从事工业生产的厂房。如拖拉机制造厂中的机器修理车间、电修车间、木工车间、工具车间等。

(3)动力用厂房

动力用厂房是指为主要生产提供能源的厂房。这些能源有电、蒸汽、煤气、乙炔、氧气、压缩空气等。其相应的建筑物是发电厂、锅炉房、煤气站、乙炔站、氧气站、压缩空气站等。

(4)储存用房屋

储存用房屋是指为生产提供储备各种原料、材料、半成品、成品的房屋。如原料库、材料库、半成品库、成品库等。

(5)运输用房屋

运输用房屋是指管理、停放、抢修交通运输工具的房屋。如机车库、汽车库、电瓶车库、消防车库等。

(6)其他用房

其他用房是指解决厂房给水、排水问题的水泵房、污水处理站和环保处理站等。

2. 按建筑层数分类

(1)单层厂房

单层厂房是指层数为一层的厂房,主要用于重型机械制造工业、冶金工业、纺织工业等。如图 14-1-1 所示,这类厂房的特点是生产设备体积大、重量重、厂房内以水平运输为主。

(2)多层厂房

如图 14-1-2 所示,多层厂房常见的层数为 2~6 层。多层厂房广泛用于食品工业、电子工业、化学工业、轻型机械制造工业、精密仪器制造工业等轻工业。这类厂房的特点是生产设备重量较轻、体积较小,大型机床一般放在底层,小型设备放在楼层上,厂房内部以垂直运输为主。

(3)混合层次厂房

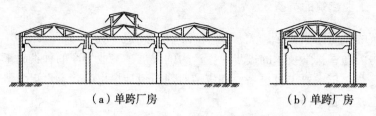

（a）单跨厂房　　　　　　　　（b）单跨厂房

图 14-1-1　单层工业厂房剖面图

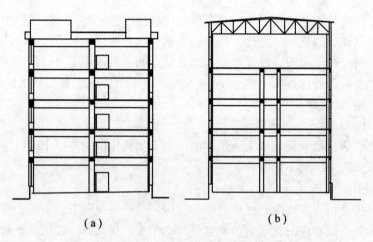

（a）　　　　　　　　　　（b）

图 14-1-2　多层工业厂房剖面图

如图 14-1-3 所示，混合层次厂房由单层跨和多层跨组合而成。这类厂房适用于工艺流程沿竖向布置的生产项目，多用于热电厂、化工厂等。高大的生产设备位于中间的单跨内，边跨为多层。

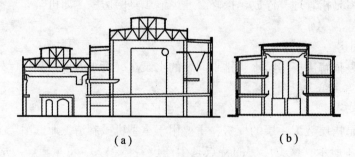

（a）　　　　　　　　　　（b）

图 14-1-3　混合层次厂房剖面图

3. 按生产状况分类

（1）冷加工车间

冷加工车间是指生产操作是在常温状态下进行的。例如机械加工车间、机械装配车间等。

（2）热加工车间

热加工车间是指生产操作是在高温或熔化状态下进行的，可能散发大量余热、烟雾、灰尘以及有害气体。如锻工车间、热处理车间等。

（3）恒温恒湿车间

恒温恒湿车间是指为保证一些产品的生产质量，车间内部要求稳定的温度、湿度条件。如精密机械车间、纺织车间等。

（4）洁净车间

洁净车间是指为保证一些产品的生产质量，防止大气中灰尘及细菌的污染，要求保持车间内部高度洁净。如精密仪器加工及装配车间、集成电路车间等。

（5）其他特种状况的车间

其他特种状况是指生产过程中有爆炸或泄漏可能性、有大量腐蚀物、有放射性散发物，以及有高度隔声、防微振、防电磁波干扰要求等。

14.1.3　工业建筑设计的任务和要求

建筑设计人员根据设计任务书的要求和工艺设计人员提供的生产工艺资料，确定厂房的平面形状、柱网尺寸、空间形式、剖面尺寸和建筑体形；合理选择结构方案和围护结构的类型，进行细部构造设计；协调建筑、结构、水、暖、电、气、通风等各工种之间的关系；正确贯彻"坚固适用、经济合理、技术先进"的原则。在工业建筑设计中应充分考虑基址的环境条件和生产环境状况。工业建筑设计应满足以下要求：

1. 满足生产工艺的要求

生产工艺是工业建筑设计的主要依据，生产工艺对建筑提出的要求就是对建筑物使用功能上的要求。因此，建筑设计在建筑面积、平面形状、柱距、跨度、剖面形式、厂房高度以及结构方案和构造处理等方面，必须满足生产工艺的要求。同时，建筑设计还应满足厂房所需的机械设备的安装、操作、运行、维护和检修等方面的要求。

2. 满足建筑技术的要求

（1）工业建筑的坚固性及耐久性应符合建筑的使用年限。由于厂房的静荷载和活荷载比较大，建筑设计应为结构设计的经济合理性创造条件，使结构设计更有利于满足安全性、适用性和耐久性的要求。

（2）随着科学技术的不断进步，生产工艺不断更新，生产规模逐渐扩大，因此，建筑设计应充分考虑厂房的通用性要求和改建、扩建的可能性。

（3）应严格遵守现行的《厂房建筑模数协调标准》（GB50006—2010）和《建筑模数统一协调标准》（GBJ2—86）的规定，合理选择厂房建筑参数（柱距、跨度、柱顶标高、多层厂房的层高等），以利于采用标准的、通用的结构构件，使设计标准化、生产工厂化、施工机械化，从而提高厂房建筑工业化水平。

3. 满足建筑经济的要求

（1）在不影响卫生、防火及室内环境要求的条件下，将若干个车间（不一定是单跨车间）合并成联合厂房，对现代化连续生产比较有利。因为联合厂房占地面积少，外墙体积相应减小，缩短了管网线路，使用更加灵活，能更好地适应工艺更新的要求。

（2）建筑物的层数是影响建筑经济性的重要因素。因此，应根据工艺要求、技术条件、环境因素等综合考虑，确定厂房的层数。

（3）在满足生产要求的前提下，合理处理结构空间，充分利用建筑空间，尽量缩小建筑体积，综合提高使用面积。

（4）在不影响厂房的坚固耐久、生产使用、维护管理以及施工速度的前提下，应尽量降低建筑材料的消耗，从而减轻构件自重和降低建筑造价。

（5）设计方案应有利于采用先进、配套的结构体系和工业化施工方法。但是，必须结合当地的材料供应、施工设备的类型和规格、施工人员的技能等情况来确定施工方案。

4. 满足安全和卫生的要求

（1）必须满足我国现行《建筑设计防火规范》（GBJ16—87—2001 修订版）中规定的厂房安全疏散的有关要求。

（2）应具有与厂房生产所需采光等级相适应的采光条件，以保证厂房内部工作面上的照度要求，应具有与室内生产状况及气候条件相适应的通风措施。

（3）能排除生产余热、废气，提供正常的卫生、工作环境。

（4）对散发出的有害气体、有害辐射、严重噪声等应采取净化、隔离、消声、隔声等环境保护处理措施。

（5）美化室内外环境，重视厂房内部和外部的水平绿化、垂直绿化以及色彩处理。

（6）总平面设计中，应将有污染的厂房放在下风位，如图 14-1-4 所示。

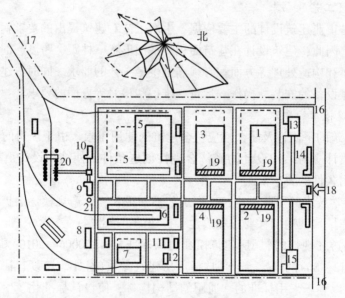

1—辅助车间；2—装配车间；3—机械加工车间；4—冲压车间；5—铸工车间；6—锻工车间；7—总仓库；8—木工车间；9—锅炉房；10—煤气发生站；11—氧气站；12—压缩空气站；13—食堂；14—厂部办公室；15—车库；16—汽车货运出入口；17—火车货运出入口；18—厂区大门人流出入口；19—车间生活间；20—露天堆场；21—烟窗

图 14-1-4　某机械厂总平面布置图

14.2　单层工业厂房设计

14.2.1　单层工业厂房的组成

1. 房屋的组成

房屋的组成是指单层工业厂房内部生产房间的组成。生产车间是工厂生产的基本管理单位，一般由四个部分组成：

(1)生产工段，是加工产品的主体部分；

(2)辅助工段，是为生产工段服务的部分；

(3)库房部分，是存放原料、材料、半成品、成品的地方；

(4)行政办公及生活用房。

每一幢厂房不一定都包括以上四个部分，其组成应根据生产的性质、规模、总平面布置等实际情况来确定。

2. 构件的组成及作用

(1)承重结构

单层厂房承重结构基本上可以分为承重墙结构和骨架结构两类。若厂房的跨度、高度及吊车吨位较少($Q<5t$)，可以采用承重墙结构。目前，大多数厂房跨度大、高度较高，吊车吨位也大，所以常用排架承重结构，在这种结构中，我国广泛采用横向排架结构，如图 14-2-1 所示是装配式钢筋混凝土排架结构的单层厂房构件组成，其承重构件包括：

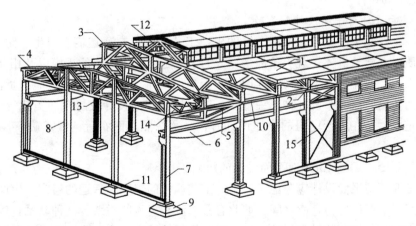

1—屋面板；2—天构架；3—天窗架；4—屋架；5—托架；6—吊车梁；7—排架柱；
8—抗风柱；9—基础；10—联系梁；11—基础梁；12—天窗架垂直支撑；13—屋架下
弦横向水平支撑；14—屋架端部垂直支撑；15—柱间支撑

图 14-2-1　单层工业厂房结构组成示意图

①横向排架是由基础、柱、屋架（或屋架梁）组成，起承担屋顶、天窗、外墙及吊车等荷载作用。

②纵向联系构件是由基础梁、联系梁、圈梁、吊车梁等组成。纵向联系构件与横向排

架构成厂房的骨架,保证厂房的整体性和稳定性;纵向构件承担作用在山墙上的风荷载及吊车纵向制动力,并将其传递给柱子。

③支撑系统:包括屋架支撑、柱间支撑、天窗架支撑等,其作用是,加强厂房的稳定性和整体性。

钢结构排架、钢或钢筋混凝土刚架结构的厂房等与装配式钢筋混凝土排架厂房的组成基本相同。

(2)围护结构

单层工业厂房和外围护结构包括外墙,与外墙连在一起的抗风柱、圈梁、屋顶、地面、门窗、天窗等。

(3)其他结构

其他结构包括散水、地沟、坡道、吊车梯、室外消防梯、作业梯、检修梯、内部隔断等。

14.2.2 单层工业厂房平面设计

单层工业厂房的平面设计主要研究以下几个方面的问题:

(1)总平面对平面设计的影响;

(2)平面设计与生产工艺的关系;

(3)平面设计与运输设备的关系;

(4)单层工业厂房常用平面形式;

(5)柱网选择;

(6)生活间设计。

1. 总平面设计对平面设计的影响

通常,工厂总平面设计是根据全厂的生产工艺流程、交通运输、卫生、防火、气象、地形、地质以及建筑群体景观等条件来完成的。确定这些建筑物的规模以及相互关系;合理的组织人流、货流,避免交叉和迂回;主干道、次干道,既要满足人流、货流的需要,又要满足消防的要求;布设各种工程管线;进行厂区竖向设计及绿化、美化等景观设计。当总图确定以后,在进行厂房的个体设计时,必须按照总图布置的要求确定厂房的平面形式。

(1)厂区人流、货流组织对平面设计的影响

单层工业厂房平面设计应考虑工厂生产工艺流程的组织和货运的组织。生产厂房与生产厂房之间,生产厂房与仓库之间,彼此有着人流和货流的联系,这种联系直接影响厂房平面设计中门的位置、数量和尺寸。设计时应尽可能减少人流和货流的交叉迂回,运行路线要通畅、短捷。

(2)地形对平面设计的影响

地形坡度大小对厂房平面形式有着直接影响,这在山区建厂中表现得尤其明显。为了节约投资,减少土石方工程量,只要工艺条件允许,厂房平面形式应根据地形条件作适当的调整,使之与地形相适应。

在工艺条件允许的情况下,厂房还可以跨等高线布置在阶梯形台地上,如图 14-2-2 所示。这样既能减少挖填土方量,又能利用原材料的自重进行运输的生产需要,从而使地

形得到充分合理的利用。

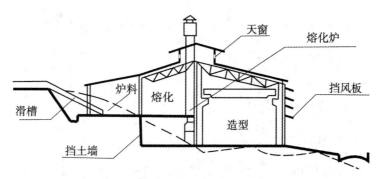

图 14-2-2　某铸铁车间横剖面图

(3)气象条件的影响

厂址所在地的气象条件对厂房朝向影响很大。其主要影响因素有两个：一是日照，二是风向。厂房对朝向的要求，随地区气候条件而异。

在我国广大温带和亚热带地区，理想的朝向应该是：夏季室内既要避免阳光照射，又要易于进风，具有良好的自然通风条件。为此，厂房宽度不宜过大。最好采用长条形的平面形式，朝向接近南北向，厂房长轴与夏季主导风向垂直或大于45°。应当指出，建筑物的良好朝向和合理风向角同时都得到满足是很困难的。实际设计中，应首先考虑建筑物的朝向，因为不好的朝向，将导致夏季大量的太阳辐射热量进入室内，提高室内空气温度，恶化室内环境。

寒冷地区，厂房的长边应平行于冬季主导风向，且在迎风面的墙面上少开或不开门窗，避免寒风对室内气温的影响。

2. 平面设计与生产工艺的关系

民用建筑设计主要根据建筑的使用功能，而工业建筑设计，则是在工艺设计的基础上进行的。因此，生产工艺是工业建筑设计的重要依据。一幅完整的工艺平面图，主要包括以下五个方面内容：

(1)根据生产的规摸、性质、产品规格等确定的生产工艺流程；

(2)选择和布置生产设备和起重运输设备；

(3)划分车间内部各生产工段及其所占面积；

(4)初步拟定厂房的跨间数、跨度和长度；

(5)提出生产工艺对建筑设计的要求，如采光、通风、防振、防尘、防辐射等。

如图 14-2-3 所示是某机械加工车间的生产工艺平面图。

平面设计受生产工艺的影响表现在以下几个方面：

(1)生产工艺流程的影响

生产工艺流程是指某一产品的加工制作过程，即由原材料按生产要求的程序，逐步通过生产设备及技术手段进行加工生产，并制成半成品或成品的全部过程。不同类型的厂房，由于其产品规格、型号等不同，生产工艺流程也不相同。单层厂房内，工艺流程基本上是通过水平生产、运输来实现的。平面设计必须满足工艺流程及布置要求，使生产线路

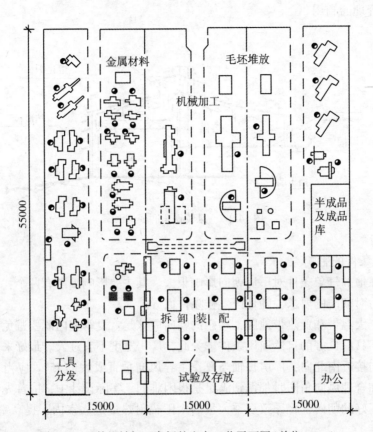

图 14-2-3　某机械加工车间的生产工艺平面图(单位：mm)

短捷、不交叉、少迁回，且具有变更布置的灵活性。

（2）生产状况的影响

不同性质的厂房，在生产操作时会出现不同的生产状况，生产状况也影响着厂房的平面形式。如机械加工装配车间，生产是在正常的温度和湿度条件下进行的，产生的噪声较小，室内无大量余热及有害气体散发。但是，这类车间对采光有一定的要求，根据《建筑采光设计标准》(GB/T50033—2001)要求Ⅲ级采光，并根据其所在地区的气象条件，来满足采光和通风的要求。又如热加工车间对工业建筑平面形式的限制较大。机械厂的铸造车间、锻造车间，钢铁厂的轧钢车间等，在生产过程中散发出大量的余热和烟尘。因此，这类厂房不宜太宽，在设计中主要解决如何加强室内通风，迅速补充冷空气，排除室内热空气等问题。在平面设计中应合理确定门窗的位置和大小，采用封闭式墙体还是开敞式墙体，等等。

（3）生产设备布置的影响

生产设备的大小和布置方式直接影响到厂房的平面布局、跨度大小和跨间数量，同时也影响到大门尺寸和柱距尺寸等。

3. 单层工业厂房的平面形式

单层工业厂房的平面形式直接影响厂房的生产条件、交通运输和生产环境（如日照、采光、通风等），也影响建筑结构、施工及设备等的合理性与经济性。

（1）影响厂房平面形式的因素

单层工业厂房平面形式的确定涉及多方面因素，主要有：

①厂房在总平面图中的位置；

②生产规模、生产性质、生产特征；

③生产工艺流程布置；

④交通运输方式；

⑤厂房结构类型、土建技术条件；

⑥地区气候条件。

（2）生产工艺流程的类型

根据厂房原材料进入的位置以及半成品、成品运出的位置，生产工艺流程可以分为直线式、直线往复式和垂直式三种基本类型，与此相适应的单层工业厂房的平面形式如图14-2-4 所示。

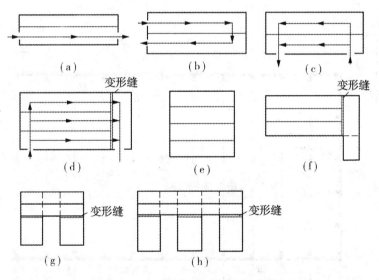

图 14-2-4　单层厂房的平面形式图

①直线式。直线式厂房是指原材料由厂房一端进入，半成品或成品由另一端运出，如图 14-2-4(a)所示。其特点是厂房内部各工段之间联系紧密，但是运输线路和工程管线较长。厂房多为矩形平面，可以是单跨，也可以是多跨平行布置。这种平面简单规整，适合于对保温要求不高和工艺流程不能改变的厂房，如线材轧钢车间。

②直线往复式。直线往复式厂房是指原料从厂房的一端进入，产品则由同一端运出，如图 14-2-4(b)、(c)、(d)所示。其特点是工段联系紧密，运输线路和工程管线短捷，形状规整，节约用地，外墙面积较小，有利于节省材料和厂房的保温隔热。相适宜的平面形式是多跨并列的矩形平面，甚至方形平面。适合于多种生产性质的厂房。

③垂直式。如图 14-2-4(f)所示，垂直式厂房的特点是工艺流程紧凑，运输线路及工程管线较短，相适宜的平面形式是 L 形平面，即出现垂直跨。这种平面形式占地较多，

不如矩形平面经济，而且在纵跨与横跨相接处，结构和构造复杂，经济性较差，施工也较麻烦。

除上述三种平面形式外，根据生产工艺的要求，特别是热加工车间或需要进行某种隔离的车间，还可以采用U形平面，如图14-2-4（g）所示，山字形平面，如图14-2-4（h）所示，以及天井式平台、单元式平面。例如锻工车间，若生产工艺需要火车进入露天跨，采用U形平面就比较合理。

4. 柱网选择

工业厂房中，为支承屋顶和起吊设备等必须设置柱子，为确定柱位，在平面图上应布置定位轴线，在纵向定位轴线与横向定位轴线相交处设置柱子，如图14-2-5所示。无论是单层厂房还是多层厂房，承重结构柱子在建筑平面上排列所形成的网格就称为柱网。柱网的尺寸是由柱距和跨度组成的。纵向定位轴线之间的距离称为跨度，横向定位轴线之间的距离称为柱距。柱网的选择实际上就是选择厂房的跨度和柱距。柱距和跨度尺寸必须符合国家规范《厂房建筑模数协调标准》（GBJ6—86）中的相关规定。

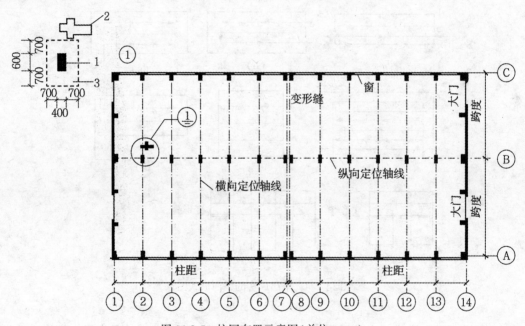

图 14-2-5　柱网布置示意图（单位：mm）

（1）柱网尺寸的确定

柱网尺寸是根据生产工艺的特征，综合考虑建筑材料、结构形式、施工技术水平、基地状况、经济性以及有利于建筑工业化等因素来确定的。

1）跨度尺寸的确定

如图14-2-6所示，跨度尺寸主要是根据下列因素确定：

①生产工艺中生产设备的大小及布置方式。设备大，所占面积也大，设备沿横向或纵向布置，布置成一排或若干排，都会影响跨度的尺寸。

②车间内部通道的宽度。不同类型的水平运输设备，如电瓶车、汽车、火车等所需通

道宽度是不同的，同样影响跨度的尺寸。

③符合《厂房建筑模数协调标准》（GBJ6—86）中的规定。根据①、②项所得的尺寸，最终调整符合模数制的要求——当屋架跨度不大于 18m 时，采用扩大模数 30M 的数列，即跨度尺寸是 18m，15m，12m，9m，6m；当屋架跨度大于 18m 时，采用扩大模数 60M 的数列，即跨度尺寸是 18m，24m，30m，36m，42m 等。

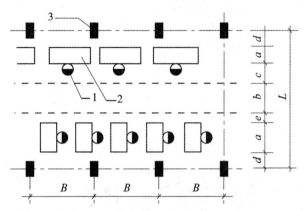

1—操作位置；2—生产设备；3—柱子；L—跨度；B—柱距；A—生产设备宽度或长度；b—通道宽度；c—操作宽度；d—生产设备边缘支承轴线的距离；e—生产设备边缘至通道边缘的安全距离

图 14-2-6　跨度尺寸与设备布置及通道宽度的关系图

2）柱距尺寸的确定

我国单层工业厂房设计主要采用装配式钢筋混凝土结构体系，其基本柱距是 6m，而相应的结构构件如基础梁、吊车梁、联系梁、屋面板、横向墙板等，均已配套成型，并有供设计者选用的工业建筑全国通用构件标准图集，在设计、制作、运输、安装等方面都积累了丰富的经验。这种体系至今在工业厂房设计中仍被广泛采用。柱距尺寸还受到材料的影响，当采用砖混结构的砖柱时，其柱距宜小于 4m，可以为 3.9m，3.6m，3.3m 等。

（2）扩大柱网

随着科学技术的进步，厂房内部的生产工艺、生产设备、运输设备等也在不断地变化、更新、发展。为了适应这种变化，厂房应有相应的灵活性和通用性。除厂房剖面设计应满足这些要求外，厂房平面设计也需要满足这些要求。所以，宜采用扩大柱网的方法，也就是扩大厂房的跨度和柱距。常用扩大柱网（跨度×柱距）为 12m×12m，15m×12m，18m×12m，24m×12m，18m×18m，24m×24m 等。扩大柱网的优点是：

1）可以提高厂房面积的利用率。为使设备基础与柱基础不发生碰撞，需在柱周围留出一定的距离（大约 50mm），如图 14-2-7 所示。在 6m 柱距的厂房中，每一柱距内只能布置一台机床，若将柱距扩大到 12m，则每一柱距内可以布置三台机床。这样布置，可以明显提高厂房面积的利用率，减少柱子占用的结构面积，如图 14-2-8 所示。

2）有利于大型设备的布置和产品的运输。现代工业企业中，如重型机械厂、飞机制造厂等，其产品具有高、大、重的特点。柱网愈大，愈能满足生产设备的布置要求以及产

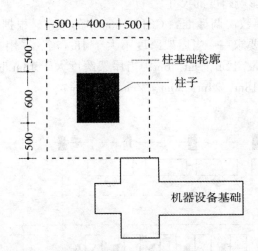

图 14-2-7　深基础设备距柱的最小距离(单位：mm)

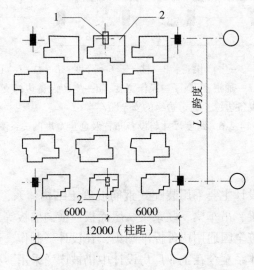

1—扩大柱距后省去的柱子；2—增加的设备

图 14-2-8　扩大柱距后增加设备布置示意图(单位：mm)

品的装配和运输。

3)能适应生产工艺变更及生产设备更新的要求。柱网扩大后，使生产工艺流程的布置具有较大的灵活性。

4)能减少构件数量，但增加了构件重，如表 14-2-1 所示。

5)减少柱基础土石方工程量。随着产品更换和工艺变革的需要，扩大柱网在国内的应用已日渐增多。例如机械、冶金、电力等工程中厂房采用 12m 柱距的实例已经很多。12m 柱距在工程中的应用通常有下面的两种方案：

①带托架方案。多跨厂房中列柱采用 12m 柱距，边列柱采用 6m 柱距，中列柱之间设 12m 托架(托梁)，屋架间距仍保持 6m，屋面板、墙板都是 6m。这种方案除托架(托梁)、托架处柱与基础外，其余构件与 6m 柱距系统一致，这样，比较符合我国目前的施工水平

表 14-2-1　　　　　矩形平面 144m×24m 单层厂房各柱网构件数量比较

构件名称	单位	柱网(柱距×跨度)/m				备　注
		6×24	12×24	18×24	24×24	
屋架	榀	25	13	9	7	跨度均为 24m
柱	根	50	26	18	14	不包括抗风柱
基础	个	50	26	18	14	湿度伸缩缝单基础双杯扣
总计		125	65	45	35	

和材料供应情况，建设起来比较方便。

②不带托架(托梁)的方案。厂房的中、边列柱均采用 12m 柱距，屋面板与墙板长度也采用 12m。这种方案使厂房的结构形式简单，施工吊装方便，构件数量、类型减少，有利于建筑工业化，技术经济指标也比较优越。

在扩大柱网设计中，还有正方形或趋近正方形柱网布置方案，如图 14-2-9 所示。柱网的跨度与柱距相等或大致相等。其优点是纵向、横向都能布置生产线，当需要进行技术改造、更新设备和重新布置生产线时，不受柱距的限制，使厂房具有更大的通用性和灵活性。

厂房内的起重运输设备可采用悬挂式吊车、桥式吊车和梁式吊车等，吊车梁支承在专用的柱子上，这种柱不和厂房柱相关联，若工艺改变，便于拆卸，不影响厂房结构。由于这种柱网在设备布置、运输设施、土建施工等方面均较灵活方便，故有"灵活车间"之称。但其土建工程造价相对较高。常用柱网尺寸有 12m×12m，18m×18m，24m×24m 等。

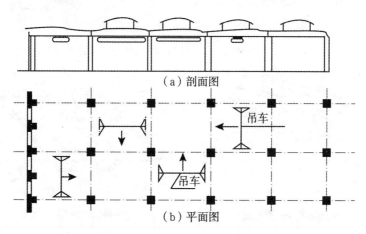

（a）剖面图

（b）平面图

图 14-2-9　正方形柱网布置示意图

5. 单层工业厂房生活间设计

为了满足工人生产、卫生及生活的需要，保证产品质量，提高劳动生产率，为一线工人创造良好的劳动卫生条件，除在全厂设有行政管理及生活福利设施外，每个车间还应设置生活类用房，这类用房通常称为生活间。

(1)生活间的组成

根据车间的生产特征、职工数量、男女比例、气候条件等因素,确定生活间的内容。通常,生活间包括下面四个方面内容:

①生产卫生用室。生产卫生用室包括浴室、存衣室等,其面积大小和卫生用具的数量根据车间的卫生特征级别,按照我国卫生部主编的《工业企业设计卫生标准》(TJ36—79)中的相关规定来确定。

②生活卫生用室。生活卫生用室包括休息室、孕妇休息室、吸烟室、厕所、女工卫生室、饮水室、小吃部、保健站等。

③行政办公用室。行政办公用室包括行政办公室以及会议室、学习室、值班室、计划调度室等。

④生产辅助用室。生产辅助用室包括工具室、材料库、计量室等。

(2)生活间的布置

生活间的位置应便于职工上、下班,避免生产中产生的有害物质及高温的影响。生活间的布置应尽量减少对厂房天然采光和自然通风的影响,有利于地面、地下及高空各种管线的布置,不应妨碍厂房的扩建。生活间的造型和色彩处理应与厂房统一协调。生活间的布置有毗邻式、独立式和厂房内部式三种基本形式。如图 14-2-10 所示。

(a)毗邻式(紧靠山墙)　　(b)独立式(有庭院或通廊与车间连接)

(c)毗邻式(紧靠纵墙)　　　　(d)带庭院毗邻式

图 14-2-10　位于厂房外部不同位置的生活间鸟瞰图

1)毗邻式生活间

紧靠厂房外墙(山墙或纵墙)布置的生活间称为毗连式生活间。毗连式生活间的主要优点是:

①生活间至车间距离短,联系方便;

②生活间与车间之间共用一道墙，节省建筑材料和空间；

③可以将车间层高较低的房间布置在生活间内，以减小建筑体积；

④占地较省；

⑤寒冷地区对车间保温有利；

⑥易与总平面图人流路线协调一致；

⑦可以避开厂区运输繁忙的不安全地带。

毗连式生活间的缺点是：

①不同程度地影响车间的采光和通风，如图 14-2-11 所示，生活间较长，影响车间的天然采光和自然通风。这种情况下，车间边跨应设采光天窗；

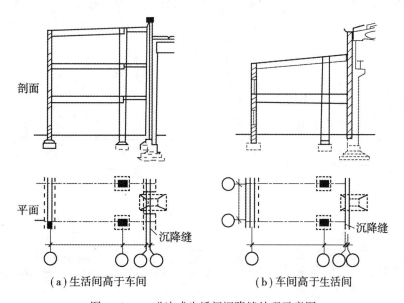

图 14-2-11　毗连式生活间沉降缝处理示意图

②车间内部若有较大振动、噪声、灰尘、余热和有害气体，对生活间有干扰和危害。

在毗连式生活间中，大多数是将生活间紧靠厂房山墙布置。若生活间靠厂房山墙布置，对车间的采光和通风影响相对较小，但若厂房较长，生活间的服务半径较大。

毗连式生活间平面组合的基本要求是：职工上、下班的路线应与服务设施的路线一致，避免迂回；在生产过程中使用的厕所、吸烟室、休息室、女工卫生室等处的位置应相对集中、恰当。

毗连式生活间和厂房的结构方案不同，荷载相差也很大。所以，在两者毗连处应设置沉降缝。沉降缝的处理方案有两种：

①若生活间的高度高于厂房高度，毗连墙应设在生活间一侧，沉降缝则位于毗连墙与厂房之间，如图 14-2-11(a)所示。无论毗连墙是否为承重墙，墙下的基础都应按以下两种情况处理：

带形基础。若带形基础与车间柱式基础相遇，则应将带形基础断开，增设钢筋混凝土抬梁来承担毗连墙的荷载。

柱式基础。其位置应与厂房的柱式基础交错布置，在生活间的柱式基础上设置钢筋混凝土抬梁，承担毗连墙的荷载。

②若厂房高度高于生活间的高度，毗连墙设在车间一侧，如图 14-2-11（b）所示。毗连墙支承在车间柱式基础的地基梁上。这时，生活间的楼板采用悬臂结构，生活间的地面、楼面、屋面均应与毗连墙断开，并设置沉降缝，以解决生活间和车间之间产生不均匀沉陷的问题。

2）独立式生活间

与厂房隔有一定距离、分开布置的生活间称为独立式生活间。独立式生活间的优点是：生活间布置灵活，生活间和车间在采光、通风、结构、构造等方面互不影响，便于独立处理。其缺点是：占地较多，生活间与车间隔有一定距离，联系不够方便。对于散发大量生产余热、有害气体及易燃易爆的车间，采用独立式生活间方案比较合适。独立式生活间与车间之间连接有三种基本方式，即走廊连接、天桥连接和地道连接，如图 14-2-12 所示。

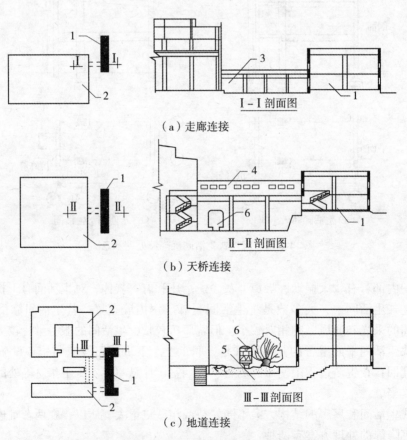

1—生活间；2—车间；3—走廊；4—天桥；5—地道；6—火车

图 14-2-12　独立式生活间与车间连接的三种方式示意图

①走廊连接。走廊连接方式的特点是简便、适用。根据气候条件，在南方地区宜采用开敞式走廊。北方地区宜采用封闭式走廊，也称为保温廊或暖廊。

②天桥连接。当车间与独立生活间之间有铁路或车流量较大的公路时，在铁路或公路

上空架设通行天桥。这种立体交叉布置方式可以避免人流和货流的交叉,有利于车辆运输和行人的安全。

③地道连接。地道连接也是一种立体交叉处理方法,其优点与天桥连接的优点基本相同。

应当指出,天桥和地道造价较高,而且与车间、生活间的室内地面标高不同,使用上也不十分方便。

3)厂房内部式生活间

内部式生活间是将生活间布置在车间内部可以充分利用的空间内。只要在生产工艺和卫生条件允许的情况下,均可采用这种布置方式。内部式生活间具有使用方便、经济合理、节省建筑面积和体积等优点。内部式生活间的缺点是只能将生活间的部分房间布置在车间内,如存衣室、休息室等,车间的通用性也受到限制。内部式生活间有以下几种布置方式:

①在边角、空余地段布置生活间。如柱子的上空,柱与柱之间的空间;

②在车间上部设夹层。生活间布置在夹层内,夹层可以支承在柱子上,也可以悬挂在屋架下;

③利用车间一角布置生活间;

④在地下室或半地下室布置生活间。这种方案需要设置机械通风、人工照明,而且构造复杂、造价较高,一般情况下较少采用。

14.2.3　单层工业厂房的剖面设计

厂房的剖面设计是厂房设计的一个组成部分。剖面设计是在平面设计的基础上进行的。平面设计主要从平面形式、柱网选择、平面组合等方面解决生产对厂房提出的各种要求。剖面设计则是从厂房的建筑空间处理上满足生产对厂房提出的各种要求。厂房剖面设计应满足以下要求:

(1)适应生产需要的合理空间;

(2)良好的采光和通风条件;

(3)满足屋面排水和室内保温隔热的围护结构;

(4)安全适用、经济合理的结构方案。

工业厂房剖面设计的具体任务是:确定厂房高度,选择厂房承重结构及围护结构方案,处理车间的采光、通风及屋面排水等问题(其中选择承重结构及围护结构方案的问题不在本节论述)。

1. 工业厂房高度的确定

工业厂房高度是指室内地面到屋顶承重结构最低点(或倾斜屋盖最低点、或下沉式屋架下弦底面)之间的距离。一般情况下,厂房高度与厂房屋顶距地面的高度基本相等。所以,通常以柱顶标高来衡量厂房的高度。在剖面设计中通常将室内地面的相对标高定为±0.000,柱顶标高、吊车轨顶标高等都是相对于室内地面标高而言的。厂房高度的确定,必须符合生产使用要求以及建筑统一化的要求,同时还应考虑到空间的合理利用。

(1)柱顶标高的确定

柱顶(或倾斜屋盖最低点、或下沉式屋架下弦底面)标高的确定分以下几种情况:

①无吊车厂房。无吊车厂房柱顶标高是按最大生产设备高度及其安装、使用、检修时所需的净空高度来确定的。同时，必须考虑采光和通风的要求，根据《厂房建筑模数协调标准》（GB50006—2010）的要求，柱顶标高还必须符合扩大模数 3M 模数的规定。无吊车厂房柱顶标高一般不得低于 3.9m。

②有吊车厂房。在有吊车的厂房中，不同的吊车对厂房高度的影响各不相同。对于采用梁式吊车或桥式吊车的厂房，参照图 14-2-13，具有以下参数：

柱顶标高 $$H = H_1 + H_2 \qquad (14\text{-}2\text{-}1)$$
轨顶标高 $$H_1 = h_1 + h_2 + h_3 + h_4 + h_5 \qquad (14\text{-}2\text{-}2)$$
轨顶至柱顶高度 $$H_2 = h_6 + h_7 \qquad (14\text{-}2\text{-}3)$$

式中：h_1——需跨越的最大设备高度；

h_2——起吊物与跨越物之间的安全距离，一般为 $400 \sim 500\text{mm}$；

h_3——起吊的最大物件高度；

h_4——吊索最小高度，根据起吊物件的大小和起吊方式来决定，一般地，$h_4 > 1\text{m}$；

h_5——吊钩至轨顶面的距离，根据吊车规格确定；

h_6——轨顶至吊车小车顶面的距离，由吊车规格表中查得；

h_7——屋架下弦底面至小车顶面之间的安全距离，应根据国家标准《通用桥式起重机界限尺寸》（GB/T7592—1987）的相关规定，并考虑到屋架的挠曲变形和地基可能产生的不均匀沉陷等因素来确定。如果屋架下弦悬挂有管线等其他设施时，还需另加必要的尺寸。

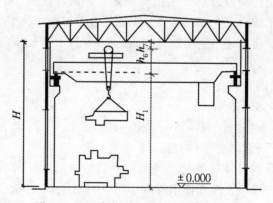

图 14-2-13　确定厂房高度的因素示意图

（2）剖面空间的利用

工业厂房的高度直接影响厂房的造价，确定厂房高度应在不影响生产使用的前提下，有效地利用建筑空间，以降低柱顶的标高，从而降低建筑造价。

①利用屋架之间的空间。有些情况下，可以利用两榀屋架之间的空间来布置个别特殊高大的设备。例如，某铸铁车间砂处理工段的混砂设备高 11.8m，由正对屋架布置改到两榀屋架之间布置后，使柱顶高度由 13.2m 降低到 10.8m，如图 14-2-14 所示。

②利用地下空间。若厂房内有个别高大设备，为了避免提高整个厂房的高度，可以采

取降低局部地面标高的方法。如某厂房变压器修理工段，在修理大型变压器芯子时，需将芯子从变压器外壳中抽出。设计人员将变压器布置在 3m 深的地坑内进行抽芯检修，使轨顶标高由 11.4m 降低到 8.4m，从而降低了整个厂房的高度，如图 14-2-15 所示。

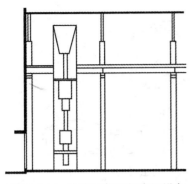
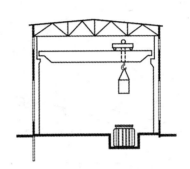

图 14-2-14　利用屋架空间布置设备　　　图 14-2-15　某厂变压器修理工段剖面图

（3）室内地坪标高的确定

单层工业厂房室内地坪的绝对标高是在总平面设计时确定的。室内地坪的相对标高定为 ±0.000。一般单层工业厂房室内外需设置一定的高差，以防雨水浸入室内。同时，为了便于汽车等运输工具出入，室内外高差不宜太大，一般取 100~200mm，且常常用坡道连接。

在地形较平坦的地段上建工业厂房，一般室内取一个标高。若在山地建工业厂房，则应结合地形，因地制宜，尽最减少土石方工程量，以降低工程造价，加快施工进度。通常，将车间各跨顺着等高线布置。在生产工艺允许的条件下，可以将车间各跨分别布置在不同标高的台阶上，工艺流程则可以由高跨处流向低跨处，利用物体自重进行运输。这样，可以大量减少运输费和动力的消耗，如图 14-2-16 所示。

有一些选矿厂、化工厂、铸工车间等，若跨度垂直于等高线布置，且地形坡度又较陡，在工艺允许的条件下，可以将同一跨地坪分段布置在不同标高的台阶上。有时，还可以利用地形较低的部分设置半地下室，作为成品库或辅助生产用房。如图 14-2-17 所示。当厂房内地坪有两个以上不同高度的地平面时，定主要地坪面的标高为 ±0.000，如图 14-2-18 所示。

2. 工业厂房的天然采光

白天，厂房室内通过窗口取得天然光线进行照明的方式称为天然采光。由于天然光线质量好，且不耗费电能，因此单层工业厂房大多采用天然采光。若天然采光不能满足要求，才辅以人工照明。工业厂房的采光设计就是根据室内生产对光的要求来确定窗口的大小、形式及其布置，保证室内采光强度和均匀度，以及避免眩光。厂房采光面积的多少，应根据不同生产情况对采光的要求，按采光系数的标准值进行计算。

工业厂房采光的效果直接关系到生产效率、产品质量以及工人的劳动卫生条件，工业厂房采光效果是衡量工业厂房建筑质量标准的一个重要因素。因此，厂房开窗面积不能太

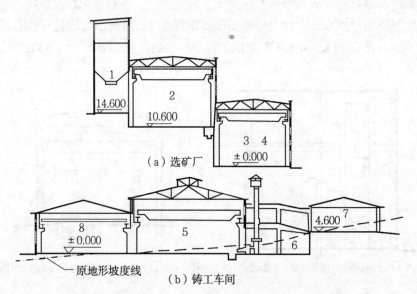

（a）选矿厂

（b）铸工车间

1—中间矿仓；2—破碎；3—脱选；4—脱水；5—大件造型；

6—熔化；7—炉科；8—小件造型

图 14-2-16　厂房各跨顺着等高线布置示意图

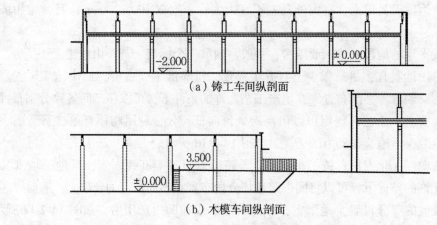

（a）铸工车间纵剖面

（b）木模车间纵剖面

图 14-2-17　厂房跨度垂直于等高线布置示意图

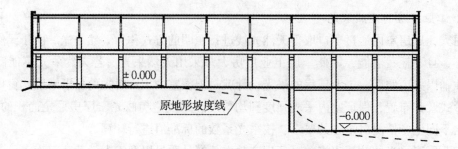

图 14-2-18　利用地形较低一端设置半地下室示意图

小，太小了会使室内光线太暗，影响工人生产操作和交通运输，从而降低产品质量和工人劳动效率，甚至易发生工伤事故。但盲目加大开窗面积也会带来许多害处，过大的窗户面积会使夏季太阳的辐射热大量进入车间，冬季又因散热面过大而增加采暖设施和采暖费用，同时也提高了建筑造价。因此，必须根据生产性质对采光的不同要求，进行采光设计，确定窗的大小，选择窗的形式，进行窗的布置。使室内获得良好的采光条件。

（1）天然采光的基本要求

①满足采光系数最低值的要求。室内工作面上应有一定的光线，光线的强弱是用照度来衡量的。照度表示单位面积上所接受的光通量＊的多少，其单位用勒克斯（Lx）表示。由于室外天然光线随时都在变化，导致室内的照度值也随着变化。因此，室内某点的采光情况不可能用这个不断变化的照度值来表示，而是以室内工作面上某一点直接或间接接受天空漫射光所形成的照度，与同一时间露天场地上天空漫射光照度的百分比来表示，这个比值称为室内某点的采光系数。这样，无论室外照度如何变化，室内某一点的采光系数是不变的。如图 14-2-19 所示，即

$$C = \frac{E_n}{E_w} \times 100\% \tag{14-2-4}$$

式中：C——室内某点的采光系数（%）；

E_n——室内某点的照度（Lx）；

E_w——同时刻室外露天地平面上的天空漫射光下的照度（Lx）。

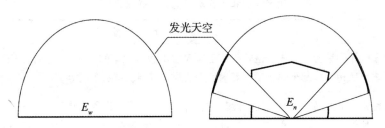

图 14-2-19　采光系数值的确定

我国颁发的《工业企业采光设计标准》（GB/T 500033—2001）中，要求采光设计的光源以全阴天天空的扩散光作为标准。根据我国光气候特征和视觉试验，以及对实际情况的调查分析，将我国工业生产的视觉工作分为 V 级，提出了各级视觉工作要求的室内天然光照度最低值，并规定出各级采光系数最低值。如表 14-2-2 所示。在采光设计中，生产车间工作面上的采光系数最低值不应低于表 14-2-2 中所规定的数值，以保证车间内的良好视觉条件。

＊　光通量是指人的眼睛所能感受到的光辐射能量。其单位用流明表示（如一个 20W 的荧光灯约为 700 流明）。

表 14-2-2 视觉作业场所工作面上的采光系数标准

采光等级	视觉作业分类		侧面采光		顶部采光	
	作业精确度	识别对象的最小尺寸/(d/mm)	室内天然光临界照度/(Lx)	采光系数/(cmin/%)	室内天然光临界照度/(Lx)	采光系数/(cmin/%)
I	特别精密	$d \leqslant 0.15$	250	5	350	7
II	很精密	$0.15 < d \leqslant 0.3$	150	3	225	4.5
III	精密	$0.3 < d \leqslant 1.0$	100	2	150	3
IV	一般	$1.0 < d \leqslant 5.0$	50	1	75	1.5
V	粗糙	$d > 5.0$	25	0.5	35	0.7

我国各地光气候差别较大，因此，《工业企业采光设计标准》（GB 50033—1991）中将我国划分为 5 个光气候区，在进行厂房采光设计时，各光气候区取不同的光气候系数 K（详见《工业企业采光设计标准》）。表 14-2-2 中采光系数标准值都是以 3 类光气候区为标准给出的。在其他光气候区，各类建筑物工作面上的采光系数标准值应为上述标准中给出的数值乘以相应的光气候系数所得到的数值。

表 14-2-3 为工业建筑的生产厂房和工作场所采光等级举例。

表 14-2-3 生产厂房和工作场所的采光等级举例

采光等级	生产厂房和工作场所名称
I	精密机械和精密机电成品检验，精密仪表加工和装配车间、光学仪器精加工和装配车间、手表及照相机装配车间，工艺美术工厂绘画、雕刻、刺绣车间等。
II	很精密机电产品加工、装配、检验，通信、网络、视听设备的装配与调试，服装裁剪、缝纫及检验，精密理化实验室、计量室、主控室，印刷品的排版、印刷，药品制剂等。
III	机电产品加工、装配、检修，一般控制室，木工、电镀、油漆、铸工，理化实验室，造纸、石化产品后处理，冶金产品冷轧、热轧、拉丝、粗炼等。
IV	焊接、冲压剪切、锻工、热处理，食品、烟酒加工和包装，日用化工产品，金属冶炼，水泥加工与包装，配、变电所等。
V	发电机厂主厂房，压缩机房、风机房、锅炉房、电石库、乙炔库、氧气瓶库、汽车库、大中件储存库，煤的加工等。

工作面上采光系数是否符合要求，应选择建筑物的典型剖面工作面上采光最不利点进行检验。工作面一般取距地面 1m 高的水平面，在横剖面上进行验算，连接各点采光系数值则形成采光曲线，采光曲线反映该剖面的采光情况，如图 14-2-20 所示。

②满足采光均匀度的要求。厂房采光均匀度是指工作面上采光系数最低值与平均值的比值。要求工作面上各部分的照度比较接近，避免出现过于明亮或特别阴暗的地方，力求

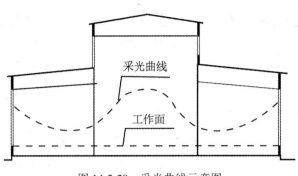

图 14-2-20 采光曲线示意图

使人们的视觉舒适，减低人们视力疲劳。

③避免在工作区产生眩光。视野内出现比周围环境突出明亮而刺眼的光称为眩光。眩光使人的眼睛感到极不舒适或无法适应，影响人们的视力和操作。因此，工业厂房设计中应避免在工作区产生眩光。

（2）采光窗口面积的确定

在实际工业厂房设计中，通常根据厂房的采光、通风、立面设计等综合要求，先大致确定开窗的形式和窗口面积，然后根据厂房的采光要求进行校核，验算是否符合采光标准值。

采光计算的方法很多，由于一般厂房对采光要求不很精确，最简单的方法是利用《工业企业采光设计标准》（GB50033—1991）中给出的窗地面积比的方法来估算开窗面积。计算窗地面积比是指窗洞口面积和室内地面面积的比值，利用窗地面积比可以简单地估算出采光窗口面积。如表 14-2-4 所示。

表 14-2-4   采光窗地面积比

采光等级	侧 窗	锯齿形天窗	矩形天窗	平天窗
Ⅰ	1/2.5	3	1/4	1/6
Ⅱ	1/3	1/3.5	1/5	1/8
Ⅲ	1/4	1/4.5	1/7	1/10
Ⅳ	1/6	1/8	1/10	1/13
Ⅴ	1/10	1/11	1/15	1/23

（3）采光方式及布置

天然采光方式主要有侧面采光、顶部采光（天窗）、混合采光（侧窗＋天窗），如图 14-2-21所示。在采光窗口面积相同的情况下，由于其所在的位置不同，采光的效果也是各不相同的。

1）侧面采光

侧面采光分单侧采光和双侧采光两种情况。单侧采光的有效进深为侧窗口上沿至地面

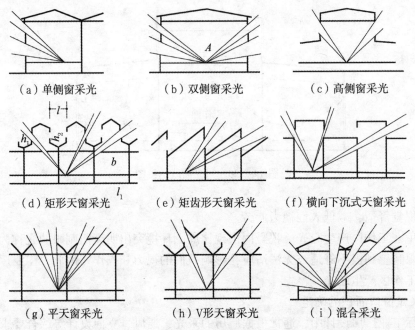

（a）单侧窗采光　　　　（b）双侧窗采光　　　　（c）高侧窗采光

（d）矩形天窗采光　　　（e）矩齿形天窗采光　　（f）横向下沉式天窗采光

（g）平天窗采光　　　　（h）V形天窗采光　　　（i）混合采光

图 14-2-21　单层工业厂房天然采光方式示意图

高度的 1.5~2.0 倍，即单侧采光房间的进深一般不超过窗高的 1.5~2.0 倍为宜，单侧窗光线衰减情况如图 14-2-22 所示。如果厂房的宽高比很大，超过单侧采光所能解决的范围，则需要采用双侧采光或辅以人工照明等方式。

由于侧面采光的方向性强，所以布置侧窗时要避免出现遮挡的情况。在有吊车的厂房中，通常不在吊车梁处开设侧窗，而是将侧窗分上、下两层布置，上层称为高侧窗，下层称为低侧窗，如图 14-2-23 所示。

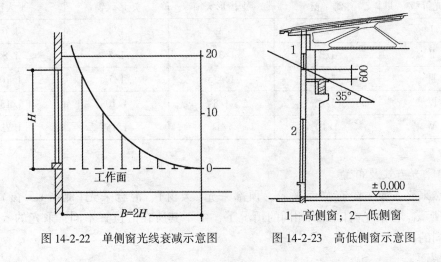

图 14-2-22　单侧窗光线衰减示意图　　　　1—高侧窗；2—低侧窗

图 14-2-23　高低侧窗示意图

为不使吊车梁遮挡光线，高侧窗下沿距吊车梁顶面应有适当距离，一般取 600mm 左右为宜，如图 14-2-23 所示。低侧窗下沿，即窗台高，一般应略高于工作面的高度，工作面高度一般取 800mm 左右。沿侧墙纵向工作面上的光线分布情况与窗间墙的分布情况有关，窗间墙以等于或小于窗宽为宜。若沿墙工作面上要求光线均匀，可以减小窗间墙的宽度或取消窗间墙布置成水平带形窗。

2）顶部采光

若厂房为连续多跨，中间跨无法通过侧窗进行采光，或侧墙上由于某些原因不能开设采光窗，则可以在屋顶上开设采光天窗来解决厂房的天然采光问题，即顶部采光。顶部采光容易使室内获得较均匀的光线，采光效率高于侧窗。但是，天窗的构造较复杂，造价也比侧窗高。采光天窗有多种形式，常见的有矩形、梯形、三角形、M 形、锯齿形以及下沉式、平天窗等，如图 14-2-24 所示。

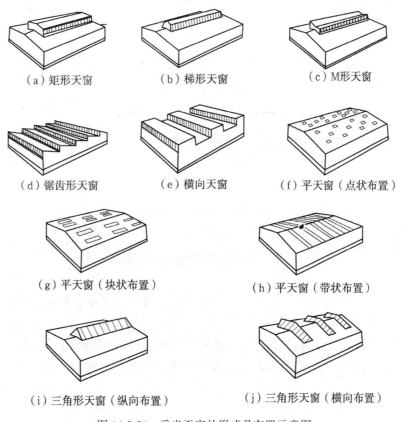

图 14-2-24　采光天窗的形式及布置示意图

工业厂房采光最常用的是矩形天窗、锯齿形天窗、横向天窗、平天窗等几种形式。

①矩形天窗。矩形天窗是指沿跨间纵向升起局部屋面，在高低屋面之间的垂直面上开设采光窗而形成的。矩形天窗的采光特点与侧窗采光相类似，具有中等照度。矩形天窗若朝南北方向开设，则室内光线均匀，直射光较少。由于玻璃面是垂直的，可以减少污染，易于防水，有一定的通风作用。但是，矩形天窗的构件类型多、结构复杂、自重大、造价高，而且增加了厂房高度，抗震性能也较差。矩形天窗厂房剖面布置如图 14-2-25 所示。

为了获得良好的采光效果，矩形天窗的宽度 b 与厂房跨度 L_1 的比值 b/L 宜在 $1/3\sim$ $1/2$ 之间，天窗的高宽比 h/b 宜在 0.3 左右，不宜大于 0.45，因为若天窗过高对提高工作面照度的作用较小。两天窗的边缘距离 L_2 应大于相邻天窗高度和的 1.5 倍，矩形天窗宽度与跨度的关系如图 14-2-26 所示。

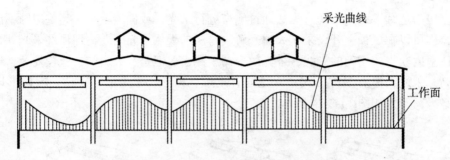

图 14-2-25　矩形天窗厂房剖面图

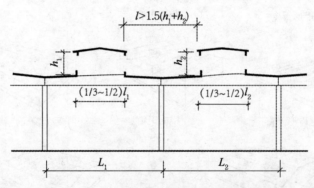

图 14-2-26　矩形天窗宽度与跨度的关系示意图

②锯齿形天窗。锯齿形天窗是将厂房屋盖做成锯齿形，窗设于垂直面上（有时也做成稍倾斜的面）。对于一些生产工艺有特殊要求的工厂，如纺织厂、印染厂、精密仪器车间等，要求室内光线稳定、均匀，无直射光进入工作面，避免产生眩光，不增加空调设备的负荷。因此，厂房常常采用窗口向北的锯齿形天窗，锯齿形天窗的厂房剖面如图 14-2-27 所示。

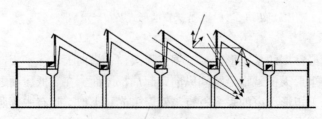

图 14-2-27　锯齿形天窗厂房剖面（窗口向北）图

锯齿形天窗厂房工作面不仅能得到从天窗透入的光线，而且还由于屋顶表面的反射增强了反射光。因此，锯齿形天窗采光效率比较高，在满足同样采光标准的前提下，锯齿形天窗比矩形天窗节省窗户面积 30% 左右。

③横向天窗。横向下沉式天窗：是将相邻柱距的整跨屋面板上、下交替布置在屋架的上、下弦上，利用屋面板位置的高差(即屋架上、下弦的高差)做采光口而形成的。当厂房受建设地段的限制不得不将厂房纵轴沿南北向布置时，为避免西晒，可采用横向天窗布置。

横向天窗有两种形式：一种是突出于屋面；一种是下沉于屋面，即所谓横向下沉式天窗，如图 14-2-28 所示。

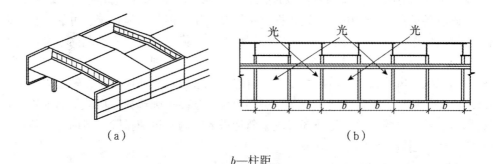

（a）   （b）

b—柱距

图 14-2-28　横向下沉式天窗局部轴测投影图及纵剖面

横向下沉式天窗布置灵活，可以根据使用要求每隔一个柱距或若干个柱距布置，其造价较矩形天窗低。若厂房为东西向，横向下沉式天窗为南北向。因此，横向下沉式天窗多用于朝向为东西向的冷加工车间。同时，横向下沉式天窗的排气路线短捷，可以开设较大面积的通风口，通风量大。所以，横向下沉式天窗还适用于对采光、通风都有要求的热加工车间。其缺点是受屋架限制，窗扇形状不标准、构造复杂、厂房纵向刚度较差。

④平天窗。平天窗是在屋盖上直接设置水平或接近水平的采光口而形成的。平天窗厂房剖面如图 14-2-29 所示。平天窗可分为采光板、采光带和采光罩的形式。

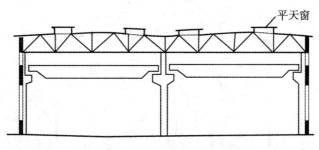

图 14-2-29　平天窗厂房剖面图

带形或板式平天窗一般是在屋面板上开洞，覆以透光材料而构成的。若采光口面积较大，则设三角形或锥形框架，窗玻璃斜置在框架上，采光带可以横向布置或纵向布置。

采光罩是一种用有机玻璃、聚丙烯塑料或玻璃钢整体压铸的采光构件，有圆穹形、扁平穹形、方锥形等各种形状。采光罩一般分为固定式和开启式两种。开启式采光罩可以自然通风。采光罩的特点是重量轻，构造简单，布置灵活，防水可靠。

平天窗具有采光效率高(为矩形天窗的 2~2.5 倍)，布置灵活、构造简单、施工方便、造价低等优点。其缺点是：在采暖地区，玻璃上容易结露；在炎热地区，通过平天窗透进大量的太阳辐射热；对于有太阳光直射的车间易产生眩光。此外，平天窗在少雨多尘地区容易积尘，使用几年后采光效果会大大降低；以及平天窗一般不起通风作用等。平天窗在冷加工车间的设计中应用比较广泛。

3. 工业厂房的自然通风

工业厂房通风有机械通风和自然通风两种。机械通风是依靠通风机来实现通风换气的，机械通风要耗费大量的电能，设备投资及维修费用，但其通风稳定、可靠。自然通风是利用自然风力作为空气流动的动力来实现厂房的通风换气，这是一种既简单又经济的办法，但易受外界天气条件的限制，通风效果不够稳定。除个别生产工艺有特殊要求的厂房和工段采用机械通风外，一般厂房主要采用自然通风或以自然通风为主，辅之以简单的机械通风。为有效地组织好自然通风，在厂房剖面设计中要正确选择厂房的剖面形式，合理布置进风口、排风口的位置，使外部气流不断地进入室内，迅速排除厂房内部的热量、烟尘及有害气体，创造良好的生产环境。

(1)自然通风的基本原理

单层工业厂房自然通风是利用空气的热压和风压作用进行的。

①热压作用。工业厂房内部各种热源排放出大量热量，提高了室内空气温度，使空气体积膨胀，密度变小而自然上升；室外空气温度相对较低，密度较大，气流便由厂房外围护结构下部的门窗洞口进入室内，室内的热空气由厂房上部开的窗口(天窗或高侧窗)排至室外。进入室内的冷空气又被热源加热变轻，上升由厂房上部窗口排至室外。如此循环，就在厂房内部形成了空气流动，达到了通风换气的目的。这种利用室、内外冷、热空气产生的压力差进行通风换气的方式，称为热压通风。如图 14-2-30 所示为热压通风原理。

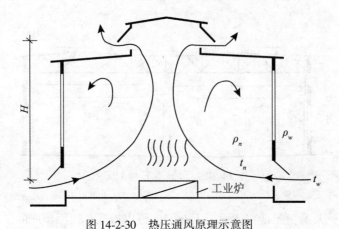

图 14-2-30　热压通风原理示意图

由于厂房内、外温度差所形成的这种空气压力差称为热压。热压愈大，自然通风效果就愈好。

其表达式为

$$\Delta P = g \cdot H(\rho_w - \rho_n) \tag{14-2-5}$$

式中：ΔP——热压（Pa）；

　　　　G——重力加速度（m/s²）；

　　　　H——上、下进风口、排风口的中心距离（m）；

　　　　ρ_w——室外空气密度（kg/m³）；

　　　　ρ_n——室内空气密度（kg/m³）。

式(14-2-5)的物理意义是：热压值的大小与上、下进风口、排风口中心线的垂直距离和室内、外空气密度差成正比。所以，在无天窗的厂房中，应尽可能提高高侧窗的位置，降低低侧窗的位置，以增大进风口、排风口的高差。而中部侧窗可以采用固定窗或便于开关的中悬窗形式。

②风压作用。根据流体力学的原理，当风吹向房屋时，迎风墙面空气流动受阻压力增加，超过一个大气压，迎风面形成正压区，用符号"+"表示。当风越过建筑物迎风面后，则风速加大，使建筑物顶面、背面和侧面均形成小于一个大气压的负压区，用符号"–"表示。如图 14-2-31 所示。

在建筑物中，正压区的洞口为进风口，负压区的洞口为排风口。这样，就会使室内、外空气进行流动。这种利用风压原理而使室内、外通风的方法称为风压通风。

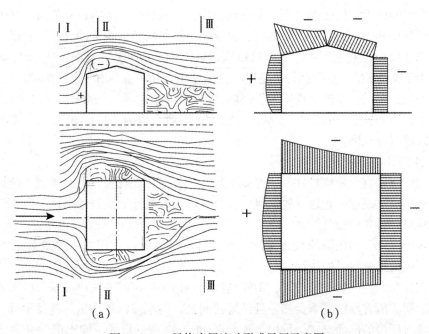

图 14-2-31　风绕房屋流动形成风压示意图

一般地，室内自然通风的形成是热压作用和风压作用的综合结果。从组织自然通风设计的角度看，风压通风对改善室内环境的效果比较显著。但是，由于室外风速和风向经常变化，在实际通风计算时只考虑热压的作用。尽管各个风向的频率不等，但是风可以从任何方向吹来。所以，建筑设计应考虑各个风向都有进风口和排风口，合理组织气流，以达到通风换气的目的。应当指出，为了增大厂房内部的通风量，应考虑主导风向的影响，特别是夏季主导风向的影响。

（2）自然通风设计的原则

①合理选择建筑物朝向。为了充分利用自然通风，应控制厂房宽度，并使厂房纵向垂直于当地夏季主导风方向或不小于45°倾角。从减少建筑物的太阳辐射和组织自然通风的综合角度而言，选择厂房南北朝向是最合理的。

②合理布置建筑群。选择了合理的建筑物朝向，还必须布置好建筑群体才能组织好室内通风。建筑群的平面布置有行列式、错列式、斜列式、周边式、自由式等，从自然通风的角度考虑，行列式和自由式均能争取到较好的朝向，自然通风效果良好。

③厂房开口与自然通风。一般地，进风口正对出风口布置，会使气流直通，风速较大，但风场影响范围小。习惯上把进风口正对着出风口的风称为穿堂风。如果进出风口错开，则风场影响范围增大。避免出风口都开在正压区或负压区一侧的布置。为了获得舒适的通风，开口的高度应低一些，使气流能够作用到人身上。高窗和天窗可以使顶部热空气更快散出。室内的平均气流速度取决于较小的开口尺寸，通常取进出风口面积相等为宜。

④导风设计。中轴旋转窗扇、水平挑檐、挡风板、百页板、外遮阳板及绿化均可以起到挡风、导风的作用，可以用来组织室内通风。

（3）冷加工厂房的自然通风

冷加工车间内无大的热源，室内余热量较小，一般按采光要求设置的窗，其上有适当数量的开启窗扇和为交通运输设置的门，就能满足厂房内通风换气的要求。所以，在厂房剖面设计中，以天然采光为主，在自然通风设计方面，应使厂房纵向垂直于夏季主导风向，或不小于45°倾角，并限制厂房宽度。在侧墙上设窗，在纵横贯通的端部或在横向贯通的侧墙上设置大门，室内少设或不设隔墙，以利于"穿堂风"的组织。为避免气流分散，影响"穿堂风"的流速，冷加工厂房不宜设置通风天窗，但为了排除积聚在屋盖下部的热空气，可以设置通风屋脊。

（4）热加工厂房的自然通风

热加工厂房除有大量热量外，还可能有灰尘，甚至存在有害气体。所以，热加工厂房更要充分利用热压原理，合理设置进风口、排风口，有效地组织自然通风。

1）进风口、排风口设计

根据热压原理，热压值的大小与进风口、排风口的中心线距离 H 成正比。所以，热加工车间进风口布置得越低越好。

我国南方与北方气候差异较大，不同地区的热加工厂房的进风口、排风口布置及构造形式也应不同。南方地区夏季炎热，且延续时间长、雨水多，冬季短、气温不低。南方地区散热量较大厂房的剖面形式，可以参考如图14-2-32所示形式。墙下部为开敞式，屋顶设通风天窗。为防止雨水溅入室内，窗口下沿应高出室内地面 $60 \sim 80cm$。因冬季不冷，不需调节进风口、排风口面积控制风量，所以进风口、排风口可以不设窗扇，但应设置挡雨板防止雨水飘入室内。

对于北方地区散热量很大的厂房，厂房剖面形式，可以参考如图14-2-33所示形式。

由于冬季、夏季温差较大，进风口、排风口均需设置窗扇。夏季将下排窗开启，上排窗关闭。冬季将上排窗开启，下排窗关闭，避免冷风吹向人体。夏季可以将进风口、排风口窗扇开启组织通风，根据室内、外气温条件，调节进风口、排风口面积进行通风。侧窗窗扇开启方式有上悬、中悬、立旋和平开四种。低侧窗宜采用平开窗或立旋窗，尤其以立旋窗为最佳选择。因为，立旋窗的开启角度可以随风向来调节，能得到最大的通风量。其他需开启的侧窗可以用中悬窗(开启角度可达 80°)，便于开关。上悬窗开启费力，局部阻力系数大，因此，排风口的窗扇也多采用中悬窗。

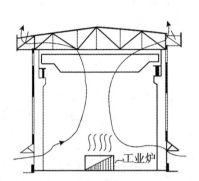

图 14-2-32 南方地区热加工车间剖面示意图

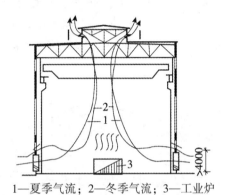

1—夏季气流；2—冬季气流；3—工业炉

图 14-2-33 北方地区热加工车间剖面示意图

2)通风天窗的选择

无论是多跨或单跨热加工厂房，仅靠侧窗通风往往不能满足要求，通常还需在屋顶上设置通风天窗。通风天窗的类型主要有矩形和下沉式两种。

①矩形通风天窗。除无风速的情况以外，热加工厂房的自然通风是在风压和热压的共同作用下进行的。空气流动出现三种状态：

当风压小于热压时，不仅背风面排风口可以排气，迎风面排风口也能排气。但由于迎风面风压的影响，使排风口排气量减小，如图 14-2-34(a)所示。

当风压等于热压时，迎风面排风口不能排气，但背风面排风口照样能排气，如图 14-2-34(b)所示。

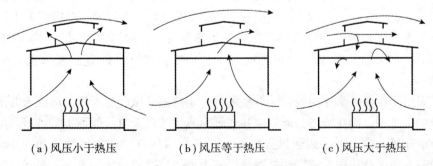

(a)风压小于热压　　　(b)风压等于热压　　　(c)风压大于热压

图 14-2-34 风压和热压共同作用下的三种气流状况示意图

　　当风压大于热压时，迎风面的排风口不但不能排气，反而出现所谓"倒灌风"现象，如图14-2-34(c)所示。这时如果关闭迎风面排风口、打开背风面的排风口，则背风面排风口也能排气。风向是随时变化的，而要随着风向不断开启或关闭排风口是困难的。防止迎风面对室内排风口产生不良影响的最有效处理方法是，在迎风面距离进风口一定的地方设置挡风板。由于风的方向是不确定的，所以矩形天窗的两侧均应设置挡风板，无论风从何处吹来，均可使排风口始终处于负压区内，如图14-2-35所示。设有挡风板的矩形天窗称为矩形通风天窗，也称为避风天窗。在无风时，车间内部靠热压通风；有风时，风速越大则负压区绝对值也越大，排风量也增大。挡风板至矩形天窗的距离以等于排风口高度的1.1~1.5倍为宜。当平行等高跨上两矩形天窗排风口的水平距离 L 小于或等于天窗高度 h 的5倍时，可不设挡风板，因为该区域的风压始终为负压，如图14-2-36所示。

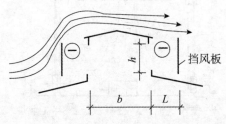
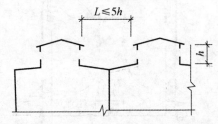

图 14-2-35　矩形通风天窗示意图　　　　　图 14-2-36　天窗互起挡风作用示意图

　　②下沉式天窗。在屋顶结构中，一部分屋面板铺在屋架上弦上，另一部分屋面板铺在屋架下弦上，屋架上弦和下弦之间的空间构成在任何风向下都处于负压区的排风口，这样的天窗称为下沉式通风天窗。

　　下沉式天窗的优点是：可以使厂房的高度降低4~5m；减少了风荷载；由于不设天窗架和挡风板，屋架上的集中荷载比矩形通风天窗减少5%左右，相应地柱和基础断面将有所减少；节约建筑材料，降低造价；由于重心下降，抗震性能好。这种天窗的通风口处于负压区，所以通风稳定可靠，效果良好；布置灵活，热量排除路线短；采光均匀。因而应用比较广泛。其缺点是：屋架上、下弦受扭；屋面排水处理复杂；若设窗扇，因受屋架形式的限制，构造复杂；同时，因屋面板下沉而使室内空间产生压抑感。

　　下沉式通风天窗有纵向下沉、横向下沉以及井式下沉三种布置方式。纵向下沉天窗是沿厂房的纵向将一定宽度范围内的屋面板下沉，如图14-2-37所示。根据需要天窗可以布置在屋脊处或屋脊两侧。若厂房很宽，室内散热量又大，则可以采用双列纵向下沉式天窗。横向下沉式天窗是每隔一个柱距或若干个柱距，将整个跨宽的屋面板下沉，如图14-2-38所示。

　　井式天窗是每隔一个柱距或若干个柱距将一定范围的屋面板下沉，形成天井形式。可以设在跨中，也可以设在跨边，形成中井式天窗或边井式天窗。如图14-2-39所示。

　　除矩形通风天窗、下沉式通风天窗外，还有通风屋脊、通风屋顶，如图14-2-40所示。我国南方地区及长江流域区，夏季气候较为炎热，这些地区的热加工车间，除采用通风天窗外，也可能采用开敞式外墙，即厂房的外墙不设窗扇而用挡雨板代替，如图14-2-41所示。

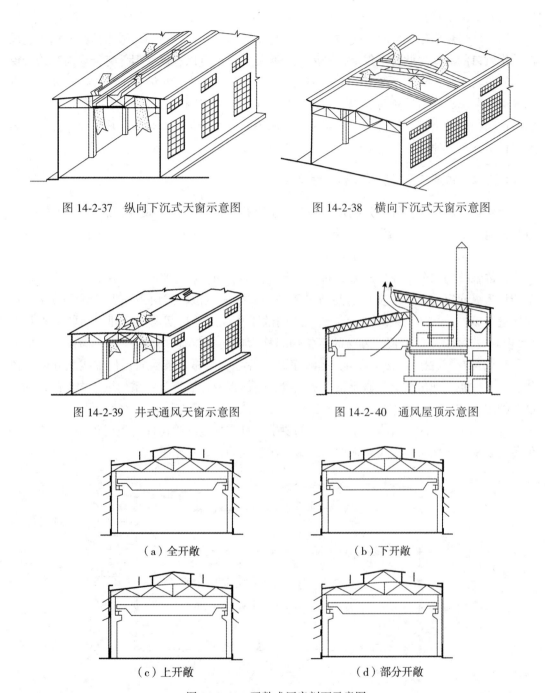

图 14-2-37　纵向下沉式天窗示意图　　　　　图 14-2-38　横向下沉式天窗示意图

图 14-2-39　井式通风天窗示意图　　　　　图 14-2-40　通风屋顶示意图

（a）全开敞　　　　　　　　　　　　（b）下开敞

（c）上开敞　　　　　　　　　　　　（d）部分开敞

图 14-2-41　开敞式厂房剖面示意图

③合理布置热源。在利用穿堂风时，热源应布置在夏季主导风向的下风位，进风口、排风口应布置在一条线上。以热压为主的自然通风热源应布置在天窗喉口下面，使气流排出路线短，减少涡流。设置下沉式天窗时，热源应与下沉底板错开布置。若有些设备(如转炉，电炉等)在生产时散发出大量的热量和烟尘，为防止其扩散污染整个厂房，可以在

这些设备上部设置排烟罩。

④其他通风措施。多跨厂房中，为有效地组织通风，可以将高跨适当抬高，增大进风口、排风口的高差。此时不仅侧窗进风，低跨的天窗也可以进风，但低跨天窗与高跨天窗之间的距离不宜小于 24~40m，以免高跨排出的污染空气进入低跨。在厂房各跨高度基本相等的情况下，应将冷热跨间隔布置，并用轻质吊墙把二者分隔，吊墙距地面 3m 左右。实测证明，这种措施通风有效，气流可以源源不断地由冷跨流向热跨，热气流由热跨通风天窗排出，气流速度可达 1m/s 左右。

14.2.4 单层工业厂房的定位轴线标定

单层工业厂房定位轴线是确定厂房主要承重构件的平面位置及其标志尺寸的基准线，也是工业建筑施工放线和设备安装定位的依据。确定厂房定位轴线必须执行我国颁发的《厂房建筑协调标准》(GBJ 6—1986)中的有关规定。

定位轴线的划分是在柱网布置的基础上进行的。通常，把平行于厂房长度方向的定位轴线称为纵向定位轴线。在厂房建筑平面图中，纵向定位轴线由下向上按 A，B，C，…顺序进行编号。相邻两条纵向定位轴线之间的距离标志着厂房跨度，即屋架的标志长度（跨度）。把垂直于厂房长度方向的定位轴线称为横向定位轴线。在厂房平面图中，横向定位轴线自左至右按 1，2，3，4，…顺序进行编号。相邻两条横向定位轴线之间的距离代表厂房柱距，即吊车梁、联系梁、基础梁、屋面板及外墙板等一系列纵向构件的标志长度。如图 14-2-42 所示。

标定定位轴线时，应满足生产工艺的要求，且应尽量减少构件的类型和规格，扩大构件预制装配化程度及其通用互换性，提高厂房建筑的工业化水平。

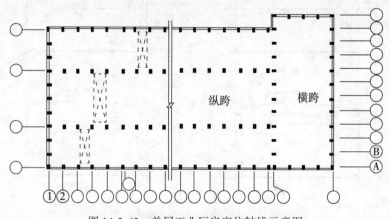

图 14-2-42　单层工业厂房定位轴线示意图

1. 横向定位轴线

单层工业厂房的横向定位轴线主要用来标定厂房纵向构件，如吊车梁、联系梁、基础梁、屋面板、墙板、纵向支撑等构件的标志尺寸，以及这些构件与屋架(或屋面梁)的相互关系。

（1）中间柱与横向定位轴线的联系

除横向变形缝处及端部排架柱外，中间柱的中心线应与横向定位轴线相重合。此时，屋架端部位于柱中心线通过处；连系梁、吊车梁、基础梁、屋面板及外墙板等构件的标志长度都以柱中心线为准，柱距相同时，这些构件的标志长度相同，连接构造的方式也可以统一，如图 14-2-43 所示。

（2）横向伸缩缝，防震缝处柱与横向定位轴线的联系

为了不增加构件的类型，有利于建筑工业化，横向温度伸缩缝和防震缝处的柱子采用双柱双屋架，可以使结构和建筑构造简单。为了保证伸缩缝、防震缝宽度的要求，该处应设两条横向定位轴线；考虑符合模数及施工要求，两柱的中心线应从定位轴线向缝的两侧各移 600mm。两条定位轴线之间的距离称为插入距，用 a_i 表示。这里，插入距 a_i 等于变形缝的宽度 a_e，如图 14-2-44 所示。

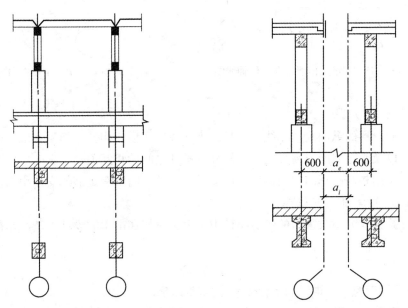

图 14-2-43　中间柱与横向定位轴线的联系示意图　图 14-2-44　横向变形缝处柱与横向定位轴线的联系示意图

（3）山墙与横向定位轴线

单层工业厂房的山墙，按受力情况分为非承重墙和承重墙，其横向定位轴线的划分也不相同。

①若山墙为非承重墙，山墙内缘与横向定位轴线重合，且与屋面板（无檩体系）的端部形成"封闭"式联系。端部柱的中心线应自横向定位轴线内移 600mm，其目的是与横向伸缩缝、防震缝柱子内移 600mm 相统一，使端部第一个柱距内的吊车梁、屋面板等构件与横向伸缩缝、防震缝的吊车梁、屋面板相同，以减少构件类型，如图 14-2-45 所示。由于山墙面积大，为增强厂房纵向刚度，保证山墙的稳定性，应设山墙抗风柱。将端部柱内移也便于设置抗风柱。抗风柱的柱距采用 15m 数列，如 4500mm、6000mm、7500mm 等。由于单层工业厂房柱距常采用 6000mm，考虑构件的通用性，山墙抗风柱柱距宜采

用 6000mm。

②若山墙为承重墙，承重山墙内缘与横向定位轴线的距离应按砌体块材的半块或取墙体厚度的一半，以保证构件在墙体上具有足够的支承长度，如图 14-2-46 所示。

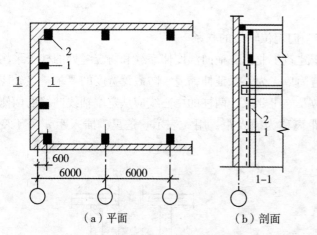 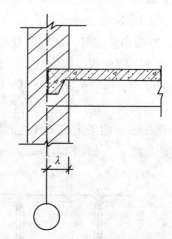

图 14-2-45 非承重山墙横向定位轴线图   图 14-2-46 承重山墙横向定位轴线图

2. 纵向定位轴线

单层工业厂房的纵向定位轴线主要是用来标注厂房横向构件，如屋架或屋面梁长度的标志尺寸，以及确定屋架或屋面梁、排架柱等构件之间的相互关系。纵向定位轴线的具体位置应使厂房结构与吊车的规格协调，保证吊车与柱之间留有足够的安全距离。

（1）外墙、边柱的定位轴线

在支承式梁式或桥式吊车的厂房设计中，由于屋架和吊车的设计生产制作都是标准化的，建筑设计应满足

$$L = L_k + 2e \tag{14-2-6}$$

式中：L——屋架跨度，即纵向定位轴线之间的距离；

L_k——吊车跨度，即吊车的轮距，可以查阅吊车规格资料；

e——纵向定位轴线至吊车轨道中心线的距离，一般为 750mm，若吊车为重级工作制需要设安全走道板或吊车起重量大于 50t，可以采用 1000mm。

如图 14-2-47(a)所示，可知

$$e = h + K + B \tag{14-2-7}$$

式中：h——上柱截面高度；

K——吊车端部外缘至上柱内缘的安全距离；

B——轨道中心线至吊车端部外缘的距离，可以查阅吊车规格资料。

由于吊车起重量、柱距、跨度、有无安全走道板等因素的不同，边柱与纵向定位轴线的联系有两种情况：

①封闭式结合的纵向定位轴线。若定位轴线与柱外缘重合，这时屋架上的屋面板与外墙内缘紧紧相靠，称为封闭式结合的纵向定位轴线。采用封闭式结合的屋面板可以全部采

用标准板，如宽1.5m、长6m的屋面板，而不需要非标准的补充构件。

如图14-2-47(a)所示，当吊车起重量小于或等于20t时，查现行吊车规格资料，得$B\leqslant 260mm,K\geqslant 80mm$，一般情况下，上柱截面高度$h=400mm$，纵向定位轴线采用封闭式结合，轴线与外缘重合。此时$e=750mm$，则$K=e-(h+B)=90mm$，能满足吊车运行所需安全距离不小于80mm的要求。

采用封闭式结合的纵向定位轴线，具有构造简单、施工方便、经济合理等优点。

②非封闭式结合的纵向定位轴线。所谓非封闭式结合的纵向定位轴线，是指该纵向定位轴线与柱子外缘有一定的距离。因屋面板与墙内缘之间有一段空隙，所以称为非封闭式结合。

当柱距为6m吊车起重量大于或等于30t/5t时，$B=300mm$，若继续采用封闭式结合，已不能满足吊车运行所需安全间隙的要求。解决问题的办法是将边柱外缘自定位轴线向外移动一定距离，这个距离称为联系尺寸，用D表示，如图14-2-47(b)所示。为了减少构件类型，D值一般取300mm或300mm的整倍数。采用非封闭式结合时，若按常规布置屋面板只能铺至定位轴线处，与外墙内缘出现了非封闭的构造间隙，需要非标准的补充构件板。非封闭式结合构造复杂，施工也较为麻烦。

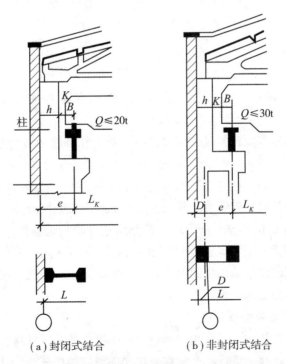

(a)封闭式结合　　　(b)非封闭式结合

图14-2-47　外墙边柱与纵向定位轴线图

(2)中柱与纵向定位轴线的关系

在多跨厂房中，中柱有平行等高跨和平行不等高跨两种形式。并且，中柱有设置变形缝和没有设置变形缝两种情况。下面仅介绍不设变形缝的中柱纵向定位轴线。

①若厂房为平行等高跨，通常设置单柱和一条定位轴线，柱的中心线一般与纵向定位轴线相重合，如图14-2-48(a)所示。上柱截面高度 h 一般取600mm，以满足屋架的支承长度的要求。

若等高跨两侧或一侧的吊车起重量大于或等于30t、厂房柱距大于6m，或构造要求等原因，纵向定位轴线需采用非封闭式结合才能满足吊车安全运行的要求，中柱仍然可以采用单柱，但需设置两条定位轴线。两条定位轴线之间的距离称为插入距，用 A 表示，且采用3M数列。此时，柱中心线一般与插入距中心线相重合，如图14-2-48(b)所示。若因设插入距而使上柱不能满足屋架支承长度要求，上柱应设小牛腿。

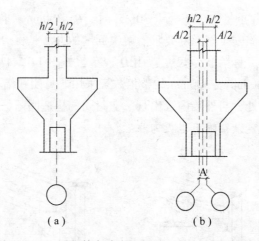

图 14-2-48 平行等高跨中柱与纵向定位轴线的联系图

②若厂房为平行不等高跨，且采用单柱，高跨上柱外缘一般与纵向定位轴线相重合，如图14-2-49(a)所示。此时，纵向定位轴线按封闭式结合设计，不设置联系尺寸，也不需设置两条定位轴线。若上柱外缘与纵向定位轴线不能重合，即纵向定位轴线为非封闭式结合，该轴线与上柱外缘之间设置联系尺寸 D。低跨定位轴线与高跨定位轴线之间的插入距等于联系尺寸，如图14-2-49(b)所示。若高跨和低跨均为封闭式结合，且两条定位轴线之间设有封墙，则插入距应等于墙厚，如图14-2-49(c)所示。若高跨为非封闭式结合，且高跨上柱外缘与低跨屋架端部之间设有封墙，则两条定位轴线之间的插入距等于墙的厚度与联系尺寸之和，如图14-2-49(d)所示。

3. 纵、横跨交接处的定位轴线

工业厂房纵、横跨相交，常在相交处设置变形缝，使纵、横跨各自独立。纵、横跨应有各自的柱列和定位轴线。设计时，常将纵跨和横跨的结构分开，且在两者之间设置伸缩缝、防震缝和沉降缝。纵、横跨连接处设置双柱、双定位轴线。两条定位轴线之间设置插入距 A，纵、横跨连接处的定位轴线如图14-2-50所示。

若纵跨的山墙比横跨的侧墙低，长度小于或等于侧墙，横跨又为封闭式结合，则可以采用双柱单墙处理，如图14-2-50(a)所示，插入距 A 为墙体厚度与变形缝宽之和。若横跨为非封闭式结合，仍采用单墙处理，如图14-2-50(b)所示。这时，插入距 A 为墙体厚度、

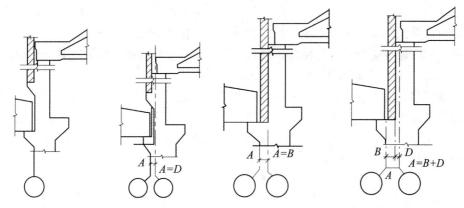

（a）单轴线封闭式结合（b）双轴线非封闭式结合 （c）双轴线封闭式结合 （d）双轴线非封闭式结合（插
（插入距为联系尺寸） （插入距为墙体厚度） 入距为联系尺寸加墙厚）

图 14-2-49 无变形缝不等高跨中柱纵向定位轴线图

变形缝宽度与联系尺寸 D 之和。有纵横相交跨的单层厂房，其定位轴线编号常以跨数较
多部分为准来编排。

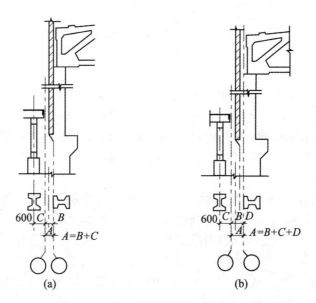

图 14-2-50 纵、横跨连接处的定位轴线图

　　本节所述定位轴线，主要适用于装配式钢筋混凝土结构和混合结构的单层厂房，对于
钢结构厂房，可以参照国家标准《厂房建筑模数协调标准》（GBJ 6—86）执行。

14.2.5 单层工业厂房立面设计及内部空间处理

　　单层工业厂房的体型与生产工艺、工厂环境、平面形状、剖面形式和结构类型等有着
密切的关系，而立面设计和内部空间处理是在建筑整体设计的基础上进行的。建筑平面、

立面、剖面三者是一个有机体，设计时虽然首先从平面着手，但自始至终应将三者统一考虑和处理。单层工业厂房的立面应根据功能要求、技术条件、经济等因素。运用前面介绍过的建筑构图原理进行设计，使建筑物具有简洁、朴素、大方、新颖的外观形象。

1. 工业厂房的立面设计

工业厂房立面设计应与厂房的体型组合综合考虑。不同的生产工艺流程有着不同的平面布置和剖面处理，厂房体型也不同。如轧钢、造纸等工业，由于其生产工艺流程是直线的，多采用单跨或单跨并列形式，厂房的形体呈线形水平构图的特征，立面往往采用竖向划分以求变化，如图 14-2-51 所示的某钢厂轧钢车间。

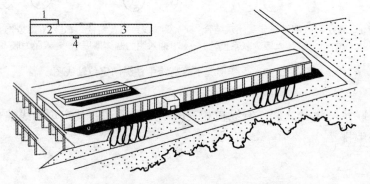

1—加热炉；2—热轧；3—冷轧；4—操作室

图 14-2-51 某钢厂轧钢车间示意图

一般中小型机械工业多采用垂直式生产流程，厂房的体型多为方形或长方形的多跨组合，内部空间连通，厂房高差一般悬殊不大，立面设计较为灵活。但重型机械厂的金工车间，由于各跨加工的部件和所采用的设备大小相差很大，厂房体型起伏较多；铸工车间往往各跨的高宽均不相同，又有冲出屋面的化铁炉，露天跨的吊车栈桥，烘炉及烟囱等，体形组合较为复杂。

如图 14-2-52 所示是某无缝钢管厂的金工车间。该单层厂房内部有吊车，空间较高，面积较大，屋顶设置锯齿形天窗，以满足车间天然采光的要求。竖向布置的预应力夹心墙板，具有明显的垂直方向感；相间布置的条形窗、条形墙和锯齿形屋顶，产生一种节奏和韵律感；垂直的墙面和侧窗形成鲜明的虚实对比；入口门套形式简洁，同整个建筑立面的风格协调一致。整个立面处理朴素、大方、新颖、活泼，统一中又富有变化，是单层工业厂房立面处理较成功的一例。

由于生产的机械化、自动化程度的提高，为节约用地和投资，常采用方形或长方形大型联合厂房，其宏大的规模，要求立面设计在统一完整中富有变化，如图 14-2-53 所示。

结构形式及建筑材料对厂房体型具有直接的影响。同样的生产工艺，可以采用不同的结构方案。因而工业厂房结构形式，特别是屋顶承重结构形式在很大程度上决定着厂房的体形。如排架、刚架、拱形、壳体、折板、悬索等结构的厂房有着形态各异的结构造型，应结合外部围护材料的质感和色彩，设计出使人愉悦的工业建筑，如图 14-2-54 所示为国外某汽车厂装配车间。

气候条件主要是指太阳辐射强度、室外空气温度、相对湿度等。环境和气候条件对工

图 14-2-52　某无缝钢管厂的金工车间示意图

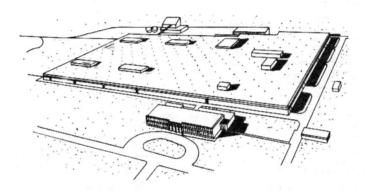

图 14-2-53　国外某汽车联合装配厂示意图

图 14-2-54　国外某汽车厂装配车间示意图

业厂房的形体组合和立面设计也有很大的影响。例如寒冷地区，由于防寒的需要，开窗面积较小，墙体面积大，厂房的体型一般比较厚重；而炎热地区，由于通风散热的需要，厂房的开窗面积较大，空间开敞，形体显得轻盈。

　　厂房立面处理的关键在于墙面的划分、门窗的形式。墙面大小、窗墙比例、材料质感、明暗色调、虚实对比，以及门窗的大小、位置、比例、组合形式等，这些因素直接关系到厂房的立面效果。在厂房外墙面开门窗一定要根据交通、采光和通风的需要，结合结构构件，利用柱子、勒脚、窗间墙、挑檐线、遮阳板等，按照建筑构图原理进行设计，使厂房立面简洁大方，比例恰当，构图美观，色彩质感协调统一。

　　实践中，立面设计常采用垂直划分、水平划分和混合划分等手法。具体如何划分应根据实际情况，遵循一定规律。如开带形窗形成水平划分，开竖向窗形成垂直划分，开方形窗形成有特色的几何构图或较为自由的混合划分，如图 14-2-55 所示为墙面划分示意图。如图 14-2-56 所示为国外某厂房外形图。

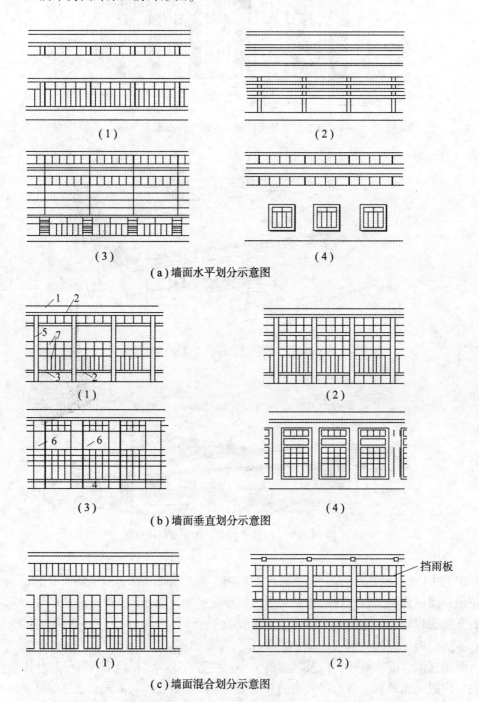

1—女儿墙；2—窗眉线或遮阳板；3—窗台线；4—勒脚；5—柱；6—窗间墙；7—窗

图 14-2-55　墙面划分示意图

图 14-2-56　芬兰　瓦里奥奶制品厂

2. 工业厂房的内部空间处理

生产环境直接影响着生产者的生理和心理状态。优良的室内环境除有良好照明、通风、采暖外，还应使室内井然有序，明朗、洁净，使人愉悦。良好的室内环境对职工精神和心理方面起着良好的作用，对提高劳动生产率十分重要。工业厂房室内设计是工业建筑设计中的重要内容之一。

(1) 工业厂房内部空间的特点

不同生产要求、不同规模的厂房具有不同的内部空间特点，但单层工业厂房与民用建筑或多层工业建筑相比较，其内部空间的特点是非常明显的。单层工业厂房的内部空间规模大，结构清晰可见，有的厂房内有精美的机器、设备等，生产工序决定设备布置，也形成空间使用线索，如图 14-2-57 所示为国外某机械加工厂房内部。

(2) 工业厂房内部空间处理

工业厂房内部空间处理应注意以下几个方面。

1) 突出生产特点。工业厂房内部空间处理应突出生产特点、满足生产要求。根据生产顺序组织空间，形成规律，机器、设备的布置合理，室内色彩淡雅，机器、设备的色彩既统一协调又有一定的变化。工业厂房内部设计应有新意，单调的环境容易使人产生疲劳感。

2) 合理利用空间。单层工业厂房的内部空间一般都比较高大，高度也较为统一，在不影响生产的前提下，厂房的上部空间可以结合灯具设计一些吊饰，有条件的也可以做局部吊顶。在厂房的下部，可以利用柱间、墙边、门边、平台下等生产工艺不便利用的空间布置生活设施，给厂房内部增添一些生活气息。

3) 集中布置管道。集中布置管道便于管理和维修，其布置、色彩等处理得当能增加室内的艺术效果。管道的标志色彩一般为：热蒸汽管、饱和蒸汽管用红色，煤气管、液化石油气管用黄色，压缩空气管用浅蓝色、乙炔管用深蓝色、给水管用蓝色，排水管用绿色，油管用棕黄色，氢气管用白色。在空中结合屋架集中布置管道的厂房，如图 14-2-58 所示。

图 14-2-57 国外某机械加工厂房内部　　　　图 14-2-58 在空中集中布置管道的厂房

　　4）色彩的应用。一个室内空间就是一个由色彩包围着的三维空间，色彩呈现在置身其间者的上下左右、前前后后。因此，人们对室内色彩的感受与其他地方色彩的感受是大不相同的。色彩能表现一座建筑物的结构和空间，能增强和减弱室内空间的清晰感。色彩也是创造室内变化感觉的主要工具。

　　有趣的色彩能使人置身于室内环境之中得到享受，并自我陶醉。打破厂房内部的单调感及改变人们的心理状态，内部的色饰起着重要的作用，如图 14-2-59 所示。如果室内色彩选择恰当，能使人赏心悦目，精神百倍。这对提高工厂的生产效率大有作用。

　　建筑材料具有固有的色彩，有的材料如钢构件，压型钢板等需要涂防护油漆，而油漆具有不同的色彩。色彩在视觉上能影响物体的重量、尺度、距离和表面效果。工业厂房的大体量能够形成较大的色彩背景，在室内，色彩的冷暖、深浅的不同，能给人以不同的心理感觉，还可以利用色彩的视觉特性调整空间感，尤其色彩的标志及警戒作用，在工业建筑设计中更要受到重视。

　　①红色：红色用来表示电气、火灾的危险标志；禁止通行的通道和门；防火消防设备、防火墙上的分隔门等。

　　②橙色：橙色表示危险标志，用于高速转动的设备、机械、车辆、电气开关柜门；也用于有毒物品及放射性物品的标志。

　　③黄色：黄色表示警告的标志，用于车间的吊车、吊钩等，使用时常涂刷黄色与白色、黄色与黑色相间的条纹，提示人们避免碰撞。

　　④绿色：绿色表示安全标志，常用于洁净车间的安全出入口的指示灯。

　　⑤蓝色：蓝色多用于给水管道，冷藏库的门，也可以用于压缩空气的管道。

　　⑥白色：白色表示界线的标志，用于地面分界线。

　　吸引人的厂房内部环境在很大程度上依赖厂房的清洁和整齐，没有这些，车间的文明生产的基本要求很难想象。对易产生烟尘设备要采取排烟消尘措施，不使其扩散污染整个车间。应及时清扫脏物，清除垃圾，及时清擦墙面、玻璃面和屋顶的灰尘。

图 14-2-59　色彩能够打破厂房内部的单调感及改变人们的心理状态

　　工作服的色彩在厂房内部设计中也应给以应有的注意。工作服的色彩应视生产活动和生产特点而异。锻工、轧钢车间的工作服应是蓝调子，精密仪表及其装配车间的工作服可以采玫瑰色或白色，实验室的工作服要求清洁，宜为白色。

14.3　多层工业厂房设计

14.3.1　概述

　　20 世纪 50 年代初期，多层工业厂房在工业建筑中所占的比例较小，只是在少量的仪表、电子、食品、服装等轻工业生产工厂建造了多层厂房。随着国家产业结构的调整，精密机械、精密仪表、电子工业、轻工业、国防工业的迅速发展，工业用地日趋紧张。因而，在一些城市相继出现了一些多层工业厂房。在一些老城、老厂改扩建时，往往由于用地紧张，即使有轻型起重运输设备的生产工厂也采用了多层工业厂房。因此，我国多层工业厂房的建造数量逐年增加，特别是 20 世纪 70 年代后期以来，多层工业厂房发展更加迅速。

　　1. 多层工业厂房的特点

　　同单层工业厂房相比较，多层工业厂房具有以下特点：

　　(1)在不同标高的楼层上进行生产

　　多层工业厂房的最大特点是生产在不同标高的楼层上进行。每层之间不仅有水平的联系，还有垂直方向的联系。因此，在工业厂房设计时，既要考虑同一楼层各工段之间应有合理的联系，又要考虑楼层与楼层之间的垂直联系，合理解决垂直方向的交通布置问题。

　　(2)建筑物占地面积小

　　多层工业厂房占地面积小。不仅节约用地，而且还降低了基础和屋顶的工程量，缩短工程管线的长度，节约建设投资和维护管理费用。

　　(3)厂房宽度较小

多层工业厂房宽度较小。顶层房间可以不设天窗而用侧窗采光,屋面雨水排除方便,屋顶构造简单。屋顶面积小,有利于节能。

(4)交通运输面积大

由于多层厂房不仅有水平方向的运输系统,还有垂直方向的运输系统,如电梯间、楼梯间、坡道等。这样就增加了用于交通运输通道的面积和体积。

(5)厂房的通用性较小

由于多层工业厂房在楼层上要布置设备,又受梁板结构经济合理性的制约,因此柱网尺寸较小,结构计算和构造处理复杂。不适合有重型设备的企业,也不利于工艺改造和设备更新。

2. 多层工业厂房的适用范围

(1)生产工艺流程适于垂直布置的企业

生产工艺流程适于垂直布置的企业的原材料大部分为粒状和粉状的散料或液体,经一次提升(或升高)后,可以利用原料的自重自上而下地传送加工,直至产品成型。如面粉厂、造纸厂、啤酒厂以及化工厂的某些生产车间。

(2)较轻型的生产企业

多层工业厂房主要适用于工业设备、原料及产品重量较轻的企业。如纺织、服装、针织、制鞋、食品、印刷、光学、电子、精密仪表等各种较轻型的加工制造企业。

(3)生产要求在不同层高上操作的企业

生产要求在不同层高上操作的企业,如化工厂的大型蒸馏塔、碳化塔等设备有较高的高度,生产又需在不同层高上进行操作。

(4)生产工艺对生产环境有特殊要求的企业

由于多层工业厂房层间房间体积小,容易解决生产所要求的特殊环境,如恒温恒湿、净化洁净、无尘无菌等。适用于精密仪表、光学、电子、医药及食品类企业。

(5)建筑用地紧张及城建规划的需要

随着轻工业的迅速发展,中小型企业的大量涌现,城市工业用地日趋紧张以及城市建设规划的需要,多层工业厂房的层数有日趋增加的趋势,向着高层和超高层厂房方向发展。因此,出现了一幢多厂的工业大厦,或一幢多厂及多功能用途的综合性工业大厦。例如英国米莱明工业大厦,由两幢七层大楼组成,共有46个中小型轻工业企业在这座大厦内生产。香港20层的柯达工业大厦,荃湾26层的工业大厦都是这类工业厂房。这种厂房在设计时不应受某一特定的工艺流程制约,而具有较大的通用性,能适应多种生产的需要,便于向外租赁。其具体标志是:厂房应有较大的柱网,厂房层高应有适当的储备,厂房楼板的承载能力较大,以适应多种生产工艺的需要。

3. 多层工业厂房的结构型式

工业厂房结构型式的选择,首先应结合生产工艺及厂房层数的要求进行。其次还要考虑当地的建筑材料的供应,施工安装条件,构配件的生产能力以及基地的自然条件等。目前我国多层工业厂房承重结构按其所用材料的不同一般有以下几种:

(1)混合结构

混合结构工业厂房有砖墙承重和内框架承重两种形式。前者包括有横墙承重及纵墙承重的不同布置,但因砖墙占用面积较多,影响工艺布置,因此实际应用较少。目前,工业厂房主要采用内框架承重的混合结构型式。

建造混合结构多层工业厂房，取材和施工都较方便，费用较经济，保温隔热性能也较好。所以，当楼板跨度在 4~6m，层数在 4~5 层，层高在 5.4~6.0m 范围内，在楼面荷载不大且无震动的情况下，均可采用混合结构。但是，若地基条件差，容易出现不均匀沉降，应慎重选用。此外，在地震多发区也不宜选用混合结构。

（2）钢筋混凝土结构

钢筋混凝土结构工业厂房是我国目前采用最广泛的一种结构型式。这种结构的构件截面小，强度大，能适应层数较多、荷重较大、跨度较宽的需要。钢筋混凝土框架结构，一般可以分为梁板式结构和无梁楼板式结构两种。其中梁板式结构又可以分为横向承重框架，纵向承重框架及纵横向承重框架三种。横向承重框架结构刚度较好，适用于室内要求分间比较固定的厂房，是目前采用较普遍的一种结构型式。纵向承重框架结构的横向刚度较差，需在横向设置抗风墙、剪力墙，但由于横向联系梁的高度较小，楼层净空较高，有利于管道的布置，一般适用于需要灵活分间的厂房。纵横向承重框架结构，采用纵、横向均为刚接的框架，厂房整体刚度好，适用于地震多发区以及各种类型的厂房。无梁楼板式结构，是由板、柱帽、柱和基础所组成。这种结构的特点是没有梁。因此，楼板底面平整、室内净空可以有效利用。这种结构适用于布置大统间或需灵活分间布置要求的厂房，一般应用于荷载较大（1000kg/m^2 以上）的多层工业厂房及冷库、仓库等类的建筑。

除上述结构类型外，还可以采用门式刚架组成的框架结构，以及为设置技术夹层而采用的无斜腹杆平行弦屋架的大跨度桁架式结构。

（3）钢结构

钢结构具有重量轻、强度高、结构体积小、成型性能好、精确度高、制造速度快、施工方便等优点。过去，欧美一些国家使用钢结构较为普遍。近年来我国钢结构建筑物发展较快。从发展的趋势来看，钢结构和钢筋混凝土结构一样，将会被广泛应用。目前钢结构主要趋向是采用轻钢结构和高强度钢材。采用高强度钢结构较普通钢结构可节约钢材 15%~20%，造价降低 15%，减少用工 20% 左右。

14.3.2　多层工业厂房平面设计

多层工业厂房的平面设计首先应要满足生产工艺的要求。其次，运输设备和生活辅助用房的布置、地基的形状、厂房方位等对平面设计都有很大影响，必须全面、综合地予以考虑。

1. 生产工艺流程和平面布置

生产工艺流程的布置是厂房平面设计的主要依据。各种不同生产流程的布置在很大程度上决定着多层工业厂房的平面形状和各层之间的相互关系。按生产工艺流程的不同，多层工业厂房的生产工艺流程的布置可以分为以下三种类型：

（1）自上而下式

自上而下式布置工业厂房的特点是把原料送至厂房最高层后，按照生产工艺流程的程序自上而下逐步进行加工，最后的成品由厂房底层运出。通常可以利用原料的自重，以减少垂直运输设备的设置。一些粒状或粉状材料加工的工厂常采用这种布置方式，如面粉加工厂和电池干法密闭调粉楼的生产流程都属于这种类型，如图 14-3-1（a）所示。

（2）自下而上式

自下而上式布置工业厂房的特点是原料自厂房底层按生产流程逐层向上加工，最后在厂房顶层加工成成品。这种流程方式有两种情况：一是产品加工流程要求自下而上，如平板玻璃生产，厂房底层布置融化工段，靠垂直辊道由下而上运行，在运行中自然冷却形成平板玻璃；二是有些企业，原材料及一些设备较重，或需要用吊车运输等，同时生产流程又允许或需要将这些工段布置在厂房底层，其他工段依次布置在厂房以上各层，这就形成了较为合理的自下而上的工艺流程布置。如轻工业类的手表厂、照相机厂或一些精密仪表厂的生产流程都属于这种形式，如图 14-3-1(b)所示。

（3）上、下往复式

上、下往复式工业厂房的布置是有上有下的一种混合布置方式。这种布置方式能适应不同情况的要求，应用范围较广。由于生产流程是往复的，不可避免地会引起运输上的复杂化，但其适应性较强，是一种经常采用的布置方式。例如印刷厂，由于印制车间印刷机和纸库的荷载都比较重，因而常布置在厂房底层，别的车间如打字室一般布置在厂房顶层，装订、包装一般布置在厂房二层。为适应这种情况，印刷厂的生产工艺流程采用了上下往复的布置方式，如图 14-3-1(c)所示。

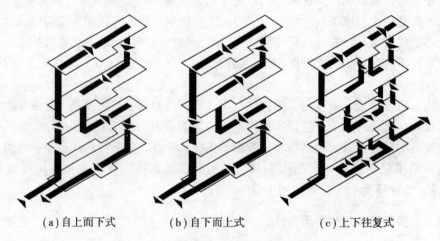

(a)自上而下式　　　　(b)自下而上式　　　　(c)上下往复式

图 14-3-1　三种类型的生产工艺流程布置图

在进行工业厂房平面设计时，一般应注意：厂房平面形式应力求规整，以利于减少占地面积和围护结构面积，便于结构布置、计算和施工；按生产需要，可以将一些技术要求相同或相似的工段布置在一起。如要求安装空调的工段和对防震、防尘、防爆要求高的工段可以分别集中在一起，进行分区布置；按通风采光要求合理安排房间朝向。一般地，主要生产工段应争取南北朝向。对一些具有特殊要求的房间，如要求安装空调的工段为了减少空调设备的负荷，在炎热地区应注意避免太阳辐射热的影响；寒冷地区应注意减少室外低温及冷风的影响。

2. 工业厂房平面布置的形式

由于各类企业的生产性质、生产特点、使用要求和建筑面积的不同，工业厂房平面布置形式也不相同，一般有以下几种布置形式：

（1）内廊式

内廊式工业厂房是中间为走廊，两侧布置生产房间、办公室和服务房间，如图 14-3-2 所示。这种布置形式适宜于各工段面积不大，生产上既需相互紧密联系，但又不希望干扰的工段。各工段可以按工艺流程的要求布置在各自的房间内，再用内廊（内走道）联系起来。对一些有特殊要求的生产工段，如恒温恒湿、防尘、防振的工段可以分别集中布置，以减少空调设施且降低建筑造价。

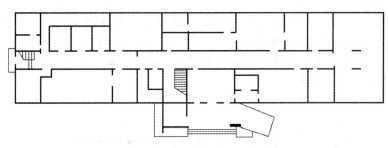

图 14-3-2　内廊式平面布置图

（2）统间式

统间式工业厂房是中间只有承重柱，不设隔墙。由于生产工段面积较大，各工序相互之间又需紧密联系，不宜分隔成小间布置，这时可以采用统间式的平面布置。这种布置形式对自动化流水线的操作较为有利。在生产过程中若有少数特殊的工段需要单独布置，可以将这些工段加以集中，分别布置在厂房的中间、一端或一角，如图 14-3-3 所示。

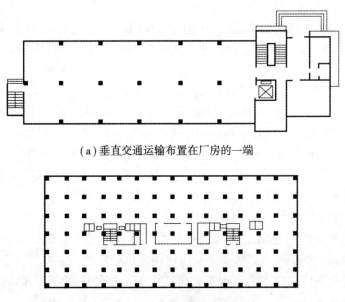

（a）垂直交通运输布置在厂房的一端

（b）垂直交通运输及辅助用房布置在厂房中部

图 14-3-3　统间式平面布置图

（3）大宽度式

为使厂房平面布置更为经济合理，亦可以采用加大厂房宽度，形成大宽度式工业厂房的平面形式。可以把交通运输枢纽及生活辅助用房布置在厂房中部采光条件较差的区域，以保证生产工段的采光与通风要求。此外对一些恒温恒湿、防尘净化等技术要求特别高的工段，亦可以采用逐层套间的布置方式来满足各种不同精度的要求。这时的通道往往布置成环状，而沿着通道的外围尚可布置一些一般性的工段或生活行政辅助用房。

（4）混合式

混合式工业厂房由内廊式与统间式混合布置而成，如图 14-3-4 所示。按照生产工艺需要可以采取同层混合或分层混合的形式。混合式工业厂房的优点是能满足不同生产工艺流程的要求，灵活性较大。其缺点是结构类型较难统一，施工麻烦，易造成平面形式及剖面形式的复杂化，且不利于防震。

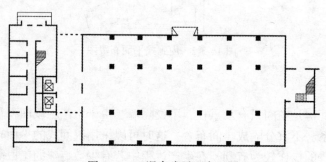

图 14-3-4　混合式平面布置图

3. 柱网（跨度、柱距）的选择

工业厂房柱网的选择首先应满足生产工艺的需要，其尺寸的确定应符合《建筑模数协调统一标准》（GBJ2—86）和《厂房建筑模数协调标准》（GBJ6—86）中的要求。同时还应考虑厂房的结构形式、采用的建筑材料、经济合理性以及施工的方便可行性。

根据《厂房建筑模数协调标准》（GBJ2—86）中的规定，多层厂房的跨度（进深）应采用扩大模数 15M 数列，宜采用 6.0m、7.5m、9.0m、10.5m 和 12m。厂房的柱距（开间）应采用扩大模数 6M 数列，宜采用 6.0m、6.6m 和 7.2m。内廊式厂房的跨度可以采用扩大模数 6M 数列，宜采用 6.0m、6.6m 和 7.2m。走廊的跨度应采用扩大模数 3M 数列，宜采用 2.4m、2.7m 和 3.0m。工程实践中结合上述工业厂房平面布置形式，多层厂房的柱网可以概括为以下几种主要类型：

（1）内廊式柱网

工业厂房内廊式柱网适用于内廊式的平面布置且多采用对称式，如图 14-3-5 所示。内廊式柱网在仪表、电子、电器等类企业厂房中应用较广泛，主要是用于零件加工或装配厂房。过去这种柱网应用较多，近年来有所减少。常见的柱距 d 为 6.0m、房间的进深 a 有 6.0m、6.6m 及 7.2m 等；而走廊宽 b 则为 2.4m、2.7m 及 3.0m 等。

（2）等跨式柱网

工业厂房等跨式柱网布置主要适用于需要大面积布置生产工艺的厂房，底层一般布置机械加工、仓库或总装配车间等，有的还布置有起重运输设备。在机械、轻工、仪表、电子、仓库等工业厂房中采用较多。这种柱网可以是两个以上连续等跨的形式,用轻质隔墙分隔后,也可以作内廊式的平面布置,如图 14-3-6 所示。目前采用的柱距 6.0m,跨度 a 有 6.0m、7.5m、9.0m、10.5m 及 12.0m 等若干种。

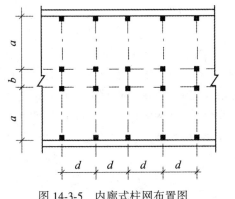 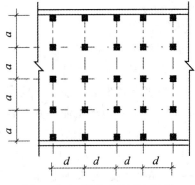

图 14-3-5　内廊式柱网布置图　　　　　图 14-3-6　等跨式柱网布置图

(3)对称不等跨柱网

工业厂房对称不等跨柱网的特点及适用范围基本上与等跨式柱网接近,如图 14-3-7 所示。现在常用的柱网尺寸有(6.0+7.5+7.5+6.0)m×6.0m(仪表类),(1.5+6.0+6.0+1.5)m×6.0m(轻工类),(7.5+7.5+12.0+7.5+7.5)m×6.0m 及(9.0+12.0+9.0)m×6.0m(机械类)等数种。

(4)大跨度式柱网

工业厂房大跨度式柱网由于取消了中间柱,为生产工艺的更新提供了更大的适应性。因为扩大了柱网跨度(大于 12m),楼层常采用桁架结构,这样可以利用楼层结构空间(桁架空间)作为技术层,用来布置各种管道和生活辅助用房,如图 14-3-8 所示。

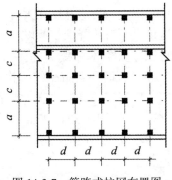 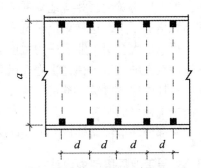

图 14-3-7　等跨式柱网布置图　　　　　图 14-3-8　大跨式柱网布置图

工业厂房除上述主要柱网类型外,在实践中根据生产工艺及平面布置等各方面的要求,也可以采用其他一些类型的柱网,如(9.0+6.0)m×6.0m,(6.0~9.0+3.0+6.0~9.0+3.0+6.0~9.0)m×6.0m 等。

无论是国内还是国外,多层工业厂房的柱网参数都出现扩大的趋势(即向着扩大柱网的方向发展）。这主要是因为产品的不断变化和生产工艺的不断更新，要求工业厂房的室内空间具有较大的应变能力，以便为生产的变革和发展创造条件。

近年来，工业厂房扩大柱网的趋向在世界各国发展较为普遍。如东欧一些国家，多层工业厂房柱网尺寸由过去的 6m×6m 和 6m×9m 向 5m×12m 和 6m×18m 的柱网发展；欧美大多数国家也将工业厂房柱网扩大到 6m×12m、12m×12m、9m×9m、9m×18m 和 12m×18m 的大尺寸。

工业厂房扩大柱网不仅可以提高厂房的灵活性，扩大其应变能力，其综合经济效果也较为明显。根据国外相关资料表明，就 6m×6m 和 12m×18m 柱网纺织厂而言，前者的使用面积较之后者要减少 26%左右；仪表厂的 6m×12m 柱网较 6m×6m 柱网的厂房生产能力可以提高 12%左右；电子工业中 6m×12m 比 6m×6m 柱网的厂房，其单位生产面积的产量可以增加 20%~25%。一般情况下，6m×18m 柱网的多层工业厂房在生产面积利用上要比 6m×6m 柱网的效率高 12%，比 6m×9m 柱网的效率高 8%。此外扩大柱网还可以节约大量建筑材料。总的来说，扩大工业厂房柱网的优越性是十分明显的。但是，在实际设计中应注意，工业厂房柱网的尺寸并不一定是越大越好，而是要结合实际，从经济和技术的可能性出发，根据生产工艺的不同要求和其发展预测情况，通过综合分析比较后再予以研究决定。

4. 工业厂房宽度的确定

多层工业厂房的宽度一般是由若干个跨度所组成。跨的大小除应考虑地基的因素外，还和生产特点、建筑造价、设备布置以及厂房的采光、通风等具有密切关系。不同的生产工艺、设备排列和其尺寸的大小常常是决定多层工业厂房宽度的主要因素。

工业厂房的宽度，除受生产工艺设备布置方式影响外还与厂房跨度的数值及其组合方式有着密切的关系，在具体设计中应加以具体分析比较。

对生产环境上有特殊要求的工业企业，如净化要求高的精密制造类工业，常常采用宽度较大的厂房平面，这时可以把洁净要求高的工段布置在厂房中间地段，在其周围依次布置洁净要求较低的工段，以此来保证生产环境上较高的要求。

一般地，增加厂房宽度会相应地降低建筑造价。因为，厂房宽度增大时与其相应的外墙和门窗的面积增加不多，这样单位建筑面积的造价反而有所降低。所以，一般在条件允许的情况下，可以加大多层工业厂房的宽度而获得较好的经济效果。

但是，宽度较大的厂房，往往采光通风条件较差，有时还会带来结构构造上的问题。因此，在具体设计中应通过综合分析比较后再决定厂房宽度的具体数值。当采用两侧天然采光时，为满足工作面的照度要求，厂房宽度不宜过大，一般以 24~27m 为宜。在大宽度的厂房中，中间部分一般都需辅以人工照明来解决天然光线不足的问题。

14.3.3 多层工业厂房剖面设计

多层工业厂房的剖面设计应结合厂房平面设计和立面处理同时考虑。这项工作主要是研究和确定工业厂房的剖面形式、层数的层高、工程技术管线的布置和内部设计等有关问题。

由于工业厂房平面柱网的不同，多层工业厂房的剖面形式也是多种多样的。不同的结构形式和生产工艺的平面布置都对厂房剖面形式有着直接的影响。

1. 工业厂房层数的确定

多层工业厂房层数的确定与生产工艺、楼层使用荷载、垂直运输设施以及地质条件、基建投资等因素均有密切关系。为节约用地，在满足生产工艺要求的前提下，可以增加厂房的层数，向竖向空间发展。但就大范围而言，目前建造的多层工业厂房还是以三层或四层的居多。在具体设计时，工业厂房层数的确定应综合考虑下列各项因素：

(1) 生产工艺的影响

生产工艺流程、机具设备 (大小和布置方式) 以及生产工段所需的面积等方面在很大程度上影响着工业厂房层数的确定。工业厂房根据竖向生产流程布置，确定各工段的相对位置，同时相应地也就确定了工业厂房的层数。例如面粉加工厂，就是利用原料或半成品的自重，用垂直布置生产流程的方式，自上而下地分层布置除尘、平筛、清粉、吸尘、磨粉、打包等六个工段，相应地确定厂房层数为六层，如图 14-3-9 所示。

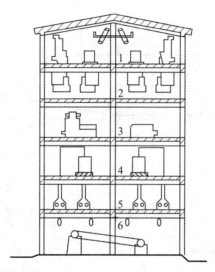

1—除尘间；2—平筛间；3—清粉间；4—吸尘间；5—磨粉机间；6—打包间

图 14-3-9　某面粉加工厂剖面图

某轻工业厂房从结构方案上考虑，四层较为合理，但生产工艺要求布置在底层的工段面积为全部面积的 1/3 左右。如果仍按四层设计，势必将增加一些不需用的面积，或必须将底层某些工段移至二层、三层、四层布置，这将造成生产使用上的不合理。因此最后还是确定为三层。某制药厂，由于设备与产品较轻，用电梯就能解决所有垂直运输的需要，楼面使用荷载又小，因而将原设计五层的层数增加至九层，节约了占地面积。

在将工业厂房分层布置时，应将运输量大、荷载重及用水较多的工段布置在厂房底层，以利于运输、减少楼面荷载和地面排水。将设备轻、运输量小和与其他工段联系少的工段尽量布置在厂房楼层。有生产热量或气体散出及有火灾，爆炸危险的工段宜布置在顶层。一些辅助性的工段是既可以布置在厂房底层也可以布置在厂房楼层。

(2) 城市规划及其他技术条件的影响

在城市里建造多层工业厂房，厂房层数的确定应符合城市规划、城市建筑面貌、周边环境以及建筑群体布局的要求。

工业厂房层数和高度的确定还要根据基址的地质条件、建筑材料的供应、结构形式、建筑物的长度、宽度以及施工条件等因素进行综合分析。

（3）经济因素的影响

根据国外相关研究资料，工业厂房经济层数的确定和厂房展开面积的大小有关；厂房展开面积愈大，厂房层数愈可以提高。从我国目前情况看，根据相关资料所绘制成的曲线，如图14-3-10所示，工业厂房经济的层数为3~5层，有些由于生产工艺的特殊要求，或位于市区受城市用地限制，也有提高到6~9层的。国外，多层工业厂房一般为4~9层，最高有达25层的。此外工业厂房合理层数和建筑的宽度及长度也有关系。以建筑宽度为30m，长度为120m的单层工业厂房的单位面积造价为100元。工业厂房以3~4层最为经济。若建筑宽度和长度增加，工业厂房的经济层数可为4~5层。层数再增多，一般是不经济的。

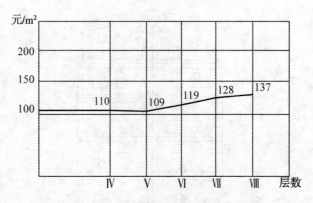

图 14-3-10　层数和单位造价的关系曲线

2. 工业厂房层高的确定

多层工业厂房的层高是指由地面（或楼面）至上一层楼面的高度。工业厂房的层高主要取决于生产特性及生产设备、运输设备（有无吊车或悬挂传送装置）、管道的敷设所需要的空间，同时也与厂房的宽度、采光和通风要求具有密切的关系。

（1）工业厂房层高和生产、运输设备的关系

多层工业厂房的层高在满足生产工艺要求的同时，还应考虑生产和运输设备（吊车、传送装置等）对厂房层高的影响。一般在生产工艺许可的情况下，把一些重量重、体积大和运输量繁重的设备布置在厂房底层，这样就必须相应地加大厂房底层的层高。有时由于某些个别设备高度很高，布置时可以把厂房局部楼面抬高，而形成厂房参差层高的剖面形式。

（2）工业厂房层高和采光的关系

多层工业厂房采用双侧天然采光的居多。有时因生产上的特殊需要（如洁净车间的光刻室、制版室、无菌室等），车间内部可以采用空气调节及人工照明。采有侧窗采光时窗口高度越高则光射入越深，厂房中央部位的采光强度也越大。窗口宽度越宽，室内采光越趋均匀，但对厂房深处的采光改善不多，不如增加窗口高度对采光有利。因而从采光要求来看，建筑宽度增加到一定范围，就需相应地增加厂房的层高才能满足室内采光的要求。

但增加厂房层高又会增大建筑造价，而不同的采光面积又会影响建筑空间的组合和立面造型的处理，其中许多因素都必须综合地加以分析研究。

(3)工业厂房层高和通风的关系

在采用自然通风的车间，厂房净高应满足工业企业设计卫生标准中的相关规定。如按每名工人所占有的厂房容积规定了每人每小时所需的换气量数值，以此来计算厂房的层高，以提高工作效率，保证工人身体健康。对散发热量的工段，应根据通风计算，求得所需的厂房层高高度。一般地，在符合卫生标准和满足建筑物其他要求的情况下，宜尽量降低厂房的层高。在某些要求恒温恒湿的厂房中，空调管道的断面较大，而空调系统的送回风方式又不尽相同，这些因素都会影响工业厂房具体的层高数值。为了获得有利的空调效果，一般送风口和工人操作区域之间还应保持一定距离。

(4)工业厂房层高和管道布置

多层工业厂房的管道布置一般和单层工业厂房不同，除厂房底层可以利用地面以下的空间外，一般都需占有一定的空间高度，因而都要影响厂房各层的层高。例如一些安装空调的车间由于空调管道断面较大(高度达 1.5~2.5m)。这时管道的高度就成为决定厂房层高的主要因素。图 14-3-11 表示常用的几种管道的布置方式。其中图 14-3-11(a)、(b)表示管道布置在厂房底层或厂房顶层，这时需要加大厂房底层或厂房顶层的层高，以利于集中布置管道。图 14-3-11(c)、(d)表示管道集中布置在厂房各层走廊上部或厂房吊顶层的情形。这时厂房层高也将随之变化。若需要的管道数量和种类较多且布置复杂，则可以在生产空间上部设置技术夹层来集中布置管道。应根据管道高度、检修操作空间高度，相应地提高厂房层高。

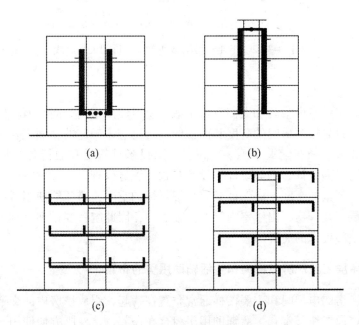

图 14-3-11　多层工业厂房管道布置示意图

(5)工业厂房层高和室内空间的比例

工业厂房的层高在满足生产工艺要求的前提下，还应兼顾人的视觉感受，尽可能使室内建筑空间比例协调。具体的高度，可以根据工程的实际情况和其他各种因素来分析确定。

（6）工业厂房层高的经济分析

影响厂房的层高除上述因素外，还应从经济角度予以考虑。厂房层高和单位面积造价的变化是正比关系，如图 14-3-12 所示。即厂房层高每增加 0.6m，单位面积造价提高 8.3% 左右。因此在决定厂房层高时不能忽视经济分析。

目前国内采用的多层工业厂房层高数值有：3.6m、3.9m、4.2m、4.5m、4.8m、5.4m、6.0m、6.6m 及 7.2m 等。目前所选用的厂房层高尺寸，一般厂房底层较其他层为高。有空调管道的厂房层高常在 4.5m 以上，有运输设备的厂房层高可达 6.0m 以上，而仓库的层高应由堆货高度和所需通风空间的高度来决定。在同一幢厂房内厂房层高的尺寸以不超过两种为宜（厂房地下层层高除外）。

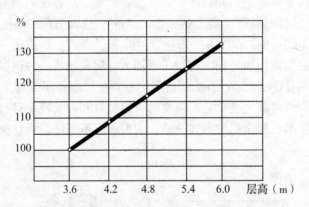

图 14-3-12　工业厂房层高和单位造价的关系曲线

3. 工业厂房室内空间组织

多层工业厂房的室内空间和人们日常生活中所习惯的室内空间有所不同。因为工业厂房空间的大小不只是按照房间的高度和面积的适当比例来确定的，而主要是满足工业生产所提出的各种要求，如布置大小不一的设备，架设多种管道和通行各种运输工具等。因此，在进行厂房平面设计、剖面设计、设备布置、管道处理时应考虑室内空间的完整，对人员较多、活动频繁的车间，应保证具有足够舒畅的空间，避免给使用者造成情绪压抑的感觉。某些多层工业厂房，由于室内管线比较集中，因此统一安排和合理组织好管线的布置就成为室内空间处理的关键因素。

14.3.4　多层工业厂房电梯间和生活辅助用房的布置

多层工业厂房的电梯间和主要楼梯通常布置在一起，组成厂房内的交通枢纽。具体设计中厂房内的交通枢纽又常和生活辅助用房组合在一起，这样既方便使用，又利于节约建筑空间。多层工业厂房的电梯间和生活辅助用房的布置不仅与生产流程的组织直接有关，而且对建筑物的平面布置、体型组合、立面处理、结构方案的选择、施工吊装方法以及防火疏散、防震要求等都有影响。

1．工业厂房布置原则及平面组合形式

工业厂房中的楼梯间、电梯间及生活辅助用房的位置选择，应充分考虑有利工作人员上、下班的活动，其路线应做到直接、通顺、短捷，避免人流、货流的交叉。应满足安全疏散及防火、卫生等相关规定。对有特殊生产要求的厂房，还要考虑某些特殊的需要。楼梯间、电梯间的门要直接通向走道，且应设有一定宽度的过厅或过道。过厅及过道的宽度应满足楼面运输工具的外形尺寸及行驶要求。一般应满足一辆车等候而另一辆车通过的宽度，至少不宜小于 3m。主要楼梯间、电梯间应结合厂房主要出、入口统一布置，与厂房的柱网、层高、层数及结构形式等相互配合，要求位置明显且适应建筑空间组合和立面造型的要求。常见的楼梯间、电梯间与出、入口之间的关系有两种处理方式：

（1）同门进出布置

楼梯间、电梯间同门进出布置时的人流和货流由同一出、入口进出，楼梯与电梯的相对位置可以有不同的布置方案。但无论组合方式如何，都要达到人流、货流同门进出，直接通畅且互不相交的要求，如图 14-3-13 所示。

（a）相对布置　　　　　　（b）斜对布置　　　　　　（c）并排布置

图 14-3-13　楼梯间、电梯间同门进出布置方式示意图

（2）分门进出布置

楼梯间、电梯间分门进出布置时，人流、货流分门进出，设置人行和货运两个出入口，如图 14-3-14 所示。这种组合方式易使人流、货流分流明确，互不交叉干扰，对生产上要求洁净的厂房尤其适用。

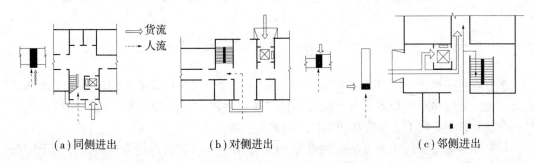

（a）同侧进出　　　　　　（b）对侧进出　　　　　　（c）邻侧进出

图 14-3-14　楼梯间、电梯间分门进出布置方式示意图

工业厂房中的楼梯间、电梯间及生活辅助用房在多层工业厂房中的布置，有外靠厂房外部、厂房内部、独立布置以及嵌入在厂房不同区段交接处等若干种方式。这几种布置方

式各有特点，实际工程中可以结合实际需要，进行分析比较后确定。还可以考虑几种布置方式的结合形式，以适应不同需要。

2. 工业厂房中楼梯及电梯井道的组合

在多层工业厂房中，由于生产使用功能和结构单元布置上的需要，楼梯和电梯井道在建筑空间布置时通常都是采用组合在一起的布置方式。按电梯与楼梯相对位置的不同，常见的组合方式有：电梯和楼梯同侧布置；楼梯围绕电梯井道布置；电梯和楼梯分两侧布置。不同的组合方式，有各自不同的特点。

3. 工业厂房中生活辅助用房的内部布置

同单层工业厂房的生活辅助用房一样，在多层工业厂房中除了生产所需的车间外，还需布置为工人服务的生活用房和为行政管理及某些生产辅助用的辅助用房。这些非生产性用房是使生产得以顺利进行的重要保证，对生产具有直接的影响，是工业厂房不可缺少的组成部分。多层工业厂房的生活间按其用途可以分为三类：

(1) 生活卫生用房。如盥洗室、存衣室、卫生间、吸烟室、保健室等；

(2) 生产卫生用房。如换鞋室、存衣室、淋浴间、风淋室等；

(3) 行政管理用房。如办公室、会议室、检验室、计划调度室等。

多层工业厂房生活间的位置与生产厂房的关系，从平面布置上可以分为两类。

(1) 生活间布置在生产厂房内部

将生活间布置在生产厂房所在的同一结构体系内。其特点是可以减少结构类型和构件，有利于施工。生活间在车间内的具体位置有两种情况：

① 生活间布置在厂房端部，如图 14-3-15 所示。这种布置不影响厂房的采光、通风，能保证生产面积集中，工艺布置灵活。但对厂房的纵向扩建有一定限制，由于生活间布置在一端，当厂房较长时，生活间到厂房的另一端距离就太远，造成使用上不方便。为此，在厂房的两端都需要设置生活间。

 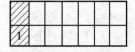

(a) 生活间布置在生产厂房的两端 　　(b) 生活间布置在生产厂房的一端

1—生活间

图 14-3-15　生活间布置在生产厂房内的端部

② 生活间布置在厂房中部，如图 14-3-16 所示。这种布置可以避免生活间位于端部的缺点，与厂房两端距离都不太远，使用方便，还可以将生活间与垂直交通枢纽组合在一起，但应注意不影响工艺布置和妨碍厂房的采光、通风。

若生产厂房的层高低于 3.6m，将生活间布置在主体建筑物内是合理的，有利于厂房与生活间的联系，使用方便，结构施工简单。实际设计中采用这种布置方式较多。若生产厂房的层高大于 4.2m，生活间应与车间采用不同层高，否则会造成空间上的浪费。此时生活间的层高可以采用 2.8~3.2m，以能满足采光、通风要求为准。但这种布置的缺点是厂房剖面较复杂，会增加结构、施工的难度，如图 14-3-17 所示。

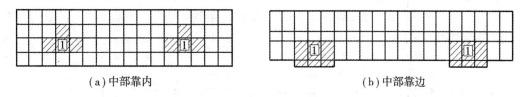

（a）中部靠内　　　　　　　　　　　　（b）中部靠边

1—生活间

图 14-3-16　生活间布置在生产厂房内的中部

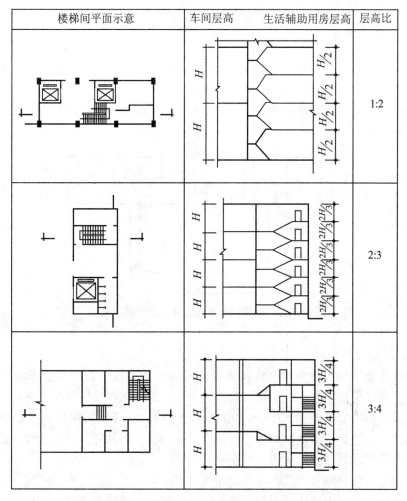

图 14-3-17　生活间与生产厂房不同层高的布置

（2）生活间布置在生产厂房外部

生活间布置在与生产厂房相连接的另一独立楼层内，构成独立的生活单元。这种布置使主体结构统一，而且可以区别对待，使生活间可以采用不同于生产车间的层高、柱网和结构形式，有利于降低建筑造价，有利于生产工艺的灵活布置与厂房的扩建。布置在生产厂房外部的生活间与生产厂房的位置关系通常有以下两种情况：

①生活间布置在厂房的山墙外，紧靠在厂房山墙的一端，与生产厂房并排布置，不影响车间的采光、通风，占地面积较省。但是，生活间服务半径受到限制，厂房的纵向发展受到限制，如图 14-3-18 所示。

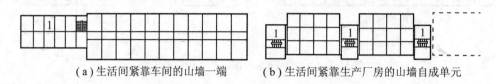

（a）生活间紧靠车间的山墙一端　　　　（b）生活间紧靠生产厂房的山墙自成单元

1—生活间

图 14-3-18　生活间布置在主体厂房外的山墙边

②生活间布置在厂房的侧墙外。如图 14-3-19 所示，将生活间布置在厂房纵向外墙的一侧。这样，可以将生活间布置在比较适中的位置，厂房的纵向发展不受生活间的制约。但是，生活间与厂房的连接处的部分厂房的采光与通风受到影响，而且占地面积也较大。

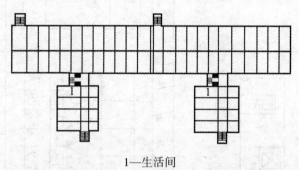

1—生活间

图 14-3-19　生活间布置在主体厂房外的侧墙边

（3）工业厂房房间组合

生活间位置基本确定后，就是将所需要的房间进行合理组合。多层工业厂房的生活间，主要根据生产厂房内部生产的清洁要求和上、下班人流的管理情况来进行组合，对一些生产环境具有特殊要求的工业生产（如洁净、无菌等），其生活用房的组成不仅应满足一般的使用要求，还必须保证每个生产人员以及包物料、工具等，按照已设计的程序先后完成各项准备工作，然后才能进入生产车间。

生活间通常有两种组合方式：一种是非通过式组合；另一种是通过式组合。

非通过式组合是对人流活动不需要进行严格控制的房间组合方式。这种组合方式适用于对生产环境清洁度要求不高的一般生产厂房。如服装厂的缝制车间，玻璃器皿厂的磨花车间等。这类车间的生活间位置关系没有严格要求，主要考虑使用上方便即可。如将更衣室布置在上、下班人流线上，用水的房间集中，上下对位以节约管道，统一结构。

通过式组合是对人流活动需要进行严格控制的房间组合方式。这种组合方式适用于对生产环境清洁度有严格要求的空调厂房、超净厂房、无菌厂房等。如光学仪器厂的光学车间，电视机厂的显像管车间等。布置房间时，应使工人按照特定的路线活动，阻止将不清洁的物品带进车间。清洁度要求愈高，控制路线也应愈严。通过式组合通常按以下程序布置生活间：工人在通过式生活间的换鞋室换鞋，由于上、下班人流集中，所以换鞋室应有适当的面积。换鞋室是生活间与污洁区的分界处，布置时应避免已换上清洁拖鞋的工人再去经过踩脏的地面，如图 14-3-20 所示。

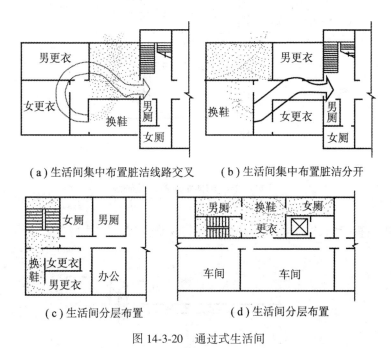

（a）生活间集中布置脏洁线路交叉　（b）生活间集中布置脏洁分开

（c）生活间分层布置　　　　（d）生活间分层布置

图 14-3-20　通过式生活间

14.3.5　多层工业厂房定位轴线的标定

同单层工业厂房一样，多层工业厂房的平面定位轴线有纵向和横向两种。平行于厂房长度方向的定位轴线称为纵向定位轴线，垂直于厂房长度方向的定位轴线称为横向定位轴线，其编号规则与单层工业厂房相同，参见图 14-2-5。

根据《厂房建筑模数协调标准》（GB50006—2010）的规定，多层工业厂房定位轴线的位置随厂房结构形式的不同而有所不同。下面介绍砌体墙承重和装配式钢筋混凝土框架承重的多层工业厂房定位轴线的标定方法。

1. 砌体墙承重

若厂房采用砌体墙承重，一般情况下，内墙的中心线通常与定位轴线相重合；外墙的定位轴线与顶层墙内缘的距离可以按砌体的块材类别分别为半块砌块或半块砌块的倍数或墙厚的一半；带有承重壁柱的外墙，墙内缘可以与纵向定位轴线相重合，也可以与纵向定位轴线相距为半块砌块或半块砌块的倍数距离，如图 14-3-21 所示。

2. 装配式钢筋混凝土框架承重

若厂房采用装配式钢筋混凝土框架承重结构时，其定位轴线的标定方法如下：

（1）横向定位轴线的标定

柱的中心线与横向定位轴线相重合。这样处理可以保证纵向构件（屋面板、楼板、纵

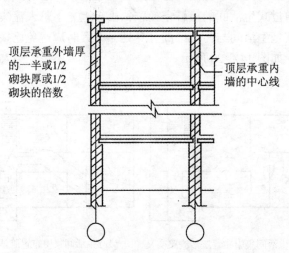

图 14-3-21　砌体承重的定位轴线

向梁、纵向外墙板等)长度相同,以减少构件的规格类型。如图 14-3-22 所示。

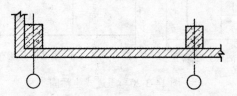

图 14-3-22　框架结构承重的横向定位轴线

(2)纵向定位轴线的标定

对于中柱,顶层柱中心线与纵向定位轴线相重合。对于边柱,柱外缘在下层柱截面 h_i 范围内与纵向定位轴线采用浮动定位,其浮动幅度 a_n 为 50mm 或 50mm 的整数倍。浮动值 a_n,主要根据构配件的统一、互换以及结构构造等要求来确定,如图 14-3-23 所示。

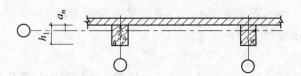

图 14-3-23　框架结构承重的边柱定位轴线

(3)横向变形缝处定位轴线的标定

多层工业厂房横向变形缝(伸缩缝、沉降缝、防震缝)处的定位轴线,应采取加设插入距 a_i 和设两条横向定位轴线的标定方法。这时,横向定位轴线应与柱中心线相重合。这样即可满足变形的需要,只需要根据不同情况来调整 a_i 的大小,如图 14-3-24 所示。

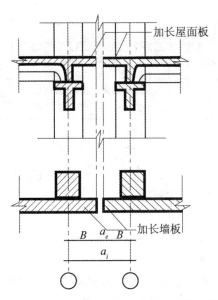

图 14-3-24 多层工业厂房横向变形缝处的定位轴线

14.3.6 多层工业厂房立面设计及色彩处理

多层工业厂房的立面设计应贯穿在整个设计工作的全过程中。从方案设计开始就应重视这方面的有关问题，多层工业厂房立面设计是整个设计工作的有机组成部分。只有这样才能使多层厂房具有完整的艺术造型和完美的立面效果。

多层工业厂房在受生产工艺的制约以及受建筑、结构条件的影响方面与单层工业厂房相同，所以在立面处理、墙面划分等方面与单层工业厂房有相似之处；在楼层及楼梯对立面造型的影响方面，又类似于多层民用建筑的处理。因此，多层工业厂房立面的处理，可以借鉴上述两类建筑的工程处理方法，使厂房的外观形象、生产使用功能和物质技术应用达到有机的统一，给人以简洁、朴实、明快、大方且富有变化的美感。

1. 工业厂房体型组合

多层工业厂房的体型组合是设计中的重要环节，生产工艺、周围环境是影响体型组合的主要因素。建筑的体型组合应尽可能地协调建筑物内在各方面因素，充分体现工业厂房的使用功能，同时应与外界环境相协调。

多层工业厂房由于生产设备的外形不大，生产空间的大小变化不显著，因而工业厂房的体型就比较齐整单一。这样不但有利于结构的统一和工业化施工，也有利于内部布置及室内艺术的处理。

多层工业厂房的体型一般由三个部分的体量组成：一是主要生产部分；二是生活、办公、辅助用房部分；三是交通运输部分，包括门厅、楼梯、电梯和廊道等，如图 14-3-25 所示。生产部分体量最大，在造型方面起着主导作用。因此，生产部分体量处理对多层工业厂房立面具有举足轻重的作用。

一般地，工业厂房辅助部分和联系部分体量都小于生产主体部分，且空间的大小，形

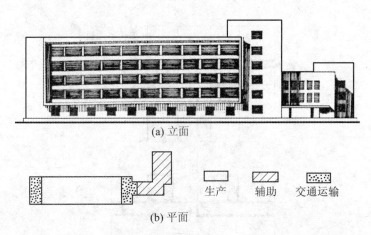

图 14-3-25　多层工业厂房体型的组成及突出生产部分体量示意图

状较为灵活且富于变化。所以，工业厂房辅助和联系部分体量既可以组合在生产主体部分之内，又可以突出于生产主体部分之外，这两种体量配合得当，可以起到丰富厂房造型的作用，如图 14-3-26 所示。

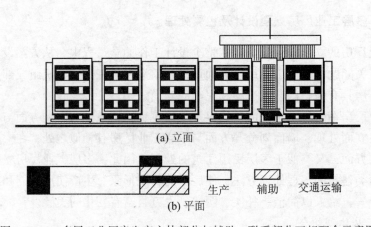

图 14-3-26　多层工业厂房生产主体部分与辅助、联系部分互相配合示意图

多层工业厂房交通运输部分常常将楼梯、电梯或其他升降设备组合在一起，由于厂房顶部设有电梯机房，所以在立面上往往高于其他部分，这样在构图上易与其他部分形成鲜明对比，从而可以改变厂房墙面冗长的单调感，使整个厂房富有变化，美观生动。

2. 工业厂房墙面处理

工业厂房墙面设计主要是处理门、窗与墙面的关系。同时应考虑结构型式、通风采光、交通枢纽，出入口位置等各方面的要求。随着内部生产工艺的差别，这些构件各自具有自己的特点，而这些特点在工业厂房墙面处理中得到统一。通常采用的方法，是将窗和墙面的某种组合作为基本单元，有规律地重复布置在整个墙面上，这样可以获得整齐、匀称的艺术效果。多层工业厂房的墙面处理与单层工业厂房一样，一般常见的处理手法有：

(1) 垂直划分

　　工业厂房设计中利用柱子、垂直遮阳板、窗间墙及竖向组合窗等构配件构成以垂直线条为主的立面划分。这种划分给人以庄重、挺拔的感觉，如图 14-3-27 所示。

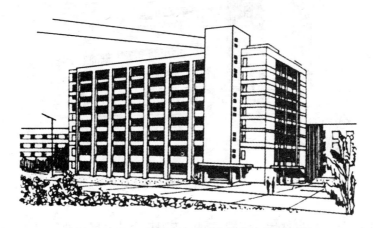

图 14-3-27　工业厂房墙面垂直划分处理示意图

（2）水平划分
　　工业厂房设计中利用通长的带形窗、遮阳板、窗楣线或窗台线，以及檐口、勒脚等构件构成以水平线条为主的立面划分。这种厂房外形简洁明朗，横向感强，如图 14-3-28 所示。

图 14-3-28　工业厂房墙面水平划分处理示意图

（3）混合划分
　　工业厂房设计中经常见到的墙面处理是上述两种划分的混合形式。工业厂房外观有时是以一种为主的方式表现出来，有时没有明显的主次关系。工业厂房垂直与水平混合划分时应注意处理好二者的关系，既要相互协调，又要相互衬托，从而取得生动、和谐的艺术效果，如图 14-3-29 所示。
　　有些行业，如精密仪器、仪表、电子、钟表等在生产过程中需要准确地辨别精细零部件和检验产品，要求避免强烈直射阳光及其产生的眩光，需要工业厂房设置竖向或横向的遮阳板，有时也可以设置纵横遮阳板或特殊的块体状遮阳板等。遮阳板的类型应根据厂房

图 14-3-29　工业厂房墙面混合划分处理示意图

所处地理环境的不同而加以选用。不同类型的遮阳板会使多层工业厂房产生不同的艺术效果。此外在一些要求洁净、恒温恒湿生产环境的多层工业厂房中，为避免外界气象对室内的干扰，往往采用无窗厂房，这种以实墙面为主的或仅有少量窗户的厂房立面，其墙面处理和一般的处理是不同的，而其外观形象亦是另具特色的。

工业厂房墙面处理除了应考虑门窗和墙面面积的大小、虚实关系和上述各种情况外，还应注意墙面材料的质感和色彩等方面的问题。现代工业建筑的特点是简洁、明朗，很少多余的装饰。因此材料的质地和色彩的运用在建筑造型上的作用就显得尤为重要。厂房的墙面可以采用不同材料和不同色彩来丰富立面，使墙面处理富有变化，充满活力。

3. 工业厂房交通枢纽及出入口的处理

工业厂房交通枢纽及出入口布置同多层工业厂房的立面设计有直接联系，是立面设计的重点部分，应给予特别重视。

多层工业厂房的人流出入口在立面设计时应作适当的处理，因为使出入口重点突出，不仅在使用中易于发现，而且出入口对丰富整个厂房立面造型会起到画龙点睛的作用。

突出工业厂房出入口最常用的处理方法是，根据平面布置，结合门厅、门廊及厂房体量大小，采用门斗、雨篷、花格、花台等来丰富工业厂房的主要出入口，如图 14-3-30 所示。也可以把垂直交通枢纽和工业厂房的主要出入口组合在一起，在立面作竖向处理，使之与水平划分的厂房立面形成鲜明对比，以达到突出工业厂房的主要出入口，使整个立面获得生动、活泼又富于变化的目的。

4. 工业厂房的色彩处理

工业厂房的色彩处理是多层工业厂房设计的一项重要内容，工业厂房的色彩处理可以改善生产环境，创造出优美宜人的景观。恰当的工业厂房色彩设计能使建筑物生辉，观感丰富。实践证明，不同的色彩设计给人的生理、心理上的感受是有很大的差异的。有人曾做过试验，长期在一种色彩环境中工作，容易使人疲劳。因而厂房色彩设计对工人健康、生产效益、操作安全和经济等问题有着直接的影响。多层工业厂房的色彩处理和所选用的建筑材料、构成的建筑空间、结构及构造的方式，所处的环境以及所进行的生产性质等各方面都有密切的关系。

图 14-3-30　某制表厂装配大楼透视图

复习思考题 14

1. 什么是工业建筑？工业建筑有哪些特点？

2. 工业建筑如何分类？

3. 工业建筑设计有哪些基本要求？

4. 单层工业厂房内部生产房间有哪些组成部分？单层工业厂房平面设计主要解决哪几个方面的问题？

5. 什么是柱网？确定柱网的基本原则是什么？常用的柱距、跨度尺寸有哪些？

6. 工业厂房生活间的组成内容有哪些？生活间的布置有哪几种基本形式？

7. 工业厂房天然采光的基本要求有哪些？侧面采光的特点是什么？

8. 在进行工业厂房侧窗布置时应注意什么问题？

9. 工业厂房常用的采光天窗有哪些类型？天窗布置的基本方法有哪些？

10. 工业厂房如何利用"窗地面积比"的方法进行采光计算？

11. 工业厂房自然通风的基本原理是什么？设计时如何综合考虑？

12. 单层工业厂房纵向定位轴线标定时为什么会有联系尺寸和插入距？

13. 同单层工业厂房相比较，多层工业厂房具有哪些特点？

14. 试从生产流程和生产特征角度论述生产工艺对多层工业厂房平面设计、剖面设计的影响。

15. 多层工业厂房平面布置可以归纳为哪几种形式？

16. 多层工业厂房的房间组合形式通常有哪几种？

17. 多层工业厂房常采用的柱网有哪几种类型？

18. 决定多层工业厂房层数、层高的主要因素有哪些？

19. 多层工业厂房生活间的布置应注意哪些方面的问题？

第15章 轻型钢结构建筑

◎**内容提要**：本章内容主要包括轻型钢结构建筑的概念、特点和组成，轻型钢结构建筑的结构体系类型和适用范围，轻型钢结构建筑的外墙系统、楼板系统以及屋顶系统的构造设计，轻型钢结构建筑物的防锈、防火和绝缘处理。

15.1 概　　述

改革开放以来，我国钢产量突飞猛进，建筑用钢量已经不是工程建设的首要问题，钢结构建筑的相关配套技术问题也部分得到解决，同时国家适时进行宏观调整政策，实行"合理用钢"的技术经济政策，钢结构建筑在我国工程建设中所占比重逐年增长。

目前，我国的钢材品种日趋多样化，如H形钢、T形钢和L形钢等大截面型材，以及50mm以上厚度的钢板、冷弯薄壁型钢和彩色涂层钢板等，加上各种新型墙板的开发和应用，这对促进我国建筑业在开发钢结构技术方面的发展奠定了政策基础和物质基础。与传统的钢筋混凝土结构和砌体结构相比较，钢结构材料的力学特点不仅可以表现建筑物的某些细部，同时可以利用其独特的工程结构特征设计创作出富有艺术表现力的现代建筑物。因此，开发研究钢结构建筑的新技术，已经引起建筑师、工程师和钢结构专业制作公司的兴趣和重视，他们的结合促进了钢结构技术在各类建筑工程中广泛合理的应用。

15.1.1 轻型钢结构的基本概念

轻型钢结构建筑(以下简称轻钢建筑)，是由轻型钢结构材料作承重骨架，配合楼板、屋面板和墙板等围护结构，共同组成整栋的建筑物。轻型钢结构材料主要包括：轻型冷弯薄壁型钢、轻型焊接和高频焊接型钢、薄钢板、薄壁钢管、轻型热轧型钢及以上各构件拼接、焊接而成的组合构件。

15.1.2 轻型钢结构的特点

与传统的钢筋混凝土结构、普通钢结构相比较，轻型钢结构建筑具有许多优越性，如高强高韧性、抗震、轻质，从而减轻地基的造价，成本低，可以满足建筑工程中的大开间和灵活分隔，提高使用面积率5%~8%，不消耗木材，可以工厂化预制、可以拼装、可以拆卸，具有建筑工期短、投资回收快、环境污染少等综合优势。目前，我国采用钢结构技术建造的各类大跨度、高层、超高层建筑物以及轻型钢结构工程越来越多，除了广泛用于大跨度单层工业厂房、仓库、大型超市商场、住宅外，同时还适合建筑加层以及各类平屋顶、坡屋顶，如图15-1-1所示。轻型钢结构具有以下特点：

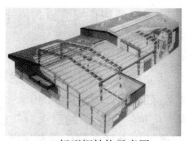

（a）轻型钢结构示意图　　　　　　　（b）轻型钢结构某汽车展示厅

（c）轻型钢结构厂房　　　　　　　　（d）轻型钢结构住宅

图 15-1-1　轻型钢结构的建筑

1. 自重轻

自重轻是轻钢建筑最显著的特点。钢材的容量虽然比其他建筑材料大，但钢材的强度很高，同样受力情况下，钢结构自重小，可以做成跨度较大的结构。

2. 密封性好

钢材内部组织很致密，当采用焊接连接，甚至采用铆钉或螺栓连接时，都容易做到紧密不渗漏。

3. 工业化程度高

轻钢建筑物构造简单，材料单一，容易做到设计标准化、定型化、构件加工制作工业化、现场安装预制装配化程度高，销售、设计、生产可以全部采用计算机控制，产品质量好，生产效率高。

4. 现场施工速度快、工期短

钢构件标准定型装配化程度高，现场安装简单快捷，无湿作业，不需要支模，也不需要养护期，现场安装不受气候影响，有利于保持现场文明施工和环境。

5. 综合经济效益优良

轻钢建筑采用计算机设计，先进的自动化制造设备，工业化生产方式，快速施工，经济效益十分显著。与混凝土结构相比可以增加建筑有效使用面积 5%~8%，提高使用效率。

6. 钢结构抗震性能好，变形能力强

钢材强度高，塑性和韧性好，承受动力荷载的性能强，可靠性高，抗震性能优良，因自重轻，自振周期长，钢材延性好，整体抗震性能增强。

7. 环保产品

由于钢材可以回收再循环利用，轻钢结构亦可搬迁复用，因而，轻钢建筑符合可持续发展的战略，污染小，有利于环境保护、资源节约和美好生存环境。

8. 外形美观、现代感强烈

屋面压型钢板和墙面彩色钢板具有轻质高效、色彩艳丽、造型美观的特点，除满足墙体功能外，还有装饰墙面的作用。一般工业厂房及其他结构在墙面板封闭完后即告完工，无需再进行装饰，即可满足多种生产工艺和使用功能的要求。

9. 耐热不耐火，耐腐蚀性差

钢材是一种高温敏感的材料，其强度和变形都会随温度的升高而发生急剧变化。钢结构可以耐250℃以下高温，但不耐火；到500℃左右，其强度下降到40%~50%；当达到600℃时，其承载力几乎完全丧失。所以，发生火灾时，钢结构的耐火时间较短，会发生突然的坍塌。同时在潮湿环境中，特别是处于有腐蚀性介质环境中容易锈蚀，需要定期维护，增加了维护费用。

15.1.3 轻型钢结构的组成

轻钢结构由基础梁、承重结构、柱、檩条、屋面和墙体组成，如图 15-1-2 所示。单层轻钢结构建筑物一般采用门式刚架、屋架和网架承重结构，其上设檩条、屋面板（或板檩合一的轻质大型屋面板），下设柱（对刚架则梁柱合一）、基础，柱外侧设置有轻质墙架，柱内侧可以设置吊车梁。

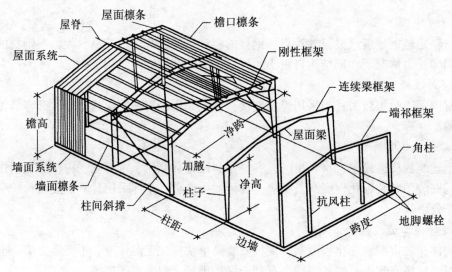

图 15-1-2　轻钢结构厂房组成示意图

15.2　轻钢结构建筑的结构体系

轻钢结构体系常用于多层以下建筑，通常结构体系划分为：梁柱式、墙架式、刚架式三种结构形式，其构件之间常采用电焊、螺栓或铆钉进行连接。

15.2.1　梁柱式结构

梁柱式结构是轻钢建筑中较常见的一种结构体系，如图 15-2-1 所示。梁柱式结构由钢柱、钢梁或钢桁架组成框架结构的支撑体系，平面布置灵活。骨架之间节点的连接构造

则主要通过节点板、角钢连接件和高强度的螺栓加以固定或以焊接的方式连接组合，如图
15-2-2所示，梁柱多采用轧制或焊接的 H 形钢或其他截面形式的构件。若轻钢结构建筑需
设置悬挑的外廊或阳台，在构造上应采取相关措施。如图 15-2-3~图 15-2-5 所示。

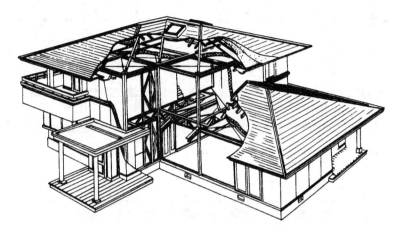

图 15-2-1　梁柱式轻钢建筑剖视图

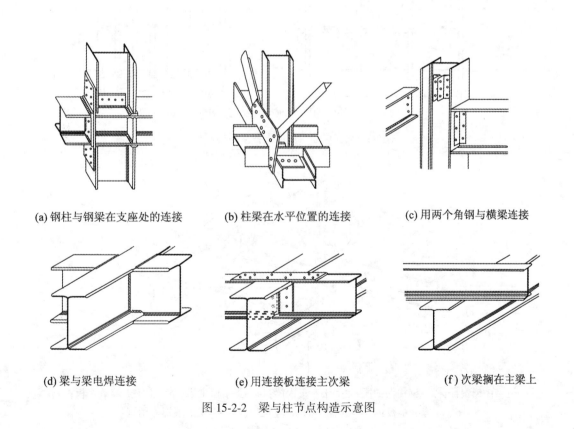

(a) 钢柱与钢梁在支座处的连接　　(b) 柱梁在水平位置的连接　　(c) 用两个角钢与横梁连接

(d) 梁与梁电焊连接　　(e) 用连接板连接主次梁　　(f) 次梁搁在主梁上

图 15-2-2　梁与柱节点构造示意图

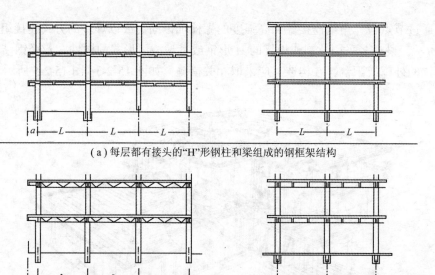

（a）每层都有接头的"H"形钢柱和梁组成的钢框架结构

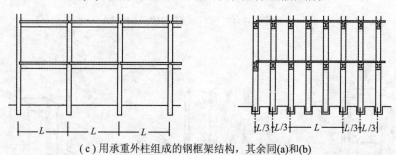

（b）贯穿多层的钢柱，主梁和次梁采用轻钢桁架结构

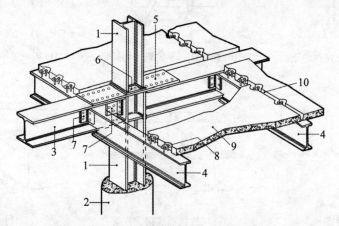

（c）用承重外柱组成的钢框架结构，其余同(a)和(b)

图 15-2-3　多层建筑中的钢框架结构示意图

1—H型钢柱；2—钢柱保护层；3—工字形次梁；4—工字形主梁；5—钢梁上端节点板；
6—支座处垫板；7—两(侧)边角钢连接件；8—钢梁上端螺栓销钉；
9—预制楼板；10—楼板接缝处理
图 15-2-4　梁柱式轻钢结构节点构造示意图

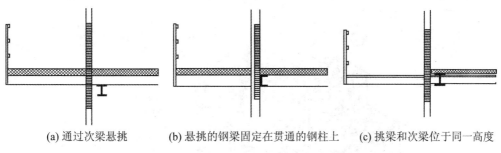

(a) 通过次梁悬挑　　　(b) 悬挑的钢梁固定在贯通的钢柱上　　(c) 挑梁和次梁位于同一高度

图 15-2-5　轻钢建筑中的悬挑构造示意图

15.2.2　墙架式结构

　　墙架式轻钢结构的承重内墙板、外围护墙板和楼板层是按设计模数和功能一一划分为各自相对独立的轻钢墙架，也称为隔扇，通过加工组合而成为轻钢房屋的支承骨架。墙架主要以轻钢材料作框，框内设置墙筋或搁栅以提高其刚度和稳定性，墙架之间则通过高强度螺栓将其装配成整体骨架。墙架单元的内外构造层次可以在工厂内与骨架同时加工组合完成的板材，也可以在现场安装好骨架后再进行其他各构造层次的安装，如图 15-2- 6 所示。

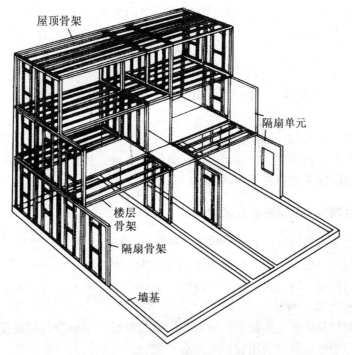

图 15-2- 6　墙架单元式轻钢骨架示意图

　　实际工程中，常用梁柱式结构设计房屋内部结构，采用墙架式单元设计围护结构，这

种形式称为混合式，具有平面布置灵活性的特点，适合于建造多层以下住宅，如图 15-2-7
所示。

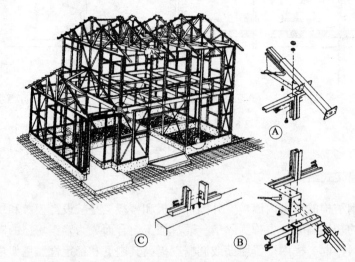

图 15-2-7　混合式轻钢骨架(内部柱梁外部墙架)示意图

15.2.3　刚架式结构

刚架式结构一般由横向承重的刚架和冷弯成型的檩条、梁架等组成，因而适用于跨度
较大的低层工业建筑或大型超级市场，根据设计要求，也可以用于多层住宅或办公建
筑物。

15.3　轻钢结构建筑的围护系统构造

轻钢建筑物由于其构件轻便、尺寸精确、成型方便以及工业化生产程度较高等特点，
现场一般以干作业、预制装配为主，因而在具体构造做法上与传统的砖混结构建筑是有区
别的。本节主要介绍常用材料压型钢板的构造处理。

15.3.1　轻钢结构建筑物的外墙构造

目前国内作为轻钢结构建筑物的墙面围护结构的轻质板材种类较多，有彩涂金属压型
板、彩涂金属板压型板夹心板、丝网架水泥夹心板、稻草板、PC 板、蒸压轻质混凝土板
(ALC)、轻质石膏板、轻型格构板、伊通板(YTONG)、纸面草板、PVC 挂板等。

1. 压型钢板外墙的材料

压型钢板按材料的热工性能可以分为非保温的单层压型钢板和保温复合型压型钢板。
非保温的单层压型钢板目前使用较多的为彩色涂层镀锌钢板，一般为 0.4~1.6mm 厚的波
形板。彩色涂层镀锌钢板具有较高的耐温性和耐腐蚀性，一般使用寿命可达 20 年左右。
保温复合式压型钢板根据夹心材料的不同，常见的有聚氨酯夹心板、聚苯乙烯夹心板、岩
棉夹心板、玻璃棉夹心板等，如图 15-3-1 所示。

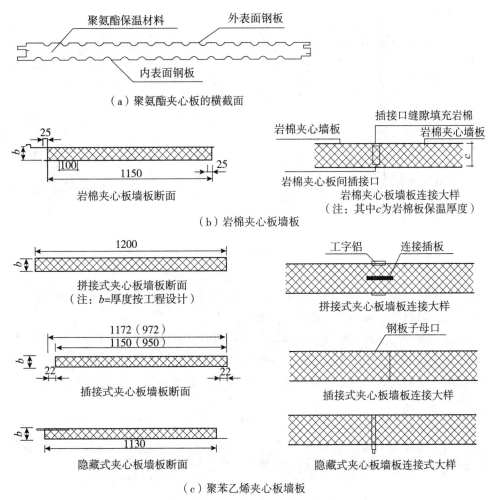

（a）聚氨酯夹心板的横截面

（b）岩棉夹心板墙板

（c）聚苯乙烯夹心板墙板

图 15-3-1　复合式压型钢板主要材料形式示意图

2. 压型钢板外墙的构造组成

压型钢板墙面系统主要由墙梁、支撑、墙面压型钢板和转角零配件等构成墙面结构，如图 15-3-2 所示。

3. 压型钢板外墙的细部构造

压型钢板墙面构造主要解决的问题是固定点应牢靠、连接点应密封、门窗洞口应做防水、排水处理等。

（1）泛水板和包角板的设计

泛水板和包角板等彩板配件所覆盖的部位往往是可能有雨水渗漏的主要部位。在设计泛水板和包角板等彩板配件时，应力求使其截面形状与压型板搭接密贴且有足够的搭接长度。若长度方向采用搭接方式连接，搭接长度不宜小于 60mm。

（2）夹心板墙板构造设计

聚氨酯夹心板墙板板材之间采用插口式连接方式，板与墙架结构之间的连接配备专用

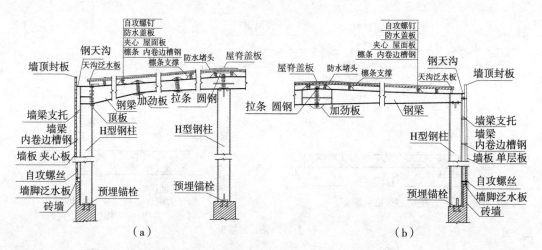

图 15-3-2　金属压型钢板屋面、墙面构造示意图

固定件。由于构造简单方便，因而聚氨酯夹心板的墙面安装速度非常快。为了满足不同建筑风格需求，板材可以采用竖放和横放两种布置方式。

　　建筑物墙面多采用板材竖放，各种部位的建筑节点，例如踢脚、门窗洞口等处的处理方法均已经比较成熟。根据工程实践，一般的节点构造除参考传统的做法以外，踢脚、门窗洞口四周以及女儿墙顶部等节点构造，与传统做法有所不同，需认真设计，避免施工和使用中出现问题。

　　①门窗洞口。建筑物的门窗大多采用钢窗、彩钢窗或铝合金窗，常规设置具有一定的窗台宽度。其构造节点如图 15-3-3 所示，考虑到窗上、下口处的夹心板端(大多为切割边)的固定，需要设置冷弯薄壁 C 型钢作墙梁。

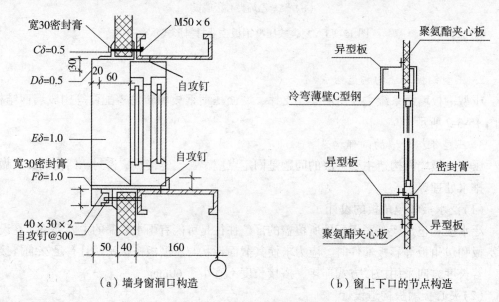

（a）墙身窗洞口构造　　　　　　　　　（b）窗上下口的节点构造

图 15-3-3　窗洞口构造示意图(单位：mm)

②墙的转角处。由于板材通过固定件与钢柱相连，墙板转角处的角柱需要提供两个方向的平面。在一般结构中，角柱大多采用焊接 H 形钢截面，设计需在没有外平面的一侧加焊角钢（通长或每隔 1m 一段），作为固定聚氨酯夹心板的专用连接件，其节点构造如图 15-3-4 所示。

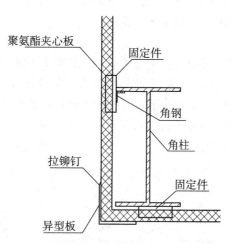

图 15-3-4 墙转角处的节点构造示意图

③踢脚。由于聚氨酯夹心板墙板的固定是通过固定件与结构相连，因而踢脚处的板端不能是切割边。根据板材的自身构造要求，墙面上、下端固定件的间距必须小于 1m。踢脚处，需要在最下端设置通长的角钢，角钢外侧与柱外侧在同一个平面，以安装固定件，节点构造如图 15-3-5 所示。

④女儿墙顶部构造。在女儿墙顶部，结构上有一根通长的钢梁，板端需设置通长的角钢与圈梁焊接，如图 15-3-6 所示，使墙板最上端连接牢固，确保整个墙面的稳定性。

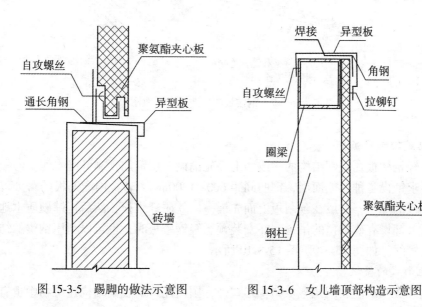

图 15-3-5 踢脚的做法示意图   图 15-3-6 女儿墙顶部构造示意图

15.3.2 轻钢结构建筑物的楼板构造

轻钢结构建筑物的楼板构造主要有现浇、预制装配和装配整体式等做法。现浇楼板对于轻钢结构建筑物的整体性、防水性和防火性均较好，可以适应不同使用功能房间布置的要求，楼板承载力大。其缺点是现场有大量的湿作业，且需一定的养护周期。预制装配式楼板一般按功能分层进行装配，施工速度快。

1. 现浇式轻钢楼板

轻钢结构建筑物的现浇楼板不同于普通砖混结构建筑物的现浇楼板，一般直接采用压型薄钢板做底模且固定在钢桁架上，由此可以省去大量的模板。楼板跨度小的可以直接在压型薄钢板上现浇 40mm 以上厚度的细石混凝土，若楼板跨度大、楼面荷载较大，现浇楼板则需按设计要求配置钢筋后再浇筑细石混凝土，有的还结合室内装修预留了楼板层地面的装饰层厚度。在这类现浇楼板的板底一般结合室内装修做成吊顶形式。如图 15-3-7、图 15-3-8 所示。

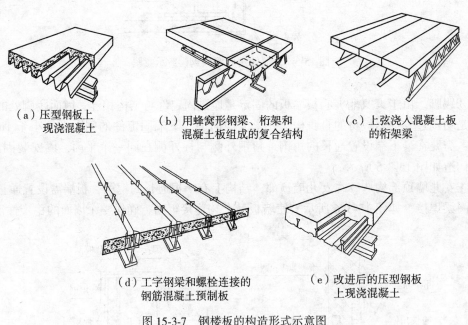

（a）压型钢板上　　　　　　（b）用蜂窝形钢梁、桁架和　　　　（c）上弦浇入混凝土板
　　现浇混凝土　　　　　　　　混凝土板组成的复合结构　　　　　　的桁架梁

（d）工字钢梁和螺栓连接的　　　　　（e）改进后的压型钢板
　　钢筋混凝土预制板　　　　　　　　　　上现浇混凝土

图 15-3-7　钢楼板的构造形式示意图

2. 装配式轻钢楼板

装配式轻钢楼板在轻钢结构的梁或肋上面先铺设一层钢筋预制纤维水泥空心板，上层应按设计要求铺设各种功能面层，钢肋间距 600~1200mm，若板内配筋板的跨度可达 2m。为了解决楼板的隔声，一般在预制板上面先铺一层软质纤维板，然后再铺硬质木地板，在楼板底可以另铺设有矿棉毡的吊顶。在安装预制轻钢楼板时，也可以利用钢梁的结构高度来布置各类管线。如图 15-3-9、图 15-3-10 所示。

3. 其他形式的楼板

除上述现浇和预制装配式楼板结构形式外，国内建造的轻钢结构建筑物中也有采用预

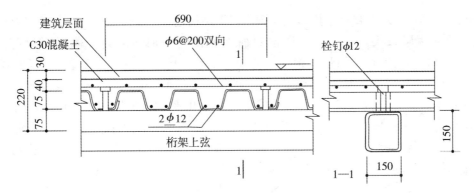

图 15-3-8　压型钢板上现浇楼板示意图(单位：mm)

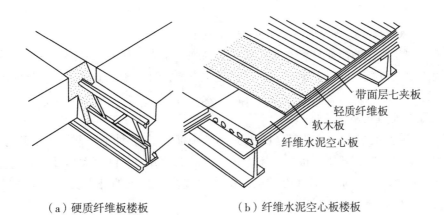

（a）硬质纤维板楼板　　　　　　（b）纤维水泥空心板楼板

图 15-3-9　装配式轻钢楼板构造示意图

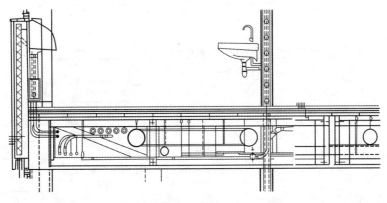

图 15-3-10　在轻钢楼板内布置各类管线

制的大跨度预应力钢筋混凝土空心楼板。其特点是工厂化统一制作，预应力钢筋混凝土空心楼板承载力高、抗震性能好，能满足地震烈度区结构安全性的要求，施工方便，且大大减少施工现场浇筑混凝土湿作业。在钢筋混凝土楼板同厚度的情况下，预应力钢筋混凝土空心楼板的自重仅为现浇钢筋混凝土楼板的 2/3~3/4，被认为是一种经济、有效的楼板和屋面板体系。

此外,预应力叠合楼板结构形式在国内轻钢结构建筑物中应用也较多。预应力叠合楼板由上、下两层组成,下层为工厂预制加工的预应力钢筋混凝土薄板(厚度为 70~80mm),且在板面上预留加强互相连接的构造钢筋,运至现场进行安装(可以取代钢模板),再在其上现场浇筑混凝土(厚度约为 60mm),从而形成装配整体式及双向受力的叠合式楼板结构。与现浇混凝土楼板相比较,钢筋用量可以节省 30%,混凝土用量节省 20%~25%,节约模板、工期短、方便施工。具有大开间、延性好、挠度小、裂缝控制性能好等特性。特别适用于工业化程度高,大开间或大跨度的住宅建筑,预制的钢筋混凝土薄板重量轻,运输、吊装均较方便。

15.3.3 轻钢结构建筑物的屋顶构造

轻钢结构建筑物的屋顶形式取决于屋面材料和屋面结构布置,常见的屋顶形式有平屋顶和坡屋顶,还有球面、曲面、折面等其他形式的屋顶。

轻钢结构建筑物的屋面材料宜采用轻质、高强、耐火、保温、隔热、隔声、抗震及防水等性能的建筑材料,同时要求构造简单,施工方便,且易于工业化生产。目前国内外普遍使用的是金属压型板、金属压型复合保温板及夹心板。

1. 金属压型板的板型

《冷弯薄壁型钢结构技术规范》(GBJ18—87)中推荐了 28 种不同型号的压型钢板板型。但是从工程实践来看,各压型板厂对屋面板的产品品种开发,已大大超过了上述规定的范围,在满足板型断(截)面机械性能的前提下大大提高了板型的外形美观。常见的金属压型板的板型规格如图 15-3-11 所示。

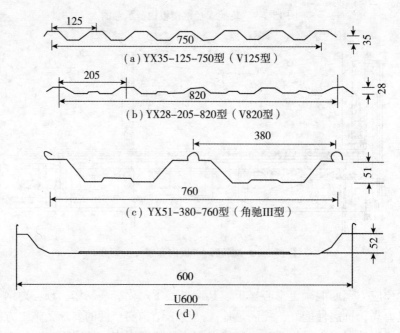

图 15-3-11　常见金属压型板的三代板型示意图(单位:mm)

2. 金属压型钢板屋面的构造组成

金属压型钢板屋面一般由屋面上、下层压型钢板、保温材料、采光材料、屋面开洞（包括安装屋面通风设备、工艺开孔等）以及屋面泛水收边等组成，这些材料不仅要采用轻质建筑材料制成，同时还要满足防水、隔热、保温、隔音、通风等建筑功能的要求。

3. 金属压型钢板屋面的细部构造

金属压型钢板屋面建筑构造随屋面压型钢板及夹心板的板型不同而有不同的特点和要求，在金属压型钢板构造设计中要注意以下几点。

(1)金属压型钢板的固定和连接

金属压型钢板屋面压型钢板的连接是屋面系统中最重要的环节，其处理不当容易引起屋面漏雨。因而压型钢板与檩条的固定和连接应传力明确，避免应力集中，如图 15-3-12 所示。

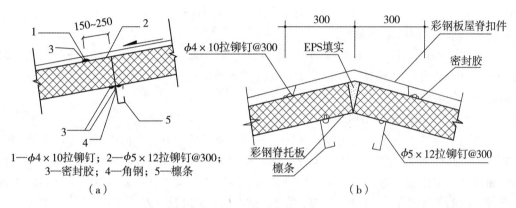

1—φ4×10拉铆钉；2—φ5×12拉铆钉@300；3—密封胶；4—角钢；5—檩条

图 15-3-12　屋面板檩条连接

(2)金属压型钢板屋面开洞的方式及防水处理

处理好屋面开洞是屋面系统中最为重要的环节。由于采光、通风或工艺的要求，在金属压型钢板屋面上需要开一些孔洞或安装采光板、通风器或工业设备，因而容易造成屋面漏水。

金属压型钢板屋面开洞一般是由于工艺需要而在单坡屋面上切开的孔洞，比如从车间里伸出的烟囱。屋面开洞必须有三种泛水处理，即上挡水泛水、下挡水泛水和侧挡水泛水。近年来在国外出现了一种 DEKTITE(德泰盖)的轻钢配件，比较彻底地解决了小孔洞的泛水问题，如图 15-3-13 所示。

导致金属压型钢板屋面渗漏的主要原因是搭接缝。每平方米屋面约有 1.5m 长的搭接缝。由于加工制造、运输堆放、施工安装的影响，传统的压型钢板搭接缝难以实现理想的密闭效果，因而会造成不同程度的渗漏。

金属压型钢板屋面压型钢板都是通过各种搭接形式达到防水的，在一般金属压型钢板屋面中容易引起漏水的部位是板材的纵向及横向接缝、天沟、山墙、天窗侧壁、出屋面洞口、通风屋脊及高低跨处。根据我国现有的工程实践经验，屋面高波压型钢板的长向搭接长度以 375mm 为宜，低波压型钢板，当屋面坡度小于 1/10 时为 250mm，屋面坡度大于 1/10 时为 200mm。雨量较少的地区，上述尺寸可以适当减小。屋面板及异型板的搭接长

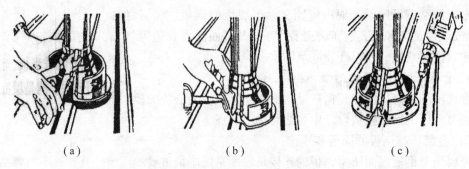

（a） （b） （c）

图 15-3-13 DEKTITE 安装示意图

度需要根据屋面的坡度及坡长确定。屋脊及高低跨处泛水板与屋面板的搭接长度不宜小于 200mm，且应在搭接部位设置挡水板或堵头等防水密封材料。

（3）金属压型钢板屋面采光

金属压型钢板屋面采光有玻璃钢采光瓦采光、采光窗采光以及采光帽采光等形式。前者处理简单，防水性能等同于压型金属板屋面；后者采光部分不宜积灰、透光率较高，但是防水处理较复杂。

（4）金属压型钢板屋面的通风

屋面通风传统的方案是采用设置气楼、安装轴流风机的方式，由于需要专门设计相应的结构作为其支撑架，在屋面防雨水方面的处理较为复杂。目前在轻钢结构中采用了一种涡轮通风器克服以上问题，其工作原理是利用自然风力及室内外温差造成的空气热对流进行排气，因而不需要外界动力，节约了能源。如图 15-3-14 所示。

图 15-3-14 涡轮通风器在钢结构厂房屋顶上的应用

（5）金属压型钢板屋面的保温和隔热

目前屋面保温隔热大量使用超细离心玻璃棉，其导热系数为 0.035 ~ 0.047W/（m·K），容积密度分别为 12kg/m³、14kg/m³、16kg/m³，厚度常用的有 50mm、75mm、100mm 等，具体选用应根据建筑所在地的气象条件及建筑物的要求经过计算确定。防潮层材料有加筋铝箔、铝箔布、聚丙烯膜加筋网线等。若防潮层采用聚丙烯膜加筋网线可以取消下衬板，以降低造价。

（6）金属压型钢板屋面排水设计

金属压型钢板屋面压型钢板纵横两个方向有许多搭接接缝，容易导致房屋漏水。因此，对于雨水较多的南方地区和屋面坡度较平缓、波高又较小的压型钢板，应按《室外排水设计规范》GB50014—2006（2011 版）进行屋面排水验算。

15.4　轻钢结构建筑的保养和防护

轻钢结构建筑物因材料自身的特点，存在着诸如易锈蚀、不耐火和不绝缘等方面的缺点。因此，设计轻钢结构建筑物时不仅要采取相应的措施，而且在日常使用过程中更要加强房屋的定期保养和维护，以保证轻钢结构建筑物正常、合理的使用年限，延缓其老化周期。

15.4.1　钢结构的防锈处理

1. 轻钢结构防锈蚀的重要性

若钢材表面与环境介质发生各种形式的化学作用，就有可能遭到腐蚀。例如，若钢材表面与 O_2、SO_2、H_2S 等腐蚀性气体作用而被氧化，环境潮湿或与含有电解质的溶液接触，则可能形成微电池效应而遭电化学腐蚀。因此，轻钢结构不宜用于高湿、高温及强烈腐蚀介质的环境中。轻钢结构一经锈蚀就会严重降低其结构承载力，缩短使用年限。

2. 轻钢结构防锈蚀的方法

轻钢结构建筑物的轻钢结构材料在使用前需先仔细、彻底地除锈，对构件表面彻底清理，清除毛刺、铁锈、油污、灰尘、焊渣及其他附着物，使金属表面露出灰白色，以增加漆膜与构件表面的粘合和附着力，然后在轻钢结构构件的表面涂刷防锈涂料或合成树脂进行保护，用以提高防锈涂料的抗风化作用。目前常用的除锈方法有以下四种：

（1）人工除锈

人工用刮刀、钢丝刷、砂布或电动砂轮等简单工具，将钢材表面的氧化皮、铁锈等除去。这种方法操作简单，但工效低，除锈不彻底，影响油漆的附着力。另外，除锈后必须立即涂上底漆防护。

（2）喷砂除锈

通过喷砂机将钢材表面的铁锈等除去。这种方法除锈比较彻底，质量较好，涂层较易附着且与钢材表面结合牢固，有利于防锈。喷砂时一般用石英砂或铁砂、铁丸，应尽量防止砂尘弥漫，减少对工人健康的影响。

（3）酸洗除锈

用酸性溶液与钢材表面的氧化物（锈蚀的产物）发生化学反应，使其溶解于酸液中。这种方法除锈工效高，质量较好，是一种有效的钢材表面处理方法。为了防止酸洗后再度生锈，可以采用压缩空气吹干后立即在钢材表面涂一层硼钡底漆。

（4）酸洗磷化处理

钢材或构件酸洗后，再用 2% 的磷酸磷化处理。处理后的钢材表面产生一层磷化膜，磷化膜不仅能提高材料的抗蚀性能，且使钢材表面呈均匀的粗糙状态，增加漆膜的附着力。对于难以进行磷化处理的构件，酸洗后喷涂磷化底漆，也能取得一定的磷化效果。

轻型钢结构宜优先采用酸洗磷化处理方法，以延长其使用寿命。

3. 防锈涂料的选择

轻钢结构防锈和防腐蚀采用的涂料、钢材表面的防锈登记以及防腐蚀对钢结构的构造要求等，应符合现行国家标准《工业建筑防腐蚀设计规范》(GB50046)和《涂装前钢材表面锈蚀登记和除锈等级》(GB/T8923)中的相关规定。

防腐涂料一般由底漆和面漆组成。底漆中含粉料多，基料少，成膜粗糙，与钢材表面的粘结附着力强，且与面漆结合性好，其主要功能是防锈，故称为防锈底漆；常用底漆有红丹、环氧富锌漆、铁红环氧底漆等。而面漆粉料少，基料多，成膜后有光泽，其主要功能是保护下层底漆，因而对大气和湿气有高度的不渗透性，具有防锈性能。而且漆膜光泽，还能增加建筑物的美观；常用面漆有灰铅油、醇酸磁漆、酚醛磁漆等。

15.4.2 轻钢结构的防火处理

1. 轻钢结构防火处理的重要性

若钢材表面温度在 150℃ 以内，钢材的强度变化很小，因此轻钢结构适用于热车间。若温度超过 150℃，钢材强度明显下降。若温度达到 500℃ ~ 600℃，钢材强度几乎为零。所以发生火灾时，轻钢结构的耐火时间较短，会发生突然的坍塌。

一般不涂防火涂料(裸露)的轻钢结构耐火极限只有 10 ~ 20min，一旦发生火灾，轻钢结构建筑物就会迅速倒塌，造成灾难性事故，对人民生命财产造成严重损失。因此，对轻钢结构必须采取严格的防火措施，使人员能及时疏散，同时减轻轻钢结构在火灾中的损失，在耐火极限(1 ~ 2h)内奋力扑救，以避免轻钢结构在火灾中局部或整体倒塌造成人员伤亡及财产损失。

2. 轻钢结构防火方法

轻钢结构的防火应符合国家标准《建筑设计防火规范》(GBJ16)和《高层民用建筑设计防火规范》(GB50045)中的相关要求，结构构件的防火保护层应根据建筑物的防火等级对各种不同的构件所要求的耐火极限进行设计。

对于轻钢结构的防火，有条件的应优先选用耐火、耐候钢材，但这类特殊钢材造价较高。常见的方法一般是通过在构件表面喷涂防火涂料(如蛭石)，或外包防火板材，或浇筑混凝土等防火构造措施，具体应根据建筑物的使用功能、防火等级以及结合室内其他防火系统等综合考虑，采取相应的保护措施。如图 15-4-1 所示。

受高温作用的轻钢结构，应根据不同情况采取下列防护措施。

(1)若轻钢结构可能受到炽热熔化金属的侵害，应采用砖或耐热材料做成的隔热层加以保护。

(2)若轻钢结构的表面长期受辐射热达 150℃ 以上或在短时间内可能受到火焰作用，应采取有效的防护措施(如加隔热层或水套等)。

3. 防火涂料的选择

轻钢结构防火涂料的性能、涂层厚度及质量要其应符合现行国家标准《钢结构防火涂料》(GB14907)和国家现行标准《钢结构防火涂料应用技术规范》(CECS24)中的相关规定。

有关钢结构防火涂料选用原则如下：

(1)永久性防火保护的高层及多层轻钢结构建筑物，若规定其耐火极限在 1.5h 以上，可以选用非膨胀型钢结构防火涂料。

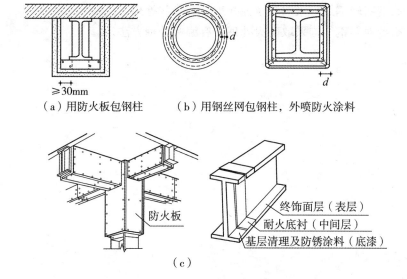

（a）用防火板包钢柱　　（b）用钢丝网包钢柱，外喷防火涂料

（c）

图 15-4-1　钢结构防火保护措施构造示意图

（2）室内裸露的轻钢结构、轻型屋盖钢结构及有装饰要求的轻钢结构，若规定其耐火极限在 1.5h 以下，可以选用超薄型或薄型轻钢结构防火涂料。

（3）对露天轻钢结构，应选用适合室外用的轻钢结构防火涂料，选用这种防火涂料至少要经过一年以上室外试点工程的考验，涂层性能无明显变化。

（4）耐火极限要求 1.5h 以上及室外用的轻钢结构工程不宜使用薄涂型防火涂料。

国内轻钢结构防火涂料，按厚度分为三类：

（1）超薄型轻钢结构防火涂料，涂层厚度小于或等于 3mm；

（2）薄型轻钢结构防火涂料，涂层厚度大于 3mm，且小于或等于 7mm；

（3）厚涂型轻钢结构防火涂料，涂层厚度大于 7mm，且小于或等于 45mm。

15.4.3　轻钢结构的绝缘处理

轻钢构件的钢材具有热阻小、传热快的特点，因此，在设计轻钢结构建筑物的外围护结构（如屋顶、外墙、门窗等部位）时应采取相应的构造措施，如在金属构件之间的连接处采用绝缘材料将两者分离，以防止围护结构的冷、热桥现象存在，达到改善轻钢结构建筑物围护结构的热工性能和满足使用的要求。

复习思考题 15

1. 什么是轻钢结构建筑？有何特点？
2. 建造轻钢结构体系有哪些方式？各自有何适用范围？
3. 轻钢压型夹心板墙板有哪些构造设计要求？
4. 轻钢结构楼板有哪些分类？各自有何优、缺点？
5. 金属压型钢板屋面由哪些构造组成？

6. 金属压型钢板屋面有哪些细部构造？

7. 为什么要对轻钢结构采取防锈蚀处理？有哪些处理方法？

8. 为什么要对轻钢结构采取防火处理？有哪些处理方法？

第 16 章　工业化建筑构造

◎**内容提要：**本章介绍了建筑工业化的含义和特征，工业化建筑体系。着重介绍了装配式大板建筑、大模板建筑、装配式框架板材建筑、轻型钢骨架建筑、盒子建筑这几类工业化建筑的构造。

16.1　概　　述

16.1.1　建筑工业化的含义和特征

1. 建筑工业化的含义

建筑工业化是指通过现代工业生产方式建造房屋，也就是类似其他工业那样用机械化手段生产建筑物或建筑定型产品(定型产品是指房屋、房屋构配件和建筑制品等)。

2. 建筑工业化的基本特征

(1)施工机械化

建筑工业化的核心是机械化的生产与施工，机械化的成批生产能够极大地提高生产效率。

(2)设计标准化

建筑工业化的前提条件是设计标准化，建筑产品加以定型，并采取标准化设计，就能够实现建筑产品成批生产。

(3)建筑产品生产工厂化

建筑工业化的手段主要是工厂化，大多数的定型建筑产品可以由现场生产转入工厂制造，可以大大提高生产效率和产品质量。

(4)组织管理科学化

实现建筑工业化的保证是组织管理科学化，因生产的各个环节增多，相互之间的矛盾需要通过统一地、科学地组织管理来加以协调，避免出现混乱，建筑工业化的优越性才能体现出来。

3. 工业化建筑的类型

按照建筑结构类型与施工工艺将工业化建筑划分为以下几大类型：

(1)砌块建筑。

(2)大板建筑。

(3)框架板材建筑。

(4)大模板建筑。

(5)滑模建筑。

（6）升板建筑。

（7）盒子建筑。

16.1.2　工业化建筑体系

工业化建筑体系是建筑工业化发展道路上的一个高级阶段。工业化建筑体系是将某类或某几类建筑，从设计、生产工艺、施工方法到组织管理各个环节配套，形成一个工业化生产的完成过程。

工业化建筑体系主要有专用体系和通用体系。工业化建筑专用体系是只能适用于某一种或某几种定型化建筑使用的专用构配件和生产方式所建造的成套建筑体系，这一体系有一定的设计专用性和技术的先进性，缺乏与其他体系相互配合的能用性和互换性。工业化建筑通用体系是预制构配件、配套制品和连接技术标准化、通用化，是使各类建筑所需的构配件和节点构造可以互换通用的商品化建筑体系。

建筑工业化还应注意建筑物的空间组合、平面布局、立面构图、阳台层次等在设计、选材和色彩处理上的变化与统一关系，以取得丰富的工程效果。建筑工业化的设计，要始终遵循模数制，定出合理的设计参数。要求全面规划、统一领导；加强模数化、系列化、标准化和建筑的配套体系化工作；重视高强轻质的建筑材料和制品的生产和应用；发展工厂化预制和现场施工机械化；组织管理科学化，组织好市场商品供应，且不断创新以提高质量。

16.2　装配式大板建筑

16.2.1　装配式大板建筑的起源与发展

1. 大板建筑的概念

大板建筑是指由大墙板、大楼板、大屋面板组成的建筑，也称为壁板建筑。大板建筑是一种全装配式建筑，由预制的大型内、外墙板和楼板、屋面板及其他辅助的构配件等组合装配而成。大板建筑多用于 9 层和 9 层以下的建筑，20 层以下的高层建筑物亦有采用，如住宅、办公楼等。

2. 国外装配式大板建筑的起源和发展情况

第二次世界大战以后，由于受到战争的破坏，一些国家急需建造住房，但是劳动力缺乏。随着经济的不断发展，城市人口的增加和科学技术的不断进步，要求房屋建筑适应人们的需要。在建筑工程量急剧增加、技术力量缺乏的情况下，加速工程施工进度，降低造价，减少劳动力的使用，走建筑工业化的道路，发展装配式建筑就成为一种必然的选择。20 世纪 60 年代初期，有些国家，装配式建筑已成为一种主要的建筑形式，并逐渐形成了自己的建筑体系，装配式大板结构作为装配式建筑其中一个类型也随之发展起来。

3. 我国装配式大板建筑的发展情况

我国装配式大板建筑的研究，是 20 世纪 60 年代开始试点工作，70 年代一度推广应用，90 年代后，装配式大板的建筑物逐渐减少。总体说来，我国装配式大板结构技术比较落后，主要应用于中、低层建筑。1974 年以后，我国开始对大板结构的抗震性能和经济效益进行研究，形成了装配整体式大板体系。1991 年我国制定出行业标准《装配式大板居住建筑设计和施工规程》(JGJ1—91)。多年来，我国大板住宅建筑的科研工作，主要是围绕着设计标准化、多样化，外墙板缝防水，热工性能、大板接缝的受力性能、大板结构抗震计算方法等方面进行的。

以北京市的大板住宅建筑发展过程为例，装配式大板建筑经历了以下几个阶段：

(1)钢筋混凝土薄腹大板住宅：1958—1959 年先后建成了一栋两层住宅和一栋 5 层住宅。

(2)振动砖板住宅：1959 年设计了住宅与单身宿舍楼作为试点工程，并得到推广，共建成 91 栋砖板住宅。

(3)粉煤灰矿渣大板住宅：1965 年建成以煤灰和矿渣作主要材料的大板楼，共建有 66 栋粉煤灰矿渣大板住宅。

(4)加气混凝土大板住宅：1975 年试验加气混凝土与混凝土的复合外墙板，以及混凝土内隔、外隔墙板，建成约 120 万 m^2 加气混凝土大板住宅。

16.2.2　装配式大板建筑的优、缺点和设计要点

1. 装配式大板建筑的优点

装配式大板建筑的施工可以避免传统建筑施工的缺点，其主要优点是：加快施工进度，缩短施工工期，节约劳动力成本，提高工程质量，减少季节性对施工的影响。施工企业工人劳动强度减少，交叉作业有序；房屋装配施工中的每道工序都可以像设备安装那样精确，可以保证工程质量；施工时的物料堆放场地减少，噪音降低，有利于环保。由于工厂化的生产和现场的标准装配，容易满足室内设备安装和装饰、装修的要求。因此，装配式制造房屋的许多优点是传统房屋建造方法无法比拟的。

(1)工业化程度高

装配式大板建筑主要采用的是平板型构件，构造简单，工艺单纯，生产效率很高。建筑物的外墙板和内墙板在工厂生产过程中，材料的强度，耐火性，抗冻融性，隔声保温等性能指标，能够得到保证。

(2)施工简单、机械化程度高

装配式大板结构现场装配，便于流水交叉作业，每道工序具有较高的安装精度，保证工程质量。施工时，施工噪音小，散装料少，有利于环保；由于机械化程度高，能保证吊装的连续性，施工速度快，缩短施工工期；可以减少现场的湿作业，减轻工人的劳动强度，降低施工成本。

(3)大规模应用经济效益高

装配式大板建筑物的自重要比传统建筑物的自重减轻一半，地基相应简化，降低造价。国外经验表明，若大批量生产和成片建设装配式大板建筑物，一般可以降低造价 10% ~ 15%。

2. 装配式大板建筑的缺点

(1)隔热、隔音效果差，若增设保温隔热和隔音材料，则造价偏高。

(2)水泥和钢材使用相对较多，工艺和精度要求较高，需用大型预制、运输、起重设备，一次性投资较大。

(3)装配式大板建筑对建筑物造型和布局有较大的制约性，缺乏灵活性，造型千篇一律。构件连接部分的施工质量对结构整体性影响较大，整体抗震性能不好，结构体系缺少多道设防抗震机制。

3. 装配式大板建筑设计要点

(1)建筑物体形力求均匀，平面布置减少凹凸变化，尽量避免结构上受力复杂和增加构件品种、规格。

(2)为提高空间刚度，宜采用小开间横墙承重或整间双向楼板的纵、横墙承重，尽量少用纵墙承重。

(3)在进行空间组合时，应尽量使纵、横墙对齐拉通，便于墙板之间整体连接，如图16-2-1所示。

(4)装配式大板建筑的小区规划应考虑塔式起重机等大型设备的需求。

(5)设计时尽量减少构件规格。

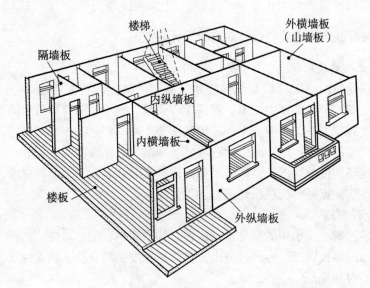

图 16-2-1　装配式大板建筑空间组合示意图

16. 2. 3　装配式大板建筑的板材类型

装配式大板建筑由内外墙板、楼屋面板和其他构件组装而成。

1. 内墙板和外墙板

(1)墙板类型

装配式大板建筑的墙板类型按安装位置分可以分为：内墙板、外墙板；按材料分可以分为：砖墙板、混凝土墙板、工业废渣墙板；按构造形式分可以分为：单一材料墙板、复合墙板。

(2)内墙板

内墙板为主要受力构件，应具有足够的刚度和强度；隔声、防火、防潮；多层内墙板厚140mm，高层建筑内墙板厚160mm；由于不需要考虑保温隔热，构造形式多采用单一材料的实心板、空心板等，端部设门洞时，可以处理成刀把板或带小柱板。

（3）外墙板

外墙板为主要围护构件，功能要求应能抵抗风雨，保温隔热，外装修等；热工性能要求是两种以上材料的复合板，或轻质混凝土等单一材料的外墙板。

外墙板可以划分为一间一块、大块墙板、条板式外墙板和山墙板若干种类型。一间一块用于小开间住宅中，外墙板填充整个墙；大块墙板高宽为两三层高，或两三开间宽，或是板柱结合；条板式外墙板为较窄的条形，一般与门窗分开，可以是横向窗台墙板，或竖向窗间墙板；山墙板是指在横向承重房屋中既是承重墙又是外围护墙的墙板。

外墙板是房屋的外围护构件，有承重和非承重两种。纵向承重的外墙以及横向承重的山墙是承重构件，应考虑楼板、屋顶板的支承问题，如图 16-2-2 所示。

重型外墙板一般可以分为单一材料外墙板和复合材料外墙板两类。单一材料外墙板有实心板、空心板和带框或肋板三种，分别用于不同的场合。复合材料墙板是用两种或两种以上材料结合在一起的墙板，根据功能要求来组合各个层次，如饰面层、抗水层、保温层、结构层等。

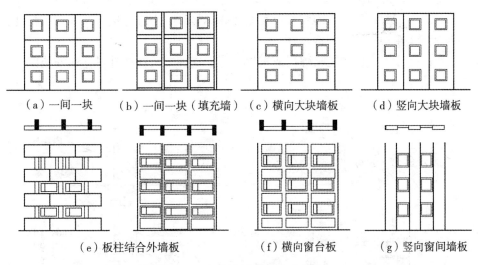

（a）一间一块　（b）一间一块（填充墙）　（c）横向大块墙板　（d）竖向大块墙板

（e）板柱结合外墙板　（f）横向窗台板　（g）竖向窗间墙板

图 16-2-2　外墙板的类型示意图

2. 楼板和屋面板

为加强房屋整体刚度，装配式大板建筑宜采用整间的预应力混凝土大楼板和屋面板，拼接时现浇钢筋混凝土带；构造形式可以用空心板、实心板、肋形板，肋形板中填充轻质材料；板的四边预留缺口且甩出连接钢筋，以便与墙板连接。

3. 其他构配件

装配式大板建筑的其他构配件包括阳台构件、楼梯构件、挑檐板、女儿墙板等。

（1）挑阳台板：可以与楼板制成一整块，也可以单独预制成阳台板。

（2）楼梯构配件：可以将梯段、平台板分开预制，也可以连成一体预制，分开的较常用；平台与两侧墙板的连接有两种方式：支承在焊于墙上的牛腿上，支承在预留孔或槽内。

(3)挑檐板和女儿墙板：与屋面板预制成整体；单独预制，置于屋面板上；女儿墙不承重，轻质混凝土，与主体墙板同厚，与屋面板连接可靠。

16.2.4 装配式大板建筑的结构类型与节点构造

装配式大板建筑一般以民用住宅建筑居多，医院、旅馆、办公楼等也可以采用。装配式大板建筑在民用及公用房屋的应用，远远未达到装配式工业厂房那样广泛。主要是由于成本较高、多功能性较差等原因。

1. 民用的装配式大板建筑的类型

(1)装配式轻板框架结构

装配式轻板框架结构是由预制混凝土柱、梁、楼板经过吊装、连接构成承重受力的框架体系，由不受力的轻质板材经过吊装、连接组成建筑物的外墙、内隔墙，板材的材料一般有加气混凝土、矿渣混凝土等轻质材料加配筋构成。

(2)全装配式大板结构

全装配式大板结构由承重的预制混凝土外墙板、内墙板和楼板经过吊装，连接构成。墙板之间由竖直接缝连接，搁在墙板上的楼板与墙板之间由水平缝连接。如图16-2-3所示。

①湿式连接。湿式连接是用细石混凝土或高标号砂浆灌缝连接，这种方法精度要求不高，但结构整体性相对干式连接较好。

②干式连接。干式连接是指焊接或螺栓连接，这种方法在构件尺寸和安装偏差方面要求具有较高精度。

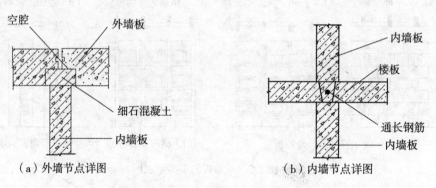

（a）外墙节点详图　　　　　　　　　　（b）内墙节点详图

图16-2-3　大板建筑墙体节点构造示意图

2. 装配式大板建筑承重方案

(1)横向墙板承重

横向墙板承重是指楼板搁置在横向墙板上，楼板和墙板可以一个房间一块，也可以分成若干块。其优点是承重的横墙和外围护的纵向外墙各自的功能分工明确。其缺点是承重墙较密，不经济，而且建筑平面限制较大。

(2)纵向墙板承重

纵向墙板承重是指楼板搁置在三道纵墙上，也可以一块大楼板搁置在前后两道纵墙上。

(3)双向墙板承重

双向墙板承重是指楼板接近方形，纵横两个方向的墙板均可承重，可以采用双向承重的楼板。

（4）部分柱梁承重

部分柱梁承重是指利用纵墙上搁置横梁，可以采用中型楼板减少构件的尺寸和质量，同时采用部分横梁承重，有利于建筑平面设计中超过开间宽度的房间或灵活隔断的布置。

进一步把内纵墙局部地改为内柱，使柱和横梁结合，成为内骨架结构形式，可以采用四点搁置的楼板，省去横梁的形式。这两种结构形式对建筑平面设计可以更为灵活，在适当部位均须设置横向剪力墙以增加其横向刚度，如图 16-2-4 所示。

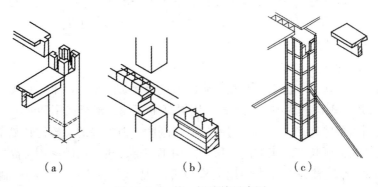

（a）　　　　　　　　　（b）　　　　　　　　　（c）

图 16-2-4　柱、梁连接示意图

3. 装配式大板建筑节点构造

（1）板材间的连接

板材间的连接包括干法连接和湿法连接。

干法连接：通过焊接预埋在板材边缘的铁件或螺栓连接板材，干法连接耗钢量大，我国较少用。

湿法连接：板材边缘甩筋，绑扎或焊接，浇筑混凝土形成圈梁、构造柱，板材预留键槽，形成销键。

（2）外墙板的接缝防水构造

外墙板的接缝防水构造包括材料防水法和构造防水法。

材料防水法：用有弹性和附着性的嵌缝材料或衬垫材料封闭接缝。

构造防水法：利用外墙板四周的特殊形状，构成滴水、挡水台阶、企口、空腔等，防止雨水向室内渗漏。

16.3　大模板建筑

16.3.1　大模板建筑概述

大模板是一种大尺寸的工具式模板，一般一面墙用一块大模板。制作大模板的材料可以是钢、胶合板或竹胶板等。大模板施工技术的特点是，以建筑物开间、进深、层高的标准化为基础，以大型工具式模板为主要施工手段，以现浇钢筋混凝土墙体为主导工序，施工工艺简单，施工速度快，工程结构整体性好，抗震性能强，能成型清水混凝土墙面，避免装修湿作业，机械化施工程度比较高，具有良好的综合技术经济效益。目前，大模板施工已成为高层和超高层建筑物剪力墙结构工业化施工的主导方法。

16.3.2 大模板建筑的结构类型

1. 全现浇式大模板建筑

全现浇式大模板建筑的墙体和楼板均为现浇，通常用台模和隧道模进行施工，技术装备条件要求高，生产周期较长，但其整体性好，一般在地震区采用这种类型。

若建筑物的内墙和外墙全部采用大模板现浇钢筋混凝土结构，结构的整体性好，抗震能力强，但施工时必须高空作业，外装修工程量大，工序多，工期长。

2. 现浇和预制相结合的大模板建筑

将大模板建筑与装配式大板建筑这两种建造方式加以综合，产生了现浇与预制装配相结合的大模板建筑形式。现浇与预制相结合的大模板建筑又分为以下三种类型：

(1) 内、外墙全现浇，即内、外墙全部用混凝土现浇，楼板采用预制大楼板。其优点是内、外墙之间为整体连接，增强了房屋的空间刚度，但外墙的支模比较复杂，外墙的装修工作量也比较大，延长了施工时间，所以多用于多层建筑，而较少用于高层建筑。

(2) 内墙现浇外墙挂板，即内墙用大模板现浇混凝土墙体，外墙用预制大墙板支承 (悬挂) 在现浇内墙上，楼板则用预制大楼板。其优点是外墙的装修可以预先完成，缩短了现场施工周期，同时外墙板可以在工厂预制成复合板，外墙的保温和外装修问题易于解决，且整个内墙之间为整体浇筑，房屋的空间刚度仍可以得到保证。所以这种类型兼有大模板与装配式大板两种建筑体系的优点，在我国高层大模板建筑中应用很普遍。

(3) 内墙现浇外墙砌砖，即内墙采用大模板现浇，外墙用砖砌筑，楼板则用预制大楼板或条板，简称为"内浇外砌"。采用砖砌外墙的目的是砖墙比混凝土墙的保温性能好，造价较低，故在多层大模板建筑物中运用得较多。但砖墙自重大，现场砌筑工作量大，延长了施工周期，所以在高层大模板建筑中很少采用这种类型。建筑物的内墙为现浇大模板钢筋混凝土与预制大型墙板相结合的大模板建筑，其结构整体性好，抗震能力强，减少了施工时高空作业及外墙板装饰的工程量，施工进度快，工期短。

3. 现浇与砌筑相结合的大模板建筑

建筑物的内墙为现浇大模板钢筋混凝土，外墙采用普通粘土砖砌体。这种建筑物抗震性差，但较一般砖混结构建筑物抗震性略强，内墙装饰工程量小，施工速度很快，工期短。

16.3.3 大模板建筑的特点

1. 整体性好，抗震性强

大模板建筑物的纵向和横向内墙体，既能承担垂直荷载又能承担水平荷载，墙体的接头均为现浇钢筋混凝土刚性接头，从而增加了结构的整体性和抗震性，适用于高层建筑物。

2. 提高了建筑面积的平面系数

大模板建筑物的墙体厚度比砖墙减少约1/3，与混合结构的同类建筑物相比较可以增加一定的使用面积，从而提高了建筑面积的平面系数。

3. 操作方便，机械化程度高

大模板建筑采用的是工具式模板，模板装拆方便，可以重复使用，施工速度快，吊装与拆模均用机械来完成。

4. 降低了劳动强度，提高了劳动生产率

大模板建筑减少了现场砌筑工程的繁重体力劳动，节省了大量抹灰工作，降低了工程量，提高了劳动生产率。但大模板施工一次耗钢量大，投资较多；需要用大型的起重运输机械才能进行施工，机械存放占现场位置多。

16.3.4　大模板建筑设计要点

大模板建筑与装配式大板建筑一样都是剪力墙结构，实际工程设计中应注意以下几点：

(1)建筑物最好采用横墙承重，建筑物体形应力求简单，避免结构刚度突变，提高抗震和抗风能力。

(2)进行房屋空间组合时，纵、横墙应对齐拉通，以简化节点构造，有利于增强空间刚度。

(3)工具式大模板一般选用钢材，需要提高周转次数能更好地发挥经济效益，故房屋的开间、进深等参数不宜过多，以便减少模板规格，提高模板的周转次数。

(4)应注意加强内、外墙之间，纵、横墙之间，楼板与墙体之间的连接，保证结构的整体性。如图 16-3-1 所示。

(5)墙体厚度从下至上采用同一厚度、以简化构造和施工，现浇内墙厚度一般为 140~160mm。

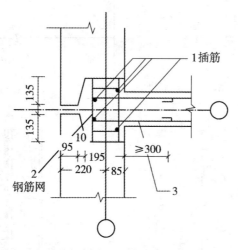

图 16-3-1　楼板与墙的连接示意图(单位：mm)

16.3.5　大模板建筑的墙体材料

大模板建筑目前主要用于住宅建筑，内墙一般采用 C15 或 C20 混凝土，或轻质混凝土。内横墙厚度应满足楼板搁置长度的需要，内纵墙厚度应满足房屋刚度的要求，两者厚度宜统一。若大模板建筑体系只用于多层住宅，一般内墙厚度为140mm。对于高层住宅，内墙厚度应为160mm。外墙厚度视材料和地区气候而定。

若采用内、外墙全现浇混凝土，宜用轻质混凝土，墙体厚度根据结构计算和热工计算确定。若采用"内浇外挂"，外墙板宜用复合板(与装配式大板建筑相同)。若采用"内浇外砌"，外墙厚度和当地砖混结构建筑物的外墙厚度相同。

16.3.6 大模板建筑的节点构造与施工

1. 内浇外挂、预制外墙板大模板

在"内浇外挂"的大模板建筑工程中，外墙板式在现浇内墙前先安装就位，且将预制外墙板的甩出钢筋绑扎在一起，在外墙板中插入竖向钢筋，如图16-3-2所示。上下墙板的甩出钢筋也相互搭接焊牢，如图16-3-3所示。若浇筑内墙混凝土，这些接头连接钢筋便将内、外墙锚固成整体。外墙板两侧伸出的预埋套环，必须在墙板吊装前整理好，吊装时不准碰弯，相邻两墙板安装后，按设计要求放入小柱立筋，且与墙板套环绑扎在一起。

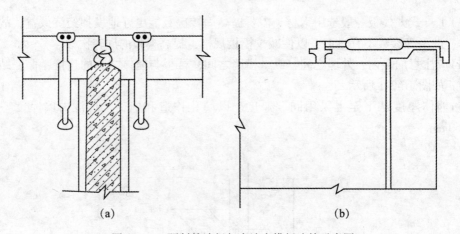

(a)　　　　　　　　　　　　　　　　(b)

图 16-3-2　预制外墙板与内墙大模板连接示意图

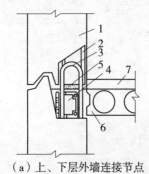
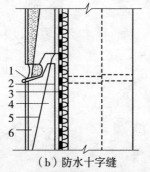

（a）上、下层外墙连接节点　　　　（b）防水十字缝

1—预制外墙板；2—墙板下部预留键槽及甩出的钢筋；
3—墙板上部吊环与甩出钢筋焊接；4—钢筋混凝土圈梁；
5—水泥砂浆；6—空心楼板；7—楼地面

1—半圆塑料管；2—油毡；3—聚
苯乙烯泡沫塑料板；4—垂直缝空
腔；5—防水塑料条；6—防水砂浆

图 16-3-3　上、下墙板的连接示意图

2. 内浇外砌的大模板

在"内浇外砌"的大模板建筑工程中，为保证结构的整体性，砖砌外墙必须与现浇内墙相互拉结。施工时，先砌砖外墙，在与内墙交接处砖墙砌成凹槽，如图 16-3-4 所示，且在砖墙中边砌砖边放入锚拉钢筋，立内墙钢筋时将这些拉筋绑扎在一起，待浇筑内墙混凝土时，砖墙的预留凹槽便形成一根混凝土的构造柱，将内、外墙牢固地连接在一起。山墙转角处由于受力较复杂，虽然与现浇内墙无连接关系，仍应在转角处砌体内现浇钢筋混凝土构造柱，如图 16-3-4(a) 所示。

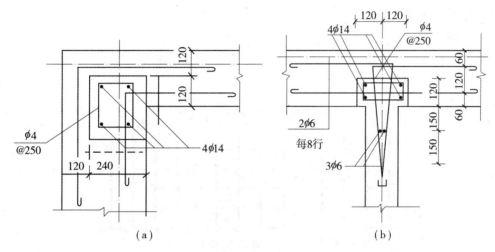

图 16-3-4　外墙节点示意图(单位：mm)

3. 现浇内墙与预制楼板的连接

楼板与墙整体工作能够加强房屋的刚度，所以楼板与墙体应有可靠的连接，具体构造如图 16-3-4(b) 所示。安装楼板时，宜将钢筋混凝土楼板伸进现浇墙内 35~45mm，使相邻两楼板之间至少有 70~90mm 的空隙留做现浇混凝土的位置。楼板端头预留连接筋与墙体竖向钢筋，与水平附加钢筋相互交搭，浇筑墙体时，在楼板之间形成一条钢筋混凝土现浇带，将楼板与墙体连接成整体。若外墙采用砖砌筑，应在砖墙内的楼板部位设置钢筋混凝土圈梁。

16.4　装配式框架板材建筑

装配式框架板材建筑是用预制装配的方法，将柱、梁组成框架，然后搁置预制楼板，内、外墙板仅作为分隔和维护构件，无承重功能。这种结构类型的优点是其自重较轻，整体性较好，利于防震，房间布置灵活。其缺点是耗用水泥和钢材量较大，构件吊装次数多，柱、梁接头多，工序复杂且质量要求高。装配式框架板材建筑适用于要求具有较大空间的建筑物、多层和高层建筑物和有特殊要求的大型公共建筑物。

16.4.1　装配式框架的构件划分类型

装配式框架的构件划分方式，应有利于构件的生产、运输和安装，且保证框架的刚度。常见的构件划分有以下几种：

1. 短柱单梁式

短柱单梁式是按建筑物的开间、跨度、层高划分单个构件。其优点是构件外形简单、重量轻、便于制作运输。但这样划分接头较多且接头都位于节点处，故施工复杂，如图16-4-1(a)所示。

2. 长柱单梁式

长柱单梁式是梁长按开间和跨度划分，柱按两层或两层以上划分。其优点是较短柱单梁式减少接头，增强了结构的整体性。但因柱子较长，重量较大，不利于制作、运输和安装，如图 16-4-1(b)所示。

3. 构架式

构架式是将框架划分为若干个构架单元，如 H 形，十字形，Π 字形等。其优点是接头少且可以设置在内力小的部位，结构刚度大。但构件外形复杂，制作、运输和安装都较困难，如图 16-4-1(c)所示。

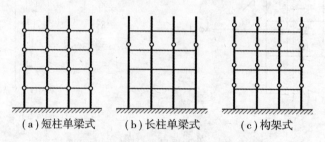

(a)短柱单梁式　　　(b)长柱单梁式　　　(c)构架式

图 16-4-1　装配式框架的构件类型示意图

16.4.2　装配式框架板材建筑的构件连接

装配式框架板材建筑构件连接包括柱与柱、柱与梁、梁与梁、梁与楼板和内外墙板与框架的连接。

1. 柱与柱的连接

柱与柱的连接位置可以在楼板处，或者在楼板以下 700~800mm 的弯矩与剪力较小处。连接方法有焊接、榫接和浆锚接等若干种。

(1)焊接接头

焊接是将柱的接头处预留钢柱帽，钢柱帽由角钢与钢板焊接而成，且与柱主筋焊接牢。连接时将上、下钢柱帽满焊相连，然后在钢柱帽外侧涂刷防锈漆且包裹钢丝网，用高强度水泥砂浆或细石混凝土砂浆保护。这种做法操作简便，湿作业少，但耗钢量较多，如图 16-4-2(a)所示。

(2)榫式接头

榫式接头是在上柱下端制作榫头且甩出主筋，在下柱顶端预埋钢板底座且甩出主筋。安装时，将上柱榫头落坐在下柱底座上，且将上、下柱甩出的主筋用剖口焊方法连接，然后用箍筋固定，周围填塞高强度的细石混凝土。这种做法焊接量小，耗钢量少，节点刚度大，但现场湿作业量多且需养护时间，目前采用较为普遍，如图 16-4-2(b)所示。

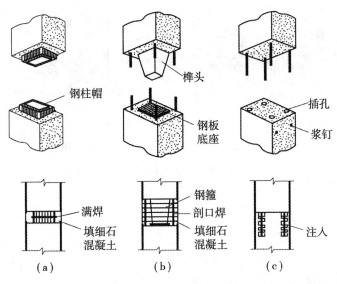

图 16-4-2 装配式框架的柱头连接示意图

（3）浆锚接头

浆锚接头是将上柱底端钢筋插入下柱孔洞，且在侧面留有灌浆孔。安装时，将上柱底端钢筋插入下柱孔洞内，用高强度快速膨胀砂浆通过灌浆孔压入插孔内。这种做法构造简单、耗钢量少、节点刚度较大，但湿作业量较大，且需要一定的养护时间，制作要求精度高，如图 16-4-2(c) 所示。

2. 梁与柱的连接

梁与柱的连接位置，一种是梁在柱的中部连接，一种是梁在柱顶端连接。

（1）梁在柱中部连接

梁在柱中部连接是在柱侧面挑出牛腿以备搁置梁端，牛腿可以是钢筋混凝土的，与柱同时制作，受力较好，但制作不便。也可以采用钢牛腿，制作比较方便，但受力较差且耗钢量多。为保证梁与柱接头节点的整体性，在柱的两侧应伸出钢筋与梁内钢筋焊接，且局部现场灌注混凝土，如图 16-4-3(a) 所示。

（2）梁在柱顶部连接

梁在柱顶部连接是将上、下柱和纵、横梁的钢筋都伸入节点，且加配箍筋后用细石混凝土灌成整体。这种做法节点刚度大，用途很广。但现场湿作业量较大，安装时还需要用钢板凳将上柱架空托住，耗钢量多，如图 16-4-3(b) 所示。

3. 墙板与框架的连接

框架板材建筑的内、外墙板均为非承重制品，宜使用轻质材料制成。外墙板为围护结构，应具有保温、隔热、隔声、防水、防风沙和美观等功能。外墙板可以由单一材料制成，如加气混凝土、陶粒混凝土等。也可以由两种材料制成，即复合墙板，如用轻质混凝土或钢丝网水泥板作外壳或肋条，夹层内填充矿棉、玻璃棉、蛭石、珍珠岩或加气混凝土等保温材料，还可以用轻质混凝土或粉煤灰石膏制成空心板。

外墙板与框架的连接方式有：悬挂于框架外侧、嵌入框架之间、嵌入楼板之间和悬挂在附加墙梁上等若干种。这几种方式的选择应根据对建筑物立面的要求和墙板自重等因素

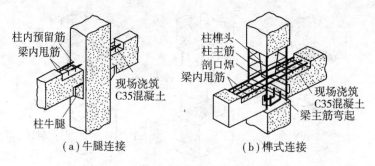

图 16-4-3 装配式框架的梁柱连接示意图

而决定。

（1）外墙板悬挂于框架外侧。这种做法适用于壁薄质轻的复合墙外，在与墙板宽度相应的位置，预留铁件以与墙板上、下端的铁件相连接，如图 16-4-4(a)所示为石棉水泥复合外墙板与梁的连接做法。

（2）外墙板悬挂于框架外侧。这种做法适用于墙板的厚度与自重较大，板下端由框架梁支承，上端用暗销固定。如图 16-4-4(b)所示为加气混凝土外墙板与梁的连接做法。

（3）外墙板悬挂在附加墙梁上。在框架梁柱间设置小间距墙梁，墙梁可以横向或竖向布置，将外墙板固定于墙梁上。如图 16-4-4(c)所示为竖向墙梁横向墙板的连接做法。这种将外墙板分别预制成窗上板、窗板和窗下板，尤其适用连续的带形窗建筑。

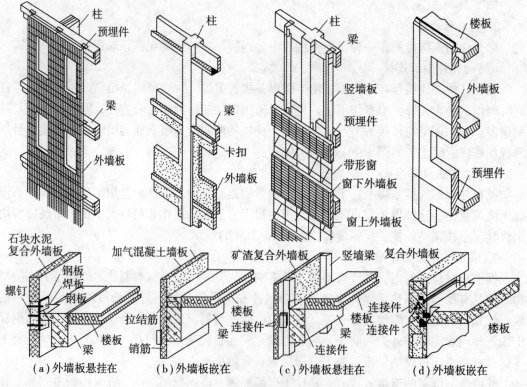

图 16-4-4 装配式框架的墙板与框架连接示意图

(4)外墙板嵌入楼板之间。如图 16-4-4(d)所示为将外墙板上端悬挂在楼板边缘,上墙板的下端与下端板的上端连接。

16.5　轻型钢骨架结构建筑

16.5.1　轻型钢结构的特点和应用

1. 轻型钢结构的特点

轻型钢结构建筑物,是指以冷弯薄壁型钢、轻型焊接和高频焊接型钢、薄钢板、薄壁钢管、轻型热轧型钢及以上各种构件拼接、焊接而成的组合构件等为主要受力构件并且大量采用轻质围护结构的建筑物。

冷弯薄壁型钢是由钢板或钢带经冷加工成型的。冷弯薄壁型钢具有较好的截面特性,与热轧型钢相比较,在相同截面的情况下,回转半径可以增大 50%~60%,截面惯性矩和抵抗矩可以增大 0.5~3.0 倍,因而能更合理地利用材料的强度,较普通钢结构节省材料 30% 左右。随着钢材材质及防腐涂料的改进,我国已能生产壁厚 12.5mm 或更厚的冷弯型钢。

轻型钢结构的特点:

(1)自重轻,轻型钢结构的重量约为同面积砖混结构的 1/30,基础处理费用低,构件截面小,使用面积和空间利用率高。

(2)制造和安装标准化程度高,大大地缩短了建设周期。

(3)可以多次拆装,重复利用,极大地减少了投资成本。

(4)布局灵活,可以灵活布置大开间、大跨度或大柱距的建筑平面。

(5)非承重墙体的设计灵活,便于布置室内分区和设置全部或局部敞开区。

(6)保温、隔热、隔声性能好,轻型钢屋面板、墙板导热系数小,隔热效果可达同等厚度砖墙的 15 倍以上,隔声效果可达 30~40dB。

(7)屋面及墙面采用轻质复合板或彩色压型钢板,其整体性好,抗风、抗震能力强,轻巧、大方、色彩多样。

(8)经济指标较好,轻型钢结构屋面采用轻质复合板或彩色压型钢板,屋盖结构的用钢量一般为 8~15kg/m²,接近相同条件下钢筋混凝土屋盖结构的用钢量,减轻结构自重 70%~80%,总的造价较低。

2. 轻型钢结构形式与应用范围

(1)轻型钢屋面构件

轻型钢屋面构件包括檩条和屋面板。檩条的形式有实腹式、空腹式和桁架式。檩条跨度为 6m 时,一般用钢量为 3~7kg/m²,随檩距大小和檩条跨度的不同而不同。

实腹式檩条常采用槽钢、角钢、以及 Z 形和 C 形冷弯薄壁型钢,一般优先采用冷弯薄壁型钢檩条。若屋面荷载和檩条跨度较小,也可以采用角钢和缀板焊接而成的空腹式檩条,但这种方案增加施工工作量,采用较少,如图 16-5-1 所示。

若屋面荷载和檩条跨度较大,可以采用桁架式檩条,但桁架式檩条制造较麻烦。

(2)轻型钢屋架

轻型钢屋架按结构形式可以分为三角形屋架、三角拱屋架和梭形屋架。

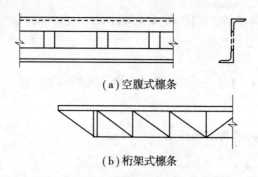

（a）空腹式檩条

（b）桁架式檩条

图 16-5-1　空腹式檩条和桁架式檩条示意图

三角形屋架：用钢量较省，制造、运输、安装方便。三角形屋架广泛应用于中、小型工业房屋，仓库及辅助性建筑物中，如图 16-5-2（a）所示。

三角拱屋架：其用钢量与三角形角钢屋架相近，能充分利用圆钢和角钢，便于拆装和运输。但节点构造复杂，特别是中间铰处屋面处理复杂，整个结构的刚度较差，如图 16-5-2（b）所示。

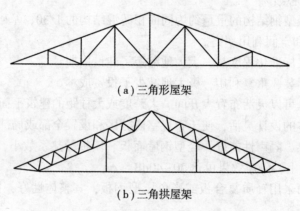

（a）三角形屋架

（b）三角拱屋架

图 16-5-2　三角形屋架和三角拱屋架示意图

棱形屋架：棱形屋架是上弦为角钢、双下弦为圆钢的空间桁架，属于小坡度的屋盖结构体系，多采用无檩结构。棱形屋架具有截面重心低，空间刚度较好的特点，但节点构造较复杂，制造较费工，如图 16-5-3 所示。

（3）门式刚架

门式刚架结构建筑造型简洁美观，构件易标准化，如图 16-5-4 所示。门式刚架按结构体系可以分为实腹式和格构式。格构式刚架属于普通钢结构范畴，实腹式刚架多属于轻型钢结构范畴。

轻型钢门式刚架承重结构为单跨或多跨实腹式刚架、具有轻型钢屋盖和轻型钢外墙，无桥式吊车或有起重量不大于 20t 的 A1～A5 工作级别桥式吊车或 3t 悬挂式起重机的结构。

轻型钢门式刚架刚度较大、安装方便，若采用 H 形钢，制造工程更加简化。单层轻

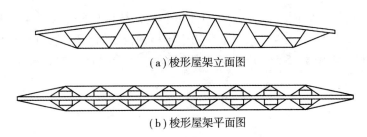

（a）梭形屋架立面图

（b）梭形屋架平面图

图 16-5-3　梭形屋架示意图

型钢门式刚架承重结构的用钢量为 $10 \sim 30 \mathrm{kg/m^2}$。

轻型钢门式刚架具有广泛应用，特别适合于设有较小起重量的多层工业厂房、超市、娱乐体育设施、车站候车室、码头等建筑物。

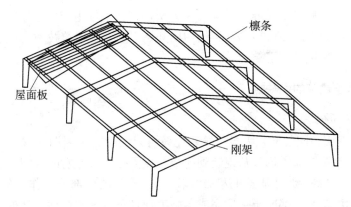

图 16-5-4　轻型钢门式刚架示意图

3. 构件的连接

（1）焊接连接：焊接连接包括手工焊、自动焊或半自动焊、二氧化碳气体保护焊、电阻焊。

（2）螺栓连接：采用普通螺栓连接冷弯薄壁型钢构件时，由于连接件厚度较薄，常采用全螺纹螺栓，以减少垫圈耗量，保证连接质量，如图 16-5-5（a）、（b）所示。

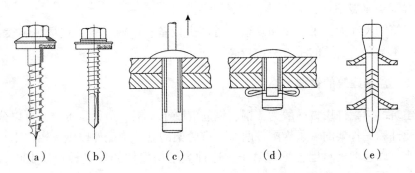

（a）　　　　（b）　　　　（c）　　　　（d）　　　　（e）

图 16-5-5　螺栓连接和支承构件连接示意图

(3)轻型钢结构的紧固件连接：在冷弯薄壁型钢结构中经常采用自攻螺钉、钢拉铆钉、射钉等机械式紧固件连接方式，主要用于压型钢板之间和压型钢板与冷弯型钢等支承构件之间的连接，如图 16-5-5(c)、(d)、(e)所示。

16.6 盒子建筑

盒子建筑是在工厂把轻钢型材料组装成盒型框架构件，再运输到工地装配成建筑物的支承骨架，以这个骨架为基础，而后安装楼板、内外墙、屋顶、顶棚和其他内外装修构配件。即预制构件呈盒子状、组合而成的全装配式建筑物。

与其他体系相比较，盒子式骨架可以节省工地装配骨架的时间。如果工厂预先在盒子式框架上安装好内、外装修构配件和设备，在工地只要吊装，接通管线和处理好接缝即可使用。这类建筑物最开始建造于 20 世纪中叶，当今世界已经有多国修建了盒子建筑，盒子建物适用于住宅、旅馆、疗养院、学校等类型建筑，不仅用于多层建筑物的构建，还适用于高层建筑物。我国从 20 世纪 80 年代初期开始引入盒子建筑技术，现已建起了盒子住宅楼、盒子旅馆等多种类型建筑物。

16.6.1 盒子建筑的优缺点

1. 盒子建筑的优点

(1)施工速度快，同装配式大板建筑相比较可以缩短施工周期 50%~70%，国外有 20 多层的盒子建筑旅馆，盒子构件从组装到建成，仅需一个月左右的时间。

(2)装配化程度高(装配程度可达 85%以上)，修建的大部分工作，包括水、暖、电、卫等设备安装和房屋装修都能于工厂完成，施工现场只需吊装构件、处理节点，管线接通即可，总用工量中现场用工量仅占 20%左右，总用工量与装配式大板建筑相比较，减少了 10%~50%，与砖混建筑相比较，减少 30%~50%。

(3)混凝土盒子构配件是一种空间薄壁结构，其自重较轻，与砖混建筑相比较，可以减轻结构自重一半以上。目前，盒子建筑推广的影响因素主要是建造盒子构件的预制工厂投资太大，运输、安装需要用到大型设备，建筑的单方造价较高。

(4)组成建筑的各个单元盒子可以根据使用功能的不同，作出不同的内部分隔和布置，例如在住宅中可以分做卧室、起居室、厨房、卫生间和楼梯间等。

2. 盒子建筑的缺点

盒子建筑物尺寸大，工序多而复杂，对产生设备、运输设备、现场吊装设备要求高，投资大，技术复杂，建筑的单方造价较高。

16.6.2 盒子建筑的类型

盒子建筑的构配件用材一般为：钢、钢筋混凝土、铝、塑料、木材，可以分为有骨架的盒子构配件和无骨架的盒子构配件两类。有骨架的盒子构配件以钢、铝、木材、钢筋混凝土做骨架，以轻型板材围合形成盒子，这种盒子构配件的质量轻，仅 $100 \sim 140 kg/m^2$。如图 16-6-1、图 16-6-2 所示。

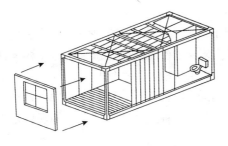
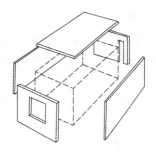

图 16-6-1　轻型钢为骨架的盒子建筑示意图　　　图 16-6-2　板材围合形成的盒子建筑示意图

　　无骨架的盒子构配件用材为钢筋混凝土，每个盒子可以分别由 6 块平板拼成。但由于盒子构配件要具有足够的刚度，目前主要是采取整浇成型的办法。生产整浇盒子时，不浇筑的面必须留 1~2 个，以作为脱模之用。如图 16-6-3 所示，其中图(a)为在盒子上面开口，顶板单独预制成一块板，称为杯型盒子；图(b)是在盒子的下面开口，底板单独制作，称为钟罩型盒子；图(c)是在盒子的两端或一端开口，端墙板(带窗洞或不带窗洞)单独加工，称为卧环形盒子。这些单独预制加工的板材可以在预制工厂或施工现场与开口盒子拼装成一个完整的盒子构配件后再进行吊装。从实际使用效果看，使用最广泛的是钟罩型盒子构件。整浇成型的盒子构件可以视为空间薄壁结构，由于其刚度很大，承载能力强，壁厚一般仅 30~70mm，节约材料，房间的有效使用空间也相应扩大，所以应用也较广泛。

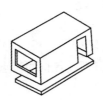
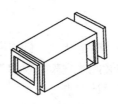

(a)杯型盒子　　　　　(b)钟罩型盒子　　　　　(c)卧环形盒子　　　　　(d)整浇成型盒子

图 16-6-3　整浇盒子建筑

16.6.3　盒子建筑的组装方式与构造

用盒子构配件组装建筑物施工方式大体有以下几种方式：

1. 盒子的重叠组装，如图 16-6-4(a)所示。这种方式一般用于 12 层及以下的房屋，由于构造简单，应用最为广泛。并且于非地震区，5 层以下的房屋中，盒子构配件之间可以不采取任何连接措施，依靠构配件的自重和摩擦力就能保持建筑物的稳定。若修建在地震区或建筑物层数较多，可以在房屋的水平方向或垂直方向采取构造措施。如采取施加后张预应力，使盒子构配件相互挤压连成整体，也可以用现浇通长的阳台或走廊将各盒子构配件连成整体或者在盒子之间用螺栓连接，还可以采用类似装配式大板建筑的连接方式连接。

2. 盒子的相互交错重叠，如图 16-6-4(b)所示。这种组装方式的特点是可以避免盒子相邻侧面的重复，相较而言经济实惠。

3. 盒子构配件与预制板材进行组装，如图 16-6-4(c)所示。这种方式的优点是节省材料、设计布置灵活，这些房间中，设备管线多、装修工作量大的一般采用盒子构配件，以便减少现场工作量，而大空间和设备管线少的则采用装配式大板结构。

4. 盒子构配件与框架结构进行组装，如图 16-6-4(d)所示。盒子构配件搁置在框架结构的楼板上，或者通过连接件固定在框架的格子中。这种组装方式的盒子构配件是不承重的，组装灵活多变。

5. 盒子构配件与筒体结构进行组装，如图 16-6-4(e)所示。盒子构配件搁置在从筒体悬挑出来的平台上，或者将盒子构配件直接从筒体上悬挑出来。

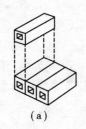 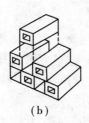 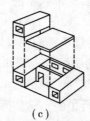 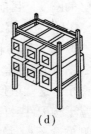 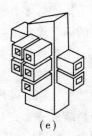

(a)　　　　　　　　(b)　　　　　　　　(c)　　　　　　　　(d)　　　　　　　　(e)

图 16-6-4　盒子建筑的构配件组装方式示意图

复习思考题 16

1. 试简述装配式大板建筑的优点、缺点和设计要点。
2. 装配式大板建筑和装配式框架板材建筑的区别及各自的特点是什么？
3. 试简述大模板建筑设计要点。
4. 现浇与预制相结合的大模板建筑分为哪些类型？
5. 装配式框架的构配件划分为哪几种类型？
6. 装配式框架板材建筑的柱与柱的连接有哪些方式？
7. 轻型钢骨架建筑的特点有哪些？
8. 轻型钢屋架按结构形式可以分为哪些类型？
9. 什么是盒子建筑？盒子建筑有哪些优点、缺点？
10. 盒子建筑按照组装方式有哪些分类？

第四篇　建筑特种构造

第 17 章　建筑防水构造

◎**内容提要**：建筑防水在建筑设计中占有十分重要的地位。建筑防水一直是建筑工程中因工程质量用户投诉最多的问题之一，防水工程是建筑物的一个重要分部工程，防水技术是保证建筑工程免受水蚀，内部空间不受水害的一门科学技术。因此一定要重视防水材料与构造处理。

17.1　防水设计的基本概念

17.1.1　水的侵入

一般认为防水主体产生渗透的要素是水、缝隙和通过缝隙的水的迁移力。水主要是指雨水、雪水、海水、地表渗水和地下水等。

从微观上看，水分子总是在不同温度条件下作不规则的布朗运动，只要存在温度梯度就会发生水分扩散，水分扩散率取决于物体的透气性、物体厚度以及物体两侧的蒸汽压差。水蒸汽总是从高蒸汽压或高湿度部分向低蒸汽压或低湿度部分扩散，这是水侵入的物理规律。

从宏观上看，水分子的直径为 0.3×10^{-6} mm，只要大于该尺寸孔径的毛细孔，水就会沿孔通过，水通过孔的方式有蒸发、扩散、凝结，毛细吸引。若孔壁具有浸润性，发生渗透现象是必然的；在水压(静压、动压)和重力作用下，渗水往往会加剧。

孔会渗水，孔的连续成缝，缝更易渗水。但渗水的本质是孔。

水通过孔的迁移力大小、速度、作用范围以及危害程度随缝隙的形态、宽度、深度、数量以及所处的自然环境和环境介质的作用而变化。环境因素包括阳光、紫外线、臭氧、温度、湿度、温差、风压、水质中侵蚀性物质、杂散电流、防水工程运行时的其他因素。如建筑外围护结构，风雨交加时，产生动水压，风压有正压和负压，会造成雨水回转和爬升现象，改变渗水途径。

现代工程环境学研究表明，足够的水分、水中侵蚀性物质和温度是确定环境特征时必须考虑的三个因素，同时还应考虑这三个因素之间相互作用的影响。当温度升高时，水中侵蚀性物质的化学反应速度加快。温度对化合物的化学反应影响很大，若温度上升 10℃，在一定条件下可以使高分子材料的变质时间减半。有机化合物和混合材料在光、氧、热的作用下会老化，材料老化会导致材料开裂而渗水。因此，水的侵入是一动态的、不断变化的复杂过程，阻止水的侵入，防止水的渗漏，也就是"防水"，在工程应用中，防水是指防水设防在合理使用年限内具有可靠的防水功能。

17.1.2　系统防水

系统防水有两层含义：一是不能孤立地就防水论防水。要与结构本体、节能构造、适用、安全、美观、施工维修等有关要求或系统整合起来考虑防水设计。二是防水构造本身，除应考虑建筑物层间匹配、相容，还应研究建筑物层间的相互支持，力求一层多用。一层多用，才能省，省而简，简而便，方便施工和维修。施工方便，可以使防水工程质量保证率提高。方便维修，乃是提高建筑物全寿命周期的重要措施；而防止建筑物破坏性维修，应提高到可持续发展的高度来认识。

17.1.3　防水设计的概念

1. 防排结合

防水是指采取致密的材料堵塞防水主体的孔和缝，阻止水的通过。我国大量采用的混凝土或砌体建筑物，常采取防水主体自身密实和外设防水层相结合的防水方法。

排水是指以最少时间和最短流程排除来水，这是防水设防最经济、最有效的方法之一。

防水和排水是一个问题的两个方面，考虑防水的同时应考虑排水，应先让水顺利、迅速排走，不造成积水，自然可以减轻防水层的压力。例如，屋面工程中，平屋面的坡度，天沟、檐沟的集水面积，水落口数量、管径大小的设计，要尽可能使水以较快的速度、简捷的途径顺畅排除。又如地下建筑，若具备自然排水条件，应首先考虑排水的可能：设置滤水层、排水明沟或盲沟，将水排除，从而解除地下水的压力，使防水的难度降低。室内也要设计合理的排水坡度和方向，使水尽快排除。总之，做好排水是提高防水能力的有力措施。

2. 多道设防与单道设防

多道设防，一方面是指采用不同材性的防水材料复合使用，发挥各自的特点共同防水。实践证明，采用多种材料复合使用，可以利用一种材料优良性能来弥补另一种材料的缺点，提高建筑物的整体防水性能，是一种经济、合理、可靠的做法。例如，地下建筑防水就常采用刚性防水和柔性防水复合，以柔性防水来适应变形，以刚性防水来抵抗变化。另一方面是指采用材料防水和构造防水相结合。材料防水是指防水主体外设防水层或在防水主体的裂缝(接缝)处采用相应的防水材料弥缝；构造防水是指利用防水主体采用一些构造技术措施，形成如滴水、空腔等，切断和阻止水的进入，材料防水是综合考虑了防水工程的功能、特性后所作的防水设计。片面夸大了防水材料的作用，重视材料防水，而对构造防水注意和研究不多，是期待解决的一个课题。

多道设防借助各道防水层粘合形成整体，使渗水微孔(如 01~05mm)绝对重合的概率极小，即借助其互补性屏蔽漏点，以形成整体密封防水系统。确保防水工程质量，防水工程要求可靠性好、保证率高，就必须多道设防。单就防水层而言，多道设防，主要应用于沥青类卷材，多层一体。不同类材料多道复合，应解决好相容问题，也要注意层间窜水问题。

单道设防是将隔气层、保温隔热层、防水卷材层等连续干作业，将合成高分子卷材机械固定(专用钉)在基层(着力层)上。卷材的搭接部位采用焊接或热熔粘结，并将卷材盖住钉帽达到连续封闭的一种防水技术。一些发达国家的屋面工程采用这一系统技术已有数十年实践经验。工程质量和技术经济效果十分显著。在国内，最早引进这项成套技术的是瑞士渗耐(Sarnafil)公司，现名"渗耐防水系统(上海)有限公司"，其业务之一是销售一种名为"抗紫外线聚酯纤维织物内增强筋聚氯乙烯防水卷材"(PVC)，并承接屋面系统机械固定成套技术的设计与施工。在北京、上海、广州等大中城市许多大跨度建筑轻型钢屋面工程中得到推广应用。此后，瑞典易可保(Icopal)公司在北京设代表处，现由北京诺迪克贸易有限责任公司代理，销售单层空铺施工加厚弹性体(SBS)改性沥青聚酯胎防水卷材，并承接屋面系统机械固定成套技术的设计与施工，也在国内诸多大型建筑屋面工程中得到应用。三元乙丙(EPDM)和三元乙丙—聚烯烃(TPO)也是用于单道设防的主要卷材。

3. 抗放结合，减少开裂

国内外的理论研究和分析资料表明，导致防水功能失效的主要症结是防水工程在外荷载(结构荷载)和变形荷载(材料干缩、温差等)的作用下引起的变形，当变形受到约束时，就会引起防水主体及防水层的开裂，因而，抗放结合，减少约束、适应变形尤为重要。

"抗"，即抵抗外荷载和变形的能力。主要用于增强防水层细部节点和接缝密封的整体不透水性、抗变形性和耐久性。用于预制构件时，整个防水层应具有更大强度，如在氯丁胶改性沥青涂料施涂过程中，铺无纺布，做成二布五涂防水层；外墙防水中，在防水砂浆中加入抗裂纤维或与网格布复合等。

"放"是指缓减和减少约束，结构主体尽量留有伸缩余地，以释放大部分变形。例如可以采取结构主体设置变形缝和诱导缝，或在结构主体应力集中部位设置隔离层、缓冲层、滑动层，使防水层尽量不受基层变形的影响。在柔性卷材的施工中采取点粘法、条粘法、空铺法或机械固定法也是"放"的措施之一。

对于结构复杂的防水工程，还可以利用变形的时差效应，先"放"后"抗"。比如地下室后浇带，先完成大部分结构(自防水)的设计及施工，待其变形完成一部或大部之后，再进行全封闭柔性防水施工，从而保证防水的可靠性。

4. 保证可靠，全面设防

防水设防的首要目的和任务是建筑物在正常使用年限内保证不渗漏，这是防水工程最基本的要求，也是防水设防的根本。为达到此目的，防水设防首先要进行可靠性设计。

防水设防应全面、连续。不可一些部位设防，一些部位不设防或设防薄弱，更不允许防水层不连续。如屋面工程中，大面做防水层，而女儿墙、压顶、泛水却不做防水；地下室底板不设附加防水层或做内防水，而侧墙则做外防水，这样的设计就不全面、不连续、不可靠。此外，设防要均衡，建筑物局部易损坏的部位应增强。因建筑物局部薄弱导致整个防水失败，是很不合理的设计。

5. 因位置宜，单个设计

由于设防主体的性质及重要程度，结构特点，使用功能，耐用年限各不相同，尤其是环境条件(气候环境条件，使用环境条件和施工时的环境条件)不可能完全相同，所以防水设计也与建筑设计一样，应单个独立设计，不能照抄，采用的材料和构造不能千篇一律，即使是同一防水工程，设防的部位不同，设防的要求不同，细部构造、节点做法也要进行单个设计。单个设计也就是"量体裁衣"，简单模仿，无根据的照抄，无原则的简化或放任设计都不能保证防水工程质量。

6. 合理选材，材质匹配

新型防水材料的不断涌现，为防水质量与技术的提高，提供了更多的可能。但如何合理配置应采取科学态度，有些还应进行必要的试验、检测。目前有不少重点工程的屋面，存在构造层次重叠、复合防水材料搭配不合理的现象。这种对整体功能无补且大幅度增加造价的做法，应该引起注意。

防水选材有以下原则：

(1) 根据建筑物不同的工程部位选材。例如屋面：屋面长期暴露，阳光、雪雨直接侵蚀；严冬酷暑，昼夜相间，屋面伸缩频繁。因此应选用耐老化性能好且有一定延伸性的，耐热度高的材料，如 EPDM、TPO、PVC 或矿物粒料敷面之聚酯胎改性沥青卷材等。厕浴间一般面积不大，阴角、阳角多，且各种穿楼板管线多，宜选用防水涂料。涂层可以形成整体的无缝涂膜，不受基面凹凸形状影响，如 JS 复合防水涂料，聚氨酯防水涂料等。

(2) 根据防水主体功能要求选材。例如种植屋面，植土下的防水层还需要耐蚀、耐菌，能阻止植物根穿。又如垃圾填埋场，若天然条件不能满足防渗要求，就必须采用人工防渗材料。由于垃圾的渗滤液成分复杂，且分期填埋，选用人工防渗材料时必须充分考虑材料的耐腐蚀性及抗碾压变形之强韧性，比如 HDPE 土工膜。

(3) 根据工程的环境选材。降雨量、环境温度、地下水位及水质情况等均影响防水材料的选择。例如在水位较高的地下工程，防水层长期浸水，宜选用热熔施工的改性沥青防水卷材，或耐水性强的，可以在潮湿基层施工的聚氨酯类防水涂料，而不要选用水乳型防水涂料。

(4) 根据工程标准选材。对高等级或高标准的防水工程要选用高档次的材料(优等品或一等品)，一般的防水工程可以选用档次低一些的合格品，国家现有规范所确定的防水工程的等级是选材的重要依据。

7. 有利施工，方便维修

防水工程设计要通过施工来实现，施工操作是保证工程质量的核心，除了要提高专业防水施工队伍素质及施工技术水平外，还要在设计时就考虑施工及维护因素。施工方便，就有利于保证施工质量，防水的可靠性和保证率就高；若考虑维护不周，将大大增加建筑物全寿命成本。

8. 注意节能、可持续发展

保护环境、注意节能，可持续发展是我们共同的课题。防水工程也应更新观念，由防止渗漏的单一目标逐渐向多种功能目标的转化：即力求在实现防水的同时，对保温隔热、节能和美化环境等作出全面考虑。同时应推行全程环保，从原材料采集、生产、使用、回收再生均要环保。

为满足环保的要求，防水设计已禁止使用焦油类防水材料。为增加城市绿化面积，降低热岛效应，种植屋面被愈来愈多的城市纳入发展计划。圆明园防渗工程，第一次将生态的概念引入了水体防水领域。防水设计必须与时俱进，用新理念、新思维、新视角，科学而多样化的手段，满足可持续发展的要求。

9. 全寿命投资

防水设计，既不能单纯强调提高标准，也不能单纯强调降低成本，而是强调两者的平衡，或通常所称的性价比。价，应为全寿命投资，即不仅包括一次性投资，更应考虑所有

日常维护，大修、翻修时的成本；不仅要考虑本身的经济效益，也要兼顾社会效益和环境
效益。

17.1.4　防水构造设计

1. 防水构造设计的方法

针对国内当前防水工程中，设计深度严重不足，许多业内人士提出二次防水设计的概
念：即设计单位进行防水初步设计，确定防水等级、技术原则及相关要求，然后由专业防
水公司进行二次防水设计，确定防水材料与施工工艺，绘制节点构造大样。推行二次防水
设计，不但可以使细化后的图纸更加科学、规范，还使得预算成本和实际成本比较接近，
同时可以避免由于考虑不周引起建筑物构造层次之间的矛盾，这样，在满足建筑物多种使
用功能的同时，使用户获得最大的技术经济效益，由设计院和施工企业联手进行防水设
计，不仅维护了设计的权威性，同时也符合建筑师总负责制的国际惯例。

2. 影响防水构造设计的因素

影响防水构造设计的因素很多，归纳起来可以分为以下几个方面。

(1)功能性和外界环境

防水主体的使用功能不同，防水设防都有各自的特殊性和针对性，因而防水构造的原
理和构造方案就不同。例如道桥结构承担动载荷的特殊性，垃圾填埋场运行过程中的耐
候、耐蚀、耐穿刺，适应大变形等，都是进行防水构造设计时首先要考虑的因素。

外界环境因素的影响包括外界作用力影响和自然环境的影响。

外力包括结构变形荷载，温度荷载，风力，地震作用，这些荷载对选择构造方案以及
进行细部构造设计都是非常重要的依据。例如屋面因温差(包括年温差与日温差)、材料
收缩等形成的温度荷载，不仅会使防水材料拉裂，而且拉裂也会发生在屋面的女儿墙、整
体浇筑的保温层、水泥砂浆找平层及铺贴地面砖的保护层上。因此，在屋面构造设计时，
要根据上述不利因素进行构造设计，对有关部位采取必要的防范措施，如刚性防水层设置
分格缝，防水层与基层之间设置隔离层等。

(2)防水材料

我国目前已有的防水材料产品可以满足不同功能、不同技术要求和各类防水工程的需
求。防水材料产品还逐步由低档向中高档过渡，从单个品种向系列化发展。

防水材料的发展也带来了防水构造方法的变更。进行防水构造设计的人员，应熟悉防
水材料的种类、材料的基本属性，根据防水工程的使用功能、经济造价、工程技术条件等
因素，合理选择使用防水材料，提供符合适用、安全、经济、美观的构造方案。

应注意的是好的构造设计并不意味着一定使用贵重的防水材料，最合适，才是最好。
用合适的防水材料，通过合理的防水构造手段，取得最佳的防水效果。

(3)防水施工技术

正确的防水施工是保证防水工程质量的关键，而防水构造设计正是为正确施工提供可
靠依据的。只有将细部构造交代清楚，施工操作才能准确无误。同时，施工也是检验构造
设计是否合理的主要标准之一。因此，设计人员必须深入现场，了解常见的和最新的防水
施工方法，并结合现实条件进行设计，才能形成行之有效的防水构造方案。这对于保证工
程质量、缩短工期、节省材料、降低工程造价，具有十分重要的意义。

(4)综合性价比

防水工程标准差距较大，不同性质、不同用途的防水工程有着不同的防水设计标准。采用的防水材料不同、构造方案不同，施工工艺不同，对工程造价的影响较大。要更多的考虑建筑物全寿命的投资。得出综合性价比。

3. 构造节点设计

构造节点也称为节点构造或防水细部构造。构造节点设计是指防水层构造形状复杂部位、多种材料交接部位、防水材料变化部位、容易开裂变形部位、结构应力集中部位，这些都是防水层变形大，应力、变形集中，用材多样，形态复杂，施工条件苛刻，最易出现质量问题和发生渗漏的部位。据历年相关调查统计，防水层出现渗漏，细部构造（节点）部位占全部渗漏的70%以上，说明细部构造设防难，是构造节点设计的重点。

构造节点设计是保证防水层整体质量的关键。设计原则如下：

(1)局部增强。如前所述节点部位都是防水层应力变形集中，构造复杂，易受外力损害的部位，所以应局部增强，使节点部位与大面积防水层同步老化，是最经济的设计方法。增强处理可以采用多道设防，采用与大面积防水层同样材料，也可以采用涂料或增强的无纺布，网格布，纤维材料等。

(2)预留分格缝密封。在应力变形集中处，面积较大易开裂处，不同防水材料的应变值不同，防水材料后期收缩易拉裂处，均应预留分格缝，留出一定尺寸的凹槽，填嵌密封材料。

(3)建筑物易受外力损害的部位应采取刚性保护。在防水层易受外力损害时，如种植屋面，人行道、行车道，设备、设施基础，屋面有集中的雨水冲刷处等，应增设刚性材料保护层。

17.2　外墙防水设计

因节能要求，推行外墙外保温设计，使外墙防水与保温隔热技术的整合显得格外重要。这方面的标准，比如设计规范，总是节能的说节能，防水的说防水，真正合成一个系统的规范，暂时还没有。但标准图集有一些，如著名的华北地区建筑设计标准化办公室组织编制的系列构造图集。因此，在设计方面基本上是"按照有关规范"一句原则性的空话，即外门窗按门窗有关规范，砌块按砌块有关规范，缺少防水、绝热、门窗防水安装、砌体构造技术的整合。

随着各地外墙材料、各地气候条件的不同，外墙防水设计的概念差别很大。同一地区，不同时期，不同建筑，设计标准不同，差别也很大。但由于我国一般民用建筑的结构及构造体系大体相近，特别是砌体材料变化不大，因此防水方面需要解决的问题又有许多共同之点，正基于此，才形成本节要讨论的内容。

需要指出的是，在低层住宅建筑物中推广轻型钢龙骨或木龙骨板材系统，虽呈加速之势，但因国情不同，只能作为现有建筑外墙体系的一种补充。该系统涉及屋面、基础、建筑形式，题目太大。限于篇幅，本书仅在基本原则一节中，加以概述，未在构造与节点中展开。

17.2.1　外墙防水设计的基本原则

1. 结构墙体主体变形

减少结构主体变形的影响是外墙防水的先决条件。容易被忽视的是屋面温度变形对顶层墙体的影响。这种影响通常比预料的要大，因此，屋面构造均应设计绝热层，而不必考虑顶层房间是否经常有人活动。电梯机房通常被认为无人长时间逗留而不考虑保温隔热，这不仅可能会减少电梯正常运行的寿命，而且容易使屋面与墙体交接处产生裂缝，导致外墙渗漏。

非框架砌体建筑物，主要靠圈梁、构造柱或芯柱减少或控制主体变形的影响，如图 17-2-1(a)所示。只要按要求，设计墙体砌块排列立面图，并采用专用砂浆砌筑即可。

框架填充砌块墙体减少主体变形影响的措施主要有：拉结锚筋，如图 17-2-1(b)所示；从顶层向下，逐层填砌；各层砌至框架梁底，暂留空不做，待外墙全部填砌后，再完成斜砖顶砌，如图 17-2-1(c)所示；粉刷前进行梁底检查，有空漏处勾填砂浆，必要时压力注浆。

2. 墙体综合性能

注意提高墙体的综合性能：选择热工性能好的墙体材料；饰面考虑呼吸性、自洁性、耐候性；采用合理的外墙防水绝热构造系统。单纯提高墙体材料或某一构造层类的抗渗性能而牺牲过多的其他物理性能，是不可取的。"专治"渗水，往往治不了渗水。

3. 墙体砌筑质量

外墙发生较严重的渗漏，大多与砌体砌筑质量有直接关系，而与砌块种类基本无关。

同济大学课题组曾对 4 种砌块砌筑的墙体进行雨水强度透渗试验。其结果是：只有当砌体结构出现贯穿裂缝时，外墙内侧才出现湿斑。说明：保证砌筑质量，确保灰缝，特别是竖缝砂浆的饱满度，乃是外墙防水的基本条件。

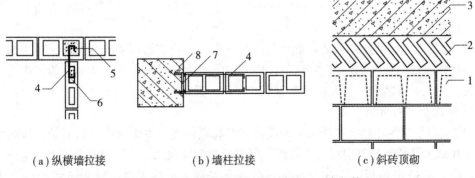

(a)纵横墙拉接　　　　　(b)墙柱拉接　　　　　(c)斜砖顶砌

1—盲孔反砌；2—斜砖挤浆顶砌；3—梁（板）；4—φ6钢筋@600；
5—φ10钢筋；6—C15细石混凝土；7—钢板；8—钢胀管螺栓

图 17-2-1　砌体联结示意图

保证砌筑质量，除按相关规定浇筑芯柱或设置拉结钢筋、拉结网片之外，还应积极采用专用砂浆砌筑。专用砂浆俗称干粉砂浆，是以水泥为基础物料，再混合经除尘干燥处理的精选级配砂料，准确计量，强制搅拌后包装出厂的商品砂浆，也称干粉砂浆。干粉砂浆现场使用方便，只需加水搅拌均匀即可上墙。干粉砂浆还可以视使用部位(砌筑或粉刷)、适用砌体(混凝土空心砌块、加气混凝土砌块等)预先添加胶粉，其和易性好，粘结力高，保水性强，收缩率低，可以有效减少砌缝开裂。但竖缝砂浆的饱满，仍主要靠施工操作人员的认真态度和技术水平来保证。

4. 墙体温变裂缝

解决墙体温度变形引起的外墙裂缝，较好的方法是采用外墙外保温系统。不仅节能，同时也可以防水。该系统用于新建建筑的关键有二：一是外墙设计必须一次到位，包括所有外挂设备及预留预埋构配件；二是正确选择外墙外保温系统。所选系统不仅包括主要保温材料，也包括所有配套材料、构造、节点及其施工方法。

若旧建筑物外墙大面积渗漏，且因系砌块及砌筑质量普遍低下所致，治理时为不影响用户正常使用，不允许改动墙体，可以选用外墙外保温系统。

2002 年上海住宅 10 项推广新技术中就包括采用外墙外保温系统。可见早已在北方使用的该系统，也可以在南方使用。鉴于外墙外保温系统在应用技术，特别是管理上还存在一些问题，本书暂不予展开讨论。

标准较低且以隔热为主的新建建筑，若选用混凝土空心砌块(外墙)，其东西朝向的外墙，应采用 3 排孔砌块。这种砌块总厚190mm，两侧扁孔宽约20mm，形成的空气层对流活动少，可起隔热作用。外墙饰面设计成浅色，增加隔热效果显著。多层建筑，特别是低层建筑，绿化遮荫则是一种既有效又经济美观的隔热措施，应为首选。

实际上，在中国建筑气候分区为 IV 的地区，因没有冷桥及墙体内部冷凝水问题，所以设计外墙内保温比外墙外保温更合理。尤其是 IVA 区，要求防台风、暴雨及盐雾侵蚀，采用外墙内保温，更容易扬长避短。

5. 外墙防水设防标准

(1)外墙防水设防标准主要考虑多雨地区的风压。基本风压值与所在地区有关。同一地区风压实际值，与建筑物的大致高度有关，与建筑物所处地形及周边环境亦有关，但主要还是建筑物的高度。

(2)建筑物外墙防水的设防标准也与内装修有关。建筑物内装修标准高，对水的渗漏敏感，其防水设防标准也应随之提高。建筑物内装修的规模对防水效果具有直接影响，大拆大改，引发裂缝的产生与发展，渗漏机会多；较温和的装修引起的渗漏要少得多。

6. 建筑物防水防潮

(1)主防水层。原则上主防水层应设在建筑物最外面。主防水层也是围护结构的保护层。这在钢木系统、加气混凝土及外墙外保温系统中特别明显。但钢木系统中，主防水层为构造防水的披水条板，而其他系统则应为非脆性，连续无缝，耐久防紫外线的无机涂层。

(2)次防水层。在砌体加硬质饰面的系统中，主、次防水层有时不明显。粘贴层、找平层，都有兼顾防水的责任，通常采用聚合物水泥防水砂浆或纤维防水砂浆。在钢木系统中，次防水层通常采用专用防水薄膜，直接钉履在保温板与外围护结构的保护层(披水条板或抹灰层)之间，如前所述，该系统中的保护层常作为主防水层，有时称主阻挡层，因此专用防水膜就称为二次阻挡层。

（3）隔汽防潮。在以保温为主的外墙系统中特别是寒冷地区，设置隔汽层是必要的。隔汽层应设在保温层内侧，防止墙内产生冷凝水，从而保持干燥。干燥是墙体主要功能之一。干燥，可保持传热系数，有利节能，也有利于室内空气质量及减少霉菌的产生。

（4）透气防潮。保持建筑物室内干燥的其他措施是通风、透气。通风透气能减轻渗入水的动力迁移。因此，无论什么原因进入墙体的水或水汽，应能通过合理的墙体构造向室内或室外蒸发掉。克服只进不出，易进难出，也是墙体防水、防潮设计应当解决的课题。

17.2.2　墙体构造防水

1. 混凝土墙体

（1）螺栓孔。混凝土外墙进行外饰面施工前，必须对模板螺栓孔进行认真的防水处理。

使用薄壁 pvc 管或竹管者，必须将残留的管壁尽量剔清，特别是管口部分，要在深至少 40mm 范围内清除干净，封底后，用微膨胀水泥砂浆分层填实，且在 100mm 直径范围内涂 JS 涂膜防水。

直埋螺栓，或拆模后有残留镀锌铁丝者，必须将混凝土表面剔深至少 10mm，然后把螺栓或铁丝齐根割除，清碴后嵌填聚合物防水水泥砂浆，视需要，在 100mm 直径范围内涂 JS 涂膜防水。

（2）施工缝。防水标准较高的混凝土外墙（包括外柱、外剪力墙），其施工缝（主要是水平施工缝）应作防水处理。具体构造是：缝的位置留在混凝土楼板结构标高处，且向外向下倾斜，形成内高外低的断面形式；缝的室外一侧设 10mm×10mm 的水平凹缝，缝内嵌填聚合物防水水泥砂浆。如果外墙设计的是清水混凝土，则该缝应深 25mm，缝底宽 10mm，缝口宽 15mm，用防水密封材料嵌入 15mm，外口形成 10mm×15mm 的装饰性凹槽；凹槽减少紫外线的照射，延长密封材料的正常使用寿命。

2. 关于满挂金属网

外墙满挂金属网的由来是：墙体粉刷过厚。有时平均达 45mm，局部 70mm。其原因是使用劣质砌块，大小不一，尺寸偏差过大，致使墙体平整度严重失常。直接的解决办法是：采用合格砌块，按规程要求砌筑。曾有规程规定：超过 9 层住宅、24m 以上的公共建筑或防水要求高的部分外墙找平抹灰应满挂金属网。界定高度范围时，应按风压给出原则范围。

大面积掛网，即使基层为实心粘土砖，也应先在墙内预埋 φ8 钢筋，入墙 400mm（拐弯），出露约 18mm，@500mm；接焊 φ6 钢筋@500mm，双向；再将钢板网点焊其上，而后粉刷。无论将此构造做法移植到混凝土空心砌块还是加气混凝土砌体中，都会带来新问题。况且，此种正规构造固有的缺点是：钢板网不易平展。因此，粉刷层虽然不掉，减少裂纹，但却更易空鼓，这显然于安全不利，更不宜用来防水。所以，通过外墙满挂金属网防止砂浆裂缝的方法是不可取的。

3. 混凝土空心砌块

（1）应采用合格的机制砌块。工地现场制作的砌块外墙，质量不稳，尺寸不准，养护条件差，影响砌体质量，渗漏率高。

（2）砌块应两端带肋，砌筑时应采用肋灰法。水平面提倡用电振铺灰器，仅在两侧肋面上铺灰。砌筑时注意竖缝满浆：端肋应按预施灰操作，铺灰后，轻提砌块，挤浆砌筑；这之前，对已上墙的砌块端肋也应先行施灰。肋灰法有助减弱毛细渗水现象。有连续20h的毛细渗透试验，证实肋灰法可大大延长雨水渗透到内表面的时间。

（3）砌块砌筑时要保持基本干燥；斜砖砌至少要隔日进行；砌后7d进行粉刷。粉刷前对砌体质量进行验收，重点在竖向灰缝。对有问题的灰缝用掺有膨胀剂的1：3水泥砂浆作勾缝处理，将是大幅减少渗漏率的重要措施。

（4）首皮砌块应满浆铺砌，并用C15混凝土将空孔填实，内高外低；若有必要，可以在纵向低处预留若干排水孔，且用尼龙绳将其串联起来，以利导水外流；砌块端部的窄孔则用水泥砂浆填实。

门窗洞口两侧空孔也用混凝土填实，窗上口的钢筋混凝土之梁底，设计成外低内高状，窗下口混凝土卧梁，亦做成外低内高状，如图17-2-2所示。混凝土空心砌块墙体，其窗洞上下口也可用封底配套砌块砌筑，并配筋后浇筑混凝土，如图17-2-3所示。

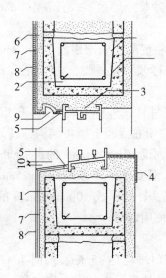

1—窗下口；2—窗上口；3—铝合金窗框，内面涂防蚀涂膜，水泥砂浆填实(锚固未示)；4—内材料；6—找平层；7—聚合物水泥砂浆防水层；

8—饰面层；9—滴水

图17-2-2　窗上下口节点(一)

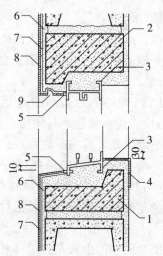

1—封底砌块，C15混凝土；2—封底砌块，C20混凝土；3—铝合金窗框，内涂防蚀涂膜、窗台；5—高弹性密封防蚀涂膜，水泥砂浆填实(锚固未示)；4—内窗台；5—高强性密封材料；6—找平层；7—聚合物水泥砂浆防水层；8—饰面层；9—滴水

图17-2-3　窗上下口节点(二)

（5）变形缝两侧若为空心砌块，其临缝之空孔，应用C15混凝土填实。

（6）墙体施工留洞，宜留直槎，加过梁，洞两侧按上述窗洞两侧作法填实混凝土。施工后期补洞时，锚接拉筋、补砌混凝土砌块，必要时，勾缝注浆。留槎填砌的传统做法不适用于空心砌块。

（7）安装在外墙上的构配件(空调机、排油烟孔等)、管道、螺栓，均应预先定位，且于定位所在砌块处用C15混凝土预先填实，标记；安装罢，在穿墙件四周嵌聚合物水泥砂浆。若在空心砌块上墙后钻孔锚固，不仅容易渗水，而且有不安全因素。

（8）外墙砌体与混凝土梁板柱相接处，均应加设镀锌钢丝网，网宽200mm，并用射钉

(用于混凝土)或钢钉(用于砌体)绷平固定,如图 17-2-4 所示。填充墙顶部砌块,用封底配套砌块倒砌,再用斜砖挤浆顶砌。必要时顶部注浆。

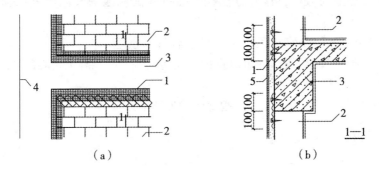

（a）　　　　　　　　　　　　　（b）

1—200mm 宽镀锌钢丝网;2—外墙砌体;3—钢筋混凝土梁;4—钢筋混凝土柱;5—外墙饰面

图 17-2-4　外墙饰面防裂示意图

(9)外墙之外饰面及内装修,应考虑透气性:外封则内透,内封则外透;外墙内外不可同时采用封闭(不透气)式粉刷,其目的是减少进入墙体内水分的迁移阻力。若使蒸发速率总是大于渗透速率,则偶有渗漏,湿渍不现,并不影响正常使用;因此,最好外墙内外粉刷都采用透气式。

外墙室内一侧的木装修,虽透气,但易吸潮,若有水渗透,侵入的水暗中迁移,易引起大面积的霉斑。因此,外墙除按上述要求砌筑外,宜在砌筑砂浆内掺聚合物,其目的是增加墙体的整体韧性,减少因装修敲击引起的裂缝。掺聚合物的砂浆,即掺胶粉的干粉砂浆,也称为防水干粉砂浆。内装标准较高,其外墙粉刷也应首选商品砂浆,并采用高等级防水设防;高档次的室内装修,其外墙应设计成双墙,中间留空,空隙设排水。

(10)外墙防水层主要采用聚合物水泥防水砂浆、纤维防水水泥砂浆或 JS,三者也可以同时采用。

4. 加气混凝土

(1)加气混凝土砌块上墙之前,应停留 3 个月以上(从生产之日起计算)。砌筑砂浆应为专用砂浆。专用砂浆配制的原则是:和易性好,强度等级不高(与加气混凝土砌块较匹配)。

(2)加气混凝土砌块建筑物粉刷前若必须局部加网,不宜采用钢丝网,而宜选用耐碱纤维网格布。因为在加气混凝土墙体上挂网用钉,墙体容易松动。网格布应先压入底灰之中,随即进行面层抹灰。

(3)加气混凝土的吸水特性是:整体少而慢,表层多而快。因此,粉刷前一天浇水,粉刷前数小时禁止浇水;基层先涂刷 JS 复合防水涂料一道,随后即作聚合物水泥砂浆找平打底。无强风暴雨地区,也可以用混合砂浆打底。

(4)加气混凝土外墙饰面不宜采用重质块材贴面。其粉刷要点是:采用薄层过渡,总厚度控制在 15mm 之内。薄层过渡。找平层:聚合物水泥砂浆 8mm 或纤维防水砂浆 8mm,均为低标号水泥配制;面层:聚合物水泥砂浆(细砂)5mm 厚;饰面层:涂料,防水、透气、耐候、表面憎水。

（5）加气混凝土外墙砌体，其门窗洞口四周，建议用聚合物水泥砂浆加耐碱纤维网格布增强。安装外门窗，应采用注射式锚栓固定。无条件使用锚栓时，宜采用洞口两侧使用粘土实心砖或混凝土构造柱，这种方法在有强风暴雨地区安装高大外门窗，是非常必要的。

（6）加气混凝土外墙不宜挂吊设备，忌事后打洞预埋。唯一可行的办法是：设计之初，就确定需吊掛物件之位置，施工时将预制混凝土卧梁或混凝土实心砌块随墙砌入，使物件锚在混凝土基底上。

（7）加气混凝土条板，不宜用在多雨地区的外墙上。

17.2.3 节点构造防水

1. 干挂石材

干挂石材的结构基底，无论是砌体还是钢筋混凝土，均应做防水层。砌体应加设型钢骨架，混凝土可直接干挂。两种情况下，防水层均以 JS 复合防水涂料为好。

（1）为使防水层在锚栓处连续，正确的操作程序是：放线，钻孔，清孔，将涂有 JS 复合防水涂料的不锈钢胀管螺栓(JS 复合防水涂料涂于栓套外及锥体上半部)置入，JS 复合防水涂料自动在栓口周边堆积加厚，起到密封作用，随后即安装石板。钻孔前在大面上作 JS 防水层，之前，应先处理模板螺栓孔，处理方法同地下室混凝土外墙处理方法。

（2）砌体基层在做 JS 之前，应先用防水砂浆或纤维水泥砂浆找平。混凝土墙体基层在做 JS 之前，则只须作局部处理：用 1：2.5 水泥砂浆或纤维水泥砂浆将蜂窝麻面处，嵌平补实。

（3）干挂石材外墙，在门窗洞口处必须注意：所有接缝必须做防水密封处理，并预留泄水孔，同时注意窗上口水平石板应采用穿透式螺栓(外露螺帽应带有装饰性)锚定；窗的安装与石板的安装密切配合进行。

2. 外墙窗(门)的安装

本节以窗为主。外门的防水安装，基本与外窗一致，唯在多雨地区，外门应设雨篷。雨篷应在能遮住雨的前提下，兼顾美观。

（1）外墙窗立樘，越靠近外墙皮，窗四周渗漏率越高。窗四周安装空隙要根据外墙饰面厚度预留充分，特别是要确保窗下樘雨水能顺畅排出。窗下樘框料设计的泄水孔面积，不同地区应有不同取值。强风暴雨时，集在窗下樘内的雨水，有时会在室外强风的推动下，向上翻越挡水板，进入室内。

（2）窗樘与墙体之间的空隙，在充分考虑风压影响(如增设锚固点)的前提下，可以用发泡聚氨酯封填。封填时，掌握好填量，避免留空不实，要防止用量过多使窗樘胀起变形。

（3）窗樘锚固，应采用专用锚铁。工地自行加工的锚铁，必须镀锌防腐，且宽度不小于 30mm，厚度不小于 2mm。锚铁与窗樘应为卡固联结，不应使用铆钉。锚铁与洞口联结，以使用钢膨胀螺栓为好，牢固、方便。若要求防雷侧击，也可将锚铁直接通过短筋接在主体配置的钢筋上。固定点一般间距为 350~450mm，端部锚点距窗边 130~180mm。风压较大时，间距可再小。

（4）在有强风暴雨地区，若采用平面转折窗或条形带窗，应增设立樘。立樘应先于窗樘锚固在过梁与混凝土窗台板上，再将窗樘之一侧锚装于立梃上。

　　(5)加设附框。加设附框，可以回避砂浆填缝的困难。其前提是：窗洞口尺寸要有足够的精度，若不够精确，可用纤维水泥砂浆或纤维聚合物水泥砂浆修正洞口；洞口偏大时，应分层修正。附框宜为钢制，壁厚为 2~3mm，按窗框及洞口尺寸精加工，做防锈处理，与铝合金窗框接触部分做防蚀处理。如图 17-2-5 所示。

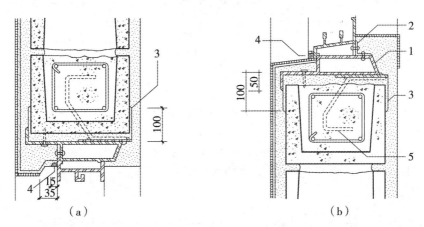

（a）　　　　　　　　　　　　（b）

1—钢制附框；2—通长角铝，铆点@ 300；3—纤维聚合物水泥砂浆修正窗口
(预留洞偏大时，分层施工)；4—高弹性密封材料；5—附框锚筋@ 500(铝
合金与附框及砂浆接触面涂防蚀涂膜)

图 17-2-5　窗洞附框示意图(单位：mm)

　　(6)平外墙之外窗。平墙外窗应采用专门设计的窗料。其上口，因无法作出滴水线，雨水容易侵入室内，故窗之上下樘料均应加设泛水构造，并使窗樘安装后形成双层密封，且应考虑将万一渗入的水顺利排除。平墙外窗宜为固定窗。其玻璃的安装，可能扣板在室内，而密封条(胶)在室外。因而密封条(胶)直接暴露在阳光下，缺少遮挡，缩短了胶条的正常使用寿命，故平墙外窗应尽量少用，特别是挂石材的外墙。

　　3. 空调机座

　　(1)窗式空调机座宜整体预制，随墙砌入。高层建筑的混凝土外墙若需安装窗式空调，机座也宜整体预制，墙体留洞，墙内侧上部两角预埋铁件，就位后焊牢，周边用水泥砂浆填实，且于墙体内外表面嵌聚合物水泥砂浆至少 20mm 深。必要时，则应在机座与窗洞口之间注浆。

　　空调机最好安装在硬质滑轨上，机壳底部不直接接触窗洞底口，以减少毛细渗水。硬质滑轨可以由塑料方管制作，两端封焊，水平固定；两轨间距约 400mm，轨下水泥防水砂浆向外找坡，并在室内侧形成宽 80mm、与轨同平的挡块；空调安装就位后，周边用聚苯乙烯泡沫板封塞后，打胶密封，如图 17-2-6 所示。

　　未装机之洞口，用 120 粘土砖封砌，周边封填密实；底板向外找坡排水，采用聚合物水泥砂浆找坡；室内采用聚合物水泥防水砂浆粉刷。

　　(2)分体式空调室外机托板应设反梁，且用聚合物水泥砂浆向外找坡粉刷。机底脚可预装支垫，使机体平稳。如图 17-2-7 所示。

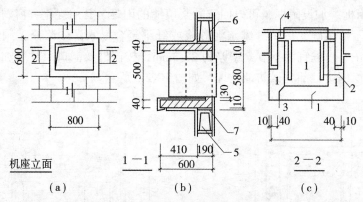

1—水泥砂浆找坡；2—空调机安装滑轨(硬塑方管水平固定，方管两端封焊)；3—空调机；4—聚苯乙烯泡沫板封塞，周边密封材料密封；5—封底砌块座浆倒砌；6—砌块内填C15混凝土；7—座浆

图17-2-6 窗式空调防水安装示意图(单位：mm)

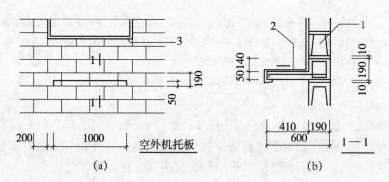

1—托板梁顶砌块座砌，内填C15混凝土；2—水泥砂浆向外找坡；3—窗洞口

图17-2-7 分体空调室外机托板示意图(单位：mm)

若将室外机加装百叶遮蔽起来，会使室外机环境温度高出5~10℃，能耗增加14%~15%，不可取。若为了美观，可以设计成敞开画框式，略加装饰，仍设反梁，聚合物水泥砂浆向外找坡，冷凝水管预留接口。如图17-2-8所示。

4. 外墙孔洞

住宅排油烟采用的定型薄壁烟道，不宜附外墙设置。因为安装节点不成熟，于外墙防水及饰面均不利。多层住宅排油烟，若采用直接排放，其排油烟孔应为预制带孔之混凝土块，随墙砌入，如图17-2-9(a)所示。多层住宅空调冷媒管出墙孔，也应预制，随墙砌入，如图17-2-9(b)所示，而不应由砌块留孔，包括将套管直接砌入，不应留待安装空调时人工打孔。但用割孔机在实心粘土砖或混凝土外墙上切割成孔除外。

5. 外墙变形缝

传统的外墙变形缝盖板采用镀锌铁皮，若工程设计标准较高，应为不锈钢。缝内嵌填沥青麻丝的做法，适用于先留缝后塞填的砖混结构，其缝两侧多为粘土砖，表面粗糙多凹

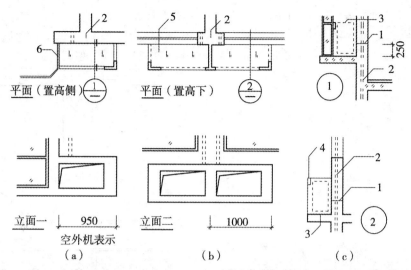

1—反梁；2—预埋 ϕ50 冷凝水管；3—室外机；4—混凝土框板；5—水泥砂浆找坡；6—凸低窗下部侧面开启

图 17-2-8　分体式空调室外机防水安装示意图（单位：mm）

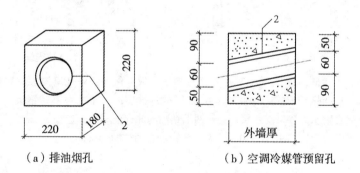

（a）排油烟孔　　　　　（b）空调冷媒管预留孔

1— ϕ150 孔，C15 混凝土预制，随墙砌入；2—PVC 管，壁厚 4，C15 混凝土预制，随墙砌入

图 17-2-9　外墙预留孔示意图（单位：mm）

缝。若缝两侧为中小型混凝土砌块，沥青麻丝弹性减小后会下沉。特别是两侧为现浇钢筋混凝土时，先留缝后填缝会有很多不便。改为聚苯板，将其粘贴于先浇筑的混凝土砌块一侧，再浇筑另一侧，将聚苯泡沫板直接浇入缝中，是目前常用的做法。采用该方法应注意的是缝变形拉宽时，可能形成敞开的通缝。解决的办法是：近缝外表面约 100mm 处，聚苯泡沫板应与另板拼接，以便安装盖缝构造时方便剔除，另板剔除后，应在靠近后浇混凝土一侧形成凹槽，并将断面形状与凹槽吻合的聚苯泡沫板粘贴于后浇混凝土一侧。这样，缝变形时，两块聚苯板之间虽能开合，仍有一部分接触面吻合无隙。如图 17-2-10 所示。

在强风暴雨地区或建筑立面美观要求较高时，宜选铝合金迷宫式盖缝条。这种盖缝条简洁美观，可以确保遇强风暴雨时，入缝的雨水在侵入缝内深处之前就沿盖缝条落下，故多重迷宫式盖缝条可以省去防水构造层。

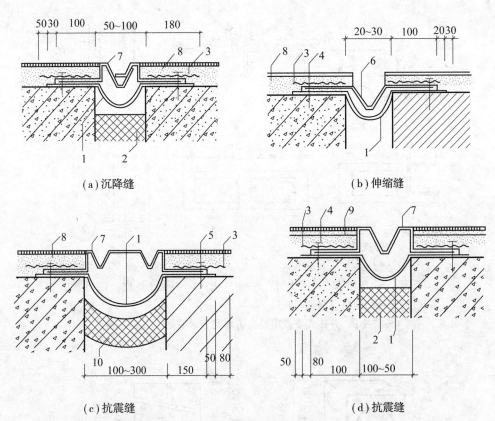

（a）沉降缝　　　　　　　　　　　　　　　　（b）伸缩缝

（c）抗震缝　　　　　　　　　　　　　　　　（d）抗震缝

1—合成高分子卷材，两端粘贴；2—聚苯乙烯泡沫板，预埋；3—150 宽镀锌钢丝网；4—
射钉@ 200；5—混凝土钢钉@ 200；6—0.75 厚镀锌铁皮；7—0.5 厚不锈钢板；8—外墙饰
面层；9—聚合物水泥砂浆防水层；10—两端粘贴泡沫保温材料，通长

图 17-2-10　外墙变形缝示意图（单位：mm）

6. 幕墙

幕墙一般由有相应资质的专业公司设计。其渗漏主要发生在幕墙周边，因为专业公司
设计时，周边情况不确定，设计无法到位。亦即，建筑设计与幕墙设计存在严重脱节现
象，脱节造成的渗漏有时也发生在主体局部。

（1）主体设计

幕墙的立面分格是建筑师主要关心的问题，也是普遍存在问题的地方。正确的设计应
是：立柱分格与平面隔墙位置对应；横梁分格与楼板位置对应。工程实践中，对应者少，
不对应者却占大多数。不对应的分格，令构造设计生硬、勉强，缺乏合理的技术支持，也
常与内部空间使用功能相悖。

上悬窗为幕墙主要开启窗型。其窗扇设计应少于 15%，开启角度不宜大于 30°，开启
距离不宜大于 300mm，使其立面取横向长方形（高度小而宽度大）。上悬开启窗之窗框上
节点双道密封胶条密封，并可以将偶尔渗入其中的雨水，沿窗框两侧向下排出。

中空玻璃的内外玻璃应使用聚硫橡胶密封胶粘结；其铝框应采用连续弯角，若用四角
插接式铝框，须在接头处用丁基胶作密封处理。

（2）密封质量

幕墙主体渗水，大多与密封质量有关。密封材料各项性能指标中，除耐候性外，应重视其热收缩性、压缩永久变形性。由于我国大多数幕墙使用尚不足 20 年，材料性能方面的问题（伪劣除外）尚未暴露，密封失败主要还是施工质量问题。

密封胶施打前的基层处理，喷砂好于清洗；最终的清理应使用压缩空气。应考虑环境温度的影响。尽管有少数密封材料对干燥要求不严，但干燥条件下施工的效果总是更好一些。

幕墙主体设计之初，就应考虑尽可能多的装配工作应在预制工厂内完成，以减少现场工作时环境温湿度对密封材料施工质量的影响。

（3）顶部封板构造

幕墙顶部封板应由幕墙公司统一设计、制作与安装。设计封板横剖面时，应考虑将密封胶设置在侧面，呈竖向外露，以减少阳光垂直照射；但封板的纵向接缝，不可避免要呈水平状。工程实践中，正确的施工方法是将封板纵向侧边作成凹槽，一板扣一板，先铆后扣，然后在槽底贴隔离条，槽内两侧做底涂，再满槽施胶，最后在胶表面刷保护层。

（4）窗台构造

幕墙所带之外窗，窗洞口四周原则上应采用金属扣板，且由幕墙公司连带设计、制作与安装。可能产生冷凝水的窗子，其窗台板须带明槽暗管排水系统，因此更应由幕墙公司统一设计、制作与安装。

（5）幕墙底部端口构造

幕墙底部与裙房屋面或大平台交接处的构造，有不少实例，是将幕墙延伸至地面层（屋面面层）之下的。这种错误将不仅使幕墙下端变形受阻，而且将导致渗入幕墙背后的少量雨水只进不出，逐渐汇积于屋面面层之下，积多成患，易造成渗水。

正确的施工方法是：幕墙在近屋面面层以上约 200mm 收住，形成开敞式自由端，不受屋面任何约束，且使偶入幕墙之水随进即出。这种施工方法的好处还有：可使屋面的主防水层之泛水，在幕墙背后与墙基底之防水层相接，形成连续的防水层，设计思路清晰，施工条理分明，维护维修方便。

17.3　室内防水设计

室内工程防水，具体包括住宅的厨房、卫生间；商业建筑的厨房（俗称大厨房，简称大厨）、公共浴室、公共卫生间（厕所、盥洗）；办公楼及其他建筑物的卫生间、开水间、用水房间的工程防水。垃圾处理间因带有腐蚀性，应参照工业防腐蚀构造，因此不包括在内。民用建筑中，特别是住宅室外楼梯、半室外楼梯、阳台、大平台、水池及泳池，也应包括在室内工程之内，尽管这部位不一定在室内。

17.3.1　厨房、卫生间、浴室的防水设计

厨房主要是指中餐厨房，油烟多，需清洗。西餐厨房干净，用水量较小，防水标准比中餐厨房低。敞开式厨房则可根据使用情况，局部可以不设防水。

卫生间、浴室，就住宅、公寓、酒店而言，是合二为一的；标准较低的旅店和宿舍，

则可能单独设置公用的厕所及盥洗、浴室；体育、健身、休闲建筑，厕所、浴室与更衣室常并连设置。一般地，宿舍、招待所的浴室、卫生间的防水设防标准应高于住宅、公寓，前者一般面积大，变形大，导致防水层受损机会多；后者管理标准高，特别是星级宾馆，不允许长时间浸水。

单独设计的商业浴池，因连续使用，温度高，带蒸汽，故防水标准要高。这类建筑不仅防水标准高，装修标准也高，其构造乃是防水和装修两个系统的整合，这类建筑首先要协调好设计与装修，统一设计，统一施工。

1. 防水设计的概念

(1)厨房、卫生间、浴室的平面设计位置应充分考虑对下层房间的影响。

(2)平面设计中，公共厕浴、厨房，特别是浴室，应注意对相邻房间的影响，将装修标准高、对蒸汽渗透敏感的房间换到其他位置，必要时改换墙体材料。

(3)设计大厨房时，整个大厨房范围内不应跨越变形缝，即使是干货仓库也不例外，更不允许厨房间本身跨缝而设。以餐饮为主要特色的某些大型酒店，会有多个厨房连续集中布置在楼层上，此时应禁止跨缝而设。

(4)公共浴室、卫生间、厨房，其楼面结构设计应适当增加厚度及配筋率，以提高板的刚度，为减少其裂缝创造条件。

(5)厕、浴、厨房间的设计，应有 1：50 的放大平面，公共浴室、公用大厨房还宜作1：50 放大的剖面设计。

(6)厨、卫、浴室内使用的防水材料应对人体无害，并在施工过程中，不得有超过标准的有害成分挥发，不得造成对环境的污染。

2. 防水构造设计

(1)厕浴及大厨门口处地面应比门外同层地面低 20mm，不宜设置门坎。

坡向地漏的坡度为 1%～3%。装修标准高，舒适度高，管理标准高的，取下限；公用的，标准较低的，取上限。地漏口周边密封，地漏边离墙边之距不小于 80mm，如图17-3-1所示。

(2)浴室、卫生间及公共厨房之内墙面，因产生蒸汽及冷凝水的量大，作用时间长，应作防水设防；一般住宅的厨房则可不考虑防水设防。但长江中下游，因整个冬季阴冷潮湿，厨房墙面经常带冷凝水，其内墙面宜作防水设防；华南地区，每年3、4月份雨季将至之时，空气暖湿，而墙体温度尚低，亦有大量冷凝水，但总的时间较短，因此视建筑标准的高低可设防，也可不设防。

墙面一般均设计块材贴面，故墙面防水宜选用聚合物水泥砂浆、聚合物水泥防水涂膜(JS)，这类防水材料简单、合理、耐久。若使用其他柔性防水层，将使面层因隔离而分层，粘贴不牢而不耐久，因而影响防水效果。

(3)需要做墙面防水的卫生间或厨房，其防水层宜从地面向上一直做到板底；公共浴室、公共厨房，还应在平顶粉刷中加做聚合物水泥防水涂膜，或直接在处理过的钢筋混凝土平顶上做 JS 涂膜。

(4)楼地面宜结构找坡。材料找坡时可用纤维防水砂浆或纤维防水混凝土(掺防水剂的细石混凝土)。防水剂应选用带防裂性能的材料，若材料性能仅仅增加面屋的密实度，则不适用于找坡层。防水构造可同墙面。

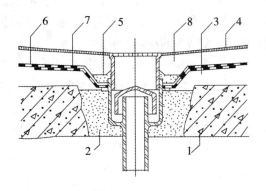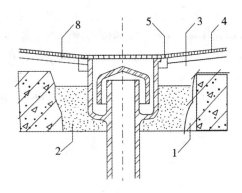

（a）宜用于公用卫生间　　　　　　　　　　（b）宜用于住宅卫生间

1—现浇钢筋混凝土楼板；2—细石混凝土(掺聚合物)填实；3—找平层(纤维水泥砂浆)；4—
地砖；5—密封材料；6—柔性防水层(水性聚氨酯)；7—附加防水；8—聚合物水泥防水砂浆

图 17-3-1　地漏防水节点示意图

（5）所有穿过防水层的预埋件、锚固件，应与基底锚接牢靠。混凝土空心砌块墙体，
必须将锚固处预先用 C15 混凝土填成实芯，其四周与防水层相接处，用密封材料密封。
洁具、配件等沿墙周边及地漏口周围、穿墙、穿楼板管道周围均应嵌填密封材料，如图
17-3-2 所示。

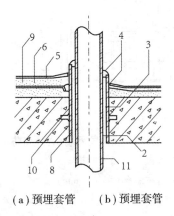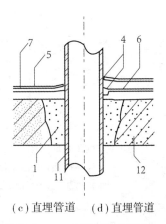

（a）预埋套管　　（b）预埋套管　　　　　（c）直埋管道　　（d）直埋管道

1—C20 细石混凝土(掺聚合物)；2—1∶2 干硬性水泥砂浆嵌实；3—水泥石棉灰嵌实；4—密封材
料；5—面层(聚合物水泥砂浆粘贴)；6—柔性防水层(水固化聚氨酯)；7—聚合物水泥防水涂膜；
8—预埋套管；9—聚合物水泥砂浆；10—止水环；11—管道；12—现浇钢筋混凝土楼板

图 17-3-2　穿楼板管道防水节点示意图

17.3.2　半室外楼梯防水设计

半室外楼梯和与室内空间紧邻的室外楼梯做好防排水，可以减少雨季可能对邻墙内表
面产生的湿迹。防排水，以排水为主，防水为辅。传统的预埋泄水管的做法，标准低，影

响立面，且可能对楼梯下行人造成不便。从构造角度考虑，排水坡度可能不充分，特别是楼梯较宽，平台较大处。此外，泄水管处易堵，管周若密封不好，水浸入混凝土，易引起局部钢筋锈蚀，锈蚀的钢筋将混凝土胀裂，将进一步加剧水的浸入。

解决的办法是采用楼梯边排水：在楼梯段周边作槽，亦即作饰面时预留的凹槽，尺度仅 15~20mm，饰面收尾时，用聚合物水泥防水砂浆勾出凹缝，深 10mm，宽约 15mm，因其在阴角处连续生成，而带有自然的装饰性。

沟的设计原则应从顶层到底层连续转下，将雨水排至室外地坪，楼梯段踏步及平台则向两侧凹槽找坡，使雨水随落随排，雨停即止，如图 17-3-3 所示。

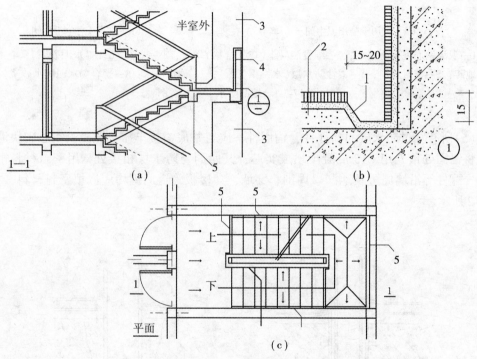

1—聚合物水泥砂浆(墙地连续)；2—防水水泥砂浆；3—饰面同外墙(含外墙防水)；
4—拦板内侧饰面同外墙(含外墙防水)；5—凹槽
图 17-3-3　半室外楼梯的防排水构造示意图(单位：mm)

雨量较小的地区，可以只在楼梯段内侧作槽(雨量大小根据楼房所在地区、雨季主导风向判断)。这时，平台向梯段一侧找坡，梯段向内侧找坡，因找坡长度有限，故用结构找坡，或用材料找坡，都能保证充分的坡度。

槽内纵坡，平台部分坡度必须有 5‰，若不够 5‰，可以适当加大槽深，但最浅不要小于 5mm。梯段部分的凹槽只需随楼梯踏步向外找坡即可，室外楼梯踏步应向踏步前缘找坡 1%。这样，整个楼梯便可避免产生积水。

若需提高防水标准，可以将邻室内空间之外墙梯面，向上 100mm 内的饰面层中加做聚合物水泥砂浆。室外楼梯、半室外楼梯的平顶，应选用外墙涂料。室外楼梯饰面，按外墙防水设计；半室外楼梯内表面的饰面，也宜按外墙防水设计。但在无强风暴雨地区，则半室外楼梯可只在靠外墙 1.0~1.5m 范围内按外墙(如贴面砖)防水设计,靠里部分则为外墙涂料即可。

17.3.3　阳台、平台防水设计

1. 阳台防排水

(1)阳台防排水不宜设置泄水管。传统的阳台排水设计已较难满足排水坡度的要求。广东省有关规程要求阳台排水坡度不小于 3%。因阳台越做越大,有的连续几个开间,几乎连成外廊;大户型低层、多层住宅,阳台短边有时长达 3~4m;大阳台通常只设一个排水口,且常隐于内拐角落中,导致排水路线长,弯绕不畅,致使找坡厚度过大。厚的找坡,加之阳台外门处,应降 20mm,也给结构降板带来不便,特别是挑阳台。工程实践中,设法减小坡度,使阳台找坡控制在 1%,以该方法解决上述矛盾。

较好的解决办法是,阳台周边设槽。凹槽的做法同前述半室外梯。周边设槽的结果使排水坡长边立即减为阳台短边宽度的一半,环通设置的凹槽,与阳台地漏联通,地漏表面高度比槽底略低 2~3mm 即可。

(2)阳台花池。阳台附设花池的泄水应排向阳台内侧。阳台外侧设置的花池,其底面不应低于阳台面。泄水孔处预埋的 $\phi 50$ 硬质 PVC 管,壁厚 3mm,周边嵌聚合物水泥砂浆,且与凹槽勾缝连成一体。阳台环通的边槽,为花池内排水提供了良好的条件,也大大减少了因花池向外泄水带来的上下层邻里之间的纠纷。阳台附建花池内表面应做防水水泥砂浆防水。花池与房间有直接连接处,应加作 JS 防水涂膜,并用聚合物水泥砂浆保护。

(3)阳台应作防水。阳台的防水标准可比卫生间略低;纤维水泥防水砂浆或纤维细石混凝土找坡,聚合物防水水泥砂浆满浆铺贴地砖。

(4)阳台雨篷应设防排水,雨篷卧梁应上翻。

2. 平台防排水

实际上,平台就是大阳台,大平台几乎就是屋面。平台设计的要点是:结构降板,周边梁上翻。结构不降,建筑做门坎,做好了,也只解决防水,不解决防潮。因此,结构降板不仅是为了处理好门口处进出方便及充分做好防水,也是防止室内局部受潮的主要措施。平台加做绝热找坡后,地坪很容易平于室内;加之平台与室内相邻面较长,周边绿化的可能性也高,可能导致相邻室内踢脚处受潮。因此,降板后,仍应做好周边防水。

一般平台的主防水构造,可参照卫生间。但大平台之各层构造应按屋面,包括平台下为室内空间的小平台。

17.3.4　水池防水设计

1. 水池防水设计的概念

(1)水池结构应采用防水混凝土。结构防水混凝土宜采用补偿收缩混凝土,抗渗等级不低于 P8。

(2)水池主要防水层应设在迎水面,且采用刚性防水。埋在地下或设在地下室的水池,在做好内防水的同时,应做好外防水。

(3)水池一般只允许设置水平施工缝。体积不大,且设防标准高的水池,设计上可以不设施工缝,包括不设水平施工缝,连续整浇。

(4)工业用水池、污水池，需按工艺要求另做防蚀或加金属内衬。

(5)关于导流墙。导流墙给水池内防水的设计、施工、清洗均带来不便。设置导流墙的本意是使水体流动，减少微生物繁殖。实际上，导流墙的设置大大增加了水池内表面面积，并形成大量阴角阳角，不仅为微生物的附生提供了更多的机会，且因导流墙多为后砌，不利于隔断内壁处防水层的连续，若先砌导流墙，后做防水，迫使防水层连续包复内壁，不仅成本大增，施工不便，而且造成浪费。事实上合理设计进、出水口位置，能减少死水角，目前已有防菌无毒瓷质涂层，能够有效地抑制菌类的生长繁殖，故可以不设置导流墙。如图 17-3-4 所示。

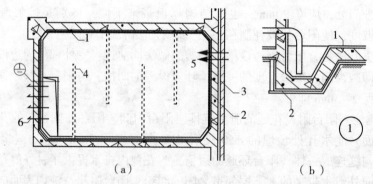

1—刚性内防水；2—柔性外防水；3—保护层；4—导流墙；5—进水口；6—出水口

图 17-3-4 水池导流墙示意图

(6)生活水池池壁。相关规范规定，地下饮用水水池，必须单独设置池壁。这一规定的背景是：过去地下室规模小，侧壁较薄，防水混凝土没有普遍使用，节点防水措施少，因此，地下生活水池(通常供饮用水)单做池壁是必要的。现在，大多数设置生活水池的民用建筑，规模大，地下室完全采用钢筋混凝土，防水抗渗等级最低 P6，而且绝大多数都须按一、二级防水等级设置柔性主体外防水。若另做池壁，相当于屋中做屋，且池壁较薄，施工不便，直接影响混凝土质量，不利防水。若水池侧壁同为地下室外墙，则可适当提高其外防水的设防标准，该方法简单、合理、可靠、节省开支。若选择不锈钢、玻璃钢成品水箱，按需组装，也是解决上述矛盾的好办法。

近年来，高层商品住宅楼的平面愈做愈复杂，加之与裙楼结构系统随意扭转叠合，大小柱、异形柱、剪力墙散乱落下，在地下室局部形成杂乱无章的平面空间。凡边边角角的不便使用处，就布置成水池。这种情况给工程设计带来许多不便，设计出的水池，其防水的合理性会有很大不同。

2. 构造设计

(1)关于"八"字倒角。水池内阴角处设计的倒角，若结构专业没有要求，倒角(直角)边长以不小于 100mm 为好；为减少裂缝，并增加转角处的刚度，倒角应设置构造配筋。倒角的设置特别有利于刚性内防水的施工，方便施工操作是保证质量的重要措施之一。

(2)不锈钢爬梯的设置，应注意不减小预埋件安装后池壁的有效厚度。大型水池因侧角尺寸大，局部壁厚增加较多，将预埋件安装于此，正好满足上述要求。实际工程中，经常将爬梯直接埋置在水池侧壁上，则有悖于相关规范中的规定。如图 17-3-5 所示。

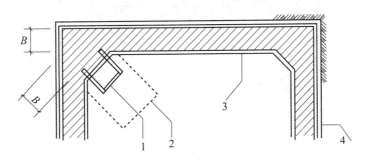

1—不锈钢爬梯；2—池顶人孔；3—刚性内防水；4—柔性外防水及其保护层
图 17-3-5　水池爬梯平面布置示意图

（3）水池内防水，应首选水泥基渗透结晶型防水涂层与聚合物水泥防水砂浆的组合。聚合物选用丙—苯系列为好。渗透结晶型防水涂层，一般以每平方米用量控制，约为 1.5kg/m^2。该涂层质量保证的关键是将混凝土表面处理好。除螺栓孔（模板用）、蜂窝麻面作封填补实外，要确保脱模剂或养护液、灰尘、盐析、浮浆、毛刺、结皮均清除干净。

（4）穿壁管道。穿池壁的管道，若伸缩量较小，不需要更换，可以采用不锈钢管直埋；若伸缩量较大或有更换要求，则应采用不锈钢套管式。如图 17-3-6 所示。

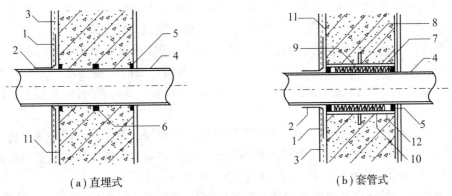

（a）直埋式　　　　　　　　　　　　　　（b）套管式

1—刚性防水面层；2—局部柔性防水涂膜（聚氨酯）；3—聚合物水泥砂浆底；4—管道；5—密封材料；6—遇水膨胀腻子条；7—背衬材料；8—止水环；9—石棉水泥捻实；10—沥青麻丝；11—渗透结晶型防水涂层；12—钢套管
图 17-3-6　预埋管示意图

直埋式预埋管若不加焊止水环，应采取防止管道转动措施。加焊止水环的管道或套管，其止水钢板可采用多边形。止水钢板与缓膨型遇水膨胀腻子条配套使用，工程效果较好，具体位置：紧紧粘贴在止水环根部（迎水面）。

预埋在大型水池侧壁的大管径套管，宜在套管底部开孔，以免浇筑的混凝土在套管底部滞留气泡。如图 17-3-7 所示。

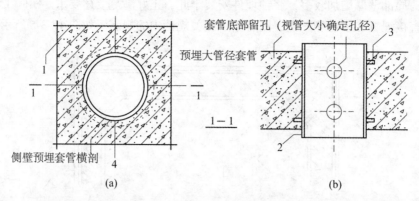

1—侧壁混凝土；2—套管；3—止水环；4—套管底部留孔(孔径视管大小确定)

图 17-3-7　预埋大管径套管示意图

(5)模板螺栓孔。水池的侧模，应采用专用模板螺栓。其螺栓孔封堵后应逐个验收合格后才能进行下道工序的施工。必须指出的是，不论是带套管的工具式螺栓还是各种复合止水螺栓，其加焊的钢板止水环应内圆外方，并与缓膨型遇水膨胀腻子条复合使用。若单独使用腻子条，应采取其他防止转动措施，以免装拆时用力过大，产生松动。

17.3.5　游泳池防水设计

1. 大型公用泳池防水设计

(1)泳池底板直接与地层接触，泳池四壁直接与回填土接触的泳池为地下泳池。地下泳池应先按地下室做好主体外防水，主体防水可以按二级设防标准设计。

(2)鉴于泳池内壁，包括底板内表面，最终饰面一般以硬质块材为主，因此，泳池内防水，必须将块材的粘贴因素一并考虑。对面层起隔离作用的柔性防水层基本应被排除(聚醚型聚氨酯或Ⅱ型 JS 除外，但Ⅱ型 JS 涂料不用于水池)。隔离柔性防水层上之饰面也有相应的构造。

较简便有效的施工措施是：采取水泥基渗透结晶型涂层加聚合物水泥砂浆，防水混凝土按清水工艺浇筑，模板螺栓孔按较高标准处理，内壁清除脱模剂，涂水泥基渗透结晶型防水涂层，并用聚合物水泥砂浆勾缝。聚合物宜选用丙—苯系列。

(3)寒冷地区的室内泳池或冬冷夏热地区的室外泳池，可以根据需要，设置诱导缝避免泳池表面产生温度裂缝。应适当考虑室内外相接处的地坪，在一定范围内设置保温层。

(4)泳池水下灯应选用成品，预先埋设。在预埋的位置上，为不影响混凝土侧壁的有效防水厚度，应做局部加厚处理。

(5)成品排水沟(溢水槽)及其他构配件，均应预埋，不允许先留洞、后填塞，也不应事后凿锚。泳池至初步设计结束时，主体应稳定，主要构配件应基本确定，以便订购构配件，形成完整、准确的节点详图。严禁边设计边施工。

(6)泳池四壁或大部分池壁及底板外表面为室内空间的泳池，为地上泳池。地上泳池的内防水，与地下泳池相同。泳池外壁可以保持清水，不做任何饰面，包括涂料，泳池若有渗漏，可准确判断其位置，方便维修。

2. 小型泳池防水设计

中小型泳池,特别是私家泳池,不论室内室外,均应选用戴思乐系统。该系统采用装配式池壁,也用于砖砌或钢筋混凝土池壁,需要一个平整牢固的内表面,其防水则为量身订制的 PVC 无缝防水内衬,兼做装饰饰面,防水内衬也可以用 TPO 卷材制作。

防水层由宽幅 PVC(或 TPO)卷材在工厂内裁剪焊接,包装,运到现场安装时,只需将其上边缘固定于泳池顶内挑沿之下(机械压条),打胶密封即可。

17.4　地下建筑防水设计

随着我国房屋建筑和城市基础设施建设的快速发展,地下工程内容越来越多,分类也更趋复杂。大致可以分为地下建筑物、地下构筑物、地铁工程等。地下建筑物包括建筑地下室,地下商业街,地下厂房,人防工程等;地下室可以用作附属办公、设备间、车库、仓库等。地下构筑物包括取水工程、污水处理工程、水工地下设施、贮水池、高层建筑地下消防水池。地铁工程分为地下车站及区间隧道。地铁车站虽在防水技术上更近于地下商业街,施工方法也与隧道不同,但习惯上仍归于地铁之中。

地下工程防水与其施工方法有很大关系。施工方法的选择,应根据工程性质、规模、埋深、工程地质和水文条件,地面及地下障碍物,环保要求等条件为主要依据,其中对设计影响重大的是地质、地形、环境等。对施工方法有决定影响的是埋置深度及地面环境。埋置较浅的工程,施工时先从地面挖基坑或堑壕,修筑外围护结构之后再回填,亦即明挖法。沉井法,也是明挖法的一种。沉井法占地面积小、挖土量少、施工方便、对周围设施影响较小。该方法的主要工序在地面上进行,多用于地下构筑物和大型水下设备基础、桥梁水下基础。

城市中用明挖法施工,若设打板桩护壁,会产生很大的噪声和震动。地下连续墙法是用专门机械开挖成槽,用触变泥浆护壁,然后在槽中灌筑水下混凝土,筑成地下连续墙来挡土或作为地下结构的一部分。当埋深超过一定限度后,明挖法不再适用,要改为暗挖法。暗挖法采用地下挖洞的方式施工,暗挖法受工程地质和水文地质条件的影响较大,且工作面小而窄,工作环境差。暗挖法对地面影响较小,但埋置较浅时可能导致地面沉陷,此外,有大量弃土要进行处理。

盾构法和新奥法主要用于隧道,是暗挖施工最常用的方法。一般不用于建筑地下室。

随着地下工程,特别是大型地下工程的快速增加,地下工程电气化、自动化程度的提高,地下工程的防水问题越显突出。若地下工程防水性能不好,发生渗漏,会导致内部装修破损,设备锈蚀加快,电气故障频发,仓储物质霉变,人员健康受损。

地下工程防水与安全问题的严重性还在于:一旦发生渗漏,无一例外,都会付出沉重的代价。为大量排除进水,还可能引起地面和地面建筑物不均匀沉降;长期慢性渗漏,则使混凝土持续产生渗出物,导致混凝土内碱性环境失衡,进而钢筋锈蚀,影响结构安全。特别是发生大面积渗漏,几乎没有彻底维修的办法,只能采取排堵结合的办法,维持正常运作,无法考虑长久的安全问题。

地下工程建设从设计阶段开始,就应对防水密切重视。按地下工程的类型、性质和使用功能要求,把好防水工程设计质量的三个重要环节:合理确定防水等级,周密制订防水方案，择优选用防水材料。施工单位应按防水设防要求优化制定可靠的防水施工管理系统与施工过程的质量控制。业主最终按有关标准、规范进行工程验收。

在新版《地下工程防水技术规范》（GB50108—2008）中，"地下工程防水设计内容包括：防水等级和设防要求"为强制性条文。这一规定对保证地下防水工程的质量控制具有重要意义。

17.4.1 地下工程防水设计概述

1. 地下工程防水原则

（1）地下工程的防水设计原则，以前的提法很多，各行业系统的提法也不尽一致。如，城建系统提出：以排为主，以防为辅，排防结合，综合治理；国防系统提出：以排为主，防排结合；人防系统则提出：防为基础，防排结合，因地制宜，综合治理；地铁系统提出：应遵循以防为主，刚柔结合，多道防线，因地制宜，综合治理的原则；而城市轻轨交通工程涉及隧道与地下车站，则认为应执行"以防为主，以排为辅，防排结合，因地制宜，综合治理"的防水原则。

新版《地下工程防水技术规范》（GB50108—2008）中规定：地下工程防水的设计和施工应遵循"防、排、截、堵相结合，刚柔相济，因地制宜，综合治理"的原则，比原规范增加了"刚柔相济"的内容。

地下工程防水原则既要考虑如何适应地下工程种类的多种性问题，也要考虑如何适应地下工程所处地域水文地质的复杂性问题，同时还要使每项工程的防水设计在符合总原则的基础上可根据各自工程的特点有适当选择的自由。

在地下水资源匮乏的地区或城市地下工程的防水设计中，更应强调"以防为主"的原则。

（2）重视地下工程结构耐久性和环境保护。

①地下工程设计寿命一般超过百年，地质条件比较复杂，工程结构经常受地下水的侵蚀，因此，防水设计时应考虑耐久性问题，亦即满足抗渗要求的同时，满足抗压、抗冻和耐腐蚀性要求。

②许多防水材料都含有有机成分，如有机防水涂料和注浆防水材料。为防止其污染地下水和施工中对环境和人员造成伤害，应选择低毒或无毒的防水材料。

（3）简化地下工程平面、剖面设计。地下室平面、剖面设计应尽量简化，即所谓"简、并、避、离、升"。这种以简并为主的简化原则，作为地下室防水设计的基本概念，曾为建筑工程专业数十年来所遵循，近年来有所放松，应大力恢复。

（4）注意回填土。地下室回填土历来要求采用粘土或原土，按每层300mm分层夯实。近年一些工程为赶工期而采用石渣回填，使地下室长年浸泡在地下水中，对地下工程防水大为不利，而建筑物周边地面在经年雨水的侵蚀作用下，也有下沉开裂的可能。周边回填物的下沉，也容易引起侧壁柔性附加防水层的破坏，因此回填土是地下工程防水设计的组成部分之一，不可忽视。

2. 地下工程防水设计的依据

（1）地下工程防水设计应根据工程的特点和需要搜集相关资料：

①最高地下水位的高程，出现的年代，近年的实际水位高程和随季节变化情况；地下

水类型、补给水源、水质(有无腐蚀,腐蚀性质,腐蚀程度)、流量、流向、压力。

②地下工程所在区域的地震烈度、地热、工程地质构造,包括岩层走向、倾角、节理及裂隙,含水地层的特性,分布情况和渗透系数、溶洞及陷穴,填土区、湿陷性土和膨胀土层等情况。

③历年气温变化情况、降水量、地层冻结深度。

④区域地形、地貌、天然水流、水库、废弃坑井以及地表水、洪水和给水排水系统资料。

⑤施工技术水平和材料资源。

(2)地下工程防水设计应考虑地表水以及由于人为因素引起的附近水文地质改变的影响。原规范强调防水设防高度主要由地下水位而定,一方面忽略了地表水的作用,另一方面,近数十年,由于高强度开发建设的活动使得水文地质条件远不如过去稳定,其变化幅度和频率都将变得更大更快。地下工程不能再单纯地以地下最高水位来确定工程防水标高。对单建或地下建筑的防水层应采用全封闭式;对附建式地下建筑或半地下建筑的防水层设防高度,应高出室外地坪 500mm 以上。这比过去按设计最高水位与周边土层渗透水性质分别设置防水层和防潮层的做法更合理、更简化、也更实际。采用部分封闭,只在确保地层无滞水或采用自流排水能解决渗漏水时使用,如地铁隧道。

3. 地下工程防水设计内容

(1)防水等级和设防要求。

(2)防水混凝土的抗渗等级和其他技术指标,质量保证措施。

(3)其他防水层选用的材料及其技术指标,质量保证措施。

(4)工程细部构造的防水措施,适用材料及其技术指标,质量保证措施。工程细部构造包括变形缝、施工缝、诱导缝、后浇带、穿墙管(盒)、预埋件、预留通道接头、桩头等。

(5)地下工程的防排水系统、地面挡水、截水系统及工程各种洞口的防倒灌措施,包括排水管沟、地漏、出入口、窗井、风井等。寒冷及严寒地区的排水沟应有防冻措施。

4. 地下工程防水等级

(1)现行地下工程的防水等级分为四级,各级的标准应符合表 17-4-1 的规定。

表 17-4-1　　　　　　　　　　　地下工程防水等级标准

防水等级	标　准
一　级	不允许渗水,结构表面无湿渍。
二　级	不允许渗水,结构表面可有少量湿渍。 工业与民用建筑:总湿渍面积不应大于总防水面积(包括顶板、墙面、地面)的 1/1000;任意 $100m^2$ 防水面积上的湿渍不超过 2 处,单个湿渍的最大面积不大于 $0.1m^2$。 其他地下工程:总湿渍面积不应大于总防水面积的 2/1000;总渗漏量不大于 $0.1/m^2 \cdot d$,任意 $100m^2$ 防水面积上的湿渍不超过 3 处,单个湿渍的最大面积不大于 $0.2m^2$;其中,隧道工程的渗透量不大于 $0.05L/m^2 \cdot d$,任意 $100m^2$ 防水面积上不大于 $0.15L/m^2 \cdot d$。

续表

防水等级	标　　准
三　级	有少量漏水点，不得有线流和漏泥砂。 任意 100m² 防水面积上的漏水点数不超过 7 处，单个漏水点的最大漏水量不大于 2.5L/d，单个湿渍的最大面积不大于 0.3m²。
四　级	有漏水点，不得有线流和漏泥砂。 整个工程平均漏水量不大于 2L/m²·d；任意 100m² 防水面积的平均漏水量不大于 4L/m²·d。

从表 17-4-1 中可以看出，地下工程防水等级标准除一级外，其他各级都给出了定量指标。定量指标不仅规定了整个工程的量值，也规定了工程任一局部的量值。

防水等级为一级的工程其结构内壁并不是没有地下水的渗透。根据国内外相关资料，处于完全干燥的隧道，其渗漏水量在 100m² 区间内允许值为 0.01L/m²·d。由于渗水量极小，且随时都为正常的人工通风所带走，因此测量极为困难，故一级防水没有给出定量标准，只作定性描述，避免量化后给验收工作带来困难。

防水等级为二级的工程，参考国内外相关资料，其流量的大概值为 0.025~0.2L/m²·d。由于这一值仍然较小，难以准确检测，因此参考上海地区过去十年的长期观测，确定每分钟 2~3 滴的渗水量约与 0.06m² 湿渍相当，而每 5~6 滴水约为 1mL 水量。在这些有价值数据的支持下，采用测量任意 100m² 防水面积上湿渍的总面积、单个湿渍的最大面积、湿渍个数的办法来判断工程是否达到二级标准的量化指标，就得到工程界的认可。

防水等级三级标准严于原规范标准。因标准过低会影响使用。

防水等级四级标准的工程，参考了德国有关规定，增加了任一局部的渗漏量的数值。

(2)地下工程的防水等级，应根据工程的重要性和使用中对防水的要求按表 17-4-2 选定。

表 17-4-2　　　　　　　　　　　　不同防水等级的适用范围

防水等级	适　用　范　围
一　级	人员长期停留的场所；因有少量湿渍会使物品变质、失效的储物场所及严重影响设备正常运转和危及工程安全运营的部位；极重要的战备工程。
二　级	人员经常活动的场所；在有少量湿渍的情况下不会使物品变质、失效的储物场所及基本不影响设备正常运转和工程安全运营的部位；重要的战备工程。
三　级	人员临时活动的场所；一般战备工程。
四　级	对渗漏水无严格要求的工程。

一般地，地下商业街，地下室、办公用房属人员长期停留场所；档案库、文物库、植物纤维制品仓库属少量湿渍即会使物品变质、失效的储物场所；变配电间、机电设备用房、地铁车站(顶部)属少量湿渍会严重影响设备正常运转和危及工程安全运营的场所或部位；指挥工程属极重要的战备工程，故都应定为一级防水。

一般生产车间、地下车库、电气化隧道、地铁隧道、城市公路隧道、公路隧道及人员掩蔽工程都应定为二级防水。

城市地下公共管线沟、战备交通隧道和疏散干道等工程可定为三级防水。涵洞这类对渗漏水无严格要求的工程则定为四级防水。

对于大型工程而言，因工程内部各部分的用途不同，其防水等级可以有所差别，设计时可以根据表 17-4-2 中适用范围的原则分别予以确定，但不同等级的防水区连接区应采取适当的隔离措施或其他构造措施，防止低等级防水部位的渗漏水影响防水等级高的部位。

5. 地下工程防水设防要求

地下工程的防水设防要求，应根据使用功能、结构形式、环境条件、施工方法及材料性能等因素合理确定。按明挖法施工的地下工程，其防水设防要求应按表 17-4-3 选用；按暗挖法施工的地下工程则应按表 17-4-4 选用。

表 17-4-3　　　　　　　　　　　明挖法地下工程防水设防

工程部位		主体							施工缝						后浇带				变形缝、诱导缝					
防水措施 / 防水等级		防水混凝土	防水卷材	防水涂料	塑料防水板	膨润土毡	防水砂浆	金属防水板	遇水膨胀止水条(胶)	外贴式止水带	中埋式止水带	外抹防水涂料	外抹防水砂浆	预埋注浆管	补偿收缩混凝土	外贴式止水带	遇水膨胀止水条(胶)	防水嵌缝材料	中埋式止水带	外贴式止水带	可卸式止水带	防水嵌缝材料	外贴防水卷材	外涂防水涂料
防水等级	一级	应选	应选二种						应选	应选二种					应选	应选二种		应选	应选	应选二种				
	二级	应选	应选一种						应选	应选一至二种					应选	应选一种		应选	应选	应选一至二种				
	三级	应选	宜选一种							宜选一种					应选	宜选一种		应选	应选	宜选一至二种				
	四级	宜选								宜选一种					应选	宜选一种		应选	应选	宜选一种				

注：遇水膨胀止水条(胶)应选用缓膨型。

表 17-4-4 　　　　　　　　　　　　　暗挖法地下工程防水设防

工程部位	主体结构						内衬砌施工缝						内衬砌变形缝(诱导缝)				
防水措施	防水混凝土	塑料防水板	防水砂浆	防水涂料	防水卷材	金属防水层	外贴式止水带	预埋注浆管	遇水膨胀止水条(胶)	防水密封材料	中埋式止水带	外涂防水涂料	中埋式止水带	外贴式止水带	可卸式止水带	防水密封材料	遇水膨胀止水条(胶)
防水等级 一级	必选	应选一至二种					应选一至二种						应选	应选一至二种			
二级	必选	应选一种					应选一至二种						应选	应选一种			
三级	宜选	宜选一种					宜选一种						应选	宜选一种			
四级	宜选	宜选一种					宜选一种						应选	宜选一种			

注：遇水膨胀止水条(胶)应选用缓胀型的产品。

地下工程的防水可以分为两部分内容，一是结构主体防水，二是细部构造。后者主要是施工缝、变形缝、诱导缝、后浇带的防水。

目前，结构主体采用防水混凝土，其防水效果尚好，而细部构造，特别是施工缝、变形缝的渗漏现象较多，尤其是变形缝。针对这些情况，明挖法施工时不同防水等级的地下工程防水方案分为四部分内容，即主体、施工缝、后浇带、变形缝(含诱导缝)。对结构主体，除普遍采用防水混凝土自防水外，若工程的防水等级为一级，应再增设两道其他防水层，其中至少一道为柔性防水层；若工程防水等级为二级，应再增设一道其他防水层。

增设其他防水层，应视工程所处的地质条件、环境条件具体确定，特别是柔性防水层，因除了确保工程的防水要求外，还必须考虑以下因素：我国地下水特别是浅层地下水受污染比较严重，而防水混凝土又不是绝对不透水的材料，在地下工程中易受地下水侵蚀，其耐久性会大受影响。防水等级为一、二级的工程，多是一些比较重要，投资较大、要求使用年限较长的工程，为确保这些工程的使用寿命，单靠防水混凝土来抵抗地下水的侵蚀，其效果有限，而防水混凝土和其他防水层结合使用则可以较好地解决这一问题。

对于施工缝、后浇带、变形缝，应根据防水等级选用防水措施。防水等级越高，拟采取的措施就应越多。由于缝的工程量相对于结构主体要少得多，采用多种措施也能做到精心施工，容易保证工程质量。

暗挖法施工与明挖法施工不同之处一是主体不同的衬砌措施，即不同防水等级的防水措施，二是工程内垂直施工缝多，其防水做法与水平施工缝有所区别。

需要指出的是：处于侵蚀介质中的工程，结构专业所采取的构造措施就是增加钢筋保护层厚度。因一般防水混凝土的钢筋保护层厚度比过去已有增加，再增加厚度，就易生裂缝。因此，处在侵蚀介质中的工程，主体采用的其他防水层宜为柔性防水。若采用防水砂浆，应采用抗裂耐蚀砂浆，如聚合物水泥砂浆，且不宜作主防水层使用。处于冻土层中的混凝土结构，其混凝土抗冻融循环不应少于 100 次。结构刚度较差或受振动作用的工程，应采用柔性防水材料，首选自粘或宜空铺的卷材。

17.4.2　结构主体防水设计

结构主体防水分为防水混凝土和其他防水层，以前也称自防水混凝土和附加防水层。将附加防水层郑重改称为其他防水层，就是要强调其他防水层与防水混凝土同等重要，也是结构主体防水必不可少的一部分。

1. 防水混凝土

防水混凝土应通过调整配合比，掺加外加剂、掺合料配制而成，抗渗等级不得小于 P6，与 P6 对应的水压为 0.6MPa，大致相当于 60m 高水头。大多数地下工程承受的水头都没有这么高。实际上 P6 表示的在 0.6MPa 以上水压下不透水，是按实验规定程序得出的量化数据：6 个试块在 0.6MPa 水压下 8h，只要其中 4 个不透水，该混凝土抗渗等级则为 P6。

因为混凝土抗渗压力是在实验室得出的数值，而施工现场条件比实验室差，其影响混凝土抗渗性能的有些因素难以控制，因此防水混凝土的施工配合比应通过试验确定，其抗渗等级应比设计要求提高一级(0.2MPa)。

(1)防水混凝土抗渗设计

①防水混凝土的设计抗渗等级应符合表 17-4-5 中的规定。

表 17-4-5　　　　　　　　　　　　防水混凝土设计抗渗等级

工程地置深度/m	<10	10~20	20~30	30~40
设计抗渗等级	P6	P8	P10	P12

注：表 17-4-5 适用于Ⅳ、Ⅴ级围岩(土层及软弱围岩)。山岭隧道防水混凝土的抗渗等级可按铁道部门有关规范执行。

由表 17-4-5 可知，确定防水混凝土设计抗渗等级的主要依据是工程埋置深度。表 17-4-5 是参考近 10 余年各地工程实践经验制定的，主要是上海地区的经验。

抗渗等级并不是越高越好。片面强调混凝土抗压强度和抗渗等级导致单位水泥用量的相应增加，水化热增高，混凝土水化收缩量加大，若施工中不采取足够保险的措施，很难避免使混凝土产生裂缝。

抗渗等级是在实验室用素混凝土圆柱试件(ϕ150mm 高 150mm)经试验测出的，基本上只表达了混凝土密实度，无法考虑用在实际工程中产生裂缝的问题。实际上，由于按结构设计要求而确定的混凝土设计标号普遍不低于 C30，且现代混凝土普遍使用减水剂及其他外加剂，混凝土的抗渗等级一般都能达到 P6、P8。针对混凝土需要着手解决的问题始终是裂缝问题。

②相关规范对防水混凝土结构作了以下规定：

结构厚度不应小于 250mm；裂缝宽度不得大于 0.2mm，且不得贯通；迎水面钢筋保护层厚度不应小于 50mm。其中后两条为强制性条文。

混凝土裂缝几乎是不可避免的，关键是确定一个"可以接受的"裂缝宽度。英国相关规范建议，在一般条件下，裂缝最大允许宽度为 0.3mm，"但当结构暴露于特殊侵蚀性环境条件下时，这一宽度应减小到主要受力钢筋保护层厚度的 0.004 倍"。后一条件意味着当保护层为 40mm 时，0.16mm 的最大裂缝宽度是可以接受的。

结合我国具体情况，一般认为，在具有一定厚度(约 300mm)和承受水压不太大的防水混凝土中，表面裂缝不大于 0.2mm 时，尚不致造成影响工程结构使用的湿渗漏。若水压不太大，对轻微的渗漏，裂缝具有一定的自愈能力，且对钢筋锈蚀影响也不明显。但暴露于侵蚀性环境中的混凝土结构，裂缝允许宽度应控制在 0.1~0.15mm。

(3)防水混凝土的环境温度，不可高于 80℃；处于侵蚀性介质的防水混凝土的耐侵蚀系数，不应小于 0.8。

若防水混凝土用于一定温度环境，其抗渗性随着温度的提高而降低，温度越高则降低得越显著；当温度超过 95℃ 时，混凝土抗渗能力已低于防水混凝土最低要求，如表 17-4-6所示。因此，长时间内环境温度不得超过 80℃。

表 17-4-6　　　　　　　　不同温度的防水混凝土抗渗性能

加热温度/(℃)	常温	100	150	200	250	300
抗渗压力/(MPa)	1.8	1.1	6.8	0.7	0.6	0.4

防水混凝土结构底板的混凝土垫层，强度等级不应小于 C15，厚度不应小于 100mm，在软弱土层中不应小于 150mm。

(2)防水混凝土材料

①防水混凝土使用的水泥，其强度等级不应低于 32.5MPa。在受侵蚀性介质作用时应按介质的性质选用相应的水泥。在硫酸盐侵蚀环境下应选用火山灰质硅酸盐水泥或矿渣硅酸盐水泥，若侵蚀严重，还要同时掺加矿物掺和料，且采用低水灰比。选用粉煤灰硅酸盐水泥时，注意粉煤灰中应以 SiO_2 为主，而不能用以 Al_2O_3 为主的粉煤灰材料，且掺量必须较大。

在有氯离子的环境中，可采用高 C_3A 含量之水泥和 Al_2O_3 含量大的粉煤灰(或火山灰质)硅酸盐水泥。环境水中含碳酸水侵蚀时，则与水泥品种无特别关系，其主要措施是增加混凝土表面密实度和消除流动水。

②防水混凝土所用的砂、石应符合相关标准中的规定。石子最大粒径不宜大于 40mm，泵送时其最大粒径应为输送管径的 1/4，吸水率不应大于 1.5%；不得使用碱活性骨料。砂宜采用中砂。

③防水混凝土可以根据工程需要掺入减水剂、膨胀剂、防水剂、密实剂、引气剂、复合型防水剂等外加剂。其品种和掺量应经试验确定，在设计文件中应将这项原则明确写在设计说明中。工程实践中，许多设计直接给出外加剂掺量是错误的。所有外加剂应符合国家或行业标准一等品及以上的质量要求。

④防水混凝土可以掺入一定数量的粉煤灰、磨细的矿渣粉、硅灰等活性掺合料。粉煤

灰的级别不应低于二级，掺量不宜大于 20%，硅灰掺量不应大于 3%，具体掺量应经过试验确定。掺和料可以填充混凝土空隙，提高混凝土密实度，增加混凝土的流动性，因此可降低水泥早期水化热，从而减少水化收缩裂缝的产生。由于掺合料的活性，使其能参与水化后期的水化反应，对混凝土后期强度的提高有利。

（3）防水混凝土施工

①防水混凝土的配合比，应符合以下规定：

胶凝材料用量应根据混凝土的抗渗等级和抗压强度选用，总量不宜大于 $500kg/m^3$，水泥用量不得少于 $260kg/m^3$。若地下水有侵蚀介质和对混凝土结构耐久性有较高要求，胶凝材料可适当增加。砂率宜为 35%～40%，泵送混凝土可增至 45%。灰砂比宜为 1：1.5～1：2.5。抗渗性能好的高性能混凝土，水灰比可以降到 0.4～0.45。

②使用减水剂时，减水剂宜预拌成一定浓度的溶液。掺加引气剂或引气型减水剂，宜在同时需要解决抗冻时采用。其混凝土含气量应控制在 3%～5%。

③普通防水混凝土坍落度不宜大于 50mm；采用预拌时，入泵坍落度宜控制在 120±20mm，入泵前坍落度每小时损失值不应大于 30mm，坍落度总损失值不应大于 60mm。

④用于防水的预拌混凝土不仅由于从搅拌地到施工现场需要花一定时间，而且往往因道路交通问题延误，如果混凝土凝固时间过短，运到工地时已不能正常施工操作。更多的情况是可能在混凝土浇筑时出现层间冷缝。因此，防水混凝土预拌时，缓凝时间宜为 6～8h，具体时间应根据运输距离、交通状况、天气、工程量等多种因素考虑，以确保混凝土浇筑时不会出现冷缝为原则。

⑤防水混凝土拌和物在运输后如出现离析，必须进行二次搅拌。若坍落度损失后不能满足施工要求，应加入原水胶比的水泥浆或二次掺加减水剂进行搅拌，严禁直接加水。直接加水将增大水灰比，不仅影响混凝土的强度，而且对其抗渗性影响较大，是任意改变设计的严重错误。

⑥大体积混凝土与普通混凝土的实质区别在于混凝土中产生的水化热，前者内部的热量不如表面的热量散失得快，造成混凝土结构内、外温差过大，所产生的温度应力会使混凝土结构开裂。因此判断是否属于大体积混凝土既要考虑厚度，又要考虑水泥品种，强度等级，每立方米水泥用量等因素。比较准确的方法是通过计算水泥水化热可引起混凝土的温升值与环境温度的差别大小来判别。一般地，若其差值大于 25℃，可产生的温度应力将会大于混凝土本身的抗拉强度，可能造成混凝土开裂，此时就可判定该混凝土属大体积混凝土。

⑦防水混凝土终凝后应立即进行养护，养护时间不得少于 14d。防水混凝土的养护至关重要。若混凝土养护不及时，混凝土结构内水分迅速蒸发，使水泥水化不完全；水分蒸发造成毛细管网彼此连通，形成水通道；水的蒸发还引起混凝土结构收缩增大，出现龟裂，使混凝土结构抗渗性急剧下降，甚至完全丧失。若养护及时，混凝土结构内的水分蒸发缓慢，水泥水化充分，水泥水化生成物堵塞毛细孔，使之不连通，提高了混凝土结构的抗渗性。如表 17-4-7 所示。

2. 防水砂浆防水层

防水砂浆防水层可以粗分为掺各种外加剂、掺和料的水泥防水砂浆及聚合物水泥砂浆两大类。

表 17-4-7 不同养护龄期的混凝土抗渗性能表

养护方式	雾室养护			备注
龄期/d	7	14	23	水灰比为 0.5，砂率为 35%
抗渗压力/(MPa)	1.1	>3.5	>3.5	

（1）聚合物水泥砂浆不仅改善了水泥砂浆的粘结强度、抗渗性、吸水率等，而且混凝土结构抗折强度有所提高，干缩率有所下降，使混凝土结构具有抗裂性。如表 17-4-8 所示。

掺外加剂、掺合料的水泥防水砂浆，因为没有明显改善砂浆的抗裂性能，不宜单独使用，可以作为找平层兼作防水，也可在采用其他柔性防水层同时，作为辅助防水层使用。

表 17-4-8 改性后防水砂浆的主要性能

改性剂种类	粘结强度/(MPa)	抗渗性/(MPa)	抗折强度/(MPa)	干缩率/(%)	吸水率/(%)	冻融循环/(次)	耐碱性	耐水性/(%)
外加剂、掺合料	>0.5	≥0.6	同一般砂浆	同一般砂浆	≤3	>D50	10%NaOH溶液浸泡14d无变化	—
聚合物	>1.0	≥1.2	≥7.0	≤0.15	≤4	>D50		≥80

注：耐水性指标是在浸水 168h 后材料的粘结强度及抗渗性的保持率。

聚合物水泥砂浆可按上述原则采用。

防水砂浆防水层应在基础垫层、初期支护、围护结构及内衬结构验收合格后方可施工。防水水泥砂浆宜采用多层抹压法施工，最后一层表面应提浆压光。

聚合物水泥砂浆厚度单层施工宜为 6~8mm，双层施工宜为 10~12mm；掺外加剂、掺合料的水泥砂浆防水层厚度宜为 18~20mm，作为找平兼防水层时，可以单层施工；专做防水层时宜分层施工。

（2）关于刚性多层抹面做法，由于该方法施工步骤多，对人员素质要求高，目前很难保证技术操作水平，因此，新规范未予收入。但其基本做法仍可以用于上述防水水泥砂浆之中。因层次减少，砂浆改性，操作方便，容易保证质量。

3. 卷材防水层

受侵蚀性介质作用或受震动作用的地下工程防水宜选用卷材防水层，特别是选用高聚物改性沥青卷材和合成高分子卷材，因这两类卷材耐腐蚀性好，有些品种延伸率较高。

卷材防水层应铺设在结构主体迎水面的基面上。一是为了保护结构主体不受侵蚀介质的作用，二是卷材与混凝土基面粘结力不会很大，铺贴在迎水面能更好地达到防御外部压力水渗透的目的。

（1）卷材防水层设计。卷材防水层为一层或二层。高聚物改性沥青卷材宜双层使用，总厚度不应小于 6mm，而且不宜采用 2mm 与 4mm 厚的卷材复合，实际上，因 2mm 厚卷材在热熔法施工时卷材易被烧穿，已被取消使用；单层使用时，厚度不应小于 4mm。合成高分子卷材单层使用时，厚度不应小于 1.5mm，双层使用时，总厚度不应小于 2.4mm。

卷材防水在阴角、阳角处应做成圆弧或 45°(135°)折角，具体尺寸视卷材品质确定。在转角处、阴阳角部，应增贴 1~2 层相同的卷材，宽度不宜小于 300mm。

（2）卷材防水层材料。卷材的主要物理性能应符合现行国家标准或行业标准，如表 17-4-9、表 17-4-10 所示。

表 17-4-9　　　　　　　　　　高聚物改性沥青防水卷材的主要物理性能

项　目		性　能　要　求		
		聚酯毡胎体卷材	玻纤毡胎体卷材	聚乙烯膜胎体卷材
拉伸性能	拉力 /(N/50mm)	≥800(纵横向)	≥500(纵向)	≥140(纵向)
			≥300(横向)	≥120(横向)
	最大拉力时延伸率(%)	≥40(纵横向)	—	≥250(纵横向)
低温柔度/(℃)		≤−15		
		3mm 厚，r=15mm；4mm 厚，r=25mm；3S，弯 180°，无裂纹		
不透水性		压力 0.3MPa，保持时间 30min，不透水		

表 17-4-10　　　　　　　　　　合成高分子防水卷材的主要物理性能

项　目	性　能　要　求				
	硫化橡胶类		非硫化橡胶类	合成树脂类	纤维胎增强类
	JL_1	JL_2	JF_3	JS_1	
拉伸强度/(MPa)	≥8	≥	≥5	≥8	≥8
断裂伸长率/(%)	≥450	≥	≥200	≥200	≥10
低温弯折性/(℃)	−45	−40	−20	−20	−20
不透水性	压力 0.3MPa，保持时间 30min，不透水				

粘贴各类卷材，必须采用与卷材材性相容的胶粘剂，包括卷材接缝采用的密封材料。采用冷粘或自粘法铺贴大面积卷材时，粘结质量不易保证。因此提出以下要求：高聚物改性沥青卷材间的粘结剥离强度不应小于 8N/10mm；合成高分子卷材胶粘剂的粘结剥离强度不应小于 15N/10mm，浸水 168h 后的粘结剥离强度保持率不应小于 70%。

采用热熔法铺贴高聚物改性沥青卷材和采用热风焊接法粘结合成树脂类热塑性卷材时，不存在材料相容问题，且粘结质量较易保证。但合成高分子卷材与基层粘结，一般只能采用冷粘法铺贴，为保证其在潮湿面上的粘结质量，施工时应选用配套相容的湿固化型胶粘剂或潮湿面隔离剂。底板垫层混凝土平面部位的卷材可采用空铺法或点粘法，其他与混凝土结构相接触的部位应采用满粘法。

采用外防外贴法铺贴卷材时，应先铺平面，后铺立面，交接处应交叉搭接。临时性保护墙应用石灰砂浆砌筑，内表面用石灰砂浆找平，并刷石灰浆，若采用模板代替临时性保护墙，应在其上涂隔离剂。

从底面折向立面的卷材与永久性保护墙的接触部位，应采用空铺法施工；卷材应临时贴附在临时性保护墙或模板上，卷材铺好后，其顶端应临时固定。

若不设保护墙，从底面折向立面的卷材，在接茬部位预留至少300mm宽，并采取可靠的临时保护措施。

主体结构完成后，铺贴立面卷材时，应先将接茬部位的各层卷材揭开，将其表面清理干净后粘贴在主体上。

卷材甩茬接茬做法如图17-4-1所示，卷材的甩接茬设计，最好能与附加卷材统一考虑，如果主体水平施工缝采用附加卷材增强，建议砖模高度与设计的施工缝高度相同，同时卷材干铺甩头加长，继续铺贴卷材时，超过施工缝150~200mm。这样可一举两得，简化工序，节省材料。

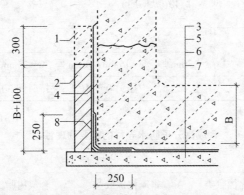

1—临时护墙；2—永久护墙；3—结构底板；4—聚合物水泥砂浆保护（上半段为聚苯板临时保护）；5—细石混凝土保护层；6—防水层；7—混凝土垫层；8—卷材加强层

图17-4-1　卷材防水层甩茬示意图(单位：mm)

4. 涂料防水层

涂料防水层分有机防水涂料、无机防水涂料两大类。无机防水涂料可以选用水泥基防水涂料、水泥基渗透结晶型涂料；有机防水涂料可以选用反应型、聚合物水泥防水涂膜，主要为高性能合成橡胶、改性沥青(SBS)、聚氨酯及Ⅱ型聚合物水泥防水涂膜。

有机防水涂膜常用于工程的迎水面，这是充分发挥有机防水涂膜在一定厚度时有较好的抗渗性，又能避免涂膜与基层粘结力较小的弱点。

无机防水涂料由于凝固较快，与基面有较强的粘结力，可以用于背水面。

聚合物水泥防水层的粘结性好，可带潮施工，故可以用在迎水面或背水面混凝土基层上，作为防水过渡层。

水乳型有机涂料，虽对基层干燥要求不高，可以在潮湿基层上施工，但在压力水长期作用下有二次乳化的问题。

(1)涂料防水层设计。地下工程由于受施工周期限制，要想使基面达到比较干燥的状态较难，因此在潮湿基面上施做涂料防水层应选用与潮湿基面粘结力大的无机涂料。因为水泥基防水涂料在潮湿的基面上也可以施工，且与其他防水涂层粘结也较好，因此，可以采用先涂水泥基类无机涂料而后涂有机涂料的复合涂层。

有腐蚀性的地下环境宜选用耐腐蚀性好的涂料。暴露于干湿交替循环环境下的混凝土，会导致其表面沉积盐的浓度迅速增加，可能危害混凝土。其他可溶性侵蚀性物质均有类似情况，可导致地下室混凝土内表面有松脆剥落现象。解决的办法就是在混凝土内表面加做保护性的防水涂料，这是背水面做防水层的主要目的。因此，背水面防水层只能是涂料而不是卷材。

埋置于土层中的地下工程，由于土壤中含有大量霉菌、细菌、放射菌等微生物，因而防水材料会被霉菌侵蚀，造成材料的裂化。用于地下工程的有机防水涂料应选用防霉型产品。防霉涂料是在有机防水涂料中添加防霉剂。

采用有机防水涂膜时，应在阴阳角及底板增加一层胎体增强材料，并增涂 2~4 遍防水涂料。底板承受水压较大，且后续工序有可能损坏涂层，故应予以加强。水泥基防水涂膜的厚度宜为 1.5~2.0mm；水泥基渗透结晶型防水涂料不应小于 $0.8kg/m^2$，这种材料一般是按单位面积上的用量控制的；有机防水涂膜根据材料的性能，厚度宜为 1.2~2.0mm。不论何种涂料、何种涂膜，设计时应注明厚度而不是注明遍数。

（2）涂料防水层材料。涂料防水层应具有良好的耐水性、耐久性、耐腐蚀性及耐菌性，且无毒、难燃、低污染；无机防水涂料应具有良好的干湿粘结性、耐磨性、抗穿刺性；有机防水涂料应具有较大的延伸性及较大的适应基层变形的能力。其具体性能指标如表 17-4-11、表 17-4-12 所示。

表 17-4-11　　　　　　　　　　　　无机防水涂料的性能指标

涂料种类	抗折强度 /(MPa)	粘结强度 /(MPa)	抗渗性 /(MPa)	冻融循环
水泥基防水涂料	>4	>1.0	>0.8	>D50
水泥基渗透结晶型防水涂料	≥3	≥1.0	>0.8	>D50

表 17-4-12　　　　　　　　　　　　有机防水涂料的性能指标

涂料种类	可操作时间 /(min)	潮湿基面粘结强度 /(MPa)	抗渗性/(Mpa)			浸水 168h 后拉伸强度/(MPa)	浸水 168h 后断裂延伸长率/(%)	耐水性 /(%)	表干 /h	实干 /h
			涂膜 /(30min)	砂浆迎水面	砂浆背水面					
反应型	≥20	≥0.3	≥0.3	≥0.6	≥0.2	≥1.65	≥300	≥80	≤8	≤24
水乳型	≥50	≥0.2	≥0.3	≥0.6	≥0.2	≥0.5	≥350	≥80	≤4	≤12
聚合物水泥	≥30	≥0.6	≥0.3	≥0.8	≥0.6	≥1.5	≥80	≥80	≤4	≤12

注：①浸水 168h 后的拉伸强度和断裂延伸率是在浸水取出后只经擦干即进行试验所得的值。

②耐水性指标是指材料浸水 168h 后取出擦干，即试验其粘结强度及抗渗性的保持率。

溶剂挥发性的涂料，要有可操作时间，可操作时间过短的涂料将不利于大面积防水施工。

涂料施工的基层阴阳角应做成圆弧形，阴角直径宜大于 50mm，阳角直径宜大于 10mm；涂料施工前，应先对阴阳角、预埋件、穿墙管等部位进行密封或加强处理。

涂膜的涂刷或喷涂，应待前一道涂膜实干后进行。涂层必须均匀，施工缝接缝宽度不应小于 100mm。

5. 塑料防水板防水层

塑料防水板防水层是采用工厂生产的具有一定厚度和抗渗能力的高分子薄板或土工膜。塑料防水板可以选用乙烯—醋酸乙烯共聚物(EVA)、乙烯—共聚物沥青(ECB)、聚氯乙烯(PVC)、高密度聚乙烯(HDPE)、低密度聚乙烯(LDPE)类或其他性能相近的材料。所谓塑料板，实际上不是板，而是卷材，只是相对较硬。其共同特点是采用热熔焊接，耐穿刺性好，拉伸强度较高，幅宽，主要用于地铁、隧道，垃圾填埋场及人工水体防水工程。本节主要介绍地铁、隧道铺设在初期支护与内衬砌之间的防水层。

防水板除平板外，还有带肋板，使用时肋面朝迎水面，可以将隔断在板后的渗漏水或涌水导出，适用于带水作业。

先将排水毡用钉固定在初期支护表面上，再用热风焊接将防水平板焊接在排水毡表面，可以起到疏导排水的作用。

排水毡具有缓冲层的作用。因基层表面不平整，设缓冲层能避免基层表面坚硬物清除不彻底时硌破防水板。视地下渗漏情况，排水毡采用间隔带状贴设法，不满铺，节省投资。

若将防水板设置在初期支护表面，先从拱顶中心开始，用钉固定，加橡胶垫，与下接的防水板焊接时，将钉遮盖，形成连续密封。

(1)塑料防水板材。防水板的幅宽大，接缝就少，有利于防水。但板材幅宽过大，防水板重量大，铺设不便。因此，塑料防水板材，幅宽以 2~4m 为多。

防水板的厚度，欧洲多为 1~3mm，且有加厚的趋势，已有超过 5mm 厚的产品；日本、韩国则小于 1mm。结合我国的实际情况，建议单层使用时，板材厚度不应小于 1mm；重点工程或防水要求较高的工程板材厚度以 1.5~2.0mm 为宜。对复合防水层，可以较薄。

(2)塑料防水板应耐穿刺性好，耐久性、耐水性、耐腐蚀性及耐菌性好。如表 17-4-13、表 17-4-14 所示。

表 17-4-13 塑料防水板物理力学性能

项目	拉伸强度 /(MPa)	断裂延伸率 /(%)	热处理时变化 /(%)	低温弯折性	抗渗性
指标	≥12	≥200	≤2.5	-20℃ 无裂纹	0.2Mpa24h 不透水

耐穿刺性是施工中对材料提出的要求，因二次衬砌有时需采用钢筋混凝土，在绑扎钢筋时会对防水板造成损伤。

抗渗性是防水板必备的性能，但因目前的试验方法不能反映防水板处于长期受地下水作用的条件，只能沿用现在工程界公认的试验方法所测得的数据。

表 17-4-14　　　　　　　　　　　　几种常用塑料防水板的性能

品　种 项　目	ECB	EVA	LLDPE	LDPE	HDPE	P 型 PVC 优等品
	Q/SSJ·J02·01—1999					
拉伸强度/(MPa)	≥15.5	≥20	≥20	≥16	≥20	≥15
断裂延伸率/(%)	≥560	≥600	≥600	≥500	≥600	≥250
热处理变化率/(%)	≤2.5	≤2	≤2	≤2	≤2	≤2
低温弯折性	−35℃无裂纹					−20℃无裂纹
抗渗透性	0.2Mpa24h无渗水					不透水

（3）塑料防水板的接缝焊接。塑料防水板板缝的焊接质量，是保证其密闭防水质量的关键。防水板板缝焊接包括焊接缝形式、焊接温度、焊接方法、焊接工具的选择、焊接工艺过程及焊缝检验方法与标准等。焊接形式分为单焊缝和双焊缝。

防水板环向铺设时，先拱后墙，下部防水板应压住上部防水板，以使防水外侧上部的渗漏水能顺利流下，不至于积聚在防水板的搭接处而形成渗漏隐患。

（4）在二次模浇筑混凝土施工时，混凝土不能直接冲击塑料板防水层，振捣器也不得接触防水板，以免损伤防水板。浇筑拱顶时，应保证混凝土封顶的厚度。

6. 金属板防水层

金属板防水层在一般工业与民用建筑工程中很少使用，仅用于高温环境，且面积较小的工程，如冶炼厂的浇筑坑、电炉基坑，不仅工作温度高，而且要求厂房结构完全不允许发生渗漏。

金属板包括钢板，不锈钢板、铜板、及其他合金钢板。金属板防水层应按设计采取防锈或其他保护措施。金属板防水层采用焊接拼装，且根据金属板的材料性能选择符合设计要求的焊条。金属板防水层若先焊成箱体，再整体吊设就位，应在其内部设置临时支撑，防止箱体变形。

（1）金属板防水层内防水做法

金属板做内防水层时，应在混凝土结构施工前预先设置，并与围护结构内的钢筋焊接，或在金属板防水层上焊接一定数量的锚固件，如图 17-4-2 所示。此外，金属板防水层底板上应预留浇捣孔，以便底板混凝土的浇捣、排气，确保底板混凝土的浇筑质量。底板混凝土浇筑完之后，再补焊严密。

（2）金属板外防水做法

在结构外设置金属板防水层时，一般先焊接好底部钢板及与立墙交接处的钢板，再做结构施工，最后装焊侧壁钢板，此时金属板应焊接在混凝土或砌体的预埋件上，且在金属板防水层经焊缝检查合格后，将其与结构间的空隙用水泥浆灌实。

若先焊接金属板外防水层，然后做结构施工，则与内防水做法一样，将金属板防水层上焊接一定数量的锚固件，再支内模，浇筑混凝土。

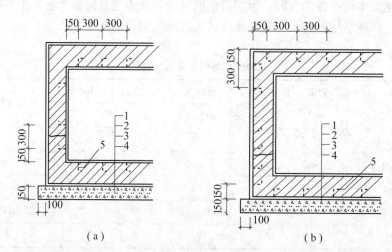

1—金属板防水层；2—结构；3—砂浆防水层；4—垫层；5—锚固筋

图 17-4-2　金属板外防水层示意图（单位：mm）

17.4.3　细部构造

1. 施工缝

（1）施工缝设计位置

①水平施工缝。防水混凝土应连续浇筑，宜少留施工缝，一般只留水平施工缝。

若留设水平施工缝，应避免施工缝留设在剪力与弯矩最大处或底板与侧墙的交接处，一般施工缝留在高出底板表面不少于 300mm 的墙体上。但水池，建议只留在顶板梁下皮处。

"高出底板表面不少于 300mm"，原规范中为 200mm，改动的理由是考虑现在施工中采用钢模板比较普遍，这一距离应与钢模板的模数相适应。

当墙体有预留孔洞时，施工缝距孔洞边缘不应小于 300mm。当然，一般情况下，应当是孔洞的设置避让施工缝；除非孔洞较多，且相对集中在同一标高位置上，这时，调整施工缝的高度，是更为方便合理的办法。

②垂直施工缝。单独设置垂直施工缝的情况不多见，且不合理。实际上，垂直施工缝大多以后浇带的形式出现。

在地下室改造工程中，可能会出现单独的垂直施工缝。这时，垂直施工缝宜与变形缝结合设置。垂直施工缝的位置，还应避开地下水和裂隙水较多的地段。

（2）施工缝构造形式

①水平施工缝的构造形式，就防水混凝土而言，基本有三种：敷设缓膨型遇水膨胀止水条，设置外贴式止水带，埋设钢板止水带，如图 17-4-3 所示。

遇水膨胀止水条有腻子条及橡胶条两类。腻子条用在表面不太规则的混凝土基底上，橡胶条则用在预留嵌槽且槽内表面坚实光滑的情况，二者均应为缓膨型，并居中敷设，若不能居中敷设时，应距混凝土边缘至少 70mm。

钢板止水带与缓膨型遇水膨胀腻子条复合使用，可以克服腻子条不易固定的缺点，该

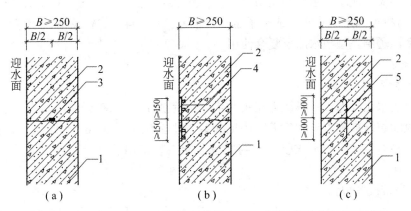

1—先浇防水混凝土；2—后浇防水混凝土；3—缓膨型遇水膨胀腻子条；
4—外贴式止水带；5—止水钢板

图 17-4-3　水平施工缝示意图（单位：mm）

方法可能是一种较好的选择，如图 17-4-4 所示。

②相对而言，水泥基渗透结晶型防水涂层比较方便，但建议不要单独使用，可与外贴式止水带复合使用。实际上，将水泥基渗透结晶型防水剂掺入二次浇筑混凝土前铺设的 30mm 厚 1：1 水泥砂浆之中，是一种更为简便有效的方法。如图 17-4-5 所示。

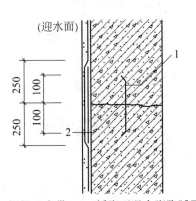

1—钢板止水带；2—缓膨型遇水膨胀腻子

图 17-4-4　水平施工缝示意图（单位：mm）

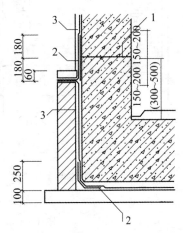

1—水泥砂浆掺水泥基渗透结晶型防水剂；
2—加强柔性防水层；3—主体柔性防水层

图 17-4-5　施工缝构造示意图（单位：mm）

垂直缝的构造设计原理与水平缝基本相同，但实际操作起来问题很多。水平缝推荐采用的掺水泥基渗透结晶型防水剂的 1：1 水泥砂浆，用在垂直缝就不方便，需要采用小型喷涂工具。外贴式或中置式止水带，设计上问题不大，主要是施工交圈问题；遇水膨胀橡胶条或腻子条也是设计问题不大，施工固定困难较多。因此，建议选用带钢丝骨架的缓膨型遇水膨胀橡胶条或腻子条，用混凝土钉固定，同时在修理过的坚实而干净的基层上，经喷水湿润后加做水泥基渗透结晶型防水涂层，并紧接着浇筑混凝土。在垂直缝处，可以用SM胶代替需机械固定的止水条或腻子条。对重要工程，建议SM胶与SJ条复合使用，也可与水泥基渗透结晶型防水涂层复合使用。

2. 后浇带

(1) 后浇带设计原理

混凝土的水化收缩，一般认为在头两周之内完成15%，60天之内至少完成30%，这一阶段的收缩裂缝被称为早期裂缝。中期裂缝发生在施工后3~6个月，后期裂缝则延至施工后一年左右，此时的水化收缩大约完成了95%。采用后浇带，被认为是解决早期裂缝的主要方法。

(2) 后浇带设置位置

后浇带的设置位置由结构专业确定。一般应设在受力和变形较小的部位，间距为30~60m，宽度宜为700~1000mm。

地下室平面设计中，有时将外墙与壁柱合二为一，由于壁柱的分段约束作用，后浇带实际作用与理论上有所不同，特别是壁柱断面较大，而外墙较薄时。因此，建议平面设计时，将外墙与壁柱分开设置，这样，不仅使后浇带在解决早期裂缝时获得较高的成功率，也给施工带来方便，因为外墙与壁柱的混凝土标号通常不一，分别设置，便于分开浇筑，如图17-4-6所示。

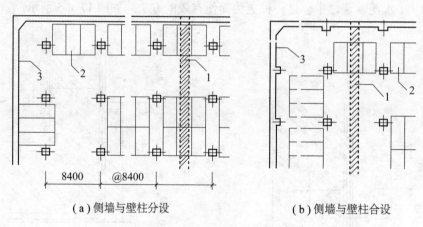

(a) 侧墙与壁柱分设　　　　　(b) 侧墙与壁柱合设

1—后浇带；2—车位；3—侧墙

图17-4-6　后浇带平面布置示意图

后浇带的平面布置，在许多情况下被设计成直线走向，实际上带一点弯折，对底板的整体性好，整体性好，裂缝就少；裂缝少，防水性就好。

(3) 后浇带构造形式

① 一般后浇带。

相关规范中规定，后浇带可以做成直缝或台阶缝；结构主筋不宜在缝中断开，若必须断开，则主筋搭接长度应大于45倍主筋直径，且应按设计要求加设附加钢筋。

后浇带的防水构造基本形式如图17-4-7所示。实际上，后浇带的两条接缝就是两条施工缝，因此缝的处理与施工缝基本相同。

除上述基本构造形式外，在设计主体其他防水层时，还应在缝处增设加强层。如前所述，卷材加强层宜选用带胎体材料，涂料加强层应加玻璃纤维布或无纺布。

后浇带应采用补偿收缩混凝土浇筑，其强度等级不应低于两侧混凝土的强度等级，以便使新旧混凝土结合牢固，避免出现新的收缩裂缝。

后浇带应在两侧混凝土收缩变形基本稳定后施工。混凝土的收缩变形值在龄期为 6 周后才能趋于缓和，因此规定龄期超过 6 周后再施工。在条件许可时，间隔时间越长越好。

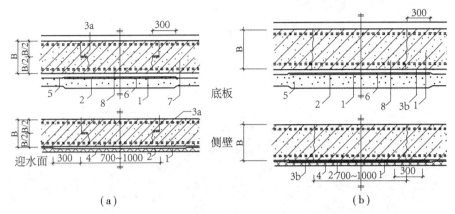

1—主体柔性防水层；2—柔性加强防水层；3a—遇水膨胀腻子条；b—外贴式止水带；4—聚苯板保护层；5—150 厚 C15 混凝土垫层；6—50 厚细石混凝土保护层；
7—先浇混凝土；8—后浇混凝土
图 17-4-7　后浇带构造示意图(单位：mm)

②超前止水后浇带

后浇带浇筑混凝土前的间隔时间越长，浇前清理工作越困难。为了减少后浇带内清理工作的难度，从而保证后浇带部位混凝土的防水质量，可以采用超前止水的办法。

超前止水后浇带有利于对预设的防水层进行有效的保护。特别是地下水位较多时，更应积极考虑后浇带的超前止水。

若后浇带需超前止水，后浇带部位的混凝土应局部加厚，且增设外贴式止水带或中埋式止水带。中埋式止水带适用于厚底板(1000~2000mm)，底板在后浇带下延伸部分的板厚建议为 350mm，止水带偏上埋置。如图 17-4-8 所示。

(4)关于加强带

加强带是指在原留设后浇带的部位，留出一定的宽度，采用膨胀率大的混凝土与相邻混凝土同时浇筑的部位。通常，相邻混凝土也掺膨胀剂，但采用的膨胀率较小。施工时，加强带以外用小膨胀混凝土，浇到加强带，改用大膨胀混凝土，至加强带另一侧时，又改为小膨胀混凝土。具体膨胀剂掺量由混凝土试配后确定。

3. 变形缝

(1)变形缝设计位置

地下室一般不考虑设置温度变形缝，抗震缝一般也不设在地下室。实际上，地下室设置的变形缝主要是沉降缝。因建筑各部分刚度变化较大而设置的抗震缝并不多见。

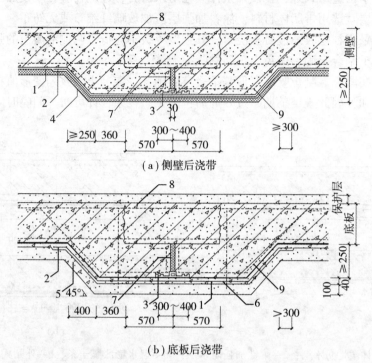

（a）侧壁后浇带

（b）底板后浇带

1—主体柔性防水层；2—柔性加强防水层；3—外贴式止水带；

4—聚苯乙烯保护板；5—150厚C15混凝土垫层；6—50厚细石混凝土保护层；

7—聚苯乙烯泡沫板；8—后浇补偿收缩混凝土；9—附加钢筋

图 17-4-8　超前止水后浇带示意图（单位：mm）

此外，建筑专业在方案或初步设计阶段就应注意：避免在多层地下室的多层部分设置变形缝。应与结构专业密切配合，采取必要措施，如控制设计沉降量，避免在平面、剖面复杂之处设置沉降缝。

在面积很大且进深也较大的地下室设置变形缝，应将平面、剖面在缝处设计成"葫芦腰"状，亦即，在缝两侧设置双墙，只在必要的通道处设置变形缝。如图 17-4-9 所示。

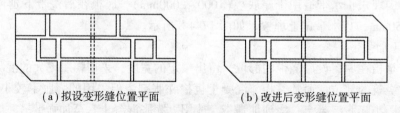

（a）拟设变形缝位置平面　　　　　（b）改进后变形缝位置平面

图 17-4-9　大型地下室平面变形缝设计位置示意图

工业建筑，因工艺要求，不可能将平面、剖面设计成葫芦腰状，但仍然会尽量避免设置大尺寸的柔性变形缝，实践中常采用一系列后浇带或加强带的办法解决变形缝问题。

所有地下防水设计的节点中，变形缝是最复杂的，失败率也是最高的，为此，建议在地下室排水系统设计时，尽可能考虑在变形缝附近设置集水坑或排水明沟，以防万一渗水后，采取导流措施，不影响正常使用，也有利于堵漏注浆等补救工作的开展。

（2）变形缝构造原则

变形缝处混凝土结构的厚度不应小于 300mm；若小于 300mm，应局部加厚；大体积的混凝土，对埋设止水带可能带来不便，因此设计变形缝时宜采取适当措施，将埋设止水带的局部断面减小。

用于沉降的变形缝，其最大允许沉降差值不应大于 30mm。若计算沉降差值大于 30mm，应在设计上采取措施，不可用增加缝的宽度来解决沉降差较大的问题。

沉降缝的宽度宜为 20～30mm。从防水的角度看，变形缝的宽度宜小不宜大，超过 40mm，就应慎用。缝两侧若为大空间，则应设双墙。

双墙之间的净距，应便于模板及防水工程的施工。将双墙设计成并靠在一起，后施工的一侧可以按外防内贴法施工主体柔性外防水的方法进行施工。

（3）变形缝构造形式

变形缝的防水设计构造，可以根据工程开挖方法、防水等级，按相关规范选用。防水嵌缝材料底面，应设背衬材料。遇水膨胀止水条不可用在变形缝处。外贴式防水卷材在缝处的加强层宜选用带胎体的高分子卷材，宽度为 350～400mm。外涂防水涂料在缝处的加强层应加设无纺布增强，宽度为 350～400mm。变形缝的基本复合防水构造形式如图 17-4-10 所示。

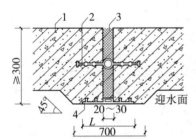
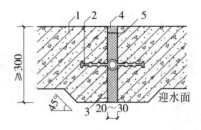

（a）中埋式止水带与外贴式止水带复合使用　　（b）中埋式止水带与防水嵌缝材料复合使用

1—混凝土结构；2—中埋式止水带；　　　　1—混凝土结构；2—中埋式止水带；3—聚苯乙烯
3—聚苯乙烯泡沫板；4—外贴式止水带　　　　泡沫板；4—防水嵌缝材料；5—背衬材料

图 17-4-10　变形缝基本构造示意图（单位：mm）

4. 穿墙螺栓

防水混凝土结构内部设置的各种钢筋或绑扎铁丝，均不得接触模板，其目的是避免或减少压力水沿金属与混凝土之间界面可能产生的渗透。

固定模板用的螺栓必须穿过混凝土结构时，可以采用工具式螺栓或螺栓加堵头，螺栓中部应加焊非圆形止水板，延长渗水路线，且防止螺栓在施工过程中的转动。拆模后应采取加强防水措施，将留下的凹槽封堵密实。

工具式螺栓宜用在无压力水的环境中。拆模后在套管内用膨胀水泥砂浆填封补平，且在迎水面栓孔半径 100mm 范围内加做防水涂膜后再做大面积主体柔性防水层。

螺栓套管若采用 PVC 管，则套管中部应加设遇水膨胀止水胶（缓膨型），且拆模后须将迎水面栓孔处套管剔除至少 10mm，套管内用膨胀水泥砂浆堵封后，再用聚合物水泥砂浆嵌实补平。如上所述加做防水涂膜后再做大面积主体柔性防水层。背水面采用聚合物水泥砂浆嵌实补平。

5. 穿墙管(盒)

(1)穿墙管(盒)设计原则

穿墙管线不论设计为何种形式，都不应简单地采用留洞口，装管后封填混凝土的办法，应避免凿洞安装的方式。穿墙管(盒)均应在浇筑混凝土前预埋。浇筑混凝土前，穿墙管部位应视工程具体情况，采取适当的防护措施，防止管道撞击移位。为了便于管道安装和防水施工操作，穿墙管与内墙角、凹凸部位的距离应不小于 250mm。穿墙管线较多时，宜相对集中，采取预埋穿墙盒的办法。

(2)穿墙管(盒)构造形式

①直埋式。结构变形较小或管道伸缩量较小时，穿墙管可以采用主管直接埋入混凝土内的固定式防水形式，其穿墙管外壁与混凝土交界处(迎水面)，应预留凹槽，槽内用嵌缝密封材料嵌填密实，管中部加设止水环或遇水膨胀胶条，其基本构造形式如图 17-4-11 所示。

主体外防水层，应在穿墙管外作增强处理。增强防水层宜选用加玻璃纤维布或无纺布胎体的防水涂层，加胎涂层在管道上、混凝土上均保持 100~150mm 的宽度。由此形成完整的直埋式穿墙管防水构造如图 17-4-11(a)所示，迎水面主防水层可为柔性。

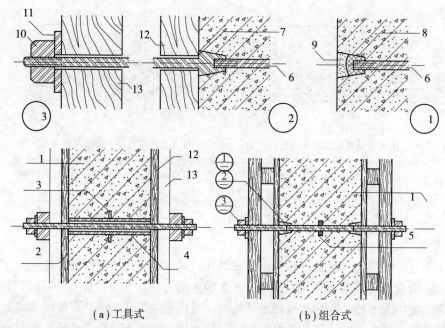

(a)工具式　　　　　(b)组合式

1—混凝土结构；2—钢套管；3—止水环；4—工具式螺栓；5—遇水膨胀腻子条；
6—组合式螺栓；7—堵头(重复使用螺栓头)；8—密封材料；9—聚合物水泥砂
浆；10—螺母；11—垫板；12—模板；13—木枋

图 17-4-11　穿墙螺栓示意图

直埋式金属管道进入室内时，为防止电化腐蚀作用，还应在管道伸出室外段加涂树脂涂层，其宽度为管径的 10 倍。树脂涂层也可用缠绕自粘防腐带来代替。

②套管式。结构变形较大或管道伸缩量较大及管道有更换要求时，应采用套管式防水法，套管应加焊止水环，其基本构造形式如图 17-4-11(b)所示。

大直径的预埋套管，管底宜适当开口，防止混凝土在此处虚空。套管底部预开孔径的大小，视套管大小而定。在浇筑混凝土时，注意观察开孔处混凝土浇筑状态，并及时调整振捣操作；浇筑混凝土后，及时修平涌入套管内的混凝土，若采取自流平混凝土，则不需要在套管底开孔。

③穿墙盒。穿墙盒适用于管径小、管线多且密的情况。穿墙盒的封口钢板应与墙上的预埋角铁焊接严实，且从钢板上的预留浇筑孔注入改性沥青柔性密封材料或自流平细石混凝土。如图 17-4-12 所示。

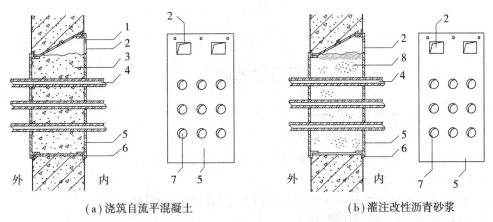

(a)浇筑自流平混凝土　　　　　　　　(b)灌注改性沥青砂浆

1—注浆孔；2—浇筑孔；3—自流平混凝土；4—穿墙管；5—封口钢板；
6—固定角铁；7—预留孔；8—改性沥青砂浆

图 17-4-12　穿墙盒示意图

6. 埋设件

(1)埋设件设计原则

地下室一般应避免直接在底板上设置预埋件或沟槽坑孔，特别是其数量较多时。解决的办法之一，是将需要设置预埋件(或沟槽坑孔)的部分相对集中布置，并简化为成片设备基础，整体设置在底板之上，避免直接在底板上设置数量众多的预埋件。

如电缆沟这样的(沟槽内需设置大量预埋件)情况，可在平面设计时，将沟槽合并简化后，集中设计成下沉式设备间；将管沟、坑槽用素混凝土浇筑，其他部分填充轻质混凝土。或者，将沟槽集中后设计成上抬式设备间，管沟采用混凝土或砖砌体构成，其他部分填充轻质混凝土。避免大量预埋件在底板上的埋设，使底板完整简单，有利于底板整体的防水施工质量。

(2)埋设件构造要求

少量在结构主体上的埋设件，宜预埋。只有采用滑模式施工，确无预埋条件时方可后埋，但必须采取有效的防水措施。

埋设件端部或预留孔(槽)底部的混凝土厚度不得小于 250mm，若厚度小于 250mm，应采取局部加厚或其他防水措施。如图 17-4-13 所示。若采用刚性内防水，预留孔(槽)内的防水层宜与孔槽外的结构防水层保持连续。

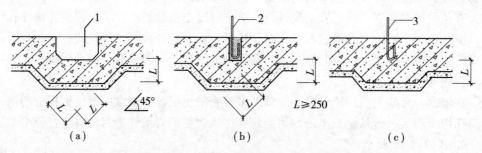

1—预留槽；2—预留洞，后装埋设件；3—直接装埋设件

图 17-4-13　预埋件或预留孔(槽)示意图

复习思考题 17

1. 防水设计的概念是什么？
2. 影响防水构造设计的因素有哪些？
3. 加气混泥土的特性及其使用时应该注意的问题有哪些？
4. 阳台排水应该注意哪些问题？
5. 试简述有机防水涂料和无机防水涂料在防水性能上的异同。
6. 变形缝的构造设计原则是什么？

第18章 建筑节能构造

◎**内容提要：** 本章从建筑节能角度出发，结合建筑围护结构构造相关知识要点，针对建筑围护结构系统节能设计展开，主要内容包括建筑围护结构保温设计与建筑围护结构隔热设计两部分。围护结构保温包括保温部位、保温材料、保温原理与方案选择等，且以墙体、门窗、屋顶几方面针对保温设计进行阐述，并列举了目前国内先进的保温设计实例。围护结构隔热包括隔热部位与方案选择，且以屋顶、墙体、窗等若干方面对隔热进行阐述。

18.1 概　　述

当前，我国建筑节能工作正有秩序、有计划地从北方向南方、从居住建筑向公共建筑、从新建建筑向既有建筑、从城市建筑向城乡建筑推进。尤其是近些年来，在国家政策和节能标准的推动下，围护结构保温隔热技术有了较大的进步，逐渐形成了采用不同材料、不同构造体系的墙体和屋面节能技术，这些与我国建筑节能标准中对于围护结构的热工参数要求、围护结构构造形式有很大的关系。

我国建筑围护结构的墙体主要采用混凝土、灰砂砖、页岩砖、混凝土砌块等重质材料，及加气混凝土、轻骨料混凝土空心砌块等轻质材料。与欧洲和北美等发达国家相比较，建筑围护结构的墙体主要采用木结构、钢结构，有很大不同。如图18-1-1所示。

图 18-1-1　建筑施工现场图

因此，我国建筑围护结构节能构造中，仍有诸多问题需要解决。在我国，建筑围护结构节能是由绝热材料与传统的硅酸盐砌块墙体、屋面材料或某些新型墙体以及屋面材料复合完成的。绝热材料主要以聚苯乙烯泡沫塑料、玻璃棉、矿棉、岩棉、加气混凝土、膨胀珍珠岩等材料组成。与单一材料的围护结构节能效果相比较,复合材料围护结构在节能设计中,由于采用了高效的绝热材料而具有更好的热工性能和节能性能。

18.2 建筑围护结构节能保温构造

保温构造是建筑围护结构节能设计的关键所在,也是保证建筑物保温质量和合理使用建设投资的重要环节。我国严寒地区的各类建筑物以及非寒冷地区有空调要求的建筑物(如医疗、宾馆以及实验室等)均要求进行保温构造设计。合理的保温构造设计不仅可以保证建筑物的使用质量和耐久年限,而且对于建筑节能,有效降低采暖、空调设备投资和运行费用具有十分重要的意义。

18.2.1 建筑节能保温构造设计原则

在建筑节能保温构造设计中,应针对建筑物需要考虑保温的部位进行设计,主要有外墙(其中包括墙体上设置的门窗)、屋顶以及建筑物的某些特殊部位(如建筑中作为冷库使用的房间、以及其他相邻房间之间的墙体、楼板等)。因此,从建筑节能的角度考虑,在建筑物使用过程中,两侧存在较大温差且又有保温要求的部位,均应进行保温构造设计。

18.2.2 建筑保温材料

根据建筑物传热过程,寒冷时段或季节,热量主要通过建筑物外围护结构(外墙、屋顶、门窗等)由室内高温一侧向室外低温一侧传递,热量传递过程即室内热量损失过程,从而造成室内变冷。热量在传递过程中若遇到阻力,这种阻力称为热阻,其单位为 $m^2 \cdot K/W$。热阻越大,通过围护结构部位的热量传递越少,说明围护结构的保温性能越好;反之,热阻越小,说明围护结构保温性能越差,热量容易损失。所谓保温材料就是指热阻大的材料。在建筑工程中,一般根据材料的导热系数(单位:$W/(m \cdot K)$)的大小来确定其保温的能力,通常将导热系数小于 $0.3W/(m \cdot K)$ 的材料称为保温材料。保温材料的容重一般不大于 $1000kg/m^3$,多为轻质多孔材料。表 18-2-1 中列出了一些常用保温材料及其热工性能。

表 18-2-1　　　　　　　　　　　常用建筑保温材料热工指标

材 料 名 称	容重 /(kg/m³)	导热系数 /(W/m·K)
珍珠岩混凝土	1000	0.28
珍珠岩混凝土	800	0.22
珍珠岩混凝土	600	0.15
陶粒混凝土	1000	0.30
陶粒混凝土	800	0.25

续表

材　料　名　称	容重 /(kg/m³)	导热系数 /(W/m·K)
陶粒混凝土	600	0.20
陶粒混凝土	400	0.15
多孔混凝土(加气混凝土、加气硅酸盐、泡沫硅酸盐)	1000	0.35
多孔混凝土(加气混凝土、加气硅酸盐、泡沫硅酸盐)	800	0.25
多孔混凝土(加气混凝土、加气硅酸盐、泡沫硅酸盐)	600	0.18
多孔混凝土(加气混凝土、加气硅酸盐、泡沫硅酸盐)	400	0.12
多孔混凝土(加气混凝土、加气硅酸盐、泡沫硅酸盐)	300	0.11
矿棉	150	0.06
玻璃棉	100	0.05
炉渣	1000	0.25
炉渣	700	0.19
膨胀珍珠岩	250	0.08
膨胀蛭石	300	0.12
陶粒	900	0.35
陶粒	500	0.18
陶粒	300	0.13
稻草板	300	0.09
芦苇板	350	0.12
芦苇板	250	0.08
稻壳	250	0.18
聚苯乙烯泡沫塑料	30	0.04
白灰锯末	300	0.11
软木板	250	0.06
软木屑板	150	0.05
沥青蛭石板	150	0.075

建筑保温材料按其材质构造可以分为多空板块状和松散状两类，根据其化学成分，可以分为无机材料(如加气混凝土、矿渣、膨胀珍珠岩、矿棉、陶粒、玻璃棉等)和有机材料(如软木、稻壳、纤维板等)两种。

恰当地选择保温材料是建筑围护结构保温节能设计的重要工作之一，具有复杂性的特点。一方面要考虑选择热阻高(导热系数小)的材料，同时又要考虑材料是否具有承载要求、施工的难易程度、材料的配比等方面的要求。因此，在选择建筑保温材料时，应充分考虑材料本身的物理性能、强度、耐久性、防火性、耐腐蚀性等，同时还应结合建筑物的使用性质、构造特点、施工工艺、成本造价等多方面的因素进行综合分析、比较，从而做出经济合理、切实可行的选择。

18.2.3 建筑围护结构保温构造方案选择

为了达到建筑物的保温设计要求，常见的建筑构造方案如下。

1. 单一材料的保温构造

单一材料保温构造方案是由导热系数很小的材料来做建筑物的保温层，从而达到建筑物保温作用的目的。主要特点为选用的保温材料的保温性能比较高，一般保温材料不承重，因此可选择的灵活性较大，不论是板块状、纤维状还是松散颗粒状材料均可采用，可以用于屋顶及墙体的保温构造做法。

2. 保温材料与承重材料相结合的保温构造

空心板、各种空心砌块、轻质实心砌块等，既有承载功能，又能满足保温要求，可以选择用于保温与承重相结合的构造方案中。这种构造方案的特点是构造比较简单、施工比较方便。在选择材料时，应注意既要材料的导热系数比较小，又要材料强度满足承载要求，同时具有足够的耐久性。

3. 封闭空气间层保温构造

封闭的空气间层具有良好的保温作用。作为保温作用的空气厚度，一般以 40~50mm 为宜。为了提高空气间层的保温能力，间层内表面应采用强反射材料，例如涂塑处理的铝箔材料。如果采用强反射遮热板将空气间层分隔成两个或多个空气层，其保温效果会更好。这里，在铝箔上进行涂塑处理的目的是为了避免铝箔材料受到碱性物质的腐蚀，提高其耐久性。

4. 混合做法的保温构造

若单独采用上述某一种构造不能满足围护结构的保温要求，或者为了达到建筑物室内保温要求而造成技术上的不合理，可以采取混合做法的保温构造。例如，既有实体材料的保温层，又有封闭空气间层和承重结构的外墙或屋顶。混合做法的保温层构造较为复杂，但保温性能好，在节能设计中对热工要求较高的房间得到较多采用。

18.2.4 保温层与承载结构关系的选择

保温层的位置对于建筑围护结构系统使用有很大影响。在通常情况下有三种布置方式：在承载结构外侧；在结构层中间层；在结构层内侧。从保温效果以及对承载结构层实施来看，保温层放置在承载结构外侧更为有利(保温层在低温一侧)。其原因是：

(1)保温层在建筑物外侧可以使得墙体和屋顶的承载结构层部位受到良好的保护，大大降低温度波动对结构产生的影响，从而提高建筑物结构层的耐久性。

(2)承载结构层材料的热容量一般均远远小于保温材料的热容量，因此，保温层放置在承载结构层的外侧，对维持房间的热稳定性有利。由于结构层的材料蓄热系数较保温层材料的蓄热系数要大，其表面温度的波动较小，热量传递过程中，可以保证外墙及屋顶内表面的温度不致急剧下降，避免因外界环境温度波动引起的室内温度过快下降。

(3)若将保温层设置在承载结构层外侧，将减少保温层材料内部产生水蒸汽冷凝的机会。

当然，保温层设置在承载结构层的外侧方案并非在任何情况下都是有利的，也存在其不足之处。由于大多数保温材料不能防水，且强度都较低，耐久性较差。所以，若将保温层设置于室外低温一侧，就必须加设防水保温层。另外，对于间歇使用的房间，如影剧院、体育馆等类型建筑，要满足使用前临时供热且要求室温能很快上升到所需要的标准，采用将保温层设置在结构层的内侧的方案更为合理。

18.2.5　不同部位节能保温构造设计

1. 墙体保温构造

（1）常见墙体保温构造

墙体保温是建筑物节能保温系统中非常重要的一个部分，也是通常情况下建筑物面积最大的部分。结合上述常见建筑保温构造方案，下面就一些具体墙体保温构造做法进行具体介绍。

①钢筋混凝土墙体或砌体结构墙体（包括粘土砖及其他材料的空心承重砌块等），内侧粘贴棉板。这种做法适合墙承载结构建筑物的墙体保温要求。如图 18-2-1（a）所示。

②钢筋混凝土墙体或砌体结构墙体，内侧做水泥珍珠岩砂浆保温层，然后做 2mm 厚的纸筋灰罩面装饰层。这种做法同样适合墙体承载结构建筑物的墙体保温要求。如图 18-2-1（b）所示。

③加气混凝土砌块墙体或轻型空心砌块墙体，这种做法适合柱承载结构建筑物中的非承重结构的填充墙的保温要求。如图 18-2-1（c）所示。

④钢筋混凝土墙体或砌体结构墙体，中间设置 40mm 厚度以上的封闭空气间层，并铺钉 4mm 厚的经过涂塑处理的双层铝箔板。这种构造做法适合具有较高保温要求的建筑物以及严寒地区建筑物的保温要求。如图 18-2-1（d）所示。

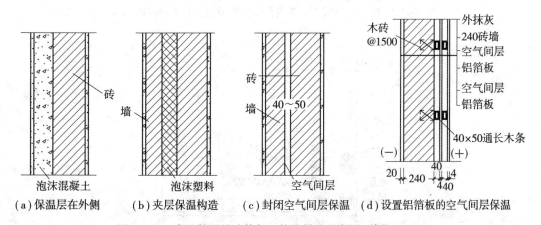

（a）保温层在外侧　　（b）夹层保温构造　　（c）封闭空气间层保温　（d）设置铝箔板的空气间层保温

图 18-2-1　常见外围护墙体保温构造做法示意图（单位：mm）

（2）墙体传热异常部位节能保温构造

上述几种墙体节能保温构造做法是主要针对外围护结构的主体部分而言。实际工程中，外围护结构墙体往往有许多传热异常的部位以及一些常见的其保温性能远低于主体部分的嵌入构件,如外墙中的钢筋混凝土构件、过梁、圈梁等。这些传热异常部位及嵌入构件的热损失比同面积的墙体主体部分热损失高得多,所以它们的内表面温度的部位称为热桥。对于这些热工薄弱的部位,必须采用相应的保温措施,才能使建筑物的围护结构整体上保证保温和节能效果。下面介绍几种热桥部位的保温做法。

①大模建筑及大板建筑预制外墙板间连接节点保温构造做法。

大模建筑和大板建筑是高层住宅建筑常用的建筑类型。考虑到外围护结构的保温要求,其预制外墙板采用在钢筋混凝土板厚度的中部加设 50~100mm 厚度的高热阻保温材料(如岩棉、珍珠岩、加气混凝土等)的复合外墙板,以增强外墙板的主体部分保温。但在相邻两块预制外墙板的连接节点处,考虑到现场处理结构连接的需要,预制外墙板在此处做得比较薄,不可能做成具有保温功能的复合墙板形式,因此,这些节点连接处易形成热桥,必须在现场对其进行特殊的保温构造处理。如图 18-2-2、图 18-2-3 所示为大模建筑(或大板建筑)预制外墙板间连接处的保温构造做法。

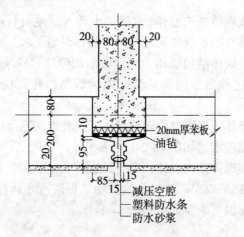

图 18-2-2　内、外墙板丁字节点保温构造做法示意图(单位:mm)

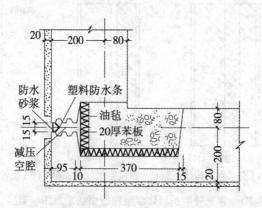

图 18-2-3　外墙板阳角节点保温构造做法示意图(单位:mm)

②排架结构单层厂房轻质填充墙基础梁下保温构造做法。

排架结构的单层工业厂房建筑,其轻质填充外墙(非结构墙体,北方寒冷地区多选用导热系数较小的保温墙体材料)一般承托在设置于室内外地坪附近的基础梁上，为节约墙体材料，基础梁下一般不设置墙体。但这种做法会造成在冬季情况下，室内热量将通过勒脚和地坪经基础及其下土层向外散失，影响厂房内的保温效果，如图18-2-4所示。

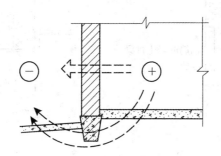

图 18-2-4　勒脚墙及基础梁处散热途径示意图

解决上述问题的方法是在基础梁下部及其周围采用保温性能较好的炉渣等松散材料填充。这种做法的好处是采用松散材料填充可以避免或减弱土层冻胀基础对梁及墙体产生不利的反拱影响，冻胀严重时，还可考虑在基础梁下预留空隙，图18-2-5所示。

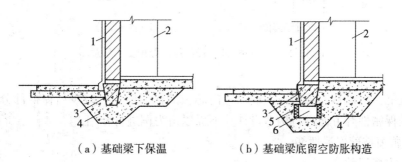

（a）基础梁下保温　　　　　　（b）基础梁底留空防胀构造

1—外墙；2—柱；3—基础梁；4—炉渣保温材料；5—立砌普通砖；6—空隙
图 18-2-5　基础梁下部保温构造做法示意图

③墙体常见传热异常部位保温构造做法。

通常情况下，柱承载结构建筑物中的钢筋混凝土梁、过梁、圈梁等构件，易形成热桥。为了防止这些热桥部位过多散失室内的热量以及其内表面可能出现的结露现象，应在这些部位采取局部保温构造措施，如图18-2-6、图18-2-7所示。

2. 门窗节能保温构造

门窗设计是建筑设计中的重要组成部分，门窗的形式和大小与许多因素有关，如建筑造型、建筑立面、房间采光和通风要求、保温和隔热要求、建筑节能等方面，因而，门窗的设计应综合考虑各种因素、要求和需要。本节就建筑节能保温的角度讨论门窗的基本构造要求。

相关试验表明，以双层木窗为例，在可开启窗户的总热损失中，通过玻璃部分损失的热量约为35%，通过窗框扇等构件部分损失的热量约占5%，而冷风渗透的热损失则达到60%左右。显然，加强门窗缝隙的密闭处理，是门窗保温构造设计的重点。此外，相对围护结构中的墙体部位而言，门窗玻璃及窗框构件仍是热损失较大的部位。为改善和提高门

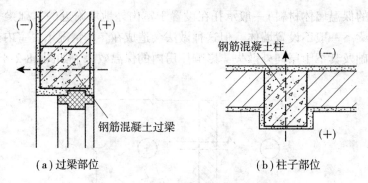

图 18-2-6　外墙上"热桥"部位示意图

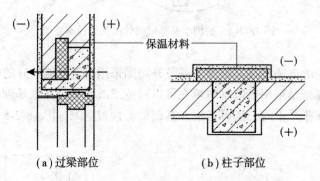

图 18-2-7　"热桥"部位局部保温处理做法示意图

窗的保温性能，可以从改善门窗玻璃以及门芯板的保温能力、减少门窗框部分的热损失、增强门窗的保密性等方面进行构造设计。下面以窗为例进行介绍。

（1）改善窗玻璃保温性能

①增加窗扇层数。

增加窗扇层数是改善和提高窗户的保温能力的重要方法之一。单层窗户的热阻很小，一般适用于非寒冷区域。在严寒区域和寒冷区域，采用双层窗户或三层窗户，可以有效地提高窗户的保温性能。因为在双层窗或三层窗之间所形成的空气层增大了窗户的热阻。如表 18-2-2 所示为不同窗扇层数和窗户的总热阻和总导热系数。

表 18-2-2　　　　　　　　　　　玻璃窗的总传热阻和总导热系数值

窗户类型		总传热阻/($m^2 \cdot K/W$)	总导热系数/($W/m \cdot K$)
木窗	单层	0.200	5.0
	双层	0.400	2.5
	三层	0.667	1.5
金属窗	单层	0.182	5.5
	双层	0.357	2.8
	三层	0.500	2.0

需要注意的是，若采用双层窗户，内侧层的窗户应尽可能做得密封性好一些，而外侧层的窗扇和窗框之间则不宜做得过分严密。因为在寒冷季节，水蒸汽总是通过缝隙由室内向室外扩散的，如果内侧窗户密封性不好而外侧窗户过于严密，则水蒸汽渗透进入双层窗扇之间的空气间层后，由于不易排出室外，就会在外层窗户的内表面形成大量结露或结霜现象。

②采用双层玻璃窗或中空玻璃窗。

双层玻璃窗是指在单层玻璃窗扇上安装双层玻璃的窗户类型。双层玻璃窗的两层玻璃的间距大小对窗户的导热系数有较大的影响，一般以 20~30mm 为宜，此时的导热系数最小。若两层玻璃的间距小于 10mm，导热系数将变得很大；但间距若大于 30mm，其保温能力将不再提高，且此时窗框、窗扇的截面尺寸也要相应增加，材料消耗增加，会增加窗户的造价。双层玻璃窗的保温性能比一般双层窗户要好一些，但与双层窗户的要求一样，为避免外层玻璃内表面出现结露、结霜现象，在构造上必须保证双层玻璃窗空气层的绝密性。

中空玻璃窗是指中空玻璃(或空心玻璃砖)带起普通平板玻璃的窗户类型。中空玻璃窗的保温能力比较强，但其造价相对较高。

(2)减少窗框部分的热损失

不同材料的窗框，其材料的导热性能不同，热损失也有差异。一般地，木框的导热系数较小，塑钢框的导热系数取决于塑料材料而定，通常不是很大，而钢窗和铝合金窗等金属材料窗框的导热系数较大，窗户热损失明显。为了减少窗框部分引起的热损失，在金属构件中往往采用空心截面，如空腹型钢窗；还有一种采用切断热桥的方法，如铝合金窗框中将截面分为内外两层，利用导热系数小的硬质尼龙或硬质塑料材料做成连接板嵌压在内外两侧的铝合金窗框之间，切断内外两侧铝合金窗框之间的传热途径，从而提高窗框保温性能。如图 18-2-8 所示为一种采用硬质塑料做连接板的铝合金窗框断面。

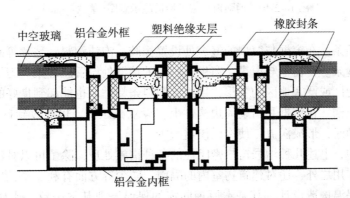

图 18-2-8　采用硬质塑料夹层(连接板)的铝合金窗框断面示意图

(3)增强窗户的密闭性

一般窗户的构造，在窗框和窗扇之间都有缝隙，这些缝隙的存在恰恰是窗户增加热损失的一个主要原因。在可开启的双层木窗的热损失中，经由窗户缝隙而造成的冷风渗透的热损失高达 60%左右，若采用固定的双层木窗，由于缝隙的减少，冷风渗透造成的热损失可以大大减少，可以降低到总热损失的40%左右。由此可见，增强窗户的密闭性在提高窗户的保温性能方面至关重要。

如图18-2-9、图18-2-10所示，增强窗户密闭性的措施有以下几种。

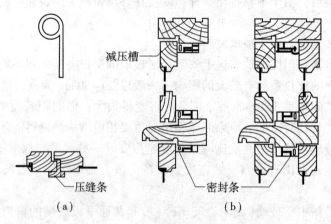

图18-2-9　木窗窗缝密封处理示意图

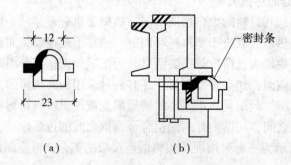

图18-2-10　增强窗户密闭性措施示意图(单位：mm)

①设置密闭条。在窗框与窗扇的缝隙处设置橡胶、泡沫塑料、毡片等制成的密封条。

②设置压缝条。在窗框与窗扇、窗扇与窗扇的接缝处设置压缝条。为了增加窗户的密闭性，在寒冷地区或严寒地区的冬季，用纸或塑料条粘贴，也能起到良好的保温作用。

③设置减压槽。在窗框和窗扇周边构件上，设置减压槽，也能收到良好的保温效果，当风吹进减压槽时，形成涡流，使冷风渗透减少。

实际情况中，上述几种增强窗户密闭性的各种措施处理，除了可以对建筑物室内保温效果起到重要作用之外，还对建筑物室内的隔声、防尘等方面有利。

有关门的保温构造设计，其基本原理同窗的保温原理基本一致。比如，改善玻璃门(对于门而言，还应包括门芯板部分)的保温能力，减少门框部分的热损失，增强门的密闭性等。而门的特殊性在于，其开启比窗户的频率要高，所以，在加强门的密闭性措施方面不是设置密封条或压缝条等，而是通过设置双道门、转门等形式，或者通过设置防风门斗、悬挂保温门帘等措施来达到提高门的保温能力的目的。

3. 屋顶保温构造

结合建筑物屋顶保温层与防水层的相对位置和关系，屋顶保温构造有以下几种类型。

（1）保温层直接设置于防水层下

保温层直接设置于防水层下，这种保温屋顶做法的特点是，屋顶防水层（其中包括不同材料防水层的基层）直接做在保温层之上，保温层与防水层之间无空隙。这种构造方式中，由于防水层直接接触保温层从而受到室内升温的影响，因而被称为"热屋顶保温体系"。热屋顶保温体系的优点是构造简单、施工方便。其缺点是若室内的水蒸汽渗透入保温层，由于其上部密闭的防水层阻挡，进入保温层内的水蒸汽无法顺利排出，这样会使得保温层的含水量增加，在一定程度上降低屋顶保温层的保温效果，甚至影响保温材料的使用寿命。

由于这种构造做法简单，施工方便，热屋顶保温体系的屋顶做法非常普遍。下面根据坡屋顶与平屋顶的不同，做一些介绍。

①坡屋顶做法。在各地方传统的坡屋顶民居建筑中，有许多很好的做法，其大多采用一些地方材料，造价低廉，构造简单，而且具有良好的保温效果。如草屋顶、麦秸泥窝瓦的屋顶、麦秸泥清灰屋顶等保温屋顶形式，如图 18-2-11（a）、（b）、（c）所示。

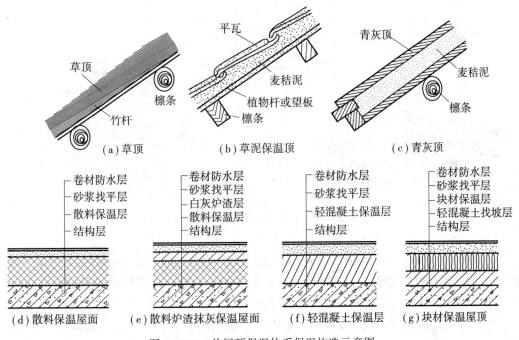

图 18-2-11　热屋顶保温体系保温构造示意图

②平屋顶做法。用于平屋顶保温的材料通常有散料、现场浇筑轻质混凝土和板块料三大类。

散料保温层的保温材料主要有炉渣、矿渣等工业废料。由于散料无法固结，对其上部设置的卷材防水层无法提供坚固平整的基层，因而工程上多采用石灰或水泥浆把炉渣或矿渣胶结成一个整体，以利其上部卷材防水层的施工制作。如图 18-2-11（d）、（e）所示。

现场浇筑混合料的保温层做法，一般是以炉渣、矿渣、陶粒、膨胀蛭石、膨胀珍珠岩等作为轻骨料，与水泥浆搅拌成轻质混凝土现场浇筑而成。如图 11-2-11（f）所示。

　　以上两种保温层做法均可以与屋面排水需要的找坡层结合起来制作，即把保温层散料或轻质保温混凝土铺设浇筑成事先设计的不同厚度，以形成需要的屋面排水坡度。

　　板块料的屋面保温层做法，主要的板块保温材料可以采用水泥、沥青、水玻璃等做胶结材料，而制作的预制膨胀珍珠岩板、预制膨胀蛭石板、加气混凝土砌块、聚苯板等块材或板材。如图 18-2-11(g)所示。

　　(2)保温层与其防水层之间设置非封闭的空气间层

　　保温层与其防水层之间设置非封闭的空气间层，这种保温屋顶做法的特点是，在屋顶保温层与防水层之间设置非封闭的空气间层。构造方式中，由于室内采暖的热量不能直接影响屋顶防水层，因而被称为"冷屋顶保温体系"。冷屋顶保温体系的优点是，由于设置于保温层之上的空气间层是非封闭式的，亦即，在这个空气间层中应形成良好的空气流动(多利用屋脊及檐口处设置通风口)。因而，将有助于带走由室内透过顶棚层及结构层渗透进入保温层的水蒸汽，避免形成凝结水，保持保温层的干燥状态，使之达到良好的保温效果。其弊端是构造较为复杂。如图 18-2-12 所示为冷屋顶保温体系中的通风空气间层示意图。

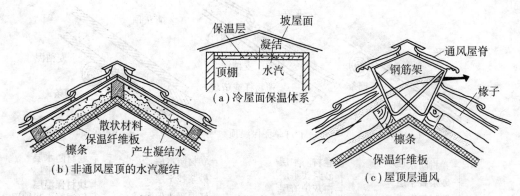

图 18-2-12　冷屋顶保温体系通风空气间层示意图

　　冷屋顶保温体系的屋面做法在坡屋顶做法中较为普遍，这与坡屋顶剖面中存在三角形的"闷顶"空间有很大关系，在平屋顶做法中也能形成冷屋顶保温体系的做法形式，但较多见于南方地区。下面根据坡屋顶与平屋顶的不同，分别予以介绍。

　　①坡屋顶做法。坡屋顶的保温层一般坐落在顶棚的上面，可以采用散料，比较经济，但不方便，见图 18-2-12(a)、(c)。也可以采用较轻质纤维板或纤维毯成品铺在顶棚层的上面，见图 18-2-12(b)。

　　有些坡屋顶的建筑中，为了利用坡屋顶下面的"闷顶"空间，也可以把屋顶保温层设置在斜屋面的下部，如图 18-2-13 所示。

　　②平屋顶做法。在平屋顶上采用冷屋顶保温体系的做法，通常要在保温层上通过垫块垫起预制钢筋混凝土板的支撑层(以便承托其上的屋面防水结构)，来形成可使空气流通的空气间层，如图 18-2-14 所示。

　　(3)特殊构造形式的保温屋面

　　①保温层设置在屋顶结构层下面的保温层屋面。保温层设置在屋顶结构层下面的做法

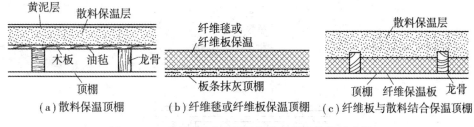

(a) 散料保温顶棚　　(b) 纤维毯或纤维板保温顶棚　　(c) 纤维板与散料结合保温顶棚

图 18-2-13　坡屋顶冷屋顶保温体系保温构造示意图

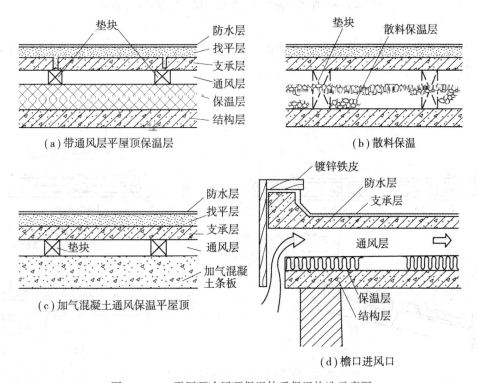

(a) 带通风层平屋顶保温层　　　　　　(b) 散料保温

(c) 加气混凝土通风保温平屋顶　　　　(d) 檐口进风口

图 18-2-14　平屋顶冷屋顶保温体系保温构造示意图

也称为"下保温屋面",实际工程中不多见。主要用于采用槽形板做屋顶结构层的工程中,一般是将板块形式的保温材料粘结在槽形板朝下的凹槽内。有些情况下,可能由于采用构件自防水屋面板或其他原因不得不将保温层设置在屋顶结构层下。如图 18-2-15 所示。此种做法存在的问题表现在:其一,屋顶的结构层不能得到充分的保护(保护主要由保温层实现),保温层设置在内侧,其外侧的结构层常年经受冬夏季极大温差的反复影响,结构层的温度变形加大,不利于建筑结构的耐久性要求;其二,保温层更容易受到室内水蒸汽的渗透作用,极易在保温层内形成冷凝水,从而导致保温层的保温效果下降;其三,由于没有下部结构层的支撑作用,保温层的牢固程度受到极大的影响。

②保温层夹设在屋顶结构板中间的保温屋面。保温层夹设在屋顶结构板中间的做法可以称为"夹心保温屋面板",在我国部分地区的工业建筑物中使用。如图 18-2-16 所示。

夹心保温层屋面板具有承载、保温、防水多种功能,可以大大减少高空作业,施工速

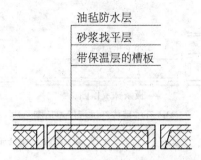

图 18-2-15 保温层设置在屋顶结构层下保温屋面示意图

度比较快。其缺点是不同程度的存在板面、板底裂缝，以及自重较大，温度变化因子的板自身起伏变形大，以及存在"热桥"等问题。

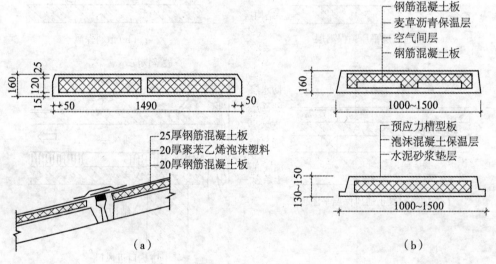

图 18-2-16 夹心保温屋面板示意图(单位：mm)

③保温层设置在防水层上面的保温屋面。传统的屋顶做法构造顺序从上到下是防水层、保温层、结构层，而保温层设置在防水层上面的保温屋面其构造层次为保温层、防水层、结构层，由于这种屋顶与传统的屋顶做法构造顺序相反，因此，也称为"倒铺式保温层屋面"或"倒置式保温屋面"。如图 18-2-17 所示为倒铺式保温屋面的构造。

倒铺式保温屋面做法的最大优点是屋顶防水层得到了充分保护，防水层由于未受到太阳辐射和剧烈气候变化的直接影响，全年温差变化小，不易受到外界因素的损伤，这对于提高建筑物防水层的耐久性、延长其寿命、降低漏水几率均十分有利。图 18-2-18 显示了倒铺式保温屋面与传统屋面做法在防水层上全年温度的变化比较。从曲线的变化来看，传统做法屋面防水层的全年温差变化高达 85℃，且变化幅度范围跨越了冰点；而倒置式的保温层屋面防水层的表面温差只有十几摄氏度，且变化幅度范围在 20℃ 以内。即使在寒冷区域的冬季，倒铺的保温层防水层也不会出现结冰现象。

倒铺式保温屋面做法也存在问题，如大多数轻质多孔保温材料吸水率均较高，倒铺式

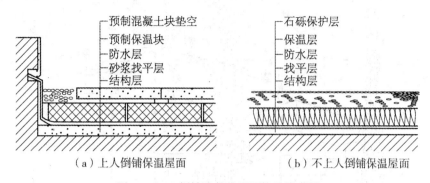

（a）上人倒铺保温屋面　　　　　（b）不上人倒铺保温屋面

图 18-2-17　倒铺式保温屋面构造示意图

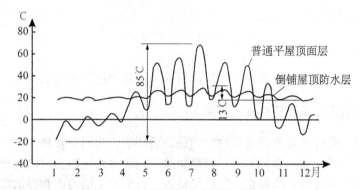

图 18-2-18　倒铺式保温屋面与传统做法屋面的防水层全年温差变化比较曲线

保温层屋面中的保温层在最上部，外界自然的雨雪水极易渗入到保温层中，从而增大了保温层含水率，影响保温效果。因此，选择吸湿性低、耐水性好、耐候性强的保温材料，是倒铺式保温屋面需要解决的问题。经相关试验和工程实践证明，目前在倒铺式保温屋面中多采用聚氨酯和聚苯乙烯发泡材料作为保温材料较为理想。

18.3　建筑隔热构造

在我国夏季炎热地区，房屋在强烈的太阳辐射和较高气温共同作用下，通过屋顶和外墙，尤其是屋顶和东、西外墙，大量的热量通过热传递进入室内，通过开敞的门窗洞口直接透进的太阳辐射热和热空气，以及建筑物室内生活余热或生产活动所产生的热量。这些从建筑物室外传递进来的和建筑物室内产生的热量，使得建筑物室内急剧升温，从而引起建筑物室内热环境的不舒适性。如图 18-3-1 所示。要改善建筑物室内这种不舒适热环境，就需要在建筑物的某些部位采用有效的隔热和防热措施。本节主要针对建筑物的节能放热进行分析。

18.3.1　建筑隔热部位

建筑物需要考虑隔热措施的方面与上述章节的保温问题结合起来考虑，其需要考虑的方面和部位基本上一样，即主要包括外墙、屋顶、墙体上设置的门窗，以及建筑物中某些

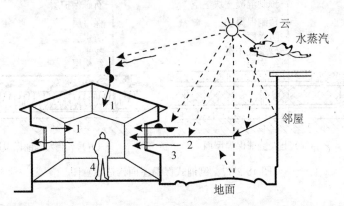

1—屋顶、外墙传热；2—窗口辐射；3—热空气交换；4—室内余热(设备、日常生活及人体散热)

图 18-3-1　室内过热示意图

局部特殊部位，如建筑物中作为冷库用的房间和其他相邻房间之间的墙体、楼板等)。

18.3.2　建筑围护结构隔热方案选择

建筑隔热的主要任务是改善建筑物内的热舒适环境，减弱室外热作用的影响，使室外热量尽可能少地传入室内，并使室内多余热量尽可能快地散发出去，以避免室内过热。在进行建筑隔热构造设计时，应根据地区气候特点、人们的生活习惯和要求以及房屋的使用情况等，采取包括隔热构造、窗口遮阳、自然通风以及加强绿化等综合的隔热措施，以创造出良好的建筑物室内气候环境。在建筑物围护结构方面，建筑隔热的主要构造方案和措施有以下几种。

1. 减弱建筑物室外的热作用

减弱建筑物室外的热作用，主要是正确地选取房间的朝向和布局，防止日晒。同时，要做好周围环境的绿化，以利于降低环境辐射和气温，并对热风起冷却作用。对建筑物围护系统的外表面尽量采用浅颜色的饰面材料，以利于减少对太阳辐射的吸收，从而减少建筑物的传热量。

2. 加强建筑物围护系统的隔热和散热

对于建筑物的屋顶和外墙，特别是西向的外墙，要加强隔热处理，减少传入室内的热量和降低围护结构系统内表面的温度。因此，合理地选择建筑物围护结构的材料以及合理的构造设计十分关键。隔热构造方案应根据实际情况考虑，理想的设计应是白天隔热效果好而夜间散热速度快。

3. 形成建筑物房间的有效自然通风

自然通风是排除房间余热、提高人体热舒适感的有效途径。通过设计，使房间形成自然通风，引风入室，带走室内的部分热量并形成一定空气流动，利于人体的散热。要组织好房间的自然通风，可以从以下几个方面采取措施：

(1)房间朝向应尽量与夏季室外主导风向一致，避免房间朝向与夏季主导风向垂直的情况出现。

(2)应合理设计房间的布局形式，正确选择房屋的平面和剖面，合理确定门、窗等房间开口的位置和面积。

（3）采用通风层等各种通风构造措施。

（4）结合建筑物外造型和立面，合理设置导风空间或导风板。

4. 窗口遮阳

窗口遮阳的作用主要是阻挡直射阳光从窗口透入，减少阳光对人体的辐射热，防止室内墙面、地面和家具表面被阳光晒热从而导致室温升高。遮阳的方式多种多样，应结合不同区域，不同地理纬度以及气候特点进行具体的选择方式和设计。一般情况下，除采用专门的遮阳板措施外，还可以采用临时性的布篷、植物杆茎制成的遮阳帘、活动的金属百叶；或者结合建筑构件（如挑檐、雨棚、阳台、外廊等）的处理；或利用种树或攀缘植物等景观绿化措施。

18.3.3　建筑部位隔热

1. 屋顶隔热构造

（1）实体材料隔热屋面

如图 18-3-2 所示，实体材料隔热屋面构造结合具体不同的方案，进行详细分析。

图 18-3-2（a）为未设置隔热层的屋顶构造形式，其热工性能极差，在炎热地区的夏季，其内表面温度很高，结合此一问题，为了达到合适的室内微气候条件，屋顶隔热可以采取以下实体材料隔热构造。

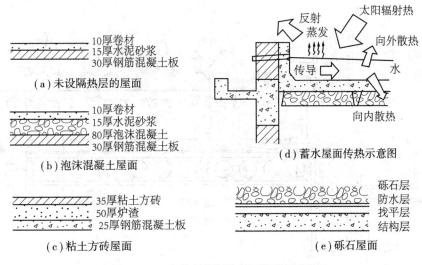

图 18-3-2　实体材料隔热屋面构造示意图

1）采用导热系数小的材料做屋顶隔热层。如图 18-3-2（b）所示为增加了 80mm 厚泡沫混凝土隔热层的屋顶做法，其隔热效果明显改善。经测试，其内表面最高温度比未设置隔热层时降低了 19.8℃，平均温度则降低了 7.6℃。

2）屋顶隔热材料上层加铺蓄热系数大的粘土方砖或混凝土板。为适应炎热多雨地区的气候条件，在屋顶隔热材料层的上面添加一层蓄热系数大的粘土方砖（或混凝土板），以增强屋顶的热稳定性。尤其在雨后时段，粘土方砖吸水，蓄热性增大，从而增大水分蒸发，散发部分热量，从而提高屋顶的隔热效果。这种构造的缺点是会增大屋顶的自重。如图 18-3-2（c）所示。

3）种植隔热屋面。在平屋顶上栽种植物，通过栽培介质层的热作用以及植物吸收阳光进行光合作用和遮挡阳光的作用来达到建筑物室内降温隔热的目的。在屋顶种植植物，与在地面上种植植物有许多不同，主要考虑对屋顶增加荷载以及对屋面防水层的影响。

①注意减轻屋顶荷载。由于泥土重量大、容易板结等特点，需要经常松土，管理起来较为麻烦，因此，在种植屋面上需采取一些特别的措施。可以在屋顶种植土壤中添加一定比例的陶粒或碎砖粒，既有利于减轻屋顶荷载，又可疏松土质。可以采用无土栽培技术，以蛭石、谷壳、炉渣等轻质材料作为栽培介质。蛭石是一种多结晶水的矿物质，受热时迅速膨胀，具有良好的隔热、保温、保水、吸声等作用，是一种较为理想的栽培介质材料。为了降低成本，还可以采用蛭石、谷壳、炉渣叠层法种植。栽培介质层的厚度一般在300mm 左右。

②注意做好屋面防水、排水。种植隔热屋面多采用刚性防水做法，应做好防腐蚀处理，对防水层上的裂缝可以采用一布四油遮盖，避免水和肥料从构件裂缝处渗入侵蚀钢筋。若采用油毡条封盖刚性防水层的分仓缝，则应采用耐腐蚀性好的油毡材料。屋面应形成适当的坡度，以利于及时排除积水。床埂下面对应雨水口的位置应设置排水孔和过水网，以利排水顺畅和避免杂物冲出堵塞雨水口。种植屋面构造如图 18-3-3 所示。

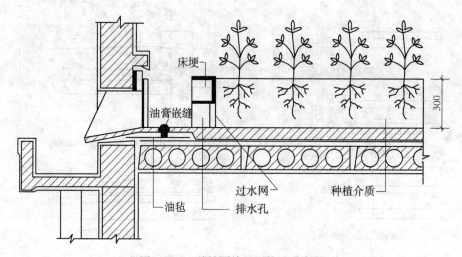

图 18-3-3　种植隔热屋面构造示意图

4）砾石隔热屋面。砾石隔热屋面主要通过砾石层蓄热系数大和热稳定性强的特点来达到屋顶降温隔热的目的。这种做法的隔热屋顶的缺点是自重较大。砾石隔热屋面如图 18-3-2（e）所示。

5）蓄水隔热屋面。蓄水隔热屋面是在檐口形式为女儿墙的平屋顶上蓄积一定深度的水而形成的屋面。在太阳辐射和室外气温的综合作用下，屋面蓄积的水吸收大量热量使水蒸发为气体，将热量带走，从而减少屋顶吸收的热能，达到建筑物室内降温隔热的目的。同时，屋面蓄水还可以反射阳光，减少太阳辐射对屋面的热作用。如果在水面养殖水浮莲一类水生植物，利用植物有吸收阳光进行光合作用和植物叶片可以遮挡阳光的特点，其隔热降温效果将会更加显著。此外，水层在冬季还可起到保温作用。由于屋面蓄水长期将防水层淹没，从而对防水屋面层起到良好的保护作用，可以减轻刚性防水屋面由于温度涨缩引起的混凝土裂缝和防止混凝土的碳化，以及推迟嵌缝胶泥等材料的老化进程，延长刚性防水屋面的使用年限。因而，蓄水隔热屋面在我国南方地区，对隔热降温、提高屋面防水质量等方面，都能起到良好的作用，但对寒冷地区、地震区和震动较大的建筑物不太适用。

为了保证蓄水隔热屋面的良好效果，其构造上应做好以下几方面。

①蓄水隔热屋面的坡度不宜大于 0.5%。

②蓄水隔热屋面应划分为边长不大于 10m 的蓄水区，以便于分区检修屋面，蓄水区之间用混凝土做成分仓墙。分仓墙底部设置过水孔，使各蓄水区的水层连通，如图 18-3-4 所示。

③一般情况下，蓄水隔热屋面的蓄水深度宜为 150~200mm。

④蓄水隔热屋面溢水孔的上部应距分仓墙及女儿墙顶面 100mm，泄水孔应与水落管连通。

⑤蓄水隔热屋面应设置人行通道，如带过水孔的门形预制走道板。

⑥长度超过 40m 的蓄水屋面，应做横向伸缩缝一道，变形缝两侧应设计成互不连通的蓄水系统。

⑦蓄水隔热屋面四周的女儿墙兼做蓄水池的分仓墙，在女儿墙上应将混凝土防水层延伸到墙面形成泛水，泛水高度至少应高出水面(即溢水孔位置)100mm。

⑧蓄水隔热屋面一般应设置给水管，以保证蓄水池的水源。有的地区采用深蓄水隔热屋面做法，即蓄水深度远远大于 150mm，达到 600~700mm 深。这种深蓄水隔热屋面的水源完全靠天然雨水补充，而不需要人工补充水，管理简单，还可进行养殖。深蓄水隔热屋面为了避免蓄水池中的水干涸，其蓄水深度应大于当地气象资料统计的历年最大雨水蒸发量。与此同时，深蓄水隔热屋面的荷载较大，结构设计时必须给予充分考虑，以确保建筑结构的安全。

(2)封闭空气间层隔热屋面

结合上述提及的屋顶隔热构造方法，其最主要的缺点是屋顶自重过大，为了减轻屋顶自重，可以采用空心大板屋面，利用其形成的封闭空气间层来达到建筑物室内隔热的目的。在封闭空气间层中的传热方式主要是辐射传热，而不像实体材料隔热屋面那样主要是导热。如图 18-3-5(a)所示，采用空心大板做封闭空气间层隔热屋面的做法。为了进一步提高封闭空气间层的隔热能力，可以在空气间层内铺设反射系数大、辐射系数小的材料(如铝箔)，以减少辐射传热量，如图 18-3-5(b)所示。铝箔质轻且隔热效果好，对隔热屋顶减轻自重很有利。经测试，空气间层内铺设铝箔后，空心大板内表面温度比没有铺设铝箔的降低了 7℃，隔热效果明显。如图 18-3-5(c)所示为在空心大板外表面铺白色光滑的无水石膏的隔热屋面做法，测试结果其内表面温度比空气间层内铺设铝箔的做法降低了 5℃，比未铺设铝箔的做法降低了 12℃。由此说明选择屋顶的面层材料和颜色的重要性。

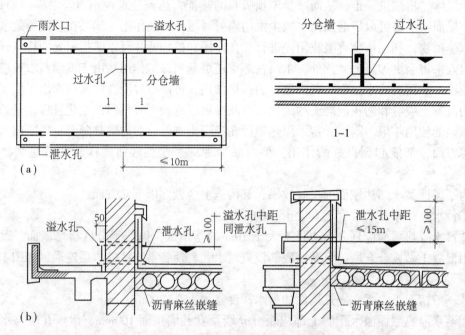

图 18-3-4　蓄水隔热屋面构造示意图

一般可选择对辐射热的反射系数较大的材料(例如白色表面或磨光表面的材料),这样可以减少屋顶外表面对太阳辐射的吸收,并且增加了面层的热稳定性,使空心大板的上壁温度降低,辐射传热量减少,从而使屋顶内表面温度降低。

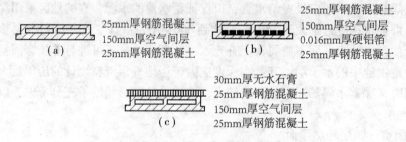

图 18-3-5　带有封闭空气间层的隔热屋面示意图

(3)通风层降温隔热屋面

在屋顶中设置可形成空气流动的间层,利用间层通风,排走一部分热量,使屋顶形成两次传热,以降低传至屋顶内表面的温度,如图 18-3-6(a)所示为屋顶通风散热示意图。经测试表明,通风层降温隔热屋面与无通风层的屋面相比较,其降温效果有明显的提高。如图 18-3-6(c)所示为无通风层屋面的构造做法,如图 18-3-6(d)所示为有通风层降温的隔热屋面构造做法,如图 18-3-6(b)为两者的隔热效果比较曲线。

根据通风层的位置不同,可以把通风层降温隔热屋面分为以下两类。

1)通风层设置在屋顶结构层的下面。这种做法即在屋顶结构层下面设置吊顶棚,并

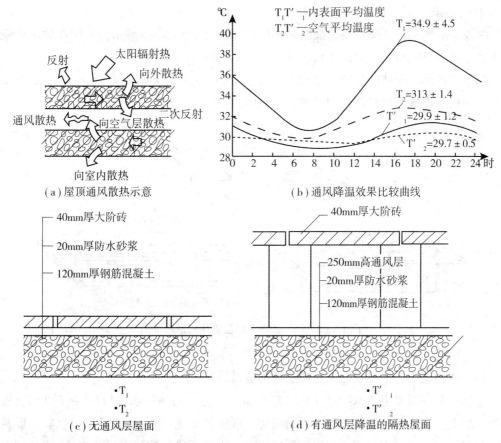

（a）屋顶通风散热示意　　　　　　（b）通风降温效果比较曲线

（c）无通风层屋面　　　　　　　（d）有通风层降温的隔热屋面

图18-3-6　通风层降温隔热屋面传热与降温构造示意图

在檐墙处设置通风口。平屋顶下和坡屋顶下设置通风层的做法如图18-3-7所示。

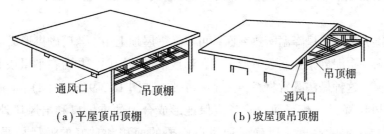

（a）平屋顶吊顶棚　　　　　　　（b）坡屋顶吊顶棚

图18-3-7　通风层设置在屋顶结构层下面的降温隔热屋顶示意图

2）通风层设置在屋顶结构层的上面。如图18-3-8所示，这种做法可以通过以下几种构造方式形成。

①双层瓦通风降温隔热屋面。将坡屋顶的屋面瓦做成双层的形式，使屋檐处形成进风口，并在屋脊处设置出风口，如图18-3-8(a)所示。

②槽形板大瓦通风降温隔热屋面。采用钢筋混凝土槽形板上铺设弧形瓦，同样需要在

屋檐处形成进风口,并在屋脊处设置出风口,同时,室内天棚可得到较平整的平面,如图18-3-8(b)所示。

③椽子或檩子钉纤维板通风降温隔热屋面。如图18-3-8(c)所示,采用在坡屋顶椽子或檩条下铺钉纤维板,以形成通风层来达到降温隔热的目的。

以上3种做法为坡屋顶通风降温隔热构造做法,为了达到较好的通风降温隔热效果,除了在屋檐处形成进风口外,均需做好通风屋脊。

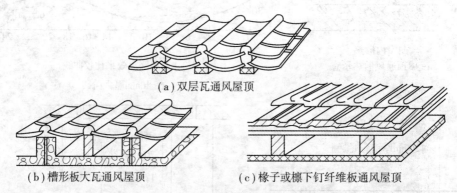

(a)双层瓦通风屋顶

(b)槽形板大瓦通风屋顶   (c)椽子或檩下钉纤维板通风屋顶

图 18-3-8　坡屋顶通风降温隔热构造示意图

以下两种做法为平屋顶通风降温隔热构造做法。

①预制水泥板架空通风隔热屋面。在平屋顶上,采用预制水泥板(大阶砖)架空铺设在防水层上,以形成通风层。架空用的垫块一般应铺砌成条状(而不是砌成点状,以避免架空层内空气纵、横方向都可流通而形成絮流,影响通风风速和降温效果),使气流进出正、负关系明显,气流可以更为流畅,以达到较好的降温隔热效果。但这样处理,必须保证将进风口尽可能正对着夏季白天的主导风向,这样才能达到预期的通风效果。当通风道的进深大于10m时,需在通风道中部设置通风口,以加强通风效果。如图18-3-9(b)、(c)所示。

②预制拱壳架空通风降温隔热屋面。可以在平屋顶上用1/4砖砌拱形成通风降温隔热层;也可以采用水泥砂浆预制成弧形、三角形或槽形的构件,扣盖在平屋顶上,以形成通风降温隔热层,这种做法既省材料,又施工方便。如图18-3-9(c)、(d)、(e)所示。

采用通风层降温隔热屋面,除了应保证形成合力的进风口和出风口外,还应保证通风空气间层一定的高度,以确保通风口必要的面积和良好的通风效果。经试验测试,通风空气间层的高度增高,对加大通风量是有利的,但增高到一定程度后,其通风效果渐趋缓慢。一般情况下,通风空气间层的高度以200～240mm为宜(坡屋顶可取其下限,平屋顶可取其上限),这一数值适用于截面通风口的情况。如果是拱形或三角形截面的通风口,其通风空气间层的高度应适当加大,以使其平均高度不低于200mm为宜。

(4)反射降温隔热屋面

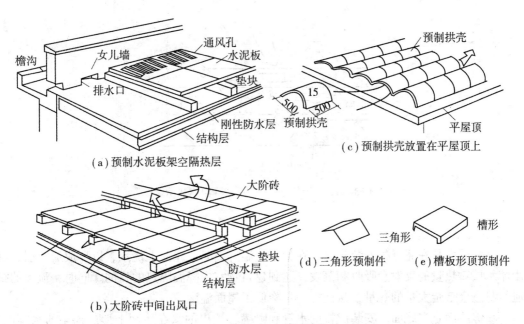

图 18-3-9　平屋顶通风降温隔热构造示意图

对于平屋顶，还可以利用屋面防水保护层材料的颜色和光滑度对热辐射的反射作用来达到建筑物室内降温隔热的目的。图 18-3-10 列出了各种不同表面材料对太阳辐射热的反射程度。

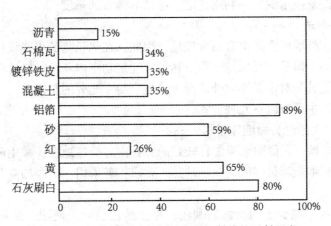

图 18-3-10　不同屋面材料对太阳辐射热的反射程度

从图 18-3-10 中可以看出，造价低廉的石灰水刷白做法对太阳辐射热的反射程度可以达到 80%。此外，采用浅色砾石在屋面铺设隔热保护层对反射降温也有一定的效果。如果在通风屋顶中的基层上加铺一层铝箔，在屋顶中形成第二次反射，其降温隔热的效果会得到进一步改善。

图 18-3-11 为铝箔屋顶两次反射降温隔热示意图。

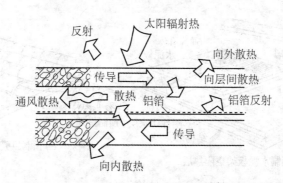

图 18-3-11　铝箔屋顶两次反射降温隔热示意图

（5）淋水、喷雾屋面

淋水屋面是在屋脊处安装水管，在中午气温升高时向屋面上浇水，以形成流水层，利用流水层对热量的反射、吸收和蒸发，达到建筑物室内降温隔热的目的。同时，流水的排泄本身也会带走大量的热量，从而进一步降低了屋面温度。

喷雾屋面是在屋面上安装成排的水管和喷嘴，喷出的水在屋面上形成细小的水雾层，水雾下落时结成水滴，并最终在屋面形成一层流水层。这层流水层所起到的降温隔热效果与淋水屋面一样，同时，水雾在结成水滴下落的过程中，还能从周围的空气中吸收热量，并同时进行蒸发，且雾状水滴还能吸收和反射一些太阳辐射热。因此，喷雾屋面的降温隔热效果更好一些。

应该注意的是，无论是淋水屋面或是喷雾屋面的降温效果是以大量消耗水资源为代价的，因此，在不能解决水的循环利用之前，应采取慎重的态度。

2. 外墙隔热构造

相对于屋顶，外墙的室外综合温度较低，因此，在建筑物的隔热设计中，外墙的隔热问题不是第一位的。但是，要保持夏季炎热地区建筑物室内环境的舒适性，外墙的隔热仍然是很重要的，尤其是对东、西向外墙而言，更应给予充分的重视。

外墙隔热构造主要有以下几种方式。

（1）采用热阻大的材料做墙体材料

传统的粘土砖墙，其隔热效果是比较好的，在南方炎热地区，采用两面抹灰的一砖厚的东、西外墙，基本能满足一般建筑物的热工要求；若采用一砖厚的空斗墙，其隔热效果稍差一些。

近些年来，为了减少土地资源的利用，粘土砖已经禁止使用，而蒸压粉煤灰砖、混凝土小型空心砌块、大型板材和轻质结构墙等得到了广泛的应用。以混凝土小型空心砌块为例，其规格一般为190mm×390mm×190mm，分单排孔和双排孔两种，如图18-3-12（a）所示。其中，两面抹灰20mm的190mm厚双排孔空心砌块墙的热工效果较好，相当于两面各抹灰20mm的240mm厚粘土砖墙的隔热性能。单排孔空心砌块的隔热效果要差一些。

（2）采用钢筋混凝土空心大板加刷白及开通风孔做法

我国南方部分地区采用钢筋混凝土空心大板做外墙，其规格是3000mm×4200mm×

160mm，圆孔直径为 110mm，如图 18-3-12(b)所示。这种板材墙的隔热效果较差，经过外加粉刷层和刷白灰水以及开通风孔等措施的处理后，其隔热效果得以明显改善。如表 18-3-1 所示为这种空心大板墙体的隔热效果。

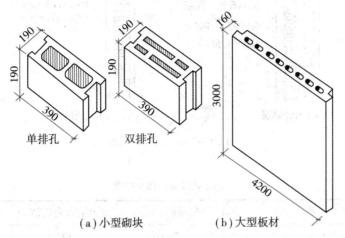

（a）小型砌块　　　　（b）大型板材

图 18-3-12　混凝土空心砌块及板材(配筋)示意图(单位：mm)

表 18-3-1　　　　　　　　　　　　钢筋混凝土大板墙体隔热效果

墙 体 构 造	外表温度/(℃)		内表温度/(℃)		室外气温/(℃)	
	平均	最高	平均	最高	平均	最高
封闭空心大板	34.0	52.0	32.3	39.7	30.2	34.8
封闭空心板外加刷白	32.0	40.1	31.6	36.3		
通风空心板	32.9	41.0	31.1	37.7		
通风空心板外加刷白	31.4	38.0	31.0	35.0		

（3）采用复合轻质墙板

复合轻质墙板是用于柱承重结构的填充的一种常用墙体材料，复合轻质墙板虽然不是建筑承载系统的组成部分，但其本身仍然需要满足一定的强度和刚度的要求。同时，对于炎热地区夏季，墙体的隔热性能更是需要重点解决的问题。复合轻质墙板的类型主要有两类：一类是采用一种材料制成的单一材料墙板，如加气混凝土或轻骨料混凝土墙板；另一类是由不同材料或板材组合而成的复合墙板。单一材料墙板的生产工艺比较简单，但需要选用轻质、高强、多孔的材料，以满足强度与隔热的要求。复合墙板的构造复杂一些，但这种墙板将不同材料区别使用，因而可以采用高效的隔热材料，能充分发挥各种材料的特长。如图 18-3-13 所示为复合墙板的示意图，表 18-3-2 为复合轻质墙板的隔热效果。

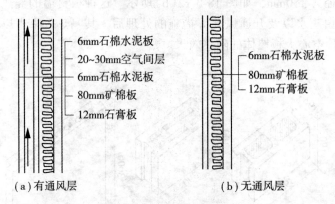

（a）有通风层 （b）无通风层

图 18-3-13　复合轻墙板

表 18-3-2　　　　　　　　　　　　　　复合轻墙板的隔热效果

名　　称		砖墙（内灰）	复合墙板有通风层	复合墙板无通风层
总厚度/（mm）		260	124	98
重量/（kg/m²）		464	55	50
内表面温度/（℃）	平均	27.8	26.9	27.2
	波幅	1.85	0.9	1.2
	最高	29.7	27.8	28.4
热阻/（m²·K/W）		0.468	1.942	1.959
室外气温/（℃）		最高 28.9，平均 23.3		

3. 外窗隔热构造

（1）外窗遮阳

1）遮阳的作用与要求。在夏季，阳光透过窗口照射进房间，是造成建筑物室内过热的重要原因。在教室、实验室、阅览室、车间等建筑物室内，直射阳光照射到工作面上，会造成较高的亮度从而产生眩光，这种眩光会强烈地刺激人们的眼睛，妨碍正常工作。在陈列室、商店橱窗、书库等建筑物室内，直射阳光中的紫外线照射，会使物品、书刊等褪色、变质以致损坏。

遮阳是为了防止直射阳光照入建筑物室内，以减少太阳辐射热，避免夏季室内过热，以及避免产生眩光和保护室内物品不受阳光照射而采取的一种措施。

窗口的遮阳设计应满足以下要求：

①夏季遮挡日照，冬季则应不影响必要的房间日照；

②晴天遮挡直射阳光，阴天则应保证房间具有足够的照度；

③减少遮阳构件的挡风作用，最好还能起到导风入室的作用；

④能兼做挡雨构件且避免雨天影响通风；

⑤不阻挡从窗口向外眺望的视野；

⑥构造简单，经济耐久；

⑦注意与建筑物立面和造型处理的统一。

2)窗户遮阳板的基本形式。窗户遮阳板的主要形式有：水平遮阳、垂直遮阳、混合遮阳、挡板遮阳。既可以是活动式的，也可以是固定式的。活动式遮阳板使用灵活，但其构造较为复杂，成本较高；固定式遮阳板坚固耐久，因而采用较多。如图 18-3-14 所示为 4 种遮阳板形式。

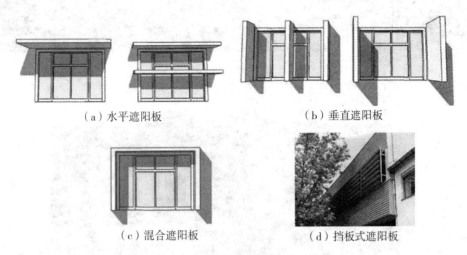

（a）水平遮阳板　　　　　　　　（b）垂直遮阳板

（c）混合遮阳板　　　　　　　　（d）挡板式遮阳板

图 18-3-14　窗遮阳板基本形式示意图

①水平遮阳。在窗口上方设置一定跳出宽度的水平方向的遮阳板，能够遮挡高度角较大时从窗口上方照射下来的阳光。水平遮阳板适用于南向及其附近朝向的窗口或北回归线以南低纬度地区的北向及其附近朝向的窗口。固定式水平遮阳板可以是实心板、栅形板、百叶板。水平状态的栅形板、百叶板和离墙的实心板有利于室内通风和外墙面的散热。实心板多为钢筋混凝土预制构件，栅形板有单层板和双层板之分，双层板主要适用于较高大的窗口，可在窗口的不同高度设置双层或多层水平遮阳板，以减小板的跳出长度。

②垂直遮阳。在窗口两侧设置垂直方向的遮阳板，用以遮挡高度角较小的、从窗口两侧斜射过来的阳光，但对于高度角较大的、从窗口上方投射下来的阳光或接近日出、日落时平射窗口的阳光，这种遮阳板则起不到遮阳的作用。因此，垂直遮阳板主要适用于偏东、偏西的南向或北向及其附近朝向的窗口。垂直遮阳板所用材料和板型，与水平遮阳板基本相同。

③混合遮阳。混合遮阳是以上两种遮阳方式的综合，能够有效地遮挡从窗口前上方和左、右侧照射来的阳光，遮阳效果比较均匀。混合遮阳板主要适用于南向、东南向或西南向的窗口。

④挡板遮阳。在窗口前方离开窗口一定距离设置与窗口平行方向的垂直挡板，形式如垂直挂帘，称为挡板遮阳。挡板遮阳可以有效地遮挡高度角较小的、正射窗口的阳光，主要适用于东向、西向及其附近朝向的窗口。挡板遮阳可以做成板式挡板、栅式挡板或百页挡板。这种遮阳方式有利于通风，但易影响人们的视线。

根据以上四种基本形式，还可以组合演变成各种各样的遮阳形式，如图 18-3-15 所示。设计时可以根据不同的使用要求、不同的地理纬度和建筑造型要求灵活选用。

图 18-3-15　连续遮阳形式

除以上介绍的几种遮阳板式的遮阳设计以外，还有许多遮阳方法，如在窗口悬挂窗帘、设置百叶窗，采用比较简易的芦席遮阳或布篷遮阳，利用雨篷、挑檐、阳台、外廊以及墙面花格等也能达到一定的遮阳效果，如图 18-3-16 所示。另外，在窗前进行绿化，也是一种行之有效的遮阳方法。

（2）特种玻璃制品

在炎热的夏季，空调房间的窗户是关闭的。此时，窗玻璃的隔热性能就显得尤为重要。以下几种特种玻璃均具有较高的隔热能力。

1）吸热玻璃。吸热玻璃是一种吸收大量红外线辐射能而又保持良好可见光透过率的平板玻璃。这种玻璃适当加入某些成分从而提高对太阳辐射的吸收率，对红外线的透射率很低，能减少阳光进入建筑物室内的热量，有利于降低夏季室内的温度。

根据配料加入色料的不同，吸热玻璃可以有不同的颜色，如蓝色、茶色、灰色、绿色、古铜色、青铜色等。

吸热玻璃有以下几个特点。

①吸收太阳的热辐射。吸热玻璃的厚度和色调不同，对太阳辐射热的吸收程度也不同。如表 18-3-3 所示为几种玻璃的透热值和透热率的比较。

图 18-3-16　其他遮阳措施

表 18-3-3　　　　　　　　　　　普通玻璃与吸热玻璃太阳能透过值及透热率

玻璃品种	透过热值/(W/m² · h)	透热率/(%)
空气(暴露空间)	897	100
普通玻璃(3mm 厚)	726	82.55
普通玻璃(6mm 厚)	663	75.53
蓝色吸热玻璃(3mm 厚)	551	62.70
蓝色吸热玻璃(6mm 厚)	433	49.21

②吸收太阳可见光。吸热玻璃比普通玻璃吸收可见光多，因而能够使人们感觉刺目的阳光变得柔和并起到防眩的作用。

③吸收紫外线。吸热玻璃除了能够吸收红外线外，还可以显著减少紫外线的透过，可以防止紫外线对家具、日用器具、档案资料与书籍等因辐射而褪色、变质。

④吸热玻璃透明度比普通平板玻璃略低,但能清晰地观察室外的景物。

2)热反射玻璃。热反射玻璃是对玻璃进行镀膜处理,经处理后,透过的光线色调改变、光的透过率降低、反射率提高,对太阳或其他热源辐射的吸收率、反射率提高,透过率降低,从而起到遮阳、隔热、防眩光的作用。热反射玻璃的颜色有灰色、青铜色、蓝绿色、金色、银色、古铜色等。

热反射玻璃对太阳辐射热的屏蔽率可达40%~80%。镀金属膜的热反射玻璃还具有单向透视作用,即白天人在室内可以看到室外景物,而室外的人却看不到室内的景象,对建筑物内部起遮掩和帷幕的作用。如表18-3-4所示为主要品种的热反射玻璃的性能与浮法玻璃的比较。

表 18-3-4 热反射玻璃与浮法玻璃性能比较表

涂(镀)膜材料		可 见 光			太 阳 辐 射				制　　法
		色泽	透过率/(%)	反射率/(%)	吸收率/(%)	透过率/(%)	反射率/(%)	热屏蔽率/(%)	
氧化物	Fe_2O_3 CO_2O_3 Cr_2O_3	青铜色	43	34	24	48	28	45.2	喷涂法:玻璃厚度6mm
	TiO_2	银色	64	33	13	62	25	34.5	喷涂法
	Fe_2O_3	青铜色	17	35	45	25	30	62.9	喷涂法:灰色着色玻璃为基体
	TiO_2	银色	40	32	27	48	25	44.7	喷涂法:灰色着色玻璃为基体
	TiO_2	银色	58	40	10	60	30	37.3	浸渍法:灰色着色玻璃为基体
金属	金	金黄色	35	22	55	22	33	73.2	真空法
	Cu+Ni	茶褐色	20	38	40	10	50	79.2	化学镀膜法
	Si	茶褐色(淡)	34	52	17	45	38	50.4	化学沉积法
	胶体 铜铅	青铜色	34	27	34	50	16	40.8	离子扩散
浮法玻璃		无色	89	8	14	79	7	17.2	—

3)中空玻璃。中空玻璃有双层和多层之分。可以根据要求选用各种不同性能的玻璃原片,如浮法玻璃、压花玻璃、彩色玻璃、防阳光玻璃、镜面反射玻璃、夹丝玻璃、钢化玻璃等与边框(铝合金框架或玻璃条等)经胶接、焊接或熔接而制成。

中空玻璃具有良好的隔热、保温、容声等性能,若在玻璃之间填充以各种漫射材料或电介质等,则可以获得更好的隔热、声控、光控等效果。如表18-3-5所示为玻璃的绝热性能。

表 18-3-5　　　　　　　　　　　　　中空玻璃的绝热性能

玻璃类型	间隔宽度/(mm)	热传导系数 K/(W/m² · K)
单层玻璃	—	5.9
普通双层中空玻璃	6	3.4
	9	3.1
	12	3.0
防阳光双层中空玻璃	6	2.5
	12	1.8
三层中空玻璃	2×9	2.2
	2×12	2.1
热反射中空玻璃	12	1.6
混凝土墙	150	3.3
砖墙	240	2.8

复习思考题 18

1. 常见的建筑物保温部位有哪些？常见的建筑物保温材料有哪些？
2. 在建筑保温中有哪些构造方案？设计上如何选择？
3. 建筑物的墙体、门窗、屋顶部位保温构造设计原理是什么？试分别举例说明。
4. 试简述热桥概念。热桥部位保温构造做法。
5. 建筑隔热的部位有哪些？
6. 建筑隔热的构造方案有哪些？
7. 建筑保温构造与建筑隔热构造从方案和思路上有哪些异同？
8. 试结合设计原理分别举例说明建筑物屋顶、外墙、门窗隔热的工程设计。

第 19 章　幕墙装饰构造

◎**内容提要**：本章主要内容包括幕墙构造概述、幕墙的类型、幕墙的设计与构造、双层玻璃幕墙。

19.1　幕墙的概念

　　幕墙是由金属构件与各种板材组成的悬挂在建筑物主体结构上、不承担结构荷载，将防风、遮雨、保温、隔热、防噪声、防空气渗透等使用功能与建筑装饰功能有机融合为一体的建筑外围护结构，也是当代建筑工程经常使用的一种装饰性很强的外墙饰面。

19.2　幕墙的种类

19.2.1　幕墙的面板材料

幕墙按面板材料可以分为玻璃幕墙、金属幕墙、非金属幕墙。

1. 玻璃幕墙

玻璃幕墙包括框式玻璃幕墙、无框式玻璃幕墙和点支承式玻璃幕墙等。

(1)有框式玻璃幕墙：将玻璃面板通过铝合金框架固定在建筑物外墙面上。

(2)无框式玻璃幕墙：不设金属边框，由玻璃板和玻璃肋制作成整片玻璃墙。

(3)点支承式玻璃幕墙：具有独立的支承体系，钢化玻璃面板通过不锈钢爪接件连接到支承钢结构上。与无框式玻璃幕墙不同的是点支承式玻璃幕墙具有独立的支承体系。由于幕墙的钢化玻璃面板与支承结构通过不锈钢爪接件分离开来，钢化玻璃面板之间只有防水胶，没有铝合金框架，因此，点支承式玻璃幕墙使建筑物具有更加通透的效果。

2. 金属幕墙

金属幕墙包括单层铝板幕墙、蜂窝铝板幕墙、铝塑复合板幕墙、彩色钢板幕墙、不锈钢板及珐琅板幕墙等。

3. 非金属幕墙

非金属幕墙包括石材蜂窝板幕墙、树脂纤维板幕墙。

19.2.2　幕墙的安装形式

幕墙按安装形式可以分为元件式幕墙、单元式幕墙、半单元式幕墙。

1. 元件式幕墙

元件式幕墙又称散装幕墙，是用一根根元件(立梃、横档)安装在建筑物主框架上形成框格体系，再镶嵌玻璃，最终组装成幕墙。其优点是运输方便，运输费用低，其缺点是要在现场逐件安装，安装周期相对较长。

2. 单元式幕墙

单元式幕墙是在工厂中预制并拼装成单元组件，运到工地后，以单元的形式连接组合成幕墙。

3. 半单元式幕墙

半单元式幕墙又称元件单元式幕墙，这种幕墙综合了以上两种幕墙的特点，在现场安装立梃，再把在工厂组装好的组件安装到立梃上。

19.2.3　幕墙的技术设计要求

1. 玻璃幕墙(明框或隐框)应采用钢化玻璃、夹层玻璃等安全玻璃。

2. 玻璃幕墙下部宜设置绿化带，出入口处宜设置遮阳篷或雨罩。

3. 若楼面向外缘无实体窗下墙，应设置防撞栏杆。

4. 玻璃幕墙的防火设计应符合现行国家标准《建筑设计防火规范》(GB50016—2006)及《高层民用建筑设计防火规范》(GB50045—95(2005 版)中的相关规定。

5. 玻璃幕墙的窗间墙及窗槛墙的填塞材料，应采用不燃烧材料(若外墙面采用耐火极限大于等于 1h、高度大于等于 0.8m 的不燃体，其墙内填充材料可以采用难燃烧材料)。

6. 玻璃幕墙与每层楼板、隔墙处的缝隙应采用不燃烧材料严密填实，并注意防潮。

7. 若玻璃幕墙无窗间墙、窗槛墙，应在每层楼板外沿设置耐火极限大于等于 1h，高度大于 0.8m 的不燃烧高实体墙裙。

8. 立面横向分格应考虑楼板位置、开启扇位置。竖向分格应考虑玻璃尺寸、竖向龙骨变形。一般龙骨间距不大于 1.5m，石材幕墙单块面积不宜大于 1.5m²。

9. 幕墙的开启面积宜小于等于 15% 幕墙面积，并宜采用上悬式。

10. 靠近幕墙的首层地面处宜设置绿化带，防止行人靠近幕墙。

11. 幕墙应有自身的防雷体系，且应与主体结构防雷体系相连接。

玻璃幕墙建筑物如图 19-2-1 所示。

图 19-2-1

19.3　幕墙的安装构造

19.3.1　玻璃幕墙

20 世纪 50—80 年代玻璃幕墙在建筑工程中具有广泛的应用，玻璃幕墙成为高层建筑墙体的一股热流,这是基于玻璃幕墙外观美、重量轻、安装速度快等特点,但是玻璃幕墙的造价约占土建工程总造价的 30%~35%,甚至 50%,还会引发眩光、光污染、能源消耗量大等不良影响。

1. 玻璃幕墙的特点

玻璃幕墙的特点是装饰效果好,质量轻,安装速度快,通过采用不同的玻璃可以形成丰富多彩的装饰效果。

2. 玻璃幕墙的组成材料

(1)骨架材料

①框材——多采用铝合金型材,也可以采用型钢、不锈钢、青铜等材料制作。

②紧固件——主要有膨胀螺栓、铝铆钉、射钉等。

③连接件——多采用角钢、槽钢、钢板加工而成。连接件的形状因不同部位、不同幕墙结构而有所变化,如图 19-3-1 所示。

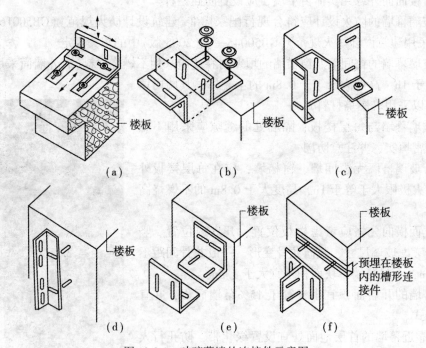

图 19-3-1　玻璃幕墙的连接件示意图

(2)玻璃

用于玻璃幕墙的单块玻璃的厚度一般为 5~6mm,玻璃的品种有浮法玻璃、热反射玻璃、吸热玻璃、夹层玻璃、夹丝玻璃、中空玻璃、钢化玻璃等。幕墙玻璃必须满足抗风压、采光、隔热、隔声等性能要求。

(3)封缝材料

①填充材料——填充材料主要用于幕墙型材凹槽两侧间隙内的底部,起填充作用,以避免玻璃与金属之间的硬性接触,起缓冲作用。填充材料多为聚乙烯泡沫胶系,有片状、圆柱条等多种规格,也可以用橡胶压条。在填充材料上部多用橡胶密封材料和硅酮系列的

防水密封胶覆盖。

②密封固定材料——在玻璃幕墙的玻璃装配中，密封材料不仅起密封作用，同时也起到缓冲、粘结作用，使玻璃与金属之间形成柔性缓冲接触。密封固定材料采用橡胶密封压条，断面形状很多，其规格主要取决于凹槽的尺寸及形状。

③密封防水材料——铝合金玻璃幕墙用的密封防水材料为密封胶，包括结构密封胶、建筑密封胶(耐候胶)、中空玻璃二道密封胶、管道防火密封胶等。结构玻璃装配使用的结构密封胶只能是硅酮密硅胶，这种胶具有良好的抗紫外线、抗腐蚀性能。

(4)装修材料

装修材料是指玻璃幕墙的窗台与踢脚板等部件，以及窗台部分的后衬保温墙等处的装修材料，如图 19-3-2 所示。

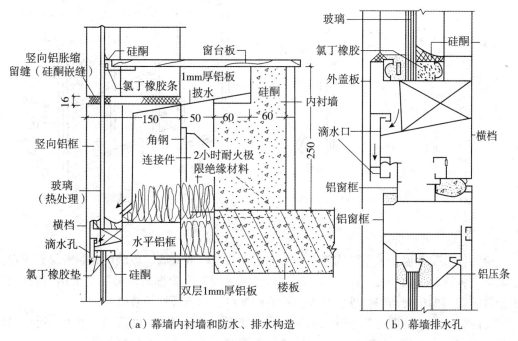

（a）幕墙内衬墙和防水、排水构造　　（b）幕墙排水孔

图 19-3-2　玻璃幕墙的装修部分示意图(单位：mm)

3. 框式玻璃幕墙的构造

玻璃幕墙一般由结构框架、填衬材料和幕墙玻璃所组成。根据幕墙玻璃和结构框架的不同构造方式和组合形式，可以分为明框式玻璃幕墙、隐框式玻璃幕墙和半隐框式玻璃幕墙三种。

(1)明框式玻璃幕墙

明框式玻璃幕墙框架结构外露，立面造型主要由外露的横、竖骨架决定，依据其施工方法的不同可以分为元件式和单元式两种。

①元件式幕墙如图 19-3-3 所示，幕墙用一根根元件(立挺、横档)安装在建筑物主框架上形成框格体系，再镶嵌玻璃，组装成幕墙。对以竖向受力为主的框格，先将立挺固定在建筑物每层的楼板(梁)上，再将横档固定在立挺上；对以横向受力为主的框格，则先安装横档，立挺固定在横档上，再镶嵌玻璃。所有工作均在施工现场完成。

②单元式幕墙如图 19-3-4 所示，幕墙在工厂中预制并拼装成单元组件。这种单元组件一般为 1 个楼层高度，也可以为 2～3 层楼高，一个单元组件就是一个受力单元。安装时将单元组件固定在楼层楼板(梁)上，组件的竖边对扣连接，下一层组件的顶部与上一层组件的底部横框对齐连接。这种形式的幕墙安装周期短，能使建筑物很快封闭，但要求制造厂有较大的装配车间，运输体积大、运费高，要求工厂制作质量高，对建筑物的尺寸偏差要求严格，因而应注意安装程序，否则到最后阶段封闭困难。

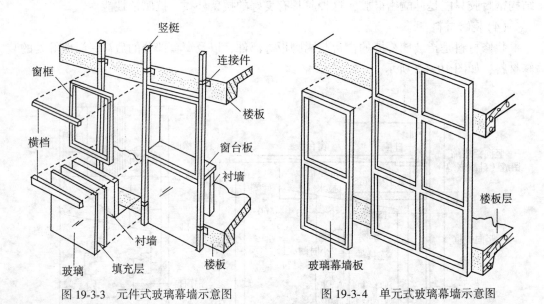

图 19-3-3　元件式玻璃幕墙示意图　　　　　图 19-3-4　单元式玻璃幕墙示意图

（2）全隐框玻璃幕墙

全隐框玻璃幕墙是采用结构玻璃装配方法安装玻璃的幕墙。玻璃用硅酮密封胶固定在金属框上，所以玻璃外表面没有明露的框料槽板，同时全隐框玻璃幕墙均采用镀膜玻璃。由于镀膜玻璃的单向透像特性，从外侧看不到框料，达到隐框的效果。

全隐框玻璃幕墙四边都用硅酮密封胶将玻璃固定在金属框架的适当位置上，可以采用单片玻璃或中空玻璃，结构玻璃装配要求硅酮胶对玻璃与金属有良好的粘结力。全隐框玻璃幕墙从构造上可以分为整体式和分离式两大类。

①整体式全隐框玻璃幕墙——整体式全隐框玻璃幕墙是用硅酮密封胶将玻璃直接固定在主框格体系的立梃和横档上，安装玻璃时，要采取辅助固定装置，将玻璃定位固定后再涂胶，待密封胶固化后能承受力的作用时，才能将辅助固定装置拆除。这种做法除局部小幕墙外，已很少采用，如图 19-3-5 所示。

②分离式全隐框玻璃幕墙——分离式全隐框幕墙是将玻璃用结构玻璃装配方法固定在副框上，组合成一个结构玻璃装配组件，再用机械夹持的方法，将结构玻璃装配组件固定到主框立梃(横梁)上。分离式幕墙的施工有一次分离与二次分离两种做法。一次分离是利用结构玻璃装配组件的副框本身与主框相连接，有内嵌式和外扣式两种形式，如图19-3-6、图 19-3-7 所示。二次分离是用另外的固定件将结构玻璃装配组件固定在主框上，有外挂内装固定式、外挂外装固定式、外碰外装固定式三种形式。如图 19-3-8～图 19-3-10 所示。

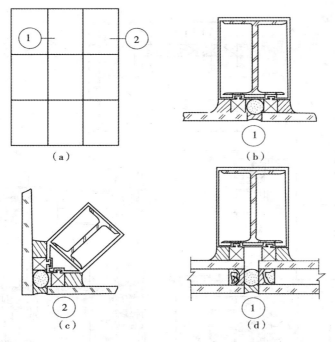

图 19-3-5 整体式全隐框玻璃幕墙示意图

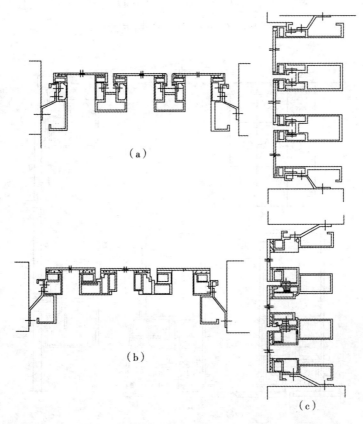

图 19-3-6 内嵌式玻璃幕墙示意图

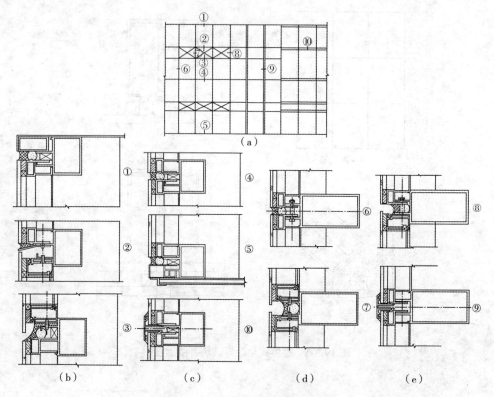

图 19-3-7　外扣式玻璃幕墙示意图

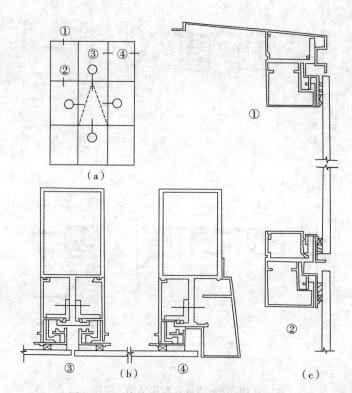

图 19-3-8　外挂内装固定式玻璃幕墙示意图

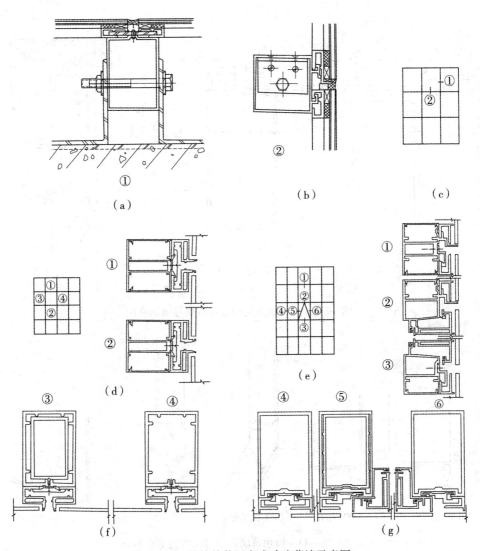

图 19-3-9　外挂外装固定式玻璃幕墙示意图

　　③转角部位构造——隐框玻璃幕墙的转角部位不像普通玻璃幕墙，要用转角型材，一般采用玻璃挑出框外的方式处理，比普通玻璃幕墙简单，如图 19-3-11 所示。

　　(3)半隐框式玻璃幕墙

　　半隐框式玻璃幕墙有两种做法，一种做法为竖向或横向两组对边中，一组对边使用结构玻璃装配方法安装玻璃，另一对边采用镶嵌槽安装玻璃；第二种做法为四边都采用结构玻璃装配方法安装玻璃(和全隐框玻璃幕墙一样)，而在需要有线条装饰的部位加上扣板，可以在竖向或横向上加线条，扣板有矩形、梯形、三角形、半圆形等形状。

　　4. 无框式玻璃幕墙

　　无框式玻璃幕墙又称全玻璃幕墙，是指在人们视线范围内不出现金属框料，大片玻璃与支撑框架均为玻璃的幕墙。无框式玻璃幕墙是一种全透明、全视野的玻璃幕墙，一般用于厅堂和商店橱窗等处，形成无遮挡、透明墙面，为了减小玻璃的厚度和增强玻璃墙面的

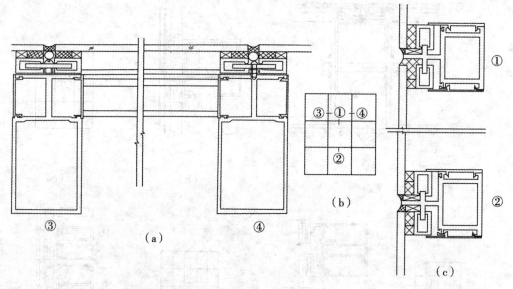

图 19-3-10　外磁外装固定式玻璃幕墙示意图

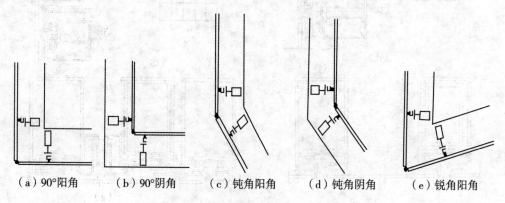

（a）90°阳角　　（b）90°阴角　　（c）钝角阳角　　（d）钝角阴角　　（e）锐角阳角

图 19-3-11　玻璃幕墙转角部位构造示意图

刚度，一般每隔一定的距离用条形玻璃作为加劲肋，固定在楼层楼板（梁）上，作为大片玻璃的支点，这种条形玻璃称为肋玻璃。肋玻璃的布置方式有后置式、骑缝式、平齐式、突出式四种，如图 19-3-12 所示。

5. 点支承式连接玻璃幕墙

点支承式玻璃幕墙又称为点支式玻璃幕墙、点驳接式玻璃幕墙。

（1）点支承式连接玻璃幕墙的特点

点支承式连接玻璃幕墙采用透明的白色玻璃，从室外直接可以看到室内空间，只有拉杆、钢索等简单的结构，没有框格结构影响视线，室内具有明亮开阔、通透晶莹的效果，适用于大型公共建筑，如歌剧院、展览大厅、机场候机厅、建筑物大堂等。

（2）点支承式连接玻璃幕墙的构造组成

点支承式连接玻璃幕墙是由驳接头和玻璃通过穿透式驳接或背栓式驳接而组成，玻璃

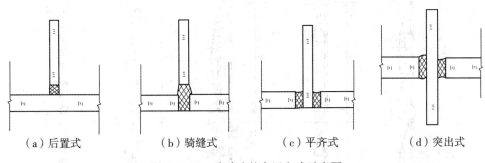

（a）后置式　　　　（b）骑缝式　　　　（c）平齐式　　　　（d）突出式

图 19-3-12　肋玻璃的布置方式示意图

是重要连接件和受力件。穿透式点支承式连接玻璃幕墙是不锈钢驳接头穿透玻璃上的圆孔，驳接头露在玻璃外面。背栓式点支承式连接玻璃幕墙是不锈钢驳接头不穿透玻璃，驳接头深入玻璃厚度的 60%左右。

（3）点支承式连接玻璃幕墙的支承结构形式

支承结构是点支承式玻璃幕墙重要的组成部分，支承结构能把玻璃表面承受的风荷载、温度差作用、自身重量和地震荷载传递给主体结构。支承结构必须具有足够的强度和刚度，相对于主体结构有特殊的独立性，又是整体建筑不可分离的一部分。支承结构既要与主体结构有可靠的连接，又要不承担主体结构因变形对幕墙产生的复合作用，其形式有五种，拉索式、拉杆式、自平衡索桁式、桁架式，立柱式，如表 19-3-1，图 19-3-13 所示。

表 19-3-1　　　　　　　　　　　　不同支承体系的特点及适用范围

分类 项目	拉索 点支承玻璃幕墙	拉杆 点支承玻璃幕墙	自平衡索桁架 点支承玻璃幕墙	桁架 点支承玻璃幕墙	立柱 点支承玻璃幕墙
特点	轻盈、纤细、强度高、能实现较大跨度	轻巧、光亮，有极好的视觉效果	杆件受力合理，外形新颖，有较好的观赏性	有较大的刚度和强度，适合高大空间，综合性能好	对主体结构要求不高，整体效果简洁明快
适用范围（mm）	拉索间距 $b=1200\sim3500$ 层高 $h=3000\sim12000$ 拉索矢高 $f=h/(10\sim15)$	拉杆间距 $b=1200\sim3000$ 层高 $h=3000\sim9000$ 拉杆矢高 $f=h/(10\sim15)$	自平衡间距 $b=1200\sim3500$ 层高 $h\leqslant15000$ 自平衡索桁架矢高 $f=h/(5\sim9)$	桁架间距 $b=3000\sim15000$ 层高 $h=6000\sim40000$ 桁架矢高 $f=h/(10\sim20)$	立柱间距 $b=1200\sim3500$ 层高 $h\leqslant8000$

6. 玻璃幕墙的防火构造

玻璃幕墙的防火设计是一个非常重要的问题，一般玻璃幕墙均不耐火，在 250℃即会炸裂，而且垂直幕墙与水平楼板之间往往存在缝隙，如果未经处理或处理不当，火灾初起时，浓烟即已通过该缝隙向上层扩散，火焰也可能通过这一缝隙窜到上一楼层。当幕墙玻

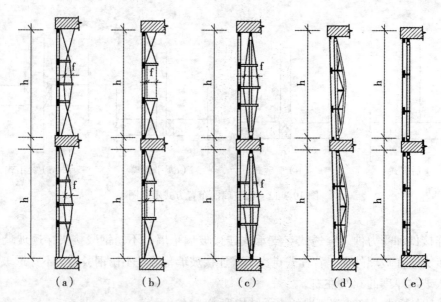

图 19-3-13　五种支承结构示意图

璃炸裂掉落后，火焰可能从幕墙外侧窜到上层墙面，烧裂上层玻璃幕墙后，窜入上层室内，造成火势扩大。因此《高层民用建筑设计防火规范》（GB50045—1995）中对玻璃幕墙的防火作了专门规定，要求玻璃幕墙的设计应符合下列防火安全要求。

（1）窗间墙、窗槛墙的填充材料应采用非燃烧材料。若其外墙面采用耐火极限不低于1h 的非燃烧材料，则其墙内填充材料可以采用难燃烧材料。

（2）无窗间墙和窗槛墙的玻璃幕墙，应在每层楼板外沿设置不低于 0.8m 高的实体墙裙，或在玻璃幕墙内侧每层设置自动喷水装置，且喷头间距不应大于 2m。

（3）玻璃幕墙与每层楼板、隔墙处的缝隙，必须用非燃烧材料严密填实。

7. 玻璃幕墙的避雷构造

玻璃幕墙应设置防雷系统。玻璃幕墙的防雷系统应和整栋建筑物的防雷系统相连接，一般采用均压环做法。均压环是利用梁的主筋，采用焊接连接，再与柱子钢筋焊接连通。玻璃幕墙的骨架与均压环连通。防雷系统的构造做法应按相关规定执行，其接地电阻必须符合相关规定要求。

幕墙位于均压环处预埋件的锚筋必须与均压环处的梁纵向钢筋连通，固定在设置均压环楼层上的立梃必须与均压环连通，位于均压环处与梁纵向钢筋连通的立梃上的横梁，必须与立梃连通。在幕墙立面上，每 10m 以内位于未设置均压环楼层的立梃，必须与固定在设置均压环楼层的立梃连通，接地电阻均应小于 4Ω。

19.3.2　金属薄板幕墙

金属薄板幕墙类似于隐框玻璃幕墙，金属薄板幕墙是由工厂定制的折边金属薄板作外围护墙面，与窗一起组合成幕墙，形成风格独特、具有强烈现代艺术感的墙面。

金属薄板可以采用铝板、不锈钢板、搪瓷钢板等，为了达到建筑外围护结构的热工要求，金属薄板的内侧均要用矿棉等材料做保温层和隔热层。

1. 铝板幕墙

铝板幕墙是用铝板取代玻璃制作成幕墙结构装配组件而形成的幕墙。常在窗间墙部分使用铝板，在窗洞口部分使用玻璃，两种材料交叉混合使用。铝板常用的有单层铝板、复合铝板、蜂窝铝板三种。

（1）单层铝板

单层铝板的基本类型如图 19-3-14(a) 所示，单层铝板是用 2.5mm(3mm) 厚铝板冲成槽形，在铝板中部适当部位设置加固角铝(槽铝)作加劲肋，加劲肋的铝螺栓用电栓焊焊接于铝板上，将角铝(槽铝)套上螺栓并紧固；也有将铝管用结构胶固定在铝板上作加劲肋的，如图 19-3-14(b) 所示。

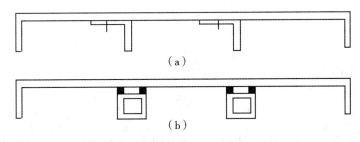

（a）

（b）

图 19-3-14 单层铝板类型示意图

单层铝板幕墙中铝板与框格的连接节点构造主要有六种方式，由于铝板通常与玻璃面板交叉使用，因此将单层铝板与隐框玻璃幕墙共用杆系时的节点构造做法一并列出。

①整体式——如图 19-3-15(a) 所示，是在单层铝板上加一个安装件，用铆钉与单层铝板连接，用硅酮密封胶将安装件直接固定在主框上。

②内嵌式——如图 19-3-15(b) 所示，玻璃用密封胶固定在副框上形成一个组件；再将组件固定在主框上，将铝板折弯边加长，直接固定在主框上。

③外挂内装式——如图 19-3-15(c) 所示，玻璃用密封胶固定在副框上形成一个组件；在组件内侧安装固定件，用固定件将组件固定在主框上；在铝板上装一个安装件，用固定件在内侧将铝板固定在主框上。

④外挂外装式——如图 19-3-15(d) 所示，玻璃用密封胶固定在副框上形成一个组件，用固定件在外侧将组件固定在主框上；铝板上装一个安装件，在外侧用固定件将铝板固定在主框上。

⑤外碟外装式——如图 19-3-15(e) 所示，将外挂外装固定式中的横框改挂为碟，竖向构造与外挂外装固定式完全相同，铝板上加一个安装件放在横梁上。

⑥外扣式——如图 19-3-15(f) 所示，将玻璃用密封胶固定在副框上形成一个组件，在组件副框的框脚上开一个开口长圆槽，扣在主框设置的圆管上，铝板在折边上做开口长圆槽(其位置与主框上圆管位置对应)，扣在主框设置的圆管上。

（2）复合铝板

复合铝板是用铝板与聚乙烯泡沫塑料层制造的夹层板。泡沫塑料与两层 0.5mm 厚的铝板紧密粘结，常用的复合铝板厚度有 3mm、4mm、6mm 三种规格。外层铝板表面喷涂聚氟碳酯涂层，内层铝板表面喷涂树脂涂层。

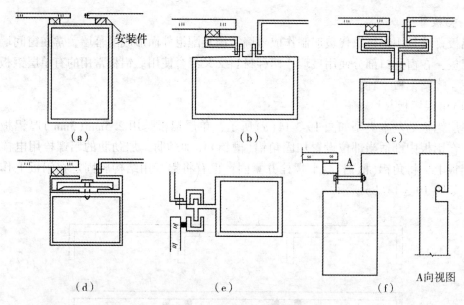

（a）　　　　　　　（b）　　　　　　　（c）

（d）　　　　　　（e）　　　　　　（f）　　A向视图

图 19-3-15　单层铝板节点构造示意图

用于幕墙的复合铝板有平板式、槽板式、平板加肋式与槽板加肋式，如图 19-3-16 所示。

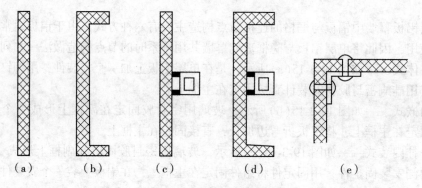

（a）　　　（b）　　　（c）　　　（d）　　　（e）

图 19-3-16　复合铝板示意图

复合铝板与框架连接构造形式有：

①铆接——如图 19-3-17 所示，用铆钉将复合铝板固定在副框上。

②螺接——如图 19-3-18 所示，用埋头螺钉将复合铝板固定在副框上。

③折弯接——如图 19-3-19 所示，将复合铝板四边折弯成槽形板，嵌入主框后用螺钉固定。

④扣接——如图 19-3-20 所示，用螺栓固定直径为 8mm 圆铝管于主框的铝脊上，在槽形复合铝板折边相应的位置上冲出开口长圆形槽，将槽板扣在主框圆管上。

⑤结构装配式——如图 19-3-21 所示，采用结构密封胶将复合铝板与副框粘结成结构装配组件，用机械固定方法将组件固定在主框上，其做法与结构玻璃装配组件一样。

⑥复合式——如图 19-3-22 所示，折边与副框用螺钉(铆钉)连接成组件，再用结构装

配方法将组件安装在主框上。复合式铝板有单折边和双折边两种形式。安装时将复合铝板用胶与副框组合成组件，用包外层铝板折边的做法与副框锚固。

⑦槽夹法——如图 19-3-23 所示，相邻两块复合铝板采用几字形铝盖板用螺钉与主框连接，这种做法一般与半隐框玻璃幕墙匹配使用。

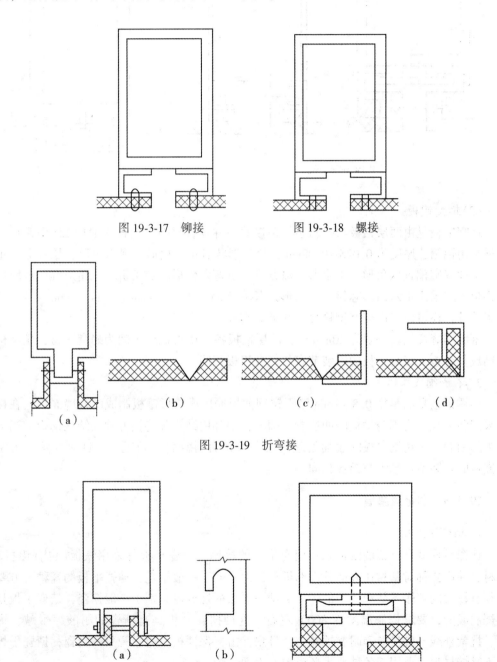

图 19-3-17　铆接　　　　　　　　　图 19-3-18　螺接

图 19-3-19　折弯接

图 19-3-20　扣接　　　　　　　　　图 19-3-21　结构装配式

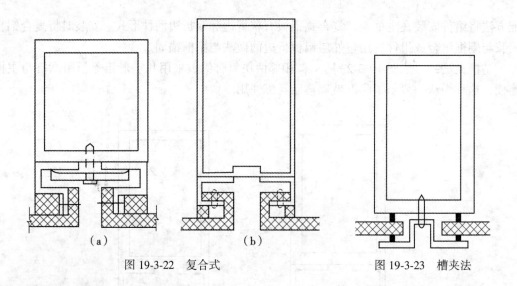

图 19-3-22　复合式　　　　　　　　　图 19-3-23　槽夹法

（3）蜂窝铝板

蜂窝铝板是由两层铝板与蜂窝芯材粘接的一种复合材料。面板一般用 LD 型铝材，蜂窝材常用铝箔，厚度为 0.025~0.08mm，蜂窝形状有正六边形、扁六边形、长方形、正方形、柔性蜂窝偏置六角形、十字形、扁方形、折弯六角形、交叉折弯六角形等。幕墙用蜂窝铝板大多采用正六角形芯材，六角形边长有 2mm、3mm、4mm、5mm、6mm 等若干种。除铝箔外，还可以采用玻璃钢蜂窝板和纸蜂窝板。

幕墙用蜂窝铝板一般为 20mm 厚，两层铝板各厚 0.8mm，中间为蜂窝芯材，用结构胶粘结成复合板。蜂窝铝板的安装节点与复合铝板相同。

2. 不锈钢板幕墙

不锈钢板幕墙是用 0.8~2mm 厚不锈钢薄板冲压成槽形镶板制成的幕墙嵌板，在板中部采用肋加强，将不锈钢板的四边折成槽形，中部用结构胶将铝方管胶结在钢板适当部位成为加劲肋。不锈钢薄板的表面处理方法有磨光面（镜面）、拉毛面、蚀刻面等。不锈钢板嵌板的安装节点基本与铝板相同。

19.3.3　非金属幕墙

1. 搪瓷板幕墙

搪瓷板幕墙是指幕墙镶板采用搪瓷平板的幕墙。搪瓷平板是采用铁板（也有铝板）作基材，并用瓷釉对基材作表面处理的板材，但不同于一般搪瓷，搪瓷平板的瓷釉配方要求必须有较大的膨胀系数和较强的弹性；搪瓷平板的烧成也有别于一般搪瓷，搪瓷平板是低温烧制成的，要求烧制温度在 800℃ 左右。这种搪瓷平板具有搪瓷的耐酸、耐碱、耐盐水、抗紫外线、抗臭氧等耐腐蚀能力，且耐冲击，保证板块边缘锐角不脱瓷，搪瓷平板属于不燃烧材料，适用于各种恶劣环境中的表面装饰。

2. 石材板幕墙

石材板幕墙是用天然石板材作镶板的幕墙。常用的有天然大理石建筑板材和天然花岗石建筑板材。大理石学名大理岩，因盛产于我国云南大理点苍山而得名。现在所说的大理石实际上包括所有能作饰面石材的沉积岩和变质岩。花岗石原是指由花岗岩加工的石材，而现在所称的花岗石是一个商品名称，花岗石包括所有可以作为饰面石材，并以硅酸盐矿物为主的火成岩，花岗岩多数结构紧密，呈现美丽的自然构造纹理，具有很强的装饰性。

大理石和花岗石虽同为岩石家族，但因其组织成分各异，因而在材性上有明显的区别。

19.4　双层皮玻璃幕墙

19.4.1　概述

双层皮玻璃幕墙作为一种较新的幕墙形式，近 20 年来在欧洲办公建筑物中应用较多，据相关资料统计已建成的各种类型的双层皮玻璃幕墙 DSF（Double-Skin Facode）在欧洲就有 100 座以上，分布于德国、英国、瑞士、比利时、芬兰、瑞典等国家。近几年来，国内一些高档建筑也开始使用各类 DSF。

19.4.2　双层皮玻璃幕墙的基本概念

双层皮玻璃幕墙是当今生态建筑中普遍采用的一项先进技术、被誉为"可呼吸的皮肤"。这类幕墙主要针对以往玻璃幕墙耗能高、室内空气质量差等问题，用双层体系（一般为玻璃）作维护结构，提供自然通风和采光、增加室内空间舒适度、降低能耗，从而较好地解决了自然采光和节能之间的矛盾。

19.4.3　双层皮玻璃幕墙种类

1. 根据通风方式的不同分类

根据不同的通风方式双层皮玻璃幕墙可以分为外循环式和内循环式两种。其中外循环式还可分为外循环自然通风式和外循环机械通风式。

（1）外循环自然通风式幕墙

外循环自然通风式幕墙其内层幕墙一般由保温性能良好的玻璃幕墙组成，主要起到冬季保温，夏季隔热的作用。而外层幕墙通常为单层玻璃幕墙，主要起到防护的作用，保护夹层内的遮阳装置不受室外恶劣气候的影响，同时，设置在外层立面的开口可以调节夹层的通风。

这种幕墙的主要特点就是利用夹层百叶吸收太阳辐射热后形成的烟囱效益，驱动夹层空间与室外进行换气，从而达到减少太阳辐射热的目的。为了获得较好的自然通风效果，其夹层的宽度一般不小于 400mm，如图 19-4-1 所示。

（2）外循环机械通风式幕墙

与自然通风的外循环双层皮玻璃幕墙相比较，外循环的机械通风式幕墙为了减少幕墙结构对建筑面积的占用而缩小了两层幕墙之间的间距，夹层间距一般小于 200mm，由于夹层较窄，加上夹层百叶的设置，使得夹层通道的流动阻力增大，为了减少太阳辐射热，通常采用机械的方式对夹层进行辅助通风。当夹层有效通风宽度小于 100mm 时，单纯依靠烟囱效应进行通风已经不可行，这时需要采用辅助机械通风的方式来强化夹层的通风，一般通风量不宜小于 $100m^3/h$。考虑到增加通风量直接影响风机能耗，因此存在一个最佳的机械通风量范围，如图 19-4-2 所示。

（3）内循环机械通风式 DSF 幕墙

对于内循环机械通风式 DSF 幕墙，在构造上与前面两种幕墙有较大的区别。这种幕墙把保温性能好的幕墙设置在外层，而内层幕墙为普通单层玻璃。这种幕墙主要是依靠机械的方式将室内的空气抽进夹层，利用温度相对较低的室内空气来冷却吸收太阳辐射后升温的夹层，减少太阳辐射热。对于内循环式 DSF，适当减少机械通风量和提高通风启动温度可以节省电耗，不会增加房间负荷和装机容量，如图 19-4-3 所示。

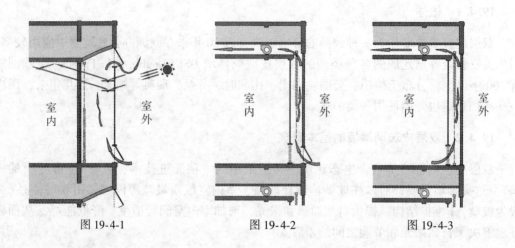

图 19-4-1　　　　　　　　　图 19-4-2　　　　　　　　　图 19-4-3

2. 根据分隔方式的不同分类

（1）廊道式

廊道式幕墙系统是在每层标高处以水平隔断进行划分。在每层楼的楼板和天花板高度分别设有进、出风调节盖板，进、出气口在水平方向错开一块玻璃的距离，避免下层走廊的部分排气再变成上层走廊的进气的"短路"问题，由于有隔断构件和设于每层的通风开口，廊道式幕墙比无分隔的幕墙体系有更多构造要求。如图 19-4-4 所示。

（2）竖井式

竖井式幕墙是在竖直方向划分空气间层。利用热压，通过竖向有规律设置的贯通井将建筑物"呼出"的气体排出、同时新风从下部外层幕墙开口处引入，并通过竖井间的换气部份将其引入室内。

就自然通风而言，"竖井式"幕墙优于"廊道式"幕墙。这是因为井相对较深，其上、下部空气温差引起的烟囱效应也就相对更强，进而导致"竖井式"幕墙分隔内的空气流动加速；由于进、排气口竖向距离远，因而还能完全杜绝空气"短路"的问题。同其他类型幕墙相比较，"竖井式"幕墙还需提高防火、隔音性能。如图 19-4-5 所示。

（3）窗箱式

窗箱式幕墙系统比其他幕墙系统构造更为复杂，造价也更高。因为其空气间层是水平、垂直双向划分的，典型做法是在水平方向以两块玻璃为一单元，然后分别在其两边做竖向隔断，形成一层楼高、两块玻璃宽的箱式玻璃夹层。这种外墙包括独立窗单元，为防止新风与浊风混合，独立通风口也在水平方向错开设置。如图 19-4-6 所示。

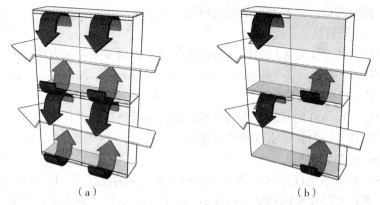

（a）　　　　　　　　　　　　　　　（b）

注：每层形成外挂式走廊，上下设进出风口；进出风口可对齐或错位。

图 19-4-4　廊道式双层皮玻璃幕墙工作原理示意图

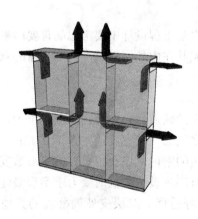

注：在竖向有规律地设置通风"井"，利用温差效应加速空气流动，可有效避免空气短路，而且有效进行热回收。

图 19-4-5　井—箱式双层皮玻璃幕墙工作原理示意图

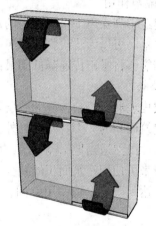

注：在水平方向以两块玻璃为单元，两侧分别做竖向分隔，形成箱式单元；进、排气以"箱"为单元，按对角线模式进行。这是目前最常用的双层皮玻璃幕墙形式。

图 19-4-6　窗箱式双层皮玻璃幕墙工作原理示意图

19.4.4　双层皮玻璃幕墙的优、缺点分析

1. 优点

双层皮玻璃幕墙与传统的单层幕墙立面相比较，最大的优点是其节能环保作用突出，同时，也可以起到建筑物室内外的热缓冲作用。

（1）保温隔热作用

双层皮玻璃幕墙能够达到很小的 U 值（即透过材料的热传导量）。在冬季，将两层表皮间的空腔密闭，可以提高整个立面系统的保温隔热性能，缓慢的气流速度以及空腔内升

高的温度减少了玻璃表面的热交换速度，从而减少了热损失；在夏季，空腔完全开放进行通风，热气流通过空腔被排出室外，达到室内降温的目的。需要注意的是幕墙采用的玻璃类型、可开启窗户的设计以及遮阳装置的使用。

（2）减少太阳辐射热

结合遮阳装置的双层皮玻璃幕墙能够使建筑物室内减少太阳辐射热，而双层皮玻璃幕墙的两层表皮可以使安装于空腔内的遮阳系统免受室外天气、雨和风的影响。

（3）改善室内环境及建筑节能

适应于当地气候条件的双层皮玻璃幕墙，能为建筑物提供良好的室内空气质量，减少建筑物的能源消耗，同时保证室内的热舒适度。

（4）自然通风及夜间通风

双层皮玻璃幕墙系统可以与不同的自然通风形式相结合，而且，在晴朗的冬天以及春、秋两季，通过双层皮玻璃幕墙中内立面的窗户进行通风，基本上可以不受室外风和气候的影响；同时，利用内立面的窗户能够为夜间通风带来可能性，与传统立面夜间开窗相比较，双层皮玻璃幕墙有安全与不受气候影响的优点。

（5）隔声作用

对建造于高噪声都市环境中的建筑物，如何隔声是工程设计中要考虑的首要因素。双层皮玻璃幕墙可以为建筑物提供更好的隔声性能，尤其在内外层玻璃上均不开窗的双层皮玻璃幕墙能够将噪声传递降低到最低。

2. 缺点

双层皮玻璃幕墙与传统的单层幕墙相比较，最大的缺点是高造价，高运行维护费用以及使用建筑面积的减少。除此之外，内外两层表皮之间的空腔宽度通常大于 0.15m，甚至达到数米，虽然适当地增宽空腔，可以使建筑物周边的室内区域获得更好的热舒适度，但会因此带来可使用建筑面积的减少。因此，在设计双层皮玻璃幕墙时要力求实现最佳的空腔宽度，达到既不浪费使用空间，同时保证空间的舒适度。双层皮玻璃幕墙的其他缺点包括：

（1）冷凝问题

冬季，当立面空腔的宽度有限（在 0.2m 左右）并且在通风不好的情况下，有可能出现冷凝问题。

（2）过热现象

在夏季，双层皮玻璃幕墙可能导致使用空间和立面空腔过热，因此设计双层皮玻璃幕墙的正确通风方式以及遮阳措施非常重要。

（3）噪声传递

立面空腔有可能造成房间之间或楼层之间的噪声传递。

（4）维护和清洁的问题

当立面空腔宽度有限，人们不能在空腔内通行时，安装在空腔内的遮阳设施无法清洁，将带来室内可视度的降低。

复习思考题 19

1. 试简述玻璃幕墙的作用。
2. 试简述玻璃幕墙的类型。
3. 试简述玻璃幕墙的特点及组成材料。
4. 单元式幕墙和半单元式幕墙有哪些异同？
5. 点支承式连接玻璃幕墙由哪些构造组成？这种幕墙的支承结构有哪些特点？
6. 试简述双层皮玻璃幕墙的工作原理。
7. 试简述双层皮玻璃幕墙的种类。
8. 廊道式、竖井式、窗箱式双层皮玻璃幕墙有哪些异同？

第 20 章　采光屋顶与中庭

◎**内容提要:** 中庭是一个多功能的空间，既是交通枢纽，又是人们交往活动的中心，因此中庭被称为"共享大厅"。厅内常布置庭院、小岛、水景、绿色植物，要求有充足的自然光，也被称为"四季大厅"。由于其半室内半室外的空间环境性质，使得中庭的围护结构及维护组织方式有别于普通的建筑空间，对技术的实施提出了更多的要求。本章以采光中庭及天窗为重点，介绍其形式及设计要求。

20.1　采 光 屋 顶

现代建筑的发展，在屋顶造型设计方面，逐渐受到建筑师的重视，被称为建筑的第五立面。各种造型别致的屋顶形式和结合建筑功能设计的屋顶采光天窗，不但使城市风貌焕然一新，同时也丰富了建筑物的室内空间造型。采光屋顶主要应用在下列工程中:

1. 写字楼和旅馆建筑物的中庭和顶层。有些中庭采光顶的尺寸很大，如深圳市民中心拉索式平面采光顶已达 34m×52m，北京移动电话大厦中庭采光顶为 28m×75m。位于顶层的采光顶多用于观光、健身和游泳池，有些还采用了可开合的移动采光顶。

2. 机场、车站的候机楼、候车楼顶盖，往往设置大面积可透光部分。聚光顶与金属屋面共同形成了大跨度屋盖。广州新白云机场候机楼平面尺寸达235m×325m，其中透光部分占 25%。

3. 体育场馆的顶盖。国家游泳中心(水立方)屋盖平面达 177m×177m，全部采用淡蓝色 ETFE 透明膜，成为三层充气式薄膜采光顶。有些运动场馆(如江苏省南通市体育场)还采用了可动的大跨度开合采光顶。

4. 植物园温室、展览馆、博物馆的透明顶盖，如北京香山植物园、大连热带雨林馆、常州中华恐龙园等。

5. 特殊的标志性建筑的透光顶盖，如福州温泉公园的 40m×40m 四角锥、天津泰达植物园的 50m×50m 四角锥、北京中关村直径达 110m 的圆形光盘等。

20.1.1　采光屋顶的作用及特点

采光屋顶是指建筑物的屋顶材料全部或部分被玻璃、塑料、玻璃钢等透光材料所取代，从而形成兼有装饰和采光功能的顶部结构构件。

在公共建筑的门厅、通廊及共享中庭、公共活动用房及工业厂房等建筑中，通过设置不同形式的采光屋顶，来解决室内空间的采光、通风以及火灾时及时排烟的作用，优化空间效果与使用质量；而对于坡屋顶住宅的顶层阁楼，设置屋顶采光天窗可以起到改善和创造可居住的坡屋顶空间，同时也丰富了建筑的顶部空间造型。

20.1.2　采光屋顶构造设计要求

目前，采光屋顶的建筑设计分别由设计院的建筑师和幕墙生产厂商进行。设计院主要根据建筑功能和建筑艺术的要求，对采光顶进行选型，确定主要形状、板块划分、面板材料和性能、支承方式、支承结构的类型和布置，然后由幕墙厂商对其总体要求进行细化，作出深化设计和施工图设计，并付诸实施。采光屋顶构造设计通常包括以下内容：

1. 确定采光顶的性能：抗风压变形、气密、水密性能要求，按国家节能标准确定保温、隔热、遮阳等指标。

2. 设计排气窗、排烟窗：若采光顶高度不大于 12m，可以采用自然排风、排烟；若采光顶高度大于 12m，应采用机械排烟。

3. 排水设计：确定排水方案，布置排水通路，选择屋面合适的坡度。

4. 防雷设计：除非周围建筑物能提供防雷保护，否则要设置独立防雷系统。

5. 防火设计：对支撑钢结构加设防火保护层，或加设喷淋设备。

6. 安全措施：主要考虑合理选用面板材料和设计合理的连接构造，防止面板破碎坠落伤人。

7. 遮阳设计：设置遮阳帘、遮阳板，选择手动、电动和智能化系统并进行控制系统设计。

20.1.3　采光屋顶天窗的形式及组成

1. 采光天窗的形式

采光屋顶天窗形式以及相关技术参数如图 20-1-1～图 20-1-4 以及表 20-1-1 所示。

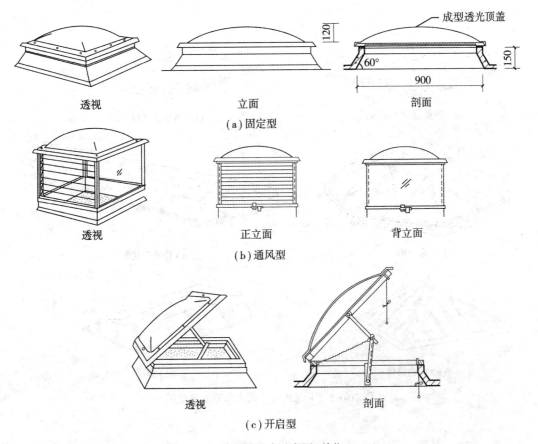

图 20-1-1　采光罩形式示意图（单位：mm）

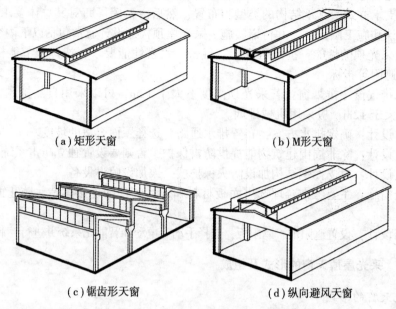

(a) 矩形天窗　　　　　　　　　　　　　　　(b) M形天窗

(c) 锯齿形天窗　　　　　　　　　　　　　　(d) 纵向避风天窗

图 20-1-2　立式纵向采光天窗形式示意图

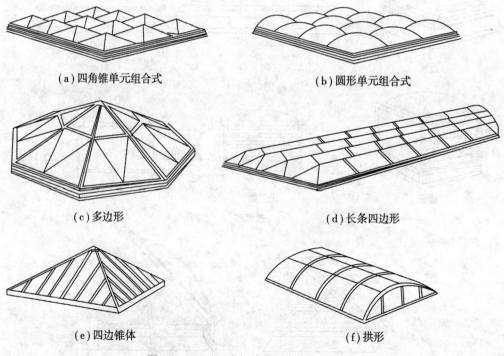

(a) 四角锥单元组合式　　　　　　　　　　　(b) 圆形单元组合式

(c) 多边形　　　　　　　　　　　　　　　　(d) 长条四边形

(e) 四边锥体　　　　　　　　　　　　　　　(f) 拱形

图 20-1-3　下沉式与井式天窗形式示意图

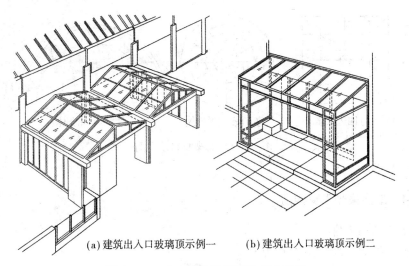

(a) 建筑出入口玻璃顶示例一　　　　(b) 建筑出入口玻璃顶示例二

图 20-1-4　出入口的采光顶形式示意图

表 20-1-1

透光材料名称	厚度/(mm)	透光率/(%)
钢化玻璃	6	78
夹层玻璃(PVB)	3+3	78
夹丝玻璃	6	66
透明有机玻璃	2~6	85
玻璃钢(本色)	3~4	70~75
普通玻璃加铁丝网	5~6	69
磨砂玻璃加铁丝网	6	49
压花玻璃加铁丝网	3	63
塑料(UPVC)透光板	3	85
聚碳酸酯(PC)透光板	1~12	75~91

2. 采光屋顶的组成

(1) 透光材料。常用的透光材料有夹丝玻璃、夹胶玻璃、夹层安全玻璃、钢化玻璃、有机玻璃、聚碳酸酯片及玻璃钢等。光线透过玻璃或透光板材的多少用透光率表示，透光率是确定玻璃性能的主要指标。

(2) 骨架材料。常见采光屋顶的骨架布置形式如图 20-1-5 所示。

(3) 连接件。连接件是采光屋顶骨架之间及骨架与主体结构之间的连接构件，一般有专用连接件。

(4) 封缝材料骨架与玻璃之间应设置缓冲材料，常用的材料是氯丁橡胶衬垫，各接缝处应以密封膏密封，铝合金骨架用硅酮密封膏密封，型钢骨架可用氯磺化聚乙烯或丙烯酸密封膏密封。

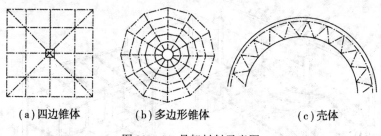

（a）四边锥体　　　　（b）多边形锥体　　　　（c）壳体

图 20-1-5　骨架材料示意图

20.1.4　屋顶采光天窗构造

1. 平屋顶采光天窗

平屋顶采光天窗如图 20-1-6 所示。

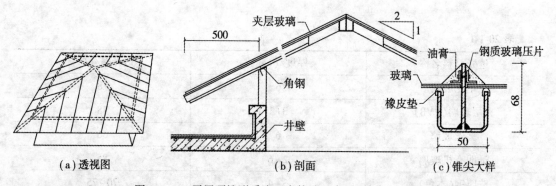

（a）透视图　　　　　　（b）剖面　　　　　　（c）锥尖大样

图 20-1-6　平屋顶锥形采光天窗构造示意图（单位：mm）

2. 坡屋顶采光天窗

坡屋顶上开设的老虎天窗，窗台一般距地面 900~1100mm；并且为了防止溅水及保证铺瓦构造层次所需的高度，窗台还必须高出斜屋顶洞口之上 300mm，并做好四周泛水部位的防水处理，以满足使用要求。如图 20-1-7 所示。斜屋顶天窗的窗台距地面 900~1100mm，窗框顶部距地面 1850~2200mm，这样可获得较佳的空间效果，同时便于操作控制。如图 20-1-8、图 20-1-9 所示。

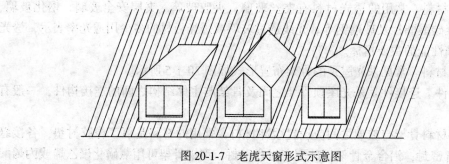

图 20-1-7　老虎天窗形式示意图

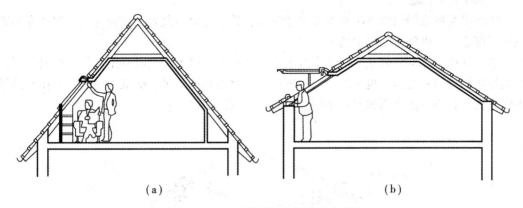

图 20-1-8　斜屋顶天窗空间形式示意图

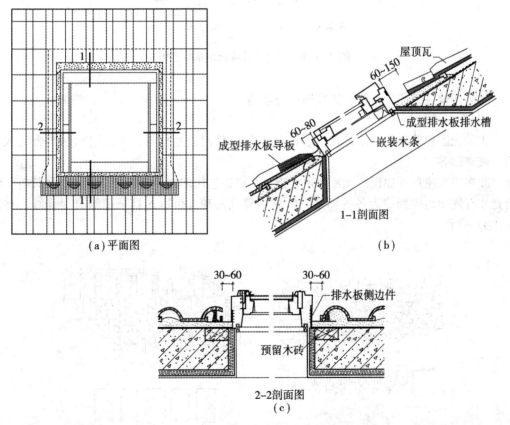

图 20-1-9　斜屋顶天窗构造示意图

3. 采光屋顶中的特殊构造措施

(1)防水、排水措施

采光屋顶设置排水坡度应不小于 1/3，屋顶接缝防水构造可靠，且应采用性能优越的封缝材料进行处理。在金属型材上加设排水槽，以便将漏进内侧的少量雨水排走。

（2）防结露措施

①在采光屋顶周围设置暖水管或吹送热风，使透光材料及骨架内表面温度保持在结露点的温度之上，以防止凝结水的产生。

②保证排水坡度。采光屋顶排水坡度应保证在1/3以上，可以利用其骨架材料上所设置的排水槽将雨水排掉，也可以专门设置排冷凝水的水槽，纵、横双向均设，但排水路径不宜过长，否则可能会因积水过多而导致滴落。如图20-1-10所示。

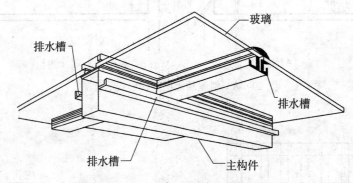

图 20-1-10 采光顶排除凝结水示意图

③选择较好的透光材料，如采用中空玻璃等。

（3）防眩光措施

①采光屋顶易使用磨砂玻璃、乳白玻璃等漫反射透光材料，或采用粘贴柔光的太阳膜、玻璃贴等。

②在采光屋顶下加设折光片吊顶。折光片可以选用塑料、有机玻璃片、金属片等。将折光片有规律地排列成为各种图案，组成格栅式吊顶，可以遮挡顶部的直射光线。如图20-1-11所示。

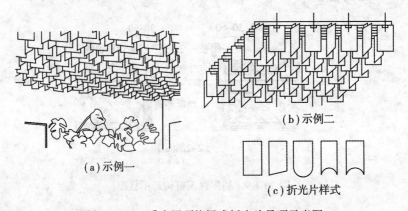

图 20-1-11 采光屋顶格栅式折光片吊顶示意图

（4）防火、排烟措施

采光屋顶防火、排烟措施主要是指封闭空间玻璃采光顶的防火、排烟设计。近年来，中庭共享空间的特殊形式，以大型建筑物的内部空间为核心，综合多种功能空间而创造出一个引人注目的美妙环境。这种多功能空间无疑是成功之作，但贯穿全楼或多层的封闭大天井却使防火、排烟分区面积大大超过相关规定，而且火灾的烟热不易排出。需要寻求解决的途径，以便既能保存共享空间，又能解决防火、排烟及分区面积限制的问题。

《高层民用建筑设计防火规范》（GB50045—95（2005 年版））对建筑物防水、排烟作了详细规定：高层建筑物的中庭若采用玻璃屋顶，其承重构件采用金属构件，应设置自动灭火设备保护或喷涂防火材料，使其耐火极限达到 1h 的要求。玻璃采光屋顶的玻璃应采用夹层玻璃，夹层玻璃是将两层或数层平板玻璃以聚乙烯塑料粘合而成、其强度胜过夹丝玻璃。玻璃采光层设置的喷淋装置，除下喷灭火外还应部分上喷以保护骨架和玻璃。

（5）防雷措施

玻璃采光屋顶一般位于建筑物顶部，而且用金属杆件制成，其防雷要求特别严格。一般情况无法在玻璃采光屋顶上设置防雷装置，而是将玻璃采光屋顶设置在建筑物防雷保护范围之内，即玻璃采光屋顶要设置在建筑物防雷装置 45° 范围以内，且该防雷装置的冲击接地电阻小于 10Ω。

20.2 中 庭

20.2.1 中庭的基本概念

中庭是建筑物内部带有玻璃顶盖的内院，是以一个大型建筑内部空间为核心，综合多种使用功能，引入自然构景要素，着意创造环境使人们赏心悦目的场所。中庭的概念在全世界范围内已被越来越多的建筑设计师所接受并运用到各种形式的建筑中。酒店、商场、办公大楼等随处可见中庭，中庭内设置有方便的垂直交通设备而成为整幢建筑物的交通枢纽空间，同时也作为人们憩息、交往、观赏、娱乐、餐饮等活动的中心场所。

中庭的原型是世界各地出现的庭院式建筑，例如古希腊和古罗马时期的庭院式住宅、我国传统院落式民居等。而后在基督教堂和神庙中，出现了有着巨大空间的中堂，中庭的古典释义就是指这类中堂。根据《牛津大词典》的释义，中庭是指罗马时代的中心庭院、带顶的回廊，主要位于教堂入口前部，从罗马时代的中心庭院到如今遍布于全球的各种纷繁复杂的中庭，空间形态经历了一个漫长的演变过程。现代中庭始于 19 世纪，1849 年建成的利物浦海员之家就是一个有着五层高玻璃顶庭院的"中庭旅馆"。一代建筑大师约翰·波特曼，于 1967 年在佐治亚州的亚特兰大市的海特摄政旅馆中建造了中庭，使中庭建筑得以复兴。

20.2.2 中庭的功能

1. 交通功能

大型中庭空间往往位于建筑物的核心位置，是建筑物内的交通枢纽中心。即使是非核心位置的中庭，为了丰富空间层次，加强空间的流动性，也往往带有一定的交通功能。中庭空间在平面上通常结合回廊、走道等进行交通布局，在竖向上通常结合电梯、扶梯、楼梯、踏步等组织交通，构成立体交通体系。

2. 休闲功能

中庭往往布置了休闲、餐饮等场所，为人们提供了舒适的阅读、休息、餐饮等设施。在城市空间日趋拥挤，人们休息、交往空间日趋减少的情况下，中庭可以作为一个城市广场，满足人们社交、娱乐、观赏和休息等多种需要，甚至可以举行酒会、舞会或音乐会等活动。

3. 景观功能

中庭可以结合建筑物室内空间的特点布置园林绿化、艺术品、喷泉等设施，中庭将人与自然、建筑融为一体，密切了人与阳光、树木、水等自然元素的接触，有利于人们调节身心。

4. 展示功能

由于中庭空间开敞，人流集中，便于人们交往，所以中庭空间也承担经常性或临时性的展示、集会等功能。在商业建筑中，中庭内可以举办时装表演、文艺演出、商品展示和促销活动，等等。

20.2.3 中庭的形式

1. 中庭的开敞形式

根据中庭空间在建筑物中的平面位置，可以大致将其分为单向中庭、双向中庭、三向中庭和四向中庭。其中，每一类的中庭又有着多种形式。如图 20-2-1 所示。

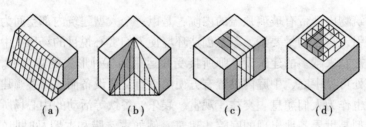

(a)　　　　　(b)　　　　　(c)　　　　　(d)

图 20-2-1　中庭的开敞形式示意图

（1）单向中庭

单向中庭有三个侧面直接对外。单向中庭虽然从属于建筑物，但却是向自然空间开敞的，是建筑空间和自然环境的融合，是内部空间外部化和外部空间内部化的结合。单向中庭是人们欣赏风景、休息、交往的理想场所，但其保温性能差，冬季寒冷的地区不宜采取这种中庭形式。如图 20-2-2 所示。

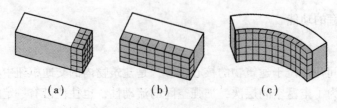

(a)　　　　　　(b)　　　　　　(c)

图 20-2-2　单向中庭示意图

（2）双向中庭

双向中庭有两个侧面直接对外（对于矩形中庭而言）。这类中庭具有良好的通透性，可以直接观赏建筑物室外的景观，也可以很大限度地引入阳光。如图 20-2-3 所示。

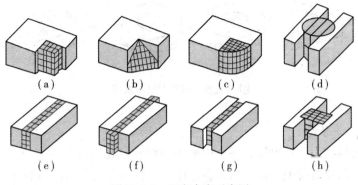

图 20-2-3　双向中庭示意图

（3）三向中庭

三向中庭有一个侧面直接对外。可以提供建筑物室外景观、自然光和室外风。如图 20-2-4 所示。

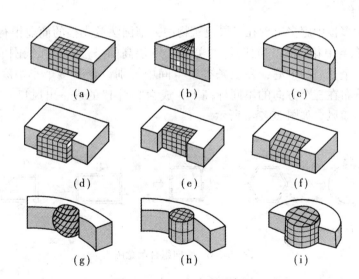

图 20-2-4　三向中庭示意图

（4）四向中庭

四向中庭即封闭型中庭，其所有侧面都不直接对外，顶部为大面积采光顶，是最为常见的中庭形式，多出现在商业、办公、医疗等公共建筑物中。封闭型中庭一般布置在建筑平面的中心，起着交通枢纽的作用，既是通往建筑物各个空间的集散场所，又是供人们休息、停留的休闲场所。其自然采光方式局限于顶部采光，保温性能好。如图 20-2-5 所示。

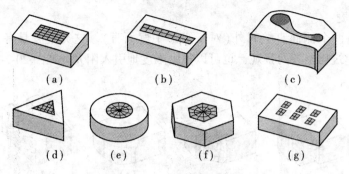

图 20-2-5　四向中庭示意图

2. 中庭的组合形式

整幢公共建筑物中，如果仅以一个中庭来组织建筑物内部空间，可以称为单核中庭。在规模较大的公共建筑物中，常常内含多个中庭，称为多核中庭，其组合方式有水平组合及竖向组合，不同的空间组合形式会有不同的效果。

（1）水平组合

水平组合的多核中庭可以提供多个活动中心，建筑物内部空间可以由多个形态各异的中庭组成一空间网络，使建筑物内空间更生动、更具吸引力。这种形式多出现在大型商场。

（2）竖向组合

竖向组合的多核中庭多出现在高层建筑物中，德国法兰克福的商业银行大楼具有"生态之塔"、"带有空中花园能量搅拌器"的美称。49 层高的塔楼采用弧线围成三角形平面，建筑物中间是一个通高的中庭，在三条办公空间中分别设置了多个小中庭（空中花园）。这些空中花园分布在三个方向的不同标高上，成为"烟囱"的进、出风口，有效地组织了办公空间的自然通风。如图 20-2-6 所示。

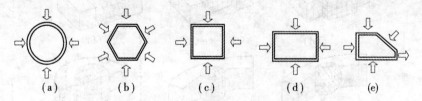

图 20-2-6　竖向组合示意图

3. 中庭的平面设计

中庭的平面形式多种多样，总的来说可以归纳为三大类：点状、线状、环状。

（1）点状中庭

点状中庭的平面形式主要包括圆形、正多边形、矩形、不规则多边形等。

圆形和正多边形中庭都具有静止、内敛的特征。圆形和正多边形中庭空间简洁端庄，这类中庭空间往往位于整幢建筑物的核心位置，常常是建筑师组织建筑空间的重要手段之一。这类中庭空间多出现在平面规整的酒店、商场、市政建筑中。如图 20-2-7 所示。

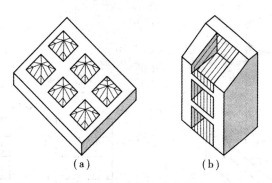

图 20-2-7　点状中庭示意图

矩形中庭是较为常见的形式，矩形中庭的适应能力较强，并具有一定的导向性，有利于组织人流，增强空间的识别性。

（2）线状中庭

线状中庭即长向中庭，其平面形式主要包括带形、不规则形等。

线状中庭具有强烈的方向性，通常结合天桥创造一种巧妙充满情趣的空间。这类中庭一般用做商业中庭，通过色彩纷呈的广告、店面、独具特色的采光顶棚处理，营造出丰富、繁华的商业气氛，常被建筑师当做平面构图中的轴线而成为组织建筑空间的重要手段。如图 20-2-8 所示。

不规则形中庭的形式很多，不规则形中庭的出现适应了现代建筑的多元空间形态的趋势。从功能意义上讲，不规则形中庭满足了人们追求复杂多变的心理，常常用在休闲购物、展览、观演等公共建筑物中。

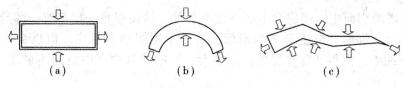

图 20-2-8　线状中庭示意图

（3）环状中庭

环状中庭不是很常见，一般位于高层建筑物的底部。如图 20-2-9 所示。

4. 中庭的剖面设计

（1）矩形剖面中庭

矩形剖面中庭是一种最为普遍的中庭形式。如图 20-2-10 所示。

（2）金字塔形剖面中庭

金字塔形剖面中庭自上而下楼层逐渐后退，这样上部楼层可以为下部楼层提供遮阳，这在那些主要考虑如何隔绝阳光直射的气候区，可以发挥较好的作用。同时向上渐缩的断面，有助于烟囱效应的发挥。在那些面临街道建筑物单面开敞的中庭空间中，玻璃面常常逐层后退，形成从街道或外部空间到建筑物的渐变过渡，同时也可以为内部的空间感受带来一种趣味。

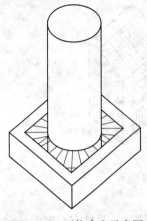

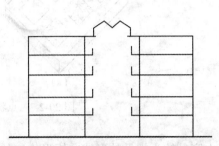

图 20-2-9　环状中庭示意图　　　　　　　图 20-2-10　矩形剖面中庭示意图

　　由于金字塔形剖面中庭可以形成烟囱效应，即使是在无风的情况下，也能保证有足够的冷空气从中庭下部进入建筑物室内，并将被加热的空气从中庭顶部散发出去。由于吸入的冷空气可以冷却整幢建筑物结构体系，所以可以减少整幢建筑物空调系统的负荷。高耸形的中庭也可以用做降温中庭。但是如果中庭过高，可能导致室内风速过快及中庭空间的垂直温差过大，此时可以把中庭沿垂直方向分成数个中庭，每个中庭单独组织自然通风，效果较好。

　　日本 Matsushita 电子公司信息传播中心大厦的中庭，采用了金字塔形剖面，使建筑物在室外无风的情况下，也能利用烟囱效应保证建筑物吸入足够的空气。如图 20-2-11 所示。

　　（3）倒金字塔形剖面中庭

　　倒金字塔形剖面中庭楼层自上而下逐渐外伸。这使得每一层都有一部分面积可以获取直射阳光，同时其向上渐扩的断面，有助于削弱烟囱效应。但也会使中庭空间的底层面积缩小，使得下部楼层的进深加大，影响建筑物室内空间的采光。如图 20-2-12 所示。

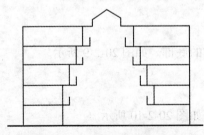

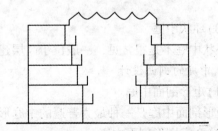

图 20-2-11　金字塔形中庭剖面图　　　　　图 20-2-12　倒金字塔形中庭剖面图

　　英国的 ITN 总部办公楼在剖面上采用了层层退台的方法，使整幢建筑物可以获得太阳辐射的面积大大增加，同时还在退台处栽种了树木，既有利于净化空气，又为人们提供了富于情趣的交往空间。

20.2.4　中庭的防火

1. 中庭火灾的特点

(1)不易进行防火分隔

高层建筑物中庭的周围通常与多个楼层相连，火灾可能发生在中庭底部，也可能发生在与之相邻的某一楼层。因此对于烟气控制不仅要解决顶部排烟，还需采取有效措施防止烟气由起火楼层流入中庭或由中庭反向流入其他楼层。

(2)普通探测器难以及时发现火灾

由于在烟气上升的过程中卷入新鲜空气，当烟气升达十几米或几十米高处时，其温度和烟雾浓度已大大降低，火灾初期不足以触发普通火灾探测器报警。而当探测器报警时，中庭内的火势可能已发展到相当大规模，因此延误了早期灭火的有利时机。

(3)常用喷水灭火装置不能发挥有效作用

由于上述原因，火灾早期的烟气温度往往不足以使顶棚上安装的闭式喷头爆裂喷水。即使顶棚喷头喷水，当水滴从十几米乃至几十米的高度落下，往往还没有达到燃烧物表面就已汽化，失去有效的灭火作用。

(4)人员疏散困难

在高层建筑物内，一旦发生火灾，人员在短时间内安全疏散较为困难。

2. 中庭的消防设计

由于中庭的高度不等，设计中庭时所遇到的最大问题是一旦发生火灾，在这种大空间建筑物中如何保证建筑物中所有人员的安全和防止烟火的蔓延。一般建筑物的防火措施最基本的是设置防火墙分隔，若有困难，可以采用防火卷帘和水幕分隔，或者在发生局部火灾时，设法把火灾限制在局部范围之内。但中庭建筑，其防火隔断被上下贯通的巨大空间所破坏。因此，如果中庭的防火设计不合理，建筑物及其中的所有人员都有遭遇灾难的可能性。

《高层民用建筑设计防火规范》(GB50045—95，2005 年版)中对中庭的消防设计作了详细规定：

(1)高层建筑物的中庭当采用玻璃屋顶时，其承重构件若采用金属构件，应设置自动灭火设备保护或喷涂防火材料，使其耐火极限达到 1h 的要求。

(2)高层建筑物中庭的防火措施应符合下列要求：

①房间与中庭回廊的门应设置自动关闭的乙级防火门；

②与中庭相连的过厅通道处，应设置防火门或设置防火卷帘门分隔；

③中庭每层回廊应设置自动灭火系统，其喷头间距不应小于 2m，不大于 3.8m，中庭高度超过 8m 时，还应增设水幕设备；

④中庭每层回廊应设置火灾自动报警设备。

3. 不同类型中庭的消防措施

(1)封闭式中庭

如图 20-2-13 所示，封闭式中庭的显著特点是除首层与建筑物主体相连通外，建筑物主体的其他楼层与中庭之间有外墙或玻璃幕墙分隔，甚至有的只是与建筑物的一侧贴邻。火灾发生时，各楼层之间通过中庭相互影响的可能性较小，如果分隔的外墙或玻璃幕墙满足上述防火规范要求的耐火极限，一般不会造成火灾的竖向蔓延。灭火的主要措施为：

①在建筑物主体内设置自动喷淋系统。

②在中庭顶棚设置自然排烟天窗或机械排烟口及排烟风机。

③在中庭的竖向墙壁上安装光电式感烟探测器，并联动顶棚排烟风机。在首层内与中庭相通的过庭、通道处设置防火卷帘，并由安装在其上侧的离子感烟探测器联动。在与中庭相通的楼梯口、电梯口等处设置消火栓，并与消火栓泵联动。

（2）回廊式中庭

如图 20-2-14 所示，回廊式中庭通过回廊与建筑物主体空间相连，火灾烟气的蔓延比封闭式中庭快，控制困难。此时可以采取以下措施：集中式加分散式排烟系统，在中庭顶棚设置排烟口和风机集中排烟，在回廊利用空调回风口排烟，此时回廊排烟口要安装防火排烟阀，阀门联动风机。在回廊设置快速反应自动喷淋系统，该系统联动自动消防泵，同时与回廊相通的过道处安装自动防火卷帘，由安装在其上方的离子感烟探测器联动，并采取水幕保护措施。在回廊、中庭底层必要处设置消火栓，由消火栓打碎玻璃按钮联动消火栓泵。

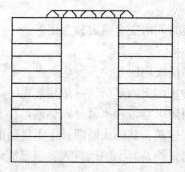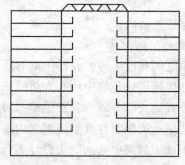

图 20-2-13　封闭性中庭示意图　　　　图 20-2-14　回廊式中庭示意图

（3）开敞式中庭

如图 20-2-15 所示，所有类型的中庭中，下开敞式中庭最不利于火灾烟气及火焰的控制。具有这种中庭的建筑物毫无分隔可言，建筑物的各楼层通过中庭这一垂直空间直接连通，火灾蔓延速度极快，因此应当加强这类中庭的烟雾控制和消防监控。在采取集中式加

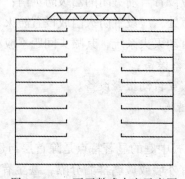

图 20-2-15　下开敞式中庭示意图

分散式排烟系统的同时，在各层与中庭相通的四周设置自动防火卷帘加水幕（或喷淋）进行冷却保护，同时在中庭设置摄像机监视探测器，及时探测火灾，在中庭与周围楼层之间安装侧喷式水喷头控制火势和烟气的流动。

4. 合理设置疏散通道

(1)建筑设计时合理布置建筑物通道的数量、位置。

(2)保证建筑物所有疏散通道在后期使用中畅通。对卷帘门、防盗门的安装、使用得当，开闭自如。

(3)采用对烟气穿透力强的电光源作疏散照明与疏散诱导指示设备，增加建筑物内发生火灾时疏散通道的能见度。

5. 确定建筑物内疏散路线和日常流线的关系

设计中庭时，如何确定建筑物内疏散路线和日常流线的关系，是首当其冲的问题，对于不同的设计师，有不同的处理方法。

(1)建筑物内中庭和通道完全分开。亦即，把中庭和其他建筑空间及其通道作为完全不同空间处理。面向中庭部分要作防火隔断，通道面向中庭时，也要作防火隔断。采用这种方法，保证中庭的安全。

(2)设置建筑物内辅助疏散路线。把主电梯及无防火隔断的楼梯设置在靠近中庭处，疏散楼梯设置在远离中庭处（如四角等）。这种类型当楼梯内人员疏散时，可能按平常走惯了的路线涌向电梯井，而电梯不是疏散梯，一旦失火电梯就停止运行了。因此，应把疏散路线和疏散楼梯鲜明地标示出来，同时，为了提高人们的识别能力，应以楼内人员为对象，进行防火疏散训练。

(3)建筑物内所有流动路线都在中庭处理。楼梯作隔间，当只从中庭回廊进入时，要加压不使烟气侵入回廊，中庭、回廊不能暴露在高热之下。为此，可以采用机械通风或自然通风。整个中庭内要做成不燃结构，要与其他部分分开，中庭的疏散回廊必须采取防烟措施，即采用挡烟垂壁、隔墙或从顶棚下突出不小于 500mm 的梁划分防烟分区，门也要防烟，应采用乙级防火门。在没受到烟气污染的情况下，同时又有选择路线的余地，例如两方面疏散等，中庭地面也可以作为从疏散楼梯间到建筑物室外疏散路线的一部分。

6. 中庭的烟气控制

《高层民用建筑设计防火规范》(GB50045)中对中庭的排烟设施作了以下相关规定：

(1)净空高度小于 12m 的中庭可以采用自然排烟措施，其可开启的窗或高侧窗的面积不小于中庭面积的 50%。

(2)不具备自然排烟条件及净空高度超过 12m 的中庭应设置机械排烟设施。若建筑物室内中庭体积小于 17000m³，其排烟量按其体积的 6 次换气量计算；若建筑物室内中庭体积大于 17000m³，其排烟量按其体积的 4 次换气量计算。

不同类型中庭的烟气控制措施有所不同，分析如下：

(1)封闭式中庭

封闭式中庭的特点是中庭与周围的建筑物之间相对独立，即使中庭发生火灾，火灾烟气也难以进入周围的邻室区域。封闭式中庭在划分防火分区时，常作为一个独立的防火空间。而且，这类中庭与其周围的邻室区域设有相互独立的防排烟系统。当火灾发生在中庭内部时，可以充分利用流动的自然风，利用"烟囱效应"进行排烟；若自然排烟无法满足要求，可以采用机械排烟方式。平时，排烟风机可用于中庭的换气；发生火灾时用于排烟。若火灾发生于周围的邻室区域，由于周围的邻室区域与中庭相对独立，没有空气流动，此时的火灾防排烟措施就与普通建筑物的火灾防排烟措施一致。

(2) 回廊式中庭

回廊是回廊式中庭建筑非常重要和敏感的部位。在火灾情况下，如果回廊里的防火墙分隔不合理或耐火极限达不到要求，就可能造成烟气和火焰蔓延到整个空间；同时，回廊就不可能起到有效疏散人群的作用。在回廊式中庭的消防设计中，应充分利用回廊这个重要区域，在中庭与其周围建筑物的使用区域之间形成一道屏障，使之成为烟气扩散和火焰蔓延的"缓冲区"。

回廊式中庭一般可设置集中排烟系统，采用自然或机械排烟方式进行排烟，排烟风机和排烟口由中央控制室集中控制，平时排烟风机可用于中庭的通风换气。对于回廊这一重要的"缓冲区"，除了进行合理的防火分隔(防火区域之间应有防火墙或防火卷帘及水幕分隔)外，还应在各楼层的回廊边缘设置由感烟探测器启动的活动挡烟垂壁或做成建筑物内永久构件的固定式垂壁。当火灾发生在中庭时，可以通过中庭顶部的排烟口自然排烟或开启排烟风机进行强制排烟；同时，开启回廊内的排烟系统排除回廊区域的烟气，保证回廊这一重要疏散通道的安全。

火灾发生在中庭周围的邻室时，火灾生成的热烟气很难控制在起火间这个小范围内，热烟气将向四周扩散，包括中庭。这种情况下，在开启起火间排烟系统的同时应开启相连回廊内的排烟系统，这样既可以保证回廊的安全，又可以防止烟气进入中庭。若起火间或相连回廊的排烟系统不能阻挡烟气向中庭扩散，就需要开启中庭的排烟系统来排除进入中庭的烟气。

(3) 开敞式中庭

开敞式中庭与其周围建筑物之间设有水幕系统和防火卷帘，这类中庭建筑物在发生火灾时，烟气的控制以及防止火焰的蔓延都是很不容易实现的。根据火灾烟气排出的途径，可以将楼层开敞型中庭的防排烟方式分成两类：

①通过中庭排烟，这种排烟方式是指火灾烟气通过中庭的排烟口以自然排烟或机械排烟的方式将烟气排出建筑物。当火灾发生在中庭的地面时，为了防止中庭内上升的烟气窜入中庭周围的楼层区域，应对中庭周围的楼层正压送风。当火灾发生在中庭周围楼层时，为了防止烟气进入未着火层区域，应对中庭周围的未着火层正压送风。

②不通过中庭排烟，这种排烟方式是指火灾烟气不通过中庭而直接排出建筑物，通常对于火灾发生于中庭周围邻室时适用。发生火灾时，着火层排烟系统投入运行，其他楼层空调机组转入正压送风状态工作，从室外直接抽入空气对中庭加压，阻止烟气进入中庭空间(若有少量烟气进入中庭，可以通过中庭排烟系统排出)。

以上三种中庭形式并不是完全独立的，在实际建筑物中，它们相互组合形成各种不同的空间形式，如屏蔽式中庭与回廊式中庭的组合、楼层开敞式中庭与回廊式中庭的组合等。由于中庭组合形式的多样性，给中庭建筑的防火和烟气控制造成了很大的困难。在实际工程设计和应用中，应根据特定的中庭组合形式采用相应的烟气控制措施。

20.2.5 中庭的物理环境

1. 中庭的光环境

(1)天然采光的优点

①天然光照度均匀、光色好、持久性好，不易产生眩光。

②充足的太阳光能为中庭带来生气，使人精神振奋，提高人们的工作效率。

③直射阳光能够杀灭细菌，促进人体的新陈代谢。

④在中庭空间中采用自然光线，通过四季更替、朝暮改变，光与影的交织，形成变化多样、生动活泼的效果，使中庭内的景观呈现丰富的层次变化。

(2)防止眩光

一些地区的太阳直射光太刺眼或强度太高，有可能形成眩光，因此，应采取一定的措施来消除眩光。

①应选择定向折光型玻璃，或漫射型玻璃(如磨砂玻璃)，通过折射或漫射把阳光射到中庭的侧墙或其他构件上，光经过多次反射到达中庭底部。

②侧墙或其他构件的表面最好也是漫射型，从而避免反射阳光，使中庭的整个光线较均匀。

③采用锯齿形屋面，向阳锯齿形屋面，玻璃面朝阳，其角度满足高度角较低的太阳直射光进入室内，并可使高度角较高的太阳光线经屋顶反射进入室内。背阳锯齿形屋面，只允许天光及散射、反射日光进入室内。如图 20-2-16 所示。

④采用百叶或遮阳膜遮挡直射阳光。

⑤利用人工照明照亮窗周围的墙面，以减小对比，减弱眩光。

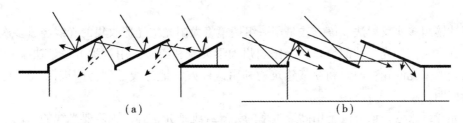

(a)　　　　　　　　　　(b)

图 20-2-16 锯齿型屋面示意图

(3)人工照明

中庭的内部空间尺寸——长、宽、高，决定了光照水平的衰减梯度，对四向中庭来说，虽然可以采取一些措施增强到达中庭底部的光线，但对高而窄或突出构件太多的中庭，中庭内自然光很难达到光照标准。因此，在日间光照不足的中庭以及夜晚，要采用人工照明。采用人工照明时，要注意控制好自然光和人工光之间的比例关系，避免能源的浪费。对于中庭这样休闲性的场所，应尽量采用柔和型的灯光，使人感到恬静、舒适。人工照明除满足人们活动所需要的光照条件以外，还可以用做装饰，以增加室内环境的情趣。人工照明同天然采光一样，也是中庭内限定空间、丰富空间层次和烘托空间气氛的重要手段。

（4）直接利用自然光

在阳光到达中庭的整个过程中，应尽量减少光能的损失，使中庭获得充足的阳光。墙面等其他反射面的吸收光能的系数要小。

①利用反射镜采光。对于高层建筑的通高中庭，阳光很难照射至中庭的底部，可以在中庭的顶部安装反射镜，将太阳光反射到中庭底部，使光的传递量达到最大。该方法的优点是设备简单，对提高侧面采光的均匀度具有较明显的效果。如图 20-2-17 所示。

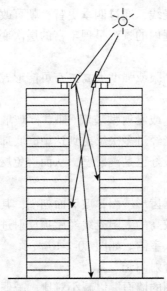

图 20-2-17　利用反射镜采光

②棱镜组多次反射法。该方法是用一组棱镜将太阳光集光器收集的光线经过多次反透射后送到室内需要光线的部位。如美国加州大学贝克利实验室用这种方法解决了一座 11 层的大楼的采光问题；澳大利亚某建筑物利用这种方法把光线送到房间进深 10m 远的部位进行照明。

③光导纤维法。该方法是用高透过率的光导纤维把光送到室内需要光线的部位。如日本东京赤坂地区新建的 18 层姊妹楼，大楼的中层附属建筑物的大空间中庭，利用自动跟踪太阳的装置收集太阳光，而后通过光导纤维直接照明，效果良好。

④采用带阳光跟踪的镜面格栅窗。该装置是一种由电脑控制的、能自动跟踪阳光的镜面格栅，可以自动控制进入室内的光量和热辐射，这项技术在许多建筑中庭采光中得到广泛的应用。特别是在太阳高度角比较低，且室内需要一定的热辐射的寒冷地区采用这种顶部采光窗具有较好的效果。

⑤合理布置景观。中庭内的景观设计会影响采光效能，譬如挑廊上的绿化反射性很低，所以景观布置应适当，使中庭内光线损失减至最小。

2. 中庭的热环境

热环境是建筑物理环境的主要组成部分，影响建筑物室内热环境状况的因素包括空气温度、湿度、太阳辐射、风速等。建筑物中庭是一个室内空间，能挡风避雨、遮荫纳凉。

中庭有玻璃的围护面，光可以进入，并且玻璃的热阻较小。因此，如设计不当，中庭就会出现酷暑难耐、寒冬难熬的情况。中庭的形状和构造决定了两种自然现象：温室效应和烟囱效应。

温室效应：玻璃通过选择性的方式传递太阳能辐射，普通玻璃允许大部分波长在 $0.4 \sim 2.5 \mu m$ 内的太阳短波热辐射透射至室内，被室内表面及其他物体吸收而提高中庭室内温度。室内表面及吸收了太阳热辐射的物体又辐射出 $10 \mu m$ 左右的长波，该辐射却不能通过玻璃窗射向室外，这样太阳能热辐射就被保留在室内，被收集的太阳能使室内升温，这就是中庭的"温室效应"。

烟囱效应：在任何封闭的容器里，空气总是从较低的开口处流向较高的开口处。通道上的风将增加吸风效应。与温室效应所加暖的空气浮力相结合，在一个高大的封闭容器里会产生依温度的强烈的空气阶层，当通道形成时，会有一股同样强大的向上气流，由于空间高度不同造成空气差，从而形成中庭内气流运动，这种效应就是"烟囱效应"。

这两种效应的存在可以使中庭舒适，也能使中庭不舒适。热天，要利用烟囱效应，引导中庭内通风，带走热量，加强空气对流。只要在顶部安装可开启的天窗及可调节的遮阳格栅，天热时，打开窗和遮阳设施，由于顶棚玻璃吸收太阳能量而升温，中庭底部气温较低，利用热压差可组织自然通风，因此，中庭内部获得了低于室外气温的小气候。冷天，要利用温室效应来提高室内气温，由于顶棚玻璃吸收太阳的短波热辐射，使室内气温升高，而晚上的长波热辐射透不过玻璃，能保持能量。因此，天窗关闭，让日光进来；晚上，利用遮阳装置增大热阻，防止热量散失。若设计得当，中庭不需空调也能获得较好的热环境。

改善中庭热环境的途径，包括做好建筑的群体规划、单体设计，在设计时要因地制宜。在总体规划时应把阳光纳入中庭，防止别的建筑物遮挡。单体组合上，尽量避免冷风的影响，公共建筑物中庭设计应选择封闭型中庭。围护结构采用密封和保温性能好的材料。冷风渗透是冬季热量散失的一个主要途径，要加强顶棚玻璃嵌缝的密闭性；开门处最好设置门斗，使中庭与外界有一个缓冲层，减少与外界的热量交换和冷风的渗透；采用双层玻璃或热阻较大的玻璃来增大围护结构的热阻，防止热量的散失。由于顶棚玻璃的热阻较小，冷天容易在内表面结露，形成冷凝水，玻璃的安装最好倾斜，有助于凝结水的滴落、排除。采用空气调节的中庭，要避免室内外温差过大而引起人体不适。考虑到人们的衣着情况，夏季室内温度控制在 28℃ 左右较合适；冬季控制在 18℃ 左右较舒适。

根据不同的设计要求，有降温中庭、采暖中庭和可调温中庭三种不同的处理方式。

3. 中庭的声环境

中庭旨在为人们提供良好的室内环境，优美的声音可以让人放松身心、提高工作效率、提高免疫力。不同的建筑空间对声环境的要求也不同，我国的《民用建筑隔声设计规范》(GB50118—2010)规定卧室的允许噪声值不得超过 50dB，而人们轻松的脑力劳动和便于相互交谈的声环境为 40 ~ 60dB。40dB 是很理想的脑力劳动及相互交谈的声环境，超过 60dB 时，人们脑力劳动的效率和彼此交谈的可懂程度就会受到很大的影响。所以，中庭的声环境宜控制在 40 ~ 60dB。

(1)中庭内部噪声的控制

1)中庭空间大，因而消除内部噪声和回声的主要手段是吸声，中庭至少有一个以上的围护面积是玻璃, 但玻璃的吸声系数较小, 采用微穿孔技术, 把玻璃做成微穿孔板, 能提高其吸声系数, 吸收噪声声能。

2) 顶棚的玻璃最好倾斜, 这样有助于声波在中庭的四周墙壁上产生多次反射而吸收声能。中庭四周的墙壁及栏杆等表面不要太光滑, 表面应粗糙或采用喷涂式吸声材料喷涂。

3) 对机器设备的声响加以隔绝。

4) 在中庭内栽种植物、建造假山等有助于声能的吸收。为了防止相互干扰, 可以分区种植多叶树木, 或利用软隔断分隔空间。

5) 可以采用水声、背景音乐进行屏蔽。人耳对一个声音的听觉的灵敏度因为另一个声音存在而降低的现象称为掩蔽效应。掩蔽效应具有以下规律: 频率相近的纯音掩蔽效果显著, 掩蔽音的声压级越高, 掩蔽量越大, 掩蔽的频率范围越宽。低频音对高频音的掩蔽作用大, 高频音对低频音的掩蔽作用小。

6) 对于人造背景音乐要从各方面严格控制, 声级不能太高, 重复次数不能太频繁, 播放时间不能太长, 也不宜过早或过晚, 音乐内容应以轻松、舒缓、流畅的轻音乐为主, 否则就有可能成为噪声。

7) 采用有源控制技术

①采用有源噪声控制技术。所谓有源噪声控制, 即是在噪声环境中将采用传声器探测到的噪声信号传输至控制器, 由控制器产生的新声波 (次级声源) 与原噪声声级相同但相位相反, 从而使环境噪声降低 (实际不能消除)。例如利用小型扬声器或激励器作为次级声源放置在双层轻质墙板中间 (或装置在墙板上) 以提高轻质结构的隔绝空气声的能力, 以及利用有源声吸收、有源声屏障来有效控制噪声。

②采用电子声掩蔽技术。电子声掩蔽技术是在建筑空间内由隐藏于吊顶的扬声器发出均匀分布的背景噪声, 利用声音的掩蔽效应, 既能对中庭空间的语言声起到干扰作用, 又不会引起人们的注意。电子声掩蔽技术的关键是产生噪声的频谱、声级、覆盖均匀度和突出感, 一个调节良好的电子声掩蔽系统, 应该令使用者感觉不到有人工噪声源的存在。尽管这不是通常所谓的有源控制噪声, 但是由于是利用噪声源来掩蔽噪声 (实际也并未消除), 所以也可以称之为有源控制技术。

(2) 中庭外部噪声的控制

室外的交通声、机械声、嘈杂的人声等属于噪音, 应进行控制。

1) 建筑总体布局和单体设计上应考虑隔声降噪措施。

2) 提高维护结构的隔声系数, 玻璃幕墙可以设置双层或隔声系数较大的玻璃, 并可悬挂幕帘吸收声能。

3) 建筑物外部种植树木、设置声墙, 吸收和阻挡声能。

在室内环境中, 人们不仅需要一个高效率的工作环境, 同时也需要一个宜人的居住环境, 与自然对话、休闲娱乐、转换心情, 因此声环境设计的观念和思想应贯穿整个建筑设计中, 从而为人们创造出健康、舒适的声环境。

20.2.6 中庭天窗构造

设置在屋顶上的窗为天窗。进深或跨度大的建筑物, 室内光线差, 空气不畅通, 设置天窗以增强建筑物室内采光和通风，改善室内环境。所以在宽大的单层厂房中，天窗的运用比较普遍。近 30 年来，在大型公共建筑物中设置中庭甚为流行，于是天窗在民用建筑物中也日渐流行。

美国建筑师约翰·波特曼是第一个将中庭引入现代旅馆的学者。1967 年他在亚特兰大海特经济旅馆设计了中庭，立刻吸引了众多的旅客。从此世界旅馆业竞相效仿。后来在其他建筑物中运用，也获得成功。

现在，无论在旅馆、购物中心、贸易中心、娱乐中心、办公楼、图书馆，还是在银行、博物馆、医院、学校、展览馆，甚至在住宅中都出现了中庭设计。中庭是一个多功能空间，既是交通枢纽，又是人们交往活动的中心，所以有人称中庭为共享大厅。中庭内常布置庭园、水景、小岛、绿色植物，要求有充足的自然光，所以人们又把中庭称为四季大厅。中庭的突出特点是具有半室内半室外的空间环境性质。认识这一点对天窗设计具有重要意义。

以下从中庭天窗的设计要求、天窗形式、天窗构造三个方面进行论述。

1. 中庭天窗玻璃

中庭天窗玻璃要安全可靠、热工性能好。天窗处于中庭上空，当重物撞击或冰雹袭击天窗时，天窗应能防止玻璃破碎后落下砸伤人，所以天窗玻璃应具有足够的抗冲击性能。各个国家制定建筑规范时，对此都有严格的限制，要求选择不易碎裂或碎裂后不会脱落的玻璃，常用的天窗玻璃有以下几种：

（1）夹层安全玻璃

夹层安全玻璃由两片或两片以上的平板玻璃，用聚乙烯塑料粘合在一起制成。其强度大大胜过老式的夹丝玻璃，而且被击碎后能借助于中间塑料层的粘合作用，仅产生辐射状裂纹而不会脱落。这种玻璃有净白和茶色等多种颜色。透光系数为 28%~55%。

（2）丙烯酸酯有机玻璃

丙烯酸酯有机玻璃最初是用于军用飞机的座舱。可以采用热压成型或压延工艺制成穹形、拱形或方锥形等标准单元，然后再拼装成大面积玻璃顶，其刚度非常好。早期的丙烯酸酯有机玻璃是净白的，现在已能生产乳白色、灰色、茶色等多种有机玻璃，这对消除眩光十分有利。染色的和具有反射性能的有机玻璃有利于控制太阳热的传入，隔热性能较好。

（3）聚碳酸酯有机玻璃

聚碳酸酯有机玻璃是一种坚韧的热塑性塑料玻璃，具有很高的抗冲击强度和很高的软化点。国外广泛用于商店橱窗。作为一种防破坏和防偷盗的玻璃材料。在天窗设计中常用于建造顶部进光的玻璃屋顶。

（4）其他玻璃

除上述几种玻璃外，用于天窗的透光材料还有玻璃钢、钢化玻璃。玻璃钢又称为加筋纤维玻璃，具有强度大、耐磨损、半透明等优点。有平板、弧形、波形等品种。

天窗玻璃除要求抗冲击性好外，还应有较理想的保暖隔热性。上述玻璃的热工性能都较差，为了改善中庭的热环境，可以选用以下各种玻璃：

（1）镜面反射隔热玻璃

镜面反射隔热玻璃是在生产玻璃时，经热处理、真空沉积或化学方法，使玻璃的一面形成一层具有不同颜色的金属膜，形成银、蓝、灰、茶等各种颜色，这种玻璃能像镜子一样。具有将入射光反射出去的能力。6mm 厚的普通玻璃透过太阳的可见光高达 78%，而同样厚度的镜面反射玻璃仅能透光 26%。这种玻璃不但像镜子能反映四周景物。也能像普通玻璃一样透视，不会影响从室内向室外眺望景色。

（2）镜面中空隔热玻璃

镜面隔热玻璃虽有较好的隔热性能，但其导热系数仍和普通玻璃一样。为了提高其保暖性。可将镜面玻璃与普通玻璃共同组成带空气层的中空隔热玻璃，这种玻璃的导热系数可以由单层玻璃的 $5.8W/(m \cdot K)$ 降为 $1.7W/(m \cdot K)$，透过的阳光可以降到 10% 左右，可见这种镜面中空隔热玻璃的保温和隔热性能均比其他玻璃好。

（3）双层有机玻璃

双层有机玻璃由丙烯酸酯有机玻璃挤压成型，纵向有加劲肋，肋间形成孔洞。这种双层中空的有机玻璃的保温性能好，其强度比单层有机玻璃高。

（4）双层玻璃钢复合板

双层玻璃钢复合板是将两层玻璃钢熔合在蜂窝状铝芯上构成中空的玻璃钢板材，具有保温性好、强度高、半透明的优良性能。

2. 中庭天窗形式

按进光的途径不同中庭天窗可以分为顶部进光的天窗和侧面进光的天窗。前者主要用于气候温暖或阴天较多的地区，后者多用于炎热地区。天窗的具体形式应根据中庭的规模大小、中庭的屋顶结构形式、建筑造型要求等因素确定，常见的中庭天窗有以下各种天窗形式：

（1）棱锥形天窗

棱锥形天窗有方锥形、六角锥形、八角锥形等多种形式。尺寸不大(2m 以内)的棱锥形天窗，可以用有机玻璃热压采光罩。这种采光罩为生产厂家生产的定型产品，也可以按设计要求定制。棱锥形天窗具有很好的刚度和强度，不需要金属骨架，外形光洁美观，透光率高，可以单个使用，也可以将若干个采光罩安装在井式梁上组成大片玻璃顶，构造简单，施工安装方便。

若棱锥形天窗的尺寸较大，需要用金属型材做成棱锥形的天窗骨架，然后将玻璃镶嵌在骨架上。若中庭采用角锥体系平板网架作屋顶承重结构，可以利用网架的倾斜腹杆作支架，构成棱锥式玻璃顶。

（2）斜坡式天窗

斜坡式天窗可以分为单坡、双坡、多坡等形式。玻璃面的坡度一般为 15°~30°，每一坡面的长度不宜过大，一般控制在 15m 以内，用钢或铝合金做天窗骨架。

（3）拱形天窗

拱形天窗的外轮廓一般为半圆形。用金属型材做拱骨架，根据中庭空间的尺度大小和屋顶结构型式，可以布置成单拱，或若干个拱并列，布置成连续拱。透光部分一般采用有机玻璃或玻璃钢，也可以用拱形有机玻璃采光罩组成大片玻璃顶。

（4）圆穹形天窗

圆穹形天窗具有独特的艺术效果。天窗直径根据中庭的使用功能和空间大小确定，天窗曲面可以为球形面或抛物形曲面，天窗矢高视空间造型效果和结构要求而定。直径较大的穹形天窗应用金属做成穹形骨架，在骨架上镶嵌玻璃。必要时可以在天窗顶部留一圆孔作为通气口。

如果中庭平面为方形或矩形等较规整的形状，也可以采用穹形采光罩构成成片的玻璃顶。采光罩用有机玻璃热压成型。穹形采光罩也可以单个使用，有方底穹形采光罩和圆底穹形采光罩。

（5）锯齿形天窗

炎热地区的中庭可以采用锯齿形天窗。每一锯齿形由一倾斜的不透光的屋面和一竖直的或倾斜的玻璃组成。若屋面朝阳布置玻璃背阳布置，可以避免阳光射进中庭。由于屋面是倾斜的，射向屋面的阳光将穿过玻璃反射到室内斜天棚表面，再由天棚反射到中庭底部。可见采用锯齿形天窗既可避免阳光直射，又能提高中庭的照度。倾斜玻璃比竖直玻璃面的采光效率高，所以在高纬度地区宜采用倾斜玻璃；而在低纬度地区有可能从倾斜玻璃面射进阳光时，宜改成竖直的玻璃面。

（6）其他形式的天窗

以上五种天窗是中庭天窗的基本形式。在工程设计中，还可以结合具体的平面空间和不同的结构型式，在基本形式的基础上演变和创造出其他天窗形式。用双曲扁壳和扭壳构成的侧向进光天窗，为了防止挡光，相邻天窗应保持一定的距离；由薄壳组成的锯齿形天窗，每一壳面的一端为直线，另一端为拱曲线，可以采用无斜腹杆形钢筋混凝土桁架作为薄壳的边缘构件；用高层建筑物两翼之间的空缺位置布置中庭，屋顶层层后退构成台阶形侧向进光天窗，是锯齿形天窗在特定条件下的变化形式。伞状玻璃顶，采用伞状悬挑钢结构做天窗骨架，伞状结构的数目视中庭面积大小而定，天窗布局非常灵活自由。

各种中庭天窗的构造形式如图 20-2-18、图 20-2-19 所示。

3. 中庭天窗的构造

侧向进光的天窗构造与普通窗的构造有许多类似的地方。这里着重介绍顶部进光的玻璃顶构造，中庭玻璃顶由屋顶承重结构和玻璃面两部分构成。

（1）玻璃顶的承重结构

玻璃顶的承重结构都是暴露在大厅上空的，结构断面应尽可能设计得小一些，以免遮挡天窗光线。一般选用金属结构，用铝合金型材或钢型材制成，常用的结构形式有梁结构、拱结构、桁架结构、网架结构等。

玻璃采光面用采光罩做玻璃采光面，采光罩本身具有足够的强度和刚度，不需要用骨架加强，只要直接将采光罩安装在玻璃屋顶的承重结构上即可。而其他形式的玻璃顶则是由若干玻璃拼成。所以必须设置骨架。大多数的玻璃顶，安装玻璃的骨架与屋顶承重结构是分开来设计的，即玻璃安装在骨架上构成天窗标准单元，再将各单元安装在承重结构上。跨度小的玻璃顶可以将玻璃面的骨架与承重结构合并起来，即玻璃安装在承重结构上，结构杆件就是骨架。骨架一般采用铝合金或钢制作。骨架的断面形式应适合玻璃的安装固定，应便于进行密封防水处理，要考虑积存和排除玻璃表面的凝结水，断面要细小不挡光。可以用专门轧制的型钢来做骨架。但钢骨架易锈蚀，不便于维修，现在多采用铝合金骨架，铝合金骨架可以挤压成任意断面形状，且具有一定的强度与刚度，轻巧美观、挡光少、安装方便、防水密封性好、不易被腐蚀。中庭天窗各种金属骨架以及与玻璃连接构造如图 20-2-20 所示。

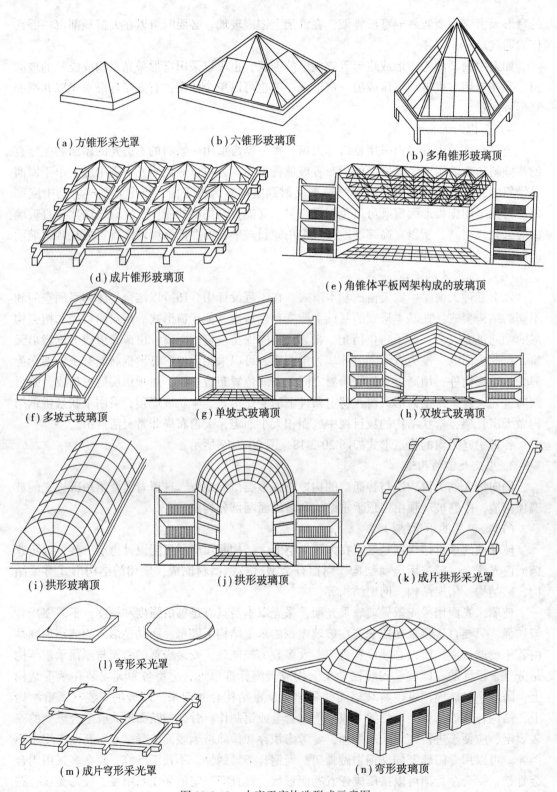

（a）方锥形采光罩　　　（b）六锥形玻璃顶

（b）多角锥形玻璃顶

（d）成片锥形玻璃顶　　　　　（e）角锥体平板网架构成的玻璃顶

（f）多坡式玻璃顶　　　（g）单坡式玻璃顶　　　（h）双坡式玻璃顶

（i）拱形玻璃顶　　　（j）拱形玻璃顶　　　（k）成片拱形采光罩

（l）穹形采光罩

（m）成片穹形采光罩　　　　　（n）弯形玻璃顶

图 20-2-18　中庭天窗构造形式示意图

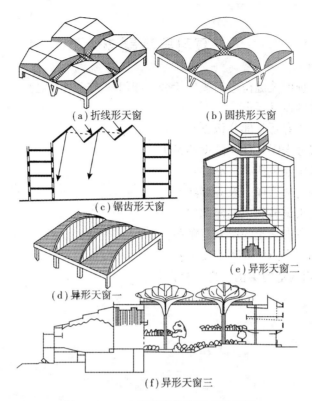

(a) 折线形天窗　　　　(b) 圆拱形天窗

(c) 锯齿形天窗

(e) 异形天窗二

(d) 异形天窗一

(f) 异形天窗三

图 20-2-19　中庭天窗构造形式示意图

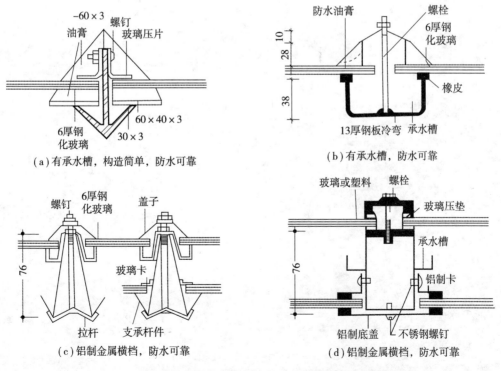

(a) 有承水槽, 构造简单, 防水可靠　　　　(b) 有承水槽, 防水可靠

(c) 铝制金属横档, 防水可靠　　　　(d) 铝制金属横档, 防水可靠

图 20-2-20　各种金属骨架断面形式及其与玻璃连接的构造示意图

复习思考题 20

1. 采光玻璃屋顶的关键构造问题是什么？如何解决这些问题？
2. 试简述中庭的设计要求。
3. 采光天窗主要有哪几部分构成？
4. 天窗的形式分为哪几种？试举例说明。
5. 天窗的排水主要包括哪些部件？
6. 采光天窗的材料选择一般有哪些？
7. 试简述中庭天窗玻璃顶细部构造。
8. 天窗形式对室内采光的影响有哪些？
9. 中庭天窗的安全防护有哪些要求？
10. 试举出天窗构造的实例，进行分析学习。

第 21 章　建筑防灾

◎内容提要：房屋作为人类栖息的场所，安全是第一位的，直接影响房屋安全的因素，除房屋结构外，当属各类灾害对房屋的破坏，在各类灾害中发生频率最多的要算火灾，破坏最大的应该是地震，此外还有风灾、雷击、爆炸等诸多方面。本章围绕建筑物的防灾与减灾，详细说明在建筑设计中需要考虑的相关因素。

21.1　建筑防火疏散与排烟

21.1.1　起火的原因和燃烧条件

1. 起火的原因

建筑物起火的原因是多种多样的，在生产和生活中，有因为使用明火不慎引起的，有因为化学或生物化学的作用造成的，有因为用电电线短路引起的，也有因为坏人纵火引起的。

生产和生活中，因使用明火不慎而引起的火灾是很多的。例如在厂房内，不顾周围环境随意动火焊接、烘烤物品过热等；在居住建筑物内因打翻油灯，烛火碰到蚊帐，炉火点燃旁边的柴草，小孩玩火等；在公共场所内乱扔烟头、乱放鞭炮、乱扔火柴而使火种混进废纸堆等。这些都是因为违反操作规程、缺乏防火常识、思想麻痹等原因造成的。

除明火以外，暗火引起火灾的情况也很多。其中有的是有火源的，如炉灶、烟囱的表面过热烤着临近的木结构；有的是没有火源的，如大量堆积在库房里的物质，因为通风不好，内部发热，以致积热不散而发生自燃；把化学性质相互抵触的物品混在一起，发生化学反应起火或爆炸，化工生产设备失修出现可燃气体，易燃、可燃液体跑、冒、滴、漏现象，一遇明火便燃烧或爆炸；机械设备摩擦发热，使接触到的可燃物自燃起火，等等。

用电引起火灾的原因，主要是因为用电设备超负荷，导线接头接触不良，电阻过大发热，使导线的绝缘物或沉积在电器设备上的粉尘自燃；导线因老化引起短路的电弧能使充油的设备爆炸；保险丝和开关的火花能使易燃、可燃的液体蒸汽与空气的混合物爆炸；易燃液体、可燃气体在管道内流动较快，摩擦产生静电，由于管线接地不良，在管道出口处出现放电火花，使管道内的液体或气体烧着，发生爆炸。

在建筑设计中，除了要充分估计到建筑物内部起火的可能性外，还要注意到外部环境可能出现引起建筑物起火的条件，不能留下隐患，为纵火破坏造成可乘之机。突然的地震和战时的空袭，都会因为人们急于疏散而来不及断电、熄灭炉火以及处理好易燃、易爆生产装置和危险物品，一旦房屋受震，极易起火，便出现地震火灾或战时火灾的不幸。因此我们要有平战结合的观念，在建筑设计中考虑地震和战时火灾的特点，采取防范措施，避免大的火灾损失。

2. 火的"三要素"条件

随着科学技术的进步,人们对火的认识比古人要深刻得多,而且深入到了对火的本质研究方面。火是一种放热发光的化学现象,是物质分子游离基的连锁反应。但是,起火必须具备以下三个条件,称为火的"三要素"。

(1)存在能燃烧的物质;

(2)有助燃的氧气或氧化剂;

(3)有能使可燃物质燃烧的火源。

只要上述三个条件同时出现,并相互接触就能起火。

一般可燃物质接触到火源时都能着火燃烧。但是,有些可燃物质受到水、空气、热、氧化剂或其他物质的作用时,虽未接触到火源也可能自行燃烧,这种现象称为自燃。例如,木材受热在100℃以下时主要是蒸发水分,超过100℃开始分解可燃气体,伴随着自身放出少量热量。温度到达260~270℃,放热量开始增多,即使在外界热源移走后,木材仍能靠自身的发热来提高温度达到燃点。木材也可以在没有外界明火点燃的条件下,由于温度逐渐提高到自身发焰燃烧的温度,即自燃点。这说明,为什么木结构靠近炉灶、烟囱,在通风散热条件不好的情况下,天长日久能够自燃的根本原因。

液体遇到高温,散发出气体,气体一接触火焰即燃烧。这种现象称为闪燃。出现闪燃的最低温度称为闪点。闪燃出现的时间不长,因为当时液体蒸发的速度还跟不上燃烧的需要,所以很快便把仅有的气体烧光。但是,如果温度继续升高,液体挥发的速度加快,这时再遇到明火则有起火爆炸的危险。所以,温度到达闪点是易燃、可燃液体即将起火燃烧的前兆,这对防火来说,具有重要的意义。

总之,由于物质燃烧的性质,遇适当的条件,便会循着自身内在的规律燃烧或爆炸。这是自然界的客观规律,人们务必对这一规律具有足够的认识,并在建筑设计中针对物质燃烧的条件,采取防火的具体措施。

21.1.2 火灾的发展和蔓延

1. 火灾的发展过程

经分析国内外火灾实例,按其特点,可以将火灾发展的过程分为三个阶段。

第一阶段是火灾初起阶段,火灾初起阶段的燃烧是局部的,火势不够稳定,室内的平均温度不高。第二阶段是火灾发展到猛烈燃烧的阶段,这一阶段燃烧已经蔓延到整个房间,室内温度升高到1000℃左右,燃烧稳定,难以扑灭。最后进入第三阶段,即衰减熄灭阶段,这时室内可以燃烧的物质已经基本烧光,燃烧向着自行熄灭的方向发展。

建筑防火主要是针对火灾发展过程的第一阶段和第二阶段进行的。需要针对火灾发展阶段的特点,采取限制火势或抵制火势直接威胁的种种保护措施。

例如火灾初起阶段的时间,根据具体条件,可能在5~20min之间,这时的燃烧是局部的,火势发展不稳定,有中断的可能。根据这一特点,我们应该设法争取及早发现,把火势及时控制和消灭在起火点。为此,就要安装和配备适当数量的灭火设备,提供及时发现和报警的条件。为了限制火势发展,要考虑在可能起火的部位尽量少用或不用可燃材料。在易于起火并有大量易燃物品部位的上方设置排烟窗,起火后,炽热的火焰或烟气可以由上部排出，燃烧面积就不会扩大，可以降低火灾发展蔓延的危险性。

火灾发展到第二阶段，室内的物体都在猛烈燃烧，这一阶段的延续时间与起火原因无关，主要决定于燃烧物质的数量和通风条件。

为了减少火灾损失，针对火灾发展第二阶段温度高、时间长的特点，建筑设计的任务就是要设置防火分隔物（防火墙、防火门、耐火顶棚等）把火势限制在起火部位，使火势不能向外蔓延；且适当选用耐火时间较长的建筑结构，使结构在猛烈的火焰作用下，保持其应有强度的稳定，直到消防人员到达把火熄灭。而且要求建筑物的主要承重构件不会遭到致命的损害，便于修复继续使用。

火灾发展到第三阶段、火势走向熄灭。室内可供燃烧的物质减少，门窗破坏，木结构的屋顶烧穿，温度逐渐下降，直到室内外的温度平衡，把全部可燃物烧光为止。这是假设火灾时不进行抢救的情况，对防火已无意义。

2. 火势蔓延途径

火势蔓延是通过热的传播进行的。在起火的建筑物内，火由起火房间转移到其他房间的过程，主要是靠可燃构件的直接燃烧、热的传导、热辐射和热的对流进行扩大蔓延的。

热的传导，即物体一端受热，通过物体热分子的运动，把热传递到另一端。

热辐射，即热由热源以电磁波的形式直接辐射到周围物体上。在烧得很旺的火炉旁边可以把湿的衣服烤干，如果靠得太近，还可能把衣服烧着。在火场上，起火建筑物也像火炉一样，能把距离较近的建筑物内的可燃物质烤着燃烧，这就是热辐射的作用。

热的对流，是炽热的燃烧产物（烟气）与冷空气之间相互流动的现象。因为烟带有大量的热，并以火舌的形式向外伸展出去。热烟流动的原因，是因为热烟的比重小，如同油浮在水面上一样，向上升腾，与四周的冷空气形成对流。起火时，烟从起火房间的窗门排到室外，或经内门流向走道，窜到其他房间，并通过楼梯间向上流到屋顶。

火势发展的规律表明，浓烟流窜的方向，往往就是火势蔓延的途径。特别是混有未完全燃烧的可燃气体或可燃液体、蒸汽的浓烟，窜到离起火点很远的地方，重新遇到火源，便瞬时爆燃，使建筑物全面起火燃烧。例如剧院舞台起火后，若舞台与观众厅顶棚之间没有设置防火分隔墙，烟或火舌便从舞台上空直接进入观众厅的闷顶，使观众厅闷顶全面燃烧，然后再通过观众厅山墙上施工留下的孔洞进入门厅，把门厅的闷顶烧着，这样蔓延下去直到烧毁整个建筑物为止。由此可知热对流对火势蔓延起重要作用。

研究火势蔓延的途径，是在建筑物中采取防火隔断，设置防火分隔的根据，也是灭火战斗采取"堵截包围，穿插分割"，最后扑灭火灾的需要。综合火灾实际，可以看出火从起火房间向外蔓延的途径主要有以下几个方面：

(1) 外墙窗口

火通过外墙窗口向外蔓延的途径，一方面是火焰的热辐射穿过窗口烤着对面建筑物，另一方面是靠火舌直接向上烧向屋檐或上层。底层起火，火舌由室内经底层窗口穿出，从下层窗口向上窜到上层室内，这样逐层向上蔓延，会使整幢建筑物起火，这并不是偶然的现象。所以为了防止火势蔓延，要求建筑物上、下层窗口之间的距离尽可能大一些。要利用窗过梁挑檐、外部非燃烧体的雨篷、阳台等设施，使烟火偏离上层窗口阻止火势向上蔓延。

热经由墙上的窗口或门口辐射至相邻的建筑物及其他可燃物、建筑物之间的距离、建筑物上的门、窗等以及附近的可燃物都可能影响燃烧和蔓延。

（2）内墙门

起火房间内，当门离起火点较远时，燃烧以热辐射的形式使木板的受热表面温度升高，直到着火自燃，最后把门烧穿，烟火从门窜到走道，进入相邻房间。所以木板门是房间外围阻火的薄弱环节，是火灾突破外壳窜到其他房间的重要途径之一。

在具有砖墙和混凝土楼板的建筑物内，情况也是一样。燃烧开始时，往往只有一个房间起火，而火最后蔓延到整幢建筑物。其原因大多都是因为内墙的门未能把火挡住，火焰烧穿内门，经走道，再通过相邻房间开敞的门进入邻间，把室内的物品烧着。但如果相邻房间的门关得很严，在走道内没有可燃物的条件下，光靠火舌不易把相邻房间的门烧穿而进入室内。所以内门的防火问题也很重要。

（3）隔墙

若隔墙为木板，火很容易地穿过木板的缝隙，窜到墙的另一面，同时木板极易燃烧。板条抹灰墙受热时，内部首先自燃，直到背火面的抹灰层破裂，火才能够蔓延过去。若墙为厚度很小的非燃烧体，隔壁紧靠墙堆放的易燃物体，可能因为墙的导热和辐射而引起自燃起火。

（4）楼板

由于热气流向上的特性，火总是要通过上层楼板、楼梯口、电梯井或管道井向上蔓延。火自上而下使木地板起火的可能性是很小的。只有在辐射热很强或正在燃烧的可燃物落地很多时，木地板才有可能起火燃烧。

（5）空心结构

在板条抹灰墙木筋的空间、木楼椼椼栅间的空间、屋盖空心保温层等结构封闭的空间内（简称空心结构），热气流能把火由起火点带到连通的全部空间，在内部燃烧起来不被人们觉察。这样的火灾当被人发现后，往往已是难以扑救了。例如，一个五层砖木结构的建筑物起火，起火原因是位于地下室的火炉烤着抹灰的空心板条墙，使内部的木筋燃烧。火由地下室顺着板条抹灰墙的空间，直到第五层才从板条墙里烧到墙外，而其他各层并未发现有火。这种现象，常给灭火工作带来很大困难。一方面是难以找到真正的起火点，另一方面是即便发现了起火点，又不易找到燃烧蔓延的部位，所以，很难一次将火全部扑灭，致使建筑物遭到严重破坏。其根本原因，就是由于建筑物在设计和施工时，用易燃材料建造了纵横交错、整体串联封闭的空间。因此，这种结构形式在设计和施工中应尽可能避免。

（6）楼梯间

由于热气流向上的特性，火总是要通过楼梯间向上层蔓延。如1990年某市的一幢百货大楼二层发生火灾，火焰通过楼梯间迅速向上蔓延，直到四楼，大批可燃商品化为灰烬。因此，楼梯间的防火问题是建筑防火的重要方面。

21.1.3 多层民用建筑的防火构造

1. 防火分隔物

（1）防火分隔物的作用

在建筑物内设置耐火极限较高的防火分隔物，能起到阻止火势蔓延的作用。建筑设计时必须按房屋耐火等级限制的占地面积和防火分隔物间距长度设置防火分隔物，以免造成严重的火灾损失。

（2）防火分隔物的类型

室内防火分隔物的类型有：

1）防火墙

防火墙包括：防火带、防火门、舞台防火幕及防火帘板、防火卷帘等。

建筑物的每个单体要用防火墙进行分隔，这是十分必要的。相关实践证明，防火墙对阻止火势的蔓延作用很大，效果显著，如某建筑物存放可燃物品的房间起火，大火烧了数小时，室内物品全部烧光。但与该房间相邻的其他房间，放有办公桌、柜子等可燃物，由于有一道防火墙分隔，没有烧过去。相反，某办公楼长为 130m，由于没有设置防火墙，因吊顶一处起火，很快蔓延到整幢大楼，虽然当地消防队和群众奋力抢救，仍造成了很大的损失。因此，对防火墙的设置必须引起充分注意。我国居民的双坡硬山建筑物，除了造型上的要求之外，其实起到了防止相邻建筑物着火蔓延的作用，防火墙的设置应符合下列要求：

①防火墙一般都要直接砌筑在基础上或钢筋混凝土框架梁上，且应截断燃烧体或非燃烧体屋面结构，并高出不燃烧体屋面 40cm，高出燃烧体屋面 50cm。若屋顶承重构件为耐火极限不低于 0.5h 的非燃烧体，防火墙可以砌在屋面基层的底部，不必高出屋面。

②为了防止火势从一个防火分区洞口烧到另一个防火分区，不宜在 U 形、L 形等建筑物的转角处设置防火墙，若防火墙必须设置在建筑物转角处附近，则内转角两侧墙上的门、窗洞口之间最近的水平距离不要小于 4m。

防火墙两侧的门、窗洞口之间最近的水平距离不应小于 2m。这是因为如果两门、窗洞口处没有什么可燃物，在 2m 以上的距离是可以防止火焰蔓延的。如果装有固定扇或火灾时可自动关闭的乙级防火窗时，该距离可不限。

③为了有效地保证一个防火分区起火时不致蔓延到另一个防火分区。防火墙上不应开设门、窗洞口，当必须开设时，应设置固定的或火灾时能自动关闭的甲级防火窗。

④考虑到输送煤气、氢气、液化石油气等可燃气体管道以及输送汽油、苯、甲醇、煤油、柴油等易燃、可燃液体管道发生火灾或发生燃烧爆炸时的危害性大，这些管道严禁穿过防火墙。输送其他非燃烧物质的管道（如上、下水管等）必须穿过防火墙时，应采用不燃烧材料将其周围的空隙紧密填塞。为了确保走道、房间等分隔墙的安全，上述要求同样适用于这些主要分隔墙。

⑤若建筑物的外墙为燃烧体（竹篱笆抹灰、板条抹灰），为了防止火焰沿着外墙蔓延，如屋面上突出的短墙一样，也要把防火墙砌出屋面 400~500mm。但是，如果由于某种要求，例如为了美观，防火墙不便突出屋面时，也可以用砌筑防火墙带的办法来代替。防火墙带在防火墙中心线的两侧，用砖砌体等不燃烧体墙将原有燃烧体或难燃烧体墙隔开，保持 4m 距离，如图 21-1-1 所示。

2）防火门

防火门是一种防火分隔物，按其防火极限区分，可以分为 1.20h（甲级）、0.90h（乙级）、0.60h（丙级）三级。按其燃烧性能区分，可以分为不燃烧体防火门和难燃烧体防火门两类。

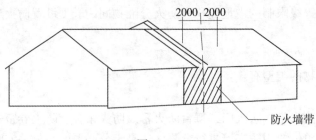

图 21-1-1

①不燃烧体防火门。采用薄壁型钢为骨架，在骨架两面钉 1~1.2mm 厚的薄铁板，内填 5.5~6.0cm 厚的矿棉或玻璃棉，耐火极限可达 1.5h。采用同规格的薄壁型钢骨架和薄铁板，内填 3~3.5cm 厚的矿棉和玻璃棉，耐火极限可达 0.9h 以上。采用相同规格的薄壁型钢骨架和薄铁板，空气层为 5.5~6.0cm，其耐火极限可达 0.60h。

②难燃烧体防火门。其外表面有铁皮和木质两种，这种防火门一般应根据不同的耐火极限要求，其做法不尽相同。例如：双层木板，两面铺石棉板，并外包镀锌铁皮，总截面厚度为 51mm 时，耐火极限可达 2.10h；双层木板，中间夹石棉板，并外包镀锌铁皮，总截面厚度为 45mm 时，耐火极限可达 1.50h；双层木板，单面铺石棉板，外包镀锌铁皮，总截面厚度为 45mm 时，耐火极限可达 1.20h；双层木板，外包镀锌铁皮，总截面厚度为 36mm 时，耐火极限可达 0.9h。如图 21-1-2 所示。

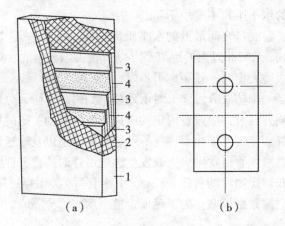

（a）　　　　　　（b）

1—敷面铁皮；2—浸泥毛毡；3—木板；4—石棉板
图 21-1-2　难燃烧体防火门示意图

在火烧或高温作用下，以木板为主制作的上述各种难燃烧体的防火门，因木板受热炭化，分解出可燃蒸汽，为了防止热蒸汽体积急剧膨胀而鼓破镀锌铁皮，使防火门过早地失去隔火作用，应在防火门的上部或下部正中部位开设排泄孔，以便及时将可燃蒸汽排泄出来，以避免上述情况的发生。

一般情况下，为了便于正常通行，防火门是开着的。起火时由于人们急于疏散和抢救物资，扑救火灾，常常忽略了把防火门关上，这就可能起不到隔断火势蔓延的作用。为保证防火门能够在火灾时自动关闭，最好设置能自动关闭的装置，如设防火门锁与感烟、感温火灾报警装置联动；加以压缩气体或弹簧机械为动力的自动关闭装置等。

③防火门开启的形式有悬吊的闸板门，有侧向水平的推拉门和安装铰链的平开门。由于防火门的结构比较笨重，为了便于通行，正常情况下防火门都是敞开着的。正因为是常开着的，起火时急于疏散人员和抢救物资，常常忽略了最后把门关好，而使火焰蔓延过去。有时由于失修，门的滑轮或铰链锈死，无法关闭。所以在设计防火门时，宜采用不生锈的滑轮或门轴，使门能够灵活地开闭。而且，为了保证防火门能够及时关闭，最好在防火门上设置能自动关闭的装置，如用有易熔合金环的重锤拉住门扇，使门经常保持在开启的位置，起火后，在火灾高温作用下易熔合金环被熔断，重锤脱落，防火门便借本身的自重关闭。采用易熔合金环自动关闭防火门的装置比较简单，造价低廉。

考虑疏散人群和抢救物资的需要，设置在疏散通道上的防火门尽量不要悬吊闸板门或侧向水平的推拉门，因为这种门一经关闭，便不容易开启，特别是在起火的条件下，用这种门容易出问题，应采用有铰链向外开的平开门。

目前国内已开始采用与火灾探测器直接连锁，或由控制室远距离操纵的自动关闭式防火门。关门的机构是由火灾探测器、自动关门器和门扣装置组成。正常情况下，门扣把门固定在墙上，门是敞开的。当火灾探测器发现起火，将信息输送到控制室；控制室内通过控制线路，启动门扣装置内的磁力开关，磁力开关动作使门脱扣，自动关门器把门关闭。

3）防火帘板

在敞厅中，由于建筑平面大，而火灾有可能在局部产生，为阻止局部火灾产生的热流传递以及火焰和烟尘的蔓延，并使着火处的自动洒水系统迅速启动，同时避免其他未着火地区的洒水系统洒水。在设计较大平面的敞厅中可以事先设计如图 21-1-3 所示的防火帘板。防火帘板采用金属板、石棉板、石膏板做成，也可以采用硬木防火油漆或其他非燃烧材料做成，其面积的大小和间距与建筑物的释热程度、建筑面积的大小有关。

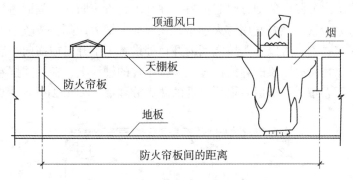

图 21-1-3 防火帘板示意图

4）防火卷帘

防火卷帘是一种防火分隔物，防火卷帘与防火帘板所不同的是，防火卷帘一般都设置在建筑物的外墙门、窗洞口的部位，实践证明，在敞开的电梯间、百货大楼的营业厅、展览厅等建筑物的外墙门、窗洞口设置防火卷帘尤为重要。

防火卷帘分为多叶式和单叶式两种，如图 21-1-4 所示，其构造应满足下列要求：

①门扇各接缝处、导轨、卷筒等缝隙，应有防火密封措施，能防止窜烟火；

②门扇和其他容易被火烧着的部分，宜喷涂防火涂料(如防火漆等)，以增强防火卷帘的耐火能力；

③面积较大的防火卷帘，宜设置水幕保护；

④防火卷帘的启闭装置既要有自动启闭装置，还要有手动启闭装置。

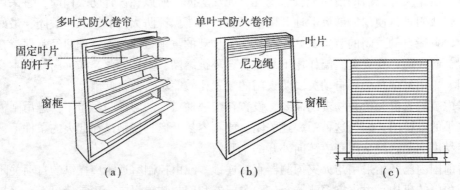

图 21-1-4　防火卷帘示意图

5)防火分隔

①公共建筑物入口中心的防火分隔：大型公共建筑物中的主要楼梯和电梯，多与入口处的门廊、门厅、走廊以及其他有关房间直接连通。为了阻挡烟火通过门厅沿着楼梯四散蔓延，利用楼梯进行人群疏散，但不能把楼梯单独设计成封闭式的楼梯间，可以将门廊、门厅和楼梯看做一个整体，当做一个大型楼梯间进行分隔。此时在门厅与走廊交界处，各层均设防火门，用以保障主要楼梯及入口中心部位的防火安全。

②公共建筑物中某些大厅的防火分隔：百货大楼的营业厅、展览馆内的展览厅等，不便设置防火墙或防火分隔墙的地方，起火后，往往因为没有防火分隔而造成巨大的火灾损失，为了减少火灾损失，最好利用防火卷帘，在起火时把大厅隔离成较小的防火区段。

在穿堂式建筑物内，可以在房屋之间的开口处设置上下开启或横向开启的卷帘。在多跨的大厅内，可以将防火区段的界线设置在一排中柱的轴线上，在柱间把卷帘固定在梁底下，起火后，放下卷帘，便形成一道临时性的防火分隔墙，如图 21-1-5 中虚线所示。

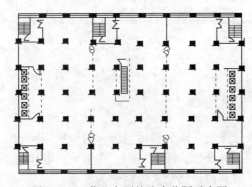

图 21-1-5　营业大厅的防火分隔示意图

③建筑物中楼梯、电梯、自动扶梯的防火分隔：为在起火时利用敞开式楼梯安全疏散人员，有必要将临时防火卷帘封闭楼梯间敞开的那一面，改用卷帘旁边早已装好的防火门疏散人员。这样，就由防火卷帘和防火门把敞开式楼梯间变成封闭式安全疏散楼梯。

公共场所的自动扶梯多为敞开式，电梯间也多数设有前室，起火后，这些部位可能成为火在层间蔓延的通道。为了阻止火势蔓延，需要在自动扶梯的四周，利用卷帘和防火门临时围成封闭式的楼梯间，或在电梯井门前围成封闭式的前室。如图 21-1-6 所示。

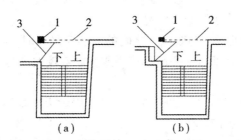

1—固定柱；2—卷帘；3—自动关闭的防火门
图 21-1-6 敞开式楼梯间的防火分隔示意图

2. 人员疏散用的楼梯间和室外楼梯

(1)人员疏散用的楼梯间应满足以下要求：

①防烟楼梯间前室和封闭楼梯间的内墙上，除在同层开设通向公共走道的疏散门外，不应开设其他的房间门窗；

②楼梯间及其前室内不应附设烧水间，可燃材料储藏室，非封闭的电梯井，可燃气管道、甲乙丙类液体管道等；

③楼梯间内应有天然采光，且不应有影响人员疏散的凸实物；

④在住宅内，可燃气体管道若必须局部水平穿过楼梯间，应采用金属套管和设置切断气源的装置等保护措施；

⑤电梯不能作为人员疏散楼梯用。

(2)需设防烟楼梯的建筑物，其室外楼梯可以作为辅助防烟楼梯用。但应满足净宽不小于 0.9m，倾斜度不大于 45°，栏杆扶手高度不小于 1.1m。室外人员疏散楼梯和每层楼层出口的休息平台，均应采用非燃烧材料制作，休息平台的耐火极限不应低于 1.00h，楼梯段的耐火极限应不低于 0.25h(采用钢梯段时，应刷防火漆)。在楼梯周围 2m 内的墙面上，除疏散门外，不应开设其他门、窗洞口。疏散门不应正对楼梯段。

(3)人员疏散楼梯和人员疏散通道上的阶梯，不应采用螺旋楼梯和扇形踏步，但踏步上下两级所形成的平面角度不超过 10°，且每级离扶手 25cm 处的踏步深度超过 22cm 时可不受此限。

(4)公共建筑物中的人员疏散楼梯两梯段之间(梯井)的水平净距，不宜小于 15cm。这是为了向上吊挂水带的需要。

(5)高度超过 10m 的三级耐火等级建筑物，应设置通至屋顶室外的消防梯，这是由于在火灾情况下，楼梯间往往是疏散人员和抢救物资的主要通道、消防人员从楼梯上下不方便，若设置了室外消防梯，消防人员就可以利用消防梯上屋顶或由窗口进入楼层、接近火源、控制火势，及时扑救火灾。室外消防梯应在离地面 3m 高处开始设置，以防小孩攀登。消防梯的宽度不应小于 60cm。

(6)民用建筑物的疏散门应向人员疏散方向开启。人数不超过 60 人的房门且每樘门的平均疏散人数不超过 30 人时，其门的开启方向不限。人员疏散用的门不应采用侧拉门，严禁采用转门。

3. 建筑构件和管道井

(1)在单元式住宅中，单元之间的墙应为耐火极限不低于 2.00h 的不燃烧体，且应砌至屋面板底部。这样做是为了防止火灾蔓延。

(2)影剧院等建筑物的舞台与观众厅之间的隔墙应采用耐火极限不低于 3.00h 的不燃烧体。这是由于舞台和后台部分，一般都使用或存放着较大量的幕布、布景、道具，可燃物和电气设备，容易起火。

舞台口上部与观众厅闷顶之间的隔墙，可以采用耐火极限不低于 1.50h 的不燃烧体，隔墙上的门应采用乙级防火门。

电影放映室(包括卷片室)应采用耐火极限不低于 1.50h 的不燃烧体与其他部分隔开。观察孔和放映室应设置阻火闸门。这是由于放映室内电气设备比较多以及胶片容易燃烧的原因。

(3)医院中的手术室，歌舞娱乐放映游艺场所，附设在居住建筑物中的托儿所、幼儿园，应采用耐火极限不低于 2.00h 的不燃烧体墙和耐火极限不低于 1.00h 的墙板与其他场所隔开，若墙必须开门，应设置不低于乙级的防火门。

(4)下列建筑物和相关部位的隔墙，应采用耐火极限不低于 2.00h 的不燃烧体。

①剧院后台的辅助用房；

②一、二级耐火等级建筑物的门厅；

③除住宅外，其他建筑内的厨房。

(5)三级耐火等级的下列建筑物和相关部位的吊顶，应采用耐火极限不低于 0.25h 的难燃烧体。

①医院、疗养院、托儿所、幼儿园；

②3 层及 3 层以上建筑物内、门厅、走道。

(6)舞台下面的灯光操作室和可燃物储藏室，应采用耐火极限不低于 1.00h 的非燃烧体墙与其他部位隔开。

(7)电梯井和电梯机房的墙壁等均应采用耐火极限不低于 1.00h 的不燃烧体建造。

(8)建筑物的管道井，电缆井应每层在楼板处用耐火极限不低于楼板耐火极限的不燃烧体封堵，其井壁应采用耐火极限不低于 1h 的非燃烧体。井壁上的检查门应采用丙级防火门。

(9)附设在建筑物内的消防控制室、固定灭火装置的设备室(钢瓶间、泡沫液间)、通风空气调节机房，应采用耐火极限不低于 2.00h 的隔墙和 1.5h 的楼板与其他部位隔开。隔墙上的门应采用乙级防火门。

4. 屋顶和屋面

(1)闷顶内采用锯末等可燃材料作保温层的三、四级耐火等级建筑物的屋顶，不应采用冷摊瓦(干叉瓦)。闷顶内的非金属烟囱周围 50cm，金属烟囱 70cm 范围内，应采用不燃材料做绝热层。

（2）舞台的屋顶应设置便于开启的排烟气窗或在侧墙上设置便于开启的高侧窗，其总面积不宜少于舞台（不包括侧台）地面面积的5%。

（3）超过2层有闷顶的三级耐火等级建筑物，在每个防火分隔范围内应设置老虎窗，其间距不宜大于50m。

（4）闷顶内有可燃物的建筑物，在每个防火隔断范围内应设置不小于70cm×70cm的闷顶入口，公共建筑物的每个防火隔断范围内的闷顶入口不宜少于两个。闷顶入口宜布置在走廊中靠近楼梯间的地方。

21.2 建筑防震

21.2.1 建筑抗震设计的基本思想

建筑抗震设计的目的是防止地震造成的人身伤亡，使人们的生命、财产损失降到最小限度，同时使地震时人们不可或缺的活动得以维持和进行。这样，从抗震工程学和经济学的观点看，下列两点是世界所公认的抗震设计的基本思想：

（1）建筑物在使用期间，遭遇若干次地震，不会招致毁坏；

（2）假定在100年内发生一次极为少有的强烈地震，建筑结构物即使受到损伤但并不倒塌，能够保障人们生命、财产的安全。

21.2.2 建筑物的抗震设防标准

建筑物抗震设防是指对建筑物在进行抗震设计时所采取的抗震构造措施。抗震设防的依据是地震设计烈度。

建筑物抗震设防就是要保障人们生命、财产的安全。相关经验表明，如果要求建筑物经强烈地震后完好无损，不仅要大大增加建设投资，甚至在技术上也存在一定的困难，而且强烈地震也不是经常发生的。因此，抗震设计规范规定，工业与民用建筑物经抗震设防后，在遭遇的地震烈度相当于设计烈度时，建筑物的损坏不致使人们生命和重要生产设备遭受危害，建筑物不需修理或经一般修理仍可继续使用，这就是建筑物抗震设防标准。概括地说，就是"小震不坏，大震不倒，修后可用"。

与此同时，考虑到地震设计烈度6度以下（包括6度）地区，地震对建筑物的损坏影响较小，根据我国的具体情况，以地震设计烈度7度为设防起点，即小于7度时不设防。抗震设计规范规定的设防重点，只放在地震设计烈度7度、8度和9度范围内。

应该说明，所谓建筑物抗震设防标准，不应只考虑房屋经受一次地震设计烈度大小的实际地震，还应考虑余震的影响和连续地震的可能性，以及在这种情况下由于震害积累所造成的更大损害。

21.2.3 建筑抗震设计的基本原则

1. 选择对抗震有利的场地和地基

建筑物的抗震能力与场地条件具有密切关系，建筑场地不同，其破坏程度会有很大差别。

首先，应避免在地质上有断层通过或断层交汇的地带，特别是在有活动断层的地段上进行建设。从地形地貌看，宜选择地势平坦、开阔的地方作为建筑场地。凡陡坡、深沟、峡谷地带、孤立的山丘等都不宜建造房屋。

从房屋地基条件考虑，岩石、半岩石和密实的地基土对房屋抗震最有利，是最好的建筑场地；而软弱粘性土、松软的人工填土，以及旧池塘、故河道、河滩、地基土软硬不均匀的地段，特别是易发生砂土液化的地区，都对房屋的抗震不利，不宜在这些地方修造建筑物。

2. 合理规划，避免地震时发生次生灾害

大地震后非地震直接造成的灾害称为地震次生灾害。有时，地震次生灾害会比地震直接产生的灾害所造成的社会损失更大。避免地震时发生次生灾害，是抗震工作的一个很重要方面。

在地震区的建筑规划方面，应使房屋不要建得太密，为使在地震发生后人群疏散和营救以及为抗震修筑临时建筑物留有余地，房屋的距离以不小于 1~1.5 倍房屋的高度为宜。要避免房高巷小，地震时由于房屋倒塌将通路堵塞。公共建筑物更应考虑防震的疏散问题，一般可以与建筑物防火疏散同时考虑。

烟囱、水塔等高耸构筑物，应与居住房屋（包括锅炉房等）保持一定的安全距离。例如不小于构筑物高度的 1/4~1/3，以免一旦在地震后倒塌而砸坏其他建筑物。

应该特别注意使易于酿火成灾、爆炸和气体中毒等次生灾害的工业建筑物远离人口稠密区，以防地震时发生爆炸、火灾等事故而造成更大的灾难。

3. 选择技术上、经济上合理的抗震结构方案

选择有利于抗震的建筑平面，是抗震设计的重要环节。矩形、方形、圆形的平面，因形状规整，地震时能整体协调一致，并可使建筑结构处理简化，有较好的抗震效果。门形、L 形、V 形的平面，因形状凸出凹进，地震时转角处应力集中，易于破坏，必须从结构布置和构造上加以处理。立面上各部分参差不齐，有局部突出，或质量悬殊、刚度突变的建筑物，地震时容易发生局部严重损坏。建筑物的质量和刚度，应力求对称和均匀分布，以减少地震时可能因受扭而破坏。

在抗震设防区，房屋的建筑体型以及结构布置应注意以下要求：

（1）建筑物的平面、立面宜有简单的体型。

建筑物平面和立面不规则的体型，在水平荷载作用下，由于体型突变，受力比较复杂，因此建筑物体型在平面及立面上应尽量避免部分突出及刚度突变，若不能避免，则应在结构布置上局部加强。例如，在平面上有凸出部分的房屋，应考虑到突出部分在地震力作用下由局部振动引起的内力，在沿突出部分两侧的框架梁、柱要适当加强。

立面上有局部突出和刚度突变的阶形建筑物应考虑地震力作用下突变部分局部松动的影响。建筑物突出部分的体型愈细长，则摆动影响愈大，鞭端效应明显；突出部分高度较小，如小于下面高度的 1/5 时，则摆动影响可以不考虑。

（2）抗侧力结构的布置应尽可能使建筑物的刚度中心与地震力合力作用线接近或重合。

若建筑物刚度中心与地震力合力作用线相距较远，则在地震力作用下，建筑物还要受到一个附加扭矩的作用，使建筑物产生扭转变形，并在框架柱中产生由于扭矩而引起的附

加内力。在地震烈度较高时，即使通过计算增加柱子配筋，但仍有可能使一些构件破坏。如图 21-2-1 所示。

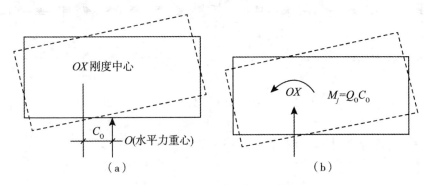

图 21-2-1　附加扭矩作用示意图

（3）抗侧力结构的布置应使建筑物中各部分的刚度均匀，不应过分悬殊。因为在地震力作用下，结构是作为一个整体而工作的，地震力按刚度分配到各个部分。当各部分的刚度相差悬殊时，在刚性部分和柔性部分之间会产生较大的水平力差异，并在它们之间出现剪力和弯矩，这样便增加了结构受力的复杂性。如图 21-2-2 所示。

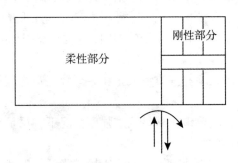

图 21-2-2　剪力和弯矩作用示意图

（4）在地震烈度较高的抗震设防区，建筑物内的楼梯、电梯间不宜布置在结构单元的两端和拐角部位，在地震力作用下，由于结构单元的两端扭转效应最大，拐角部位受力更为复杂，而各层楼板在楼梯、电梯间处都要中断，致使结构受力不利，容易发生震害。如果楼梯、电梯间必须布置在两端和拐角处，则应采取加强措施。

一般地，工业厂房中关于建筑结构两端扭转效应的问题往往发生在框架结构的厂房附有混合结构的附属用房（例如楼梯、电梯间和生活办公用房）的情况。因此，在抗震设防区，宜采用防震缝使两者隔离成独立的单元。如图 21-2-3 所示。

（5）建筑物高层、低层宜采用牛腿相连，宜采用防震缝分开。由于高层、低层相连，高度和质量相差悬殊，地震震动时频率不同，必然互相挤压，使牛腿连接处产生很大的应力集中，在反复的拉力、压力作用下，容易引起牛腿破坏。

4. 保证建筑物结构整体性，并使结构和连接部分具有较好的延性

建筑物结构整体性的好坏是建筑物抗震能力高低的关键。整体性好的房屋，空间刚度

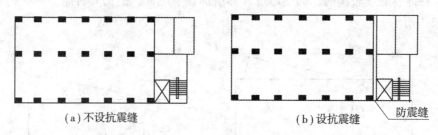

（a）不设抗震缝　　　　　　　　　　　（b）设抗震缝

图 21-2-3　框架结构厂房附有混合结构附属用房示意图

大，地震时，各部分之间互相连接，形成一个整体，有利于抗震。

　　建筑物结构整体性好的结构，除构件本身具有足够的强度和刚度外，构件之间还要有可靠的连接。构件的连接除必须保证强度外，还要求超过弹性变形后，能保持相当的继续变形的能力——"延性"。结构的"延性"对结构吸收地震力的能量、减小作用在结构上的地震力具有重要意义。

　　房屋附属物，如高门脸、女儿墙、挑檐及其他装饰物等，在地震烈度不大的情况下，例如 6 度左右，就有破坏。一般房屋这类装饰性的附属物应尽量不设或少设，若必须建造附属物，应采取防震的构造措施，对于门楼、洞口等人、车经过的地方，更应加强。

　　相关实践表明，房屋顶部突出结构，包括女儿墙以及屋顶的烟囱、水箱、楼梯、电梯间等，如采用砖墙承重的混合结构，地震时破坏力最大，几乎从地震烈度 6 度开始，即有所破坏，特别是较高的女儿墙及高出屋顶的烟囱，7 度普遍损坏，8~9 度几乎全部损坏。

　　5. 减轻建筑物自重，降低其重心位置

　　建筑物所受地震荷载的大小和其质量成正比。减轻建筑物质量是减少地震荷载最有效的途径，也是最经济的措施。

　　要减轻建筑物的自重，就要求在满足抗震强度情况下，尽量采用轻质材料来建造建筑物的主体结构和围护结构。

　　在建筑物设计和使用中，应使建筑物的重心尽量降低，以减小地震时建筑物所承受的地震弯矩，这是一种具有实际意义的抗震措施。在建筑物的使用安排上，如利用顶层当仓库或在顶层布置较重的设备等，使建筑物头重脚轻，对抗震是很不利的。

　　6. 保证施工质量

　　施工质量的好坏，直接影响建筑物的抗震能力。设计中一方面要对材料、强度、临时加固措施、施工程序等提出要求，另一方面，要从设计上为施工中能保证实施和便于检查创造条件，以确保施工质量。

21.2.4　多层砖房的抗震设计

　　在房屋建筑中，多层砖房的应用比较广泛，因为建造砖房可以就地取材，造价低廉，而且施工方便。但由于砖砌体延性差，抗剪、抗拉强度低，承受水平地震力甚为不利，地震烈度较大时，容易开裂，甚至倒塌，破坏率较高。

　　地震时多层砖房的破坏部位，主要在砖砌墙体和构件之间的连接上，楼板和屋盖结构本身的破坏较小。下面就历次地震报告的结果，概括介绍一些多层砖房受震破坏的规律。

1. 墙体破坏

(1) 纵墙承重

纵墙承重建筑物的建筑平面布置较为灵活，能充分发挥纵墙的承载能力。其特点是横墙少、间距大，因而建筑物横向刚度较弱，空间刚度和整体性都较差，抗震能力低，在高烈度区破坏很严重，有的甚至倒塌。

①当地震主震方向平行建筑物纵墙，即水平地震力平行作用于纵墙时，由纵墙承担地震力。当反复地震力和垂直荷载引起的主拉应力超越墙体的主拉应力强度时，就在纵墙的薄弱部位，如窗间墙出现交叉裂缝，呈剪切破坏。破坏程度下层重、上层轻，建筑物两端严重、中间轻。

又如某宿舍 (8 度区) 也是纵墙承重的四层楼房，长 50m，宽 12m，预制梁板，结构形式与某招待所相似，但有一定数量的横墙拉结，三、四层有圈梁。主震方向也是顺纵墙方向，破坏特征也相同，内、外纵墙都有交叉剪切裂缝，底层严重，二层稍轻，三、四层完好，中间较两端严重。因为有横墙的拉结和支撑，保持了空间的稳定，虽然内、外纵墙都严重破坏，可见横墙对纵墙受力的影响是不可忽视的。

②当地震主震方向垂直建筑物纵墙，即水平地震力垂直作用于纵墙时，房屋则是横向弯剪破坏，上重下轻，两端严重。地震力全部由横墙承担，横墙和山墙受剪产生交叉裂缝，以山墙最为严重。纵墙由于受弯、受剪在窗间墙窗口上、下皮和楼层处产生水平通长裂缝。因为横墙间距较远，楼盖不能把全部地震力传递给横墙，而把部分地震力传递给纵墙，使纵墙也受弯破坏。因为纵墙的横向刚度弱，上部地震力大，侧向变形也随之增大；严重时，则发生向一侧倾斜倒塌。

(2) 纵、横墙交错承重

纵、横墙交错承重是指由纵、横墙混合承重的建筑物。由于建筑开间布置的需要，适当布置了承重横墙。这对保证墙体间的连接，限制纵墙的侧向变形，增强空间刚度和整体性，在抗震方面是起很重要作用的。特别是纵墙和横墙构成了方盒空间结构体系，对承受纵、横两个方向的水平地震力以及抗弯、抗剪都非常有利，因而抗震能力比纵墙承重建筑物要强得多。

①当地震主震方向垂直建筑物，即建筑物承受横向地震力作用时，横墙受剪，纵墙受弯。若超过了墙体的承载能力，则横墙出现交叉裂缝，纵墙出现水平裂缝，破坏是下重上轻，两端重。

②当地震主震方向平行建筑物，即建筑物承受纵向地震力时，纵墙承受地震力。由于有适当横墙加强了纵墙的刚度和稳定，虽然在高烈度区也比纵墙承重建筑物震害轻，破坏是下重上轻。

③当地震主震方向为斜向，建筑物承受纵、横两个方向地震力时，纵、横墙体的刚度、强度足以抵抗地震力，则房屋完好，或者破坏轻微，否则将出现交叉裂缝。破坏也是下重上轻，顶层刚度弱时，则相反。

(3) 横墙承重

横墙承重建筑物的横墙布置较密，比纵、横墙承重的建筑物更增强了横向刚度。增加了抗剪墙，也加强了纵墙的刚度和稳定，使建筑物成为具有双向刚度很强的方盒空间结构体系，从总体上来讲对抗震非常有利，按理说震害比纵、横墙承重建筑物的震害轻。但这类建筑物的屋面连接至关重要。

如某两层住宅，横墙承重，小青瓦坡屋面，檩条直接搁置在横墙上，外走廊，预制楼板，一道圈梁。在地震力作用下，檩条左右摇晃后拔出，造成屋面全部倒塌，而一、二层砖墙却完整无损。

2. 房屋平面、立面突出部位

建筑物的平面、立面布置，一般不太规则，体型复杂，平面凸凹曲折，立面高低错落，造成建筑物各部分的质量、刚度、结构分布不匀称，致使建筑物震动周期和相对变位不同，增加扭矩，加大地震力的效应。这样，在建筑物突然变化的部位，易形成应力集中而发生破坏，这是在震害中比较突出和普遍的现象。

建筑物平面局部突出部位，一般的角部因为处在边缘，纵、横两个方向，约束少，刚度差而且承受两个方向的地震力，使应力集中，即所谓"边端效应"大，易造成严重破坏，一般是上重下轻。这些部位一般以楼梯间居多。

建筑物立面突出部位的刚度较下部刚度弱，上部承受地震力大，上下刚度悬殊，即产生附加地震力，且承受两个方向来的地震力。因此，破坏严重，角部错动脱落，呈横锥体状。

女儿墙、假门脸、屋顶小烟囱、水箱间等屋顶构筑物，都突出屋面，根部与下部结构连接薄弱，刚度较小，承受地震力大。在地震力的颠倒扭晃作用下，振动周期与下部房屋的周期不相协调，"鞭端效应"强，在地震时容易首先破坏倾倒。

3. 楼梯间

建筑物楼梯间墙体的破坏，比其他部位墙体的破坏严重，但楼梯构件很少有破坏的。楼梯间墙体平面刚度较大，因而按刚度分担承受的地震力也大，同时楼梯间多为开敞式的，不是实墙封闭，刚度、质量分布不均，空间刚度较弱，顶层空旷，层高相当于一层半，且因楼梯间所在部位的不利因素，所以楼梯间一般破坏严重，横墙都是交叉裂缝和斜裂缝，上部比下部严重。

4. 门窗洞口、窗间墙及其他

建筑物门、窗洞口开得多而且大的墙体破坏严重，若窗间墙布置不均，由于地震力按刚度分配，宽垛先坏，若两端墙垛过窄，也破坏严重。

建筑物窗间墙一般很少破坏，只有减薄窗间墙的厚度，窗间墙才出现剪切交叉裂缝或斜裂缝。

建筑物门口过梁上部墙体在纵墙受纵向地震力时，常出现交叉裂缝或斜裂缝。上部墙段的竖向刚度是最薄弱的。

多层砖房的填充墙，有半砖墙、1/4砖墙、炉渣块墙、木板条墙四种。填充墙与承重墙和楼盖的拉接都不好，填充墙的布置与横墙相同。当地震力垂直作用于填充墙时，墙体斜倾或严重倒塌。当地震力平行作用于填充墙时，若填充墙与纵墙拉接好或砌筑紧密，填充墙也同横墙一样承受一部分地震力，出现交叉裂缝。

21.2.5 抗震构造设计

建筑物的抗震计算只能从理论上说明建筑物的抗震强度，建筑物的实际抗震能力还有赖于抗震构造措施是否有效和合理，这是计算中无法详尽考虑的重要因素。

历次地震灾害调查的经验说明，即使在受地震灾害十分严重的地方，仍然存在不少完好的房子，而这些未被破坏的房子并未采用特殊的材料，主要是场地选择和构造措施比较符合抗震原则。因此，只要抓住建筑物的抗震要领，各种建筑物都能达到抗震要求。

在预防地震灾害的工作中，广大群众总结出许多建筑物抗震的规律，找出了建筑物抗震的主要矛盾。现简述如下：

1. 正确选择建筑物结构形式

建筑物的体型宜简单（如楼梯间平面不宜突出，尽量不设凹阳台），墙体布置均匀、对称；不要把楼梯间设置在建筑物的两端或转角处，建筑物内尽量不设顶层空旷的房间。

多层砖房的墙体是承受地震荷载的主要构件，建筑物中要有一定数量的承重实心砖横墙。其布置要均匀对称，厚度不小于 24cm，最好贯通整幢建筑物的宽度和高度。对于较高大的门、窗洞口，应采用混凝土框加强。

建筑物承重横墙的间距取决于横墙的抗剪能力和楼盖的水平刚度。横墙的抗剪能力按抗震计算决定。

建筑物楼盖的水平刚度与承重横墙的间距有关，承重横墙间距太大，楼盖的水平刚度则相对降低。这样，就不能把全部地震力通过楼盖传递给横墙，造成纵墙在楼盖支承处产生侧移，从而增加了纵墙破坏的可能性。

因此，多层砖房最好采用横墙承重或纵、横墙承重；即使采用纵墙承重也必须按抗震要求配备一定数量的横墙，并对横墙的最大间距作一定的限制。

2. 建筑物不要建得太高

建筑物愈高所受的地震力愈大，不仅会增加下部所受的水平地震力，还会增加上部结构对房屋基础的相对位移，同时，砖砌体的强度和对变形的抵抗能力又比其他结构低。因此，为了更好地保证多层砖房在地震中的安全起见，建筑物的总高度，宜遵循表 21-2-1 中规定。

表 21-2-1   多层砖房的高度限值   （单位：m）

墙体类别	设计烈度		
	7 度	8 度	9 度
24cm 及 24cm 以上实心墙	21	15	12

注：1. 房屋的高度是指室外地面到檐口的高度；

2. 医院、学校等横墙少的房屋，高度限值应降低 3m；

3. 房屋的层高不宜超过 3.6m；

4. 砖的强度等级不宜低于 MU10，砂浆的强度等级不宜低于 M2.5。

某些层数较少的旧楼房，由于使用的要求，往往需要接层加高，从而造成底部原有墙体承受的地震力增大。这在旧楼的加层设计中必须特别注意。

3. 加强建筑物的整体性

砖石结构建筑物的主要矛盾是整体性差。因此，建筑物的纵、横墙间距要适当，房间的平面尺寸不宜过大，门、窗洞口位置不要破坏纵、横墙的拉接。各种设备管道尽量不要预埋墙内。此外，还应该注意以下几个问题：

（1）墙体间的连接

建筑物墙体在交接处应同时咬接砌筑。设计烈度为 7 度时，在高大房间的外墙转角处和内、外墙交接处，以及地震设计烈度为 8 度和 9 度时（不论房间大小），在房屋外墙转角处和内、外墙交接处，应沿墙高每 10 皮砖在灰缝内配置 2φ6 钢筋，并在每边墙内伸入 1m。如图 21-2-4 所示。

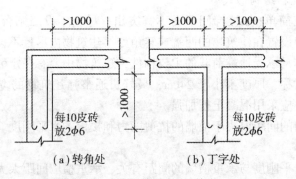

图 21-2-4　砖墙配筋示意图（单位：mm）

为加强建筑物转角处的抗震能力，外墙转角处的钢筋，宜沿窗口上下拉过第一开间的横墙，并沿山墙拉通；在建筑屋总高度一半以上处，这些钢筋的间距应该加密。

后砌的非承重隔墙，在与承重墙或柱的交接处，应沿墙高每 15 皮砖用 2φ6 钢筋拉接；当地震设计烈度为 8 度和 9 度时，宜将建筑物的顶部与楼板或梁拉接。如图 21-2-5 所示。

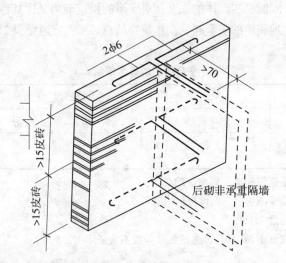

图 21-2-5　后砌非承重墙与承重墙拉接示意图（单位：mm）

（2）预制构件间的连接

为了加强预制板楼盖的空间刚度，板端宜留有锚固钢筋相互拉接，板间宜留有较大空隙（>4cm），以利浇筑混凝土；若条件许可，宜在板上铺钢筋网（φ4~6，间距 20~30cm），做现浇层（5~7cm），使之成为装配整体式结构。预制板应具有足够的支承长度；在墙上不应小于 10cm，在梁上不应小于 8cm。

　　若预制板的跨度大于 4.8m 并与外墙平行，宜在紧靠外墙的第一块和第二块板的板缝处与外墙或圈梁间用 2φ6 钢筋拉接。如图 21-2-6 所示。

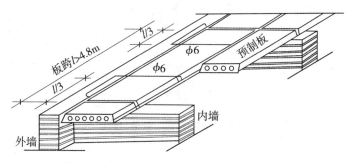

图 21-2-6　预制板与柱或圈梁的拉接示意图

　　地震设计烈度为 8 度、横墙间距大于 12m，或地震设计烈度为 9 度、横墙间距大于 7.2m 时，应在与梁垂直的预制板缝内配置不小于 1φ6 钢筋，钢筋两端伸入板缝内 1/4 板跨。

　　楼盖或屋盖的混凝土梁，必须与墙或柱锚固，或与圈梁连成整体。装配式楼板板端应留有一定长度的锚固筋并与圈梁连接在一起。装配式楼梯梯段应与平台板的梁焊牢；若地震设计烈度为 8 度以上，不宜采用悬挑式楼梯踏步。如图 21-2-7~图 21-2-9 所示。

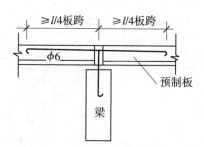

图 21-2-7　预制板缝内配筋示意图

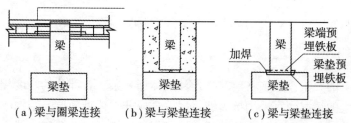

（a）梁与圈梁连接　　（b）梁与梁垫连接　　（c）梁与梁垫连接

图 21-2-8　梁与圈梁及梁垫的连接示意图

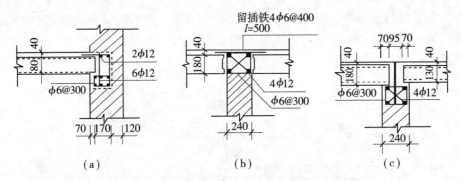

图 21-2-9　装配式楼板与圈梁的连接示意图(单位：mm)

(3)抗震圈梁

在建筑物中设置圈梁,是增加建筑物整体性、提高建筑物抗震能力的有效措施。圈梁可以增加纵、横墙的连接,提高楼盖的刚度,减小墙的自由长度,减小墙体振动的振幅,提高墙的抗剪能力,限制墙面裂缝开展,并可抵抗由地震引起的地基不均匀沉降对建筑物的破坏作用。圈梁必须封闭,并应尽可能在建筑设计上不使建筑物楼梯间的门、窗洞口将圈梁切断。

圈梁高度不小于12cm。宽度最好与墙厚相同。在清水墙上浇筑圈梁时,圈梁的宽度可以比墙厚小6cm。最好采用现浇混凝土圈梁。若因条件所限,也可以做砖配筋圈梁。内、外圈梁在不同标高处搭接长度不小于50cm,并加6ϕ6箍筋连接。顶层圈梁应设置锚筋与砖墙连接,每米1ϕ10,锚入墙内长度不小于5皮砖。如图21-2-10所示。

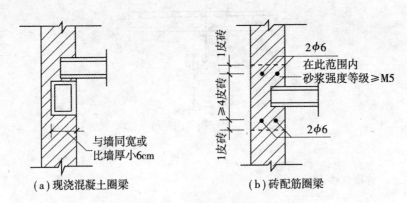

图 21-2-10　圈梁的形式示意图

4. 设置抗震缝

若因使用上的要求,必须将建筑物设计成体型复杂、各部分的刚度相差悬殊或有错层且楼板高差较大的情况,宜采用抗震缝将房屋分成若干体型简单、结构刚度均匀的独立单元,为防止地震时各独立单元之间互相碰撞而损坏结构,以及施工时落入砂浆、碎砖等而影响抗震缝的作用,抗震缝的宽度应不小于5cm。如图21-2-11所示。

抗震缝应沿房屋全高设置,缝的两侧均应布置有墙体,基础中可以不设抗震缝,抗震缝可以和沉降缝、伸缩缝统一考虑。

图 21-2-11 抗震缝示意图

5. 注意建筑物某些薄弱环节的局部构造尺寸

建筑物受地震作用时，首先在薄弱的环节破坏，设计时应特别注意建筑物墙体局部尺寸不要太小，悬挑构件的悬挑长度不要太大。

窗间墙是建筑物承受纵向力的主要构件，若横墙的间距较大，还要承受地震力。因此，建筑物窗间墙宜安排得均匀一致，以求受力均匀；窗间墙的宽度不宜太小，否则，由于构造上(例如下木砖)和施工上(例如留脚手架眼)的原因，会削弱墙体的必要安全储备，并使墙体迅速出现裂缝而破坏；悬挑构件，例如，挑檐板、阳台、雨篷等，悬挑长度不宜太大，特别在震中区附近垂直地震力较大时，容易使这些悬挑物折断破坏。基于上述原因，对建筑物的某些容易破坏的局部尺寸，应按表 21-2-2 中的规定予以限制。

表 21-2-2   建筑物局部尺寸限值   （单位：m）

	设计烈度			备 注
	7 度	8 度	9 度	
承重窗间墙最小宽度	1.00	1.20	1.50	
承重外墙尽端至门窗洞边最小距离	1.00	1.20	1.50	按规范规定，在墙角设钢筋混凝土构造柱时，不受此限
无锚固女儿墙最大高度	0.50	0.50	—	出入口上面的女儿墙应有锚固
内墙阳角至门窗洞边最小尺寸	1.50	2.00	—	阳角设混凝土构造柱时，不受此限

注：非承重外墙尽端至门窗洞边的宽度不得小于 1m。

6. 在建筑物中设立抗震的"安全岛"

为了在突然发生大地震时，由于建筑物承受不了地震力的冲击，人们又来不及从建筑物内跑出，而将建筑物某一个部位的结构经过设计局部加强，使其能够经得住比设计烈度更高的地震，形成抗震安全区以便于人们在其中暂时躲避，这个安全区称为建筑物抗震"安全岛"。

关于如何合理运用"安全岛"这一新的抗震概念，还需要通过实践摸索。在一幢建筑物中的"安全岛",最好选在人员易于到达和便于疏散的部位,例如楼梯间。这样,不仅可以解决防震的安全问题,而且也加强了楼梯间这个薄弱的环节。如图 21-2-12 所示。

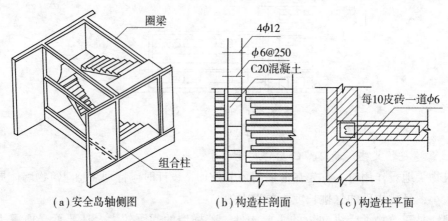

（a）安全岛轴侧图　　　（b）构造柱剖面　　　（c）构造柱平面

图 21-2-12　抗震安全岛示意图

7. 设置构造柱

在多层砖房的墙体中和墙角楼梯间等部位,添加一些混凝土构造柱,并和各层圈梁加以拉接,可以增强砖墙的抗剪强度,同时使墙体在地震破坏过程中具有一定的延性。这是在地震高烈度区修建多层砖房时,使建筑物遇强震能"坏而不倒"。如图 21-2-13 所示。

构造柱的设置方式依据《建筑抗振设计规范》(GB50011—2011)中的要求布置。

构造柱要在基础中锚固,且必须先砌墙,后浇筑混凝土,而不应预制。为了加强柱与墙体的连接,除在砌墙时留搓外,还应沿墙高每 10 皮砖设 $2\phi6$ 连接钢筋,每边伸入墙内不少于 1m。构造柱截面尺寸不应小于 24cm×18cm;主筋一般采用 $4\phi12$,箍筋间距不宜大于 25cm。

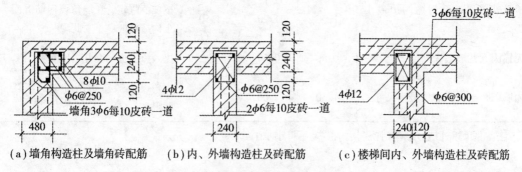

（a）墙角构造柱及墙角砖配筋　　（b）内、外墙构造柱及砖配筋　　（c）楼梯间内、外墙构造柱及砖配筋

图 21-2-13　构造柱的设置示意图(单位：mm)

8. 重视地下建筑的作用

地震时因地下建筑(地下室等)的周围有土体约束,而且地下土体的地震运动又比地面以上物体的震动要小,所以,地下建筑普遍的震害较轻,地下建筑不仅本身具有良好的抗震性能,而且能减小其上部结构的震害,因为地下建筑的本身相当于整体好、刚度大、

埋置深的基础,且能使地面建筑重心下降和稳定性增加。因此,在新建工程中要注意利用这一有利因素,特别当表层地基土质较差,基础需要深埋时,更宜适当扩大地下建筑的规模,以利于防震抗震及为抗震救灾服务。

地震震害调查表明,有部分地下室的建筑物,在有地下室与无地下室的交界处最易破坏,这是设计中应该注意的。

21.3 建 筑 防 雷

21.3.1 建筑物的防雷分类

根据《建筑物防雷设计规范》(GB50057—2010),建筑物应根据其重要性、使用性质、发生雷电事故的可能性和后果按防雷要求分为以下三类。

1. 遇下列情况之一时,应划分为第一类防雷建筑物:

(1)凡制造、使用或储存炸药、火药、起爆药等大量爆炸物质的建筑物,因电火花易引起爆炸,会造成巨大破坏和人身伤亡。

(2)具有 0 区或 20 区爆炸危险环境的建筑物。

(3)具有 1 区或 21 区爆炸危险环境的建筑物。

2. 遇下列情况之一时.应划分为第二类防雷建筑物:

(1)国家级重点文物保护的建筑物。

(2)国家级的会堂、办公建筑物、大型展览和博览建筑物、大型火车站、国宾馆、国家级档案馆、大型城市的重要给水水泵房等特别重要的建筑物、国家特级和甲级大型体育馆。

(3)国家级计算中心、国际通讯枢纽等对国民经济具有重要意义且装有大量电子设备的建筑物。

(4)制造、使用或储存爆炸物质的建筑物。

(5)具有 1 区或 21 区爆炸危险场所的建筑物。

(6)具有 2 区或 22 区爆炸危险环境的建筑物。

(7)工业企业内有爆炸危险的露天钢质封闭气罐。

(8)预计雷击次数大于 0.05 次/年的部、省级办公建筑物及其他重要建筑物或人员密集的公共建筑物。

(9)预计雷击次数大于 0.3 次/年的住宅、办公楼等一般性民用建筑物。

3. 遇下列情况之一时,应划分为第三类防雷建筑物:

(1)省级重点文物保护的建筑物及省级档案馆。

(2)预计雷击次数大于或等于 0.01 次/年,且小于或等于 0.05 次/年的部、省级办公建筑物及其他重要建筑物或人员密集的公共建筑物。

(3)预计雷击次数大于或等于 0.05 次/年,且小于或等于 0.25 次/年的住宅、办公楼等一般性民用建筑物或一般性工业建筑物。

(4)在平均雷暴日大于 15d/年的地区,高度在 15m 及以上的烟囱、水塔等孤立的高耸建筑物;在平均雷暴日小于或等于 15d/年的地区,高度在 20m 及以上的烟囱、水塔等孤立的高耸建筑物。

注：爆炸火灾危险环境分类为：0~10区为最严重(Q区)；11~20区为严重区(G区)；21~30区为一般区(H区)

21.3.2 建筑物的防雷措施

1. 一般规定

(1)各类防雷建筑物应采取防直击雷和防雷电波侵入的措施。

第一类防雷建筑物和上述第二类防雷建筑物中(4)~(6)款所列建筑物还应采取防雷电感应的措施。

(2)装有防雷装置的建筑物，在防雷装置与其他设施和建筑物内人员无法隔离的情况下，应采取等电位连接。

2. 第一类防雷建筑物的防雷措施

(1)第一类防雷建筑物防直击雷的措施，应符合下列要求：

①应装设独立避雷针或架空避雷线(网)，使被保护的建筑物及风帽、放散管等突出屋面的物体均处于接闪器的保护范围内。架空避雷网的网格尺寸不应大于5m×5m或6m×4m。

②排放爆炸危险气体、蒸汽或粉尘的放散管、呼吸阀、排风管等管口外的以下空间应处于接闪器的保护范围内。

③排放爆炸危险气体、蒸汽或粉尘的放散管、呼吸阀、排风管等，当其排放物达不到爆炸浓度、长期点火燃烧、一排放就点火燃烧时，及发生事故时排放物才达到爆炸浓度的通风管、安全阀，接闪器的保护范围可以仅保护到管帽，若无管帽可以仅保护到管口。

④独立避雷针的杆塔、架空避雷线的端部和架空避雷网的各支柱处应至少设置一根引下线。对用金属制成或有焊接、绑扎连接钢筋的杆塔、支柱，宜利用其作为引下线。

⑤独立避雷针和架空避雷线(网)的支柱及其接地装置至被保护建筑物及与其有联系的管道、电缆等金属物之间的距离应不小于3m。如图21-3-1所示。

⑥架空避雷线至屋面和各种突出屋面的风帽、放散管等物体之间的距离，应不小于3m。

⑦独立避雷针、架空避雷线或架空避雷网应有独立的接地装置，每一引下线的冲击接地电阻不宜大于10Ω。在土壤电阻率高的地区，可以适当增大冲击接地电阻。

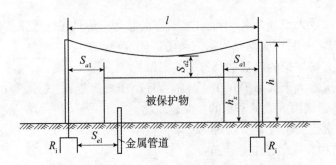

图21-3-1 防雷装置至被保护物的距离示意图

(2)第一类防雷建筑物防雷电感应的措施，应符合下列要求：

①建筑物内的设备、管道、构架、电缆金属外皮、钢屋架、钢窗等较大金属物和突出屋面的放散管、风管等金属物，均应接到防雷电感应的接地装置上。

金属屋面周边每隔 18~24m，应采用引下线接地一次。现场浇筑的或由预制构件组成的钢筋混凝土屋面，其钢筋宜绑扎或焊接成闭合回路，并应每隔 18~24m 采用引下线接地一次。

②平行敷设的管道、构架和电缆金属外皮等长状金属物，若净距小于 100mm 应采用金属线跨接，跨接点的间距不应大于 30m；若交叉净距小于 100mm，其交叉处亦应跨接。

若长状金属物的弯头、阀门、法兰盘等连接处的过渡电阻大于 0.03Ω，连接处应采用金属线跨接。对有不少于 5 根螺栓连接的法兰盘，在非腐蚀环境下，可以不跨接。

③防雷电感应的接地装置应和电气设备接地装置共用，其冲击接地电阻不应大于 10Ω。防雷电感应的接地装置与独立避雷针、架空避雷线或架空避雷网的接地装置之间的距离应符合相关要求。

建筑物内接地干线与防雷电感应接地装置的连接，不应少于两处。

(3)第一类防雷建筑物防止雷电波侵入的措施，应符合下列要求：

①低压线路宜全线采用电缆直接埋地敷设，在入户端应将电缆的金属外皮、钢管接到防雷电感应的接地装置上。若全线采用电缆有困难，可以采用钢筋混凝土杆和铁横担的架空线，且应使用一段金属铠装电缆或护套电缆穿钢管直接埋地引入，其埋地长不应小于 15m。

在电缆与架空线连接处，还应装设避雷器。避雷器、电缆金属外皮、钢管和绝缘子铁脚、金属器具等应连在一起接地，其冲击接地电阻不应大于 10Ω。

②架空金属管道，在进出建筑物处。应与防雷电感应的接地装置相连接。距离建筑物 100m 内的管道，应每隔 25m 左右接地一次，其冲击接地电阻不应大于 20Ω，且应利用金属支架或钢筋混凝土支架的焊接、绑扎钢筋网作为引下线，其钢筋混凝土基础室作为接地装置。

埋地或地沟内的金属管道，在进出建筑物处亦应与防雷电感应的接地装置相连接。

(4)若建筑物太高或其他原因难以装设独立避雷针、架空避雷线、避雷网，可以将避雷针或网格不大于 5m×5m 或 6m×4m 的避雷网或由其混合组成的接闪器直接装设在建筑物上。避雷网应按相关规定沿屋角、屋脊、屋檐和檐角等易受雷击的部位敷设。且必须符合下列要求：

①所有避雷针应采用避雷带互相连接。

②引下线不应少于两根，且应沿建筑物四周均匀布置或对称布置，其间距不大于 12m。

③排放爆炸危险气体、蒸汽或粉尘的管道应符合上述相关要求。

④建筑物应装设均压环，环间垂直距离不应大于 12m，所有引下线、建筑物的金属结构和金属设备均应连接到环上。均压环可以利用电气设备的接地干线环路。

⑤防直击雷的接地装置应围绕建筑物敷设成环形接地体，每根引下线的冲击接地电阻不应大于 10Ω，且应和电气设备接地装置及所有进入建筑物的金属管道相连接，这一接地装置可以兼作防雷电感应之用。

⑥防直击雷的环形接地体尚宜按以下方法敷设：

若土壤电阻率 ρ 小于或等于 500Ω·m，对环形接地体所包围的面积的等效圆半径大于或等于 5m 的情况，环形接地体不需补加接地体；对等效圆半径小于 5m 的情况，每一引下线应补加水平接地体或垂直接地体。

若土壤电阻率 ρ 为 500Ω·m 至 3000Ω·m，对环形接地体所包围的面积的等效圆半径大于或等于 $\frac{11\rho - 3600}{380}$ m 的情况，环形接地体不需补加接地体；对等效圆半径小于 $\frac{11\rho - 3600}{380}$ m 的情况，每一引下线处应补加水平接地体或垂直接地体。

⑦若建筑物高于 30m，还应采取以下防侧击的措施：

从 30m 起每隔不大于 6m 的距离沿建筑物四周设水平避雷带且与引下线相连接。

30m 及以上外墙上的栏杆、门窗等较大的金属物与防雷装置连接。

⑧在电源引入的总配电箱处宜装设过电压保护器。

(5)若树木高于建筑物且不在接闪器保护范围之内，树木与建筑之间的净距不应小于 5m。

3. 第二类防雷建筑物的防雷措施

(1)第二类防雷建筑物防直击雷的措施，宜采用装设在建筑物上的避雷网(带)或避雷针或由其混合组成的接闪器。避雷网(带)应按图 21-3-2 中的规定沿屋角、屋脊、屋檐和檐角等易受雷击的部位敷设，且应在整个屋面组成不大于 10m×10m 或 12m×8m 的网格。所有避雷针应采用避雷带相互连接。

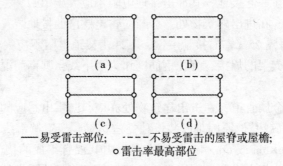

——易受雷击部位；　----不易受雷击的屋脊或屋檐；
○雷击率最高部位

(a)(b)平屋面或坡不大于 1/10 的屋面　檐角、女儿墙、屋檐；
(c)坡度大于 1/10 且小于 1/2 的屋面　屋角、屋脊、檐角、屋檐；
(d)坡度不小于 1/2 的屋面　屋角、屋脊、檐角
图 21-3-2　建筑物易受雷击的部位示意图

(2)突出屋面的放散管、风管、烟囱等物体，应按下列方式保护：

1)排放爆炸危险气体、蒸汽或粉尘的放散管、呼吸阀、排风管等管道应符合相关要求。

2)排放无爆炸危险气体、蒸汽或粉尘的放散管、烟囱，1 区、11 区和 2 区爆炸危险环境的自然通风管，装有阻火器的排放爆炸危险气体、蒸汽或粉尘的放散管、呼吸阀、排风管等，其防雷保护应符合下列要求：

①金属物体可以不装设接闪器，但应和屋面防雷装置相连接；

②在屋面接闪器保护范围之外的非金属物体应装设接闪器，且与屋面防雷装置相连接。

（3）引下线不应少于两根，且应沿建筑物四周均匀布置或对称布置，其间距不应大于18m。若仅利用建筑物四周的钢柱或柱子钢筋作为引下线，可以按跨度设引下线，但引下线的平均间距不应大于18m。

（4）每根引下线的冲击接地电阻不应大于10Ω。防直雷击接地宜和防雷电感应、电气设备、信息系统等接地共用同一接地装置，并宜与埋地金属管道相连接；若不共用、不相连，两者间在地中的距离不应小于2m。

在共用接地装置与埋地金属管道相连接的情况下，接地装置宜围绕建筑物敷设成环形接地体。

（5）利用建筑物的钢筋作为防雷装置时应符合下列规定：

①建筑物宜利用钢筋混凝土屋面、梁、柱、基础内的钢筋作为引下线。应符合上述第二类防雷建筑物之规定，不宜利用其作为接闪器。

②若基础采用硅酸盐水泥且周围土壤的含水量不低于4%及基础的外表面无防腐层或有沥青质的防腐层，宜利用基础内的钢筋作为接地装置。

③敷设在混凝土中作为防雷装置的钢筋或圆钢，若仅一根，其直径不应小于10mm。被利用作为防雷装置的混凝土构件内有箍筋连接的钢筋，其截面积总和不应小于一根直径为10mm的钢筋截面积。

④若在建筑物周边的无钢筋的闭合条形混凝土基础内敷设人工基础接地体，接地体的规格尺寸不应小于表21-3-1中的规定。

表 21-3-1　　　　第二类防雷建筑物环形人工基础接地体的规格尺寸

闭合条形基础的周长/(m)	扁钢/(mm)	圆钢，根数×直径/(mm)
≥60	4×25	2×φ10
≥40~<60	4×50	4×φ10 或 3×φ12
<40	钢材表面积总和≥4.24m²	

注：①当长度相同，截面相同时，宜优先选用扁钢；
②采用多根圆钢时，其敷设净距不小于直径的2倍；
③利用闭合条形基础内的钢筋作接地体时可按本表校检，除主筋外，可计入箍筋的表面积。

⑤构件内有箍筋连接的钢筋或成网状的钢筋，其箍筋与钢筋的连接，钢筋与钢筋的连接应采用土建施工的绑扎法连接或焊接，单根钢筋或圆钢或外引预埋连接板、连接线与上述钢筋的连接应焊接或采用螺栓紧固的卡夹器连接。构件之间必须连接成电气通路。

4. 第三类防雷建筑物的防雷措施

（1）第三类防雷建筑物防直击雷的措施，宜采用装设在建筑物上的避雷网（带）或避雷针或由这两种设备混合组成的接闪器。避雷网（带）应沿屋角、屋脊、屋檐和檐角等易受雷击的部位敷设。且应在整个屋面组成不大于20m×20m或24m×16m的网格。

平屋面的建筑物，若其宽度不大于20m，可以仅沿周边敷设一圈避雷带。

（2）每根引下线的冲击接地电阻不宜大于30Ω。

在共用接地装置与埋地金属管道相连的情况下，接地装置宜围绕建筑物敷设成环形接地体。

（3）建筑物宜利用钢筋混凝土屋面板、梁、柱和基础的钢筋作为接闪器、引下线和接地装置：

①利用基础内钢筋网作为接地体时，在周围地面以下距地面不小于0.5m。

②若在建筑物周边无钢筋的闭合条形混凝土基础内敷设人工基础接地体，接地体的规格尺寸不应小于表21-3-2中的规定。

表 21-3-2　　　　　　　　第三类防雷建筑物环形人工基础接地体的规格尺寸

闭合条形基础的周长（m）	扁钢（mm）	圆钢，根数×直径（mm）
≥60		$1×\phi10$
≥40 至<60	4×20	$2×\phi8$
<40	钢材表面积总和≥1.89m²	

注：①当长度相同、截面相同时，宜优先选用扁钢；

②采用多根圆钢时，其敷设净距不小于直径的2倍；

③利用闭合条形基础内的钢筋作接地体时可按本表校验。除主筋外，可计入箍筋的表面积。

21.4　建筑防辐射

防辐射建筑物是指加速器、钴源、医用X透视室及放疗类建筑物，防辐射建筑物主要应用于物理、化学、新材料实验、放射性药物研究、医学诊断、治疗和辐照电缆加工、食品防腐保鲜等方面。

防辐射建筑物的特殊性在于辐射照射和污染的控制，即辐射的防护与安全管理，特别是环境安全，体现在辐照装置的选址、设计、建造、运行，及其退役等方面。

本书主要对有加速器及钴源类建筑物的设计和施工的特殊性进行论述。

21.4.1　防辐射建筑工艺的特殊要求

1. 钴源建筑物的主要工艺要求

钴源建筑物主体是辐照厅和钴源井，并配置相应的控制室、机房、电源室、周转用房等。

（1）辐照厅的防护墙、顶板宜采用钢筋混凝土，混凝土应浇捣密实，均匀性好，不得有贯穿性裂缝。

（2）穿越辐照厅防护墙、顶板的孔、洞、风管等应采取防护补强措施，以防止射线泄漏。

（3）在辐照厅室外地坪以下300mm至标高2.500m处不宜留设施工缝，若必须设置施工缝，则施工缝应采用阶梯形接缝，以满足防护要求。

（4）辐照厅应保持均匀沉降，在建成 15 年内不均匀沉降不得大于 1‰，绝对沉降量不得大于 50mm。

（5）钴源水井的土建结构养护期满后，必须做盛水试验，以满足抗渗要求，确保钴源水井不渗不漏。

（6）钴源水井内壁面，其平面度允许误差为 2.5mm/m²，且任一平面平面度允许误差为 10mm；任意两相邻平面之间垂直度允许误差不得大于 2‰；建成后 15 年内绝对沉降量不得大于 20mm。

（7）迷宫通道必须满足 4 次折射的安全要求。

2. 加速器装置建筑物的主要工艺要求

加速器装置建筑物的工艺要求在防护墙、防裂缝、墙中穿管、建筑物不均匀沉降方面与钴源建筑物基本类同，但不均匀沉降要求更高，且有防震要求，如同步辐射装置。

21.4.2　防辐射建筑的建筑设计

1. 选址要求

（1）防辐射建筑物应尽量避开有破坏性地震的活动区。

（2）防辐射建筑物应尽量避开由于地下水位过高和地下土层过软而可能造成建筑物下沉或倾斜的地区。设计时应采用有效技术措施控制沉降，尤其是使装置的不均匀沉降应控制在允许的范围内。

（3）防辐射建筑物应选择在运输方便的场所，同时该装置四周距离市政道路红线不小于 30m。

（4）防辐射建筑物应尽量避开高压输电走廊和易燃、易爆场所。

（5）防辐射建筑物周围 500m 以内不宜有常住居民。

2. 钴源辐照场建筑平面设计

（1）钴源辐照场的平面一般为矩形和圆形。因考虑辐照场内对物品辐射的均匀性，辐照场设计成圆形较多。具体应根据工艺要求确定。钴源辐照场一般在 100m² 以内（装置运行时辐照场内绝对无人），出入通道通常只设一个，是迷宫式的，且应满足辐照物品进出。

（2）钴源井一般设置在钴源辐照场中央。井内储放蒸馏水，钴源置于水中。目前通常钴源能量在 20 万居里的井筒，面积为 2.0m×3.0m，深度不小于 7m。井内设备和井衬应选用耐腐蚀性好的材料，井底不得穿孔，并有防止人员误入井内的措施。

（3）辐照场的出入口必须设计成具有联动装置的防护门，保证钴源工作时，安全防护门闭锁，人员绝对不能进入。只有在钴源放入储源水井内，且通过一定时间的通风后，方可打开防护门。

3. 加速器装置建筑平面设计

加速器有回旋加速器、静电加速器、串列加速器、直线加速器等，各种加速器的用途不同，体型不同，大小不同，工艺要求也有所不同。如串列加速器立放，建筑高度较高，称之为加速器主厅；直线加速器平放，长度较长，称之为加速器隧道。加速器主厅和隧道的主要功能是安装加速器自身设备和各种动力设备以及各种设备管线、支架等。一般立放的加速器门不设迷宫，设按防辐射要求定制的防护门；直线加速器隧道必须设迷宫，且通道门应考虑防辐射折射要求。

21.4.3 辐射建筑的结构

1. 屏蔽墙体

钢筋混凝土屏蔽墙的主要功能是屏蔽辐射剂量，在设计时首先应根据辐射防护规定计算确定屏蔽墙的厚度。目前 20 万居里能量的屏蔽墙厚度一般在 2m 左右。浇捣 2m 厚的钢筋混凝土墙时，受水泥水化热和混凝土收缩等因素的影响可能会使墙体产生贯穿裂缝而导致辐射外泄，因此在设计和施工中应注意以下几个问题：

（1）防护墙的配筋

钢筋混凝土屏蔽墙的厚度比较大，且墙、顶及底板应形成一个整体，其刚度应很大，配筋时只要按构造配筋即可。钢筋布置一般采用小直径高密度布置，这样对防裂缝效果较好。一般 2m 厚的墙分成 4 排配筋，内外两侧的配筋直径不小于 $\phi16$、为 100mm 双向布置，保护层厚度为 50mm，中间两排采用 $\phi12 \sim \phi14@$ 为 150mm 双向布置，横向按 500mm 设置 $\phi8mm$ 的拉结筋。混凝土施工时还应参照大体积混凝土施工技术，加强养护。

（2）混凝土级配

为了减少水泥水化热和混凝土的收缩值，混凝土中采用粗砂，细度模数应大于 2.3，采用较大粒径的石子，在施工过程中要求将沙石料冲洗干净，含泥量应小于 1%；也可以采用毛石混凝土，即先浇筑一层普通混凝土，然后将洗净的毛石均匀抛入墙体中，再浇筑一层混凝土，振捣密实，如此反复。实践证明该方法能达到防护抗裂的目的。要严格控制水泥和用水量（如可掺适量粉煤灰和矿粉减少水泥用量，采用减水剂减少用水量）。若有可能，通过试验采用低水化热、低收缩的混凝土。

（3）施工中合理分段留设施工缝

工程实践中：基础大底板、厚墙、厚顶分三次浇筑，设两条施工缝，在大地板面向下 300mm 处及混凝土厚顶与墙交界以下 200mm 处各设一条缝；施工缝的设置呈台阶形，每个台阶 100mm 高，一般设置 4 个台阶为较好。通常采用的几种施工缝留设如图 21-4-1 所示。

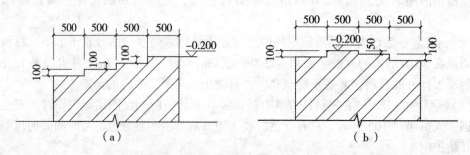

图 21-4-1 施工缝示意图（单位：mm）

（4）孔洞的留设

设备进出的预留门洞可以做成如图 21-4-2 所示形式，并用重混凝土砌块封堵；贯穿墙体的穿墙管道必须设计成 S 形；对于小型埋墙设备预留洞，可以根据其损失厚度，经过计算，在箱子背面加钢板的做法，将来需要时可以拆开。防辐射要求，做到不重缝、对缝，所有砌块都错缝，一般错缝不小于 50mm。

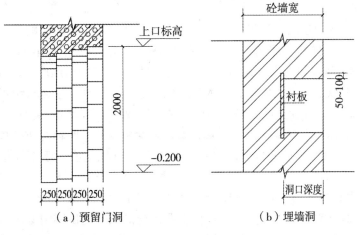

（a）预留门洞 　　　　（b）埋墙洞

图 21-4-2

（5）混凝土厚顶设计与施工

2.0m 厚板按叠合板设计，可以分成 400mm 和 1600mm 两层，两次浇捣 400mm 厚的板按承受 1600mm 厚的混凝土的重量计算配置钢筋，而在 1600mm 厚的板中配置构造钢筋。

2. 钢筋混凝土钴源沉井

（1）钢筋混凝土钴源沉井采用双层井壁控制垂直度，外壁为沉井结构体，内壁主要起到控制垂直度。内壁厚 150～200mm，用细石混凝土浇筑，在封底后 28d 观察无渗水现象后浇筑混凝土。再经过一段时间的观察，确定无任何渗水现象和垂直度无误后，进行内壁不锈钢复面。如图 21-4-3 所示。

（2）钢筋混凝土钴源沉井采用锁口防超沉。由于在软土地基上，沉井在实际操作时往往存在不同程度的超沉现象，锁口是防止沉井产生明显超沉现象的好办法。设计时应确定：①沉井井口标高，一般低于室内标高的 100～150cm。②锁口的上标高，应在辐照场内地坪上的地沟深度。③室内混凝土底板与沉井外壁间设置变形缝，一般为 50mm。

3. 变形缝的设置

无论是加速器建筑还是钴源建筑，均存在混凝土厚墙体和薄墙体部分（如控制室等辅助用房部分），由于这两部分的建筑物荷载相差很大，两部分建筑之间宜设置沉降缝，宽 70～100mm。这样既减少了不均匀沉降等影响，又降低了辅助

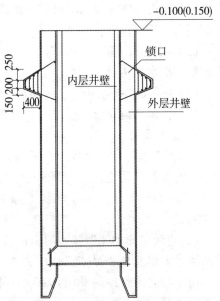

图 21-4-3 钴源沉井示意图（单位：mm）

用房的造价。

21.4.4　辐射建筑的公用设施

1. 通风空调

(1)辐射建筑物内通风空调设计应满足：控制湿度保证辐照产品的质量以及机械和电气设备的正常运行；防止辐照场内墙壁在梅雨和夏季结露；排除在辐照装置运行过程中会有臭氧等有害物；排风量应大于送风量，保证辐照场内一定的负压度；排气烟囱高于周围50m内建筑物3m以上，必须使有害物浓度达到国家排放标准。空调机组可选择恒温、恒湿机组，也可以采用排风配合除湿机的方案。换气次数不小于8次/h。

(2)加速器工程通风空调设计。如果有害物浓度比较低，经辐射防护校核认可，可以采用循环空调。一般平时新风量可以按0.5次/h计；排风量应大于新风量，使加速器隧道维持一定的负压度；检修前半小时采用事故通风，换气次数不小于8次/h；排气烟囱高于周围50m内建筑物3m以上，必须使有害物浓度达到国家排放标准。

(3)加速器通风空调工程的施工。通风空调系统的风管进出隧道必须考虑屏蔽：大风道可以采用迷宫进出，小风道可以先预埋成S形，或留洞安装风管后，再在风管外包混凝土。对于隧道内的设备部件尽量采用耐辐照的材料，不用或少用有机材料。

2. 给排水、工艺水处理及补给水系统

(1)辐照工程的给排水设计。辐照场内的钴源井灌有蒸馏水作为屏蔽介质储存钴源，由于蒸发水位会逐步下降，故设有补给水系统。为确保在钴源最大活度时，水表面剂量不超过监督区的控制水平，应设置水位控制系统和报警系统，使水位低于容许值时能自动补水。长时间水井底会有絮状沉淀物产生，需设高吸程的水泵定期吸取絮状沉淀物。钴源井也有可能发生事故，水体受到污染，应在设计中选用具有相应处理能力(如$2m^3/h$)的多功能离子交换器，进行处理。

辐照场内冲洗其废水不可随便排放，需将污染废水储存于储罐内，待废水污染物浓度衰减到允许排放标准，经过必要的中和后才能排放。

(2)加速器工程的给排水和工艺冷却水设计。工艺冷却水如果需要恒温，可以通过精密控制二次水来达到。

(3)加速器给排水和工艺冷却水工程的施工。进出隧道的管道可以预埋，做成S形弯状。如果留洞后再安装，经过测量发现剂量超标，再包铅块。

3. 电气系统

(1)供电电源。辐照装置必须保证正常供电，一般需提供380/220V、50Hz正常电源和事故电源两套系统。必须保证在停电时间超过10s时，系统自动停机，源架降至安全位置；当事故停电时，事故电源系统保证监测仪表和安全连锁装置的供电时间不小于30min。

(2)电缆进出加速器隧道的防护措施。单根控制线缆(线径较小)进出隧道时，采取在屏蔽墙壁上预埋S形管(定制)的方式，敷线后进行封堵；线径较大的电力电缆进出隧道时，由于弯曲困难，则采用具有大、中、小三种规格直径的套管相焊接(定制)的方式，敷线后进行封堵。

对于线缆集中处，则在隧道起始部位距离地面3m的顶部(此处射线相对较少，多为反射散射的)设置电缆迷宫，通过桥架进出线，孔洞全部错开，敷线后进行封堵。所有线缆均采用耐辐照电缆。

(3)电缆进出钴源辐照场的措施。钴源辐照场不同于电子加速器，辐照装置内控制电缆必须采用耐辐照的电缆穿管保护，且暗敷在屏蔽墙内，而强电导线由于本身发热和射线照射等原因，必须采用裸铜线明敷，故除必要的照明和疏散指示等外，其余用电设备均安装于辐照区域外。所有线缆均采用单管敷设，采取在屏蔽墙壁上预埋 S 形管(定制)的方式，敷线后进行封堵。

4. 防火设计

辐照装置设计时，应采取预防措施，确保发生火灾的情况下源的完整性、源架降至安全位置，系统自动停机，包括停止通风系统工作。

辐照室内必须设置火灾报警装置和感烟、感温探测器，确保遇到火警时能及时发现、报警和停机，辐射源自动降至安全位置，并能及时采取有效灭火措施。

辐照室内的灭火系统多采用水喷淋，并采取相应措施防止水从喷淋系统的房间中溢出。

21.5　建筑防爆设计

21.5.1　爆炸的种类

根据爆炸的定义，爆炸可以分为物理性爆炸和化学性爆炸两种。

1. 物理性爆炸，如锅炉与受压容器的爆炸。这类爆炸是由于受热，气体膨胀，内部压力急剧升高，超过了设备所能承受的限度而发生的，这类爆炸完全是一种物理变化的过程。

2. 化学性爆炸，在爆炸时主要发生化学反应，这类爆炸有以下三种情况：

(1)简单分解的爆炸物。这种爆炸物爆炸时，并不发生燃烧反应。属于这一类爆炸物的有雷管和导爆索等。这类爆炸物是很危险的，受到轻微振动就可能起爆。

(2)复杂分解的爆炸物。这种爆炸物较简单分解的爆炸物的危险性稍低。大多数的火药都属于这一类，爆炸时伴有燃烧反应，燃烧所需的氧由本身分解时供给，如黑火药、硝铵炸药、TNT 等，都属于这一类爆炸物。

(3)爆炸性混合物，即各种可燃气体、蒸汽及粉尘与空气(主要是氧气)组成的爆炸性混合物。这类混合物爆炸多发生在化工或石油化工企业。气体混合物爆炸的过程与气体燃烧的过程相似，但速度不同，前者比后者要快得多，燃烧速度最大不超过每秒几米，而爆炸速度则有每秒十几米到数百米的。

21.5.2　爆炸的破坏作用

在生产厂房内往往由于某种原因，可燃气体易燃，可燃液体蒸汽从设备的缝隙外溢，与空气混合遇到火源而爆炸。有时也由于化工生产设备内的反应过猛，失去控制，达到使设备难以承受的压力，造成设备崩裂，使大量的可燃气体或易燃、可燃液体的蒸汽溢出，立即与空气混合形成爆炸混合物，遇到火源，而且多数是被设备撞击的火花引燃，而发生爆炸。

气体混合物在建筑物内发生爆炸，造成建筑物破坏的程度，也会由于各种条件的影响而有所不同。破坏严重的是墙倒屋塌；轻一些的是屋顶移动，墙壁裂缝，门窗破坏；很轻微的，仅仅打碎了门窗的玻璃。同时，气体混合物爆炸之后，多数还伴随着火灾发生。爆炸对建筑物的破坏，是各种破坏力的综合作用。

当爆炸发生在等介质的自由空间时，从爆炸的中心点起，在一定的范围内，破坏力能均匀地传播出去，并使在这个范围内的物体粉碎、飞散。分析爆炸的破坏作用大体包括以下几个方面：

1. 震荡(地震)作用。在遍及破坏作用的区域内，有一个能使物体震荡，使之松散的力量。

2. 冲击波作用。随爆炸的出现、冲击波最初出现正压力，而后又出现负压力。负压力就是气压下降后的空气振动，称为吸引作用。吸引作用的原因是产生局部真空的结果。

爆炸物质量和冲击波压力之间的关系，可以认为是成正比的，而冲击波压力与距离之间的关系成反比。

3. 碎片的冲击作用。机械设备等爆炸以后，变成碎片飞出去，会在相当广的范围内造成危害。碎片飞散范围，通常是 100~500m。碎片的厚度越小，飞散的速度越大，危害越严重。

4. 热作用(火灾)。爆炸温度在 2000~3000℃。通常爆炸气体扩散只发生在极其短暂的瞬间，对一般可燃物质，不足以造成起火燃烧，而且有时冲击波还能起灭火作用。但建筑物内遗留大量的热，还会把从破坏设备内部不断流出的可燃气体或易燃、可燃蒸汽点燃，使厂房内的可燃物全部起火，加重爆炸的破坏。

爆炸危险，不仅在化工、医药、石油化工企业存在，在冶金、机械、轻工以及食品、粮油加工企业中由于综合利用业的发展，使用易燃、易爆物品的爆炸危险也在逐渐增加，如糖厂生产二硫化碳、氢氧化钠、氢气；木材加工企业生产酒精等。化工生产技术的进步，要求在关于化工企业的设计中考虑防爆问题时，不仅只着眼于化工企业，还要注意那些虽不是化工企业，但有爆炸危险的生产。爆炸的危害和火灾的性质有所不同，爆炸是瞬间发生的，人在爆炸当时是来不及采取任何有力措施的。所以，为了防止和减少爆炸事故对建筑物的破坏作用，在建筑设计中要采取防爆的基本技术措施，即采用抗爆结构和泄压设施。

21.5.3 防爆设计的基本原则和技术措施

设计防爆厂房时，主要应考虑以下几个问题：

1. 合理布置总平面

(1)有爆炸危险性的厂房和库房的选址，应远离城市居民区、铁路、公路、桥梁和其他建筑物。

(2)防爆房间，应尽量靠外墙布置，这样泄压面积容易解决，也便于灭火。

(3)易产生爆炸的设备，应尽量设置在近外墙靠窗的位置或设置在露天，以减弱其破坏力。

(4)爆炸危险性车间，应布置在单层厂房内，若因工艺需要、厂房为多层，则应设置在最上一层。

（5）在厂房中，危险性大的车间和危险性小的车间之间，应采用坚固的防火墙隔开。为便于车间之间的联系，宜在外墙上开门，利用外廊或阳台联系，或在防火墙上做双门斗，尽量使两个门错开，用门斗来减弱爆炸冲击波的威力，缩小爆炸影响范围。如图21-5-1所示。

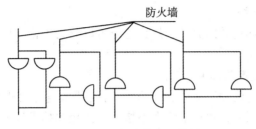

图 21-5-1　门斗做法示意图

（6）生产或使用相同爆炸物品的房间，应尽量集中在一个区域，这样便于对防火墙等防爆建筑结构的处理。

（7）性质不同的危险物品的生产，应分开设置，如乙炔与氧气必须分开。

（8）爆炸危险部位不要设置在地下室、半地下室内。因地下室与半地下室的通风不好，发生事故的影响很大，而且不利于疏散和抢救。

2. 设置泄压面积

有爆炸危险的甲、乙类生产厂房，应设置必要的泄压面积，具有一定的泄压面积，爆炸时可以降低室内压力，避免建筑结构遭受严重的破坏。轻质屋顶、轻质墙体和门窗等，可以起泄压作用。

3. 采用框架防爆结构

不少爆炸事故证明，框架结构抵抗爆炸破坏的能力较强。所以，有爆炸危险的甲、乙类生产厂房，宜采用非燃烧体的钢筋混凝土框架结构，采用轻质墙填充的围护结构。

防爆厂房采用框架结构是避免厂房倒塌造成严重损失的有力措施。在框架结构条件下，采用轻质易于脱落的外墙或大面积的泄压窗扇，将厂房围护结构尽量都做泄压面积，则在厂房内发生一般性的气体混合物的爆炸时，所造成的危险较小，不致影响整个厂房的安全，能较快地恢复正常生产。相反，承重结构不牢固，虽有一定量的泄压设施，也难免造成人身伤亡、设备损坏、厂房倒塌的不良后果。

事实证明，采取框架结构，只要节点构造牢固可靠，就能成为良好的抗爆结构，比用墙承重的结构好。

4. 设计防爆车间的一般要求

散发较空气重的可燃气体或易燃、可燃液体蒸汽的甲类生产车间和有粉尘、纤维爆炸危险的乙类生产车间，宜采用不产生火花的地面。为了防止出现火花，地面可以采用橡胶、塑料、菱苦土、木地板、橡胶掺石黑或沥青混凝土等。

有可能积落可燃粉尘车间的内墙面，应进行抹灰或油漆，做成容易清扫的内表面。

在有爆炸危险的甲、乙类生产厂房中，为了人员安全，不要设办公室或休息室等辅助房间。必要时，这类房间可以设在车间外面，与本车间之间用耐火极限不低于 3.50h 的非燃烧体砖墙隔开。

在防爆车间内安装电气设备时，应采用防爆型电气设备，如防爆开关、防爆电机、防爆灯具等。

21.5.4 建筑物的分类设防

1. 厂房建筑的分类设防

按照形成化学性爆炸物质的分类，厂房建筑可以分为火化工厂房和一般具有爆炸危险的厂房两类。

(1)火化工厂房的建筑防爆

火化工厂房专门制造或加工火药、炸药、雷管、导爆索、子弹等爆炸性物品，发生爆炸事故时造成的危害特别大，建厂前应严格按照国家相关技术规范进行设计，并经过国家相关部门审批。这类厂房应远离城市居民区、公共建筑物、铁路、公路、桥梁、港口、机场等人员较集中的地方。若因受条件限制不得不与其他建筑场地相邻建厂，应保持足够的安全距离。

(2)一般具有爆炸危险厂房的建筑防爆

一般具有爆炸危险的厂房，生产加工石油、化工、轻工、有色金属等物品，必须在一定的条件下，各种物质和产品才能够形成爆炸的条件，必须遇到火源才能够引起爆炸，但如果一旦发生爆炸事故，造成的危害也不小，因此，建厂前应严格按照国家相关技术规范进行设计，同时必须经国家相关部门审批。这类厂房建筑防爆设计，应根据生产过程中使用、产生的物质和产品的特点、闪点、爆炸极限，按照一般厂房生产的火灾危险性分类。

2. 仓库建筑的分类设防

按照形成化学性爆炸物质的分类，仓库建筑可以分为爆炸物品仓库和化学危险物品仓库两类。

(1)爆炸物品仓库的建筑防爆

爆炸物品仓库专门储存火药、炸药、雷管、子弹等爆炸性物品。物品集中是仓库的特点，仓库内贮存大量的爆炸性物品，一旦发生爆炸事故，将会造成严重的危害。因此，建库时必须严格按照国家相关技术规范进行设计，并由国家相关部门审批。这类仓库应远离城市居民区、公共建筑物、铁路、公路、桥梁、港口、机场等人员集中的地方。若因受条件限制不得不与其他建筑场地相邻建库，必须保持足够的距离。

爆炸物品仓库防爆设计，应根据所储存的爆炸性物品的特性，按照国家相关技术规定，采取分类、分库、分间储存；每一座仓库的最大储库量或最大占地面积不得超过相关技术规定，建筑设计应采取防爆措施，库房室外四周还应砌筑防爆围堤。山洞设库、靠山设库可以利用自然环境作屏障，既安全，又可以节约投资。

(2)化学危险品仓库的建筑防爆

化学危险物品仓库专门储存桶装易燃液体、瓶装可燃气体、瓶装化学试剂等化学危险物品，简称危险物品仓库：剧毒物品、腐蚀性物品、放射性物品等也属于化学危险性物品，大多数化学危险品，在一定条件下均能发生爆炸事故。如桶装电石与水作用能分解释放出可燃的乙炔气，当乙炔气与空气混合在一起，形成的混合物浓度达到爆炸极限

(1.53%~82%)时，遇到火源后会立即引起爆炸。这类物品的一个特点是大多数物品容易着火燃烧，一旦发生爆炸事故，往往会造成火灾，由于着火燃烧快，来不及灭火抢救，容易造成严重后果。如果仓库与相邻建筑物没有足够的防火间距，大火还会蔓延到相邻建筑物，造成更大的危害。这类仓库防爆设计，应根据储存物品的特性、闪点、爆炸极限，按照相关要求设防。

21.5.5　建筑物的防爆设计

1. 厂房建筑的防爆设计

1)有爆炸危险性的厂房宜采用单层建筑，一般情况下，有爆炸危险性的厂房采用单层建筑为宜，其原因如下：

①便于设置天窗、风帽、通风屋脊，以便能够创造自然通风的良好条件，有利于排除可燃气体、可燃蒸汽、可燃粉尘一类的物质，防止与室内空气混合形成爆炸混合物。

②便于设置防爆墙，将不同性质的化学物品分隔生产，以免两种不同性质的化学物品互相接触产生化学反应而引起爆炸；同时便于将有火源的生产辅助设施与有爆炸危险的生产车间分隔布置，有利于排除火源，预防爆炸事故。

③便于设置排除静电的接地装置和避雷装置，有利于排除由静电火花和电击火花引起的爆炸事故。

④便于设置较多的安全出口，一旦发生爆炸事故，有利于人们安全疏散和灭火抢救。

⑤便于设置泄压轻质屋盖，加大泄压面积，有利于尽快释放爆炸时产生的大量气体和热量，以降低室内爆炸压力。

⑥万一由于爆炸引起房屋破坏倒塌，影响范围小，修建恢复生产较快。

2)有爆炸危险的生产设备不应设置在建筑物地下室或半地下室，有爆炸危险的生产设备在地下室或半地下室主要存在以下问题：

①自然通风不良，如采用机械通风，万一设备发生故障将十分危险。生产过程中"跑、冒、滴、漏"的可燃气体、可燃粉尘不容易排除，一旦与室内空气混合形成爆炸混合物，将可能造成爆炸事故。

②在地下水位高的地区，如地下室或半地下室防水处理不当，容易发生漏水、渗水。这对于使用或生产电石、磷化钙、金属钠等与水接触容易产生爆炸物质，以致引起爆炸。

③地下室或半地下室不能设置较多的安全出口，不利于人们安全疏散，也不利于事故发生后的抢救工作。

④不能设置泄压构件、轻质外墙和泄压窗，发生爆炸时，大量气体和热量不能迅速释放，会加重事故的危险性。

⑤地下室或半地下室万一发生爆炸遇到破坏，于修建恢复生产较困难。

3)有爆炸危险的生产厂房的耐火等级不应低二级，有爆炸危险的厂房由于使用或产生大量的可燃蒸汽、可燃粉尘、可燃液体、可燃固体等物质，万一发生爆炸事故，往往会酿成火灾。因此，对于甲、乙类生产厂房的耐火等级，不应低于二级。对于生产火药、炸药一类的特殊厂房的耐火等级，应按照国家相关技术规范确定。

4)有爆炸危险的厂房内防火墙间距不宜过大，在有爆炸危险的厂房内宜设置防火分隔墙，以控制由于爆炸引起的火势蔓延。防火墙的构造和强度必须满足防火、防爆的相关规定。

5)有爆炸危险的厂房宜采用开敞或半开敞建筑，开敞或半开敞的厂房，自然通风好，生产过程中"跑、冒、滴、漏"出来的可燃气体、可燃粉尘一类物质很快稀释扩散，浓度很难达到爆炸极限，不容易形成爆炸混合物，能有效地排除形成爆炸的条件。同时，开敞或半开敞的厂房，还有造价低、施工快等优点。

2. 有爆炸危险厂房的建筑设计

(1)有爆炸危险厂房的平面设计

有爆炸危险的厂房同样是生产厂房。因此，厂房的平面设计首先应满足生产工艺流程的要求；其次厂房的平面设计尽可能简单，以跨度小、单层为宜，屋顶最好设置轻质泄压屋盖。生产设备布置尽可能在靠近门窗的常年风向的下风一侧，这样，工人操作在上风，有利于保护工人的身体健康，万一发生爆炸，也便于工人疏散到室外，如图 21-5-2、图 21-5-3 所示。相反如果将生产设备布置在靠门、窗的两侧，工人操作位于室内的中间地带，整个车间的空气受到生产散发的有害气体的污染，对工人身体健康不利，一旦发生爆炸，工人疏散到室外去也不方便，设计时应予以避免。

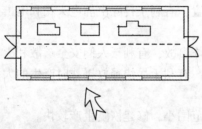

图 21-5-2　设备布置在平面一侧

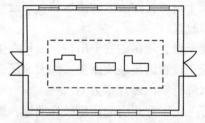

图 21-5-3　设备布置在平面中间

跨度大的单层工业厂房平面设计，最大跨度不宜超过 18m。屋顶应设置轻质屋盖，泄压面积必须达到 $0.05\sim0.10m^2/m^3$ 的要求，为了解决自然通风和自然采光，屋顶还要开设天窗。因此，厂房平面布置应将具有爆炸危险的生产设备集中布置在室内中间地带，一旦生产设备发生爆炸，有利于冲破轻质屋盖起到泄压的效果。工人操作场所近靠外墙门、窗地方，室外新鲜空气从外墙门、窗进入，生产设备散发的混浊空气从屋顶排出，可以避免工人遭受有害气体的危害，一旦发生爆炸，工人疏散到室外去也很方便，若由于场地或其他原因，有爆炸危险的厂房必须设计成多层，最好以顶层作为危险品生产用房，因为唯有顶层可以利用屋顶设置泄压轻质屋盖，其他各层只能设置泄压轻质外墙和侧窗，因而泄压面积与厂房体积之比不满足 $0.05\sim0.10m^2/m^3$ 的要求。如果平面宽度过大，不仅泄压面积与厂房体积之比不能满足相关要求，还会影响自然通气和天然采光。因此，有爆炸危险多层厂房的宽度不应大于 18m。厂房围护结构必须全部设置泄压轻质外墙和侧窗。有爆炸危险的多层厂房平面安全出口楼梯，一般不少于两个，而且尽可能布置在厂房的周边。

(2)有爆炸危险厂房的立面设计

有爆炸危险的厂房在平面设计中已采取了措施，但在厂房的立面设计中必须将其特征表现出来，立面设计只是恰当地调整门、窗位置，大小、排列，对立面细部相对重点作必要的处理，使其形式与内容统一。

3. 仓库建筑的防爆设计

（1）有爆炸危险的仓库应采用单层建筑

仓库的特点是物资集中品种多，有爆炸危险的仓库储存大量易燃、易爆物品，一旦发生爆炸，往往会使库存物着火燃烧，瞬间酿成火灾，如果来不及灭火抢救，不仅烧毁全部库存物品，而且由于易燃、易爆物品燃烧快、火势大、温度高，使火灾蔓延的范围大，甚至影响周围的建筑物。因此，从防爆和防火的要求，有爆炸危险的仓库宜采用单层建筑，其优点除前述对厂房单层建筑所列各点外，单层建筑仓库的优点有利于地面设置较大坡度、明沟、集油池，可以回收滴漏在地面的易燃液体和可燃液体，防止流散蔓延造成大面积的火灾。

（2）有爆炸危险的物品应分类分库储存

有爆炸危险的仓库储存的物品由于其性质、贵重性、灭火方法等截然不同，因此仓库设计应严格按照相关技术规范分类、分库，避免互相接触，产生爆炸混合物而引起爆炸。如表 21-5-1 所示。

表 21-5-1　　　　　　　　　　　　易燃易爆物品共同贮存规则

级　别	物品名称	不准共同在一起储存的物品种类	附　注
I 爆炸物品	苦味酸、D-硝基甲苯、火棉、硝化甘油、硝酸铵炸药、雷汞等	不准与任何其他种类的物品共同贮存、必须单独隔离贮存	起爆药与炸药必须隔离贮存
II 易燃液体和可燃液体	汽油、苯、二硫化碳、丙酮、乙醚、甲苯、酒精、醋酸、喷漆、煤油、松节油、樟脑油等	不准与其他种类的物品共同贮存	如数量甚少，允许与固体易燃物品隔开后共同贮存
III 压缩气体和液化气体	1. 易燃气体：乙炔、氢、氯化甲烷、硫化氢、氨等 2. 惰性不燃烧气体：氮、二氧化碳、二氧化硫、氟利昂等 3. 助燃气体：氧、压缩空气、氯等	除惰性不燃气体（III₃）外，不准与其他种类的物品共同贮存 除气体（III₁,₃）氧化剂（VI₁）和毒物品（VII）外，不准与其他种类的物品共同贮存	氯兼有毒害性
IV 遇水或空气能自燃的物品	钾、钠、电石、磷化钙、锌粉、铝粉、黄磷等	不准与其他种类的物品共同贮存	钾、钠须浸入石油中，黄磷须浸入水中贮存，均须单独隔离贮存
V 易燃固体	赛璐珞、影片、赤磷、萘、樟脑、硫磺、火柴等	不准与其他种类的物品共同贮存	赛璐珞、影片、火柴，均须单独隔离贮存

级　别	物品名称	不准共同在一起贮存的物品种类	附　注
Ⅵ 氧化剂	1. 能形成爆炸混合物的物品：氯酸钾、氯酸钠、硝酸钾、硝酸钠、硝酸钡、次氯酸钙、亚硝酸钠、过氧化钡、过氧化钠、过氧化氢(30%)等 2. 能引起燃烧的物品：溴、硝酸、硫酸、铬酸、高锰酸钾、重铬酸钾等	除惰性气体($Ⅲ_2$)外，不准与其他种类的物品共同贮存 不准与其他种类的物品共同贮存	过氧化物遇水有发热爆炸危险，应单独贮存。过氧化氢应贮存在阴凉处与氧化剂(Ⅵ)也应隔离
Ⅶ 有毒物品	氯化物、光气、五氧化二砷、氰化钾、氰化钠等	除惰性不燃烧气体和助燃气体($Ⅲ_{2,3}$)外，不准与其他种类的物品共同贮存	

注：化验室库房，贮存各类易燃易爆物品的数量很少时，可以分类隔开后贮存。

复习思考题 21

1. 试简述防火墙的设置要求。
2. 试简述防火卷帘的构造设计要求。
3. 防火门按其防火极限分，可分为哪三级？
4. 试简述建筑物抗震设防标准。
5. 试简述多层砖房破坏的部位和原因。
6. 试简述建筑物抗震设计的基本原则。
7. 试简述建筑物的防雷分类。
8. 试简述建筑物防辐射选址要求。
9. 试简述钴源建筑物的主要工艺要求。
10. 试简述建筑物设计中防爆基本技术措施。

参 考 文 献

[1] 刘建荣,翁季. 建筑构造[M]. 北京:中国建筑工业出版社,2008.

[2] 颜宠亮. 建筑构造设计[M]. 上海:同济大学出版社,1999.

[3] 樊振和. 建筑构造原理与设计[M]. 天津:天津大学出版社,2011.

[4] 杨金铎. 建筑防灾与减灾[M]. 北京:中国建材工业出版社,2002.

[5] 韩建绒,孔玉琴. 建筑构造[M]. 北京:科学出版社,2013.

[6] 李必瑜,魏宏杨. 建筑构造[M]. 北京:中国建筑工业出版社,2008.

[7] 夏广政,邹贻权,黄艳雁,马俊编著. 房屋建筑学. 武汉:武汉大学出版社,2010.

[8] [英] 理查·萨克森著. 戴复东等译. 中庭建筑——开发与设计. 北京:中国建筑工业出版社,1990.